Der Alte würfelt doch!

Von Quanten-Irrtümern zur Neuen Physik und zum Bewusstsein

von
Prof. Dr. Thomas Görnitz
Fachbereich Physik
J. W. Goethe-Universität
Frankfurt/Main

mit
Dr. Brigitte Görnitz
München

Coverbild: Franziska Haaf

ISBN 978-3-947382-03-3

Wir danken
unseren Freunden,
die durch interessante Diskussionen und viele Hinweise
zu diesem Buch beigetragen haben.

Ein besonderer Dank gilt
den Teilnehmern unseres Arbeitskreises
Christine Mann, Luise Pechmann, Martina Veh,
Frido Mann, Till Keil und Ralf Krüger,
sowie auch
Christian Hellweg, Stephan Krall und Florian Dittrich,
welche wichtige Hinweise
für diesen stark erweiterten neuen Band gegeben haben.

Inhalt

Vorwort

Die Quantenmechanik ist sehr achtunggebietend.
Aber eine innere Stimme sagt mir,
dass das noch nicht der wahre Jakob ist.
Die Theorie liefert viel,
aber dem Geheimnis des Alten bringt sie uns kaum näher.
Jedenfalls bin ich überzeugt, dass *der* nicht würfelt.
Albert Einstein, Brief an Max Born, 4.12.1926

Warum ist dieses Buch notwendig?

Einer der wohl am meisten zitierten Sätze aus dem Umfeld der Quantentheorie ist Einsteins Ausspruch: „Der Alte würfelt nicht!" Einstein drückte damit seine feste Überzeugung aus, dass es keinen Zufall gibt. Wenn wir etwas Zufälliges erleben, dann nur deshalb – so diese Vorstellung – weil wir zu wenig Ahnung von den wirklichen Abläufen in der Natur haben. In diesem Fall hat aber Einsteins „innere Stimme" ihn von der tatsächlichen Struktur der Quantentheorie hinweggeführt, denn heute kommen wir „dem Geheimnis des Alten" durchaus näher.

Warum soll man sich überhaupt mit Quantentheorie befassen und über sie nachdenken?

Ist sie nicht ein Spezialgebiet für einige Fachleute? Und ist nicht auch bei vielen Fachleuten eine Meinung anzutreffen, die zuweilen so karikiert wird: *„Shut up and calculate!"* Auf den ersten Blick scheint dies möglicherweise wahr zu sein, jedoch auf den zweiten bereits nicht mehr.

Es geht im vorliegenden Buch in erster Linie darum, wie die Welt ist, und dann erst, wie deshalb die Physik sein muss.

Der Begriff „Welt" erzeugt natürlich die vielfältigsten Assoziationen. Im Rahmen der Naturwissenschaft war mit ihm gemeint, dass er auf Dasjenige zielt, was objektiviert werden kann. Heute zeigt die Quantentheorie auf, dass aus naturwissenschaftlichen Gründen eine völlige Objektivierung nicht einmal in der unbelebten Natur möglich ist.

Unsere subjektiven Gedanken und Fantasien können selbstverständlich nicht objektiviert werden, aber wir können sie berichten und beschreiben. Darüber kann man dann Erkenntnisse gewinnen. Heute kann man die Bedingungen erkennen, welche subjektives Erleben und die sprachlichen Beschreibungen davon bei den Menschen ermöglichen. Es geht also darum, sich den objektiven Bedingungen zu nähern, welche Subjektivität und damit auch Individualität möglich werden lassen.

Die Inhalte unseres Bewusstseins sind subjektiv. Auch wenn es merkwürdig klingt, so ist bereits bei den sogenannten Elementarteilchen ein „Keim" von Subjektivität zu finden: Jede *genaue* Untersuchung von etwas Unbekanntem verändert das Untersuchte. Der tatsächliche Zustand *vor* der Untersuchung bleibt unbekannt. Unter anderem mit diesen, vielleicht überraschend klingenden Befunden aus der Naturwissenschaft wollen wir uns im Folgenden befassen. Die hier dargebotene Sicht auf die Welt richtet sich auf die unbelebte Natur und auch auf die Lebewesen.

Wenn wir uns über die Welt die richtigen Vorstellungen machen oder wenn wir die richtigen Vorstellungen vermittelt bekommen, so wird es für uns leichter sein, auch das Richtige zu tun.

Seit einiger Zeit wird in der Fachwelt zunehmend nach einer „neuen Physik" gerufen. Die gegenwärtigen Probleme sind allerdings mit einem bloßen „Weiterrechnen" nicht zu lösen.

Es geht um die Tiefe und damit um fundamentale Erklärungen – es geht um die NEUE PHYSIK.

Seit Jahrtausenden ist man der Meinung, die Wirklichkeit wird dadurch verstehbar, dass man die „kleinsten Teilchen" findet, welche uns offenbaren, „was die Welt im Innersten zusammenhält". So wären ohne das Konzept der Atome z. B. die enormen Fortschritte der Chemie unmöglich gewesen. Die großen Erfolge mit dieser Vorstellung in der Vergangenheit machen eine Abkehr von den „kleinsten elementaren Bausteinen" sehr schwierig. Diese Schwierigkeit wird verstärkt, weil sich die Sprache der Physiker bis heute auf derartige Begriffe und auf die entsprechenden Assoziationen stützt.

Hat eine bestimmte Sprechweise etwas damit zutun, wie man seine Experimente plant und wie man seine Rechnungen durchführt?

Die meisten Physiker glauben dies nicht. Psychologen hingegen wissen um die Macht auch von unbewussten Vorstellungen. Naturwissenschaftliche Forschung wird keineswegs allein von rationalen Gesichtspunkten angetrieben. Denn viele soziale, ökonomische und machtförmige Beweggründe sowie das Bestreben nach Ruhm und nach öffentlicher Anerkennung sind ebenfalls wichtige Triebfedern.

Einer der wenigen Physiker, denen das ebenfalls sehr bewusst war, war der Physik-Nobelpreisträger Wolfgang Pauli. Er gehörte zu den seltenen Physikern, welche die bedeutsame Rolle des Unbewussten auch für die wissenschaftliche Forschung betont haben.

Pauli hat darauf verwiesen, dass die unbewussten und auch die archetypischen Einflüsse viel wirksamer sind, als viele Menschen glauben. So war Pauli unter den führenden Kernforschern im amerikanischen Exil einer der wenigen, die eine Mitarbeit an der Atombombe verweigert hatten. Er wusste sehr wohl um die Ambivalenz des „Gutgemeinten". Vielleicht hatte er eine Ahnung, dass der berechtigte Einsatz der Forscher gegen die Nazibarbarei auch zu einer Katastrophe wie Hiroshima führen könnte.

Die Abkehr von gewohnten Bildern erzeugt Widerstand. Dies wird bei der Quantentheorie besonders deutlich. Viele der führenden Quantenphysiker, unter ihnen z. B. Albert Einstein, Erwin Schrödinger und Richard Feynman, fühlten sich unbehaglich mit manchen Vorstellungen, mit welchen sie durch die Quantentheorie konfrontiert wurden. Beispielsweise schreibt Schrödinger in seinem sehr lesenswerten Buch „Geist und Materie":

> Die *Unbestimmtheitsrelation,* das behauptete Fehlen eines streng kausalen Zusammenhangs in der Natur, bedeutet ein teilweises Aufgeben des Prinzips der Verständlichkeit, einen Schritt fort von ihm, in anderer Richtung. Ob es ein Fehltritt ist, wird sich zeigen müssen.

Wie der diffizile Zusammenhang zwischen Zufall und Kausalität heute verstanden werden kann, wird im Buch erläutert werden. Ebenfalls sollen die Bilder von „kleinsten Teilchen" als den „grundlegenden Bausteinen der Wirklichkeit" abgelöst werden.

Bei der Suche nach dem „Innersten der Welt" sind die Teilchen erst die *vorletzte Stufe.*

In vielen Zusammenhängen bleiben die „Teilchen-Bilder" natürlich weiterhin nützlich, aber erst hinter ihnen kommt das wirklich Fundamentale zum Vorschein.

Die *neue Physik* ersetzt die jahrtausendealten Teilchen-Vorstellungen durch den eigentlichen Kern der Quantentheorie.

Der tatsächliche Kern aller Naturerklärungen wird gebildet durch die sowohl physikalisch als auch mathematisch einfachsten der Strukturen der Quantenphysik.

Dieser lange Weg startete in den 1950er Jahren mit Carl Friedrich v. Weizsäckers „Ur-Alternativen".

Die Weiterentwicklung dieses Ansatzes führte zu den Absoluten und deswegen noch abstrakten, also bedeutungsfreien Bits von QuantenInformation – AQIs.

In der Öffentlichkeit besteht eine festverankerte Beziehung „Information = Bedeutung". Bedeutung ist jedoch niemals objektiv, sie hat immer einen mehr oder weniger großen Anteil von Subjektivität.

Die Physik jedoch sucht das Objektive. Um die Möglichkeit einer Bedeutungsfreiheit beim Wort „Information" deutlich werden zu lassen, war ein neuer Begriff notwendig: *„Protyposis"*, *„das Vorgeprägte"*.

Unsere Erklärungen beginnen mit der Protyposis als der Grundlage der Wirklichkeit. Sie ist die einfachste Quantenstruktur, auch aus mathematischer Sicht. Das ermöglicht die Erklärung der kosmischen und biologischen Evolution vom Urknall über die Entstehung des Lebens bis zum menschlichen Bewusstsein. Eine wirklich grundlegende Fragestellung muss mit der Protyposis beginnen. Deren Verkürzung auf „Quanteninformation" *im herkömmlichen Sinne* ist problematisch, denn „Bedeutung" entsteht immer erst sekundär, im Bezug auf ein Lebewesen.

Das Buch konzentriert sich auf die Vorstellungen und Bilder, welche diejenigen ablösen sollen, die das Erklären der Wirklichkeit behindern oder einengen.

Das vorliegende Buch ist mehr als lediglich eine neue Auflage von *„... und Gott würfelt doch"*. Es umfasst eine umfangreiche Erweiterung des vorhergehenden Titels. Wir haben dabei auch viele Leser-Reaktionen verarbeitet.

Ich habe meine Frau als Tierärztin und Psychologin noch stärker in die Erweiterung des Buches einbezogen, um die behandelten Gebiete aus dem Umfeld der Protyposis noch anschaulicher werden zu lassen. In dem mehr als einem halben Jahrhundert unseres Zusammenlebens hatten wir immer ein gegenseitiges Interesse an den Wissenschaften des anderen. Auch unsere drei gemeinsamen Monographien, in denen wir die Entwicklung vom Urknall bis zum menschlichen Bewusstsein auf verschiedenen Wegen verfolgen, lassen das deutlich werden.

Im Text des vorliegenden Buches werden trotzdem die Unterschiede zwischen den physikalischen Aussagen im engeren Sinne und den sich für andere Wissenschaftsbereiche ergebenden Folgerungen deutlich. Daher haben wir in ihm darauf verzichtet, konsequent an allen Stellen ein „Ich" (des Physikers) durch ein „Wir" zu ersetzen.

Für viele Leser ist der hier ausgebreitete Stoff neu und an manchen Stellen vielleicht sogar überraschend. So sind wir von vielen Lesern ermutigt worden, die im Buch vorhandene Redundanz nicht zu verringern, sondern an manchen Stellen sogar manches zu wiederholen, was an entfernten anderen Stellen bereits ähnlich dargelegt wurde.

Die mathematischen Zusammenhänge werden in Fachpublikationen und nicht hier im Buch abgehandelt. Soweit einiges davon zur Illustration mancher Bilder unvermeidlich ist, ist es in den Anhängen zu finden.

1. Einführung

Die wissenschaftliche Einsicht, dass der Weltablauf durchaus geordnet erscheint, offenbart bei genauerem Hinsehen zugleich auch, dass er trotzdem einen gewissen Spielraum für Freiheit lässt. Das ist eine wichtige Folgerung aus der Quantentheorie.

Wenn man sich fragt, ob die Quantentheorie nicht nur eine Spezialität ist, mit welcher die normalen Menschen nichts zu tun haben, so ist die klare Antwort ein Nein.

Allerdings war es bis heute so, dass landauf, landab auch von Physikern verkündet wurde, die Quantentheorie sei seltsam, unverständlich, verrückt oder zumindest merkwürdig. Solche Aussagen ergeben keine solide Basis für gute und zutreffende Vorstellungen. Wir versuchen, sachgerechtere Auffassungen zu entwickeln.

Die Vorstellungen, die inneren Bilder und die über unsere Umwelt, die wir Menschen haben, kann man unter dem Begriff der „Information" zusammenfassen. Dieser Begriff wird uns im Buch immer wieder begegnen und wir möchten ein umfassendes Gemälde, ein breit angelegtes Panorama von diesem zentralen Begriff entwerfen.

Ein Maler bringt mit seinem Pinsel ein Gemälde peu à peu auf die Leinwand. Dabei ist es verständlich, dass man als Betrachter eines solchen Prozesses am Anfang noch keineswegs einen Überblick über das haben kann, was schließlich entstehen wird – selbst wenn vor dem inneren Auge des Malers das Bild bereits fertig entworfen ist. Auch ein Buch ist – im Gegensatz zu einem Foto – wie ein entstehendes Gemälde, an dem man sich freuen kann, wie sich schließlich alles zusammenfügt.

Für den normalen Gang einer Wissenschaft wie der Physik ist die Konzentration auf ein bloßes Rechnen im Rahmen des Bewährten eine durchaus sinnvolle Einstellung. Die Abneigung gegen ein tieferes Verständnis der Quantentheorie wird damit gut nachvollziehbar. Schließlich kann bei einer konkreten Rechnung oder einem konkreten Entwicklungsproblem ein Nachdenken über die Grundlagen der Theorie zusätzliche Schwierigkeiten bereiten und den Arbeitsablauf verzögern.

Ein solches „Shut up and calculate" wird jedoch kontraproduktiv, wenn sich grundlegende Probleme abzeichnen.

Seit einiger Zeit wird in der Fachwelt nach einer „neuen Physik" gerufen, weil die gegenwärtigen Probleme mit einem bloßen „Weiterrechnen" nicht zu lösen sind.

Lange galt die Stringtheorie als „die" neue Physik. So wurde sie auch in der Öffentlichkeit dargestellt. Seit einiger Zeit mehren sich nun kritische Stimmen auch von Wissenschaftlern, welche selbst wichtige Beiträge zu dieser Theorie geliefert haben. Diese Kritik richtet sich nicht gegen die großen mathematischen Erfolge, welche bei diesen Untersuchungen erreicht worden waren. Diese mathematischen Strukturen scheinen bedeutsame Anwendungen im Rahmen der Festkörpertheorie zu ermöglichen. Vollkommen offen und recht unwahrscheinlich ist allerdings, ob sich eine der auf 10^{500} geschätzten verschiedenen Stringtheorien als Grundlage für das Verstehen unseres Universums anbietet, ob diese Theorie über „allerwinzigste Fäden" tatsächlich zutreffende Aussagen über die Basis der kosmischen Realität anbietet. Von daher wird jetzt zunehmend in anderen Bereichen nach der „neuen Physik" gesucht – allerdings noch immer geleitet von der Vorstellung „kleinster Teilchen" als der gesuchten Antwort.

Die Wahrnehmung, dass die neue Physik seit Längerem existiert, wird jedoch behindert, wenn man weiterhin an alten Vorstellungen und an Irrtümern festhält. Dies gilt nicht nur für die breite gesellschaftliche Öffentlichkeit, sondern auch für die Wissenschaft selbst.

Die mit der Quantentheorie eingeleitete wissenschaftliche Revolution verläuft anders, als es von Thomas Kuhn geschildert wurde. Es findet keineswegs eine vollständige Ablösung der vorherigen Theorien statt. Vielmehr sehen wir eine Erweiterung und teilweise Korrektur von ihnen.

Werner Heisenberg wies darauf hin, dass es sich in der Naturwissenschaft seit Isaak Newtons Mechanik um eine Abfolge abgeschlossener Theorien handelt. Man erkennt, wo die alten Vorstellungen weiterhin verwendet werden können und wo sie zu unzutreffend werden. Dann zeigt sich, in welchen Bereichen sie durch neue Vorstellungen und Begriffe ergänzt, verbessert oder abgelöst werden müssen.

Für eine zutreffende Einschätzung der modernen Naturwissenschaften ist die Einsicht bedeutsam, dass sie sich einer immer besseren Erklärung der Naturphänomene annähert.

Je besser die Theorien werden, desto genauer wird der Ablauf des betreffenden Naturgeschehens erfasst. Das bedeutet, dass vom beschriebenen Geschehen immer weniger als vermeintlich bedeutungslos ignoriert wird. Zugleich muss man sehen, dass in vielen Fällen eine übergroße Genauigkeit lediglich eine zwanghafte Belastung darstellen würde. So reicht für eine Beobachtung der Planeten am Firmament eine Berechnung, welche allein die Bewegung ihres Massenmittelpunktes erfasst. Wenn man jedoch eine Raumsonde zum Mars senden will, dann wäre das natürlich eine völlig unzureichende Genauigkeit.

Es bleibt also festzuhalten, dass gute Naturwissenschaft immer eine Balance halten muss. Diese liegt zwischen einer möglichst großen Genauigkeit bei den grundsätzlichen Fragen und einer hinreichenden Genauigkeit bei den Anwendungen.

Deshalb gehören sinnvolle Näherungen zwischen verschiedenen Bereichen der Naturbeschreibung auch zum Wesenskern der Physik.

Näherungen betreffen einerseits die sinnvollen Anpassungen an die zu untersuchenden Gegebenheiten und andererseits an die Absichten, die mit der Beschreibung verbunden sind. Ein dabei wesentlicher Aspekt jedoch wird oftmals zu wenig betont. Näherungen betreffen mathematische Grenzübergänge, mit denen Parameter ausgeschaltet werden, welche in den jeweiligen Zusammenhängen unwichtig sind. Dadurch erzeugen sie auch unterschiedliche mathematische Strukturen sowie auch die Unterschiede zwischen einzelnen Wissenschaftsbereichen. (Beispielsweise werden in der Hochenergiephysik, wenn die Teilchen fast mit Lichtgeschwindigkeit fliegen, in manchen Zusammenhängen die Ruhmassen der Teilchen unwesentlich. Daher kann man diese manchmal so behandeln, als ob sie wie die Photonen masselos wären. Der Parameter „Masse" wird in einem solchen Fall ausgeschaltet.)

2. Die Neue Physik

Solange man nur dem Augenschein traut und die Erde für eine Scheibe hält, wird man nicht auf die Idee kommen, um sie herum zu segeln. Solange man voneinander getrennte Lebewesen als die allein zutreffende Beschreibung des Lebens versteht, ist der „Kampf ums Dasein" die einzige mögliche Schlussfolgerung. In der deutschen Geschichte gibt es die schrecklichen Erfahrungen, dass viele Menschen einer Ideologie gefolgt waren, die ihre unmenschlichen Verbrechen mit angeblichen Folgerungen aus einem ins Soziale transformierten Darwinismus begründen wollten. Dies hatte allerdings keineswegs etwas mit Darwins eigenen Intentionen über das Handeln in der Welt zu tun. Trotz dieser historischen Erfahrungen sind die Abtrennungen von Gruppen oder Ländern von anderen Gruppen oder Ländern an Stelle von Beziehungen und gegenseitiger Anerkennung heute ein Leitmotto vieler populistischer Bewegungen.

Da bereits in der unbelebten Natur die Beziehungen genauso wichtig und grundlegend sind, wie es auch das Getrenntsein ist, braucht man nicht überkommenen Weltbildern unreflektiert zu folgen, welche die Wirklichkeit zu sehr vereinfachen.

Dazu sollten bereits in der Schule auch moderne wissenschaftliche Sichtweisen vermittelt werden.

2.1. Der Weg zur Neuen Physik

Solange ausschließlich die Atome den Status der Realität beanspruchen dürfen, ist die Konzentration allein auf das Materielle eine logische Schlussfolgerung. Jedoch weiß die Wissenschaft, dass für die Materie und die Energie auf der Erde unhintergehbare Erhaltungssätze gelten. Für Materie und Energie gilt, dass wir Menschen sie nicht vermehren können. Nur die vorhandene Materie kann genutzt werden − und die ist auf der Erde begrenzt – ebenso wie die von der Sonne zu uns gesendete Energie.

Werden mit einer Fixierung allein aufs Materielle aus vermeintlich (natur-)wissenschaftlichen Gründen die Wichtigkeit und Wirkmächtigkeit des Geistigen und die kreative Kraft des geistigen Austausches ignoriert, so werden sich – umso gefährlicher – destruktive geistige Kräfte entfalten können. Dann entsteht Raum für simplifizierende Argumente, für einen deterministischen Planbarkeitswahn oder für eine rücksichtslose Verdrängung der anderen beim „Kampf um knappe Ressourcen".

Sollen nur Atome und Zellen real sein, dann wird man kaum umhinkommen, eine psychische Störung wie Angst oder Depression lediglich als eine Störung im Hirnstoffwechsel zu verstehen. Diese müsste demnach allein mit anderen chemischen Stoffen wieder repariert werden. Dass auch mit geeigneten psychotherapeutischen Methoden Besserung und Heilung erzielt werden kann, bliebe aus diesem Blickwinkel unerklärlich. Neben den Atomen und Zellen muss also auch die *Realität* und die *Wirkungsfähigkeit der Information* und der durch sie begründeten Beziehungen erkannt und anerkannt werden. Diese wird in den unbewussten und bewussten psychischen Prozessen verarbeitet, die in den Zellen und Organen ablaufen. Eine bloße Verwendung des Wortes „Prozess" erklärt nichts.

Die Quantentheorie erlaubt es zu verstehen, dass in der Natur vieles zur Realität zählt, was in der Schulphysik bisher nicht vorkommt und was aus deren Sicht oftmals wie ein Wunder erscheinen muss. So erscheint der Tunneleffekt als eine Verletzung des Energiesatzes. Einstein, Podolsky und Rosen hatten Experimente vorgeschlagenen, die sie selbst für absurd hielten, weil sie die von Einstein als fundamental erachteten Grundsätze der Physik zu durchbrechen scheinen. Diese Experimente werden heute vielfach sehr erfolgreich durchgeführt. Sie gehen immer so aus, wie Einstein nicht gehofft hatte.

Im Alltag erkennen wir immer deutlicher die wichtige Rolle der Information. Die technisch verarbeitete Information, die im wissenschaftlichen, ökonomischen und auch politischen Alltag immer mehr an globaler Wichtigkeit gewinnt, ist immer mit einer speziellen und vom Urheber intendierten

Bedeutung befrachtet. Diese dabei verwendete Information bleibt somit wegen ihres unvermeidbaren großen subjektiven Anteils (wegen der ihr zugewiesenen Bedeutung) eine Größe sui generis, also ohne eine Anbindung an die etablieren Strukturen der Naturwissenschaft. Es ist jedoch für eine naturwissenschaftliche Beschreibung der Natur unbedingt notwendig, die „Information" in eine Beziehung zu „Materie" und „Energie" zu setzen!

Mit den neuen Strukturen der Quantentheorie, mit der Protyposis, wird die Information erstmals auch zu einer physikalischen Größe.

Seit einem Jahrhundert hat man in der Physik gelernt, dass Bewegung (die in der Physik als „Energie" erfasst wird) in Materie und Materie in Bewegung umgewandelt werden kann. Dies geschieht heute in allen großen Elementarteilchen-Beschleunigern. Mit der Quantentheorie kann diese Äquivalenz von Materie und Energie auf absolute, abstrakte und somit bedeutungsfreie und damit bedeutungsoffene Bits von Quanteninformation, auf die AQI-Bits, erweitert werden. Daraus folgt, dass Materie und Energie als spezielle Erscheinungsweisen der AQIs verstanden werden dürfen.

Mit den AQIs lässt sich Information deuten als Entität, welche sowohl als Form als auch als Inhalt erscheint.

Die Wirksamkeit von Information zeigt sich heute weltweit. Durch das Internet ist es gewiss unmöglich geworden, so zu denken, wie Goethe einen Bürger im „Osterspaziergang" sprechen lässt:

Nichts Bessers weiß ich mir an Sonn- und Feiertagen
als ein Gespräch von Krieg und Kriegsgeschrei,
wenn hinten, weit, in der Türkei,
die Völker aufeinander schlagen.

Man steht am Fenster, trinkt sein Gläschen aus
und sieht den Fluß hinab die bunten Schiffe gleiten;
dann kehrt man abends froh nach Haus,
und segnet Fried und Friedenszeiten.

Natürlich hat Goethe diesen spießigen Ignoranten als eine törichte und unreflektierte Person gezeichnet. Schließlich war damals den Menschen noch bewusst, dass die Türken vor Wien nur mit Not gestoppt werden konnten. Heute sind die Beziehungen auf der Erde noch sehr viel enger geworden und kein Ereignis könnte so weit entfernt sein, dass es uns tatsächlich nichts angehen würde. Selbst die kosmische Umgebung ist für den Menschen nicht mehr unerreichbar weit. Vielleicht ist es dazu hilfreich, wenn wir verstehen, dass auch Beziehungen und Korrelationen ein entscheidendes Grundmerkmal der Realität sind – und dass die Vorstellungen von „Abgetrenntheit" nur selten ein gutes Modell für die Wirklichkeit liefern.

Nicht nur das Materielle, sondern auch Informationen erzeugen reale Wirkungen, wie auch die falschen Behauptungen, die Lügen. Denken wir an Propagandalügen, mit welchen Kriege begründet wurden und noch werden sollen, oder an falsche Aussagen, mit denen einzelne Menschen psychisch zerstört wurden.

Mit Erich Kästner könnte man fragen: „Wo bleibt das Positive?"

Für Information gibt es keinen Erhaltungssatz, nicht auf der Erde – und nicht einmal im Kosmos. Das bedeutet, dass Geistiges vermehrt werden kann, dass Kulturelles ein gleichsam unerschöpfliches Reservoir bereitstellt. Dies ist ein Reservoir, aus welchem mindestens ebenso viel an Freude und Befriedigung entnommen werden kann wie von dem offerierten Besitz von materiellen Gütern, die man an uns verkaufen will.

Natürlich ist das Materielle real, wir sind eine Einheit von Leib und Seele, und eine Erfüllung der leiblichen Bedürfnisse ist unerlässlich. Was notwendig ist, das wird im Detail vermutlich unterschiedlich gesehen. Aber wenn die Materie nicht das Einzige ist, was zählt, dann erlaubt uns diese naturwissenschaftliche Einsicht auch einen anderen Blick auf das, was über das lediglich Notwendige hinausgeht.

Ein Verstehen der Natur und der besten Theorie über sie, also der Quantentheorie, kann zu einer solchen Einsicht mit beitragen.

Vielfach liest man davon, dass im Internet, welches ohne die moderne Naturwissenschaft überhaupt nicht existieren würde, Thesen verbreitet werden, welche dieser Naturwissenschaft die tiefgehende Suche nach Wahrheit absprechen. Der gegenwärtige amerikanische Präsident – so liest man – liebt die „poorly educated people". Schlecht ausgebildete Menschen fallen leichter auf „fake news" und populistische Reklame herein. Aber auch von besser Gebildeten wird oft die Frage gestellt, wozu man Gelder aufwenden soll, um die Grundlage der Realität zu verstehen. Man solle doch viel lieber Anwendungen erforschen.

Die Allgemeine Relativitätstheorie und Quantentheorie sind zwei Wissenschaften, die lediglich für ein grundsätzliches Verstehen der Wirklichkeit entwickelt wurden. Besonders bei der ersteren schien eine praktische „Anwendung" vollkommen ausgeschlossen zu sein. Heute jedoch hat fast jedes Auto einen GPS-Empfänger. Ein solches Gerät kann man nicht im Rahmen des Ptolemäischen Weltbildes konstruieren, noch nicht einmal mit Kepler oder mit Newtons Physik. Es funktioniert nur, weil mit der Allgemeinen Relativitätstheorien die genaue Theorie der Schwerkraft gefunden wurde und mit Hilfe der Quantentheorie sehr genaue Atomuhren gebaut und verwendet werden konnten.

Natürlich ist der Weg von den Grundlagen zu den Anwendungen keine Einbahnstraße. Vielmehr ist überall in der Naturwissenschaft eine gegenseitige Befruchtung von Theorie und technischer Anwendung zu beobachten. So wurde das www am CERN entwickelt, um die riesigen Datenmengen aus den Experimenten an verschiedenen Orten bearbeiten zu können. Das Hubble-Weltraumteleskop ermöglichte nach seiner Linsen-Korrektur ungeahnte, aber erhoffte Einsichten in die Struktur des Kosmos.

Mit der neuen Physik wurde ein noch grundsätzlicheres Verstehen der Wirklichkeit möglich. Auf dem bereits Vorhandenem aufbauend kann mit der Quanteninformation und speziell mit der Protyposis-Theorie auch Leben und Bewusstsein naturwissenschaftlich erklärt werden.

Wenn man Materie mit Ruhmasse in stabilen Zuständen betrachtet, so weiß man, dass Wirkungen daran nur durch Kräfte hervorgerufen werden, dass also Energie aufgewendet werden muss. *Jedoch am Lebendigen können auch Informationen Wirkungen erzeugen.* Eine freudige und auch eine traurige Nachricht können unseren gesamten Körperzustand sofort verändern. Dabei ist es gleichgültig, ob sie uns mündlich oder schriftlich erreicht. Es ist die Information und weniger der Träger, was dafür wesentlich ist.

Seit einigen Jahrzehnten werden immer mehr technische Geräte eingesetzt, welche ebenfalls auf Dasjenige reagieren, was ihre Erbauer als „bedeutungsvolle Information" in diesen Geräten wirksam werden lassen können. Die Verarbeitung klassischer Bits durch technische Geräte beherrscht zunehmend unseren Alltag. Viele Menschen können sich ein Leben ohne Handy, Tablet oder größeren Computer nur schwer vorstellen.

Die Verarbeitung von klassischen Bits wurde nach dem Vorbild des „Feuerns-und-Nichtfeuerns" der Nervenzellen entworfen. Anfangs wurden von Programmierern Algorithmen entwickelt. Algorithmen können logische Ketten von Rechnungen und auch Handlungen verursachen. Später wurden dann tiefgestaffelte Netzwerke von Schaltern entwickelt, bei denen die Verbindungsstärken wie zwischen biologischen Nervenzellen veränderbar sind. Der Begriff des „Deep learning" verweist auf diese tiefe Staffelung. Solche Netze werden mit riesigen Datenmengen trainiert. Bei den fortgeschrittenen Netzen wie „AlphaGo" genügt es bereits, die Regeln und das Ziel vorzugeben. Auf Grund dieser Vorgaben verändert sich dann das Netz, indem es eine riesige Menge von Spielen erzeugt und daran Gewinnstrategien optimiert. Dies geschah so lange, bis es – in diesem konkreten Fall – den besten Go-Spieler der Welt besiegte.

Alle diese großartigen Werke an technischer Intelligenz arbeiten mit klassischen Bits und klassischer Logik. Darüber hinaus wird seit etwa einem Jahrzehnt in der Wissenschaft und auch in der Öffentlichkeit immer mehr über „Quanteninformation" und damit auch über „Quantenbits" gesprochen.

Von den technischen Realisierungen der Anwendung von Quanteninformation und speziell von Quantencomputern verspricht man sich viele neue Möglichkeiten. Quantencomputer sollen ermöglichen, die Eigenschaften komplexer Moleküle in annehmbarer Zeit zu berechnen. Geheimdienste erhoffen sich mit ihnen das Knacken von verschlüsselten Nachrichten. Auch viele andere Aufgaben sollen sich in viel kürzerer Zeit lösen lassen als bei den bisherigen Computern dafür benötig wird.

2.2. Der Kern der Neuen Physik

Wenn gegenwärtig viel nach „neuer Physik" gerufen wird, so ist noch einmal daran zu erinnern, dass „wissenschaftliche Revolutionen" heute so verlaufen, dass wenn oben Neues hinzukommen, die Fundamente verstärkt werden müssen. Es kann also auch bei „neuer Physik" nicht darum gehen, das bisher Bewährte zu entsorgen, sondern man muss ihm eine stabilere Basis unterfüttern – das meint gegenwärtig: eine einfachere Struktur. Nicht aus den komplexesten, sondern aus den einfachsten Strukturen erwächst eine Erklärung der Wirklichkeit. Das Bewährte behält dabei seinen Wert und seine Nutzanwendungen, aber es kann mit weniger Annahmen als bisher begründet werden.

Die gesuchte *Neue Physik* erwächst aus der Quantentheorie. Die Physik muss dazu auf ihre tatsächlich einfachsten Strukturen zurückgeführt werden. Das sind keineswegs die „Punktteilchen", die in der Idealisierung der Theorie existieren, die aber in ihrer Konsequenz im Widerspruch zu Plancks Formel stehen.

Das faszinierende Bild des „Punktteilchens" ist eine sehr wirkmächtige Vorstellung, die aus der klassischen Physik stammt. So wie man in dieser geglaubt hatte, dass man Ort und Geschwindigkeit widerspruchsfrei zusammendenken könnte, glaubt man auch an die Vorstellungen von Einfachheit und Punktteilchen.

Mich selbst hatte diese Vorstellung über Jahrzehnte geprägt, so dass ich lange nicht erkennen konnte, dass die klassische Vorstellung von Punktteilchen – welche übrigens auch zu einer Basis der Quantenfeldtheorie geworden war – einen klaren Widerspruch zu den Kernstrukturen der Quantentheorie bedeutet. Natürlich ist ein Punktteilchen – wenn es denn welche geben würde – eine denkbar einfache Struktur. Einen einfacheren Körper als einen mathematischen Punkt kann es nicht geben. Diese Vorstellung erzeugte die Illusion, dass die einfachste Struktur tatsächlich ein „Punkt" sein würde.

Jedoch gibt es in der Natur keine Punkte, nur in der Idealisierung der Mathematik.

Solange, wie die Fantasie über das Punkteilchen nicht hinterfragt wurde, konnte man die Bedeutung der Planckschen Formel nicht erkennen: Immer kleinere Objekte entsprechen einer immer größeren Energie. Das war jedem Physiker klar, nicht jedoch eine damit verbundene merkwürdige Konsequenz:

Während man doch sinnvollerweise sieht, dass immer mehr Energie zugleich immer mehr Struktur ermöglicht, so soll im Grenzfall unendlicher Energie – erst diese mathematische Idealisierung ermöglicht einen „Punkt" – plötzlich und unerklärlich eine absolute Einfachheit vorliegen!

Wir müssen also noch einmal feststellen: So wie die gleichzeitige Existenz von scharfen Orten und Geschwindigkeiten zur weniger genauen Weltbeschreibung der klassischen Physik gehört, gehört auch die Idee des Punktteilchens zur klassischen Physik.

So wie man nicht mehr Ort und Impuls zusammendenken kann, kann man auch nicht mehr Einfachheit und Punktteilchen zusammendenken.

Die Genauigkeit der Quantentheorie nötigt uns zur Verabschiedung von solchen Illusionen und zum Übergang zu den tatsächlich einfachsten Strukturen.

Die gesuchten einfachsten Quantenstrukturen haben den kleinstmöglichen – also einen lediglich zweidimensionalen – Raum von Zuständen.

Da in der Quantentheorie berücksichtigt wird, dass sowohl Fakten als auch Möglichkeiten reale Wirkungen erzeugen, arbeitet sie in ihren Theorien mit komplexen Zahlen. Eine komplexe Zahl kann durch zwei reelle Zahlen gekennzeichnet werden, eine für den „Realteil" und eine für den „Imaginärteil". *Ein zweidimensionaler Zustandsraum beinhaltet daher vier reelle Parameter.* Das sind so viele, wie sie auch die Raumzeit, in der wir leben, mit der Zeit-Koordinate und den drei Orts-Koordinaten beinhaltet.

Mit diesen Quantenstrukturen, den AQIs der Protyposis, offenbart sich eine Beziehungsstruktur, aus der sich u. a. die Teilchen der Quantenmechanik formen können. Mit ihnen konnte ferner geklärt werden, warum es in der Natur genau die drei quantischen Wechselwirkungen gibt. Ferner folgte eine Kosmologie, welche die Beobachtungen gut beschreibt und die sich nicht auf Bereiche stützt, welche prinzipiell unbeobachtbar sind und unbeobachtbar bleiben. Aus dieser Kosmologie konnten die Einsteinschen Gleichungen hergeleitet werden.

Mit der Protyposis wurden die Erkenntnisse über die Evolution des Lebens, welche die Wissenschaft seit Darwin bereits erreicht hat, bis zum Bewusstsein weitergeführt.

Die Quantentheorie lässt auch deutlich werden, dass unter geeigneten Bedingungen Eigenschaften wie Objekte wirken können. Bereits Platon sprach vom „Guten, Wahren und Schönen" – und die Dichter auch. Sie fühlten eine Wahrheit, welche durch die Quantentheorie in der Natur aufgezeigt wird.

2.3. Meine Begeisterung für die Quantenphysik

Seit meiner Schüler- und Studentenzeit, also seit über einem halben Jahrhundert, faszinierte mich die Physik mit der Relativitätstheorie und ganz besonders mit der Quantentheorie. Sie bildet bis heute den Kern meiner wissenschaftlichen Arbeit. Die Ergebnisse der physikalischen und astronomischen Forschungen haben seitdem immer wieder wichtige Anstöße für meine eigene Arbeit gegeben. In meiner Studentenzeit war vieles von dem noch reine Zukunftsmusik, was heute nicht nur in der Naturwissenschaft, sondern bereits in den großartigen technischen Konstruktionen des Alltags anzutreffen ist. Die Quantentheorie liefert den Schlüssel, um all das Neue verstehen zu können.

Die Quantentheorie hat den Zufall in die Physik gebracht. Mir selbst haben einige Zufälle geholfen, die für meinen späteren Lebensweg entscheidend waren. Später galt es für mich als Physiker natürlich, die theoretische Seite des Zufalls zu verstehen.

Das erste „wissenschaftliche" Buch, welches ich mir von meinem schmalen und oft sauer erarbeiteten Geld in der fünften Klasse gekauft habe, war ein dünnes Büchlein in der Größe eines Oktavheftes mit einem blauen Schutzumschlag: Arija: „Erforschung der Atome". Das Geld dafür war u. a. durch das Aufschichten von Braunkohlenbriketts im Keller erarbeitet worden und dafür, diese dann in die Wohnungen von Eltern und Großmutter hochzutragen, sowie durch das Schneeschippen an zwei Häusern meiner Großmutter, davon eines ein großes Eckhaus. Die unangenehmste Arbeit war, mit dem Rad durch unser Stadtviertel zu fahren, um für das Düngen des Schrebergartens die Äpfel einzusammeln, welche die Pferde fallen ließen. (In meiner Kindheit nach dem Krieg gab es auf den Straßen noch Pferde-Fuhrwerke.)

Der Umgang mit den Realitäten des Alltags hat mich stets mit diesen verbunden. Auch wenn ich mich später in meiner Wissenschaft immer stärker den mathematisch-theoretischen Fragen zugewendet habe, so blieben mir das Praktische und die Anwendungen der Theorie wichtig. Die Anforderungen eines Alltags, damals noch ohne Elektronik, ließen mich später auch die einfachen mechanisch-physikalischen Regeln gut verstehen und die Beziehung zur Praxis und zu praktischen Tätigkeiten blieb mir immer erhalten.

Ich suchte aber wohl auch eine „andere Welt" mit tieferen Erklärungen, die sich mir erstmals mit diesem Buch über die Atome ein wenig eröffnete.

Oft werden die Kinder durch die Lehrer für ein Fach gewonnen. Bei mir war es eher umgekehrt. Von meinem ersten Physikunterricht sind mir nur noch zwei Begebenheiten in der Erinnerung verblieben. Die erste hatte mit der Physik zu tun. „Wo ein Körper ist kann kein zweiter sein." Damit begann damals in der 5. Klasse die Physik. Wenn man die Hand ins Wasser steckt, dann ist dort, wo die Hand ist, nun kein Wasser mehr. Das fand ich wenig spannend. Bei der anderen Episode finde ich es heute absurd, dass sie mir einfällt, wenn ich an den damaligen Physikunterricht denke. Sie betraf zwar auch die „Körper", allerdings weniger die der Physik, sondern vielmehr die beginnende Aufmerksamkeit für anatomische Unterschiede bei uns zehnjährigen Kindern. Während die Mädchen notfalls auf die Toilette durften, wurden wir Jungen aufgefordert, stattdessen „einen Knoten" zu machen. Da fand ich mein Buch über die Atome viel interessanter und realitätsnäher. Später fesselte mich der Physik-Unterricht immer mehr. Auch mit dem Stoff der übrigen Fächer hatte ich keine Probleme und als Bester meiner Grundschule erhielt ich eine achtbändige Ausgabe von Friedrich Schillers Gesammelten Werken, die mir viel Lesestoff bot und die ich bis heute besitze. Damals haben mich als Vierzehnjährigen Schillers Dramen mit ihren Fragen von Ethik, Moral und Freiheit sehr berührt. Der Verkauf der Landeskinder nach Amerika oder die Forderung nach „Gedankenfreiheit" waren mir sehr aktuell. Der Abfall der Niederlande von spanischer Fremdherrschaft erschien mir keineswegs als „nur Historie". Der Krieg, den ich als Kleinkind miterlebt hatte, lag noch nicht so lange zurück, und die sowjetische Besatzung hatte erst wenige Jahre zuvor, gezeigt, wozu sie fähig war. Nach dem 17. Juni 1953 hatten sowjetische Panzer die Proteste der Bevölkerung gegen die Auswirkungen der SED-Diktatur niedergeschlagen.

Die Thomas-Oberschule in Leipzig hatte auch in meiner Zeit einen altsprachlichen Zweig, denn ihr war der Thomanerchor angeschlossen – und für diesen waren die alten Sprachen notwendig. Die mit dem Chor gegebene Verbundenheit zur Thomaskirche war den Funktionären der „führenden Partei" natürlich ein Dorn im Auge. Um den leicht kirchen-nahen Charakter der Schule zu verändern, wurden parallel zum Chor in den mathematisch-naturwissenschaftlichen Zweig der Schule vor allem Jugendliche in diese Schule eingewiesen, die aus Stadtteilen stammten, in denen es Mietskasernen gab. So hoffte man, den „proletarischen Einfluss" an der Schule erhöhen zu können. Einige wenige meiner Klassenkameraden waren linientreu und der kommunistischen Staatspartei zugetan, aber mit den meisten konnte man recht gut umgehen und auch diskutieren.

Die weitentfernte Oberschule nötigte mir und vielen anderen Klassenkameraden einen recht langen Radweg auf. Heute kann ich im Nachhinein feststellen, dass dieser Zufall der Schul-Zuweisung für mich auch positive Folgen hatte. Denn nach dem ersten Tanzstundenball stellte ich fest, dass dieser Weg zur Schule nahe an der Wohnung meiner damaligen „Balldame" vorbeiführte. Das erleichterte meine Kontakte zu ihr ungemein und sie wurde später – natürlich nicht nur wegen dieses Weges – meine Ehefrau. Sie eröffnete mir mit ihrem Interesse an und der Liebe zu Tieren eine Sicht auf Aspekte der Wirklichkeit, die mir bis dahin weniger nah gewesen waren.

In guter Erinnerung aus der Oberschul-Zeit habe ich den naturwissenschaftlichen Unterricht behalten. Biologie, Chemie, Physik und natürlich Mathematik fielen mir leicht und machten mir Freude. Im Nachhinein bedaure ich, dass der Mathematiklehrer mich damals nicht gefordert hat. Oft habe ich in seinem Unterricht gelesen. An einer Stelle in Brechts „Herr Puntila und sein Knecht Matti" musste ich so laut lachen, dass ich eine Ermahnung erhielt: Ich dürfe im Mathematikunterricht alles lesen, wozu ich gerade Lust hätte, aber nur unter der Bedingung, dass ich mich dabei stets leise verhalten würde.

Die nichtvorhandene Förderung zeigte sich auch darin, dass ich weder vom Mathematiklehrer noch von der Schule darüber unterrichtet wurde, dass 1961 in Leipzig eine Mathematikolympiade stattfinden wird. Ich hörte dieses Faktum zufällig von meiner Schwester beim Mittagessen und erfuhr von ihr auf meine Nachfrage auch Ort und Zeit der Veranstaltung. So bin ich einfach hingegangen und habe in der Stufe der 12. Klasse – also Abiturjahrgang – daran teilgenommen.

Als Sieger in der Stadt kam ich dann zur Olympiade beim Bezirk und als dortiger Sieger dann nach Berlin zur DDR-Olympiade. Der Sieg dort war für meinen Lebensweg sehr wichtig. Dies nicht nur, weil damit meine erste Auslandsreise – nach Ungarn zur III. Internationalen Mathematik-Olympiade – verbunden war, wo ich als erster Deutscher eine Platzierung errang, sondern auch im Blick auf mein Studium.

Ich hatte mich für einen Studienplatz in Physik an der Universität in Leipzig beworben und hatte bereits die Einweisung für ein „praktisches Jahr" in der „sozialistischen Produktion" in einem Braunkohlen-Tagebau zugestellt erhalten. Durch den Sieg bei der DDR-Olympiade durfte ich dann sofort mit dem Studium beginnen.

Ein solches Privileg war unter den Kommilitonen in meinem Studienjahr sonst nur einem SED-Genossen und einem Arztsohn zuteil geworden – bei letzterem vielleicht auch deshalb, damit dessen Eltern (wie viele andere Ärzte in dieser Zeit) nicht nach dem Westen gingen. Schließlich erfolgte die Studienplatzvergabe 1961 noch vor dem Bau der Berliner Mauer. Nach der Mathematikolympiade kam dann die Mauer und nach einem sehr langen Einsatz in der „sozialistischen Landwirtschaft" begann das Studium endlich mit Mathematik und Experimentalphysik und wurde – aus meiner Sicht – richtig spannend.

Ich hatte länger geschwankt, ob ich mich für das Studium der Mathematik oder das der Physik bewerben sollte. Die Mathematik fiel mir leicht, ich liebe sie und finde sie sehr interessant. Die Physik hat jedoch einen Bezug zur Realität. Der war mir immer wichtig und ist es immer geblieben.

Öfter musste ich mir allerdings immer wieder einmal die Nachschriften von Physik-Vorlesungen von meinen Studienfreunden ausborgen, weil ich zur gleichen Zeit Vorlesungen über moderne mathematische Wissenschaft anhören wollte.

Die Mathematik untersucht logische Strukturen und ihre Konsequenzen.

Die Mathematik kann charakterisiert werden als die Wissenschaft möglicher Strukturen.

Eine Beziehung zur Realität, zu experimentellen Erfahrungen ist dabei nicht notwendig. Die Physik ist, wie ich heute sagen kann, ebenfalls wie die Mathematik eine Wissenschaft von Strukturen, jedoch von solchen Strukturen, die einen Bezug zur Empirie, zu Experimenten und zu Beobachtungen haben.

Die Physik ist zu verstehen als die Wissenschaft über die Strukturen in der Wirklichkeit.

Mit der theoretischen Physik ist eine Kombination von beiden Aspekten gegeben, sie wurde mein Studienziel.

Ein tiefgreifendes Verstehen der Grundlagen der Wirklichkeit war und blieb bis heute der Kern meiner Interessen. Mit einem gründlichen Durchdenken dieser Zusammenhänge wird es auch möglich, die zugehörigen Vorstellungen denjenigen Menschen zu vermitteln, die sich dafür interessieren, „was die Welt im Innersten zusammenhält" – auch wenn sie nicht wie ich das Glück haben, sich fast ein Leben lang damit befassen zu können.

Ein Höhepunkt in meiner Assistentenzeit war ein Besuch in Halle an der Saale. Ich hatte durch Mundpropaganda erfahren, dass Carl Friedrich v. Weizsäcker aus Anlass seines Besuches bei der Jahrestagung der Leopoldina eine Vorlesung halten wird. Seine Bücher waren in der DDR sehr schwer zu erhalten, aber was ich hatte lesen können, hatte mich für sein Denken begeistert. Seine Vorlesung zeigte mir, wie man auch über die Inhalte der Physik sprechen kann, dass man nämlich die mathematischen Strukturen nicht nur anwenden, sondern ihre Bedeutung auch verstehen kann.

Dass eine philosophische Grundlegung der naturwissenschaftlichen Erkenntnisse notwendig ist, wurde mir immer klarer. Darin zeigte sich mir ein möglicher Weg des Denkens. Dass sich später eine über zwei Jahrzehnte andauernde wissenschaftliche Zusammenarbeit mit C. F. v. Weizsäcker und eine enge persönliche Freundschaft mit ihm ergeben würde, das habe ich damals nicht im Entferntesten zu träumen gewagt.

Ein Weg zur Erkenntnis ist nicht einfach, er wird mitbestimmt durch politische und gesellschaftliche sowie natürlich auch durch familiäre Umstände. So mussten „Durststrecken" durchlaufen werden, Kränkungen, Zurückweisungen und Demütigungen müssen verarbeitet werden. Aber wenn man sich für etwas wirklich interessiert und begeistert und wenn man außerdem, so wie ich, die Unterstützung seiner Frau und der Kinder hat, dann können einen auch die vielen anderen Verpflichtungen nicht davon abhalten, diesen Weg zu gehen.

Meine Begeisterung für die Physik hat mich auch immer wieder dahin geführt, innerhalb und außerhalb der Universität über die Quantentheorie und über die Folgerungen daraus für unsere Sicht auf Welt und Mensch zu berichten. So bildeten diese Bestrebungen, die Quantentheorie auch über die Physiker hinaus verständlich darzustellen, einen meiner Schwerpunkte von Forschung und Lehre an der Johann Wolfgang Goethe Universität in Frankfurt am Main. Aber natürlich ist mir klar, dass es dabei auch nicht ohne die Offenheit und die eigenen geistigen Anstrengungen der Hörer oder Leser gehen kann.

Was ist das Wesentliche an dieser Theorie?

Bis zum 20. Jahrhundert wurde in den Naturwissenschaften eine Welt beschrieben, in der es nur voneinander getrennte Objekte gibt. Zwischen denen wirken – so damals die Vorstellung – zwei Kräfte, Gravitation und Elektromagnetismus. Der Elektromagnetismus wurde mathematisch als „Kraftfeld" beschrieben. Für die Gravitation wurde eine Feldvorstellung erst mit Einsteins Allgemeiner Relativitätstheorie möglich. Alle Erscheinungen wurden als Tatsachen betrachtet. In dieser Weise behandelt die klassische Physik alle Vorgänge als ein faktisches Geschehen. Wieso jedoch die Objekte überhaupt stabil sein können, das kann sie mit ihren theoretischen Mitteln nicht begründen. Ebenso wenig kann sie erklären, warum es die existierenden Kräfte gibt – und auch nicht die Beziehungen zwischen den Objekten und den Kräften. Der Weg zur Klärung dieser Fragen führte zur Quantentheorie.

Die Grundsätze der Quantentheorie ergänzen und fundieren die klassische Physik. Allerdings war dazu eine wichtige Änderung des bisher zugrundeliegenden Weltbildes notwendig.

Wichtige Aspekte unseres Menschenbildes, unserer Vorstellungen, wie wir uns als Individuen empfinden können und wie wir uns verhalten, werden in der klassischen Physik ausgeblendet.

Zu den ausgeblendeten Aspekten gehört auch, dass es für uns Menschen selbstverständlich ist, dass unser Verhalten nicht nur von den Fakten bestimmt wird, die wir kennen. Wir haben Absichten und Ziele, und die mit unseren Intentionen verbundenen *Möglichkeiten können gleichwirksam neben die Fakten* treten. Und weiterhin wissen wir, dass jede Zerlegung in getrennte Teile oftmals eine Ganzheit beschädigt, die gerade dadurch gekennzeichnet ist, dass *ein Ganzes mehr ist als die Summe seiner Teile.* Diese zwei Prinzipien erscheinen uns im Alltag selbstverständlich.

Die Quantentheorie verweist uns darauf, dass auch in den Naturwissenschaften die Beziehungen und der Kontext, in dem etwas stattfindet, zu beachten sind.

Wenn man die Natur sehr genau untersucht, dann erkennt man, dass dort ebenfalls neben den Fakten auch die Möglichkeiten das Verhalten eines Systems beeinflussen.

Viele werden vom „Welle-Teilchen-Dualismus" gehört haben. Er macht deutlich, dass je nach Kontext sich ein Quantenobjekt in einem Versuch eher wie ein Teilchen oder eher wie eine Welle verhalten kann. Dieses Beispiel zeigt, dass der Kontext, in welchen ein Teilchen eingebunden wird, und die damit verbundenen Möglichkeiten reale Auswirkungen auf dessen Verhalten haben.

Man erkennt, dass sogar im Unbelebten ein Ganzes, welches durch Beziehungen konstituiert wird, oftmals mehr ist als nur die Summe seiner Teile, in die es zerlegt oder aus denen es aufgebaut werden kann.

So ergibt sich:

Die Quantentheorie kann dadurch charakterisiert werden, dass sie diese beiden fundamentalen Prinzipien der Natur, die Beziehungsstrukturen und das Wirksamwerden von Möglichkeiten, welche uns im alltäglichen Leben vertraut sind, in die Physik und in deren mathematische Struktur einbezogen hat.

Ich empfinde es bis heute als eine überwältigende Einsicht, dass eine solche Theorie wie die Quantentheorie, in der es so außerordentlich komplizierte mathematische Strukturen gibt, in ihrer Tiefe auf zwei so selbstverständlich erscheinenden Prinzipien beruht.

Die Einsichten über die tiefliegenden Strukturen der Natur bedürfen eines fortdauernden Forschungs- und Erkenntnisprozesses. In der theoretischen Physik haben mich vor allem die mathematischen Strukturen der Physik interessiert. So habe ich mich bereits in meiner Studentenzeit den Fragen zugewendet, welche damals als die grundlegenden erschienen. Es war die Theorie der Elementarteilchen. Sie wurde auch als „Hochenergiephysik" bezeichnet. Mit den für damalige Verhältnisse großen Beschleunigern konnte die Umwandlung von Bewegung in Materie in einem größeren Maßstab durchgeführt werden. Sehr energiereiche Teilchen erlaubten es, in immer kleinere Strukturen vorzudringen. So wurde deutlich, dass es sogar innerhalb des Protons eine interne Struktur gab. Diese Strukturen machten sich dadurch bemerkbar, dass sie bei Stößen wie winzige Teilchen innerhalb des Protons reagierten. Es waren die später so berühmt gewordenen Quarks.

Wie war die damalige Situation für die wissenschaftliche Forschung in der DDR?

Kunst und Wissenschaft können nur in einem Klima der Freiheit gut gedeihen. Und daran fehlte es vor allem. Wer nicht Mitglied der SED war, der kommunistischen Partei in der DDR, für den war es klar, dass für ihn der für die Wissenschaft so wichtige internationale Austausch auf den Ostblock beschränkt bleiben würde. Die Devisenknappheit der DDR erlaubte es der Universität nicht, wichtige internationale Zeitschriften zu beziehen. Die davon in der Sowjetunion angefertigten Raubdrucke kamen erst mit jahrelanger Verspätung an.

Zum Glück arbeitete ich damals in der theoretischen Hochenergiephysik. Diese war von allen technischen Anwendungen so weit entfernt, dass es für die Forschungsarbeiten keinerlei Geheimhaltungsvorschriften gab. So konnte man Kollegen im „Westen" um Sonderdrucke bitten. Viele reagierten sehr freundlich und schickten ihre Arbeiten. Aber eine unmittelbare Teilhabe an der aktuellen Forschung und der persönliche Austausch mit den Kollegen aus dem Westen blieben verwehrt.

In meiner Studentenzeit hatte ich für die damals noch häufig stattfindenden Pferderennen in Leipzig und Halle das Zielfoto betätigt, ein Nebenverdienst für das nicht üppige Stipendium, von dem ich zu Hause auch einen Anteil abgeben musste.

Heute mit allen den elektronischen Geräten kann man sich kaum noch vorstellen, wie es ablief. Eine handelsübliche Kamera war umgebaut worden. Anstelle eines normalen Verschlusses war ein schmaler Schlitz und ein kleiner Motor eingebaut worden. Der Schlitz war auf die Ziellinie gerichtet und bildete diese ab. Mit der Hand konnte man den Motor ein- und ausschalten. Lief der Film, dann war auf diesem das zeitliche Geschehen auf der Ziellinie nebeneinander abgebildet.

So war das ganze Bild auf dem Film nur das „Ziel", was manche schwer verstanden. Waren die Pferde nur knapp oder nicht getrennt durchs Ziel gekommen, wurde von der Rennleitung „Zielfoto" verkündet. Dann musste ich ganz schnell losrennen, um in der Dunkelkammer, die ich eingerichtet hatte, den Kleinbildfilm zu entwickeln, zu fixieren, zu wässern und von diesem noch nassen Film eine Vergrößerung anzufertigen. Die Schnelligkeit war nötig, da bei knappen Ergebnissen der Totalisator (das rennbahneigene Wettbüro) für die Ausrechnung der Gewinnhöhen der Wetten auf die Bekanntgabe des Zieleinlaufs warten musste.

Im Sommer 1968 sollte das „Internationale Meeting" für Pferderennen aller Länder des Ostblocks in Prag stattfinden. Ich hatte mich bereit erklärt, dafür dort das Zielfoto einzurichten, das es in Prag damals noch nicht gab.

In dieser Zeit arbeiteten in der damaligen ČSSR viele Menschen an der Umgestaltung der Gesellschaft in einen menschlicheren und lebenswerten Sozialismus. Die DDR-Führung versuchte damals, den Funken der Freiheit, der sich dort unter Alexander Dubček entwickelt hatte, nicht auf die DDR überspringen zu lassen. Sie schränkte die vorher gestattet gewesenen Reisemöglichkeiten immer mehr und massiv ein.

So bedurfte es für mich einer Sondergenehmigung des Außenministeriums, um nach Prag reisen zu dürfen. Ich war sehr gespannt darauf, was mich dort erwarten würde. Eine Aufbruchsstimmung in der Bevölkerung war auch ohne Sprachkenntnisse deutlich wahrzunehmen. Nach zwei Tagen intensiver Arbeit, u. a. an der Justierung der in der DDR entwickelten und von mir mitgebrachten Kamera, der Einrichtung der Dunkelkammer usw., hörte ich in meinem Übernachtungsquartier nahe der Rennbahn früh ein seltsames dröhnendes Geräusch. Als ich aus dem Quartier auf die entfernte Straße sah, waren es ein Panzer nach dem anderen, welche in langer Schlange in Richtung des Prager Zentrums fuhren. Es war mir sofort klar, dass es sowjetische Panzer sein mussten. Ich begriff, dass dort nicht nur meine, sondern die Träume vieler Menschen, die ich kannte und mit denen wir befreundet waren, niedergewalzt wurden.

Alle Mitarbeiter der Rennbahn, mit denen ich die zwei Tage zusammengearbeitet hatte, waren tief betrübt, viele weinten. Man nahm mich mit in die Zentrale im Zentrum. Auch dort in der Verwaltung für den Pferdesport saßen die Mitarbeiterinnen und weinten. Ein weiterer Schock für sie war, als der freier gewordene Rundfunk besetzt und abgeschaltet wurde. Sie erzählten auch von den ersten Toten in Prag.

Sie gaben mir etwas Geld von dem, was noch in der Kasse war, und ich versuchte, irgendwie nach Hause zu kommen. Wäre meine Frau damals nicht schwanger gewesen, wäre sie vielleicht mit in Prag gewesen. Wären wir dann durch die eine zeitlang offenere Grenze nach dem Westen gegangen? Hätten wir gehen können, ohne von Familie und Freunden Abschied zu nehmen? So wollte und musste ich zurück. Ich steckte mir die geschenkte „Dubček-Nadel" an die Jacke und gelangte irgendwie mit Zügen, welche doch gelegentlich fuhren, wieder zurück in Richtung Heimat bis nach Decin. Das letzte Stück und dann über die Grenze musste ich laufen. Die tschechischen Grenzer machten auf mich einen völlig demoralisierten Eindruck. Es war ihnen offenbar gleichgültig geworden, wer jetzt – nach den sowjetischen Panzern – die Grenze passierte. Der Verkehr war natürlich unterbrochen und kein Zug fuhr mehr. Am Elbhang sah ich sowjetische Panzer liegen, die wohl von der Straße abgerutscht und noch nicht wieder geborgen worden waren.

Die Hoffnung nach mehr Freiheit war dem Machtanspruch zum Opfer gefallen.

Nach der KSZE-Konferenz von Helsinki im Jahre 1975 hatte die DDR eine Reihe von internationalen Konventionen unterzeichnet, welche auch die Menschenrechte betrafen. Unter Berufung auf diese Abkommen konnte man dann erstmals daran denken, deren Gültigkeit auch für sich selber einzufordern. Unter anderem war die Aussicht, einen Zugang zur Kultur, zu Literatur und Wissenschaft – auch jenseits der DDR-Zensur – erhalten zu können, gegen das Risiko abzuwägen, unter politischen Vorwänden für lange Zeit inhaftiert zu werden. Schließlich war ein Ausreise-Antrag ein „rechtswidriges Anliegen".

Natürlich war es uns auch wichtig, unsere Kinder vor dem Orwellschen „Zwiedenken" zu bewahren, mit dem wir selbst groß geworden waren. Wir wollten sie vor dem ständigen Zwiespalt bewahren, mit dem wir aufgewachsen waren. Ein eigentlich unerfüllbarer Leitspruch unserer Eltern war: Sag die Wahrheit – aber gefährde uns nicht! Wir wollten nicht genötigt sein, unseren Kindern beibringen zu müssen, draußen nur ja nichts von dem zu sagen, was zu Hause gesprochen, im Radio gehört oder im Westfernsehen gesehen wurde.

So haben wir schließlich das Risiko eines sogenannten Ausreise-Antrags auf uns genommen.

An einen Verbleib an der Uni auch nur zu denken war absolut unmöglich. Jedoch keine Arbeit zu haben bedeutete „asozialen Lebenswandel" und damit Gefängnis oder zumindest „Verbannung" auf ein Dorf in Mecklenburg – fernab von aller Kultur und Wissenschaft.

Wie öfter in meinem Leben kam mir ein Zufall zu Hilfe. Ein Freund musste zu seiner Pfarrstelle eine zweite hinzunehmen. Zu dieser gehörte ein großer Friedhof – aber auf diesem gab es keinen Arbeiter. So habe ich dann bald in Markranstädt, einer kleinen Stadt bei Leipzig, als Totengräber und Friedhofsarbeiter gearbeitet. Ausreisewilligen wurde vom Staat mit beruflichem, sozialem und finanziellem Abstieg gedroht. Das trifft bei einem promovierten Totengräber ersichtlich ins Leere.

Ich bin bis heute vielen, vor allem westdeutschen Kollegen wie z. B. meinem späteren Frankfurter Kollegen Walter Greiner, dafür sehr dankbar, dass sie mir auch in dieser Zeit mit Sonderdrucken einen Zugang zu aktuellen Forschungsergebnissen ermöglicht haben. Die westlichen Instituts-Adressen von ihnen habe ich dann nach der Wende in meinen Stasi-Akten wiedergefunden.

Die Tätigkeit auf einem Friedhof war damals eine harte körperliche Arbeit, denn es gab keine unterstützenden technischen Geräte – vor allem nicht die kleinen Bagger, die heute das Graben so erleichtern. Der Boden in Markranstädt war lehmig mit großen Steinen. Spaten und Schaufel wurden von den Steinen gebremst, die Hacke blieb im Lehm kleben.

Während dieser politisch bedingten Unterbrechung meiner Forschungslaufbahn hat mich meine Tätigkeit in der DDR als Totengräber auch mit Fragestellungen konfrontiert, die in der Physik normalerweise völlig ausgeblendet werden. Sind die „kleinen Teilchen" tatsächlich die Grundlage der Wirklichkeit? Was ist Leben? Was ist Bewusstsein? Kann der Begriff der „Seele" auch naturwissenschaftlich interpretiert werden?

In mir vertiefte sich die Erkenntnis, dass die Überlegungen über die Basis der Physik notwendigerweise auch dazu führen, über die philosophischen Grundlagen der Naturwissenschaft im Allgemeinen nachzudenken.

Neben der Unterstützung durch viele Menschen, denen wir sehr dankbar sind, kam uns im Jahre 1978 wohl auch ein glücklicher Zufall zu Hilfe. Ein führender SED-Funktionär wollte unsere schön gelegene und sehr komfortable Leipziger Wohnung haben.

So konnte schließlich die Zwickmühle zwischen Ausreiseantrag und Entlassung aus der Staatsbürgerschaft aufgelöst werden. Die sogenannte „Rechtslage" hatte etwas von der Situation wie beim Schuster Voigt, dem Hauptmann von Köpenick. Diese wurde – zumindest von Heinz Rühmann im Film – so geschildert, dass man für eine feste Arbeit einen Aufenthaltsstatus benötigte, dass aber diese Aufenthaltserlaubnis nur gewährt wurde, wenn man eine feste Arbeit nachweisen konnte. So wurde uns mitgeteilt, dass ein Ausreiseantrag nur genehmigt werden würde, wenn man aus der Staatsbürgerschaft der DDR entlassen war. Die Voraussetzung für eine solche Entlassung war jedoch ein genehmigter Ausreiseantrag!

Als wir dann doch einen nun nicht mehr rechtswidrigen Antrag stellen konnten, wurde ein weiterer Zufall wichtig. Es gab dann den schweren Winter zwischen den Jahren 1978/79 und die DDR „fror ein". Nichts ging mehr, Stromabschaltungen wurden die Regel und wir saßen in Leipzig fest.

Zwei Studienfreunde, Stefan Welzk und Harald Fritzsch, welche Jahre zuvor mit dem Paddelboot von Bulgarien aus in die Türkei geflohen waren, hatten erfahren, dass wir Hoffnung hatten, fahren zu können. Sie wollten uns helfen, einen Anfang zu finden. So erfuhr ich, dass an der Uni in Wuppertal eine Stelle für einen theoretischen Physiker zu besetzen war.

Dieser Zufall mit dem Winterwetter führte zu der entscheidenden Wendung in unserem Leben.

Als endlich mit dem Tauwetter auch unsere Ausreise weiter bearbeitet wurde, war die Stelle in Wuppertal besetzt. Sie konnte nicht beliebig lange offengehalten werden.

Mit unseren damals vier Kindern standen wir nun vor der Möglichkeit eines Neubeginns, allerdings mit einer weitgehend unbekannten und unsicheren Zukunft.

Stefan Welzk war damals an Weizsäckers Institut in Starnberg tätig. Er hatte für mich einen kurzen „Gastwissenschaftler-Aufenthalt" an Weizsäckers Institut organisiert und ließ uns mitteilen: „Kommt erst einmal nach München". Er hatte auch Dorothee und Heinrich von Weizsäcker über unsere Situation unterrichtet. Sie selbst standen damals vor dem Umzug nach Kaiserslautern und nahmen uns großzügig und sehr hilfsbereit in ihre Wohnung auf. „Dann müsst ihr nicht ins Lager!"

Die Verbindung zu Carl Friedrich v. Weizsäcker begründete die entscheidende Wendung auch für mein Wissenschaftler-Leben.

Ein erstes intensives fachliches Gespräch Weizsäckers mit mir in seinem Institut überzeugte ihn von meinen Fähigkeiten. Er merkte mein großes Interesse an seinen physikalischen und philosophischen Gedanken. So wurden aus den vier Wochen nach und nach viele Jahre einer gemeinsamen Arbeit.

Weizsäcker machte mich von Anfang an ehrlicherweise darauf aufmerksam, dass es schwer ist, über die Grundlagen der Wissenschaft nachzudenken. Dies ist nicht nur so, weil man einen sehr großen Überblick über weite Bereiche der Wissenschaften haben muss und weil es schwierig ist, ausgetretene Pfade zu verlassen. Vor allem sei es kein Karriere-Weg, weil man dabei keine Zeit haben würde, um viel rechnen und veröffentlichen zu können. Ich selbst weiß nicht mehr genau, was ich darauf geantwortet habe. Weizsäcker selbst erzählte später öfter, ich hätte geantwortet, dass mir dies nichts ausmachen würde. Meine Frau erinnert sich noch gut an das Gespräch mit Frau v. Weizsäcker beim Aufhängen von Windeln im Garten und daran, dass diese dabei über das Interesse ihres Mannes an einer Zusammenarbeit mit mir sprach.

In Carl Friedrich v. Weizsäcker fand ich einen väterlichen Freund, der nicht nur die Gründerväter der Quantenmechanik selbst erlebt hatte und der zu dieser Theorie wichtige Beiträge geliefert hatte, sondern der neben seiner physikalischen Expertise auch ein breitgefächertes philosophisches Wissen hatte. Die langen Jahre der Diskussion mit Weizsäcker über die Grundlagen der Naturwissenschaft, über deren mathematische Strukturen und über alle damit verbundenen philosophischen Zusammenhänge waren sowohl ihm als auch mir sehr wichtig und haben uns beiden viel gegeben.

Schon im Jahre 1980 wurde mit seiner Emeritierung die „Abteilung Weizsäcker" am Starnberger Max-Planck-Institut offiziell geschlossen. So lange, wie die kleine Physikergruppe noch weiterexistierte, fand im Herbst eine „Physiker-Tagung" auf Weizsäckers Almhaus in Osttirol statt. Dabei wurden neben den fachlichen Diskussionen auch mittelgroße Reparaturen durchgeführt. Ich erinnere mich noch daran, dass das Holzhaus an einer Ecke angehoben wurde, um dort einen verwitterten Stützbalken zu ersetzen. Eine große Bergtour gehörte in der Regel ebenfalls dazu. Einen großen Eindruck bei den Bewohnern im Tal machte Frau von Weizsäckers Besteigung der Wunspitze (3217m) in ihrem 72. Lebensjahr. Wir waren zwei Seilgruppen. Ich war hinter dem Bergführer und

Frau von Weizsäcker der Schlussmann in einem Seil. Es war mein erster Ausflug ins Hochgebirge in meinem Leben – mit Bergschuhen vom Flohmarkt, die nicht richtig passten.

Nach der späteren endgültigen Auflösung seiner Physikergruppe arbeitete ich als der einzige fachliche Mitarbeiter weiter mit Weizsäcker zusammen. Die Organisation von Forschungsgeldern dafür war oft recht schwierig. An den Diskussionen in Weizsäckers Wohnung nahm oft auch meine Frau teil.

In der warmen Jahreszeit waren wir jedes Jahr mit unseren nun fünf Kindern auch Gast auf Weizsäckers Alm. Es war ein besonderer Ort.

An dieses Haus am Südhang der Venediger-Gruppe in 1735 m Höhe denke ich oft mit einer gewissen Wehmut zurück. Es gab zwar keinen Strom, aber Gas zum Kochen und für den Kühlschrank sowie frisches Wasser von einer Bergquelle. Wenn keine Tageswanderung in den Bergen unternommen wurde, standen tagsüber die physikalischen Probleme im Zentrum der Gespräche.

An den Abenden jedoch bestand Frau von Weizsäcker als promovierte Historikerin darauf, dass über andere interessante Themen gesprochen wurde. Auch von ihren Erfahrungen und ihrem Wissen haben wir viel profitiert. Wie ihr Ehemann stammte sie auch aus einem Elternhaus, in dem die Politik eine bedeutsame Rolle gespielt hatte. Ihr Großvater war der „General" Wille. In der Schweiz bedeutet dieser Titel etwas anderes als im übrigen Europa. Der General ist dort eine Art Diktator für die Zeit, in der um die Schweiz herum Krieg herrscht.

Die Verbindung von einem fundierten Geschichtswissen mit den Erfahrungen aus zwei selbsterlebten Weltkriegen und der Nazi-Diktatur gab tiefere Einblicke durch die reichen und vielfältigen Erlebnisse und Bekanntschaften mit Wissenschaftlern, Politikern, Künstlern und vielen anderen und war immer fesselnd. Wir konnten mit unseren Erfahrungen aus einer „Diktatur des Proletariats" dazu manches ergänzen. Wenn auch die eigentliche Physik auf den Tag verwiesen war, so waren doch die Gespräche über Physiker und über die Begegnungen mit diesen auch am Abend beim Schein der Petroleum-Lampe oder der Kerzen möglich. Bei einem Glas Rotwein wurde diskutiert, wurden Dichter zitiert und viel über die persönlichen Begegnungen mit Physikern und anderen Wissenschaftlern berichtet. Wir waren sehr interessiert, da auch die schon verstorbenen Physiker wie Wolfgang Pauli, Werner Heisenberg, Otto Hahn und andere wieder für uns wie „lebendig" wurden.

Die Arbeitsbesuche auf Weizsäckers Alm waren immer sehr intensiv. Bei gutem Wetter saßen wir auf der Terrasse, bei schlechtem in seinem kleinen Arbeitszimmer. Viele der gemeinsamen physikalisch-theoretischen Überlegungen mündeten als Veröffentlichungen in englischen Fachartikeln.

Eine für mich wichtige Begegnung auf Weizsäckers Alm war dort der Besuch von Edward Teller. Ich konnte seine Abwehr gegen die Resultate der Konferenz von Helsinki mildern, als ich ihm verdeutlichte, wie wichtig der „Korb drei" mit seiner Beziehung zu den Menschenrechten war. Allerdings konnten wir beide uns damals nicht vorstellen, dass sie noch viel wichtiger waren, als ich damals gedacht hatte. Die Wiedervereinigung Deutschlands und die Auflösung des „sozialistischen Lagers" lagen damals noch jenseits unserer wildesten Fantasien.

Für mich war es auch sehr wichtig zu erfahren, dass Teller es als den größten Fehler seines Lebens bezeichnete, einer Anweisung von Robert Oppenheimer, dem Leiter des Manhattan-Projektes, gefolgt zu sein. Dieser hatte ihm untersagt, ein Memorandum an den Präsidenten mit zu unterschreiben, in welchem eindrücklich davor gewarnt wurde, die Atombombe auf eine Stadt und ihre Zivilbevölkerung abzuwerfen. Leó Szilárd, welcher bereits das Memorandum entworfen hatte, mit welchem Albert Einstein den Präsidenten Roosevelt aufgefordert hatte, dass die USA eine Atombombe bauen sollen, sah nach dem technischen Erfolg dieser Entwicklung sehr klar die damit verbundenen politischen und vor allem ethischen Probleme. So verfasste er ein weiteres Memorandum, mit welchem der Abwurf einer derartigen Bombe auf ein ziviles Ziel verhindert werden sollte. Oppenheimer war im Gegensatz zu Teller der Meinung, die Wissenschaftler sollten Wissenschaft betreiben und sich nicht in politische Fragen einmischen. Nach dem Einsatz der Atombomben gegen Hiroshima und Nagasaki und deren verheerenden Folgen änderte Oppenheimer wohl seine Meinung.

Abbildung 1: Bei einem der Arbeitsbesuche auf Weizsäckers Alm

Teller sah die Kernwaffen als politische Waffen an. Er betrachtete sie als Waffen, deren tatsächlicher Einsatz sich bei gesundem Menschenverstand von selbst verbietet. Mit ihnen sollte ein Krieg und damit ihr Einsatz wegen des damit unkalkulierbaren Risikos unmöglich gemacht werden. Als ungarischem Juden standen ihm nicht nur die Gräuel der Nazis, sondern auch die Besetzung seiner ungarischen Heimat durch russische Truppen in den Jahren 1848, 1945 und 1956 und deren Folgen deutlich vor Augen.

Im Gegensatz zu Teller hoffen wir noch immer auf eine weltweite Kernwaffen-Abrüstung. Allerdings sind diese Hoffnungen heute wohl traurigerweise als weniger realistisch zu betrachten als nach dem Ende des kalten Krieges. Leider gibt es bisher nicht die geringsten Anzeichen dafür, dass die Kernwaffenmächte daran denken würden, ihren diesbezüglichen Selbstverpflichtungen aus dem Nichtverbreitungs-Vertrag nachzukommen. Vielmehr modernisieren sie ständig ihre Kernwaffen und erwecken immer mehr den Eindruck, dass sie lediglich Staaten mit Kernwaffenbesitz als ebenbürtig betrachten und behandeln.

Auf vielen fachlich veranlassten gemeinsamen Reisen mit Weizsäcker – gelegentlich auch mit meiner Frau – traf ich viele interessante Menschen. Sehr freundlich wurden wir in Atlanta bei der Familie von David Finkelstein aufgenommen. Nobelpreisträger Hans Bethe zeigte uns an seiner Universität in Ithaca, wie bescheiden vom Mobiliar her die Physik-Nobelpreisträger eingerichtet waren und wie exzellent die Ausstattung mit den wichtigen Dingen war.

Bei einem seiner Deutschlandbesuche hatte der Dalai Lama Carl Friedrich v. Weizsäcker um eine längere Unterrichtung in moderner Physik gebeten. Weizsäcker berichtete davon, dass seine Heiligkeit gemeint hätte, dass der Buddhismus noch einiges von der modernen Physik lernen könne. Bei seinem Besuch in Weizsäckers Haus konnte ich den Dalai Lama persönlich kennenlernen.

2.4. Der schwierige Weg zum Einfachsten und Fundamentalen

Weizsäcker hatte mir davon erzählt, wie er nach dem Krieg in Göttingen seine ersten Erfahrungen an einer dort befindlichen von Konrad Zuse entwickelten Rechenmaschine gemacht hatte. Diese hatte bereits alle prinzipiellen Eigenschaften, die für einen programmierbaren Computer notwendig sind. Durch das damals neue Buch über die „Kybernetik" von Norbert Wiener waren die Fragen der Steuerung und Regulierung, also der stabilisierende Einfluss von Information auf im Grunde instabile Systeme, im allgemeinen wissenschaftlichen Bewusstsein angekommen.

In seinem Buch „Die Einheit der Natur" formulierte Weizsäcker zu der Problematik, sich den grundsätzlichen Fragen zuzuwenden:

> Es ist charakteristisch für die Physik, so wie sie neuzeitlich betrieben wird, daß sie nicht wirklich fragt, was Materie ist, für die Biologie, daß sie nicht wirklich fragt, was Leben ist, und für die Psychologie, daß sie nicht wirklich fragt, was Seele ist, sondern daß mit diesen Worten jeweils nur vage ein Bereich umschrieben wird, in dem man zu forschen beabsichtigt. Dieses Faktum ist wahrscheinlich methodisch grundlegend für den Erfolg der Wissenschaft. Wollten wir nämlich diese schwersten Fragen gleichzeitig stellen, während wir Naturwissenschaft betreiben, so würden wir alle Zeit und Kraft verlieren, die lösbaren Fragen zu lösen. [1]

Wesentlich für Weizsäckers Blick auf die Realität war die Erkenntnis, dass die Struktur der Quantentheorie es ermöglichen sollte, sämtliche von der Physik erforschbare Materie auf quantisierte binäre Alternativen zurückzuführen. Seine vor allem auf der Logik der menschlichen Erkenntnis basierenden Überlegungen hatten ihn daher Quantenbits als Grundlage der Wirklichkeit postulieren lassen:

> Meine Vermutung ist, daß die ganze Physik im wesentlichen nichts anderes ist als die Gesamtheit derjenigen Gesetze, welche schon deshalb gelten müssen, weil wir das, was die Physik untersucht, objektivieren und objektivieren können, daß also die Gesetze der Physik nichts anderes sind als die Gesetze, die die Bedingungen der Möglichkeit der Objektivierbarkeit des Geschehens formulieren. [2]

Mit seinen Überlegungen hatte Weizsäcker das Tor zur „neuen Physik" geöffnet. Mit der Protyposis-Theorie, die in den späteren Kapiteln des Buches noch näher erläutert wird, konnte dieses Tor durchschritten werden. Wichtige Ergebnisse dieser neuen Physik liegen bereits vor, leider konnte Weizsäcker die späteren Ergebnisse nicht mehr erleben.

Weizsäcker postulierte damals Quantenbits, von ihm als „Ur-Alternativen" bezeichnet, als die Grundstrukturen der Physik. Allerdings waren seine Vorschläge dem damaligen Entwicklungsstand der Physik noch so weit voraus und die ersten Ergebnisse noch so wenig konkret, dass auf sie von der Mehrheit der Physiker eher mit Abwehr und Spott oder allenfalls mit abwartender Neugier reagiert wurde, als dass es zu einer umfangreichen Zusammenarbeit mit ihnen gekommen wäre.

Selbst sein Lehrer und Freund Werner Heisenberg war den konkreten Bildern von „Teilchen" noch so sehr verhaftet, dass er über Weizsäckers Vorstellungen und die damit geforderte Abstraktheit des Denkens in seinem Buch »Der Teil und das Ganze" [3] schrieb:

> Der Weg soll also, wenn ich dich richtig verstanden habe, von der Alternative zu einer Symmetriegruppe, das heißt zu einer Eigenschaft führen; die Darstellenden einer oder mehrerer Eigenschaften sind die mathematischen Formen, die die Elementarteilchen abbilden; sie sind sozusagen die Ideen der Elementarteilchen, denen dann schließlich das Objekt Elementarteilchen entspricht. Diese allgemeine Konstruktion ist mir durchaus verständlich. Auch ist die Alternative sicher eine sehr viel fundamentalere Struktur unseres Denkens als das Dreieck [die Dreiecke waren Platons Idee, um aus ihnen die Atome als die "Platonischen Körper", also reguläre Vielecke wie z. B. Würfel oder Tetraeder zu konstruieren, *Anm. von mir*] Aber die exakte Durchführung deines Programms stelle ich mir doch außerordentlich schwierig vor. Denn sie wird ein Denken von so hoher Abstraktheit erfordern, wie sie

bisher, wenigstens in der Physik, nie vorgekommen ist. Mir wäre das sicher zu schwer. Aber die jüngere Generation hat es ja leichter, abstrakt zu denken. Also solltest du das mit deinen Mitarbeitern unbedingt versuchen.

Der Nobelpreisträger Heisenberg hatte durchaus eine Vorstellung davon, in welche Richtung sich die Physik der Zukunft bewegen wird. Er ahnte, dass es die Richtung der abstrakten Strukturen sein muss. Werner Heisenberg sah, dass es eine andere Richtung sein musste als die, in die Demokrit gewiesen hatte – auch wenn die Naturwissenschaften diesem Weg über so lange Zeit und so erfolgreich gefolgt waren. Demokrit hatte einen wesentlich einfacheren Vorschlag als Platon gemacht. Er wollte die Materie in kleinste Stücke zerlegen und sie damit verstehbar machen. Allerdings ist es mit einigem Nachdenken einsichtig, dass eine Erklärung eine andere Gestalt haben muss als die, welche oftmals in einer Form angeführt wird, welche im Kern wie folgt formuliert ist: „Materie besteht aus kleinen Strukturen von Materie" – oder noch schlimmer: „aus kleinen Stücken von Materie".

Heisenbergs Aussage ist also deutlich zu entnehmen, dass er mit den Vorstellungen sympathisierte, auf welche Weizsäcker als Erster verwiesen hatte. Dass diese im Laufe der späteren Forschungen schließlich eine konkrete physikalische Ausarbeitung erhalten haben, das konnten beide jedoch nicht mehr erleben. Zu Heisenbergs Zeit lag dies alles noch weit jenseits des Erreichbaren.

Um den Anschluss an die etablierte Physik zu ermöglichen war es darüber hinaus außerdem notwendig, die Quantentheorie noch abstrakter zu denken als es Weizsäcker vorgeschlagen hatte. Die bei Weizsäcker noch postulierte Verbindung von physikalischer Information zu „Wissen" und zu „Bedeutung" musste aufgelöst werden.

„Bedeutung" und natürlich erst recht „Wissen" ist etwas weithin „Subjektives" und die Physik sucht stattdessen das „Objektive".

Weizsäckers Vision, auf die er mit seinen Ur-Alternativen verwiesen hatte, war die fundamentale Einheit der Erscheinungen der Natur.

Seit Einsteins Formel $E = mc^2$ war in der Physik der Unterschied aufgehoben, der über Jahrtausende zwischen „Materie" und „Bewegung" gesehen wurde (die, wie gesagt, in der Physik als „kinetische Energie" messbar wird). Mit der Protyposis lassen sich Plancks und Einsteins Formeln so erweitern, dass Weizsäckers Vision damit verbunden werden kann. Es folgt eine Gleichung, welche Masse, Bewegung und Information miteinander verknüpft:

$$m\,c^2 = E = h\,c\,/\,\lambda = N\,\hbar\,/\,(6\,\pi\,t_{kosmos})$$

Die Masse m ist nach Einstein mit der Lichtgeschwindigkeit c äquivalent zu einer Energie E. Dieser wiederum entspricht mit dem Wirkungsquantum h nach Planck der Kehrwert einer charakteristischen Ausdehnung (Wellenlänge) λ. Nun ist neu, dass die Energie E einer Anzahl N von Quantenbits entspricht. Dabei ergibt sich der Proportionalitätsfaktor zu $\hbar$ ($= h/2\pi$) geteilt durch $6\,\pi$ mal dem Weltalter t_{kosmos}.

Wie groß der Widerstand gegen neue wissenschaftliche Ideen zu allen Zeiten ist, wurde mir auch daran deutlich, dass ich noch im Studium, also über ein halbes Jahrhundert später, trotz Einsteins Erkenntnis die These des ersten Sowjet-Diktators Wladimir Iljitsch Lenin lernen sollte: „Es gibt nur die Materie und die Bewegung ist ihre Grundeigenschaft". Damit war ein genereller Unterschied zwischen einem Objekt und seiner Eigenschaft postuliert worden, der auch oft im Naturalismus als fundamental angesehen wird. In der Physik war dies zumindest für den Spezialfall von Materie und Bewegung seit längerem der Einsicht gewichen, dass beides ineinander umgeformt werden kann. Das wird als die „Äquivalenz von Materie und Energie" bezeichnet und ist Forschungserfahrung in den großen Beschleunigerzentren. Dort wird tagtäglich die Bewegung von Quanten in Materie verwandelt. Es bleibt natürlich in vielen konkreten Fällen sehr zweckmäßig, beides, Materie und Bewegung (resp. Energie) in ihren sprachlichen Bezeichnungen zu unterscheiden. Aber diese Zweckmäßigkeit kann verhüllen, dass zwischen ihnen kein fundamentaler Unterschied besteht, dass sie eine gemeinsame Grundlage besitzen. Diese Grundlage sah Weizsäcker in den Ur-Alternativen.

Wenn allerdings diese Quantenbits tatsächlich die Grundlage von allem bilden sollen, dann ist es notwendig über Einsteins Äquivalenz von Materie und Energie hinaus auch noch eine physikalische Äquivalenz von Quanteninformation mit Materie und Energie zu erreichen. Dafür musste der Informationsbegriff absolut gefasst werden.

Deshalb war es notwendig, Weizsäckers „Relativität der Ure" selbst zu relativieren.

Solange „Information" wie bei Weizsäcker mit „Bedeutung" verkoppelt ist, ist eine „Relativierung" als Gegensatz zur „Absolutheit" unvermeidlich.

So kann man beispielsweise den Gehalt an bedeutungsvoller Information eines genetischen Codes auf der Grundlage der vier Nukleobasen Adenin, Guanin, Cytosin und Thymin berechnen. Dabei vergleicht man alle möglichen Anordnungen der vier „Buchstaben" (die vier Moleküle) mit dem tatsächlichen „Text", also mit der tatsächlichen Anordnung dieser Moleküle im aktuellen Genom.

Das Maß, welches man der Menge dieser Information im Genom zuschreibt, hängt vom Kontext ab. Je tiefer man in die Grundlegung hinabsteigt und je weniger an unerklärten Strukturen man damit einfach voraussetzt, desto größer wird die Menge an Information sein, die dem Genom zuzuschreiben ist. Wenn man nämlich an Stelle der vier Nukleobasen-Moleküle lediglich die Atome von Wasserstoff, Kohlenstoff, Stickstoff und Sauerstoff, aus denen diese Basenmoleküle bestehen, als Basis-Einheiten wählt, dann wird die bedeutungsvolle Information, welche nun dem Genom zuzusprechen ist, sehr viel größer. Man müsste in diesem Fall zuerst alle möglichen Anordnungen der Atome vergleichen mit derjenigen speziellen Verteilung, welche zu den Molekülen der vier Nukleobasen führt. Dann schließt sich die obige Prozedur von den Molekülen zum Genom an.

Die Willkürlichkeit bei der Festlegung von Größenordnungen von bedeutungsvollen Informationen macht es natürlich unmöglich, diese an die Physik anzubinden. Ein absoluter und damit ein mit der Physik verbindbarer Wert musste gefunden werden.

2.5. Die AQIs als Grundlage von Sein und Werden

Je größer die Abstraktheit eines Begriffes wird, desto umfassender wird er auch. Hütte, Haus, Tempel und Schloss kann man dem abstrakteren Begriff des Gebäudes unterordnen. Von der Abstraktheit zurück führt dann der Weg zu den konkreten Erscheinungen. Von dem abstrakten Begriff der „Lebewesen" haben wir konkrete Ausformungen beispielsweise als Würmer, Elefanten, Pfifferlinge und Blumen sowie die Vielzahl aller weiteren Erscheinungen des Lebendigen.

Der abstrakte Begriff des „Seins" sagt nur noch aus, dass etwas existiert.

Jede weitere Konkretisierung oder Ausschmückung würde von diesem abstrakten Begriff zu einer Einschränkung seines Geltungsbereiches führen. Der Begriff der „Hütte" schließt z. B. Tempel und Palast aus.

Leider bedeutet es auch, dass je abstrakter eine Struktur wird, sie auch desto unanschaulicher wird. Jedes konkrete Bild ist also noch nicht abstrakt genug.

Wenn wir die Jahrtausende alten philosophischen Überlegungen über die Welt reflektieren, so zeigt sich, dass mit dem „Sein" auch ein „Werden" – also die Möglichkeit von Veränderung – mitgedacht werden muss.

Wenn wir diese Bedingungen bedenken, dann zeigt die Mathematik der Quantentheorie, dass diese Forderungen zu den abstraktesten quantentheoretischen Modellen führen. Diese sind Strukturen, welche zwar beliebig viele mögliche Zustände besitzen, die aber lediglich stets nur zwei Antworten – z. B. ja oder nein oder auch rechts oder links – zulassen, also Quantenbits.

Etwas noch Einfacheres als Quantenbits ist unmöglich.

Das Sein kann also auf die abstrakteste Struktur, auf die Protyposis, reduziert werden. Das „Werden" zeigt sich in der wachsenden Anzahl der Quantenbits.

Jede weitere Annahme oder Vorstellung würde bereits mehr behaupten als lediglich ein „Sein" mit einer Möglichkeit des „Werdens" von Veränderungen. Für ein tatsächliches „Werden" in dem Sinne, dass auch total Neues entsteht, wird eine Veränderung der Anzahl der Quantenbits notwendig. Durch ihre wechselseitigen Beziehungen werden dann immer komplexere Strukturen im Kosmos erscheinen können.

Mit dem Ziel, naturwissenschaftlich das Sein zu erforschen und damit die Äquivalenz von Materie, Energie und Quanteninformation zu begründen, war also ein absoluter Begriff von Information zwingend notwendig geworden. Bedeutungsvolle Information ist wie dargelegt immer relativ und nie absolut. Verschiedene Kontexte erzeugen verschiedene Bedeutungen. Jedoch an „null Gramm Materie" ist nichts relativ, es ist eine absolute Angabe. Nur zwei absolute Größen können zueinander äquivalent werden, nicht jedoch eine absolute Größe mit einer relativen.

Jede Angabe einer Örtlichkeit bedeutet eine Relation. Sie bedeutet eine Beziehung zu einem anderen Ort. Erst die Gesamtheit aller möglichen Orte kann so etwas wie einen absoluten Bezug ermöglichen.

Der Kosmos, also das Universum als ein Ganzes, ist ein einziger Kontext, damit gibt es keine weitere konkrete Relation. So war es erforderlich, die Bits der Quanteninformation bei ihrem Einbeziehen in die Physik als primär absolut – also auf den Kosmos als Ganzen bezogen – und damit auch als bedeutungsfrei und als bedeutungsoffen festzulegen.

Für das Absolute wird also der Kosmos notwendig, weil der Kosmos nicht in Relation zu etwas anderem steht. Der Kosmos ist die absolute Realität, er kann nicht mehr zu etwas anderem erweitert oder vergrößert werden. Auch wenn er selbst expandiert, so bleibt er doch einer und ein Ganzes. Hingegen kann die Materie im Kosmos zueinander in die unterschiedlichsten Relationen gesetzt werden.

Aus zahlreichen und fruchtbaren Diskussionen mit dem theoretischen Physiker und Chemiker Jochen Schirmer heraus wurden später der Begriff „AQIs" kreiert, **A**bstrakte **B**its von **Q**uanten**I**nformation. So sollte die automatisch auftretende sprachliche Verkopplung zwischen Information und Bedeutung aufgebrochen werden.

Auf Vorschlag des leider frühverstorbenen Frankfurter Altphilologen Roland Schüßler, der die Reichweite unseres Konzeptes verstanden und sich dafür begeistert hatte, wählten wir „*Protyposis*" für die Gesamtheit der AQIs und damit für die Gesamtheit dessen, was naturwissenschaftlich beschrieben werden kann. Im Wörterbuch findet sich: προ-τύπωσις, ἡ, das Vorbilden. Der griechische Wortstamm steckt beispielsweise auch in den „Archetypen".

Die Protyposis ist der Begriff für die ontologische Vor-Form für alles Existierende.

Sie ist also ein passender Begriff für etwas, das sich zu Energie, zu Materie und schließlich auch zu bedeutungsvoller Information formieren und ausbilden kann.

Die Protyposis ist eine begriffliche und auch mathematische Gestaltung. Mit dieser werden die als philosophisch zu verstehenden Begriffe sowohl des Seins als auch des Werdens erfasst.

Die elementaren Strukturen, in welche die Protyposis theoretisch zerlegt werden kann, sind die AQIs, also Quantensysteme mit einem zweidimensionalen Zustandsraum. Außer seiner Existenz kann einem einzelnen AQI nichts Weiteres zugesprochen werden.

Vielleicht fragt man sich nach diesen vielen Abstraktionsschritten, wieso der Begriff „Information" noch immer verwendet wird?

Heute, wo fast jedermann genötigt ist, sich mit Computern zu befassen, ist weithin bekannt, dass jede beliebige fassbare Information letztlich auf „Bits" reduziert werden kann. Sowohl Texte als auch Fotos, Bilder sowie Musik können uns in Form von vielen Bits entgegentreten. All die Fotos auf unserer Festplatte oder die Konzerte oder die Filme auf einer DVD werden dargestellt als eine Folge von 0 und 1.

Aber nicht nur Künstlerisches, auch alle Messwerte und die Auswertungen von Experimenten, im Prinzip all unser naturwissenschaftliches Wissen über die Welt, all das ist offenbar auf Bits reduzierbar.

Über lange Zeit waren die Bits der Informationsverarbeitung *neben* der Physik und *nicht in ihr* zuhause. In der Physik trat die Information in einer seltsamen Gestalt auf. Sie wurde dort Entropie genannt und bedeutet Information, über die außer der Größe ihres Messwertes nichts bekannt ist. Information, deren Bedeutung unbekannt ist, kann in der Physik gemessen werden. Bedeutung hingegen ist kontextabhängig und somit nie absolut und auch nicht eindeutig messbar.

Wenn man abschätzt, welche Menge an Information über ein Objekt im Prinzip und überhaupt unbekannt werden kann, dann hat man damit ein Maß für alles, was dieses Objekt auszeichnet. Dass diese Information dann tatsächlich das „Objekt auch ist", das ist damit vielleicht noch nicht einsichtig – aber wir sind ja auch noch am Anfang unseres Gemäldes der Wirklichkeit.

Weizsäcker hatte sich überlegt, wie viele Alternativen man im Kosmos entscheiden kann. Seine Arbeitshypothese dafür war die Einsicht, dass alle unsere Kenntnis letztlich auf die Orte und das Verhalten der materiellen Objekte zurückgeführt werden kann. Materielle Objekte bestehen aus Atomen und deren Masse findet sich im Wesentlichen im Atomkern. Der Atomkern kann zerlegt werden in Neutronen und Protonen, die beide eine fast gleiche Masse haben. Das Proton kennt man als den Atomkern vom Wasserstoff.

Wenn man sozusagen von jedem Proton und Neutron den Ort angeben könnte, so wäre dies ein mögliches Maß für die gesamte Information im Kosmos. Das würde auch ein theoretisches Maß dafür liefern, wie viel Information über ein einzelnes Proton verloren gehen kann.

Die von Weizsäcker im Rahmen seiner Ur-Theorie aufgestellte These: „Ein Proton sind 10^{40} Ur-Alternativen" (also Quantenbits), lag zu dieser Zeit noch weit jenseits alles dessen, was sich die Physiker damals vorstellen konnten. So erlebte ich noch oftmals, auf welche spöttische Ablehnung dieses Postulat stieß.

Mitte der 1970er Jahre hatten jedoch Jakob Bekenstein und Steven Hawking ihre grundlegenden Arbeiten über die Entropie der schwarzen Löcher publiziert. Ich erkannte, dass es mit dieser Theorie möglich wird, die gesuchte und notwendige Verbindung zwischen Weizsäckers Thesen und der etablierten Physik zu erstellen. Zugleich wird mit einer solchen Verbindung der gesuchte Zusammenhang zwischen Quantentheorie und Allgemeiner Relativitätstheorie zugänglich.

Neben einem Anschluss an die empirischen Daten der Kosmologie war auch ein Anschluss an die übrigen theoretischen Konzepte der Physik notwendig. Viele gemeinsame Arbeiten mit C. F. v. Weizsäcker sind im Anhangskapitel „Weiterführende Literatur" aufgeführt. Unter anderem wurde von uns bereits 1992 zusammen mit Dirk Graudenz gezeigt, wie die prinzipielle Bildung der masselosen Quantenteilchen der Relativitätstheorie aus Quantenbits zu verstehen ist.

Auch nach Weizsäckers Ausscheiden aus der Forschungsarbeit wurde diese aktiv weitergeführt. Es gelang, Weizsäckers Visionen zu einer Theorie weiterzuentwickeln, welche die gesamte Physik von den tiefstmöglichen Grundlagen her erklärt. So wurden mit Uwe Schomäcker die mathematischen Strukturen für Quantenteilchen mit einer Ruhmasse im Rahmen der speziellen Relativitätstheorie berechnet. Damit kann die Vorstellung, dass Materie als dichtgepackte Energie verstanden werden kann (wegen $E = mc^2$), noch erweitert werden. Beides sind spezielle Erscheinungsformen von AQIs. Die Ergebnisse wurden mit umfangreichen Monographien und vielen Artikeln publiziert.

Materie und Energie erweisen sich als geformte und dichtgepackte Quanteninformation.

Die Ruhmasse ist die Masse, die man an einem Objekt in dem Koordinatensystem feststellen kann, in dem es ruht. Künftig soll der Einfachheit halber unter „Masse" immer nur „Ruhmasse" verstanden werden. Der Bezug auf „Ruhe" ist wichtig, da nach Einstein die Trägheit, welche das Maß für die Masse bildet, mit steigender Geschwindigkeit immer größer wird.

Bereits vor drei Jahrzehnten konnte auf der Basis der Quantenbits eine Kosmologie entwickelt werden, von der sich heute zeigt, dass sie die neuesten Beobachtungsdaten gut beschreibt.

In den letzten Jahren konnten die grundlegenden mathematischen Strukturen der existierenden Wechselwirkungen begründet werden. Damit ist verständlich geworden, weshalb es in der Natur die elektromagnetische, die schwache und die starke Wechselwirkung gibt.

Oftmals werden chemische Prozesse mit Bildern veranschaulicht, in denen die Atome wie kleine Lego-Steine aneinandergefügt werden. Auch in der Biologie werden die Verbindungen und Reaktionen von Molekülen oft nur vereinfacht wie ein Schlüssel-Schloss-Prinzip dargestellt. Diese Vorstellungen lassen zumeist vergessen, dass alle Erscheinungen in Chemie und Biologie der elektromagnetischen Wechselwirkung zuzurechnen sind. Und ein genaues Verstehen der elektromagnetischen Wechselwirkungen zeigt, dass sie alle auf dem Austausch von Photonen zwischen den Reaktionspartnern beruhen.

2.6. Wir stehen auf den Schultern von Riesen

Ein Blick in die Geschichte der Philosophie zeigt, dass in ihr verschiedene Sichtweisen und Interpretationen der Welt bisher nicht dazu geführt haben, dass sich so etwas wie ein Konsens auf eine mehr oder weniger einheitliche Sicht durchgesetzt hätte. Im Gegensatz dazu sollte es im Grunde die Naturwissenschaft auszeichnen, dass in ihr eine Weiterentwicklung erfolgt. Diese sollte auf gesicherten Resultaten der vorangegangenen Entwicklung aufbauen. Ich schreibe „sollte", weil man im Laufe eines Forschungslebens immer wieder einmal mit einem gewissen Staunen sieht, wie gelegentlich das Rad wieder neu erfunden wird.

Für die Naturwissenschaft kann ein Ausspruch kennzeichnend sein, der auch von Isaak Newton gebraucht wurde: „Wir stehen auf den Schultern von Riesen." Spätere Generationen können mit dem überlieferten Wissen mehr überblicken als ihre Vorgänger. So öffnen sich neue Gesichtspunkte, welche zuvor höchstens geahnt werden konnten.

Auch die neue Physik beruht auf den Forschungen wissenschaftlicher Riesen. Planck, Einstein, Bohr, Heisenberg, Schrödinger, Feynman und Weizsäcker – um nur einige zu nennen – haben Vorarbeiten geleistet, ohne welche die nachfolgenden Schritte nicht möglich gewesen wären. Allerdings geht es auch in der Naturwissenschaft nicht nur um das Erkennen der Strukturen der Wirklichkeit. Viele andere Einflüsse wirken stark darauf, wie schnell sich neue Einsichten durchsetzen können.

Bereits Max Planck hatte – wenn vielleicht auch etwas überspitzt formuliert – darauf verwiesen, wie sich neue Ideen durchsetzen. Dies geschehe zumeist nicht dadurch, dass sich die führenden Vertreter der alten Vorstellungen durch wissenschaftliche Argumente überzeugen ließen. Planck meinte, sie würden aussterben und damit Platz für Neues machen.

Hinter einer solchen hart klingenden Aussage stand die persönliche Erfahrung Max Plancks, dass über viele Jahre keine von seinen gut begründeten theoretischen Erkenntnissen von den führenden Wissenschaftlern in seiner Zeit zur Kenntnis genommen wurde. Seine Hartnäckigkeit, mit der er ein als richtig erkanntes Ziel in der Wissenschaft verfolgt hatte, erscheint im Rückblick sehr bewundernswert. Über ein Jahrzehnt hatte er über das Wesen des Lichtes geforscht. Schließlich kam er nicht mehr an der Einsicht vorbei, dass das Wirkungsquantum eine unvermeidbare neue

Naturkonstante ist – eine Naturkonstante, welche die gesamte damalige Physik grundlegend verändern musste.

Plancks Ausführungen lassen erkennen, wie schwer es ist, tiefverwurzelte naturphilosophische Überzeugungen zu überdenken und erst recht, diese zu korrigieren.

Vor zwei Jahrzehnten hatte ich in meinem Buch „Quanten sind anders" unter anderem auch auf die Verständnisschwierigkeiten verwiesen, die sich aus den Bildern von „kleinsten Teilchen" als fundamentale Entitäten fast notwendig ergeben. Heute zeigt sich, dass an den grundsätzlichen Aussagen in diesem Buch nichts zu korrigieren ist. Schließlich sind Teilchen viel komplexer als die AQIs.

*Die Teilchen bilden erst die **vorletzte Stufe** bei den Erklärungen der Natur.*

Ein andauerndes Festhalten an der Vorstellung der „fundamentalen Teilchen", welche über die natürlich sinnvollen pragmatischen Näherungen wie z. B. in der Chemie hinausgehen, erschwert die Einsicht in die notwendigen Änderungen.

„Erklären" bedeutet zu zeigen, wie komplexe und komplizierte Zusammenhänge und Strukturen aus einfachen Strukturen geformt werden. Mit dieser „Reduktion" ist also der Aufbau des Komplizierten aus etwas Einfacherem zu verstehen.

Das Zurückführen (lat. reducere) soll also so interpretiert werden, dass keine geheimnisvolle und unverstehbare Entität zwischen dem Einfachem und dem Komplexem noch hinzukommt.

Es sollen bei diesem Übergang lediglich bestimmte Aspekte als unwesentlich erkannt werden.

Durch die damit möglichen und zugleich erforderlichen mathematischen Grenzübergänge werden neue mathematische Strukturen deutlich.

Zugleich entspricht eine solche theoretische Entwicklung den natürlichen Prozessen der kosmischen und biologischen Evolution. Auch in der Evolution bildet sich Komplexes aus Einfachem. Ein übernatürliches Eingreifen an den Übergangstellen kann im Rahmen der Naturwissenschaft nicht akzeptiert werden. Der oft verwendete Hinweis auf „Emergenz" erklärt nichts, zeigt aber die Notwendigkeit einer Erklärung auf.

Daraus ergeben sich wichtige Folgerungen.

Die kompliziertesten mathematischen Strukturen, mit denen komplexe physikalische Zusammenhänge erfasst werden können, sind die Quantenfeldtheorien. Diese Theorien sind das Werkzeug, mit denen gegenwärtig und wohl auch in Zukunft zumeist die vielfältigen und komplizierten Erscheinungen und Zusammenhänge in der Natur theoretisch bearbeitet werden.

Da ein Quantenfeld als eine unbegrenzte (d. h. möglicherweise unendliche) Anzahl von Quantenteilchen verstanden werden kann, ist die Theorie der Quantenteilchen, die Quantenmechanik, erkennbar einfacher als die Quantenfeldtheorie. Als Analogie könnte man darauf verweisen, dass ein Getreidefeld als eine riesige Anzahl von Halmen verstanden werden kann. An einem Halm können bereits viele Erscheinungen des Feldes erklärt werden. Er ist einfacher als das Feld.

Auch ein Quantenteilchen ist immer noch etwas sehr Komplexes, auch wenn oft mit der Fiktion gerechnet wird, als könne es ein „Punkt" sein.

Für das Ziel der Einfachheit ist es wichtig, dass ein Quantenteilchen erklärt werden kann als eine unbegrenzte (d. h. möglicherweise unendliche) Anzahl von AQIs.

Wie ist das zu verstehen?

Der Weg des Erklärens des Komplizierten durch Einfacheres hat eine lange Tradition. Als die „einfachsten Bausteine der Welt" galten erst die Atome, dann deren Bestandteile – also Kern und Hülle – und schließlich die heute als „Elementarteilchen" bezeichneten Quanten, die Quarks und

Leptonen. Dieser Vorstellung von solchen „kleinsten elementaren Teilchen" war bisher der Mainstream der Physik verhaftet geblieben.

Die Komplexität eines physikalischen Objektes wie z. B. ein Quantenfeld oder ein Quantenteilchen, wird an der Menge seiner möglichen Zustände erkennbar.

Als Zustand eines Objektes bezeichnet man in der Physik ein Bündel von veränderlichen Eigenschaften an diesem Objekt. Die Eigenschaften und damit der Zustand können sich ändern, ohne dass man deswegen von einem anderen Objekt sprechen müsste.

Auch der Zustand eines Menschen kann sich ändern. Selbst wenn man formuliert „er kommt mir vor wie ein anderer", so ist doch deutlich, dass es noch immer dieselbe Person ist.

Der physikalische Zustand und damit die Eigenschaften, die zu einem Objekt zusammengefasst werden, reichen aus, um gemäß der Theorie das künftige Verhalten – die Veränderungen der Eigenschaften – zu berechnen. Das sind bei der klassischen Physik die Veränderungen künftiger Fakten, bei der Quantentheorie die Veränderungen der künftigen Möglichkeiten. Während in der klassischen Physik der Zustand eines Teilchens durch sechs Zahlen (3 Orts- und 3 Geschwindigkeitskoordinaten) bereits vollständig charakterisiert ist, wird für die genaue Charakterisierung des Zustands von einem Quantenteilchen im Prinzip eine unendliche Anzahl von Zahlen benötigt. (Um ein Quantenteilchen mathematisch zu konstruieren wird eine unendliche Menge von Quantenbits notwendig.) Mit diesen wird die unendliche Menge von Möglichkeiten erfasst, welche zu einem jeweiligen Zeitpunkt einem Quantenteilchen offenstehen. Hierbei muss also deutlich zwischen Fakten und Möglichkeiten unterschieden werden. Während ein faktischer Zustand eines Systems zum Zeitpunkt seines Vorliegens alle die von ihm verschiedenen Fakten ausschließt, können und werden jedoch voneinander sehr verschiedene Möglichkeiten am selben System gleichzeitig bestehen.

Wenn eine Möglichkeit vorliegt sind auch andere möglich, man spricht in der Quantentheorie von einer „Superposition" der Zustände.

Dass viele – auch eigentlich unvereinbare – Eigenschaften und Handlungswünsche als Möglichkeiten zugleich vorliegen, kennen wir auch vom Menschen. Belastend können Situationen sein, in denen zu jemandem Hass aufsteigt, den man doch eigentlich liebt. Aber auch sehr simple Beispiele kennt man aus dem Alltag. Man möchte abnehmen und zugleich ein leckeres Essen genießen.

Man kann also feststellen: Die quantische Beschreibung erfasst mit viel mehr Daten die Natur sehr viel genauer als die klassische Beschreibung.

Wegen dieser komplizierten Struktur sind Quantenteilchen also keineswegs etwas „Einfaches". Damit wird auch verständlich, dass die weitere Entwicklung der Theorie zeigen konnte, dass alle die möglichen Zustände eines Quantenteilchens für ihre mathematische Modellierung eine unbegrenzte Anzahl von Quantenbits benötigen. Diese Quantenbits sind die tatsächlich einfachsten Strukturen.

Es ist also noch einmal zu verdeutlichen: Ein Teilchen in Ruhe wird durch eine feste Anzahl von AQIs charakterisiert. Da man aber „im Prinzip" einem Teilchen beliebig viel Energie hinzugeben kann, ist für das mathematische Modell aller seine Zustände eine prinzipiell unendliche Anzahl von AQIs notwendig. Je schneller ein solches Teilchen wird, desto größer werden – nach Einstein – seine träge Masse und damit sein Widerstand gegen eine weitere Beschleunigung. Deshalb kann von keinem Teilchen mit einer Ruhmasse die Lichtgeschwindigkeit erreicht werden.

Es ist also nicht allein die Anzahl der AQIs, welche die mögliche Geschwindigkeit von Bewegungen festlegt. Wichtig dabei ist auch der Strukturunterschied bei der Anordnung von AQIs zu einem Quantenobjekt. Dieser betrifft die mathematische Struktur von deren Komposition. (Man spricht von verschiedenen irreduziblen Darstellungen der Poincaré-Gruppe.) Sie legt fest, ob wir es mit einem Quantenteilchen mit Ruhmasse oder einem ohne Ruhmasse zu tun haben.

Die AQIs als Grundlage der Wirklichkeit bedeuten einen fundamentalen und schwer zu erfassenden Umbruch in den Vorstellungen über „einfachste Strukturen".

Der bisherige Weg ins „Einfachere" war der ins räumlich Kleine. Ein Quantenbit jedoch ist klein nur bezüglich seines Gehalts an Information, jedoch nicht in Bezug auf eine räumliche Ausdehnung.

Die AQIs sind die ultimativ einfachsten Strukturen, die es im Rahmen der Quantentheorie geben kann. Sie müssen und können den letzten Grund für die Erklärung aller Naturerscheinungen bilden.

Dazu war es allerdings notwendig, den Weg von ihnen wieder zurück bis zur existierenden Physik zu gehen. Darüber hinaus waren in einer interdisziplinären Verbindung auch die Beziehungen zur Biologie und zu den Humanwissenschaften zu klären sowie die Kluft zu den Geisteswissenschaften zu überwinden. Auf diesem weiten Wege verdanke ich sehr viel der Zusammenarbeit mit meiner Frau, ohne deren medizinische und psychologische Expertise der evolutionäre Weg vom Beginn des Kosmos bis zum menschlichen Bewusstsein nicht hätte gedanklich durchschritten werden können.

Einige Jahre vor Einsteins berühmter Formel hatte Max Planck eine vielleicht noch bedeutsamere Formel gefunden: „$E = hf = hc/l$". Diese bildet die Grundlage der Quantentheorie und kombiniert die Energie E einer Quantenstruktur mit dem Wirkungsquantum h und der Frequenz f, mit welcher die Struktur schwingt. Über die Lichtgeschwindigkeit c lässt sich einer solchen Schwingung eine charakteristische Länge l zuordnen. Diese Formel besagt also, dass jedem Objekt eine Schwingung zugeordnet werden kann. Eine Schwingung wird charakterisiert durch ihre Frequenz, also die Anzahl der Schwingungen in einer Sekunde. In der Kombination mit der Ausbreitungsgeschwindigkeit kann ein Teilchen auch durch eine zu ihm gehörende Wellenlänge charakterisiert werden. Wird dem Teilchen Energie zugeführt, so wird seine Wellenlänge kleiner.

Dass also einer kleineren Länge eine größere Energie zugeordnet werden muss, wird uns noch eingehend beschäftigen. Denn dieser Zusammenhang hilft uns von den „kleinen Teilchen" zur Quanteninformation zu gelangen.

Seit etwa hundert Jahren hat man sich in der Physik an die Herausforderung gewöhnen müssen, die „$E = mc^2$" für unsere Bilder und Vorstellungen bedeutet. Zwei entgegengesetzte Erscheinungen in der Natur beruhen auf einer gemeinsamen Grundlage.

Es war und ist wohl auch noch eine große philosophische Herausforderung, dass eine Eigenschaft wie die Bewegung äquivalent ist zu den Objekten der Materie.

- *Die Gemeinsamkeit einer möglichen Umwandlung von Materie und Bewegung ineinander lässt erkennen, dass für sie eine gemeinsame Grundlage existiert.*

- *Diese „Grundsubstanz" bilden die AQIs, eine abstrakte Quanteninformation, welche als bedeutungsfrei und als bedeutungsoffen verstanden werden muss und die in den Lebewesen eine Bedeutung erhalten kann. Sie wurde, wie erwähnt, als Protyposis bezeichnet.*

- *Auf die vielfach propagierte Suche nach einer „neuen Physik" kann man daher heute mit dem Hinweis antworten, dass der Kern von dieser neuen Physik bereits seit längerer Zeit vorhanden ist und dass die Aufgabe darin besteht, die Folgerungen noch mehr und noch weiter auszuarbeiten, als es bisher bereits schon geschehen ist.*

Die weitere Entfaltung der Quantentheorie nach Planck und Einstein begann mit der Suche nach einem physikalischen Verstehen der Atome. Sie führte bei deren Erforschung schließlich zur völlig überraschenden Entdeckung der Kernspaltung. Diese ist allerdings auch mit der verhängnisvollen Entwicklung der Atombombe verbunden. Weizsäcker und andere Kernphysiker hatten aus der Verwicklung in diesen Prozess für sich Lehren gezogen. Als Wissenschaftler sah Weizsäcker seine

Verpflichtung, die Konsequenzen des technischen Fortschritts zu bedenken und mit seinem Wissen auch im politischen Raum aufklärend tätig zu werden. Die aktuelle Weltlage zeigt immer wieder, wie wichtig diese Aufgabe auch für die jetzt arbeitenden Wissenschaftler ist.

Freiheit für die Forschung und deren Unterstützung durch die Gesellschaft muss von Seiten der Wissenschaftler verbunden werden mit Verantwortung und mit der Aufklärung über zu erwartende mögliche Folgen.

Die naturwissenschaftlichen Erkenntnisse betreffen die Realität. Sie zu leugnen wäre Torheit. Eine völlig andere Frage besteht darin, wie wir mit diesen Erkenntnissen umgehen wollen, ob wir sie nutzen wollen – und wenn ja, in welcher Weise.

Wir Wissenschaftler müssen immer wieder neu und nachdrücklich die eingetretenen Fakten bewerten und deren Bedeutung vermitteln. Wir beobachten in der Öffentlichkeit zwei entgegengesetzte Tendenzen. Zum einen ist eine zunehmende Leugnung wissenschaftlicher Erkenntnisse zu sehen. Verschwörungstheorien und Aberglauben scheinen nicht ausrottbar zu sein. Zum anderen ist eine Überschätzung der Machtförmigkeit des menschlichen Wissens und damit der Mach- und Planbarkeit des technischen Handelns zu erkennen. Solche Überschätzungen reichen gegenwärtig beispielsweise bis zu den Vorstellungen, den Menschen unsterblich zu machen, seine Persönlichkeit auf eine Festplatte zu speichern oder Roboter zu bauen, welche nicht nur Intelligenz besitzen, sondern die auch bewusstseinsfähig sind. Sollte Letzteres wider Erwarten gelingen, so wäre dies ein Gipfel der Torheit. Da Bewusstsein auch Freiheit zur Folge hat, würden solche Geräte das tun, was sie selbst wollen und nicht das, was wir von ihnen erwarten und erhoffen.

Daher sehe ich einen von vielen Aspekten dieser Aufgabe darin, Aufklärungsarbeit über das Wesen der Quantentheorie und damit über die Struktur der Wirklichkeit zu leisten.

Auch um der Aufklärung der Öffentlichkeit zu dienen, sollen im vorliegenden Buch grundlegende Irrtümer und Missverständnisse über die Quantentheorie erläutert werden. Damit sind natürlich auch notwendigerweise deren „Richtigstellungen" und eine kurze Darlegung der „Neuen Physik" und Folgerungen aus ihr verbunden.

3. Einlassen auf das, was die Welt im Innersten zusammenhält

Auch über 100 Jahre nach der Entdeckung der Quanten kann man noch immer hören oder lesen, dass diese Theorie höchst seltsam sei, ja sogar manchmal, dass man diese Theorie überhaupt nicht verstehen könne. Diese Meinung wird nicht nur von Wissenschaftsjournalisten vertreten, die den Mainstream erläutern, sondern sogar auch von Physikern, die sehr intensiv und sehr erfolgreich im Gebiet der Quantentheorie forschend tätig waren oder sind. Diese Negativbehauptung über die Unverstehbarkeit kann vor allem bei Nichtphysikern auch zu vorweggenommenen Vorbehalten führen. Eine solche Überzeugung oder Befürchtung kann leider auch dazu verleiten, ein Verstehen gar nicht erst versuchen zu wollen.

Im offensichtlichen Widerspruch zu dieser behaupteten Unverständlichkeit der Quantentheorie scheinen ihre umfangreichen Anwendungen zu stehen. Die Quantentheorie ist so erfolgreich wie kein anderer Bereich der Naturwissenschaften. Ein großer Teil des Bruttosozialproduktes – in den Industrieländern wahrscheinlich bereits wesentlich mehr als die Hälfte – beruht auf direkten und indirekten Anwendungen dieser Theorie. Ohne die eingebaute Elektronik würde sich wohl heutzutage kein Theatervorhang öffnen und natürlich kein Handy klingeln. Kein Computer, kein Roboter, kein GPS, kein Laser und auch keine Solarzelle hätte konstruiert werden können, wenn nicht die Quantentheorie die Voraussetzungen dafür geliefert hätte, dass man die innere Struktur der Materialien versteht und darauf aufbauend erst alle diese technischen Wunderwerke bauen konnte. Auch kein einziger Sequenzier-Apparat in der Genforschung könnte gebaut werden, wenn es für seine Technik nicht die Erkenntnisse aus der Quantentheorie geben würde.

Nicht ein einziges Experiment hat bisher der Quantentheorie widersprochen. Es ist kein Bereich der Natur erkennbar geworden, in dem die Quantentheorie falsche Vorhersagen machen würde.

Allerdings benötigt man oft die extreme Genauigkeit dieser Theorie nicht. Es genügt in vielen Fällen, mit der wesentlich weniger genauen klassischen Mechanik oder Elektrodynamik gut auszukommen.

Die mathematische Struktur der klassischen Physik verführt allerdings leicht zu dem Irrtum, dass deren Theorien eine genauere Beschreibung der Natur liefern würden als die Quantentheorie.

Beispielsweise ist in der klassischen Mechanik eine beliebig genaue gleichzeitige Angabe von Ort und Impuls als mathematischer Input in den theoretischen Ansätzen möglich. Zu meinen, dass man das in der Natur realisieren könnte, ist als eine *physikalische* Behauptung vollkommen sinnlos.

An solchen Stellen wird der Unterschied wesentlich, welcher zwischen der Mathematik als der Wissenschaft möglicher Strukturen und der Physik als der Wissenschaft realer Strukturen besteht.

Im Physikstudium lernt man innerhalb recht kurzer Zeit, wie man mit den Quanten umzugehen hat. Man lernt die mathematischen Grundlagen und den experimentellen Umgang mit Quantenphänomenen. Die Schwierigkeiten, die trotzdem manche Physiker mit der Quantentheorie haben, liegen also nicht im technischen oder im mathematischen Bereich. Sie ergeben sich daraus, dass die seit über 100 Jahren existierende Quantentheorie nicht ohne Weiteres mit den bis dahin überlieferten Strukturen der Naturwissenschaft und mit deren philosophischen Interpretationen verbunden werden kann.

Die Irrtümer, mit denen wir uns befassen wollen, stammen also nicht aus dem theoretisch-mathematischen oder dem experimentellen Bereich der Quantentheorie, sondern sie ergeben sich vor allem aus der Art und Weise, wie über die Quantentheorie gesprochen wird, wie ihre Interpretation gestaltet wird und welche Bilder über sie vermittelt werden.

Die Leserin oder der Leser werden also in diesem Buch kaum mit mathematischen Formeln bedrängt werden, sondern sie sollen in möglichst verstehbarer Weise über verbreitete Irrtümer im Felde der Quantentheorie informiert werden. Ein wenig Mathematik soll höchstens dann eingeführt werden, wenn es unbedingt notwendig ist. Diese etwas schwierigeren Textpassagen sind in den Anhängen zu finden.

Wenn man neben seiner gewiss hinreichend anstrengenden Arbeit sich dann noch am Abend hinsetzt, um in ein Buch hineinzuschauen, welches vielleicht verspricht: „Quantenmechanik verstehen", dann unternimmt man eine solche Anstrengung wahrscheinlich nicht, um so etwas wie ein kleiner Physiker zu werden. Die technischen Feinheiten der Quantentheorie sind für die meisten Menschen nicht sonderlich wichtig.

Wir möchten die Menschen ansprechen, welche einen tieferen Einblick in die Strukturen der Natur und damit in die Wirklichkeit erhalten möchten. Das soll mit dem hier vorliegenden Buch erreicht werden. Wer die Quantenphysik für seinen Beruf benötigt, der wird sowieso ein ausführliches Lehrbuch durcharbeiten und sich mit der zugehörigen Mathematik befassen.

Hier sollen u. a. Antworten auf die Fragen gegeben werden, ob die Quantentheorie den Zufall in die Naturwissenschaft eingebracht hat, ob sie tatsächlich unverstehbar ist, ob sie nur auf das Allerkleinste beschränkt ist und ob sie etwas mit Unschärfe, also mit Ungenauigkeit, zu tun hat.

Es dürfte auf der Hand liegen, dass ein Text, der dieses alles vermitteln will, nicht ohne eigenes Mitdenken gelesen werden kann und nicht ohne eine Bereitschaft, sich auf Neues einzulassen. Aus dem Text wird sich nicht nur ein neuer Blick auf die Quantentheorie, sondern auf die Natur insgesamt ergeben. Werner Heisenberg hatte zu einem solchen Vorhaben die Metapher gebraucht: Nur, wenn man wie Columbus ... den Weg in eine Richtung wagt, in welche nicht alle Karawanen ziehen, hat man die Chance, auch einen neuen Kontinent zu entdecken.

Viele Bücher über Quanten wenden sich nicht nur an werdende Physiker und Naturwissenschaftler, sondern auch an einen wesentlich breiteren Leserkreis. Fast immer ist dabei von „Quantenmechanik" die Rede. Die „Quantenmechanik" ist jedoch lediglich ein Ausschnitt aus der viel umfassenderen „Quantentheorie". Auch das soll den Lesern hier erkennbar gemacht werden.

Viele Menschen verspüren etwas von dem faustischen Drang, „zu verstehen, was die Welt im Innersten zusammenhält". Aus diesem Verstehen kann sich auch zeigen, was sich aus der Quantentheorie für jeden einzelnen Menschen in Bezug auf seine Stellung zur Welt und zu seinem Selbstverständnis ergibt.

Ist es nicht wichtig und interessant, welche Strukturen die Naturwissenschaft über die Welt und über den Menschen gefunden hat?

Wenn man das Grundsätzliche an der Quantentheorie verstehen will, so wird es zweckmäßig sein, zuerst diese Theorie in groben Umrissen vorzustellen.

3.1. Der merkwürdige Weg zu den Quanten

Der merkwürdige Weg zur Entdeckung der Quantentheorie soll nur kurz gestreift werden. Die entscheidenden Schritte auf dem Weg zu dieser grundlegenden Revolution der gesamten Naturwissenschaft sind dabei zurückgelegt worden, als man „nur" das Licht verstehen wollte.

Der Physikhistoriker Dieter Hoffmann schilderte diesen Weg ausführlich. Im Jahre 1860 hatte Gustav Kirchhoff gezeigt, dass ein „schwarzer Körper" am stärksten strahlt. Dass er am stärksten die Strahlung absorbiert, das ist eine alltägliche Erfahrung. Bei Sonnenschein wird ein schwarzes Auto schneller heiß als ein helles. Das bemerkt man auch beim Näherkommen, weil der schwarze Wagen stärker abstrahlt. Wenn ein schwarzer Körper im Vergleich mit andersfarbigen nicht auch am stärksten abstrahlen würde, dann würde er schließlich wärmer als die Wärmequelle werden können. Das würde den zweiten Hauptsatz der Thermodynamik verletzen. Dieser verbietet, dass Wärme von allein vom Kälteren ins Wärmere fließt, sondern immer nur vom Wärmeren ins Kältere. Wenn das Innere des Kühlschrankes kälter als die Küche werden soll, muss elektrische Energie für die Arbeit einer Wärmepumpe aufgewendet werden.

Das Schwärzeste, was sich herstellen lässt, ist ein Loch in einem innen und außen schwarzen Kasten. („Außen schwarz" macht man lediglich für den sichtbaren Unterschied, dass das Loch schwärzer ist als jede schwarze Farbe.) Das sieht man z. B. am Rohbau eines Hauses. An diesem sind die Fensterhöhlen viel dunkler als die Mauern. Dennoch haben die Physiker nach Kirchhoffs Entdeckung noch über vier Jahrzehnte mit glühenden Platten versucht, den genauen Zusammenhang zwischen Temperatur und Strahlung zu vermessen.

Kurze Zeit nach Kirchhoff, im Jahre 1864, veröffentlichte James Clerk Maxwell seine berühmten Gleichungen. Mit diesen wurden die elektrischen und magnetischen Erscheinungen in einer einheitlichen Theorie zusammengefasst. Nur zwei Jahre später konnte Heinrich Hertz durch die Erzeugung elektromagnetischer Wellen Maxwells Vermutung bestätigen, dass auch das sichtbare Licht eine elektromagnetische Erscheinung ist.

Die Vereinigung von diesen drei sehr unterschiedlich erscheinenden Wechselwirkungen, der elektrischen, der magnetischen und der optischen, beflügelt bis heute die Fantasie der Physiker. So gibt es umfangreiche Bestrebungen, auch die übrigen Kräfte zu einer einheitlichen Wechselwirkung zusammenzufassen.

Da jedoch durch die Quantentheorie die Unterschiede zwischen Kräften und Materie relativiert worden sind, ist heute das einigende Fundament der Realität noch eine Stufe tiefer als nur bei den Kräften zu verorten.

Mit dem Aufkommen des Gaslichtes und der elektrischen Beleuchtung wurde die Frage nach einer exakten Messung der Lichtausbeute immer wichtiger. Ab dem Jahre 1895 haben Otto Lummer, Ferdinand Kurlbaum und Ernst Pringsheim in Berlin die spektrale Zusammensetzung und die Intensität der elektromagnetischen Strahlung von schwarzen Strahlern mit unterschiedlicher Temperatur sehr genau vermessen.

Eine Oberfläche beeinflusst durch ihre Eigenschaften die Strahlung. Deshalb gibt es für Heizkörper extra eine spezielle Farbe. Diese „weiße Farbe" ist im Bereich der Wärmestrahlung besonders „schwarz", so dass viel Wärme abgestrahlt werden kann. Ein Loch jedoch besteht aus keinem Material. Dieses strahlende „Nichts" ist immer dasselbe – gleichgültig, woraus der Kasten besteht. Mit einem Loch hat man ein sehr gut reproduzierbares Strahlungsnormal.

Die genauen Messungen konnten jedoch noch nicht verstanden werden. Es gab zwar ein Gesetz von Wilhelm Wien, was bei kurzen Wellen des Lichtes recht gut zu den Daten passte. Als jedoch Heinrich Rubens und Kurlbaum das Verhalten bei höheren Temperaturen und sehr langen Wellen der Wärmestrahlung untersuchten, versagte Wiens Gesetz völlig. Allerdings passten andererseits die Ergebnisse bei hohen Temperaturen recht gut zum Strahlungsgesetz von Lord Rayleigh.

Max Planck, der in Berlin Professor für theoretische Physik war, erfuhr davon von Rubens. Wie Planck berichtete, habe er dann eine „glücklich erratene" Interpolationsformel für die Messergebnisse gefunden.

Als es Max Planck dann gelang, eine wirkliche theoretische Herleitung für seine Formel zu entwickeln, geschah dies um den Preis, eine neue Naturkonstante einführen zu müssen, die der gesamten damals bekannten Physik widersprach: das Wirkungsquantum.

3.2. Intermezzo: Wirkung und Wirkungsquantum

Die „Wirkung", ein Wort welches in der Alltagssprache so wichtig ist, gehört zu den bedeutsamsten und zugleich wohl auch zu den am wenigsten veranschaulichten Begriffen in der Physik.

Newtons „actio = reactio" eröffnete den Einstieg in die Theorie der Physik. Die Einwirkung eines Körpers auf einen anderen Körper entspricht genau der Einwirkung des zweiten auf den ersten. Die Kraft, welche z. B. die Schere beim Schneiden auf das Papier ausübt, ist gleich der Kraft des Papiers auf die Schere. Diese wird natürlich der Schere nichts antun. Bei einem Blatt bemerken wir es nicht, bei einem dicken Heft jedoch schon. Wenn man einen schweren Stein mit dem Fuß wegstoßen will, kann es sein, dass die auf die Zehen ausgeübte Kraft vom Stein recht schmerzhaft wirkt.

Mit der Fortentwicklung der Physik hat sich gezeigt, dass die „Wirkung" in dem Sinne fundamental ist, dass aus der Kenntnis der mathematischen Struktur der Wirkung eines Systems dessen Verhalten berechnet werden kann. Dieser Zusammenhang wurde zuerst in der Mechanik entdeckt, gilt jedoch auch in den Feldtheorien und weiter in der Quantentheorie, also in Quantenmechanik und Quantenfeldtheorie.

Im Deutschen hat sich für „actio" der Begriff „Wirkung" eingebürgert.

Schaut man nun im Wörterbuch nach, so findet man, dass das lateinische Wort „actio" z. B. mit „Tätigkeit, Gerichtsverhandlung, Ausführung, Handlung, Klage, Rede, Verrichtung, Vorschlag, Vortrag" übersetzt wird, während man in der umgekehrten Richtung zu „Wirkung" den lateinischen Begriff „effectus" findet, dazu noch „emolumentum" für „gute Wirkung" oder „remedium" für „heilvolle Wirkung".

Offenbar hatte Newton wohl auch die Wechselseitigkeit und das Prozesshafte in der „actio" betonen wollen, was in den sozialen Verwendungen dieses Begriffes sehr deutlich wird. Aber auch im Deutschen lässt „Wirkung" erkennen, dass man etwas unternehmen muss, dass also eine materielle oder geistige Arbeit zu leisten ist, um selbst eine Wirkung erzielen zu können.

Natürlich gibt es den sehr vernünftigen Einwand, dass sehr viele Wirkungen gerade dadurch entstehen, dass man nichts tut. Das bedeutet aber nur, dass man nichts unternimmt und dadurch eine Wirkung nicht verhindert, die von anderen Menschen oder von natürlichen Prozessen verursacht wird. Wenn ich ein Loch im Dach nicht verstopfe, so wird der Regen einen Schaden bewirken.

Wenn das gleiche Arbeitspensum, beispielsweise beim Schippen von Sand, über die doppelte Zeit ausgeführt wird, dann wird sich wohl auch die Wirkung verdoppeln, also in diesem Beispiel die Menge des bewegten Sandes.

Am Beispiel soll verstehbar werden, dass die Wirkung in der Physik als „Energie mal Zeit" definiert ist. Dabei ist Energie ein Maß für die Arbeit, die von einem Menschen oder von einem System geleistet werden kann. *Um eine Wirkung zu erzielen, wird also das Verrichten einer gewissen Arbeit über einen Zeitraum hinweg notwendig sein.*

Eine genauere Untersuchung des physikalischen Konzeptes „Wirkung" wird im Anhang ab Seite 272 noch etwas ausführlicher erläutert werden.

Was hat es nun mit dem Wirkungsquantum auf sich?

Planck hatte entdeckt, dass es in der Natur eine kleinste Wirkung gibt.

Das Wirkungsquantum zeigt also auf, dass für eine gegebene Menge Arbeit eine gewisse Mindestzeit notwendig sein muss. Wenn der Energieaufwand für ein Arbeitspensum mit einer fiktiven und zu kurzen Zeitspanne verkoppelt würde, dann könnte das Produkt dieser beiden Größen Energie und Zeit kleiner als das Wirkungsquantum werden und eine reale Wirkung wäre unmöglich. Jede Energie bedarf also einer ihr angepassten Einwirkungsdauer, um etwas bewirken zu können.

Das Wirkungsquantum markiert die Grenze zwischen den Wirkungen, die eine reale Veränderung in der Natur bewirken können, und denjenigen, die dazu nur potentiell in der Lage sind.

Wie wir wissen, werden Wirkungen nicht nur durch energetische und materielle Einwirkungen auf Körper, sondern ebenfalls – was auch in „actio" mit anklingen kann – durch Informationen bewirkt. Da im Prinzip Wirkungen wegen des Wirkungsquantums gezählt werden können, entspricht die kleinste Einheit der Information – ein Quantenbit – einem Quantum an Wirkung.

Die kleinste Informationsänderung wird dem Austausch von einem Wirkungsquantum entsprechen.

3.3. Das Wirkungsquantum und das Licht

Die wichtigste Wechselwirkung in der uns umgebenden Natur, die von Materie mit Licht, konnte nur verstanden werden, als ein fundamentales Prinzip der bis dahin geltenden Physik außer Kraft gesetzt wurde. Wie sich sehr bald herausstellte, betrifft dies auch die Wechselwirkung innerhalb der Bestandteile der Materie, also zwischen Atomkern und Atomhülle sowie zwischen Atomen bei der Formung von Molekülen.

Bis zu Plancks Entdeckung hatte man geglaubt, dass jede Wechselwirkung beliebig klein werden könnte, z. B. indem man den Abstand zwischen den Objekten immer mehr vergrößert. Nun zeigte diese neue Naturkonstante, die sich bald als überaus bedeutsam und als für jede Wechselwirkung wichtig erwies, dass die Natur anders strukturiert ist. Es gibt eine kleinste Wirkung, unterhalb der als Realität nur noch eine reine Null-Wirkung verbleibt. Dies ergab sich für Planck aus seinen theoretischen Überlegungen. Er musste die Energie des Lichtes in dem erwähnten schwarzen Lochkasten „quanteln", also es in kleine Portionen unterteilen. Er konnte es nicht so kontinuierlich sein lassen, wie es aus Maxwells Theorie folgt. Die später von Einstein postulierten „Quanten des Lichtes", welche heute als „Photonen" bezeichnet werden, sind die kleinsten Teile des Lichts. Halbe Quanten oder noch kleinere gibt es nicht.

Hiermit beginnt zugleich ein großer Irrtum über die Quantentheorie. Bis heute liest man, sie sei die Mikrophysik, die Theorie für das Kleine – und dabei meint man **nur** *für das Kleine.*

Aber die Quanten können überall wirksam werden.

Die Quantentheorie wird immer da eine Rolle für die Beschreibung spielen, wo man genau werden muss – und im Kleinen muss man immer sehr genau werden, im Größeren jedoch nur manchmal.

Max Planck hatte sofort gesehen, dass mit der Vorstellung der „Quantelung" das gesamte bisherige Fundament der Physik infrage gestellt wurde – also mit der Anerkennung eines „stufenförmigen Verhaltens" bei einer sehr genauen Untersuchung der Natur. Auf einer Rampe kann man beliebig kleine Schritte machen, aber auf einer Treppe gibt es keine halben Stufen. (Siehe auch die Abbildung 24 auf Seite 97)

„Stufen" kann man zählen, so wie Sandkörner und auch Atome.

Zu Plancks Zeit waren die Vorstellungen über das Funktionieren physikalischer Grundgesetze jedoch so, dass diese alle und immer stetig wie bei einer Rampe wirken müssten. Viele Physiker glaubten in dieser Zeit nicht an Atome, sondern stellten sich die Materie glatt und kontinuierlich vor, die deshalb immer weiter zerlegt werden könnte – bis ins unendlich Kleine. Die elektromagnetischen Felder wurden auf diese Weise behandelt, man sah bei ihnen keinen Grund für eine „Körnigkeit", und auch beim Wasser zeigte die Hydrodynamik, dass in dieser Beschreibung für Atome kein Platz war.

In seiner Nobelpreisrede sprach Planck deshalb über das Wirkungsquantum als einen „bedrohlichen Sprengkörper" innerhalb der Physik – und Recht hatte er damit.

Wie waren bisher die Vorstellungen über das Licht gewesen?

Im 17. Jahrhundert hatte Isaak Newton die Vorstellung, dass das Licht aus winzigen Teilchen bestehen würde. Sie sollten so klein sein, dass sie ohne Weiteres durch Glas hindurchgehen können. Sein Zeitgenosse Christiaan Huygens vertrat stattdessen die Vorstellung vom Wellencharakter des Lichtes. Der Streit blieb lange unentschieden, bis am Beginn des 19. Jahrhunderts durch Versuche von Thomas Young mit Interferenzerscheinungen am Doppelspalt die Wellentheorie den Sieg erringen sollte. Nach den Erfolgen von Maxwell und Hertz wurden schließlich nur noch Vorstellungen von „Lichtwellen" akzeptiert.

Auch Planck sah das Licht nur als Welle. Er hatte für seine Rechnungen lediglich einen hypothetischen „harmonischen Oszillator" eingeführt, ein schwingendes kleines „Kohlestäubchen". Das Licht wechselwirkt mit der Kohle. Dabei bewirkt das Wirkungsquantum, dass nicht immer kürzere Wellenlängen entstehen können. Kürzere Wellenlängen würden höhere Energie bedeuten. Das Wirkungsquantum sorgt dafür, dass das Licht in einem Kasten kein „perpetuum mobile" mit einem immer höheren Energiegehalt werden kann. Eine Wasserwelle im Teich wird zwar in immer kleinere Wellen und schließlich in Wärme verwandelt, in ein „Wackeln von Wassermolekülen". Beim Licht ist es nicht der Fall, dass immer kürzere Wellenlängen entstehen. Sonst müsste ein normaler Kasten schließlich Röntgenstrahlung aussenden. Im Kasten wird durch die Wechselwirkung des Lichtes mit dem Kohlestäubchen ein thermisches Gleichgewicht der Strahlung erzeugt. Das Kohlestäubchen ist notwendig, weil eine Lichtwelle allein nicht mit einer Lichtwelle wechselwirkt. Mit allen diesen Überlegungen konnte Planck die Notwendigkeit des Wirkungsquantums begründen.

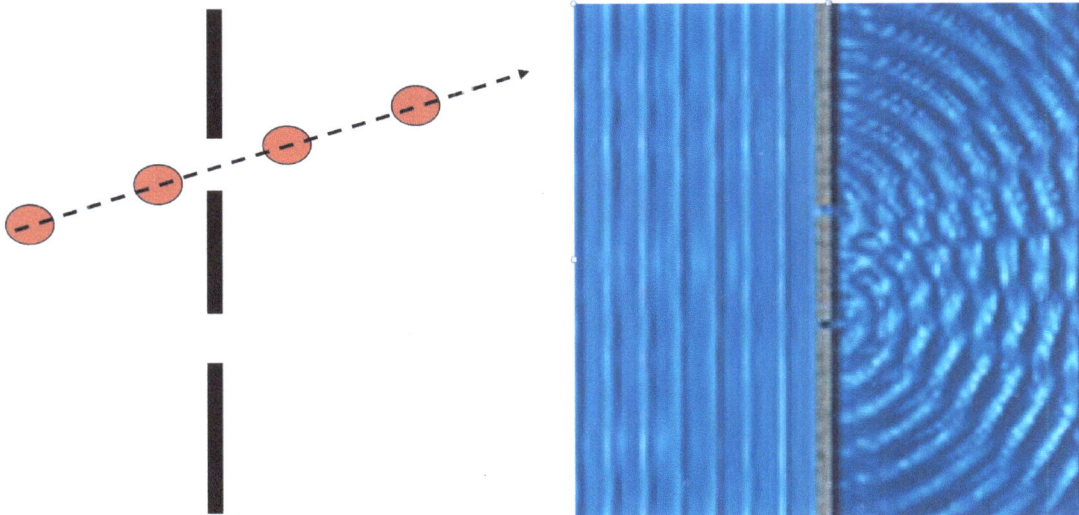

Abbildung 2: Teilchen und Welle am Doppelspalt. Wirft man Teilchen durch zwei Löcher, so gibt es dahinter lediglich eine „Delle" und zwei Haufen. Läuft eine Welle durch zwei Löcher, so finden sich dahinter mehrere „Täler" und „Berge" (ein Interferenzmuster).

Albert Einstein hatte den Mut, sich gegen den Mainstream der Vorstellungen über das elektromagnetische Feld zu stellen. Im Jahre 1905 stellte er die Lichtquantenhypothese auf. Nur damit konnte er den photoelektrischen Effekt (den Hallwachs-Effekt) erklären, was mit der Wellentheorie nicht möglich ist. Dieser Effekt zeigt, dass Licht erst ab einer bestimmten Energie, d. h. Farbe, Elektronen aus einer Metallplatte freisetzt. Die Wellentheorie würde verlangen, dass eine hinreichend lange Bestrahlung mit einer Farbe niedrigerer Energie, also mit großer Wellenlänge, schließlich so viel Energie auf der Platte anhäuft, dass die Elektronen losfliegen können. Die Versuche jedoch zeigen, dass beliebig lange Bestrahlung mit rotem Licht nichts bewirkt, kurzwelliges ultraviolettes Licht jedoch sofort Elektronen freisetzt. Es kommt also nicht auf die Menge der Energie insgesamt an, sondern auf die Größe der einzelnen Energieportionen (der Lichtquanten). Die sind bei rotem Licht viel kleiner als bei ultraviolettem Licht.

36

Als Illustration für einen solchen Vorgang kann man an eine Kegelbahn denken. Auch mit beliebig vielen leichten Tischtennisbällen wird kein Kegel fallen. Trifft ihn jedoch die schwere Kegelkugel, so fällt er sofort.

Mit Einsteins Lichtquantenhypothese musste somit dem Licht auch wieder ein Teilchencharakter zugesprochen werden. Es zeigte sich, dass in einer gewissen Weise sowohl Newton als auch Huygens etwas Wesentliches vom Verhalten des Lichtes erfasst hatten.

Max Planck war von den Lichtquanten wenig begeistert; zu gut in der Beschreibung der Wirklichkeit und zu schön erschien ihm die Maxwellsche Theorie.

Planck sah allerdings die große und kreative wissenschaftliche Begabung Einsteins und wollte ihm eine Anstellung in der Preußischen Akademie der Wissenschaften verschaffen. Dort sollte er ohne jede weitere Verpflichtung dafür bezahlt werden, dass er nur das macht, wozu er Lust hat, nämlich theoretische wissenschaftliche Forschung zu betreiben. Und in seiner Laudatio für diese Anstellung Einsteins schrieb Planck, dass dieser

in seinen Spekulationen gelegentlich auch einmal über das Ziel hinausgeschossen haben mag, wie z. B. in seiner Hypothese der Lichtquanten, wird man ihm nicht allzu schwer anrechnen dürfen; denn ohne einmal ein Risiko zu wagen, lässt sich auch in der exaktesten Naturwissenschaft keine wirkliche Neuerung einführen.[4]

Aber gerade für seine Lichtquantenhypothese erhielt Einstein seinen Nobelpreis!

Es ist wissenschaftsgeschichtlich sicher ein interessantes Phänomen, dass Einstein die Quantenhypothese von Planck aufgegriffen hat, jedoch Planck ursprünglich eine Konsequenz ablehnte, die Einstein daraus gezogen hatte.

Wiederum später war Einstein der bedeutendste unter denjenigen Physikern, welche manche Konsequenzen der Quantentheorie ablehnten.

Im Nachhinein können wir feststellen, dass Planck an der Stelle der Naturerfassung, wo man zum ersten Male sehr genau werden musste und genau werden konnte, auf die Quantenstruktur gestoßen ist. Er war ein so guter und korrekter Wissenschaftler, dass er dabei gegen seine eigenen Vorurteile antrat.

Alle Erscheinungen (außer der Schwerkraft), die uns im Alltag begegnen, beruhen auf der elektromagnetischen Wechselwirkung. Die Hauptbestandteile der Materie, die Atomkerne, sind elektrisch positiv geladen und die Elektronen negativ. Zumeist ist Materie elektrisch neutral, aber alle Wechselwirkungen ihrer Bestandteile beruhen auf den elektrischen und magnetischen Kräften, die letztlich von den Ladungen ausgehen. Sie allein bewirken den Zusammenhalt von Molekülen, von Flüssigkeiten und von festen Körpern.

Was hat diese Bemerkung mit Quantentheorie zu tun?

Maxwell hatte eine klassische Theorie für die elektromagnetischen Phänomene aufgestellt. Planck hatte gezeigt, dass bei genauer Untersuchung Quantenphänomene auftreten.

Auf Einstein aufbauend haben spätere Physikergenerationen gezeigt, dass alle elektromagnetischen Phänomene letztlich auf der Wirkung von Lichtquanten beruhen, den Photonen.

Zu diesen elektromagnetischen Phänomenen, welche durch die Quantentheorie erklärt werden, gehören beispielsweise alle chemischen und biochemischen Umsetzungen, die Stabilität aller festen Körper, das Verhalten der Gase, der Schall und die Wärmestrahlung und die biologischen Abläufe.

Später entdeckte man, dass tief im Inneren der Atomkerne noch zwei weitere Kräfte wirken. Diese beiden Wechselwirkungen, die schwache und die starke, besitzen tatsächlich nur eine mikroskopische Reichweite und können ebenfalls und ausschließlich mit der Quantentheorie verstanden werden.

3.4. Wie kann man Quanten eingruppieren?

Bevor wir uns den Irrtümern über die Quantentheorie zuwenden, wollen wir noch kurz betrachten, was man in der Physik unter den „Quanten" versteht. Das ist vielleicht auch deshalb wichtig, weil auch nach neuen Lehrplänen an Gymnasien Vorstellungen über die „Teilchen" als das Wesentliche der Quantentheorie vermittelt werden sollen.

Man könnte diesen Absatz auch überspringen. Er ist für ein Verstehen der Quantentheorie und ihrer grundsätzlichen Strukturen keinesfalls notwendig. Da viele Begriffe einzuführen sind, welche für Nichtphysiker weder anschaulich noch selbsterklärend sind, wird hier lediglich eine sehr kurze Einordnung vorgestellt. Etwas ausführlicher wird in dem Anhang ab Seite 277 darauf eingegangen.

Eine nützliche und wohl auch anschauliche Einteilung der Quanten kann man auf zweierlei Weise vornehmen.

Die erste Eingruppierung unterscheidet die Quanten im Blick auf ihr Verhalten im Raum.

1. Quanten der ersten Sorte besitzen eine Ruhmasse. Diese können sich in einem kleinen Raumbereich aufhalten.

Alles, was man sieht oder anfassen kann, alle festen Körper sowie alle Flüssigkeiten und Gase, kann man zerlegen in Moleküle und Atome. Die Atome, deren Name „Unteilbares" bedeutet, kann man ihrerseits trotzdem weiter zerlegen in negativ geladene Elektronen, welche die Hülle des Atoms bilden und somit für seine chemischen Eigenschaften zuständig sind, und in die Atomkerne. Atomkerne sind zerlegbar in positiv geladene Protonen und neutrale Neutronen. Damit ist alle Materie zerlegbar in diese drei Quantenteilchen.

So war es ein riesiger Fortschritt, als entdeckt wurde, dass es weniger als hundert verschiedene Sorten von Atomen gibt, die im Periodensystem der chemischen Elemente nach der Anzahl ihrer Protonen und damit nach der elektrischen Ladung des Atomkerns sortiert sind. Die jeweilige Masse ergibt sich daraus, wie viele Neutronen zu den jeweils gegebenen Protonen hinzukommen. Die unterschiedliche Anzahl der Neutronen bei gegebener Protonenzahl unterscheidet die verschiedenen Isotope eines Elementes.

Abbildung 3: Die Schönheit der Natur, Lilie – Das Allgemeine im Einzelnen sehen

All die Pracht und Schönheit der Natur, alles Bestehende – so dachte man – würde sich auf diese drei Teilchen zurückführen lassen, also auf Elektron, Proton und Neutron.

So war es eine große Enttäuschung, als sich die Hoffnung zerschlug, mit diesen drei „Elementarbausteinen" die Natur erklären zu können. Das Proton besitzt eine innere Struktur. Damit zeigte sich, dass die ursprüngliche Idee „elementarer Teilchen" nicht zum Erfolg geführt werden kann.

2. Quanten, die keine Ruhmasse besitzen, müssen immer mit Lichtgeschwindigkeit fliegen.

Von dieser Sorte kennen wir nur die Photonen.

Abbildung 4: Das Licht ist die wohl wichtigste Quelle für Informationen über unsere Umwelt. Allerdings sehen wir mit unseren Augen lediglich eine einzige Oktave von den über zweihundert Oktaven der elektromagnetischen Wellen – auch alle die für uns Menschen nicht sichtbaren elektromagnetischen Wellen erscheinen in der quantentheoretischen Beschreibung als masselose Photonen. Sie konnten erst durch technische Hilfsmittel erkannt werden.

Die außerordentlich bedeutsame Rolle der Photonen für uns Menschen besteht darin, dass sämtliche unserer Sinneswahrnehmungen über die elektromagnetische Wechselwirkung realisiert werden. Darüber hinaus ist wichtig, dass die Photonen die Träger unserer aktiven Psyche sind. Wenn im Gehirn keine Photonen mehr nachweisbar sind, so ist dies ein gewichtiger Hinweis auf einen eingetretenen Hirntod.

3. Die Strukturquanten existieren ausschließlich virtuell. Sie werden daher auch als virtuelle Quanten bezeichnet existieren nur der Möglichkeit nach, also ausschließlich potentiell. Sie können jedoch reale Wirkungen erzeugen! Alle anderen Quanten, die oft als reale Teilchen auftreten, können auch virtuell erscheinen.

Beispielsweise können Photonen und Elektronen als reale und als virtuelle Quanten auftreten.

Die für die Technik wichtigsten Strukturquanten wurden in der Festkörperphysik gefunden. Beispielsweise hat Schall in einem Halbleiter, also schwingende positiv geladene Atomkerne in einem Kristallgefüge, eine Wechselwirkung mit den Elektronen. Diese Schwingungen müssen quantentheoretisch behandelt werden, und dann wirken sie wie virtuelle Teilchen. Man nennt sie Phononen, Schallquanten. Aber natürlich gibt es diese Schwingungen der Atomkerne nicht im Vakuum.

Im Atomkern hat man Strukturen erkannt, die heute auch als „Teilchen" bezeichnet werden, obwohl sie Strukturquanten sind. Die Quarks und Gluonen existieren *nur virtuell* im Atomkern oder innerhalb eines „Quark-Gluon-Plasmas". Der in der Physik übliche Begriff der *virtuellen* Quanten sollte nach meiner Meinung noch mit dem der *potentiellen* Quanten ergänzt werden. Mit der gleichberechtigten Verwendung dieser beiden Begriffe könnten auch die beiden zugleich vorhandenen und dennoch auf den ersten Blick widersprüchlich erscheinenden Aspekte dieser Sorte von Quanten besser beleuchtet werden. Für viele wird im „Potentiellen" die „Potenz" sprachlich mitschwingen, also die Fähigkeit, etwas bewirken zu können. Das Virtuelle hat im Gegensatz dazu wohl vor allem den Beiklang des „Nichtrealen". Wichtig ist, beides als zutreffend zu sehen.

Zwar sind beispielsweise die Quarks *virtuell*, weil sie nicht als reale Teilchen frei im leeren Raum herumfliegen können, aber sie sind durchaus „potent", denn sie bewirken mit den von ihnen verursachten Kräften die Struktur der Atomkerne.

4. Die vierte Sorte der Quanten, die Quantenbits, die AQIs, erweisen sich schließlich als die nicht weiter zu vereinfachende und damit als die unhintergehbare Grundlage von allem.

Die Qubits „erzeugen" gewissermaßen durch ihr Anwachsen die Zeit und auch den expandierenden Raum. Diese Zusammenhänge zwischen AQIs, Zeit und Raum werden später genauer erörtert.

Der Raum kann interpretiert werden als eine „Repräsentationsform" der Zustände des Quantenbits.

Dazu ist eine Bemerkung angebracht, welche sich eher an die Fachleute richtet. Die Zustände eines AQIs spannen einen zweidimensionalen komplexwertigen Raum auf. Sie dürfen nicht mit den in der Quantenfeldtheorie verwendeten Spinoren verwechselt werden. Diese beschreiben die möglichen Zustände von Quanten*teilchen* mit einem Spin ½ im Minkowski-Raum. Aber gerade um Teilchen geht es bei den AQIs erst einmal nicht! Der maximale homogene Raum der Symmetriegruppe der AQIs, der Gruppe SU(2), ist ein dreidimensionaler Raum. Er ist das mathematische Modell für den Raum, in welchem sich alles befindet, was aus AQIs gebildet werden kann und was demgemäß als Darstellungen dieser Gruppe konstruierbar ist. Dieser geschlossene Raum (die dreidimensionale „Oberfläche" einer vierdimensionalen Kugel) ist das mathematische Modell des Kosmos.

Es gibt eine eindeutige Zuordnung zwischen den Zuständen eines Qubits und der Menge der Punkte des kosmischen Raumes. Als mögliche räumliche Darstellung des Zustandes eines Qubits kann man sich eine über den gesamten Raum sehr weit ausgebreitete Schwingung vorstellen, die an einem einzigen Punkt ein Maximum besitzt. Eine Analogie dafür bietet eine Sinuskurve über dem Einheitskreis. Je nach dem, wo man die Nullstelle beginnen lässt, wird von dort aus um einen Winkel $\pi/2$ verschoben das Maximum der Sinus-Kurve liegen. Das Minimum der Kurve liegt dann um π verschoben weiter. (Siehe auch Abbildung 51 auf Seite 275) Durch eine quantentheoretische Kopplung, d. h. durch eine multiplikative, also eine *quantische Resonanz* von sehr vielen dieser Schwingungen, d. h. von vielen Quantenbits, lassen sich dann eng lokalisierte Objekte realisieren.

Viele dieser Schwingungen können in einer quantischen Resonanz Gebilde formen, welche von uns als Wellen interpretierte werden, die sich im Raum ausbreiten, oder aber auch als Teilchen, die sich in einem Bereich im Raum aufhalten können.

Eine andere Eingruppierung der Quanten ist ebenfalls möglich.

Diese Unterteilung unterscheidet die Quanten dahingehend, ob sie diejenigen Strukturen formen, welche man üblicherweise als Stoff bezeichnet, oder diejenigen, welche wir als Kräfte charakterisieren.

Für Stoff gilt, dass dort, wo ein Körper ist, kein zweiter sein kann. Wenn ich die Hand ins Wasser tauche, dann ist dort, wo die Hand ist, kein Wasser. Gleiche Stoffquanten „stoßen sich ab". Kräfte hingegen können beliebig viele zugleich an derselben Stelle wirken. Auf eine Büroklammer können zugleich eine Magnetkraft und die Schwerkraft wirken. Auch gleiche Kraftquanten können sich durchdringen, z. B. die Photonen von gekreuzten Lichtstrahlen.

Kompliziert wird das Ganze dadurch, dass es zwischen beiden Gruppierungen verschiedene Überschneidungen gibt. Aller Stoff ist zugleich auch Materie. Manche Kraftquanten sind masselos, alle Photonen. Diese sind auch als Energie einzuordnen. Andere Kraftquanten jedoch, nämlich die von der schwachen und der starken Wechselwirkung, haben eine Ruhmasse, sie sind in diesem Sinne auch Materie.

Die für Laien etwas verwirrend klingende Unterteilung kann als Hinweis darauf verstanden werden, dass hinter den Unterscheidungen zwischen Materie und Energie sowie Kraft und Stoff die tieferliegende Einheit der AQIs zu finden ist.

3.5. Die theoretischen Beschreibungen der Quantenphänomene

Die Quantentheorie als eine „Theorie der Beziehungen" kombiniert Teilsysteme multiplikativ zu einem Gesamtsystem, während in der klassischen Physik die Teilsysteme additiv nebeneinandergestellt werden.

In der klassischen Physik ergeben sich Möglichkeiten allein aus der Unkenntnis über angeblich festliegende Fakten. Diese Unkenntnis kann natürlich für das beobachtete System keine Auswirkungen haben. Die Quantentheorie hingegen erfasst, dass es auch in der Natur, selbst in der unbelebten, wirkliche Möglichkeiten gibt (also solche, die nicht aus bloßem Unwissen resultieren), welche reale Wirkungen erzeugen können.

Wenn man diese real wirkenden Möglichkeiten messen will, indem man ihnen Wahrscheinlichkeiten zuordnet, dann kann man dies nicht mit denselben Zahlen tun, mit denen man die Fakten misst.

Möglichkeiten sind schließlich noch keine Fakten, manche von ihnen können höchstens zu Fakten werden. Aber zu jedem Faktum gibt es eine Fülle von Möglichkeiten. Für die wirkungsmächtigen Möglichkeiten muss man deshalb sozusagen einen „zweiten Zahlenstrahl" erfinden, der aber nicht völlig von den normalen Zahlen der Fakten getrennt sein kann.

- *Die Zahlen für die Möglichkeiten nennt man imaginär und die Kombination der reellen Zahlen mit den imaginären bezeichnet man als die komplexen Zahlen. Dies ist der Zahlenbereich, in dem die Quantentheorie arbeitet. (Dazu im Anhang mehr.)*

Historisch wurde, wie beschrieben, die Quantenphysik zuerst für die Wechselwirkung von Licht mit Atomen verwendet. Das Bild eines Atoms als ein winziges Sonnensystem sollte mit der „Quantenmechanik" erfasst werden.

3.5.1 Die Quantenmechanik

So wie die Planeten um die Sonne laufen, sollten dies auch Elektronen um den Atomkern tun. Die elektromagnetische Wechselwirkung wurde dabei – in Analogie zu Newtons Beschreibung der Gravitation – als ein ausgedehntes *Kraftfeld* verstanden. Durch die Wirkung dieser Kraft kann von außen kommende elektromagnetische Feldenergie auf das Atom oder das Molekül übertragen werden. Ein Elektron gelangt bei dieser Absorption von Energie in einen „angeregten Zustand". Aus diesem Zustand des Atoms kann Energie als elektromagnetische Welle abgestrahlt werden, wenn das Elektron wieder in seinen „Grundzustand" übergeht. Einsteins Lichtquanten werden in dieser quantenmechanischen Beschreibung im Grunde genommen ignoriert.

- *In der Quantenmechanik rechnet man also mit einer vorgegebenen und unveränderlichen Anzahl von materiellen Quantenteilchen und mit einem klassischen Kraftfeld.*

3.5.2 Die Quantenfeldtheorie

Wenn man allerdings erkennt, dass das klassische Bild unzureichend ist, dann müssen die *elektromagnetischen Wellen* als *Photonen* beschrieben werden. Bereits nach wenigen Jahren der theoretischen Arbeit an der Quantenmechanik konnte man das Entstehen und Absorbieren von Photonen nicht mehr ignorieren. Man begann, auch die Kraftfelder quantentheoretisch zu behandeln.

- *Die Absorption und Emission der elektromagnetischen Feldenergie wird bei der genaueren quantischen Beschreibung zur Absorption und Emission von Photonen. Damit wird die Theorie zur Quantenfeldtheorie.*

Es werden also Photonen absorbiert. Diese Photonen sind dann nicht mehr vorhanden. Stattdessen gelangen die Atome in einen höheren Energiezustand. Dann werden Photonen wieder ausgestrahlt, und die Atome gelangen dabei in einen niedrigeren Energiezustand. Seitdem sprach man vom *Vernichten und Erzeugen* von Photonen.

In der späteren Entwicklung der Elementarteilchenforschung zeigte sich, dass für jede Sorte von Teilchen mit Masse eine zweite Form existiert, die sich allein durch das Vorzeichen der Ladungen unterscheidet. Die Teilchen, die in unserer natürlichen Umwelt fast ausschließlich vorkommen, werden als „Materie" bezeichnet und die mit der entgegengesetzten Ladung als „Antimaterie".

Mehr dazu und zur Antimaterie allgemein im Anhang.

Nach den großen Erfolgen in der Elektrodynamik wurden Quantenfeldtheorien für alle Entitäten der Quantentheorie entwickelt. Dabei wurden sämtlichen Kraftfeldern ihre „Feldquanten", also Quantenteilchen, zugeordnet. Umgekehrt wurde auch allen bekannten (und auch allen hypothetischen) Stoffteilchen, also Materie mit Ruhmasse und halbzahligem Spin, ebenfalls „Felder" zugeordnet. Diese ändern sich ebenfalls durch das Erzeugen und Vernichten ihrer Feldquanten.

Der Zustand eines Quantenfeldes wird dadurch beschrieben, dass festgelegt ist, wie viele Quantenteilchen in ihm vorkommen. Der Zustand eines Quantenfeldes ändert sich durch das Erzeugen oder das Vernichten seiner Quantenteilchen, seiner Feldquanten.

Diese allgemeine Umwandelbarkeit ist – wie schon gesagt – ein wichtiger Hinweis auf eine einzige Quantenstruktur, welche allem Existierendem zugrundeliegt.

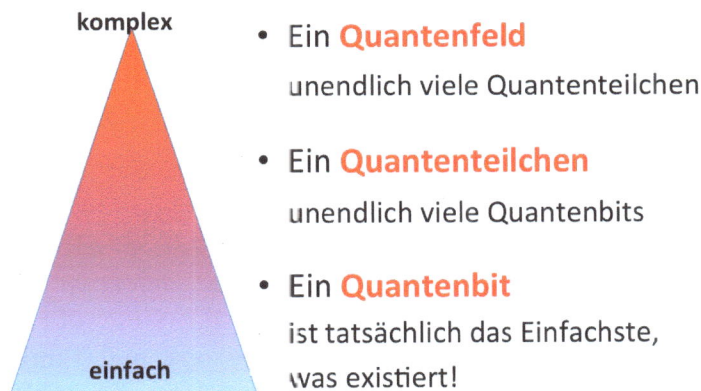

komplex

- Ein **Quantenfeld**
  unendlich viele Quantenteilchen

- Ein **Quantenteilchen**
  unendlich viele Quantenbits

- Ein **Quantenbit**
  ist tatsächlich das Einfachste, was existiert!

einfach

Abbildung 5: Die Stufung der Theorien.
Die kompliziertesten Strukturen behandelt die Quantenfeldtheorie. Deren Raummodell ist das mathematische Kontinuum. Die *mathematischen* Punkte werden in diesem Rahmen auch als *physikalisch* sinnvoll angesehen, obwohl es in der Natur keine „Punkte" gibt. Das führt zu mathematischen Unendlichkeiten, die jedoch durch geniale Verfahren (Regularisierung und Renormierung) beseitigt werden können.
Die Quantenmechanik befasst sich mit dem Verhalten von Quantenteilchen. Diese können sich – jedes für sich und alle verteilt über den Kosmos – in kleinen Raumbereichen aufhalten. Für ihre exakte mathematische Darstellung im Rahmen der Poincaré-Gruppe muss man unendliche viele mögliche AQIs berücksichtigen. Die Quantenmechanik berücksichtigt die in der Realität stets gegebene Unbestimmtheit des Ortes. Deshalb wird vom „Raumbereich" und nicht von „Raum-Punkten" gesprochen.
Die einfachsten Strukturen sind die Quantenbits. Sie sind überhaupt nicht lokalisiert, sondern ausgebreitet über den gesamten kosmischen Raum.

Je nachdem, welche materiellen Teilchen oder welche Kräfte man beachten will bzw. kann, berücksichtigt man verschiedene konkrete Ausformungen des allgemeinen theoretischen Rahmens. Daher kann man von verschiedenen Quantenfeldtheorien sprechen.

Die Quantenfeldtheorien sind die kompliziertesten Strukturen, mit denen die moderne Physik die Realität beschreibt, von den Elementarteilchen bis zur Festkörperphysik. Mit ihr werden das Entstehen und Vernichten von realen und virtuellen Quantenteilchen erfasst.

3.5.3 Der Raum in der Quantentheorie

Die Quantenmechanik ist so genau, dass sie für die Illusion der „Punktteilchen" keinen Platz einräumt. Um ein Teilchen an einem Punkt festzulegen, würde eine unendliche Energie benötigt werden – das ist keine realistische Annahme.

Mit der Quantenfeldtheorie wurde dieses Prinzip allerdings gelockert. Erstens hatte man aus der klassischen Feldtheorie übernommen, dass ein Feld an jedem (mathematischen!) Punkt des Raumes einen definierten Wert der Feldstärke besitzt. Und dann hatte man gesehen, dass für die interessanten Effekte der Erzeugung von Teilchen mit einer Ruhmasse, die immer mit der Produktion von Antimaterie verbunden sind, recht hohe Energien benötigt werden – nämlich so viel an Bewegungsenergie, dass diese zur Erzeugung eines Teilchen-Antiteilchen-Paares ausreicht. Man sprach zutreffend von „Hochenergiephysik". Trotz immer kleineren Wellenlängen zeigte sich beispielsweise an Elektronen keine interne Struktur. Und später auch nicht an den Quarks. Daher wurden aus der Sicht von diesen experimentellen Resultaten keine Beweggründe ersichtlich, das Model „Punktteilchen" zu hinterfragen.

Große Bewegungsenergien bedeuten große Geschwindigkeiten – bis nahe an die Lichtgeschwindigkeit. Das hatte zur Folge, dass alle die damals noch merkwürdig erscheinenden Phänomene von Einsteins Spezieller Relativitätstheorie ganz handfest im Labor bzw. in der Experimentierhalle in Erscheinung traten. Seitdem kann kein Physiker mehr daran zweifeln, dass Einstein mit dieser Theorie etwas Grundlegendes entdeckt hatte.

Das Raummodell der Speziellen Relativitätstheorie ist der Minkowski-Raum. Er ist so etwas wie ein Laborzimmer, allerdings mit unendlich großer Länge, Breite und Höhe. Auch die Zeit läuft in diesem Modell von minus bis plus unendlich.

Wenn sich im Minkowski-Raum Objekte sehr schnell bewegen, so ist ihre private Zeit langsamer als an der Uhr z. B. im Zentrum des Koordinatensystems. Wenn sich etwas mit Lichtgeschwindigkeit bewegt – was nur die Photonen können – dann vergeht für diese überhaupt keine Zeit. Vom Koordinatenursprung aus gesehen mögen zwischen Aussendung und Empfang riesige Zeitdauern ablaufen, für das Photon selbst geschieht jedoch alles im selben Augenblick. Das ist zwar nicht vorstellbar, folgt aber zwangsläufig aus der Mathematik der Speziellen Relativitätstheorie und wird durch alle experimentellen Resultate bestätigt.

Im Minkowski-Raum, in dem die Quantenfeldtheorie rechnet, gibt es nach Definition weder eine größte noch eine kleinste Länge. Das bedeutet, man ignoriert die Kosmologie und die Schwerkraft. Aus diesen beiden folgt erstens eine kleinste Länge, die Planck-Länge, welche durchaus von „null" verschieden ist. Und zweitens gibt es für eine vernünftige Kosmologie auch eine größte Länge, einen Radius des beobachtbaren Universums. Da die Schwerkraft erst bei astronomischen Objekten merklich in Erscheinung tritt, schienen diese Näherungen von unendlich großen und unendlich kleinen Größen bei den Elementarteilchen vollkommen in Ordnung zu sein.

So lange man dem Vorurteil nachhing, Quantentheorie sei ausschließlich „Mikrophysik", war diese Vernachlässigung nicht zu bemerken. Jedoch hat das Ignorieren der Gravitation in der Quantentheorie Konsequenzen. Wenn es keine kleinste Länge gibt, gibt es auch keine größte Energiekonzentration.

Diese Zusammenhänge zu ignorieren, erlaubt im Modell tatsächlich Punktteilchen, die allerdings eine unendlich große Energie haben müssten.

Umgekehrt ist eine unendlich große Wellenlänge mit der Energie null verkoppelt. Um eine Wirkung mindestens von der Größe des Wirkungsquantums h zu erhalten, muss die dazu erforderliche Zeitdauer unendlich groß sein. Das alles ist wegen des Ausschlusses der Kosmologie im Modell der Quantenfeldtheorien gut möglich. In der Realität jedoch ist seit dem Urknall erst eine endliche Zeit abgelaufen.

Der Minkowski-Raum ist das einfachste der möglichen Modelle. Seine Problematik wird bis heute nicht sehr deutlich, da auch die gegenwärtig tonangebende Kosmologie ein einfaches flaches unendliches Raummodell verwendet.

Allerdings kehren diese *unphysikalischen Unendlichkeiten* in den Rechnungen der Quantenfeldtheorie wieder zurück.

Wenn wir von der Mathematik der Quantenfeldtheorie wieder zur Realität übergehen, dann zeigt sich, dass es in dieser keine unendlich großen Energien und damit auch keine Punktteilchen gibt. Nach allem, was wir wissen, gibt es im Kosmos auch keine unendliche Zeitdauer, denn seit seinem Beginn sind erst etwa 13,8 Mrd. Jahre vergangen. Und ein unendlich ausgedehnter Raum, der flach ist wie ein Blatt Papier, ist ein mathematisches Modell, in dem viele Rechnungen sich einfacher als in anderen Modellen durchführen lassen. Allerdings muss die Physik ihre verwendeten Modelle immer wieder an der Erfahrung überprüfen. Wir beobachten mit den modernen Geräten bereit sehr große Bereiche des Weltalls mit Milliarden von Galaxien aus Milliarden von Sonnen. Jedoch ein unendlich großer Raum würde bedeuten, dass wir von ihm und von seinem Inhalt lediglich 0 % kennen würden.

Die quantenfeldtheoretischen Modelle sind also für viele praktische Näherungen durchaus nützlich. Wenn es jedoch um die grundlegenden Fragen der Physik geht, dann sind auch die Begrenztheiten und die daraus folgenden Unzulänglichkeiten der quantenfeldtheoretischen Modelle zu bedenken.

3.5.4 Die AQIs der Protyposis – die tatsächlich einfachsten Quantenstrukturen

Mit der These, dass nur die Materie existiert und dass an dieser Materie die Bewegung als deren Grundeigenschaft erkannt werden könnte, wollte Lenin die materialistische Grundlage seiner politischen Bewegung betonen. Natürlich ist für den Alltagsgebrauch die Unterscheidung zwischen einem Objekt und seinen Eigenschaften nützlich. Wenn man jedoch bis zum Grund der Naturerkenntnis vordringt, so zeigt es sich, dass diese scheinbar vernünftige Unterscheidung immer weniger haltbar wird. Die Materie und die Bewegung, die in der Physik allgemein als „kinetische Energie" auftritt, haben sich als äquivalent erwiesen. Diese Äquivalenz wird beispielsweise am LHC, dem Large Hadron Collider im CERN sehr deutlich, wo die unerhört schnelle Bewegung von jeweils zwei sich frontal stoßenden Protonen in Tausende Teilchen von neuer Materie verwandelt wird.

Für eine Klärung des Zusammenhanges zwischen der Materie und ihren Eigenschaften wollen wir uns eine ganz simple Frage stellen: Was ist eine Eigenschaft?

Ein Apfel kann grün sein und beim Reifen rot werden. Die Eigenschaft seiner Farbe kann sich ändern.

Ein Teilchen kann seine Geschwindigkeit ändern, z. B. indem es ein Photon absorbiert. Dabei verändert sich seine kinetische Energie, die als Eigenschaft des Teilchens betrachtet werden kann. Zuvor jedoch konnte diese Energie vielleicht als Photon wie ein Objekt beschrieben werden.

Aus der Sicht der Quantenmechanik ist ein Teilchen ein Objekt mit möglichen Eigenschaften.

In der Quantenfeldtheorie wird ein Quantenfeld als ein Objekt der Theorie verstanden. Seine Eigenschaften werden dadurch beschrieben, dass in einem konkreten Zustand eine bestimmte Anzahl von „Feldquanten" vorhanden ist. Die Änderung des Feldzustandes geschieht durch das „Erzeugen" oder „Vernichten" von Feldquanten – also von realen oder virtuellen Quantenteilchen! Die Teilchen sind in dieser Betrachtung Eigenschaften des Quantenfeldes. Andererseits ist dasselbe Teilchen aus Sicht der Quantenmechanik ein eigenständiges Objekt.

Die sonst grundsätzliche und strenge Unterscheidung zwischen Objekt und Eigenschaft wird durch die Quantentheorie relativiert.

Da mit der Protyposis eine gemeinsame physikalische Basis für alle diese Erscheinungen gelegt ist, wird erklärlich, dass eine prinzipielle Trennung unabhängig vom Kontext nicht möglich ist. Der Kontext bestimmt die Sichtweise auf die Beschreibung *Objekt versus Eigenschaft*.

Aus Sicht der modernen Naturwissenschaft kann man damit zu dem Schluss gelangen, dass es nicht mehr notwendig ist, zwischen dem, was ist, z. B. der Materie, und dem, was im Prinzip erkennbar ist, also den Eigenschaften der Materie, eine grundsätzliche Grenze der Nichterkennbarkeit zu postulieren.

Es ist natürlich eine herausfordernde Hypothese für die Naturwissenschaft, dass alles, was existiert, auch im Prinzip erkennbar sein soll. „Im Prinzip" meint, dass wir keinesfalls alles wissen, was im Sinne der Naturwissenschaft gewusst werden könnte, aber es bedeutet, dass zumindest keine prinzipielle und keine unüberschreitbare Grenze dafür postuliert werden muss. Es ist nicht mehr notwendig, ein prinzipiell unerkennbares „Ding an sich" zu postulieren.

Mit dieser Hypothese wird eine Äquivalenz gefordert zwischen dem, was ist, und dem, was man darüber wissen kann. Es handelt sich also um die Äquivalenz zwischen den bedeutungsoffenen AQIs, welche z. B. die Materie formen, und den bedeutungstragenden AQIs derjenigen Information, die wir wissen. Natürlich ist dabei daran zu erinnern, dass Äquivalenz nicht mit Gleichheit verwechselt werden sollte. Es geht damit um eine Eröffnung von Möglichkeiten, um eine Aufweitung unseres Verständnisses der Wirklichkeit. Selbstverständlich kann etwas prinzipiell Unerkennbares nicht mit logischen Argumenten und erst recht nicht durch empirische Resultate widerlegt werden. Dies würde zum Beispiel heute andere hypothetisch postulierte Welten betreffen. Der Kosmos ist die Gesamtheit dessen, worüber empirische Kenntnis nicht ausgeschlossen sein darf. Dann ist natürlich ein hypothetisches „Außerhalb des Kosmos" kein Gegenstand von naturwissenschaftlicher Erkenntnis. Auch Spekulationen darüber sollten nicht in ein Gewand von scheinbarer Naturwissenschaft gehüllt werden.

Aus meiner Sicht bedeutet es aber einen Schritt geistiger Befreiung, dass wir nicht mehr genötigt werden, für das Geschehen im Kosmos prinzipielle Grenzen möglicher Erkenntnis zu postulieren. Eine solche These ist eine sehr nützliche und sehr fruchtbare Leitlinie für die Erforschung der Natur.

Von der Information wissen wir, dass es für sie eine einfachste und nicht mehr hintergehbare Struktur gibt: das Bit mit seinen nur zwei Antwortmöglichkeiten, null – eins bzw. ja – nein.

Wenn man das Wirksamwerden der Möglichkeiten berücksichtigt, dann gelangt man zum Quantenbit. Seine im Prinzip unendlich vielen möglichen Zustände erlauben in jedem Fall ebenfalls nur zwei Antworten: ja bzw. nein. Die Menge aller seiner möglichen Zustände ist eine zweidimensionale Mannigfaltigkeit.

Vielleicht kann man zur Erläuterung eine Metapher vorschlagen. Ich kann den rechten oder den linken Arm zur Seite strecken. Das entspricht einem klassischen Bit mit „ja" oder „nein". Wenn ich aber die Möglichkeit habe, mich um meine Achse zu drehen, dann kann der rechte Arm in jede Richtung zeigen. Diese Möglichkeiten entsprechen dem Quantenbit. Aber natürlich zeigt mein linker Arm immer entgegengesetzt zum rechten. Das entspräche dem, was die Mathematiker als die „Orthogonalität" dieser beiden Zustände bezeichnen.

Hier soll für die AQIs der Protyposis eine einführende Darstellung gegeben werden, die im Anhang näher erläutert wird.

Quantenbits können als AQIs bedeutungsfrei und ausgedehnt über den kosmischen Raum erscheinen, wie eine eigenständige Entität. Viele AQIs können stark lokalisierte Zustände bilden, also Quantenteilchen, wie z. B. Photonen oder Elektronen. Eines von diesen vielen AQIs kann dann als Eigenschaft eines Photons – seine Polarisation, oder auch als Eigenschaft eines Elektron – z. B. als sein Spin, angesehen werden.

In allen solchen recht verschiedenen konkreten Fällen kann man abstrakt vom „Zustand" eines Quantenbits sprechen.

Diese abstrakten Zustände können durch Pfeile (Vektoren) in einem zweidimensionalen mathematischen Raum charakterisiert werden. Sie können durch die Punkte auf einer Kreislinie erfasst werden. Bei einer „Befragung" kann das Quantenbit nur zwei einander ausschließende „Antworten" geben. Die Vektoren, welche zu den „Antworten" gehören, stehen senkrecht aufeinander, sie sind zueinander orthogonal, sie schließen einander aus – so wie ja oder nein.

Dass man den Zustand durch zwei (komplexe) Zahlen festlegen kann, bedeutet nicht, dass man die Darstellung eines Quantenbits mit einem Punkt verwechseln darf.

Das Quantenbit ist die kleinste Information, ihr entspricht die kleinste Energie. Daraus folgt aus Plancks berühmter Formel mit der Quantentheorie die größtmögliche Ausdehnung, also über den gesamten kosmischen Raum. Das Quantenbit kann daher als eine Schwingung über den gesamten Kosmos veranschaulicht werden. Erst mit unendlich vielen Quantenbits könnte man eine Lokalisierung auf einem Punkt erhalten. (siehe auch Abbildung 52) Allerdings gibt es Punkte und Unendlichkeiten nur in der Idealisierung der Mathematik, nicht jedoch in der durch die Physik beschriebenen Natur. (Mehr dazu im Anhang) Die Realität setzt Grenzen sowohl im Kleinen als auch im Großen. Für die Realität ist es entscheidend, dass es im Kosmos nur endliche viele AQIs gibt. Damit ist das Unendliche in das Reich der Möglichkeiten verwiesen. Die Wissenschaft der möglichen Strukturen, die Mathematik, arbeitet daher sehr viel und mit sehr verschiedenen Unendlichkeiten. In der Physik als der Wissenschaft der realen Strukturen ist eine Unendlichkeit – sei es im Großen oder auch im Kleinen, also bei einem Punkt – immer ein Hinweis auf ein noch fehlendes Stück von Verständnis.

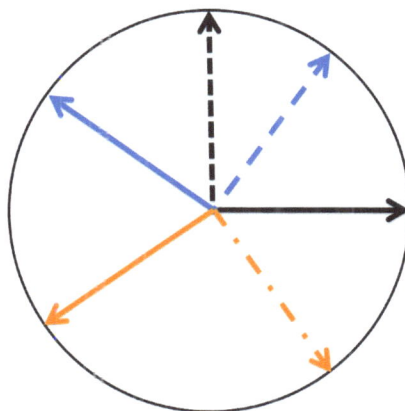

Abbildung 6: Ein Quantenbit hat unendlich viele mögliche Zustände in einem abstrakten zweidimensionalen mathematischen Raum (Die Zustände werden in der Zeichenebene verbildlicht durch alle Punkte der Kreislinie). Das Quantenbit hat jedoch stets nur zwei Antwortmöglichkeiten (die Antwort ist immer „ja" – „nein", bzw. "durchgezogen – gestrichelt"). Die Antworten schließen einander aus (die senkrecht aufeinander stehende Pfeile – hier nur 3 Beispiele). Je nach Fragenkontext können die Antworten recht Verschiedenes realisieren.

Aber natürlich muss die Physik die Möglichkeiten ernst nehmen. Schließlich erzeugen Möglichkeiten reale Wirkungen. Erst mit dem Beachten der Wirkmöglichkeit der quantischen Strukturen, die gerade nicht auf das bloß Faktische begrenzt sind, wird auch das evolutionäre Potential des Seienden sichtbar.

Die prinzipielle Erkennbarkeit des Seienden bedeutet letztlich auch, dass sich die Materie in der Tiefe letztlich als ähnlich zu dem erweisen muss, was wir als Information kennen, z. B. als unsere Gedanken. Allerdings kennen nur wir allein unsere Gedanken mit ihrer speziellen und nur uns zugänglichen Bedeutung. Wenn wir jedoch Naturwissenschaft betreiben wollen, so suchen wir etwas, was über das Subjektive hinausgeht, was verallgemeinert werden kann. In einem für eine Naturwissenschaft glücklichen Fall findet man objektive Erkenntnisse über die Menge von Information. Der Preis, der für eine Anbindung an die Physik bezahlt werden muss, ist nicht gering. Man muss bei „Information" auf eine konkrete Bedeutung verzichten. Die Physik kann nur bedeutungsfreie Information messen (sie wird dort, wie gesagt, *Entropie* genannt).

Der Weg, der hier weiterverfolgt werden wird, ist also die Erklärung der Gegenstände, welche die Naturwissenschaft erkennen kann, durch ihren Aufbau aus der einfachsten der denkbaren Informationsstrukturen, aus den bedeutungsoffenen und absolut definierten Quantenbits, den AQIs der Protyposis. Vielleicht ist es wegen der Erwähnung von „Gedanken" angebracht, hierzu darauf zu verweisen, dass es keinesfalls beabsichtigt ist, irrigerweise zu behaupten, dass alles logisch Mögliche – oder noch unpassender – alles Vorstellbare real sein würde. Unsere Logik hat sich in und an der Evolution in einer solchen Form entwickelt, dass gemäß dieser Logik das Existierende auch logisch möglich ist.

Was mit der Protyposis neu hinzukommt, ist die Erkenntnis, dass für die einfachsten Strukturen einer naturwissenschaftlichen Beschreibung der Wirklichkeit keine grundsätzliche Differenz zwischen der mathematischen und der physikalischen Struktur postuliert werden muss. An einem AQI kann physikalisch nicht mehr gefunden werden, als was diese Struktur bereits mathematisch aufzeigt.

Mit der Theorie der Protyposis gelangt der Weg zu den einfachen Strukturen an sein mathematisches Ende. Noch einfachere Strukturen als Quantenbits sind schon aus mathematischen Gründen als Strukturen auch in der Realität nicht möglich.

Von den Quantenbits führt ein erfolgreicher Weg bis zu den komplizierten Strukturen der Quantenfeldtheorie und zurück.

Die „normalen Bits" erscheinen zwar mathematisch noch einfacher als Quantenbits, sie sind jedoch als eigenständige Entitäten in der Natur nicht existent. Sie sind die Vereinfachungen, die sich aus unserer Beschreibung von faktischen Zuständen von Quantenbits ergeben.

Die klassischen Bits sind eine solche Vergröberung der Naturbeschreibung, dass dabei vom Möglichkeitscharakter der Natur abgesehen wird. Sie beschreiben also faktische Zustände von klassischen Objekten, z. B. von Schaltern. Ohne einen materiellen Träger können die klassischen Bits nicht existieren. Durch einen Aufwand an Energie kann an den materiellen Trägerobjekten etwas bewirkt werden. An der Erwärmung eines Computers ist der Energieverbrauch bei der Verarbeitung klassischer Bits, bei der immer neue Fakten produziert werden, leicht zu bemerken. Die Verarbeitung von Quantenbits hingegen ist sehr viel weniger energieaufwendig. Bis zur Erzeugung eines Faktums geschieht der Vorgang reversibel – und ein reversibler Vorgang geschieht ohne Erzeugung und Abgabe von Wärme und produziert keine Entropie – unser Gehirn wird im Betrieb niemals so heiß wie ein größerer Laptop.

4. Populäre Irrtümer über die Quanten und ihre Richtigstellung

Zu den verbreitetsten Irrtümern über die Quantentheorie gehören wohl die folgenden:

„Gott würfelt nicht!"

Die Quantentheorie handelt von „Unschärfe" und ist unverstehbar. Sie ist daher auch nur für die Fachleute wichtig.

Quantentheorie ist – im Gegensatz zur Makrophysik – die Mikrophysik, die Physik für die „kleinsten Bausteine der Materie".

Für das Verstehen des Lebens oder gar des Bewusstseins ist Quantentheorie bedeutungslos.

4.1. „Der Alte würfelt nicht" – oder doch?

Der populärste Irrtum über die Quantentheorie ist wahrscheinlich Einsteins berühmt gewordener Ausspruch. Dahinter steht der feste Glaube, dass es im Kosmos keinen Zufall gibt. Das griechische Wort „Kosmos" meint so etwas wie eine „schön gestaltete Ordnung". Unser Wort „Kosmetik" leitet sich davon ab.

Die klassische Physik hat eine solche mathematische Struktur, dass mit dieser ein Zufall lediglich auf der Unkenntnis desjenigen beruhen kann, der ein zufälliges Ereignis behauptet. Wüsste man hingegen alles Notwendige, dann könnte man – so die Vorstellung – das Ergebnis eines geworfenen Würfels oder die nächsten Lottozahlen mit Sicherheit vorhersagen.

Die Quantentheorie stellt uns die gedanklichen Hilfsmittel zur Verfügung, damit wir verstehen können, wie es wirklich ist.

Die Beobachtung des gestirnten Himmels war für die Menschen wichtig, bestimmt seitdem sie zu sprachfähigen Wesen geworden waren. Man musste das Herannahen der einzelnen Jahreszeiten und vor allem später dann die Aussaat- und Erntetermine rechtzeitig bestimmen können. Dabei zeigten sich viele Regelmäßigkeiten in den Abläufen am Firmament. Auf der Erde schien es ein ziemliches Durcheinander zu geben, aber wenigstens das himmlische Geschehen war geordnet und regelmäßig.

Mit Newtons Physik war die Trennung zwischen Himmel und Erde aufgehoben, überall galt das von ihm gefundene Naturgesetz – und dieses Gesetz war in eindeutiger Weise deterministisch. Dabei bestimmt der Zustand zu einem Zeitpunkt gesetzmäßig den darauffolgenden Zustand im jeweils nächsten Moment. Diese absolut lückenlose Abfolge lässt keinerlei Unterbrechung zu. Ein Zufall kann sich dabei nur für denjenigen ergeben, dessen Ahnungslosigkeit über die Wirklichkeit eine genaue Vorhersage nicht ermöglicht.

Der französische Mathematiker Laplace, der beste mathematische Physiker seiner Zeit, konnte daher an der Wende vom 18. zum 19. Jahrhundert in völliger Übereinstimmung mit der Wissenschaft seiner Zeit die Figur eines „Dämons" erfinden. Dieser war so gut im Kopfrechnen, dass es ihm möglich war, aus dem vorliegenden Zustand der Welt die gesamte Vergangenheit und vor allem auch die gesamte Zukunft zu berechnen.

Das verkörperte in dieser Zeit den Top-Mainstream der Wissenschaft, so dass damals die Zukunft gemäß der Theorie vollkommen determiniert erschien. Eine solche Überzeugung macht es heute noch oft schwer, hinter den ziemlich festgelegten Erscheinungen das Wirken von Quanten annehmen zu können.

Allerdings sind seit dem Postulat von Laplace zwei Jahrhunderte vergangen und eine Unzahl von Wissenschaftlern hat eine riesige Menge neuer Erkenntnisse angehäuft. Heute kann man wissen, dass die mit dem „Dämon" zutage tretenden Glaubensartikel in ihrer postulierten Absolutheit schlichtweg Irrtümer sind, obwohl sie sich näherungsweise bewähren.

So stand Einstein mit seinem Glauben nicht allein und vieles scheint ihn auf den ersten Blick zu bestätigen. Natürlich haben viele Ursachen recht festliegende Wirkungen und aus vielen Wirkungen kann man oft eindeutig auf eine vorhergehende Ursache schließen. Das ist für uns Menschen eine alltägliche Erfahrung. So haben einige Hirnforscher Fachartikel und Bücher über den „determinierten Menschen" publiziert und manche Philosophen schreiben über den „kausal geschlossenen Kosmos". Der mit diesem Begriff behauptete lückenlose deterministische Zusammenhang zwischen Ursachen und Wirkungen drückt einen ähnlichen Glauben aus, wie er auch von Einstein formuliert wurde.

Da wir die Erfahrungen gemacht haben, dass solche deterministischen Zusammenhänge zumeist nur ungefähr bestehen und da die Quantentheorie zeigt, dass bei sehr genauer Untersuchung der Natur diese These falsch wird, sollte man sie aus diesen Gründen nicht als ein allgemeines Denkgesetz formulieren.

Oftmals werden Vorstellungen über den Determinismus publiziert, ohne dass dabei eine Anbindung an die strengen wissenschaftlichen Vorstellungen gesucht würde. So lässt man gesetzmäßige Entwicklungen an frei gewählten willkürlichen Zeitpunkten beginnen und enden. Das widerspricht jeder klaren mathematischen Definition.

Solche Modelle können den üblichen Erfahrungen des Alltags recht gut entsprechen. Sie bedeuten jedoch das Gegenteil dessen, was in der Wissenschaft mit Determinismus gemeint ist.

Philosophische Aussagen über eine „kausale Geschlossenheit des Kosmos" basieren jedoch zumeist auf solchen Vorstellungen, die im Widerspruch zu quantentheoretischen Erkenntnissen stehen. Die deterministische These behauptet, dass jeder Ursache eine eindeutige und gesetzmäßig festgelegte Wirkung und ebenso jeder Wirkung eine eindeutige und gesetzmäßig festgelegte Ursache entspricht. Für den zeitlichen Ablauf des Weltgeschehens bedeutet diese Vorstellung, dass die Zeit verstanden werden muss als eine lückenlose Abfolge von Fakten. In vielen Fällen entspricht dies durchaus unseren ungefähren Erfahrungen, als grundlegende These verstanden ist sie – wie gesagt – jedoch nach den Erkenntnissen und Erfahrungen der Quantentheorie falsch. Auch bereits im Alltag erleben wir immer wieder, dass die „kausale Geschlossenheit" eine Idealisierung darstellt. So kennt beispielsweise die Medizin identische Krankheitssymptome, die aus verschiedenen Ursachen resultieren, und andererseits verschiedene Symptome, die aus der gleichen Erkrankung herrühren.

In der Tiefe versagen die Vorstellungen über einen „kausal geschlossenen Kosmos" und das damit verbundene Bild einer Zeitstruktur als ein lückenloses Kontinuum von Fakten. Die reale Struktur der Natur wird leichter verstehbar, wenn man sich vergegenwärtigt, dass sich in einem Quantensystem keine Fakten ereignen, solange in diesem System die quantischen Prozesse abgeschirmt von dessen Umgebung verlaufen.

Solange sich an einem System keine Fakten ereignen, solange verbleibt es in einer „ausgedehnten Gegenwart". Schließlich kann nur durch ein Faktum das „Früher" von einem „Später" unterschieden werden. In einer solchen ausgedehnten Gegenwart sind daher auch Vorstellungen von faktischen „Ursachen und Wirkungen" irreführend. Es handelt sich um einen ganzheitlichen Prozess, in welchem sich die Möglichkeiten gesetzmäßig verändern. Fakten jedoch treten erst am Ende dieses Quantenprozesses ein. Nach dem Abschluss des Prozesses bleibt es natürlich immer offen, eine „passende Vergangenheit" mit den entsprechenden (Pseudo-)Ursachen hinzuzuerfinden. In der Beschreibung der Phänomene in der Natur finden sich immer wieder Prozesse, die so erscheinen, als ob sie durch die Fakten festgelegt wären. Aber dann jedoch entwickeln sich manchmal Möglichkeiten, die zu anderen als zu den erwarteten Fakten führen. Diese Erscheinung ermöglicht, die vielfältigen Entwicklungen in der biologischen Evolution zu erfassen.

Die wissenschaftliche Einsicht, dass sich bei einer genauen Untersuchung der Natur mögliche Vorstellungen über einen „kausal geschlossenen Kosmos" als Illusion erweisen, verbreitet sich. Darauf verweist beispielsweise auch ein Ende Juni 2017 erschienener Übersichtsartikel in der Zeitschrift „Nature" mit dem Titel „A WORLD WITHOUT CAUSE AND EFFECT". Er behandelt die kausalen Unbestimmtheiten, welche im Rahmen der Quantentheorie auftreten können.

Oberflächlich gesehen treffen die deterministisch erscheinenden Zusammenhänge oft zu, aber wenn es wirklich genau werden muss, dann erweisen sie sich als nicht mehr gültig – und Wissenschaft sollte so genau wie möglich sein. Die Dynamische Schichtenstruktur erfasst diese Zusammenhänge.

4.1.1. Die Dynamische Schichtenstruktur – die integrale Struktur von Freiheit und Festgelegtheit

In den Naturwissenschaften, zumindest in der Physik, erstellen wir uns heute mathematische Modelle. Von diesen Modellen hoffen wir, dass das in ihnen formulierte zeitliche Verhalten auch die zeitliche Entwicklung von derjenigen Entität gut abbildet, welche modelliert werden soll. Modell und Wirklichkeit werden immer etwas Verschiedenes sein. Das Ziel besteht darin, eine möglichst gute Übereinstimmung zwischen beiden zu erzielen.

Eine solche Übereinstimmung ist nicht mit einer einzigen mathematischen Struktur zu erhalten. Wir könnten nicht überleben, wenn wir nicht auch in unseren Modellen der Natur die Fakten als Fakten akzeptieren würden und wenn wir in ihnen nicht berücksichtigen würden, dass wir Menschen nicht das gesamte Universum auf einmal modellieren können. Wir benötigen Modelle, die ein faktisches Geschehen erfassen können und die von ihrer Struktur her geeignet sind, nur Teilbereiche der Wirklichkeit zu beschreiben. Diese Forderungen erfüllen die Konzepte der klassischen Physik.

Die Geschichte der menschlichen Forschungen an der Natur hat uns durch die Quantentheorie ebenfalls gezeigt, dass wir bei einer genauen Beschreibung auch noch andere Gegebenheiten berücksichtigen müssen. Beziehungsstrukturen schaffen Ganzheiten. Bei deren Zerlegung in Teile kann Wichtiges verloren gehen. Eine wichtige Zerlegung ist das „Schaffen von Fakten". Fakten werden dadurch erzeugt, dass Information über quantische Möglichkeiten als „dauerhaft vom System getrennt" beschrieben wird. Es soll hier erst einmal genügen, darauf zu verweisen, dass alle die uns als dauerhaft faktisch erscheinenden massereichen Objekte unentwegt Information über ihre quantischen Zustände aussenden. Daher werden bei ihnen die jeweils neu entstehenden Möglichkeiten immer wieder sofort aufs Faktische reduziert. Jedoch die Fakten allein, die sich aus den Zerlegungen ergeben, sind zu wenig, um die Vielfalt der Wirklichkeit zureichend zu erfassen.

Wenn wir diese Überlegungen berücksichtigen, so sehen wir, dass nur eine einzige mathematische Struktur allein dies nicht erfüllen kann.

Mit der Dynamischen Schichtenstruktur wird dieser Tatsache Rechnung getragen. Klassische Physik und Quantentheorie ergänzen sich gegenseitig. Die eine Struktur ist die Voraussetzung für die Anwendung der anderen.

Ein Quantenprozess wird durch das Entstehen eines Faktums beendet. Ein Faktum ist wiederum Ausgangspunkt für neue quantische Möglichkeiten.

Ein Kreis wäre als Bild für einen solchen Vorgang nicht dynamisch genug. Schließlich entsteht immer wieder Neues. Geeigneter erscheint vielleicht das Bild einer Spirale, welche das gegenseitige Ablösen des einen Standpunktes mit dem der anderen Struktur verdeutlichen kann. Zugleich zeigt sie auf, dass keineswegs immer wieder dasselbe passiert, es gibt im Laufe der Zeit eine Aufwärtsentwicklung. Jedes neue Faktum bedeutet, dass eine neue Situation entstanden ist.

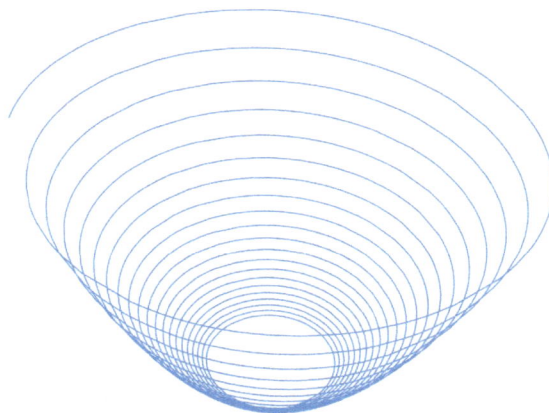

Abbildung 7: Der Erkenntnisprozess, mit dem wir die Natur erfassen, baut auf beiden Strukturen auf, auf der klassischen und auf der quantischen. Er führt sie in einem dynamischen Prozess zu neuen und „höheren" Erkenntnissen, die zugleich auch einen tieferen Blick auf die Grundlagen ermöglichen.

Das Berücksichtigen sowohl von Fakten als auch von Möglichkeiten erweist sich als unerlässlich für eine möglichst gute Modellierung der Naturvorgänge und damit letztlich auch für unser Überleben. In dem Kapitel „5.5. Ist die Unterscheidung zwischen Mikro- und Makrophysik mehr als lediglich pragmatisch?" werden wir die Frage noch einmal erörtern.

„Möglichst gut" lässt natürlich viel Raum für unterschiedliche Ansprüche. In vielen Fällen ist es wichtig, die Welt in verschiedene Objekte aufzuteilen, die Kräfte zwischen diesen zu erforschen und dann das künftige Verhalten zu berechnen. Eine solche Zerlegung in getrennte Objekte und in Kräfte zwischen diesen liegt der klassischen Physik zugrunde. Deshalb ist weithin die klassische Physik der Lieferant für die dafür angebrachten und verwendeten Modelle. So wird man die Flugdaten einer Rakete im Sonnensystem und die dafür auch notwendige Stellung der Planeten weiterhin mit der Newtonschen Mechanik berechnen und – in *Post-Newtonscher Näherung* – einige Korrekturterme aus der Allgemeinen Relativitätstheorie hinzunehmen.

Die determinierte Beschreibung eines faktischen Systemverhaltens wird in vielen Fällen ziemlich gut mit dem tatsächlichen Verlauf übereinstimmen. Oft liegen die Wahrscheinlichkeiten recht nahe bei null oder bei eins. Daher erscheinen sie oftmals wie etwas Faktisches. Sehr viel des Geschehens in der Natur und auch im Verhalten von Tieren und Menschen ist also mehr oder weniger „ziemlich gut festgelegt". So haben wir alle unsere Gewohnheiten und die Menschen, die häufig mit uns Umgang haben, werden unsere Regeln erkennen und sich auf unsere Eigenheiten einrichten können. Auf ähnliche Situationen werden aus unserem Unbewussten oftmals Handlungen in fast gleicher Weise angestoßen. So erscheinen wir zumeist wie in einer gewissen Weise festgelegt. Aber wir treffen auch immer wieder freie Entscheidungen, mit denen wir sogar unsere Partner überraschen können.

Für eine wissenschaftliche Verdeutlichung ist es wichtig, den grundlegenden Unterschied zwischen „gut festgelegt" und einer „Determiniertheit" zu beachten. Während das erstere den Zufall einschließt und damit Raum für „Neues" und damit auch für „Freiheit" lässt, ist in der Determiniertheit dafür prinzipiell kein Platz. Beim „Chaos" werden wir etwas genauer darauf eingehen.

Bei den GPS-Satelliten sind die Anforderungen an die Genauigkeit so groß, dass neben der Allgemeinen Relativitätstheorie auch die Quantentheorie für Bau und Betrieb dieser Satelliten notwendig wird. Ohne die Quantentheorie wären Bau und Betrieb der notwendigen extrem genauen Atomuhren nicht möglich. Für die Berechnung von Eigenschaften von Molekülen oder gar von instabilen Atomkernen ist die Quantentheorie unverzichtbar. Aber auch die Vorgänge in lebendigen Zellen lassen sich erst unter Zuhilfenahme der Quantentheorie tatsächlich verstehen.

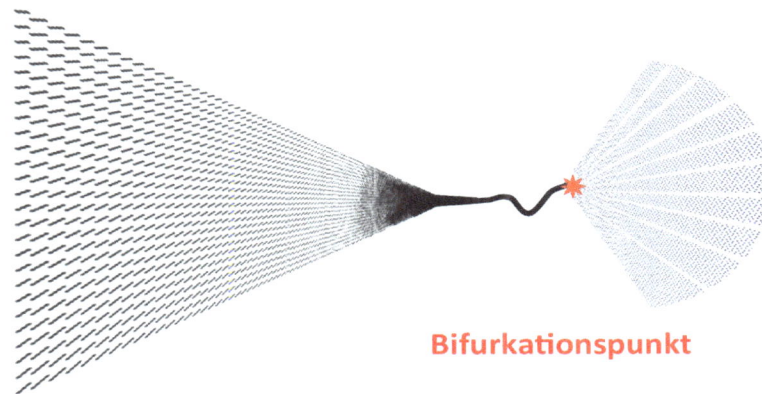

Bifurkationspunkt

Abbildung 8: Quantische Möglichkeiten können in vielen Fällen näherungsweise mit einem klassischen Bild beschrieben werden, sie erscheinen dann wie ein einziger klassischer Weg, der wie ein determinierter Ablauf interpretiert werden kann. An einem Bifurkationspunkt lässt diese „Bahnkurve" die Genauigkeit der Quantenschreibung wieder erforderlich werden. Aus diesem instabilen Zustand wird sich ein Fächer neuer quantischer Möglichkeiten wieder deutlich erkennbar eröffnen.

Wir benötigen also für eine wirklich gute Modellierung der Realität die beiden mathematischen Strukturen, die mit klassischer und quantischer Physik sehr verkürzt gekennzeichnet werden. Man könnte sie als „zueinander komplementär" bezeichnen. Sie ergänzen sich gegenseitig und sie sind in einer gewissen Weise jeweils eine Vorbedingung für die andere. Erst die Quantentheorie ermöglicht es zu verstehen, wieso die Objekte der klassischen Physik existieren können. Eine konsequente Anwendung der klassischen Physik hätte z.B. zur Folge, dass die Existenz eines Atoms sich als unmöglich herausstellen würde, denn das Elektron müsste auf einer Spiralbahn in den Atomkern stürzen. Bohr hatte diese Konsequenz dadurch vermieden, dass er die klassische Physik per Beschluss außer Kraft gesetzt hatte.

Und die klassische Physik mit der Trennung der Realität in einzelne Objekte liefert den Rahmen, innerhalb dessen erst die Voraussetzungen entstehen, die es erlauben, einzelne Quantensysteme zu beschreiben, ohne dass diese durch eine theoretische oder praktische enge Verbindung mit ihrer Umwelt ihre Eigenständigkeit verlieren müssten.

Wir benötigen die integrierende Sichtweise der Dynamischen Schichtenstruktur für eine gute und integrale naturwissenschaftliche Modellierung der Wirklichkeit.

Erst in der Beschreibung der Natur mit der Dynamischen Schichtenstruktur gelingt es, die Wechselbeziehungen zu verstehen, die zwischen einem ziemlich weitgehend festgelegten Ablauf des Geschehens einerseits und andererseits der Möglichkeit bestehen, diesen Ablauf immer wieder, z. B. durch freie Entscheidungen von uns Menschen, beeinflussen zu können.

So legt bei jedem Experiment der Experimentator frei fest, mit welchen Anfangsbedingungen das Experiment starten soll. Diese Variationsmöglichkeiten sind Vorbedingungen dafür, keine bloße Beobachtung vorzunehmen. Erst diese Freiheit ermöglicht es, von bloßen Korrelationen wie bei Beobachtungen zu einer begründeten Annahme von Kausalbeziehungen übergehen zu können.

Die Natur selbst entwickelt immer wieder Neues. Wir können diese Strukturen erkennen, indem wir sie beschreiben. Dabei erscheint vieles wie festgelegt, um sich dann doch wieder anders zu entwickeln. Dies geschieht natürlich auch, weil Kontexte und Beziehungen sich außerhalb unserer Sichtweise ändern können. Vor allem aber geschieht es auch, weil lediglich die künftigen Möglichkeiten durch einen naturgesetzlichen Zusammenhang festgelegt sind und nicht bereits schon das künftige Faktum, dessen Messwert sich – wenn man ein Quantenverhalten berücksichtigt – im Rahmen der Möglichkeiten zufällig ergeben wird. Zwar kann der jeweilige Rahmen durch Veränderungen am

52

Kontext beeinflusst und verändert werden, aber dennoch bedeutet „Möglichkeit", dass nur ein Faktum von stets mehreren möglichen Fakten real werden kann. Selbst dann, wenn Wahrscheinlichkeiten „nahe bei 100 %" sind, werden sie doch für kein mögliches Faktum genau bei 100 % sein.

Daher wird es sehr sinnvoll sein, für ein prinzipielles Verstehen unserer menschlichen Planungen und Prognosen diese als Aussagen über Möglichkeiten und damit über Wahrscheinlichkeiten zu begreifen und nicht über künftige Fakten.

In diesem Zusammenhang erscheint es wichtig zu betonen, dass auch aus Sicht der Quantentheorie Fakten entstehen können, ohne dass ein Beisein von „Beobachtern" welcher Art auch immer dabei notwendig wäre.[5] Die integrale Struktur von Beziehungen und Möglichkeiten einerseits sowie von Fakten und Kräften zwischen Objekten andererseits wird mit der Dynamischen Schichtenstruktur erfasst. Mathematisch muss dies durch Grenzübergänge bewerkstelligt werden. In der Beschreibung lässt man theoretisch eine Größe, zumeist die Dauer oder auch einen Abstand, gegen unendlich laufen. Bei einem solchen Übergang wird oft von einem „Brückengesetz" gesprochen.

In der öffentlichen Wahrnehmung kam der Zufall zu einer gewissen Geltung, als im Rahmen der „Chaos-Theorie" der sogenannte „Schmetterlings-Effekt" berühmt wurde.

4.1.2. Ein Quantenschmetterling für Zufall im Chaos

Etwa in den 1980er Jahren wurde ein breites Publikum mit dem Begriff „Chaos" in einem wissenschaftlichen – vor allem physikalischen – Zusammenhang konfrontiert. Bei den alten Griechen, von denen dieses Wort stammt, war das Chaos der Vorgänger des Kosmos. Am Anfang der Schöpfungserzählung gibt es das Hebräische „Tohuwabohu", was von Martin Luther mit „wüst und leer" oder von Martin Buber und Franz Rosenzweig mit „Irrsal und Wirrsal" übersetzt wurde und was wohl so etwas wie das Chaos meint.

Jedermann hat eine Vorstellung davon, was chaotische Zustände sind – sei es auf dem Schreibtisch oder möglicherweise auch in Beziehungen. Die Chaostheorie, die nun für einen geringen Teil dieser Bereiche (nämlich den, der so einfach ist, dass man ihn mathematisch modellieren kann) ein wissenschaftliches Denken einführte, erregte eine große öffentliche Aufmerksamkeit. Der „Schmetterlingseffekt" war bald in aller Munde. Wenn der Flügelschlag eines Schmetterlings in Afrika auf der anderen Seite des Ozeans einen Hurrikan auslösen kann, und wenn das dann auch noch ein Ergebnis der Wissenschaft sein soll, dann ist das durchaus ein paar Schlagzeilen wert. Dass in der Wissenschaft stets vom „deterministischen Chaos" gesprochen wurde, spielte dabei kaum eine Rolle. Auch wenn heute der Hype um die Chaostheorie wieder abgeklungen ist, so ist doch ein solches zufälliges Verhalten wie beim „Schmetterling" bei vielen Menschen mit dem Begriff des Chaos verbunden geblieben.

Was ist an diesen Vorstellungen zutreffend und was hat Derartiges – wenn überhaupt – mit der Quantentheorie zu tun?

Die Chaostheorie ist ein Bereich der klassischen Physik und beschreibt somit eine deterministische Entwicklung von Fakten. Wie wir gesehen haben ist in diesem Zusammenhang der Begriff „Zufall" lediglich ein Ausdruck für ein unzureichendes Wissen oder für eine unzureichende Genauigkeit in der Beschreibung.

Was jedoch chaotische Systeme im Unterschied zu anderen auszeichnet, das ist eine extreme Instabilität in manchen Situationen. An chaotischen Systemen können dann gelegentlich winzigste Einwirkungen von außen gewaltige Veränderungen am prognostizierten Systemverhalten bewirken. Ein kleiner Einfluss, vielleicht sogar nur eine Information, kann eine „Weiche" stellen, so dass sich das System in einen vollkommen anderen Bereich bewegen wird als ursprünglich zu erwarten gewesen war. Das kann sowohl biologische als auch technische Systeme betreffen.

Die fehlenden Weichen beim deterministischen Chaos sollen deutlich machen, dass in dieser mathematischen Struktur – im Gegensatz zu häufigen Darstellungen – keinerlei echter Zufall möglich ist. Jegliche Überraschung folgt allein aus dem unzureichenden Wissen des Beschreibers.

An den Instabilitäts- oder Bifurkationspunkten kann die Quantenphysik mit ihrem Zufallscharakter bei der Beschreibung des Geschehens nicht mehr ignoriert werden. An diesen Stellen, wo es wegen der Instabilität auf eine sehr große Genauigkeit ankommt, versagt die weniger genaue Beschreibung durch die klassische Physik.

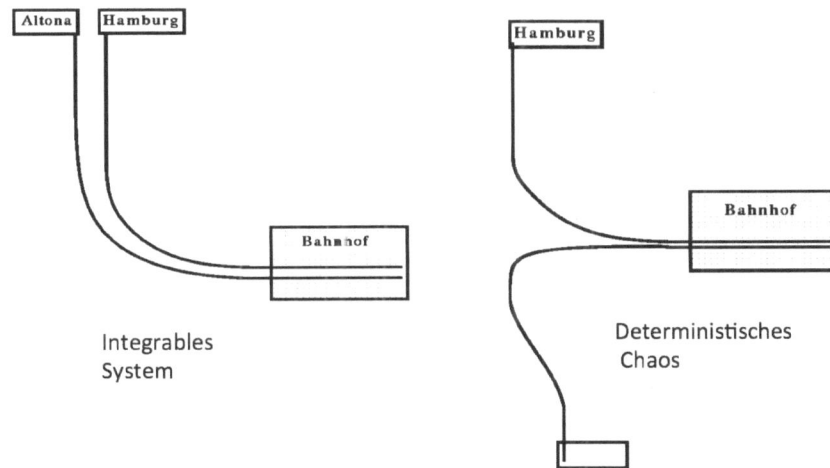

Abbildung 9: Deterministisches Verhalten eines Systems und deterministisches Chaos – in beiden Fällen führen aus dem Bahnhof Gleise ohne Weichen oder Haltestellen. Im integrablen System führen kleine Änderungen am Anfang zu kleinen Änderungen später. Im Fall vom Chaos genügt das falsche Nachbargleis im Bahnhof, um an einem völlig anderen Endpunkt anzukommen.

In chaotischen Systemen würde eine Prognose für eine beliebig lange Zeit eine unendliche Genauigkeit bei der Festlegung der Anfangsbedingungen erfordern. So etwas existiert nur in der Mathematik – jedoch nicht in der Natur.

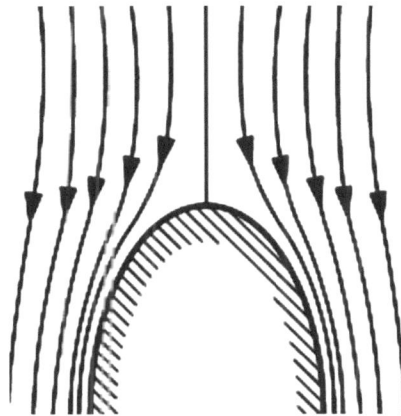

Abbildung 10: Die mathematische Struktur des deterministischen Chaos lässt im Gegensatz zu allen Erfahrungen in ihrer Beschreibung die Bewegung eines Teilchens am Bifurkationspunkt enden.

Lebendiges ist dadurch ausgezeichnet, dass es von den Zellen bis zum gesamten Organismus ständig und überall und immer wieder in instabile Situationen gerät. Deshalb kann eine Beschreibung der Vorgänge in Lebewesen nicht auf Quantentheorie verzichten, welche in den sowohl räumlich als auch zeitlich fortwährend auftretenden Bifurkationssituationen nicht vernachlässigt werden kann. In solchen instabilen Situationen kann sich Lebendiges ohne wesentlichen Energie- oder Materieeinsatz sogar durch bloße Information selbst steuern und stabilisieren – aber natürlich auch durch eine falsche Bewertung destabilisieren. Für uns Menschen ist es klar, wir hören oder lesen etwas und reagieren darauf. Bei Pflanzen und Pilzen wird das nicht so deutlich, ist aber im Grunde ähnlich.

Die mathematischen Beschreibungen chaotischer Systeme führen oft zu dem, was man als ein selbstähnliches Verhalten bezeichnet. Die Bewegungsmuster fächern sich immer wieder auf. Die Bewegungen von Körpern sind dann z. B. nicht mehr schöne Kepler-Ellipsen, sondern sie fangen an, sich über den ganzen zugänglichen Raum auszubreiten. Etwas Ähnliches gibt es bei Faltungen. Wenn ein bedrucktes Blatt Papier mehrmals gefaltet wird, dann kommen Buchstaben in eine enge Nachbarschaft, die auf dem ausgebreiteten Blatt weit auseinander liegen. Bei der Zubereitung von Blätterteig haben wir den gleichen Effekt, deshalb bezeichnen die Mathematiker den Vorgang als „Bäcker-Transformation".

Selbstähnlichkeit ist dadurch ausgezeichnet, dass immer kleinere Strukturen entstehen, welche dem Ganzen immer wieder recht ähnlich sind. Die Mathematiker nennen solche Figuren „Fraktale". Eine bekannte Figur mit solch einer fraktalen Struktur ist das „Apfelmännchen", dessen Erscheinung sich bei immer stärkeren Vergrößerungen immer wieder fast identisch reproduziert. Im Inneren und weiter außen sind die Verhältnisse klar, da ist es deutlich schwarz oder weiß. Jedoch der „Rand" einer solchen Struktur wird immer diffiziler, es wird immer schwieriger, die Eigenschaft eines Punktes festzulegen. Das Verhalten der Punkte, ob sie noch zur Struktur gehören oder bereits nicht mehr, wird immer schwieriger zu bestimmen. Der Rand „franst immer mehr aus". Immer kleinere Strukturen werden wesentlich.

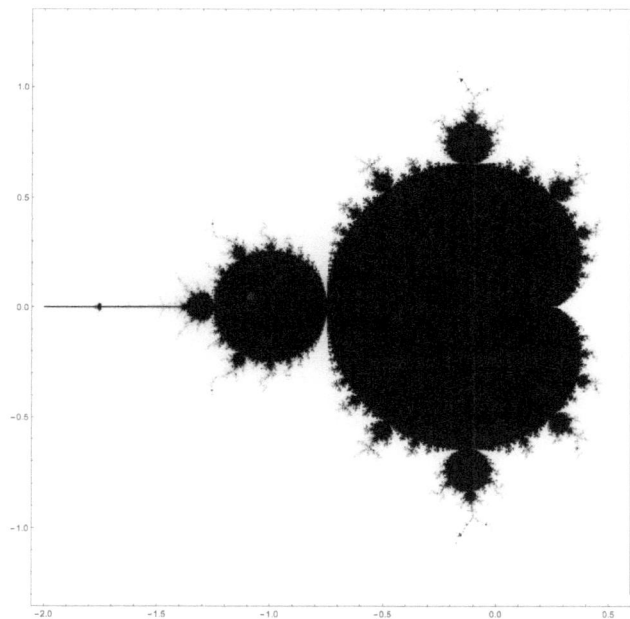

Abbildung 11: Mandelbrot-Fraktal (Apfelmännchen)

Das erinnert an den „Schmetterling" und den Hurrikan. Wenn der einige Zentimeter weiter entfernt geflogen wäre, hätte er – falls man das mathematische Modell sehr ernst nimmt – den Sturm nicht auslösen können. Das Modell lässt deutlich werden, dass beim Wetter unter manchen Umständen recht winzige Einflüsse, die man nicht mehr wirklich fassen kann, die Gesamtwetterlage beeinflussen – obwohl zumeist die Verhältnisse klar sind. Auch beim Bild des Apfelmännchens sind fast überall die Verhältnisse klar: weiß oder schwarz. Aber der Übergang dazwischen ist in dem Sinne sehr instabil, dass in der Nähe des Randes winzigste Veränderungen immer wieder zwischen dem determinierten „Innen" und dem genauso determinierten „Außen" hin- und herspringen. Dabei ist die mathematische Aussage: „Innen" – ein Prozess bleibt beschränkt, „Außen" – der Prozess läuft ins Unendliche. Eine solche Instabilität, das Fehlen klarer und deutlicher Grenzen, ist es, was eine chaotische Situation auszeichnet.

Aber auch bei den Modellen von Selbstähnlichkeit liegt eine Idealisierung der Natur vor. Diese Selbstähnlichkeit gibt es zwar im rechnerischen Ergebnis – jedoch nicht in der Natur. Als biologisches Beispiel für Selbstähnlichkeit wird gern der Romanesco-Blumenkohl angeführt. Dieser wirkt auf den ersten Blick als ein Paradebeispiel für Selbstähnlichkeit.

Aber natürlich kann keine dieser Blumenkohlstrukturen kleiner werden als eine Blumenkohl-Zelle. So gibt es in der Natur für jede scheinbare Selbstähnlichkeit eine Abbruchkante bei einer dafür typischen kleinsten Länge, mit der spätestens dann die Selbstähnlichkeit endet.

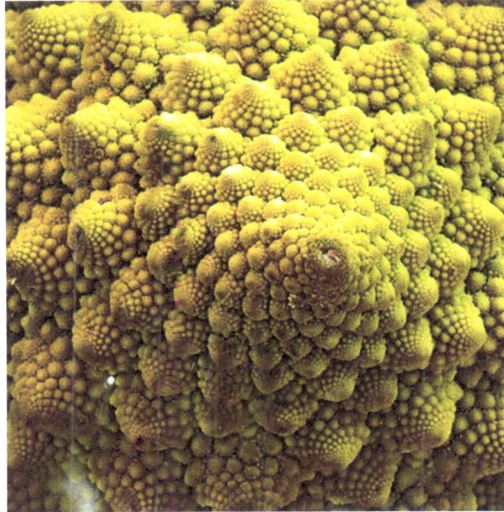

Abbildung 12: Romanesco-Blumenkohl

Die Entscheidungssituationen, die Bifurkationspunkte, in denen sich die weiteren Entwicklungen aufspalten und die von winzigsten Einflüssen abhängig sind, werden im Rahmen des „deterministischen Chaos" theoretisch so beschrieben, dass die mathematische Entwicklung des Systems in diesem Punkte beendet ist. Anschaulich gesprochen verbleibt das System wie ein Sandkorn auf „Messers Schneide" für alle Zeiten unbeweglich liegen. Jedermann weiß natürlich, dass die klassische Physik damit eine Situation beschreibt, die in der Natur nicht vorkommt. Ein mathematisch beliebig genau festgelegter Ort und zugleich eine mathematisch beliebig genau festgelegte Geschwindigkeit null existieren niemals. Dies ist eine Lehre aus der Quantentheorie, zu der wir im nächsten Unterkapitel kommen.

Wenn also im Rahmen der Chaostheorie in zutreffender Weise von Nicht-Determiniertheit gesprochen wird, dann steckt dahinter stets ein quantenphysikalisches Phänomen, welches die mathematische Determiniertheit im „deterministischen Chaos" an die indeterministische Realität der Natur anpasst. Dieser Zusammenhang wird von der Dynamischen Schichtenstruktur erfasst.

Wenn wir alles Gesagte zusammenfassen, so sollten wir sagen, dass der Effekt, der den Hurrikan auslöst, von einem „Quantenschmetterling" stammt.

4.2. Hat die Quantentheorie nichts mit der Wirklichkeit zu tun?

In Diskussionen mit geisteswissenschaftlich orientierten Gesprächsteilnehmern hörten wir oft das Argument, dass die Quantentheorie eine spezielle menschliche Konstruktion sei, welche mit der Wirklichkeit nichts zu tun habe. Sie würde sich auf das Verhalten von technischen Apparaten in künstlichen, von Menschen konstruierten Situationen beziehen. Sie sei ein spezielles Sprachspiel, welches für experimentelle Gegebenheiten fern der Realität entworfen worden sei. Oft wird als Argument dann noch angefügt, dass bereits Kant gezeigt habe, dass das „Ding an sich" unerkennbar sei.

Es ist natürlich zutreffend, dass die Quantentheorie ihren Beginn bei den Atomen und bei deren Wechselwirkung mit dem Licht genommen hatte. Einzelne Atome sind so sehr weit vom Alltag entfernt, dass bedeutende Physiker noch am Ende des 19. Jahrhunderts an ihrer Existenz gezweifelt haben. Von Ernst Mach, dessen naturphilosophische Vorstellungen einen großen Einfluss auf Albert Einstein hatten und der übrigens auch der Taufpate des späteren Physik-Nobelpreisträgers Wolfgang Pauli war, wird überliefert, dass er den Vertretern der Atomhypothese entgegenhielt: „Haben Sie schon eins gesehen?"

Natürlich ist der Sprachspiel-Argumentation zuzugestehen, dass alle unsere Beschreibungen der Natur nicht diese selbst sind, sondern unsere menschlichen Konstruktionen. Selbstverständlich ist die Sprache das wichtigste Vehikel, um bedeutungsvolle Informationen zu vermitteln – ob man sie mit ihren Anwendungen allerdings als „Spiel" bezeichnen sollte, das jedoch kann hinterfragt werden.

Was die Naturwissenschaft von bloßen Fantasien unterscheidet, ist die Anbindung an die Erfahrung und die Prüfung der gewonnenen Erkenntnisse an Prognosen und an der Entwicklung von praktischen Anwendungen. Je besser und zutreffender das Verhalten der theoretischen Modelle dem Verhalten desjenigen Ausschnitts aus der Natur entspricht, für den sie entwickelt wurden, desto vertrauenswürdiger erscheinen die zugehörigen Theorien.

Da kreative Wissenschaft immer auf der Methode der Induktion beruht – also auf dem Schluss von einigen Erfahrungen auf ein allgemeines Gesetz – gehört zur Naturwissenschaft auch das Wissen um eine stets vorhandene Möglichkeit, dass sich in bisher noch nicht geprüften Situationen ein anderes Verhalten zeigen kann, als es aus einer schlichten Extrapolation des Bekannten folgen würde.

Naturgesetze können niemals „bewiesen" werden, denn dies würde voraussetzen, dass man auch alle künftigen und daher unbekannten Situationen bereits überprüft hätte.

Was man jedoch stattdessen zeigen kann, das sind eine theoretische Konsistenz und eine Anpassung an bereits Erprobtes sowie eine gute Bewahrheitung in solchen Situationen, welche zuvor noch nicht untersucht worden waren.

Oft wird mit Bezug auf Popper davon gesprochen, dass eine Theorie zumindest falsifizierbar sein müsse. Selbst das ist keineswegs so gewiss, wie es klingt. Popper selbst hatte davon gesprochen, dass eine Falsifizierung nicht verifizierbar sei. Man überlegt sich dazu leicht das Folgende. Für eine Falsifizierung müsste ein Versuch vollkommen anders ausgehen, als durch die Theorie vorhergesagt wird. Allerdings dürften dabei die Messgeräte nicht defekt sein, sondern sie müssten – gemäß einer wahren, also verifizierten Theorie – perfekt arbeiten. Da es jedoch keine verifizierten Theorien gibt, ...

Man sieht also, dass die Forderung einer strengen Verifikation einer Falsifizierung unerfüllbar ist.

Wenn man also auf der Basis erkannter Naturgesetze heutzutage in der Lage ist, Raumsonden zum Planeten Saturn zu senden und diese dort viele Jahre lang in sehr unterschiedlichen Positionen Untersuchungen vornehmen zu lassen, dann zeigt dies, dass man sehr wesentliche Aspekte vom Funktionieren von Bewegungen und Kräften im Sonnensystem zutreffend erfasst hat.

Nach diesen Vorbemerkungen wollen wir den Begriff der „Wirklichkeit" so erklären, dass zu dieser alles das gehört, wovon Wirkungen ausgehen können und was Wirkungen ausgesetzt sein kann, so dass es sich darunter verändert.

Dazu wissen wir aus unserer Alltagserfahrung, dass einerseits Fakten Wirkungen erzeugen, dass jedoch anderseits z. B. unser Handeln auch von unseren Vorstellungen und Fantasien, von unseren Erwartungen, von Hoffnungen und Befürchtungen beeinflusst wird.

Die „realen" Möglichkeiten erzeugen reale Wirkungen.

Wer etwas über Quantentheorie gehört hat, der weiß bereits, dass sie eine Theorie über Möglichkeiten ist – auch deswegen beschreibt sie Wirklichkeiten. Und die moderne Quantentheorie zeigt uns, dass es keine Objekte in unserer Welt gibt, die letztlich in ihrer Existenz und auch in ihrem

Funktionieren ohne Quantentheorie erklärt werden können. Das trifft sowohl auf die technischen Geräte zu, die auf dieser Basis entwickelt wurden, als auch auf die Vorgänge in der Natur, die immer genauer analysiert und immer besser verstanden werden.

Alle diese Phänomene können ohne Quantentheorie lediglich unverstanden hingenommen werden.

Übrigens besteht heute mit der Quantentheorie auch keine Notwendigkeit mehr, ein „Ding an sich" erfinden zu müssen, was auch heute noch gern als Argument für Bereiche „jenseits der Naturwissenschaft" herangezogen wird. Kant meinte, dass die Erscheinungen unserer Erfahrung zugänglich seien und dass für diese die Naturgesetze gültig sein würden. Dahinter gäbe es das „Ding an sich", was vollkommen unerkennbar sein würde. Natürlich kann die Naturwissenschaft nicht widerlegen, dass es Unerkennbares gibt. Es ist sogar redlich, darauf zu verweisen, dass naturwissenschaftliche Erkenntnisse dadurch gefunden werden, dass Aspekte der Realität als unwesentlich oder uninteressant aus der Betrachtung ausgeschlossen werden.

Aber, und das ist wichtig, es besteht heute keine Notwendigkeit mehr, ein „Ding an sich" zu postulieren. Zu Kants Zeiten war das anders.

Die Naturwissenschaft seiner Zeit, die er sehr gut kannte, hatte eine absolut deterministische Struktur. In dieser Struktur war die deterministische Veränderung des faktischen Geschehens unvermeidbar vorgeschrieben. Der Laplacesche Dämon, welcher den gesamten Weltablauf berechnen konnte, war die zutreffende Metapher dafür. (Siehe auch Seite 47) Ein Raum für Freiheit war in diesem Modell völlig undenkbar. Kant kannte das gut und die möglichen Konsequenzen für die Ethik ebenfalls.

Eine von Kants großen philosophischen Leistungen ist gewiss der kategorische Imperativ. Eine seiner Formulierungen lautet: „Handle nur nach derjenigen Maxime, durch die du zugleich wollen kannst, dass sie ein allgemeines Gesetz werde."

Diese These ist jedoch ohne Freiheit und ohne ein Ernstnehmen der Beziehungen zu den Anderen und die Verinnerlichung der Anderen im eigenen Bewusstsein eine sinnlose Forderung.

Man überlegt sich leicht, dass eine solche ethische Forderung die Möglichkeit von Freiheit zwingend voraussetzt. Sie erfordert ein Handeln, welches nicht bereits im Vorhinein faktisch festgelegt ist. Vielmehr soll es auf der Basis von wohlerwogenen und überlegten Gründen und somit frei erfolgen können. Eine ethisch gebundene Freiheit setzt auch voraus, dass die Beziehungsstruktur der Gesellschaft wahrgenommen werden kann, sodass verständlich wird, was anderen schaden könnte.

Die Quantentheorie löst die Forderung einer naturgesetzlichen Determiniertheit der Fakten ab und fordert Derartiges nur noch für Möglichkeiten. Das eröffnet einen Raum für freie Entscheidungen, z. B. aus ethischen Abwägungen. Diese Einsicht lässt das „Ding an sich" nicht mehr aus ethischen oder moralischen Gründen als zwingend notwendig erscheinen. Diese Erfindung Kants war u. a. dafür erforderlich gewesen, um – wie man damals glauben musste – hinter den angeblich determinierten Erscheinungen einen Raum für Freiheit offen zu lassen. Da die moderne Naturwissenschaft Raum für Freiheit lässt, ist zumindest *diese* Notwendigkeit für das Erfinden eines „Ding an sich" nicht mehr gegeben. Da es definitionsgemäß unerkennbar ist, kann es natürlich auch nicht durch naturwissenschaftliche Argumente widerlegt werden.

Die Quantentheorie zeigt ebenfalls auf, dass „Beziehungen" bereits in der unbelebten Natur ein Grundzug aller Strukturen sind. Beziehungsstrukturen bilden später auch die Basis für die biologische Evolution. Dies beginnt bereits bei den Bakterien-Rasen, deren Schleimschicht diese Einzeller schwer angreifbar werden lässt. Und Beziehungsstrukturen wirken selbstverständlich im Sozialen.

Wir sind eingebunden in die Natur, in etwas, was wir nicht geschaffen haben, in das wir ohne unser eigenes Zutun hineingestellt werden und was wir auch wieder verlassen müssen, selbst wenn wir dies nicht wollen. Mit den Naturwissenschaften wird uns eine Annäherung an diese Wirklichkeit ermöglicht, die immer wieder geprüft und verbessert werden kann. Das erlaubt uns, unser Verhalten gegenüber der Natur und gegenüber unseren Mitmenschen besser zu verstehen und Widrigkeiten besser begegnen zu können.

Dieser Beziehungscharakter der Wirklichkeit ist also keine soziale Erfindung, sondern ein sehr tiefliegender Aspekt der Natur.

Wegen der ständigen Überprüfung der naturwissenschaftlichen Ergebnisse an der Realität ist es in diesem wichtigen Bereich menschlicher Erkenntnis fasst immer die Regel, dass sich eine neuerkannte Wahrheit gegen diejenige durchsetzt, die noch als die herrschende propagiert und gefördert wird.

Ihre Anbindung an die Suche nach überprüfbarer Wahrheit bewahrt die Naturwissenschaft auf längere Sicht davor, etwas nur deswegen für wahr halten zu müssen, weil eine momentane Mehrheit diese Meinung vertritt.

4.3. Gehören Quantentheorie und Unschärfe zusammen?

4.3.1. Unterscheidung zwischen „genau" und „exakt"

Man könnte die Meinung vertreten, dass es doch nicht wichtig sei, wie wir bestimmte Phänomene benennen. Aber die Sprache ist unser wichtigstes Hilfsmittel, um Bedeutungen zu erzeugen, und mit der Wahl von Begriffen werden in massiver Weise Bedeutungen erzeugt, ohne dass dieser Vorgang bewusst werden müsste. Die Sprache der Politik und der Wirtschaft ist voll von Beispielen dafür, wie Wortschöpfungen wirken. Ein besonders gravierendes Beispiel ist die von der Wirtschaft gegen die Gewerkschaften durchgesetzte Verwendung der Begriffe „Arbeitnehmer" und „Arbeitgeber". Im Gegensatz zum etablierten und öffentlich gebrauchten Wortverständnis ist der „Arbeitnehmer" schließlich derjenige, welcher dem Kapital seine Arbeitskraft und seine Arbeitszeit *gibt*. Hingegen ist der sogenannte „Arbeitgeber" derjenige, der diese Arbeit gegen eine Bezahlung von ihm *nimmt*.

Begriffe erzeugen Bilder, und vor allem diese Bilder wirken auf allen Ebenen – so auch in der Wissenschaft. Dies trifft besonders auf die Quantentheorie zu, wo einige noch immer weithin verwendete Begriffe ein Verstehen des Sachverhalts erschweren. So bedenkt man selten, dass der „Quantensprung" die kleinste Veränderung ist, welche nicht null ist. Irrtumserzeugend ist auch die Verbindung von Quantentheorie mit „Unschärfe".

Ich schlage für ein besseres Verständnis der Beziehungen zwischen physikalischen Therorien eine Unterscheidung der beiden Begriffe „genau" und „exakt" vor. Eine solche sprachliche Klarstellung ist nach meinen vielfältigen Erfahrungen in Vorlesungen und Seminaren sehr hilfreich.

Eine Beschreibung oder eine Theorie soll als „genau" bezeichnet werden, wenn sie die bestmögliche Erklärung der empirischen Daten ermöglicht, also von Beobachtungen und Experimenten.

Eine möglichst genaue Beschreibung der Wirklichkeit wird sehr wenige Aspekte ausblenden. Ein genaues Modell wird vor allem auch die Beziehungen erfassen, welche miteinander wechselwirkende Objekte zu einem Ganzen werden lassen. Eine solche Darstellung wird nicht den Eindruck zu erwecken suchen, dass der faktische Ablauf allen Geschehens determiniert sei.

Eine genaue Beschreibung der Wirklichkeit – das meint eine Beschreibung durch die Quantentheorie – wird Zufälle nicht ausschließen.

Damit wird sie uns in die Lage versetzen, die Wirklichkeit von den Grundlagen her bestmöglich zu erfassen.

Es muss daher noch einmal betont werden, dass vor allem das mathematische Berücksichtigen von Beziehungsstrukturen eine genaue Theorie auszeichnet.

Eine Theorie soll als „exakt" bezeichnet werden, wenn die mathematischen Strukturen, die sie verwendet, den Eindruck vermitteln, als ob das Geschehen vollständig und ohne Zufälligkeiten erfasst sein würde.

Ein exaktes Modell soll also eine durchgängige mathematische Beschreibung liefern, in der nach Möglichkeit gemäß Modell Zufälligkeiten und Überraschungen ausgeschlossen sind. Dies entspricht nicht den realen Vorgängen in der Natur. Wir wissen auch aus der Geschichte, dass ökonomische und politische Gesellschaftsmodelle auch durch eine „exakte wissenschaftliche Planung" Überraschungen nie völlig vermeiden konnten.

Beispiele für exakte Strukturen liefert die klassische Physik. Das in ihr verwendete Modell des Raumes ist dasjenige des mathematischen Kontinuums. In diesem sind hinter dem Komma beliebig viele Dezimalstellen eine sinnvolle Bildung. Damit werden unendlich kleine Strecken und mathematische Punkte möglich.

Wenn man nicht mehr zwischen dem mathematischen Modell der Differenzialgleichungen und der Wirklichkeit unterscheidet, dann kann man leicht der Illusion verfallen, dass Theorie und Realität gleich sein würden. Dass die Theorie nur ein relativ zuverlässiges Modell für bestimmte Bereiche der Natur oder für manche Vorgänge in ihr ist, wird dann nicht mehr deutlich. Beispielsweise gehören die Prognosen von Sonnenfinsternissen zu den exakten Vorhersagen. (Allerdings setzt man dabei voraus, dass z. B. kein bisher unentdecktes Schwarzes Loch am Sonnensystem vorbeifliegen und dabei die Bahnen von Erde und Mond verändern würde.)

Eine genaue Theorie wird also ein zutreffenderes Bild der Wirklichkeit liefern als eine exakte.

Man sollte also Exaktheit und Wahrheit nicht verwechseln, sonst könnten sich beispielsweise Aussagen wie die einer „Determiniertheit des Menschen" ergeben.

Eine genauere Aussage über den Raum in Bezug auf das mathematische Modell des Kontinuums ist, dass diese Vorstellung über das Wesen des Räumlichen in der Realität aus naturgesetzlichen Gründen unsinnig ist, weil es wie gesagt faktisch eine kleinste Länge gibt, die Planck-Länge.

Ein anderes Beispiel – welches beim Lesen auch übersprungen werden kann – für eine „exakte" Aussage, die jedoch keinesfalls „genau" ist, liefert die Spezielle Relativitätstheorie.

(Die Spezielle Relativitätstheorie ist für beliebige Bewegungen eines Objektes in Raum und Zeit zuständig. Auch eine mathematische Behandlung der Bewegungen eines Quantenteilchens im Rahmen der Speziellen Relativitätstheorie ist eine exakte mathematische Struktur. Die Physiker sprechen dabei von einer „irreduziblen Darstellung der Poincaré-Gruppe". Aus Gründen der mathematischen Vollständigkeit kann man nicht bei einem „vernünftigen" Wert abbrechen, z. B. für die Energie des Teilchens, sondern man muss offen dafür bleiben, dass man mit einem noch größeren Beschleuniger noch höhere Werte erreichen kann.

Das bedeutet, man muss in der mathematischen Beschreibung beliebig große Werte zulassen, auch wenn dann in einer derartigen mathematischen Darstellung physikalisch unsinnige Aussagen vorkommen wie diejenige, dass ein einzelnes Elektron hypothetisch auch in solche Zustände gelangen könnte, die dem Energieäquivalent einer ganzen Galaxie entsprechen.

Das ist also eine exakte Aussage, die jedoch wegen dieser theoretischen Idealisierung die Realität keinesfalls „genau" beschreibt.)

Auch deshalb, weil die Quantentheorie die Beziehungsstrukturen in der Natur mit beachtet, ist sie genauer als die klassische Physik.

4.3.2. Der Unsinn des Begriffes „Unschärfe"

Zu den populären Irrtümern über die Quantentheorie gehören Aussagen, welche diese Theorie mit dem Begriff der „Unschärfe" in Beziehung bringen. Dieser Irrtum scheint nicht ausrottbar zu sein. Ich habe bereits vor fast zwei Jahrzehnten in meinem Buch „Quanten sind anders" deutlich gemacht, wie irreführend dieser Begriff wirken kann.

Im Grunde genommen ist der Irrtum der „Unschärfe" geeignet, das Verstehen der Quantentheorie sehr zu erschweren, vielleicht sogar unmöglich zu machen.

Mit diesem Wort werden Assoziationen hervorgerufen, die das gefühlsmäßige Gegenteil der quantentheoretischen Wirklichkeitsbeschreibung bewirken können. Ein unscharfes Messer ist nicht zu gebrauchen. Eine unscharfe Theorie ist offenbar ebenfalls etwas Ungutes.

Zwar ist es historisch zutreffend, dass der junge Werner Heisenberg in seiner berühmten Arbeit aus dem Jahre 1927 den Begriff der „Unschärfe" verwendet hat. Es würde allerdings sehr merkwürdig anmuten, wenn man bei einer Entdeckung, die im Grunde genommen später dazu führte, die gesamte bis dahin existierende Physik umzukrempeln, bereits eine vollkommene sprachliche Abgeklärtheit erwarten würde. Hinzu kommt, dass Heisenberg bei der Einführung dieses Begriffes nicht eine populäre Interpretation desselben im Blickfeld hatte, sondern die mathematische Struktur der Theorie.

Auch heute noch wird das Wort „Unschärfe" oft verwendet. Das kann für physikalische Laien so klingen, als würde über ein verwackeltes Foto gesprochen, als wäre es etwas Minderwertiges, etwas Ungenaues. Und gefühlsmäßig könnte dies auch bei manchen Naturwissenschaftlern der Fall sein.

„Unschärfe" kann sehr leicht verbunden werden mit Vorstellungen von Ungenauigkeit oder Unklarheit. Diesen Aussagen kann die Fantasie von einer möglichen beliebigen Genauigkeit in der klassischen Physik gegenübergestellt werden.

Die nachfolgenden Aussagen von Stephen Hawking aus seinem populär gewordenen Buch „*Eine kurze Geschichte der Zeit*" sind vollkommen zutreffend:

Heisenberg wies nach, daß die Ungewißheit hinsichtlich der Position des Teilchens mal der Ungewißheit hinsichtlich seiner Geschwindigkeit mal seiner Masse nie einen bestimmten Wert unterschreiten kann: die Plancksche Konstante. Dieser Grenzwert hängt nicht davon ab, wie man die Position oder Geschwindigkeit des Teilchens zu messen versucht, auch nicht von der Art des Teilchens: *Die Heisenbergsche Unschärferelation ist eine fundamentale, unausweichliche Eigenschaft.*

... man kann künftige Ereignisse nicht exakt voraussagen, wenn man noch nicht einmal in der Lage ist, den gegenwärtigen Zustand des Universums genau zu messen!

Die Quantenmechanik führt also zwangsläufig ein Element der Unvorhersagbarkeit oder Zufälligkeit in die Wissenschaft ein.[6]

Allerdings habe ich es in Gesprächen oft erlebt, dass diese völlig korrekten Aussagen von Hawking, dass es sich um eine Eigenschaft der Natur und nicht um einen Mangel der Messgeräte handelt, missverstanden werden. Man vermutet − oder hofft? −, dass es „eigentlich" diese genauen Werte für Ort und Geschwindigkeit geben würde. Beispielsweise kann die Bohmsche Interpretation der Quantentheorie (siehe Kapitel 5.2.3. David Bohms Interpretation) so dargestellt werden, dass punktförmige Teilchen jederzeit einen scharfen Ort und eine scharfe Geschwindigkeit haben, aber dass wir nicht fähig sind, diese zu erkennen.

Es scheint für viele Menschen ein großes Ärgernis zu sein, dass die Vorhersage der zukünftigen Entwicklungen grundsätzlich auf Wahrscheinlichkeiten beschränkt ist. Laplace hatte mit seinem „Dämon" ein mathematisches Modell der Naturentwicklung vorgestellt. Aus diesem konnte man auf eine Vorhersagbarkeit des Geschehens schließen. Daraus wiederum könnte eine Machtförmigkeit des menschlichen Wissens und damit die uneingeschränkte Plan- und Machbarkeit seines technischen

Handelns abgeleitet werden. Diese Fantasien sind allerdings nur sehr eingeschränkt auf die Realität anwendbar.

Wenn wir die Geschichte der Physik betrachten, so erkennen wir, dass die Idee der Quanten erst spät auf den Plan tritt. Erst nachdem Theorie und Experimente im Rahmen der klassischen Physik eine sehr hohe Genauigkeit erreicht hatten, konnte deutlich werden, dass die Theorien der klassischen Physik manche Experimente nicht gut genug beschreiben können und dass diese Theorien mit inneren Widersprüchen behaftet sind, welche darauf hinweisen, dass sie in manchen Situationen durch eine bessere Theorie abgelöst werden mussten.

Dass eine quantentheoretische Beschreibung der Wirklichkeit notwendig werden muss, wird erst dann erkennbar, wenn man die Natur extrem genau untersucht.

Jedermann kann daran erkennen, dass Quantentheorie offenbar das Gegenteil von Unschärfe oder Ungenauigkeit sein muss.

Wie hat man früher über Ort und Geschwindigkeit nachgedacht?

4.3.3. Der Held und die Schildkröte – oder wie eine These aus der Antike zu einer wichtigen physikalischen Grundlage wird

Die Erkenntnis, dass sich Ort und Geschwindigkeit im Grunde nicht zusammendenken lassen, besaß bereits der antike Philosoph Zenon vor fast zweieinhalb Jahrtausenden. Jedoch seine zugespitzten Formulierungen werden wohl verhindert haben, dass man seine klugen Gedanken tatsächlich ernst genommen hat.

Bekannt ist vielleicht seine These, dass Achill, der zehnmal schneller rennen kann als eine Schildkröte läuft, diese nicht überholen wird, wenn diese einen bestimmten Vorsprung, sagen wir 10 m, bekommen würde. Jedermann wusste, dass diese Aussage mit der Wirklichkeit nichts zu tun haben kann, denn ganz offensichtlich wird jeder Läufer jede Schildkröte überholen können. Damit jedoch bleibt aber die Struktur von Zenons Argument unbeachtet. Dieses lautet wie folgt: Wenn Achill die 10 m Meter gelaufen und an der Stelle angekommen ist, an der die Schildkröte gestartet ist, dann ist diese 1 m weiter. Wenn Achill bei 11 m ist, ist die Schildkröte 10 cm weiter. Ist Achill dort, dann ist die Schildkröte 1 cm weiter und so immerfort. Also – so Zenon – holt er sie nie ein. Die Schildkröte hat einen Vorsprung, auch wenn dieser immer kleiner wird.

Heute weiß man, dass es sich um eine unendliche Summe von immer kleiner werdenden *Streckenlängen* handelt, deren mathematische Behandlung keine Probleme mehr bereitet. Mit der heute zutreffend verstandenen Aufsummierung dieser immer kleiner werdenden Zahlen wird die Wirklichkeit richtig erfasst. Wenn man im Beispiel bleibt, so müssen 10m+1m+1dm+1cm+1mm+ ... aufaddiert werden. Deren Summe ist 11,111... m. Dort würde er mit der Schildkröte gleichauf sein. Wenn also Achill 12 m gerannt ist, hat er die Schildkröte bereits hinter sich gelassen.

Nur wenn Achill an den von Zenon beschriebenen unendlich vielen Stellen jedes Mal für einen kurzen Moment anhalten würde, um zu schauen, ob er die Schildkröte bereits überholt hat, dann läge eine *unendliche Summe von Zeiten* vor, die zwar kurz sind, von denen aber jede einzelne nicht kleiner wird. Die Schildkröte ist in Zenons Beschreibung immer den zehnten Teil der vorherigen Strecke weiter. Das Anhalten und Nachschauen auf dieses immer kleiner werdende Zehntel dauert für alle Fälle gleich lang und wird nicht kürzer. Diese Zeiten aufsummiert würden tatsächlich zu einer unendlichen Dauer führen.

4.3.4. Wie ist es richtig – oder von Zenon über Newton zu Heisenberg

Ähnlich ignoriert wurde Zenons These, dass ein abgeschossener Pfeil nicht fliegen kann. Da das damals die gängige Fernwaffe war, mit der viele Krieger auch unangenehme Erfahrungen gemacht hatten, wurde diese Behauptung ebenfalls als absurd eingestuft.

Zenons Argument ging etwa wie folgt: Die hypothetische Bahn eines Pfeils besteht aus lauter einzelnen Orten. Wenn aber der Pfeil an einem Ort ist, dann kann er sich nicht bewegen, denn sonst wäre er nicht an diesem Ort. Und wenn er sich nicht bewegen kann, dann kann er auch nicht fliegen. Hinter dem scheinbaren Unsinn von Zenons These steckt jedoch eine tiefe Wahrheit.

Die Vorstellung eines exakten Ortes und einer zugleich exakten Geschwindigkeit ist eine selbstwidersprechende Annahme. Ein Ort wird charakterisiert durch einen Punkt. Eine Geschwindigkeit wird durch die Zeit bestimmt, die man benötigt, um eine bestimmte Strecke zurückzulegen. Dass eine Strecke kein Punkt ist, ist wohl jedermann einsichtig.

Es hatte daher viele Jahrhunderte gedauert, bis gegen Ende des 17. Jahrhunderts mit Newton und Leibniz zwei begnadete Mathematiker zu einer genialen Lösung gekommen waren. Sie haben den Begriff des „unendlich Kleinen" in die Mathematik eingeführt, welcher später in der Form des Grenzwertes eine klare mathematische Bedeutung erhalten hat. Für unsere Absicht hier genügt es sich vorzustellen, dass man eine Strecke so kurz machen kann, dass sie von einem Punkt nicht zu unterscheiden ist. Mit diesem gedanklichen Klimmzug wird es dann möglich, einem physikalischen Teilchen gleichzeitig einen Ort und eine Geschwindigkeit zuzuordnen. Erst damit wurde es weiterhin möglich, die Änderung einer Geschwindigkeit an einem Ort denken zu können. Genau diese momentane Änderung der Geschwindigkeit nennt man in der Physik „Beschleunigung", und erst damit konnte Isaak Newton eine klare Definition von Kraft aufstellen.

Die ganze klassische Physik beruht also auf diesem genialen mathematischen Trick, eine Strecke in der Vorstellung so klein wie einen Punkt machen zu können.

Die Quantentheorie kam erst dann ins Spiel, als die Genauigkeit im Rahmen der Physik so groß wurde, dass dieser Trick – eine Strecke ist ein Punkt – nicht mehr oder zumindest nicht ohne Probleme angewendet werden konnte.

Warum ist es wichtig, diesen Unterschied zu erkennen und seine Konsequenzen zu verdeutlichen?

In der klassischen Physik wird das Teilchen als Massen*punkt* idealisiert und zugleich wird eine *im Prinzip exakte Geschwindigkeit* für das Teilchen postuliert, damit die Rechenmethoden der Mechanik überhaupt angewendet werden können.

Die klassische Physik arbeitet mit der Idealisierung, dass „in Wirklichkeit" Ort und Geschwindigkeit jederzeit exakt festliegen – gleichgültig, ob man sie kennt oder nicht.

Natürlich hat man auch in der Mechanik die Möglichkeit, mit unzureichendem Wissen zu arbeiten und eine größere Anzahl dieser als exakt postulierten Werte zu einem Bündel von benachbarten Bahnen zusammenzufassen. Dann postuliert man, dass der „wirkliche Wert" einer von diesen vielen ist, den man aber leider nicht genau kennt. Dem Bündel von „nicht genau bekannten Daten" kommt dann tatsächlich eine „Unschärfe" zu. Aber diese aus bloßem Unwissen des Beschreibers folgenden Möglichkeiten können natürlich keinerlei Beziehungen zu dem realen Verhalten des Systems haben.

Wir fassen zusammen: Die Rechnungen der klassischen Physik beruhen auf der unzutreffenden Hypothese eines exakt punktförmigen Ortes und einer gleichzeitigen absolut scharfen Geschwindigkeit für Teilchen. Dieses Konzept widerspricht der sehr genauen Untersuchung der Realität, wie sie durch die Quantentheorie vorgenommen wird. Die Konzepte der klassischen Physik existieren lediglich als mathematische Modelle und nur als Annäherung an die Wirklichkeit. Sie dürfen nicht mit der Natur selbst verwechselt werde. Für die Konstruktion einer Dampfmaschine war diese Modellierung gut genug, aber nicht mehr für einen Transistor oder einen Laser.

Wenn also ein Objekt mit einer bestimmten Geschwindigkeit fliegt, dann existieren seine Orte lediglich der Möglichkeit nach. Dies gilt auch bei anderen Objekten, wie fahrenden Autos. Natürlich reicht es für den praktischen Gebrauch, aus dem Fenster und auf den Tacho zu schauen, um zu bemerken, ob man an der entsprechenden Stelle eine Geschwindigkeitsbeschränkung eingehalten hat oder nicht.

Wenn man aber versuchen will, die theoretischen Argumente über die „Unbestimmtheit" ernst zu nehmen, dann müsste man einen Ort „auf den Punkt bringen", also faktisch werden lassen. Allerdings ist ein Auto kein Punkt und ein Tacho ist nicht genau. Wenn man also genau sehen will, an welchem Punkt sich der Massenmittelpunkt des Autos tatsächlich befindet, so muss man anhalten – jedoch dann ist die zuvor gewesene Größe der Geschwindigkeit nicht mehr vorhanden. Dieses grobe Bild wird später noch verfeinert werden.

Ein scharfer faktisch vorliegender Ort und eine zugleich absolut scharfe faktisch vorliegende Geschwindigkeit betreffen das mathematische Modell der klassischen Physik, welches mit dieser Zuspitzung an der Genauigkeit der Quantentheorie und vor allem an der Wirklichkeit vorbeigeht.

Es darf vermutet werden, dass Werner Heisenberg Zenons Argumentation kannte. Schließlich hat er selbst Platon im griechischen Original gelesen und sein Vater war Professor für Byzantinistik und somit auch für alte Sprachen.

Mit dem von Heisenberg entdeckten Effekt wurde deutlich, dass in einem Experiment jetzt noch unbestimmt sein kann, was ich später an ihm messen werde – z. B. ob ich am System nach einem Ort oder nach einer Geschwindigkeit suchen will – und was ich damit zu einem Faktum werden lasse. Je nachdem, was ich an meinem System prüfen will, werde ich es nötigen, bestimmte seiner möglichen Aspekte faktisch werden zu lassen und andere nicht.

Mit der von Heisenberg gefundenen Formel der Unbestimmtheitsrelation wurde Zenons absurd klingende Behauptung „es gibt keine Bewegung" zu einer wichtigen naturwissenschaftlichen Beziehung in der Quantentheorie umformuliert: Es gibt „keine Bahn eines Teilchens" – jedenfalls nicht als eine Realität, wie es die klassische Physik behauptet. Denn das müsste nach deren mathematischen Modellen die Existenz von jederzeit scharfen und faktischen Orten sowie von scharfen und faktischen Impulsen (Geschwindigkeit mal Masse) bedeuten. Die Unbestimmtheitsrelation entlarvt dies als Illusion.

Es gibt „mögliche Bahnen", also „mögliche Orte" und „mögliche Geschwindigkeiten". Wenn man diese jedoch als gleichzeitige Realitäten behaupten will, so gerät man in Schwierigkeiten, weil ihre fantasierte Existenz sich faktisch gegenseitig ausschließt.

Diese Beziehungen haben also nichts mit „Unschärfe" zu tun, sondern vielmehr mit „Unbestimmtheit". Es ist jetzt noch unbestimmt, welche der möglichen Fakten sich in Zukunft realisieren werden.

Wie kann man also unglücklich gewählte Vorstellungen und missverständliche Assoziationen vermeiden und die Angelegenheit richtig verstehen?

Die angebliche „Unschärfe" bezieht sich auf Orte und Geschwindigkeiten, für die niemals gleichzeitig exakte Werte existieren können. „Unbestimmtheit" bezieht sich auf die Möglichkeiten in der Zukunft.

Die Lösung ist also einfach, die genaueste Theorie zeigt:

Die Zukunft liegt noch nicht in allen Einzelheiten fest!

4.3.5. Die Schärfe von quantentheoretischen Zuständen

Wenn man als Nichtphysiker manche Aussagen über die Quantentheorie liest oder hört, so kann wohl der Eindruck entstehen, dass sie mit einem großen Makel behaftet sein muss. Sie scheint also wie gesagt vor allem Ähnlichkeit mit einem unscharfen Foto zu haben und weniger mit einer wirklich guten Theorie. Nichts jedoch wäre falscher als dieser Eindruck! Das Gegenteil ist wahr, erst die Quantentheorie bringt tatsächliche Schärfe in die Physik.

Im Gegensatz zu den Idealisierungen der klassischen Physik gibt es eine Wirkfähigkeit von realen Möglichkeiten, die in der Gegenwart schon Wirkungen erzeugen.

Der Einfluss dieser Möglichkeiten auf das Systemverhalten wurde erst mit der Quantentheorie berechenbar. Sie bedeuten kein Unwissen der beobachtenden Menschen, sondern sie sind naturgesetzlich gegeben. Die Experimente zeigen, dass sich Quantensysteme – genauso wie Lebewesen – unterschiedlich verhalten, je nachdem, welche Möglichkeiten für sie offenstehen.

Alle die technischen Anwendungen der Quantentheorie beruhen auf derjenigen Struktur, deren mathematische Gestalt sich aus einem Berücksichtigen der berechenbaren realen Möglichkeiten ergibt.

Da sich somit die Entwicklung lediglich von Möglichkeiten berechnen lässt, die sich in diesem Vorgang daraus ergebenden Fakten sich jedoch nicht bereits im Vorhinein festlegen lassen, bleibt die Zukunft innerhalb dieses Rahmens offen.

Als Beispiel für die Schärfe der Quantentheorie sei die Spektroskopie angeführt.

Wenn man Kochsalz in eine Gasflamme streut, so leuchtet diese in einem hellen gelben Licht auf. Dieses ist ein Charakteristikum des Natriums. Betrachtet man das Licht durch ein Prisma, dann kann man zwei eng benachbarte gelbe Linien erkennen. Jede Sorte von Atomen hat ein eigenes Muster solcher Linien. Die Spektroskopie nutzt diese Unterschiede, um die chemische Zusammensetzung von Stoffen zu bestimmen.

Bei den Spektren zeigt sich besonders deutlich, dass die Quantentheorie die Möglichkeiten, welche schließlich zu einem Faktum werden können, also die einzelnen Spektrallinien, mit einer Genauigkeit festlegt, für die es in der klassischen Physik nicht einmal eine Denkmöglichkeit gibt.

Die enorme „Schärfe der Spektrallinien" war ein großes und nicht zu lösendes Rätsel für die klassische Physik. Man konnte nach deren Entdeckung die chemische Zusammensetzung der Sterne erkennen, ohne dass man zu diesen hätte hinfliegen können. Wieso jedoch jedes Element genau seine ganz eigenen Spektrallinien besitzt, das konnte erst nach der quantentheoretischen Erklärung der Struktur der Atome verstanden werden. Erst damit konnten die genauen Abstufungen der Energiewerte der Photonen berechnet werden, welche von der jeweiligen Sorte von Atomen ausgesendet werden können.

Ein Atom hat verschiedene mögliche Energiestufen, diese liegen haarscharf fest. Die Übergänge zwischen diesen Energiestufen und damit die Frequenzen der dabei jeweils ausgesendeten Photonen sind also naturgesetzlich absolut genau festgelegt. Allerdings welcher von diesen erlaubten Übergängen in jedem einzelnen Atom oder Molekül faktisch wird, also welche von den möglichen Frequenzen das ausgesendete Photon dann faktisch haben wird, das steht nur mit Wahrscheinlichkeit fest. Aber natürlich sind für alle die unerhört vielen Atome in einer Gaswolke die Wahrscheinlichkeiten für die von der Quantentheorie verbotenen Frequenzen gleich null. Zu jeder der einzelnen erlaubten Spektrallinien tragen unzählig viele Photonen bei. Diese Linien dürfen dann als Fakten verstanden werden.

Abbildung 13: Spektrallinien des Wasserstoffs (nur die wenigen aus dem sichtbaren Licht). Eine Gasprobe mit Billiarden von Atomen wird durch Zufuhr von Energie, z. B. durch eine Flamme, zum Leuchten gebracht. Man sieht die Frequenzen (also die Farbe, die sich aus der Energie der Photonen ergibt) der verschiedenen erlaubten Übergänge zwischen den absolut feststehenden Energieniveaus. Die Möglichkeiten sind also vollkommen determiniert. In welchem einzelnen Wasserstoffatom und zwischen welchen der auch bei ihm festliegenden Niveaus ein Photon ausgesendet wird, das jedoch steht nur mit Wahrscheinlichkeit fest.

Jede der einzelnen Spektrallinien wird von vielen Milliarden von Photonen erzeugt, die ihrerseits von vielen Milliarden von Atomen ausgesendet werden. Die jeweilige Frequenz eines Photons hängt von dem genauen Zustand des Atoms zu dem Zeitpunkt ab, in dem von ihm das betreffende Photon ausgesendet wird. Da für jedes Atom nur eine genau festliegende Folge von solchen Zuständen existiert, können auch nur solche Photonen ausgesendet werden, die zu diesen möglichen Fakten passen. Es können also keine beliebigen Photonen ausgesendet werden. Es gibt keine Photonen, die zu Frequenzen gehören würden, welche zwischen den Linien eines Spektrums liegen würden. Unbestimmt bleiben innerhalb des Untersuchungszeitraums die Zeitpunkte, an denen von einem jeweiligen Atom ein jeweiliges Photon emittiert wird und der jeweilige Ort, an welchem es im Spektrometer absorbiert wird.

Die spektroskopische Untersuchung einer Probe mit einem unbekannten Inhalt wird somit nur ganz bestimmte Spektrallinien zeigen und damit einen Rückschluss auf die vorhandenen Substanzen ermöglichen, z. B. auf bestimmte Blutbestandteile. So können z. B. spektroskopisch bereits nur kleine Molekülmengen (allerdings sind dies zumeist einige Milliarden) in einer kleinen Flüssigkeitsprobe nachgewiesen werden, auch weil heute sehr weite Bereiche des elektromagnetischen Spektrums außerhalb des sichtbaren Lichtes dafür verwendet werden können. Durch eine Zufuhr von Energie werden Elektronen in einen angeregten Zustand versetzt, aus welchem sie unter Aussendung eines Photons mit einer sehr speziellen Energie, also Frequenz, wieder in einen Zustand niedrigerer Energie wechseln.

Die Menge der sich ergebenden Fakten (z. B. die Lage der einzelnen Spektrallinien) ist in der Quantentheorie extrem genau festgelegt.

Welches Faktum aus dieser Menge jedoch im Einzelfall real wird, das ist nicht determiniert. Es ist unbestimmt.

Der Wert von jedem dieser zuerst nur möglichen Fakten liegt mit einer ungeheuren Genauigkeit fest. Jede beliebig kleine Abweichung davon ist unmöglich.

Die Quantentheorie zeigt, die Vielfalt der erreichbaren Fakten ist berechenbar. Aber welches Faktum sich dann konkret davon zeigen wird, das weiß man erst, wenn man das Messergebnis erhält, wenn also ein Faktum eingetreten ist. Das Erscheinen des dann konkreten und real gewordenen Faktums aus der Menge der zuvor vorhandenen Möglichkeiten wird zufällig sein. Jedes einzelne der vielen Photonen entspricht genau einer der möglichen scharfen Wellenlängen. Aber alle zusammen werden sämtliche scharfen Wellenlängen erzeugen können. Wenn daher Milliarden von gleichen Molekülen in einer Probe sind, dann werden diese Moleküle insgesamt Photonen für alle in diesem Fall möglichen Fakten aussenden. Diese vielen Photonen, die von vielen Atom- oder Molekülsorten ausgestrahlt werden, werden sich dann zu mehr oder weniger intensiven unterschiedlichen Spektralliniengruppen formen und damit das relative Vorkommen der Moleküle in der Probe als Tatsache erscheinen lassen.

Ein anderes Beispiel für die Schärfe der Quantenzustände ist der Laser. Bei diesem können in einem einzigen Laserblitz viele Milliarden von Photonen erzeugt werden, die miteinander völlig identisch sind. In den Bereichen, wo die klassische Physik eine noch ausreichende Beschreibung liefert, gibt es keine naturgesetzlich genauen scharfen Werte. Hingegen zeigt sich überall dort, wo die Genauigkeit der quantentheoretischen Beschreibung unverzichtbar ist, dass eine Diskretheit bei bestimmten Messwerten, die am Wirkungsquantum entdeckt worden war, immer wieder in den verschiedensten Zusammenhängen aufscheint.

Max Planck hatte das Wirkungsquantum entdeckt, welches in der Physik mit den Buchstaben h bezeichnet wird. Es gibt in der Realität diese kleinste Wirkung. Sie ist so winzig, dass man jahrhundertelang in der Physik davon nichts bemerkt hatte. Eine Wirkung hat die Dimension Ort mal Impuls. Impuls ist definiert als Geschwindigkeit mal Masse. (Man überlegt sich leicht, dass die Wirkungen unterschiedlich sein werden, wenn ein Kinderwagen mit 5 km/h gegen eine Wand fährt oder wenn ein Lkw mit 5 km/h gegen eine Wand fährt – also mit der gleichen Geschwindigkeit aber mit anderer Masse.)

Bei einer Messung gibt es eine Wechselwirkung zwischen Messgerät und Quantensystem – und eine solche Wechselwirkung kann nicht kleiner sein als besagtes Wirkungsquantum. Falls die gegenseitige Einwirkung nämlich noch kleiner werden sollte, dann würde überhaupt keine Wechselwirkung zwischen Messgerät und Quantensystem stattfinden und man könnte natürlich nichts messen.

Bei dem Messvorgang an einem Teilchen kann dieses durch die Messeinrichtung dazu genötigt werden, eher in einen Zustand mit einem eng festgelegten Ort oder auch eher in einen Zustand mit einem eng festgelegten Impuls überzugehen. Von den dabei eröffneten Möglichkeiten wird sich dann eine als Messergebnis realisieren. Das Produkt der beiden Größen kann dabei insgesamt nicht kleiner als h werden, wenn überhaupt etwas passieren soll, also etwas wirken oder gemessen werden soll. Die bei einer Messung erfolgende Festlegung von Ort bzw. Impuls kann also lediglich in dem von Werner Heisenberg entdeckten Rahmen erfolgen. Das Ergebnis der Messung ist daher vor diesem Mess-Ereignis noch unbestimmt.

Die Quantentheorie zeigt also auf, dass der Glaube an die mathematischen Idealisierungen, der sich in der klassischen Physik seit den Zeiten von Newton und Leibniz eingebürgert hatte, bei einer sehr genauen Untersuchung der Natur als eine Illusion erweist.

4.4. Ist die Quantentheorie tatsächlich völlig unverstehbar?

Dass die Quantentheorie unverstehbar sein soll, das gehört gewiss zu einer weiteren der häufig zu hörenden Thesen über diese so ungemein erfolgreiche Theorie.

Man kann sehr schnell und ganz allgemein die Antwort geben: Nein, Quantentheorie ist verstehbar!

Allerdings müssen wir uns von einigen alten Vorstellungen verabschieden. Die alten Ideale des Naturverstehens wurden und werden jedoch noch bis heute vielfach als die Grundlage dafür angesehen.

Weshalb scheint dieser Abschied so schwierig zu sein?

Vom Physik-Nobelpreisträger Richard Feynman stammt der viel zitierte Satz, dass zwar einige Menschen die Relativitätstheorie verstehen würden, aber niemand die Quantentheorie.

Meine Begegnung mit ihm in den 1980er Jahren in seinem Arbeitszimmer (in dem die Klimaanlage im heißen kalifornischen Sommer so extrem kalt eingestellt war, dass ich im dünnen Hemd fröstelte) ließ allerdings bei seinem damaligen Gespräch mit Weizsäcker sehr deutlich erkennen, dass er durchaus alle die theoretischen und mathematischen Feinheiten der Quantentheorie in umfangreicher Weise und vollständig parat hatte.

Hinter Feynmans Aussage über die Unverständlichkeit der Quantentheorie steht nach meiner Ansicht bei ihm eine Vorstellung über die Wirklichkeit, die sehr eng mit dem Ideal der klassischen Physik verbunden ist.

Richard Feynman hat ein Bild der Quantentheorie entworfen, welches diesem Ideal so nahekommt, wie es noch möglich ist, ohne falsch zu werden. Während Heisenberg davon sprach, dass der Begriff der Bahn nicht mehr zu verwenden sei, entwarf Feynman ein Bild, in welchem ein Quantenteilchen – sozusagen außerhalb der Zeit – sämtliche Bahnen zugleich durchläuft.

Vielleicht steckt hinter seiner pessimistischen Aussage über die Unverstehbarkeit der Quantentheorie auch ein Stück Verzweiflung darüber, dass sein Ideal einer Naturbeschreibung durch die Quantentheorie unmöglich gemacht wird, das Leitbild einer Vorstellung, in der man auch die Zukunft tatsächlich „im Griff" haben kann. Der sehr klar denkende und tiefgründig fragende Feynman, der für seine grundlegenden Beiträge zur Quantentheorie den Nobelpreis erhalten hatte, ist berühmt für seine treffenden und manchmal recht locker klingenden Sprüche. In diesem Fall steckt aber gewiss mehr als Koketterie dahinter. In seinem sehr lesenswerten Lehrbuch seiner „Vorlesungen zur Quantenmechanik" schreibt er:

> Ja! Die Physik *hat* aufgegeben. *Wir wissen nicht, wie man vorhersagen könnte, was unter vorgegebenen Umständen passieren würde,* und wir glauben heute, dass es unmöglich ist - dass das Einzige, was vorhergesagt werden kann, die Wahrscheinlichkeit verschiedener Ereignisse ist. *Man muss erkennen, dass dies eine Einschränkung unseres früheren Ideals, die Natur zu verstehen, ist. Es mag ein Schritt zurück sein, doch hat niemand eine Möglichkeit gesehen, ihn zu vermeiden.*[7]

Im originalen Englisch heißt es:

> *It must be recognized that this is a retrenchment in our earlier ideal of understanding nature. It may be a backward step, but no one has seen a way to avoid it.*

Feynmans Bemerkung verdeutlicht ein wichtiges Problem für das Grundverständnis der Physik. Als Physiker versteht man seine Wissenschaft dahingehend, dass man eine ideale Beschreibung der Realität erstellt. Mit dieser möchte man in die Lage versetzt werden, das Verhalten der Objekte in der Natur möglichst gut zu erfassen und zu prognostizieren.

Die Physik setzt primär und mit Recht einen Realismus voraus, der davon ausgeht, dass die Erfahrungen und Beobachtungen in und an der Natur nicht lediglich bloße Fantasien des Beobachters sind.

Es hat eines längeren Zeitraumes bedurft, in der Physik zu akzeptieren, dass jedoch bestimmte spezielle Vorstellungen, welche in der klassischen Physik als grundlegend verstanden wurden, keine Entsprechung in der Natur besitzen und deshalb in einer besseren Theorie nicht mehr auftauchen können.

4.4.1. Ein notwendiger Abschied von alten Idealen und Vorstellungen

Hier war von „möglichen Orten" die Rede gewesen. Die Quantentheorie zeigt sogar auf, dass auch sonst nicht nur die Fakten, sondern auch andere Möglichkeiten als die erwähnten möglichen Orte ebenso Wirkungen erzeugen können. Die Wirkung von Möglichkeiten lag für lange Zeit außerhalb des Denkrahmens der Physik.

Für uns Menschen ist es selbstverständlich, dass neben den Fakten auch Möglichkeiten bewusst und auch unbewusst einen Einfluss auf unsere Handlungen haben können. Die meisten Jugendlichen werden sich bei der Auswahl eines Berufes die Möglichkeiten vor Augen führen, die dieser hat oder wie dieser erreicht werden kann. Bei allen kleinen und größeren Vorstellungen, die in der Gegenwart über die Zukunft gemacht werden, erwägen wir die Möglichkeiten und verhalten uns danach. Die Werbung offeriert uns, was wir möglicherweise alles noch brauchen könnten und deshalb jetzt schon unbedingt kaufen sollen.

Dass dies ebenfalls in der unbelebten Natur, so wie sie durch die Quantentheorie beschrieben wird, gültig ist, dass nämlich Möglichkeiten eine Wirkung ausüben, das war im Rahmen der Naturwissenschaft zuvor nicht vorstellbar gewesen. Dazu gehört auch die Einsicht, dass Möglichkeiten durch den jeweiligen Kontext beeinflusst werden. Vergangene Fakten liegen fest, sie kann man nicht beeinflussen – und künftige „Fakten" sind im strengen Sinne nur Möglichkeiten. Dies ist uns selbstverständlich, weil wir stets mit erwägen, ob es machbar sein kann, dies oder jenes zu tun. So könnte ich die Möglichkeit haben, ans Meer zu fahren. Der Kontext jedoch macht mir klar, dass ich vielleicht gerade zu viel Arbeit oder zu wenig Geld habe, um dies faktisch werden zu lassen.

Dass die Quantentheorie tatsächlich eine grundlegende Änderung der bisherigen Form der Weltbeschreibung bedeutet, das wird an Feynmans Zitat überdeutlich. Über Jahrhunderte hatte die klassische Physik mit ihren Annahmen sehr erfolgreich viele Vorgänge in der Natur erfasst.

Viele der mit der klassischen Physik verbundenen Vorstellungen sind mit der Quantentheorie – und vor allem mit der Wirklichkeit – unvereinbar.

Die Befassung mit der Quantentheorie erfordert eine gründliche Korrektur bisheriger Ansichten über die Welt – und derartige Anforderungen an eine über lange Zeit etablierte Weltsicht sind immer auch psychisch belastend, ja oftmals schmerzhaft. Carl Friedrich v. Weizsäcker, einer der großen Physiker und Philosophen des 20. Jahrhunderts, hatte diesen Vorgang mit einer Anleihe bei Sigmund Freud als „Trauerarbeit" charakterisiert. Der Spagat zwischen der überaus erfolgreichen Anwendung der Quantentheorie und der Schwierigkeit, zu dieser Theorie gut und leichter verstehbare Vorstellungen zu entwickeln, hält bis heute an.

Die daraus folgende Notwendigkeit, sich von alten Idealen zu verabschieden, kann zur Vermeidung von Trauer große Abwehr hervorrufen, sie kann sogar Reaktionen von heftigster Ablehnung bis Wut auslösen.

Das sind Erfahrungen, die in der Geschichte der Wissenschaft immer wieder zu beobachten sind – von Kopernikus und Galilei bis zu Freud und dem jungen Einstein.

Da mag es einfacher erscheinen, ein großes Geheimnis um die Unverstehbarkeit der Wirklichkeit zu postulieren, anstatt liebgewordene Vorurteile abzustoßen, die einstmals wie gut begründet erschienen.

Eine in gewisser Weise ähnliche Einschätzung der Verstehensmöglichkeiten der Quantentheorie wie bei Feynman wird in einer Begebenheit deutlich, die von Niels Bohr berichtet wird.

Bohr kam von einem Vortrag vor amerikanischen (wohl positivistisch orientierten) Philosophen zurück und war vollkommen niedergeschlagen. Auf Nachfrage erfolgte lediglich die stöhnende Antwort „Oh, diese Philosophen!" „Ja, was war denn mit denen?" Und darauf die verblüffende Antwort: „Die haben mir alle zugestimmt!"

Normalerweise ist Zustimmung zu einem Vortrag kein Grund für eine psychische Belastung. Jedoch war Bohrs Reaktion nach seinem Gefühl vollkommen berechtigt:

> Wenn jemand zum ersten Mal etwas von der Quantenmechanik hört und ist nicht vollkommen verwirrt, dann hat er nichts verstanden.

Bis heute wird – oftmals sogar mit einem gewissen Stolz – darauf verwiesen, dass man sich bezüglich des Verstehens der Quantentheorie in eine Reihe mit solchen Kronzeugen stellen kann. Diese Haltung wird dadurch erleichtert, dass viele Physiker über das Verstehen der Quantentheorie eine ähnliche Meinung wie die von Feynman vertreten.

Seit Bohrs Vortrag ist aber nun fast ein Jahrhundert vergangen, seit Feynmans Feststellung beinahe ein halbes. Das „erstmalige Hören" über die Quantentheorie ist also seit Langem vorüber. In diesem langen Zeitraum hat sich zum einen gezeigt, wie ungeheuer erfolgreich die Quantentheorie ist. Nicht ein einziges Experiment widerspricht ihr und eine unübersehbare Menge an technischen Produkten ist – wie bereits angeführt – nur durch sie möglich geworden. Diese Anwendungen reichen von den stromsparenden LEDs über die mannigfachen Produkte der technischen Informationsverarbeitung, wie z. B. in Pkws und/oder Heizungsanlagen, über die Solarzellen auf unseren Dächern und weit über die Handys und Tablets in unseren Taschen hinaus. Und selbstverständlich ist die Entwicklung der modernen Computer mit ihren enormen Rechen- und Speicherkapazitäten mit den in ihnen verwendeten elektronischen Bauteilen ohne Quantentheorie vollkommen undenkbar.

In dieser langen Zeit von mehr als einem Jahrhundert seit der Entdeckung des Wirkungsquantums bis heute wurde natürlich auch von einigen Physikern durchaus über die Grundlagen, die Voraussetzungen und die Bedeutungsinhalte der Quantentheorie nachgedacht. Die „notwendige Trauerarbeit", von der Weizsäcker spricht, wurde begonnen. Und es gibt auch viele Physiker, welche über die Freiheit des Denkens glücklich sind, welche uns Menschen mit der Quantentheorie eröffnet wurde. Der Zwang des Determinismus der klassischen Physik wird aufgehoben. In deren Beschreibung der Welt bestimmt ein Faktum unausweichlich das nächste Faktum – so vom Urknall bis in alle Ewigkeit.

Wenn man darüber spricht, dass eine Theorie nicht verstehbar wäre, obwohl man die mathematische Struktur vollkommen verstanden hat und obwohl man sie höchst erfolgreich anwendet, dann ist nicht etwas an der Theorie unzureichend, sondern an den Bildern und Vorstellungen, die man sich bisher über sie und vor allem über die Wirklichkeit gemacht hat.

Seit der Antike sind die Vorstellungen über „Atome", also über kleinste unteilbare Objekte, stets mit Bildern kleiner Kügelchen verbunden gewesen. Bis in den Bereich derjenigen Atome, mit denen die Chemiker so erfolgreich hantieren, haben solche Bilder durchaus einen Erkenntniswert und auch einen großen Nutzen. Dringt man jedoch danach immer weiter und tiefer in den Bereich des Kleinsten ein, so werden diese Vorstellungen immer weniger zu den dort beobachtbaren Erscheinungen passen.

Die Physik wurde mit Isaak Newton zur rechnenden Wissenschaft. Newton begann, die Bewegung von Himmelskörpern und von Körpern auf der Erde mathematisch als Wirkung von Kräften zu beschreiben. Die Planeten am Himmel sehen so winzig aus, dass man sie als „Massenpunkte" bezeichnen kann. Dies führte zu einer weiteren Verfestigung der Vorstellung, dass „kleinste Teilchen" das Wesentliche der Physik sein würden. Später gab es Widerstände gegen die Atomvorstellungen. Im Bereich der elektrischen, der magnetischen und der optischen Erscheinungen und auch in der Hydrodynamik konnten viele der Phänomene erst mit der Abkehr von den Bildern von „kleinsten Teilchen" berechnet werden. Jedoch die großen Erfolge in der Chemie und in der Wärmelehre, die alle auf dem Atombegriff aufbauen, änderten die herrschende Meinung in der Physik erneut – hin zu den „fundamentalen Teilchen", also „kleinsten Teilchen" als der unausweichlichen Grundlage jeder Physik. Bis heute ist es der Mainstream-Glaube in Physik und Naturphilosophie, dass die kleinsten Teilchen dasjenige sind, „was die Welt im Innersten zusammenhält". Es gehört zu den spannenden Wendungen in der Entwicklung der Physik, dass diejenige Theorie, welche die Mikrowelt beschreiben soll, uns zu einer Überwindung dieser aus der Antike stammenden Vorstellungen nötigt.

Die Bilder von „elementaren kleinen Teilchen" haben vor allem ein tiefes Verstehen der Quantentheorie sehr behindert. Natürlich gab es auch bereits in der Antike andere Denker als die Atomisten, aber gerade die Vorstellungen vor allem von „noch viel kleineren elementaren Teilchen" waren noch im 20. Jahrhundert tonangebend und sind es teilweise noch bis heute.

4.4.2. Alltagsnähere Vorstellungen und eine integrierende Erfassung der Wirklichkeit durch die Quantentheorie

Wenn wir über uns selbst nachdenken, über die Flüchtigkeit unserer Gedanken, über unsere inneren Bilder und Beziehungsvorstellungen sowie vielleicht über unsere Träume und Sehnsüchte, dann bemerken wir den Gegensatz zur Welt der Tische und Stühle. Für unser Handeln sind unsere Überlegungen und die Bedeutungen, die wir allem geben, wohl genauso wichtig wie die Objekte, die uns umgeben. Weil die klassische Physik über die Objekte ihre Gesetze aufstellt, können in dieser Physik Gedanken als Gegenstand von ihr nicht vorkommen. Vielfach führte das zu der Meinung, nur den materiellen Objekten könnte der Status der „Realität" zugesprochen werden. Dass jedoch eine solche Vorstellung im klaren Gegensatz zu unserer Alltagswirklichkeit steht, das wird nur selten formuliert.

Das Manko einer gewissen Lebensferne der früheren Physik konnte durch die Quantentheorie behoben werden.

Wir können uns besser in die Welt der Quantentheorie einfühlen, wenn wir die Wirkung von Möglichkeiten, deren Veränderungsfähigkeit und ebenfalls die Wirkmächtigkeit der Information beachten.

Schließlich können bei uns Menschen Gedanken, Ideen und sogar Träume zu Ursachen von realen Veränderungen werden. Mit Vorstellungen, die mit unseren psychischen Realitäten verbunden sind, können wir uns leichter den Phänomenen der Quantentheorie nähern.

Unsere aktuell gedachten und im Bewusstsein bewegten Gedanken und Vorstellungen fliegen nicht als „Teilchen oder gar wie ein einzelnes Atom frei durchs Vakuum". Physikalisch gesehen sind daher unsere Gedanken mit ihrer ganzen Möglichkeitsvielfalt keine „realen Teilchen". Der lebendige Informationsfluss unserer aktuellen Gedanken wird im Gehirn von realen und von virtuellen Photonen getragen. Die Photonen können natürlich als Teilchen betrachtet werden. Die Gedanken, die als bedeutungsvolle Quanteninformation von den Photonen getragen werden, sind selbst keine Teilchen, sondern sie sind Eigenschaften an den Photonen, die bei der Informationsverarbeitung im Gehirn von Molekülen übernommen und wieder an solche abgegeben werden. Wenn wir unsere Gedanken aussprechen oder aufschreiben, dann haben sie einen realen materiellen Träger, z. B. Luftmoleküle oder Papier, und sie sind zu einem Faktum geworden. Allerdings schwingt dabei wegen des Überganges von Möglichkeiten zu Fakten manches nicht mehr mit, was in unserer lebendigen Psyche zuvor noch mit angeklungen war. Aber wie wir auch ohne Quantentheorie wissen und wie wir durch diese Theorie dafür Bestätigung erhalten, erzeugen natürlich unsere Gedanken gemäß der Quantentheorie reale Wirkungen.

Gefühlszustände können ambivalent sein, d. h. Widersprüchliches zugleich beinhalten. In kreativen Neuschöpfungen können Vorstellungen zusammenkommen, welche bisher so in der Realität noch nie verbunden waren. Verschiedene Inhalte können in Symbolen zu etwas Neuen zusammengefügt werden. Im Traum sind wir nicht an die Lokalität der Realität gebunden. Das Unbewusste gehorcht nicht der klassischen Logik und ist ebenfalls nicht an die Kausalität und den Ablauf der Zeit gebunden.

Etwas anders verläuft ein „luzider Traum". In diesem ist man sich bewusst darüber, dass man träumt. Damit wird es möglich, das Traumgeschehen bewusst zu steuern und damit sogar absichtlich Situationen erlebend zu gestalten, welche den Naturgesetzen und der klassischen Logik widersprechen, z. B. zu fliegen.

Solche anderen Blickwinkel und neuen Gesichtspunkte, die wir aus unserem eigenen Erleben kennen, erleichtern das Verstehen der Quantentheorie. Ein für die Naturwissenschaft notwendiges evolutionäres Denken erinnert uns daran, dass auch wir Menschen in einen kosmischen und biologischen Entwicklungsprozess eingebunden sind, in welchem die Basisstrukturen – die AQIs, die abstrakten und i. a. noch bedeutungsfreien jedoch bedeutungsoffenen Bits von Quanteninformation – immer wieder ihre Wirkmächtigkeit bemerkbar machen und dadurch Bedeutung erhalten können. Zur Erläuterung sei darauf verwiesen, dass alle die Photonen, die nicht auf unsere Netzhaut oder Haut gelangen, die also bei uns nichts bewirken können, für uns auch keine Bedeutung haben können. Genauso haben auch alle die Quantenbits, von denen wir nichts bemerken können, für uns keine Bedeutung. Verursachen sie jedoch etwas bei uns, können sie Bedeutung erhalten. Die Photonen der Funkwellen für alle TV-Programme oder alle Handys, die auch durch unseren Körper gehen, haben für uns erst dann eine Bedeutung, wenn unser Handy klingelt oder wir den Fernseher einschalten.

Wir sehen, dass sich aus den Fakten stets wieder neue Möglichkeiten entfalten und diese wiederum zu Fakten kondensieren.

Das gegenseitige Ablösen von Fakten und Möglichkeiten, welches ständig und unentwegt geschieht, erfasst das kosmische, biologische und individuelle evolutionäre Geschehen.

Natürlich kann es bei vielen Naturwissenschaftlern als eine Zumutung empfunden werden, dass die Beschreibung der „materiellen und energetischen Realität" durch Vorstellungen und Bilder ergänzt und erläutert werden sollte, die aus unserer Psyche stammen. Allerdings ist dabei zu bedenken, dass das logische Denken und überhaupt jede Beschreibung der Natur ebenfalls zum „Psychischen" gehört.

Die Einsicht in die Grundlagen der Quantentheorie führt zu einem erstaunlichen Ergebnis: Heute kann man feststellen, dass die Vorstellungen, die mit der Quantentheorie zu verbinden sind, uns Menschen keineswegs „vollkommen unverständlich" erscheinen müssen.

Es zeigt sich, dass vor allem unsere Vorstellungen über unsere inneren geistigen Prozesse den Strukturen der Quantentheorie sehr viel ähnlicher sind als denjenigen Auffassungen, die aus der klassischen Physik stammen.

Manche psychischen Strukturen sind sehr ähnlich zu denen, die als Kennzeichen von Quantensystemen bezeichnet werden. Sie ermöglichen es, wesentlich zutreffendere Bilder und Analogien für Quantenphänomene zu entwerfen, als dies über lange Zeit allein mit den Bildern und Auffassungen von „winzigen Kügelchen" geschehen konnte. Vor allem in unseren Emotionen und in den Anstößen aus unbewusster Informationsverarbeitung – wie z. B. durch Träume verdeutlicht – zeigen sich enge Verbindungen zu den Strukturen, die man im Bereich der Quantenphysik entdeckt hat. In Träumen, Tagträumen und tiefer Versunkenheit kann Neues und Kreatives erscheinen und Widersprüchliches zugleich auftreten.

Manchmal haben große Künstler Ahnungen über die Wirklichkeit, mit denen sie etwas erspüren, was man in ihrer Zeit nicht wissen kann, wie Shakespeare :

Wir sind aus solchem Stoff wie Träume sind, und unser kleines Leben ist von einem Schlaf umringt.
(We are such stuff as dreams are made of, and our little life is rounded with a sleep.)[8]

Es wäre natürlich unsinnig, die Welt als ein „Traumgeschehen" deuten zu wollen.

Schließlich sind die Inhalte unserer Träume zumeist nichts, was faktisch ist oder werden muss, es sind Szenen der Möglichkeiten.

Aber Träume werden gewiss eher als etwas Geistiges und eher nicht als etwas Materielles angesehen – und die Protyposis als Quanteninformation kann ebenfalls so gedeutet werden.

Die Fakten genügen der klassischen Logik. Auch wenn man sie ignorieren möchte, so bleiben sie doch Fakten. („Alternative Fakten", wie sie gegenwärtig sogar in der Politik behauptet werden, sind wissenschaftlich gesehen „positive Aussagen über Nichtexistierendes" – man könnte auch schlicht sagen: „Lügen".) Offen bleibt eine unterschiedliche Bewertung der Fakten im Blick auf ihre künftigen möglichen Wirkungen. Je enger diese Bewertungen mit gut bewährten wissenschaftlichen Theorien verbunden werden, desto besser wird eine daran geknüpfte Prognose sein können.

Seit über zwei Jahrzehnten wird darauf verwiesen[9], dass die „Dynamische Schichtenstruktur" von quantischer und klassischer Physik unerlässlich ist, um eine zutreffende Beschreibung der Realität für uns Menschen zu ermöglichen. Weder der Einfluss der Fakten noch derjenige der Möglichkeiten auf das Weltgeschehen sollte geleugnet werden. Die neue integrative Sicht, die von vielen geahnt und prognostiziert worden ist, kann mit der Theorie der Protyposis auch mit einer naturwissenschaftlichen Begründung versehen werden.

Zu welchen Einsichten können wir gelangen, wenn wir über uns reflektieren?

Die Gedanken, die wir in unserem Bewusstsein bewegen und die künftigen Möglichkeiten, über die wir nachdenken, beeinflussen uns in selbstverständlicher Weise. Gedanken, die man sich wohl schwerlich als „kleine materielle Teilchen" vorstellen kann, erzeugen Wirkungen auf unseren Körper und mit diesem auf unsere Umwelt. Die Gedanken und inneren Bilder können sich verflüchtigen, können mit anderen Vorstellungen zusammenfließen, können unbewusst werden.

Obwohl wir unsere einzelnen Körperteile unterscheiden können, haben wir doch – sofern wir psychisch gesund sind – das Empfinden, ein Ganzes, ein Individuum zu sein.

In unseren Vorstellungen sind wir nicht an den Platz gebunden, an dem wir gerade sitzen oder stehen. In unserer Fantasie können wir beliebige räumliche oder zeitliche Entfernungen überbrücken.

Wir haben manchmal das Gefühl, als sei fast keine Zeit verstrichen. Ein andermal kommt es uns vor, als würde sie rasen. In tiefen meditativen Zuständen scheinen wir mit unseren Erfahrungen unabhängig von Raum und Zeit zu sein.

Zu ein und derselben Person sowie auch zu anderen Objekten oder Inhalten können wir zur gleichen Zeit einander widerstreitende Empfindungen haben. Wir können ambivalent sein.

Derartige Strukturen wie das gleichzeitige Vorhandensein verschiedener möglicher Zustände, gehören zu den Kennzeichen von Quantensystemen.

Die Quantentheorie zeigt uns, dass nicht nur die Fakten der Vergangenheit reale Wirkungen in der Gegenwart erzeugen, sondern auch künftige Möglichkeiten. Sie zeigt weiter, dass Quantensysteme als Ganzheiten begriffen werden müssen, auch wenn sie in Teile zerlegt werden können. Die Quantentheorie hat uns die Einsicht eröffnet, dass Korrelationen in einer Raum und Zeit übergreifenden Weise existieren können und sie ermöglicht ein neues Verständnis für die verschiedenen Aspekte der Zeit überhaupt. Für die klassische Logik gibt es allein ein „entweder – oder", für sie gibt es „nur ja" oder „nur nein". Wir Menschen kennen jedoch auch Unentschiedenheiten und Zwischenmöglichkeiten – und so auch die Natur.

Mit der Quantentheorie wird die klassische Logik erweitert.

Bei der Beschreibung von manchen Quanten-Erscheinungen müssen wir uns daher scheinbar widersprüchlich ausdrücken.

Bereits der Welle-Teilchen-Dualismus lässt erkennen, dass „lokalisierte kleinste Teilchen" nur ein sehr beschränktes Bild für Quantensysteme liefern. Die „Nichtlokalität" – also die Menge der möglichen Orte, d. h. etwas Ausgedehntes, welches nicht auf einen Raumpunkt beschränkt werden kann und das als Ganzes auf eine Einwirkung reagiert – ist ein wichtiges Kennzeichen von Quantensystemen.

Allerdings ist es eine schwierige Vorstellung, dass in solch einer quantischen Ausgedehntheit keine Teile mitgedacht werden sollen.

Teile würden aus solchen Ganzheiten erst durch eine Zerlegung entstehen. Mit der Quantentheorie wird es verstehbar, dass eine Ganzheit in etwas vollkommen Anderes zerlegt werden kann als in diejenigen Teile, aus denen sie ursprünglich aufgebaut wurde. Beispielsweise wird sich eine Ganzheit, die aus einem Elektron und einem Positron gebildet wurde, sehr oft in zwei Photonen zerlegen.

Erinnern wir uns, auch die klassische Kausalität zwischen Fakten wird durch die Quantentheorie eingeschränkt. Die klassische Kausalität meint eine vollständig determinierte Entwicklung nach dem Schema: „Wenn jetzt das ist" dann muss „auf jeden Fall dieses" darauf folgen.

In unseren Vorstellungen, Bildern und Fantasien müssen wir uns nicht auf solche kausalen Zusammenhänge beschränken. Die Gefühle und unser Unbewusstes richten sich nicht nach den Gesetzen der diskursiven Logik. Diese schließt z. B. aus, dass es neben „ja" und „nein" noch etwas Weiteres geben könnte. Wie gesagt kann es auch in den Menschen widersprüchliche Empfindungen zur gleichen Zeit für ein und dieselbe Person, eine Tätigkeit oder gesellschaftliche Strukturen geben. Gefühle entsprechen somit oft nicht der klassischen Logik.

Die Quantentheorie kennt nicht das Gesetz vom ausgeschlossenen Dritten. Dieses besagt: eine Situation oder ein Objekt ist so oder ist nicht so, etwas Drittes ist ausgeschlossen. Das ist eine wichtige Struktur der klassischen Logik. Sie gilt aber natürlich nicht für Möglichkeiten – und gerade mit denen arbeitet die Quantentheorie. Möglichkeiten sind dadurch ausgezeichnet, dass sie mehrere sind, dass also Wahlmöglichkeiten entstehen und es nicht feststeht, wie es weitergeht. Weder das Unbewusste noch die Quantentheorie kennen ein klares Nein.

Wegen der aufgeführten Eigenschaften und Übereinstimmungen erweisen sich unsere Emotionen und unser Unbewusstes als die notwendigen Voraussetzungen für kreative Einfälle, denn Kreativität bedeutet zumeist ein Übersteigen der kausalen Logik.

Schließlich kann klassische Logik nur das hervorbringen, was in den Annahmen bereits implizit vorausgesetzt worden war – also nichts wirklich Neues.

Die Quantentheorie wiederum zeigt, dass sie als einzige naturwissenschaftliche Theorie das Entstehen von neuen Erscheinungen und auch von Kreativität erklären kann.

Die multiplikative Struktur dieser Theorie lässt im Zusammenfügen von Teilen Neues entstehen, welches in und aus den Teilen in keiner Weise vorhersehbar ist.

Bei der Kreativität ist darauf zu verweisen, dass diese nicht per se nur positiv zu bewerten ist. Ebenso wie z. B. Empathie kann sie auch zum allein eigenen Wohle und gegen die Mitmenschen eingesetzt werden.

Zum Schluss sei noch angemerkt:

Obwohl weder das Unbewusste noch die Zustände eines Quantensystems für uns augenscheinlich sind, erzeugen sie beide dennoch reale Wirkungen und werden durch diese Wirkungen erkennbar.

4.4.3. Die Kreativität der Chemie – Verbindung von klassischer und quantischer Physik

Wenn wir uns überlegen, wie vielfältig chemische Zusammensetzungen sind und wie sehr die Ergebnisse einer chemischen Synthese in ihren Wirkungen von denen der Ausgangsstoffe unterschieden sind, so wird die Kreativität der Natur und damit auch dieser Wissenschaft und ihrer Ergebnisse sehr deutlich. Die moderne Chemie erzeugt sogar auch Verbindungen, welche bisher in der Natur noch nicht vorgekommen sind. Wie verschieden ist allein bereits das Wasser von den beiden Gasen Wasserstoff und Sauerstoff, die sich zum Wasser verbinden! Oder denken wir an Natrium, ein Metall, welches mit Wasser zu brennen anfängt, und an Chlor, ein giftiges Gas. Von beiden Eigenschaften ist in ihrer Verbindung – dem Kochsalz – nichts zu bemerken.

Die Ganzheit der Moleküle kommt auch an den Spektren zum Vorschein. Ein Molekül hat andere Spektrallinien als seine Atome. Wird eine Verbindung jedoch, z. B. in einer Flamme, in ihre Bestandteile zerlegt, können die einzelnen Atome ihre speziellen Spektren aufleuchten lassen. Kochsalz bildet keine Moleküle, sondern Ionenkristalle. Streut man diese in eine Gasflamme, so sieht man die leuchtend gelbe „Natrium-D-Linie". Diese kennen wir auch von Natrium-Dampf-Straßenlaternen.

Mit Staunen und Bewunderung können die vielfältigen Erscheinungen in der Natur durch diese Wissenschaft, welche die Synthese, das Zusammenwirken der Elemente erforscht, nachempfunden und übertroffen werden.

In manchen Situationen können natürlich die Bilder von winzigen Körnchen oder Murmeln halbwegs zutreffende Vorstellungen erzeugen. Man denke an die Abbildungen mit den möglichen Orten von Elektronen um den Atomkern, den sogenannten Orbitalen. Diese können in der Chemie vieles verdeutlichen. Aber dieses Bild ist eine Zusammenfassung von vielen Momentaufnahmen, die fortwährenden Veränderungen der möglichen Elektronen-Orte werden dabei nicht deutlich.

Die Murmel-Bilder verführen zu völlig unzutreffenden Aussagen von der Art: „Das Atom besteht im Wesentlichen aus leerem Raum." Dahinter steht die Vorstellung eines Elektrons als winziges Kügelchen, welches in dem Bereich der Atomhülle herumfliegt. Richtig daran ist, dass man durch geeignete Maßnahmen die Elektronen zwingen kann, an einem eng umgrenzten Ort zu erscheinen. Wenn man durch den Prozess einer Ortsmessung die Elektronen immer wieder zwingt, einen konkreten Ort einzunehmen, dann erhält man schließlich für die gemessenen Orte die Punkte im oberen Teil der Abbildung. Nimmt man dies an den Atomen der gleichen Sorte unter den gleichen Bedingungen sehr oft vor und setzt dabei in der Beschreibung den Atomkern im Koordinatensystem immer an den Nullpunkt, dann erhält man das Bild mit vielen möglichen Orten für die Elektronen von so vielen Messungen, wie man durchgeführt hat. Je mehr Messungen man durchführt, desto dichter werden die Punkte in dem Bereich liegen, der in der unteren Abbildung durch die gezeichnete Hülle eingefasst wird.

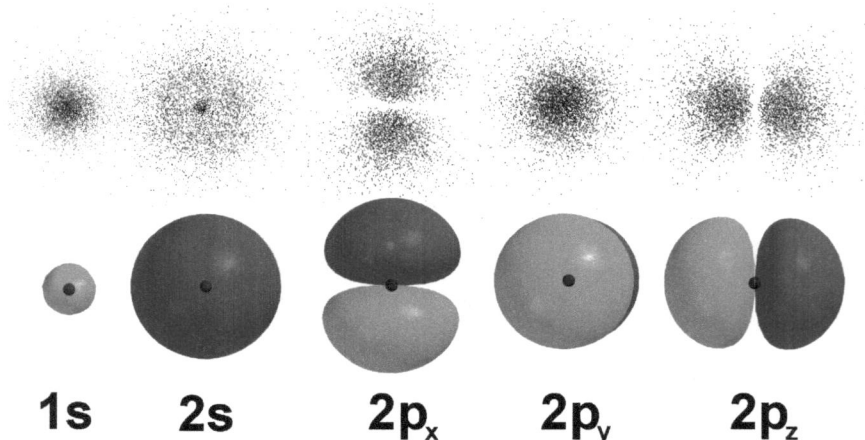

1s 2s 2p_x 2p_y 2p_z

Abbildung 14: Orbitale: Die oberen Bilder zeigen die Ergebnisse von vielen nacheinander durchgeführten Ortsmessungen am Elektron eines Wasserstoffatoms in den beiden niedrigsten Energieniveaus (nummeriert mit 1 und 2; s und p kennzeichnen den Bahndrehimpus). Die unteren Abbildungen umhüllen etwa 95% dieser möglichen Orte.

Innerhalb der Orbitalbereiche sind die möglichen Orte ohne Leerraum ausgebreitet. Deshalb ist die Redewendung, „das Atom besteht aus leerem Raum" sehr irreführend.

In anderen Fällen jedoch, also bei anderen als den Ortsmessungen, muss man die gleichen Quantenstrukturen nicht mit Punkten, also mit möglichen Orten, sondern mit dem Bild einer Wellenerscheinung verbinden, also mit etwas, was weiträumig über den Raum ausgebreitet ist und was einen Hinweis auf eine mögliche Geschwindigkeit beinhaltet.

In einem Molekül halten sich die kernnahen Elektronen noch relativ lokalisiert um den jeweiligen Kern desjenigen Atoms auf, dem sie ursprünglich angehörten. Dagegen bilden die sogenannten

Valenzelektronen eine teilelose Ganzheit. Sie sind ursprünglich den höheren Energieschalen zugeordnet und wirken als einheitliche Struktur nach außen. Daher legen sie die Eigenschaften des Moleküls fest.

Es gibt also kein ein für alle Mal feststehendes Bild eines quantischen Geschehens. Wenn allerdings der gleiche Versuch sehr oft wiederholt wird, kann eine Darstellung der Häufigkeiten von vielen Versuchsausgängen wie ein statisches Bild erscheinen. Die Orbitale sind dafür ein Beispiel.

Durch die Quantentheorie ist die Chemie zu einer auch rechnenden Naturwissenschaft geworden. Mit dieser Theorie wurde es bereits möglich, das Wesen der chemischen Bindungen zu verstehen und die Eigenschaften von nicht allzu komplizierten Molekülen vorherzuberechnen.

4.4.4. Wir nähern uns des Pudels Kern: Beziehungen und Möglichkeiten

Die klassische Physik beruht auf der sehr naheliegenden Einteilung der Welt in Objekte, die sich in der Welt befinden, und in Kräfte, die zwischen diesen Objekten wirksam sind. Die Objekte kann man sehen, die Kräfte kann man nicht sehen – jedoch spüren. So spüren wir die Anziehungskraft der Erde. Auch zwischen allen übrigen unbelebten und belebten Objekten auf der Erde gibt es diese Anziehung der Schwerkraft. Der Mond macht zumindest an den Küsten seinen Einfluss durch Ebbe und Flut deutlich. Dass jedoch auch alle sonstigen Gegenstände sich gegenseitig anziehen, davon spüren wir nichts, weil diese Kräfte zwischen kleineren Körpern, die kleiner als z. B. Erde und Mond sind, so überaus gering sind. Dass sich Personen attraktiv finden und daher eine gegenseitige Anziehung verspüren, das hat mit Gravitation eher nichts zu tun.

Ohne diese Einteilung unserer Lebensumwelt in Objekte und Kräfte könnten weder wir Menschen noch die Tiere in ihren jeweiligen Umgebungen überleben. Ein gefährliches Raubtier muss man sehr schnell von einem Busch oder einem Felsen unterscheiden können – genauso natürlich auch einen weißen Lkw vom hellen Himmelshintergrund – was ein selbstfahrendes Auto noch nicht konnte, so dass der Insasse nicht überlebte.

Es ist überlebensnotwendig, die Objekte in unserer Umwelt zu erfassen und zwischen ihnen zu differenzieren. Zumeist erkennt man ein Objekt daran, dass es sich gegenüber seinem Hintergrund bewegt oder dass man es – zumindest im Prinzip – gegenüber seiner Umgebung bewegen könnte.

Eine Bewegung eines Objektes erfordert einen gewissen Kraftaufwand. Daher waren über Jahrtausende die Vorstellungen darüber, was eine Kraft ist, mit den Muskelanstrengungen eines Lebewesens verbunden. Bewegungen ohne ein Lebewesen als Ursache hatte man mit der Vorstellung von „Bewegung hin zum natürlichen Ort" verbunden. Der „natürliche Ort" eines Steines ist „unten", deshalb fällt er, wenn man ihn loslässt.

Es hatte einer langen Entwicklung bedurft, bis man mit Newtons Kraftbegriff eine moderne physikalische Vorstellung erhalten hatte: Eine Kraft ist das, was einen beweglichen Körper beschleunigt – seine Geschwindigkeit wird also in Betrag oder Richtung verändert. Ein festgehaltener Körper wird durch eine Kraft verformt. Eine Kraft, die eine Strecke entlang wirkt, leistet Arbeit.

Dass Objekte materiell sind, darüber gibt es wohl keine differierenden Ansichten. Jedoch über das, was „Materie" im Grunde genommen ist, darüber gibt es weniger einhellige Auffassungen und z. T. auch tiefgehende Unklarheiten. Die sich aus der Protyposis ergebende neue Sicht lässt sich klar formulieren. Die Ruhmasse ergibt sich aus der minimalen Anzahl der AQIs, mit welchen das betreffende Teilchen konstruiert werden kann. Im Anhang wird dazu Weiteres ausgeführt.

Seit Jahrtausenden gibt es zum Bild der Materie die Einsicht, dass man große Objekte in kleinere Teile zerlegen kann. Eine solche Zerlegung ist mit der Vorstellung verbunden, dass das Kleine einfacher ist als das Große. Auch hierzu folgt aus der Quantentheorie, dass wir diese Vorstellungen verändern müssen. Dass dies nicht leicht ist, folgt schon daraus, dass diese Ideen über das Zerlegen immerhin seit der Antike geprägt sind, also seit über zweieinhalb Jahrtausenden.

Dass man etwas Zusammengesetztes dadurch verstehen kann, dass man seine Teile versteht, das ist in sehr vielen Fällen zutreffend. Aber spätestens im Bereich des Lebendigen wird man immer wieder in Situationen geraten, wo ein Ganzes sehr viel mehr ist als nur die Summe seiner Teile. Früher mussten die Studenten in den medizinischen Wissenschaften Frösche sezieren. Heute wird dieses nicht mehr verlangt. Aber auch die bloße Vorstellung genügt, um sich klarzumachen, dass auch bei der fachlich sachgerechten Zerlegung etwas Wesentliches von einem Frosch verloren gegangen sein wird, interne Beziehungen sind zerstört. Deshalb wiederholen wir noch einmal:

Beziehungen schaffen Ganzheiten – und ein Ganzes ist fast immer mehr als die Summe seiner möglichen Teile. Dies gilt sowieso im Lebendigen, aber auch weithin im Unbelebten – wenn man nur genau genug untersucht.

In den Lebenswissenschaften ist es sofort einsehbar, dass ein Ganzes mehr ist als die Summe seiner Teile. Zum großen Erstaunen der Physiker gilt diese Erkenntnis auch für den Bereich, mit dem sie sich hauptsächlich befasst hatten, für das Nichtlebendige. Für die Physik hat es allerdings sehr lange gedauert, bis sie einen solchen Grad an Genauigkeit erreicht hatte, dass auch in ihrem Bereich eine solche Einsicht nicht mehr zu vermeiden war.

Die mathematische Struktur, die hinter dieser Aussage steht, bewirkt noch Weiteres: Wenn zwei Quantensysteme miteinander in Wechselwirkung treten, dann gehen dabei diese Teilsysteme in einem neuen Ganzen auf, sie verlieren ihre Individualität.

Wir können feststellen: Die Quantentheorie hat aufgezeigt, dass bei sehr genauer Untersuchung der Natur deren Beziehungscharakter nicht mehr vernachlässigt werden kann.

Quantentheorie ist die Physik der Beziehungen, Beziehungen schaffen Ganzheiten.

Das Ganze, welches sich dabei gebildet hat, kann oft wieder in die Ausgangsteile zerlegt werden – aber auch in etwas vollkommen Anderes. Wenn zwei Quantensysteme wechselwirken und die Kräfte im Verhältnis zu den beteiligten Massen schwach sind, dann kann in vielen Situationen die Sprechweise von „den Teilen" noch sinnvoll beibehalten werden. So wird man in der Chemie stets sinnvoll von „Kern" und „Hülle" des Atoms sprechen können.

Aber bereits wenn ein Atomkern durch ein Positron, das Antiteilchen des Elektrons, ersetzt wird, kann eine solche Sprechweise an einer guten Beschreibung der Situation vorbeigehen. Schließlich wird nach kurzer Zeit „zwei Photonen" eine bessere Beschreibung für dieses System darstellen – dann nämlich, wenn Elektron und Positron sich annihiliert haben und sie sich zu einer Form gewandelt haben, die nicht mehr als „massive Teilchen", sondern als „reine Energie" interpretiert wird. Hier könnte es uns erscheinen, als ob ein Verwandlungsphänomen, eine Art Zauberei, in der Natur stattfindet. In der Tat geschehen im Geltungsbereich der Quantentheorie immer wieder Vorgänge, die man im Alltag wohl als Zauberkunst bezeichnen würde.

4.4.5. Dekohärenz und Messprozess – der Übergang von Möglichkeiten zu Fakten

Kommen wir nun zu einem ersten Blick auf das Zeitverhalten in der Quantentheorie. Es soll erst kurz dargelegt werden und später in einen größeren Zusammenhang gestellt und erläutert werden.

Wir untergliedern die Zeit, indem wir bestimmte Fakten erkennen oder sie setzen. So unterscheiden wir eine Situation vor einem Versuch und die Zeit nach dem Ergebnis, das aus ihm folgte. Die Zeit gliedert sich also in „vor einem Zeitpunkt" und „nach diesem". Das gilt auch für unsere Erinnerungen, z. B. vor oder nach dem Schulanfang.

Die Quantentheorie jedoch ist gemäß ihrer mathematischen Struktur eine Theorie über Möglichkeiten – sie kennt keine Fakten – aber als mathematische Struktur natürlich auch keine Beliebigkeiten.

Solange es für ein System nur bei dessen Möglichkeiten bleibt, passiert nichts, ergeben sich keine Fakten. Da also nichts faktisch wird, kann auch die Zeit nicht in „vorher" und „nachher" untergliedert werden, das System verbleibt in einer „andauernden Gegenwart".

Will man das System in einen faktischen Zustand bringen, den man dann kennen kann, so muss man es durch eine Handlung – eine Messung – dazu nötigen. Nach der Feststellung des faktischen Zustandes befindet sich dann das System in diesem Zustand und seine früher vorhanden gewesenen Möglichkeiten sind zum großen Teil nicht mehr in Erfahrung zu bringen. Dies kennen manche, z. B. wenn man als Schüler einfach mal in seinen Gedanken „weg war" vom Unterricht und man plötzlich wieder ankoppeln musste an das Zeitgeschehen des Unterrichts, weil der Lehrer vor einem steht. Die Frage des Lehrers wäre der Messvorgang, der einen aus der Fülle der gedanklichen Möglichkeiten in die Aktualität des Faktischen zurückholt. Später – außerhalb des Schulgeschehens – kann man ein solches „Aussteigen aus dem Faktensetzen" auch sehr bewusst unternehmen, z. B. beim Meditieren.

Nur zur Anschauung sei für eine Analogie an einen Würfelbecher erinnert (bitte nicht als ein Quantensystem missverstehen). Wenn man gehört hat, dass ein faktisches Ergebnis vorliegt, dann kann man bei einem gefallenen Würfel unter dem Becher davon ausgehen, dass bei diesem eine Zahl oben liegt. Der Würfel ist gefallen, ein Faktum ist eingetreten. Bevor man den Becher aufhebt, weiß man diese Zahl aber nicht. Deshalb kann man mit der klassischen Wahrscheinlichkeitsrechnung nur die Wahrscheinlichkeit von einem Sechstel für jede der sechs Zahlen vorhersagen.

In den frühen Jahren der Quantentheorie wurde der Übergang von den quantischen Möglichkeiten zu den möglichen Messergebnissen als ein plötzlicher Prozess geschildert. Man beschrieb die Entwicklung des Systems mit der Schrödinger-Gleichung. Dabei gibt es eine gleichmäßige und stetige Fortentwicklung aller Möglichkeiten. Dann führt der Beobachter eine Messung durch. Durch das Messgerät bzw. das Arrangement des Messvorganges sind nun nur noch solche Zustände erlaubt, die als mögliche Messergebnisse zu diesem speziellen Messvorgang gehören. Es wird postuliert, dass nicht mehr die quantischen Möglichkeiten vorliegen, sondern dass eines von diesen möglichen Messergebnissen tatsächlich eingetreten ist. Das bedeutet, dass nun keine Superposition mehr erlaubt ist. Man setzt also voraus, dass ein Messergebnis nun vorliegt. Da man jedoch noch nicht weiß welches, muss man wie beim gefallenen Würfel von einer Gleichwahrscheinlichkeit dieser Messergebnisse ausgehen und kann diese mit der klassischen Wahrscheinlichkeitsrechnung vorhersagen. Dies ist in Kürze der Kern der sogenannten Kopenhagener Interpretation. Dabei wurde eine schlagartige Veränderung in der *Beschreibung* des Quantensystems vorgenommen. Dieser „Kollaps der Wellenfunktion", bedeutet den Übergang in der Beschreibung des Systems von der Fülle aller quantischen Möglichkeiten zu einer Anzahl von Messergebnissen, welche noch so lange unbekannt bleiben bis man sie weiß. Nur eines von diesen kann tatsächlich eingetreten sein, aber welches davon, das bleibt bis zu einer tatsächlichen Kenntnisnahme unbekannt.

Der mit dem „Kollaps" verbundene Übergang in der Beschreibung von den quantischen Möglichkeiten zu einem klassischen Unwissen über ein eingetretenes Faktum wurde und wird von vielen Physikern als etwas sehr Unerfreuliches empfunden. Damit ist der fiktive Moment gemeint, welcher zwischen der erfolgten Messwechselwirkung – ein Faktum liegt jetzt vor – und der Kenntnisnahme des Messergebnisses – ich weiß jetzt welches – liegen soll.

Später haben Untersuchungen vor allem von Erich Joos, Claus Kiefer und Dieter Zeh gezeigt, dass ein solcher Übergang durchaus differenzierter betrachtet werden kann. Im Rahmen der sogenannten Dekohärenz zeigt es sich, dass der Übergang vom ungestörten Quantensystem zum gemessenen Quantensystem genauer untersucht werden kann.

Mit quantentheoretischen Methoden kann man zeigen, dass die Wahrscheinlichkeiten für diejenigen Zustände extrem schnell klein werden, die von einem der möglichen Messergebnisse verschieden sind. Wenn eine zeitlich veränderliche Variable in ihrer mathematischen Beschreibung extrem schnell klein wird, dann kann es im mathematischen Ablauf dieses Vorganges trotzdem noch immer unendlich lange dauern, bis eine glatte Null tatsächlich erreicht ist. Erst eine wirkliche Null würde in der mathematischen Beschreibung einer durchgeführten Messung entsprechen. Aber kein Mensch kann eine unendlich lange Zeit warten.

Irgendwann muss man sich also entschließen, eine verbleibende überaus winzige Wahrscheinlichkeit als Null zu deklarieren. Genau dies wäre der Kollaps der Wellenfunktion in der Beschreibung.

Wenn beispielsweise ein angeregtes Quantensystem ein Elektron emittieren kann, dann gibt es Zwischenzustände, in denen das Elektron in der Nähe des Moleküls verbleibt. Die Wahrscheinlichkeit für dieses Verweilen wird mit der Zeit zwar immer kleiner, sie wird aber mathematisch nicht tatsächlich zu Null. Ein analoges Bild dazu wäre eine Rakete, die entweder direkt von der Erde zum Mond fliegt oder die erst einige oder auch mehrere Umläufe um die Erde durchläuft, um dann später zum Mond zu fliegen.

Wenn es also darum geht, zu erklären, dass ein Messergebnis, ein Faktum, tatsächlich vorliegt, dann muss die Wahrscheinlichkeit dafür gleich eins sein. Nun haben wir gesagt, dass die Wahrscheinlichkeiten für die anderen Zustände, die dann später nicht als das Faktum, als das „Messergebnis" erscheinen, zwar sehr schnell sehr klein, jedoch in der mathematischen Beschreibung nicht tatsächlich zu null werden. Die Schnelligkeit ihres Verschwindens hängt von der Masse des Quantensystems ab.

Es liegt dann am Beschreiber des Vorganges, wann er bereit ist, einen winzigen Wert als tatsächlich 0 festzulegen und damit die Wahrscheinlichkeit für das Messergebnis als 1 zu definieren.

Bereits normales Sonnenlicht als „Messgerät" führt dazu, dass schon nach einer Nanosekunde für ein Elektron und für massivere Objekte wie ein Stäubchen im Sonnenlicht noch sehr viel schneller der gut begründete Eindruck entsteht, dass eine Messung vollzogen wurde. Wenn wir also ein Staubteilchen im Licht sehen, das durch die Ritzen der Jalousie fällt, dann dürfen wir darauf vertrauen, dass es tatsächlich an dem Ort ist, wo wir es sehen. Die zuvor möglichen anderen Orte sind nun unmöglich geworden.

Sobald also ein Quantensystem nicht mehr von seiner Umwelt tatsächlich isoliert ist, werden immer wieder Dekohärenz-Vorgänge eintreten, die dazu führen, dass wir in unserer Umwelt – vom kleinsten Staubpartikel angefangen – die Dinge als faktisch lokalisiert wahrnehmen. Daher ist es praktisch und sinnvoll, sie auch in der mathematischen Beschreibung als „gemessen" zu behandeln.

Mit der Theorie der Protyposis und mit der damit gezeigten fundamentalen Rolle der Quanteninformation wurden neue Überlegungen zum Messprozess möglich.

Mit der Theorie der Protyposis kann der Messvorgang leichter als Übergang von quantischen Zuständen zu einem Faktum, also als Verlust der Information über die nicht realisierten quantischen Möglichkeiten verstanden werden. Dieser Verlust ist als ein Hinauslaufen dieser Information mit ihren jeweiligen Trägern in die Tiefe des kosmischen Raumes zu verstehen. Auch damit ergibt sich eine enge Verbindung zwischen Quanteninformation und kosmischer Entwicklung.

In der Evolution des Kosmos mit seiner Expansion werden lokalisierte Objekte und zugleich die allgemeine Rolle der Quanteninformation erkennbar, die eine Sonderrolle eines Beobachters überflüssig werden lassen, welche in der ursprünglichen Kopenhagener Interpretation besteht.

Mit der Äquivalenz von Quanteninformation mit Materie und Energie wird es leichter verstehbar, dass aus einem System auch Information über mögliche Zustände entweichen kann und diese dann im System nicht mehr vorhanden sein muss.

In der Beschreibung werden wir also irgendwann sagen, jetzt genügt es, jetzt ist ein Faktum eingetreten. In den Experimenten an den großen Beschleunigern ist es sehr sinnvoll, eine solche Feststellung bereits nach Bruchteilen einer Millisekunde zu treffen. Für die Erforschung der Realität durch uns Menschen ist es daher sehr zweckmäßig, davon abzusehen, dass eine Wahrscheinlichkeit lediglich nicht mehr nachweisbar ist, sondern diese für die experimentelle Auswertung gleich null zu setzen.

Die Tatsache, dass wechselwirkende Systeme zu einem Ganzen werden und nicht mehr voneinander getrennt sind, führt dazu, dass man jede Messung als Handlung, als Eingriff am System begreifen muss. Somit kann eine weitere zweite Messung nicht mehr auf den Zustand vor der ersten Messung zurückgreifen, sondern muss auf dem Zustand nach dieser ersten Messung aufbauen.

Die klassische Physik pflegte die Vorstellung, dass man eine Messung so vorsichtig durchführen könnte, dass sich das System dabei nicht verändert. Die Quantentheorie zeigt hingegen, dass diese Idealisierung nur dann wie gültig erscheint, wenn man ungenau genug arbeitet. Bei einer extrem genauen Messung erweist sich diese Annahme als falsch. Aber natürlich ist eine solche Genauigkeit in vielen Fällen unmöglich. Der Tisch wird sich für mich nicht ändern, wenn ich seine Länge mit dem Zollstock messe, der Mond wird sich nicht ändern, weil ich ihn anschaue.

Da jede Messung eine Handlung am System mit einem faktischen Abschluss bedeutet, wird gut verstehbar, dass verschiedene Messungen in ihren Ergebnissen davon abhängen, in welcher Reihenfolge sie vorgenommen werden. In unserem Alltag ist es selbstverständlich, dass wir erst den Abfluss schließen, bevor wir Wasser in die Wanne laufen lassen. Keiner wird normalerweise erwarten, dass man dies sinnvoll ebenso auch in der umgekehrten Reihenfolge tun könnte.

Manche Physiker finden die Quantentheorie gerade deshalb merkwürdig und rätselhaft, weil es an Quantensystemen eine „Nichtvertauschbarkeit von Operationen", also von Handlungen gibt. Man kann im Allgemeinen die Reihenfolge von Messungen an einem System nicht vertauschen, ohne dass diese Vertauschung ohne Folgen bliebe. In manchen Darstellungen der Quantentheorie wird dies als der „Kern der Quantentheorie" angesehen. Natürlich kann man die Reihenfolge von Messungen ändern, aber das ändert im Allgemeinen auch die Ergebnisse.

Sollte man sich nicht viel mehr darüber wundern, dass in der klassischen Physik die Messeingriffe so dargestellt werden, als ob ihre Reihenfolge beliebig gewählt werden könnte?

Schließlich sind im Alltag nur die wenigsten Handlungen von einer solchen Art, dass ihre Reihenfolge keine Rolle spielt.

„Des Pudels Kern", den Goethes Faust verwundert wahrnimmt, meint die Erkenntnis, dass der Pudel, welcher sich bei seinem Spaziergang an seine Seite gesellt hatte, sich im Studierzimmer in die Gestalt Mephistos verwandelt. Die Umwandlung vom Pudel zu Mephisto führt also von einer bloßen Begleiterscheinung zum Wesentlichen, zum Kern. Der Pudel war Mephistos Mittel, sich Faust nähern zu können.

In ähnlicher Weise ist die Nichtvertauschbarkeit von Operationen eine erste Annäherung an die Quantentheorie. Sie ist aber noch nicht deren Kern, sondern der "Pudel". Dieser Effekt ist lediglich eine Folge der höheren Genauigkeit der Quantentheorie im Vergleich mit der klassischen Physik. Der eigentliche „Kern" der Quantentheorie – ihr Mephisto – ist die Beziehungsstruktur und das Wirken der Möglichkeiten. Im Gegensatz zu Goethes Mephisto ist dies keineswegs teuflisch, sondern sehr natürlich. Somit können wir Menschen aufbauend auf den Erkenntnissen über die Quanten Gutes aber leider auch Schlechtes bewirken.

Wesentlich an der Natur und an der Quantentheorie ist, dass durch einen Kontakt mit der Umwelt die Struktur eines Quantensystems verändert wird und damit zugleich an diesem Quantensystem ein Faktum gesetzt wird.

4.4.6. Der Zeitablauf in der Quantentheorie oder die ausgedehnte Gegenwart

Unser gegenwärtiges menschliches Handeln wird natürlich von den Fakten bestimmt, aber nicht nur davon. Deshalb soll hierzu noch einmal betont werden: Wir richten uns mit unseren Entscheidungen auch nach den Möglichkeiten, die wir unbewusst oder bewusst spüren oder vor uns sehen.

Dasjenige, was wir im Gedächtnis gespeichert haben, ist nur ein Teil dessen, was in der aktuellen Situation unser Denken, Fühlen und Handeln bestimmt, denn unser Verhalten hat immer auch einen Bezug auf die Zukunft. Absichten, Erwartungen und Hoffnungen, also alle diese Vorstellungsbilder, die sich auf die Zukunft beziehen, wirken mit auf unser gegenwärtiges Erleben ein.

Menschliches Verhalten in Beruf, Politik, Wirtschaft und Familie, wird von Möglichkeiten beeinflusst, die gefordert, erhofft oder befürchtet werden. Die in der Zukunft liegenden Möglichkeiten und unsere Vorstellungen über eventuell eintretende Fakten erzeugen gegenwärtige Wirkungen. Auch bereits manches tierische Verhalten kann darauf hindeuten, dass es ebenfalls durch Erwartungen über künftige Möglichkeiten beeinflusst wird. Für einfache Instinkte und Reflexe ist hingegen ein reflektierter Bezug zur Zukunft nicht erkennbar.

Bei den Menschen und auch bei anderen hochentwickelten Lebewesen wird dieser Bezug auf das Zukünftige als Finalität bezeichnet.

Lebewesen haben Absichten und Ziele. Da alles Lebendige instabil ist, musste vom Beginn des Lebens an das erste dieser Ziele das Erhalten der Stabilität, das Weiterleben sein. Dieses Ziel kann bei Lebewesen mit sexueller Vermehrung übertroffen werden durch das Ziel einer Sicherung des Nachwuchses. Elterntiere können ihre Existenz zu Gunsten des Nachwuchses aufs Spiel setzen. Und beim Menschen in seinem kulturellen Umfeld können tertiäre Ziele, z. B. Nachruhm, Sicherung einer Ideologie oder eines Glaubens, dazu führen, dass sowohl die eigene Existenz als auch die des Nachwuchses um eines solchen Zieles willen gefährdet wird.

Solche Formen von Finalität, ein Handeln auf Grund eines unbewussten oder bewusst gesetzten Zieles, wird man unbelebten Systemen nicht zusprechen können. Planeten, Sterne oder Kometen verfolgen keine Ziele, sie existieren, bewegen und verwandeln sich einfach.

Dennoch kann man aus philosophischen Gründen erwägen, ob nicht auch in der gesamten kosmischen Entwicklung ein finaler Zug gesehen werden kann. Der Physiknobelpreisträger Wolfgang Pauli, der in einem intensiven Austausch mit dem Arzt und Begründer der Analytischen Psychologie Carl Gustav Jung stand, hatte solche Vorstellungen erwogen. Und ein gründliches Nachdenken über die Strukturen der Quantentheorie lässt ähnliche Gedanken durchaus erwägenswert erscheinen.

Naturwissenschaft sucht eine naturgesetzliche Beschreibung für die Veränderung von Systemen. Im Rahmen der Quantentheorie hat es sich gezeigt, dass sich eine naturgesetzliche Veränderung bei einer sehr genauen Betrachtung der Natur nur noch für die Möglichkeiten ergibt.

Die Prozesse in der Natur, welche die Quantentheorie beschreibt, verlaufen keineswegs so, wie der Philosoph Paul Feyerabend einmal formuliert hatte: „Anything goes." So wie Feyerabend gelegentlich verstanden wurde, ist das zumindest für die Vorgänge in der Natur falsch. Zwar ergeben sich die Fakten in zufälliger Weise, jedoch nur in dem Rahmen, welcher durch die gesetzmäßigen Veränderungen der Möglichkeiten vorgegeben ist.

Die Schrödingergleichung beschreibt eine solche mathematisch vollkommen festgelegte Entwicklung für die möglichen Zustände eines Quantensystems. Das bedeutet keineswegs, dass „alles möglich sein würde". Bei der Beschreibung des Messprozesses war dargelegt worden, dass ein Faktum, das sich daraus ergeben wird, mit Wahrscheinlichkeit festliegt und nicht völlig beliebig auftreten kann.

Beim Zeitverhalten von Quantensystemen zeigt sich eine Erscheinung, welche in einem gewissen Sinne als „zeitliche Nichtlokalität" aufgefasst werden kann. Gemeint ist damit eine Ausgedehntheit in der Zeit, ohne dass diese durch Fakten unterteilt würde. Dies kann analog zur „räumlichen Nichtlokalität" verstanden werden, welche eine im Raum ausgedehnte Quantenstruktur beschreibt, in der keine Untergliederung in räumlich unterschiedene Teile gegeben ist.

Solange ein Quantensystem so gut von seiner Umwelt isoliert bleibt, dass an ihm keine Dekohärenzvorgänge geschehen, werden an ihm auch keine Fakten eintreten. Ohne Fakten ist eine Unterscheidung zwischen Vergangenem und Zukünftigem nicht möglich, so dass wir dabei von einer „andauernden Gegenwart" sprechen müssen.

Möglichkeiten, die sich als künftige abzeichnen, wirken bereits im Jetzt.

Nicht nur die Fakten, sondern auch manche der gegenwärtigen und sogar der zukünftigen Möglichkeiten erzeugen bereits jetzt Wirkungen. Dies gilt sowieso im Lebendigen, aber auch weithin im Unbelebten – man erkennt es aber erst, wenn man genau genug untersucht, also im Rahmen der Quantentheorie.

Diese Einsicht in die zeitliche Nichtlokalität, die ein weiteres Grundprinzip der Quantentheorie darstellt, erzeugte und bildet bis heute ein besonderes Verständnisproblem für viele Naturwissenschaftler.

4.4.7. Die Realität des Wirkens der Möglichkeiten

Die gesamte kosmische und biologische Evolution kann so verstanden werden, dass sich aus den aktuellen Möglichkeiten etwas als faktische Gestalt herausformt. Aus dieser werden sich dann im Rahmen des aktuellen Kontextes wieder neue Möglichkeiten entfalten.

In der Evolution der Lebewesen hat sich aus den Instinkten durch die Entwicklung des Bewusstseins die Informationsverarbeitung für die Erfassung und Verarbeitung auch von immer mehr Möglichkeiten herausgebildet. Damit zeigt die Grundstruktur der Quantentheorie mit ihrem Wirksamwerden von Möglichkeiten einen für uns Menschen vollkommen natürlichen und alltäglichen Zusammenhang auf. Auch an dieser Einsicht ist nichts unanschaulich oder unverstehbar.

Hier sollen noch einmal die Vorstellungen ins Bewusstsein gerufen werden, die sich aus der klassischen Physik ergeben. Die klassische Physik beruht auf der Hypothese, dass alles Geschehen in der Natur durch Naturgesetze vollständig und ohne jede Freiheit festgelegt sei, dass also der Weltablauf, die Abfolge der Tatsachen, determiniert sein würde. Der Begriff „Determinismus" bezeichnet die aus der klassischen Physik folgende mathematische Struktur, dass die gesamte Zukunft bereits heute als eine Ansammlung von feststehenden Tatsachen betrachtet werden muss – so wie die Vergangenheit auch. Am Beispiel des deterministischen Chaos war deutlich geworden, dass zu diesem Prinzip nicht zusätzlich noch eine Berechenbarkeit gefordert sein muss.

In diesem auf der klassischen Physik beruhenden alten und überholten Weltbild gibt es „Möglichkeiten" nur aufgrund von mangelhaftem Wissen über das „in Wirklichkeit" bereits festliegende Geschehen. Denn nach dieser Vorstellung würden auch die Ereignisse der Zukunft jetzt schon vollständig feststehen. Das kosmologische Modell eines „Blockuniversums" vertritt eine solche seltsame Vorstellung. Beispielsweise würde danach heute schon determiniert sein, wie alle unsere Versuche einer positiven Beeinflussung des Klimas oder der Größe der Weltbevölkerung ablaufen und ausgehen müssen.

Wenn man jedoch nicht genug über die angeblich determinierte Zukunft weiß, dann kann man lediglich Vermutungen anstellen. Man wird also im Modell der klassischen Physik deswegen auch über Möglichkeiten sprechen müssen, aber sie speisen sich aus dem ungenügenden Wissen, weil die Kenntnis über die „künftigen Fakten" ungenügend ist. Es ist gewiss sofort verständlich, dass ein ungenügendes Wissen über einen Verlauf, der ja nach der theoretischen Annahme objektiv sein soll, auf das betreffende Geschehen keinen Einfluss haben kann. Dies ist der Unterschied zu der neuen Quantenphysik, in welcher Möglichkeiten als Strukturen erscheinen, die reale Wirkungen erzeugen. Sie dürfen nicht als zukünftige Fakten gedacht werden.

Wohl den meisten Menschen wie auch mir fällt es schwer, die geistige Zwangsjacke einer vollkommen festliegenden Zukunft zu akzeptieren. Zum Glück ist diese noch häufig anzutreffende Vorstellung einer Determiniertheit des faktischen Naturgeschehens falsch.

Es ist gewiss deutlich geworden, dass die beiden aufgezeigten Grundprinzipien der Quantentheorie – „Beziehungen schaffen Ganzheiten und ein Ganzes ist mehr als die Summe seiner möglichen Teile" – sowie – „auch Möglichkeiten erzeugen bereits in der Gegenwart Wirkungen" – keineswegs unverstehbar sind.

Vielmehr entsprechen diese Prinzipien dem, was jeder gesunde erwachsene Mensch normalerweise von der Wirklichkeit kennt.

4.5. Einige weitere Irrtümer

4.5.1. Gilt die Quantentheorie nur für viele gleiche Objekte?

Die Quantentheorie, so hatten wir festgestellt, ist eine Theorie über Möglichkeiten. Aus Möglichkeiten können sich Fakten ergeben. Die resultierenden Fakten liegen mit ihren verschiedenen Werten exakt fest, jedoch welche Fakten wie häufig auftreten, dafür gibt es Wahrscheinlichkeiten. Will man Möglichkeiten exakt überprüfen, so muss man Wahrscheinlichkeiten ermitteln. Wahrscheinlichkeiten kann man dadurch feststellen, dass man oftmals das Gleiche unternimmt und dann die Häufigkeiten ermittelt, die sich für die verschiedenen Ausgänge von Experimenten ergeben. Kurz gesagt:

Wahrscheinlichkeiten werden dadurch mathematisch fassbar, dass man Statistik betreibt.

Aussagen über das Verhalten von Quantenteilchen kann man experimentell also nur dadurch sichern, dass man das Experiment vielfach in gleicher Weise wiederholt und es somit mit vielen Teilchen durchführt.

Aus dieser Tatsache hatte man lange Zeit abgeleitet, dass mit der Quantentheorie lediglich Aussagen über sehr viele Teilchen sinnvoll behandelt werden können. Quantentheorie sei vom Prinzip her eine Theorie, die nur für viele Teilchen sinnvoll sein würde – so wie die statistische Thermodynamik mit vielen Atomen oder Molekülen eines Gases arbeitet. Der Fachausdruck dafür war, so die lange vertretene Meinung, dass die Quantentheorie lediglich für „Ensembles" gelten würde. Noch bis in die Anfänge der 1990er Jahre habe ich Physikprofessoren angetroffen, welche diese Meinung vertreten haben.

Heute werden viele sehr genaue Versuche mit einzelnen Quanten unternommen.

Die Experimentalphysiker können seit längerem beispielsweise ein einzelnes Ion oder Elementarteilchen in einer Falle über lange Zeit aufbewahren. (Dies sind Systeme, die mit komplizierten elektrischen und magnetischen Feldanordnungen Teilchen am Entweichen hindern können.) Mit speziellen Mikroskopen können einzelne Atome auf Flächen bewegt werden. Es hat sich gezeigt: Quantentheorie ist durchaus auf einzelne Quanten anwendbar.

Auch das Paradebeispiel für die Quantentheorie, der Doppelspaltversuch, kann heute so durchgeführt werden, dass zu jeder Zeit immer nur ein einziges Quantenobjekt im Versuchsaufbau unterwegs ist. Dann zeigt es sich, dass die Interferenzmuster hinter dem Spalt nicht dadurch entstehen, dass viele Quanten sich zur gleichen Zeit gegenseitig beeinflussen. So wurde es früher vielfach dargestellt.

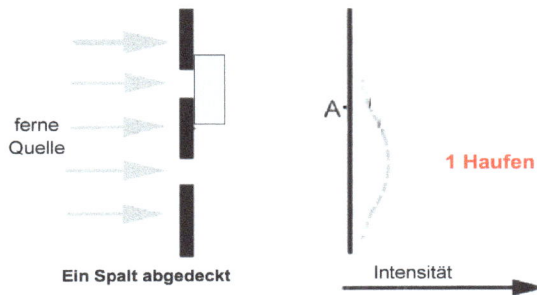

Abbildung 15: Wenn beim Doppelspaltversuch ein Spalt abgedeckt ist, so wird dahinter nur ein Haufen entstehen.

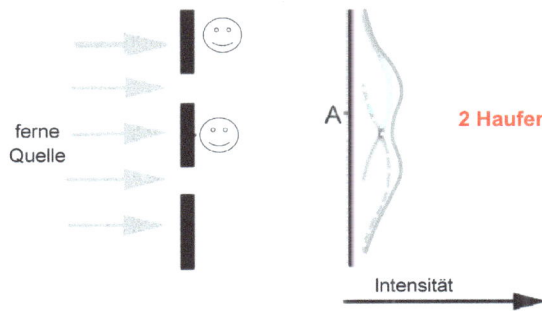

Abbildung 16: Wenn beim Doppelspaltversuch kontrolliert wird, durch welchen Spalt das Quantenteilchen faktisch gelaufen ist, dann gibt es auf dem Schirm zwei Haufen.

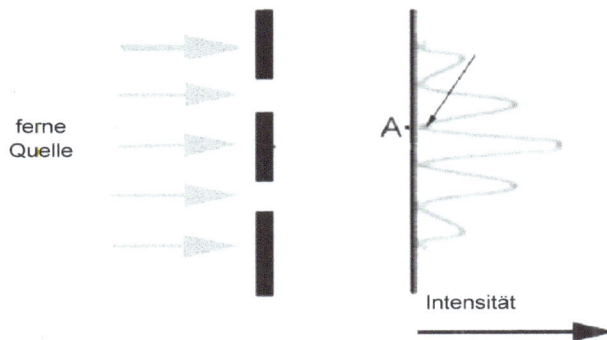

Abbildung 17: Nun erhalten die Teilchen, von denen immer nur eines im Experiment unterwegs ist, so dass eine gegenseitige Beeinflussung durch gleichzeitig fliegende Teilchen ausgeschlossen ist, die Möglichkeit, *unkontrolliert* durch beide Spalten fliegen zu können.
Das Ergebnis ist mit klassischer Physik und mit einem Denken in Fakten nicht mehr zu erklären.
So lange wie das Quant nicht durch die Umstände genötigt wird, einen faktischen Zustand einzunehmen, so lange verbleibt es im Bereich der Möglichkeiten. Es hat *keine faktische* Bahn mit faktischen Bahnpunkten, die es durchläuft. Es nutzt die Möglichkeiten, welche ihm offenstehen. Die Möglichkeiten der nacheinander fliegenden Teilchen beeinflussen sich gegenseitig zu dem Interferenzmuster, das am Schirm beobachtbar ist. Der Punkt A wird im Gegensatz zu den vorherigen Versuchen, bei denen immer Teilchen dort landeten, nicht mehr erreicht

Vielmehr ist es so, dass das jeweils fliegende Quantenobjekt sich je nach Kontext verschieden verhält. Wenn es die Möglichkeit hat, unbeobachtet und unbeeinflusst durch beide Spalte gehen zu können, so wird es sich anders verhalten, als wenn diese Möglichkeiten durch Kontrolle oder durch Hindernisse eingeschränkt werden. Dabei spielt es eine wichtige Rolle, dass die Quanten unter identischen Bedingungen ausgesendet werden und dass sie nicht unterschieden werden können. Während im Experiment sehr genau darauf geachtet werden kann, dass sich die experimentelle Situation nicht ändert, ist dies außerhalb des Labors in der Regel nicht so einfach gegeben.

Wenn wir die Quanteninformation als Grundlage bedenken, wird der Versuch leichter interpretierbar. Wir müssen die beim Versuch verarbeitete Information in mindestens zwei Anteile aufteilen. Ein Anteil umfasst die Information, die für jedes einzelne Photon innerhalb des Gesamtversuches dessen mögliches Auftreffen an einer Stelle des Schirms steuert. Ein weiterer Anteil betrifft den zeitlichen Verlauf des Gesamtversuchs. Dieser Anteil charakterisiert in gewisser Weise eine „ausgedehnte Gegenwart" und sorgt dafür, dass für die einzelnen Photonen ständig die gleichen Möglichkeiten vorhanden sind, welche für die Verteilung der einzelnen Auftreffpunkte der Quanten auf dem Schirm zuständig sind.

Jedes einzelne Quantenobjekt besitzt einen weit ausgebreiteten Bereich von realen und wirkmächtigen Möglichkeiten. Es ergeben sich Interferenzmuster, wenn die Quanten alle Möglichkeiten uneingeschränkt und unkontrolliert nutzen können.

Der Versuch wird mit vielen identischen Quantenobjekten durchgeführt. *Diese identischen Quantenobjekte bilden zwischen Anfang und Ende des Versuches eine Ganzheit in der Zeit.* Diese Ganzheit betrifft die Möglichkeitsbereiche der nacheinander durch den Versuch fliegenden Quantenobjekte, die zu den beobachteten Interferenzen führen. Man könnte sagen, dass „frühere Möglichkeiten" die „späteren Möglichkeiten" beeinflussen. Allerdings gibt es kein früher oder später, so lange nichts Faktisches geschieht.

Ein anderes und vielleicht noch besseres Bild besteht darin, von einer *„ausgedehnten Gegenwart"* für die Information über die Gesamtverteilung des Gesamtexperimentes zu sprechen.

Wird ein Spalt abgedeckt oder wird an den Spalten direkt kontrolliert, durch welchen Spalt das Quant faktisch geflogen ist, dann verschwindet mit den „unkontrollierten Möglichkeiten" auch die Interferenz und hinter beiden Löchern ergeben sich nur zwei „Haufen".

Der Punkt A auf dem Schirm kann beim unkontrollierten Vorgang und den dabei erscheinenden mehreren „Haufen" nicht erreicht werden, weil dort die Intensität null ist. Die Möglichkeiten, dort einzutreffen, löschen sich gegenseitig aus. Wenn die Quanten jedoch *faktisch* durch einen Spalt fliegen [wegen einer Kontrolle der Quanten oder bei nur einem offenen Spalt] wird A [bei einem oder auch bei zwei „Haufen"] mit einer gewissen Intensität getroffen.

Vielleicht wird man sich fragen, wieso es nicht passiert, dass alle Photonen an einem einzigen Punkt auftreffen – da es ja keinen faktisch determinierten Zusammenhang zwischen der Bewegung der einzelnen Photonen geben soll. Natürlich liegt die Verteilung der Auftreffpunkte nur mit Wahrscheinlichkeit fest. Daher ist es nicht völlig ausgeschlossen, dass doch einmal alle Photonen an einem einzigen Punkt auftreffen. Die Wahrscheinlichkeit dafür ist jedoch so winzig, dass viele Milliarden von Weltaltern nicht ausreichen, um das zu erleben. Aber gänzlich unmöglich ist es natürlich nicht. Die Determiniertheit der Möglichkeiten ist also durchaus ein naturgesetzlicher Zusammenhang. Er sorgt dafür, dass innerhalb eines solchen Versuches die Verteilung der Auftreffpunkte im Wesentlichen so ist, wie vom Gesetz vorhergesagt.

Solche Vorgänge einer Informationsaufteilung sind auch für ein Verstehen des Lebens bedeutsam, wenn einerseits Informationsanteile ein Faktum bewirken und andere Informationsanteile die Gesamtsteuerung der Zelle weiter beeinflussen.

4.5.2. Ist Quantentheorie nur Mikrophysik?

In den allermeisten Beschreibungen der Physik wird immer wieder betont, dass die Quantentheorie für das Mikroskopische, für das sehr Kleine, zuständig ist und die Allgemeine Relativitätstheorie für das Makroskopische, für das sehr Große, das Kosmologische.

Aus einer wissenschaftshistorischen Sicht ist dies noch gut verstehbar. Die Quantenphysik begann im genauen Erfassen des Kleinen, im Bereich der Atome und deren Hüllen und Kerne. Die Allgemeine Relativitätstheorie ist eine sehr bewährte und universelle Theorie der Gravitation. Sie ermöglichte es, neben der genaueren Beschreibung der Bewegung der Himmelskörper übergehen zu können zu Modellen der Entwicklung des gesamten Kosmos. Von diesen Vorstellungen herkommend wurde der scheinbare Gegensatz „Quantentheorie ist Mikrophysik und Allgemeine Relativitätstheorie ist Makrophysik, ist kosmisch", in den populären Darstellungen bisher nicht korrigiert.

Die Entwicklung der Quantentheorie in den letzten 100 Jahren zeigt jedoch, dass eine solche Sicht viel zu eng ist.

Wir hatten daran erinnert, dass in der Tat die Quantentheorie im Bereich des Atomaren entdeckt worden war und dass sie auch im Bereich des Inner-Atomaren absolut unverzichtbar ist. Dort ist stets eine so große Genauigkeit notwendig, dass man ohne Quantentheorie nur sinnlose Ergebnisse erhält.

Seit den Anfangsjahren der Quantentheorie hat sich jedoch eine Menge an neuen Erkenntnissen ergeben. In den Experimenten und auch in der Theorie wurde immer deutlicher, dass es keine prinzipielle Gültigkeitsgrenze für die Quantentheorie gibt. An immer ausgedehnteren Systemen wurden Quanteneigenschaften erkennbar.

Der erste Fall der sogenannten makroskopischen Quantensysteme war derjenige der Supraleitung.

Bei der Supraleitung verhalten sich Milliarden von Elektronen wie eine neue einzige Quantenganzheit.

Diese Ganzheit bewegt sich dann durch den Leiter wie ein vollkommen reibungsfreies Band. Es fließt dabei ein sehr starker Strom ohne jeden Widerstand. Technisch genutzt wird dies vor allem für die Erzeugung von sehr starken Magnetfeldern. Solche supraleitenden Magnete finden sich an den großen Beschleunigern, wie z. B. dem LHC (dem Large Hadron Collider) am CERN. Dieser riesige Ring von 27 km Umfang befindet sich unterirdisch in der Schweiz und in Frankreich in der Nähe von Genf. Die starken Magnetfelder zwingen rasend schnell gegeneinander umlaufende Protonen auf die Kreisbahn und zu Zusammenstößen.

Andere makroskopische Quantenphänomene sind Suprafluidität und Bose-Einstein-Kondensate. Bei der Ersteren bewegen sich Atome der Flüssigkeit gemeinsam ohne jeden Reibungswiderstand auch durch dünnste Kapillaren. Beim Bose-Einstein-Kondensat verhält sich eine sehr große Anzahl von Atomen ebenfalls wie ein einziges teileloses Quantenobjekt.

Die Quantentheorie als Mikrophysik wird sehr oft so dargestellt und so verstanden, dass es vor allem um räumliche Kleinheit geht. Auch dazu sind in den letzten Jahren komplizierte und schwierige Experimente erfolgreich durchgeführt worden, die sehr gut geeignet sind, diesen Irrtum aufzuklären. Was die räumliche Ausdehnung eines Quantensystems betrifft, so können die Experimentalphysiker heute mit Hilfe eines chinesischen Satelliten teilelose Quantensysteme mit Ausdehnungen von über 1200 km präparieren. So wurde erfolgreich ein solches teileloses Quantensystem vom Satelliten bis zu zwei Bodenstationen auf der Erde ausgedehnt.

Dafür ist der Ausdruck „Mikrophysik" erkennbar nicht mehr angebracht. Es darf vielleicht noch einmal wiederholt werden: die Quantentheorie ist für die sehr genauen Beschreibungen nötig, und diese beschriebenen Systeme können auch „groß", also ausgedehnt sein.

Makroskopische Quanten-Phänomene an Systemen, welche groß sind im Blick auf ihre Masse und weniger hinsichtlich ihrer räumlichen Ausdehnung, erfordern wegen der stets vorhandenen Dekohärenzmöglichkeiten eine starke Abkühlung.

Trotz der niedrigen Temperatur wird es dann so sein, dass eine „teilelose Ganzheit" nur für Teilsysteme mit einer geringen Gesamtmasse erhalten werden kann.

So müssen die riesigen supraleitenden Magnete am CERN fast auf den absoluten Nullpunkt gekühlt werden, damit in ihnen ein Teil der Elektronen zu einem teilelosen supraleitenden Strom werden kann. Für den restlichen Magneten ist dies trotz der niedrigen Temperatur unmöglich. Die erwähnten Versuche mit den masselosen Photonen geschehen hingegen in der Luft bei normaler Sommertemperatur.

Später im Unterkapitel „5.1.2. Quantenbits – die allereinfachsten und die tatsächlich grundlegenden Strukturen!" wird noch deutlicher werden, dass es bei der Quantentheorie nicht um räumliche Kleinheit geht, sondern um Genauigkeit. Die einfachsten Quantenstrukturen werden sich als etwas Kosmisches erweisen.

4.5.3. Quanten als Spuk? – oder mysteriöse Verschränkung?

Ein Grund für Einsteins spätere Abneigung gegen die Quantentheorie bestand gewiss in dem, was im heutigen Sprachgebrauch als „Nichtlokalität" bezeichnet wird. Diese Eigenschaft wird immer deutlicher erkennbar, je energie- oder materieärmer ein Quantensystem ist.

Einstein sprach von „spukhafter Fernwirkung" – und Spuk dürfte einer der schlimmsten Vorwürfe sein, die man einer naturwissenschaftlichen Theorie unterstellen kann. Es würde bedeuten, dass es physikalische Phänomene geben würde, die nicht naturwissenschaftlich erklärt werden könnten.

Was ist mit Nichtlokalität gemeint?

Im Rahmen der klassischen Physik beschreibt man Objekte und zwischen diesen Wechselwirkungen. Die Wechselwirkungen breiten sich im Raume maximal mit Lichtgeschwindigkeit aus. Wenn also an einer Stelle etwas passiert, dann dauert es mindestens so lange, wie es das Licht brauchen würde, bis an einer anderen Stelle davon etwas bemerkbar werden würde. Wenn wir uns vorstellen, dass die Sonne urplötzlich verlöschen sollte (was im Widerspruch zu all unseren naturwissenschaftlichen Kenntnissen steht), so würden wir es auf der Erde erst nach 8 Minuten merken, denn so lange benötigt das Licht von der Sonne bis zur Erde. Natürlich gibt es auch langsamere Einflussmöglichkeiten. Wir wissen alle, dass wir beim Gewitter zuerst den Blitz sehen und erst etwas später den Schall des Donners hören. Das Licht ist also sehr viel schneller als der Schall.

Licht kann polarisiert sein, man kennt es von polarisierenden Sonnenbrillen oder Polarisationsfiltern beim Fotoapparat. Wenn ein Lichtstrahl auf ein senkrecht eingestelltes Polarisationsfilter trifft, dann schwingt die Welle dahinter je nach Einstellung des Filters entweder auf-und-ab oder rechts-und-links.

Bei den Photonen spricht man dabei von ihrem Spin. Dieser kann bei einem Photon die Werte +1 oder -1 haben. Er muss verstanden werden als eine Verdopplung des Winkels der Polarisation. Die Schwingung "auf-ab" werde als „Spin up" bezeichnet, dann ist die Schwingung "rechts-links" der „Spin down". ("auf-ab" und "rechts-links" schließen einen Winkel von 90° ein, "up" und "down" einen von 180°.)

Der Spin des Photons und ein Quantenbit haben aus mathematischer Sicht die gleichen zweidimensionalen Zustandsräume. Wegen dieser nur zwei möglichen Antwort-Zustände auf die Fragen nach dem Spin eignen sich Photonen prinzipiell besonders gut als Träger eines Quantenbits. Daher werden Photonen zumeist für Versuche verwendet, bei denen ein Quantenbit eine Rolle spielen soll. In diesem Fall wird allein dieses eine Quantenbit, der Spin, von den vielen AQIs, die das Photon bilden, zu einer bedeutsamen Eigenschaft des Photons. Alle die sehr vielen anderen Qubits, welche z. B. den Startpunkt dieses einen Photons sowie seine Lokalisation an dieser Stelle des Labors in dem riesigen Kosmos erfassen, werden dann bei diesem Experiment vorausgesetzt und nicht als bedeutungsvoll gewertet. Trotzdem konstituieren sie alle dasjenige, was als die Energie dieses Photons bezeichnet wird.

Die Quantentheorie ist dadurch gekennzeichnet, dass es in ihrem Rahmen „teilelose Ganzheiten" gibt. Eine derartige Ganzheit darf nicht so missverstanden werden, als ob sie aus Teilen bestehen würde, zwischen denen eine Wechselwirkung stattfindet. Ein solches Bild, das bis heute sehr oft verwendet wird, würde das Wesentliche verpassen, dass nämlich die Teile in einem eigentlichen Sinne nicht existieren. Realität gibt es nur für die Ganzheit − bis sie in Teile zerlegt wird.

Auch bei dieser Beschreibung ist eine gewisse Differenziertheit angebracht. Wenn beispielsweise Atome sich zu Molekülen zusammenlagern, so werden die Eigenschaften der Moleküle von der „Wolke der äußeren Elektronen" bestimmt, die wie eine Ganzheit ohne unterschiedliche Teile Wirkungen erzeugt. Für die beteiligten Atomkerne hingegen sind die Modelle von „einzelnen Teilchen" durchaus in vielen Fällen noch sinnvoll zu verwenden.

Solche ausgedehnten Ganzheiten werden in der Physik auf verschiedene Weise experimentell erzeugt. Eine Möglichkeit kann beispielsweise darin bestehen, dass durch die Wirkung eines speziellen (doppelbrechenden und somit strahlteilenden) Kristalls ein Photon so verändert wird, dass man dann − in beinahe fälschlicher Weise − von einer „Zerlegung in zwei Photonen" spricht. In Wahrheit ist es immer noch eine teilelose Ganzheit, die sich jedoch nichtlokal ausdehnen kann, und zwar in verschiedene Richtungen zugleich.

Unter „Nichtlokalität" wird in der Physik verstanden, dass eine Lokalisierung, eine Festlegung auf einen mathematisch zu verstehenden Raumpunkt, prinzipiell nicht möglich ist.

Wir sprechen dabei besser von „einem Diphoton", um den ganzheitlichen Charakter zu verdeutlichen.

Eine solche Ganzheit kann in Teile zerlegt werden, aber welche Teile mit welchen Eigenschaften dies dann tatsächlich sein werden, das ist vor einer Zerlegung zumeist nicht festgelegt. Vielleicht kann man es vergleichen mit einer Porzellanvase, von der wohl auch niemand behaupten wird, dass sie aus den Scherben besteht, in welche sie bei einem Sturz zerbrechen könnte.

Ein Gedankenexperiment dazu war von Albert Einstein zusammen mit Boris Podolsky und Nathan Rosen (EPR) vorgeschlagen worden. Sie wollten damit aufzeigen, welche nach ihrer Meinung absurden Konsequenzen aus der mathematischen Struktur der Quantentheorie folgen.

Bei dem Experiment von Einstein, Podolsky und Rosen (EPR) trennen sich gemäß der Vorstellung dieser Autoren zwei Teilchen nach einer Wechselwirkung voneinander und laufen weit voneinander weg. Durch die Wechselwirkung wird mit ihnen etwas aufgebaut, was Erwin Schrödinger als Verschränkung bezeichnet hat. Dieser Sprachgebrauch hat sich bis heute erhalten.

Solche „verschränkten" Quantenzustände werden auch als „kohärente Zustände" bezeichnet.

Die „Verschränkung" hat zur Folge, wie bei EPR verdeutlicht wird, dass ein Eingriff an einem Teilchen − das als vom anderen unterschieden beschrieben wird − sofort eine Reaktion am anderen Teilchen zur Folge hat. Das bedeutet augenblicklich und nicht nur mit Lichtgeschwindigkeit. Dies konnte Einstein, der Entdecker der Relativitätstheorie − welche jede Wechselwirkung schneller als mit Lichtgeschwindigkeit kategorisch verbietet − in dieser Weise keinesfalls akzeptieren.

Eine bessere Vorstellung zum EPR-Experiment, welches dieses leichter verständlich macht, ergibt sich, wenn man bei seiner Beschreibung von einer quantischen Ganzheit ausgeht. Wir schlagen daher vor:

Sprecht nicht mehr von „zwei Teilchen"!

88

Abbildung 18: Metapher für den EPR-Versuch
**Eine quantische Ganzheit (z. B. ein Diphoton) wird immer länger (wie ein „wurstähnliches"
Gebilde). In der Aufsicht soll durch den Kreis verdeutlicht werden, dass ein „Spin null" vorliegt,
der keine Schwingungsrichtung auszeichnet.**

Dadurch können sich zutreffendere Bilder entwickeln und man kann den Kern des Experimentes
besser verstehen. Wenn man den Kern des EPR-Experimentes so darstellen will, dass es verständlicher
wird, muss man es wie folgt formulieren: Eine quantische Ganzheit dehne sich im Raum aus. Als Bild
darf man an einen wurstähnlichen Luftballon denken, der immer länger wird.

Dann möge man an einem der beiden Enden eine Messung vornehmen. Das würde im Bild einen
Eingriff an einem Ende bedeuten, welcher damit den Ballon zerteilt.

Abbildung 19: Metapher für den EPR-Versuch:
**Der Messeingriff zerlegt sofort das Ganze in zwei Teile. Die gemessene Hälfte wird zu einem
Faktum, die nichtgemessene Hälfte geht in einen dazu passenden (d. h. damit korrelierten)
Quantenzustand über. Bei den beiden sich ergebenden Photonen hat nun der sich jeweils
ergebende Spin die Werte +1 bzw. -1, und zwar in der Richtung, die durch die Messung
vorgegeben wird.**

Der Mess-Eingriff bewirkt zweierlei: Durch die Messung erfolgt eine Zerlegung der Ganzheit in
zwei quantische Teile. Der Teil am gemessenen Ende wird durch diesen Eingriff zugleich in einen
faktischen Zustand gebracht, welcher das Messergebnis an diesem Ende ist. Das durch die Zerlegung
dieser Ganzheit entstandene andere Ende wird durch die Messung in einen solchen Quantenzustand
versetzt, wie er aus dem ursprünglichen Zustand des Gesamtsystems im Zusammenhang und in Bezug
auf das Messergebnis am anderen Ende resultiert.

Mit der Zerlegung verliert das Bild vom Ballon seinen metaphorischen Charakter, weil bei einem
Ballon beide Hälften in einen faktischen Zustand übergehen – und nicht nur die „gemessene Hälfte"
wie beim Quantensystem. Beim Quantensystem geht die „nichtgemessene Hälfte" in einen definierten
Quantenzustand über, der mit dem Messergebnis auf der anderen Seite streng korreliert ist. Aus
diesem Quantenzustand können sich verschiedene Fakten ergeben – je nachdem, welche Messung
dann an dieser Hälfte vorgenommen wird.

Üblicherweise wurden diese Experimente an weit ausgedehnten Quantensystemen zumeist mit
Licht, mit Photonen durchgeführt. Licht hat eine geringe Wechselwirkung mit der Luft – wir können
auf der Erde oft viele Kilometer weit sehen und im Kosmos selbst ohne Hilfsmittel über viele
Billiarden von Kilometern – und die Lichtquanten, die Photonen, können heute durch die Lasertechnik
in einem sehr genau definierten Zustand präpariert werden. Die Experimentalkunst besteht darin, einen

ganzheitlichen Zustand zu erzeugen. Diese Ganzheit soll wie erwähnt als *Diphoton* bezeichnet werden. Dieses kann in zwei Photonen zerlegt werden.

Vor einer Zerlegung hat das Diphoton den Spin null. Bei der Zerlegung entstehen zwei Photonen. Das Diphoton wird dabei in die Photon-Zustände von Spin +1 und Spin -1 überführt, die sich gegenseitig aufheben.

Wird also ein solches Diphoton mit dem Spin 0 an einem Ende gemessen und dabei ein Photon mit dem Spin -1 festgestellt, dann wird das bei dieser Zerlegung erzeugte andere Photon in einen *Quantenzustand* übergehen, in dem der Spin den Wert +1 hat. Dies passiert sofort, also nicht nur mit Lichtgeschwindigkeit, sondern augenblicklich.

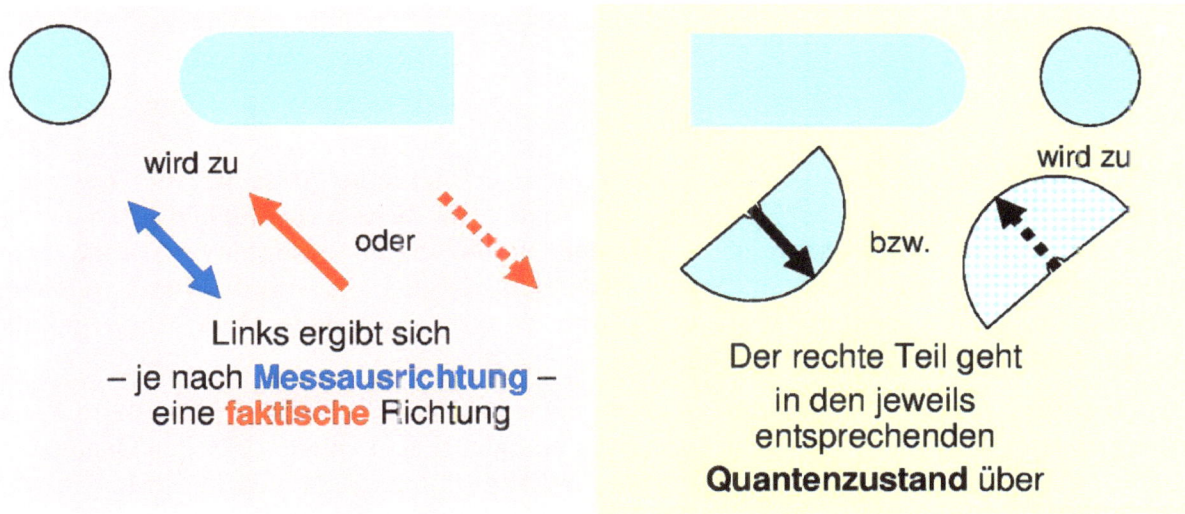

Abbildung 20: EPR-Versuch: An der linken Seite erfolgt eine Messung, bei der nach der Ausrichtung (blau) des Spins nach „links oben" oder „rechts unten" gefragt wird. Die beiden möglichen Antworten (rot) sind in diesem Fall „links oben" oder „rechts unten". Je nach erfolgter Antwort geht der rechte Quantenzustand (schwarz) seinerseits in den entgegengesetzten Zustand (gestrichelt rot in gestrichelt schwarz oder durchgezogen rot in durchgezogen schwarz) über, so dass die Summe von beiden wiederum null bleibt.

Dieses „Augenblickliche" beim Messeingriff an einem ausgedehnten Quantenobjekt war einer der Gründe für Einsteins Widerstand gegen die Quantentheorie.

Das Verständnisproblem war wahrscheinlich deshalb nicht zu lösen, weil man nicht von einer Ganzheit, sondern stets von „zwei Teilchen" sprach, und dabei auch in der Vorstellung von einem derartigen Bild ausging.

Wenn man die Existenz zweier getrennter Teilchen bereits vor der Zerlegung der Ganzheit als gegeben annehmen will, dann entsteht selbstverständlich das Problem, wie eine Nachricht über das Messergebnis an dem einen Teilchen sofort durch den Raum zum zweiten Teilchen sollte gelangen können. Dazu gibt es die unsinnigsten Darstellungen, z. B. mit Hyperraum u. ä., wir wollen uns an die Physik halten.

Einsteins Widerstand erwuchs daraus, dass er damit die Relativitätstheorie verletzt sah. Gemäß dieser Theorie gibt es keinen faktischen Vorgang in der Realität, bei dem Materie oder Energie schneller als mit Lichtgeschwindigkeit von einem Ort zum anderen übermittelt werden könnte − und heute können wir sagen, dass dies auch zusätzlich für Information gilt. Der Widerstand Einsteins war unbegründet, denn bei einem EPR-Vorgang wird in keiner Weise die Relativitätstheorie verletzt.

90

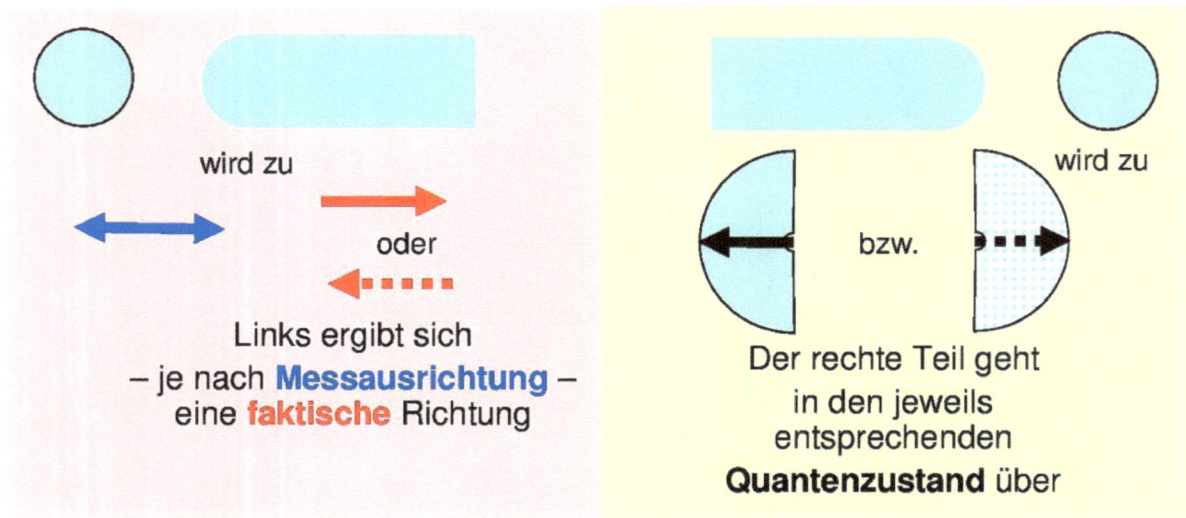

wird zu

oder

Links ergibt sich
– je nach **Messausrichtung** –
eine **faktische** Richtung

bzw.

wird zu

Der rechte Teil geht
in den jeweils
entsprechenden
Quantenzustand über

Abbildung 21: EPR-Versuch: An der linken Seite erfolgt eine Messung, bei der nach der waagerechten Ausrichtung des Spins gefragt wird. Die beiden möglichen Antworten sind „rechts" oder „links". Je nach der auf der linken Seite erfolgten Antwort geht der Quantenzustand auf der rechten Seite seinerseits in den Zustand über, welcher zum Messergebnis links entgegengesetzt ist, so dass die Summe von beiden (dem Messergebnis links und dem Quantenzustand rechts) null bleibt.

Das durch die Messung entstandene und am anderen Ende noch nicht gemessene Photon ist keineswegs in einem faktischen Zustand, sondern es befindet sich in einem speziellen Quantenzustand. *Es verkörpert also nur eine Möglichkeit!* Was aber im Blick auf die Relativitätstheorie noch wichtiger ist, ist die Tatsache, dass durch diese Zerlegung des Diphotons keinerlei Information und erst recht keine Energie oder Materie von dem einen Ende an das andere Ende übermittelt worden ist oder übermittelt werden kann.

Eine solche Informationsübermittlung wäre höchstens dann möglich, wenn man das Ergebnis der Messung an dem einen Ende bereits vor der Messung präzise festlegen könnte und dann mit solch einem vorbestimmten Ergebnis eine Nachricht an das andere Ende übermitteln würde. Genau dieses ist in der Quantentheorie prinzipiell unmöglich. Zur Übermittlung einer Nachricht würde es nämlich notwendig sein, dass man ein Faktum willkürlich erzeugen kann, dem zuvor eine bestimmte Bedeutung zugeordnet worden ist.

Wegen des Möglichkeitscharakters dieser Theorie kann man einen Messvorgang lediglich so einrichten, dass ein erwünschtes Ergebnis möglich ist. Ob dieses Ergebnis aber dann eintrifft, das liegt nur mit Wahrscheinlichkeit fest und kann niemals erzwungen werden.

Genau deswegen hat also jede Sprechweise von einer „Informationsübertragung mit Überlichtgeschwindigkeit" oder „durch den Hyperraum" oder von etwas ähnlich Fantasievollem mit der Quantentheorie als Wissenschaft nichts zu tun.

Zum Schluss sei noch einmal auf einen weiteren Aspekt eingegangen, der ebenfalls nicht einfach zu verstehen ist. Der Möglichkeitscharakter der Quantentheorie hat notwendig zur Folge, dass das Messergebnis, welches sich beim Zerlegen der Ganzheit einstellt, nur mit Wahrscheinlichkeit im Rahmen der Möglichkeiten festliegt. Wenn dann aber das Messergebnis vorliegt, so folgt wiederum wegen der Ganzheitlichkeit, dass der am nichtgemessenen Ende sich dort ergebende Zustand *als Quantenzustand* mit absoluter Sicherheit festliegt − nicht aber als Faktum.

Die Korrelation zwischen dem faktischen Messergebnis an dem einen Ende und dem Quantenzustand an dem anderen Ende eines EPR-Versuches beträgt demgemäß 100%.

Dass zwei Hälften eines Gegenstandes zusammenpassen müssen, um damit eine Zusammengehörigkeit zu dokumentieren, das gibt es in Sagen, Märchen und auch in Filmen. In einem Film, der von manchen als klassisch bezeichnet wird, zerrissen zwei Gangster einen Geldschein. Sie wussten, dass sie unter Beobachtung stehen und dass sie daher möglichst keinen direkten Kontakt haben sollten. So verabredeten sie, dass wenn der Eine der Meinung ist, dass der Zeitpunkt des Überfalls gekommen sein würde, dann sendet er die seine Hälfte des Scheines zu dem anderen. Dieser erkannte an der Passung, dass die Nachricht vom Richtigen kommt.

In diesem und ähnlichen Beispielen handelt es sich um ein schon faktisch vorhandenes Ergänzungsstück. Dies ist in der Quantenphysik anders!

In vielen populären Darstellungen wird der falsche Eindruck erweckt, als ob auch am nichtgemessenen Teil ein faktischer Zustand eingetreten sei.

Da es sich dabei um eine grundsätzliche Fragestellung zum Verstehen der Quantentheorie handelt, ist eine genaue Darstellung notwendig. Wir nehmen an, dass der Beobachter 1 eine ideal fehlerfreie Messung durchführt. Dann kennt er den an seinem Ende gemessen Quantenzustand genau. Eine Prognose über das Messergebnis eines anderen Beobachters 2 am anderen Ende ist jedoch nur mit Wahrscheinlichkeit möglich.

Die naturgesetzliche Festlegung des dortigen Quantenzustandes erfolgte unmittelbar mit der Messung von Beobachter 1. Eine sichere Prognose eines dortigen Messergebnisses durch Beobachter 1 ist allerdings daran gekoppelt, dass er auch mit absoluter Sicherheit weiß, dass Beobachter 2 die abgesprochene Messanordnung verwendet hat und die Messung so erfolgt ist. Falls alles wie abgesprochen geschieht, dann wäre alles wie bei dem Beispiel mit dem Geldschein.

Das Ergebnis der Messung von Beobachter 2 kann jedoch im schnellsten Fall nur mit Lichtgeschwindigkeit beim Beobachter 1 eintreffen. Davor kann er also nicht wissen, ob beim Beobachter 2 der Strom am Messgerät ausgefallen ist oder ob dieser seine Meinung über die Messanordnung geändert hat oder ob etwas anderes Unvorhergesehenes passiert ist. Daher folgt, dass *ein mögliches Messergebnis am entfernten Quantenzustand stets nur mit Wahrscheinlichkeit prognostiziert werden kann.* Eine unmittelbare Übermittlung von bedeutungsvoller Information bleibt bei diesem Vorgang vollkommen unmöglich. Allerdings ändern sich Korrelationen sofort!

Die sofortige Änderung von Korrelationen ist gegenwärtig besonders für die Kryptographie von hohem Interesse.

Immer mehr wichtige Daten werden heutzutage über das Internet übermittelt, also letztlich als Folgen von Bits. Das betrifft nicht nur Bankdaten von uns Bürgern, sondern auch sehr viel Weiteres von Wichtigkeit. Die weltweiten Abhöraktivitäten der NSA, der US-amerikanischen National Security Agency, die mit dem britischen Geheimdienst kooperiert, der russischen Hacker, welche Wahlen in westlichen Demokratien beeinflussen sollen, und auch die chinesische Wirtschaftspionage − um nur die Spitze eines Eisberges zu benennen − lassen das Problem einer abhörsicheren Nachrichtenübermittlung immer wichtiger erscheinen. Ein Beispiel, um das zu erreichen, sind gegenwärtig die großen wissenschaftlichen und finanziellen Aktivitäten Chinas, um eine satellitengestützte *naturgesetzlich sichere* weltweite Nachrichtenübermittlung aufzubauen. Dies ist auf der Basis möglich, welche die Quantentheorie mit den EPR-Experimenten aufgezeigt hat. Mehr dazu im Anhang ab Seite 287.

Die bisherigen Schilderungen der EPR-Experimente bestanden darin, dass an zwei weit voneinander entfernten Orten unabgesprochene und zufällige Messungen durchgeführt werden. Man kann jedoch auch Quantenkorrelationen mit fest eingestellten Messanordnungen durchführen. Dann sind die Vorgänge an einem Teil fest korreliert mit dem anderen Teil, so dass das Ergebnis an einem sofort das Ergebnis am anderen Teil zur Kenntnis bringt. Man mag sich fragen, wozu dies gut sein soll. Dies wurde an neuen Versuchen erkennbar, die bei Anton Zeilinger in Wien durchgeführt wurden.

Die Autoren beschreiben das Experiment so, dass es mit „vier verschränkten Photonen" durchgeführt wird. Man sollte zur besseren Verständlichkeit von „einem" „Quadrophoton" sprechen. Mit einem strahlteilenden Kristall kann man ein Photon in Teil-Photonen zerlegen. Ein Teil-Photon von diesem „Quadrophoton" wird an einem Hindernis absorbiert – oder auch nicht, wenn es daran vorbeiläuft. Diese Alternative wird im Versuch auf ein anderes Teil-Photon übertragen, so dass an dessen Verhalten das Schicksal des anderen erkennbar wird. Der Witz bei diesem Versuch besteht nun darin, die Teil-Photonen mit sehr unterschiedlicher Wellenlänge erzeugen zu können. Damit wird es möglich, dasjenige Photon, welches absorbiert werden kann oder nicht, verschieden von demjenigen zu wählen, welches man dann messen will, um damit die Tatsache der eventuellen Absorption des anderen festzustellen.

Diese Experimente sind wahrscheinlich leichter zu verstehen, wenn man sich überlegt, dass bei einer Verschränkung eine Ganzheit aufgebaut wird. Die Zerlegung dieser Ganzheit in Teile erfolgt dann so, dass dabei Information über ein Hindernis, welches ein Teil-Photon absorbiert und damit die Ganzheit in spezifischer Weise wieder zerlegt, auf ein anderes Teil-Photon übertragen wird. Dieses kann eine völlig andere Energie haben und würde deswegen mit dem Hindernis nicht reagieren. Es kann jedoch im Messgerät den Nachweis der erfolgten Absorption des anderen Photons erkennen lassen. So hatten die Wiener Forscher zur Würdigung von Erwin Schrödinger als Hindernis eine kleine Katzenschablone gewählt. Ein Teil-Photon wurde auf die Schablone gerichtet und an dieser absorbiert oder es lief daran vorbei. Diese Einwirkung der Schablone auf das Teil-Photon veränderte den Quantenzustand eines zweiten Teil-Photons, dessen Weg vollkommen anders verlief und das *nicht* an diesem Hindernis vorbeigeführt worden war. Jedoch durch eine Messung an diesem zweiten Teil-Photon konnte eine Information über das Schicksal des ersten Teil-Photons erhalten werden. Damit konnten die Umrisse der Schablone mit denjenigen Teil-Photonen des Quadrophotons sichtbar gemacht werden, welche nie in der Umgebung des Hindernisses gewesen waren.

4.5.4. Der Tunneleffekt – reale Vorgänge, obwohl sie von der klassischen Physik absolut verboten sind

Der Tunneleffekt entspricht realen Vorgängen, welche im Rahmen der klassischen Physik vollkommen undenkbar sind. Aber auch für diesen Effekt gilt, dass er nicht „gemacht" werden kann, dass die einfachen Bilder der klassischen Physik von Ursache und Wirkung auf ihn nicht zutreffen. Man kann Bedingungen einrichten, so dass er möglich wird, man kann jedoch nicht an einem einzelnen Photon oder Elektron erzwingen, ob und wenn ja wann ein solcher Effekt an ihm real wird. Man muss also sehr viele davon bereitstellen, und dann wird es auch sehr oft geschehen. Dies ist ähnlich wie beim Doppelspalt, bei dem man den Auftreffpunkt eines Teilchens auf dem Schirm auch nicht vorherbestimmen kann, bei dem aber dann sehr viele Objekte dort die genauen Interferenzmuster erzeugen.

Was hat es mit dem Tunneleffekt auf sich?

Die Skizze beginnt mit zwei Bildern aus der klassischen Physik. Die erste zeigt eine blaue Kugel, welche einen Hang hinab rollt und dabei so viel Schwung bekommt, dass sie über den kleinen Hügel hinweg rollt. Die grüne Kugel hingegen kann in der Mulde lediglich hin und her rollen. Sie wird jedoch dabei nie so viel Schwung erhalten, dass sie über den Hügel gelangen kann.

Was geschieht, wenn die Kugel durch ein Quantenobjekt ersetzt wird?

- **In der klassischen Physik:**
- **Die blaue Kugel kommt mühelos über den Hügel.**
- **Die grüne Kugel kann den Hügel nicht überwinden.**
- **Eine Verletzung des Satzes von der Erhaltung der Energie ist in der klassischen Physik absolut verboten!**

- **In der Quantentheorie:**
- **Das rote Quantenobjekt kann außerhalb gefunden werden!** **(wichtig ist, es geht nur für leichte Objekte, d.h. für große Wellenlängen)**

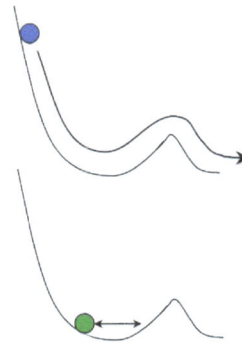

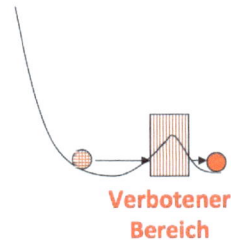

Verbotener Bereich

Abbildung 22: Tunneleffekt – Für masse- oder energiearme Quanten können reale Phänomene auftreten, welche vom Energiesatz der klassischen Physik absolut verboten sind.

Ein Quantenteilchen hat eine Fülle möglicher Orte, und diese sind ausgedehnt. Die Ausdehnung der möglichen Orte hängt einerseits von der Masse bzw. der Energie des Teilchens ab, also von seiner Compton-Wellenlänge bzw. seiner Wellenlänge. Je größer die Energie ist, desto kleiner ist die Wellenlänge und desto ausgeprägter ist damit eine Lokalisierung. Die Ausdehnung der möglichen Orte hängt weiterhin von der Höhe und der Breite des Hügels ab. Je höher und je breiter der Bereich ist, der mit der gegebenen Energie nicht überwunden werden kann, desto stärker sind die möglichen Orte auf das Innere der Mulde eingeschränkt.

Wenn nun die Energie recht klein und somit die Wellenlänge hinreichend groß und außerdem Höhe und Breite des Hügels hinreichend klein sind, dann werden sich mögliche Orte auch außerhalb der Mulde finden lassen. In einem solchen Fall kann es geschehen, dass ein möglicher Ort außerhalb auch tatsächlich eingenommen wird. Dann befindet sich das Quantenobjekt real an der Außenseite des Hügels und wird sich von dort fortbewegen. Es hat dann eine Energie, als ob es durch einen Tunnel im Hügel bis zur Austrittsstelle gelangt wäre.

Wir haben also mit dem Tunnel-Effekt einen realen Vorgang, der nach dem Energiesatz der klassischen Physik absolut verboten ist.

Der Satz von der Erhaltung der Energie – eine „heilige Kuh" (die in keinem Fall geschlachtet werden darf) in der Naturwissenschaft – sagt aus, dass Energie weder erzeugt noch vernichtet werden kann. Allerdings können sich ihre Erscheinungsformen ineinander umwandeln. Die Kugel müsste sich im Bild der klassischen Physik irgendwie noch diejenige Energie beschaffen, die zu ihrer Bewegungsenergie hinzukommen müsste, um über den Hügel zu kommen. Das kann nur mit Hilfe von außen geschehen, denn der Energiesatz verbietet, dass es ohne äußere Einwirkung möglich wird.

Der Hügel markiert den „verbotenen Bereich". Trotz des Energiesatzes ist die quantentheoretische Berechnung der Wahrscheinlichkeit, das Teilchen außerhalb zu finden nicht null. Es kann ohne äußere Einwirkung draußen gefunden werden.

Sehr genaue Untersuchungen haben gezeigt, dass der Tunneleffekt nicht in einer simplen Weise mit der Speziellen Relativitätstheorie vereinbar ist. Günter Nimtz, der dazu wichtige Versuche durchgeführt hat, gibt eine anschauliche Beschreibung für den Vorgang. Innerhalb einer halben Schwingungsdauer entscheidet sich, ob das Teilchen am Hügel reflektiert wird, oder ob es sofort auf der anderen Seite des Hügels austritt.

Bei einem einzelnen Photon bleibt es ungeklärt, ob es reflektiert wird oder ob es auf der anderen Seite des Hindernisses erscheint. Daher ist eine tatsächliche und „aktiv bewirkte" Informationsübermittlung für einzelne Photonen nicht möglich. Der Wahrscheinlichkeitscharakter des Vorganges führt allerdings dazu, dass sich bei hoher Redundanz ein solcher Effekt realisieren lässt. Nimtz schreibt, dass er eine Mozart-Symphonie mit „Überlichtgeschwindigkeit" habe tunneln lassen.

Wenn es eine reale Übertragung mit „Überlichtgeschwindigkeit" über beliebige Distanzen geben würde, hätte das gravierende Folgen.

Wenn sich in einem Koordinatensystem Signale mit „Überlichtgeschwindigkeit" bewegen würden, hätte das gemäß der mathematischen Struktur der speziellen Relativitätstheorie eine seltsame Konsequenz. Es würde dann ein zweites, dazu anders bewegtes Koordinatensystem geben können. In diesem zweiten System würde die mathematische Beschreibung dieser Signalübermittlung wie eine aktiv bewirkte Übermittlung von Daten aus der Zukunft dieses zweiten Koordinatensystems in dessen Gegenwart erscheinen.

Als kausale Realität gedacht würde ein derartiger Vorgang allem widersprechen, was wir von der Natur kennen.

Wenn es also derartige Kausalwirkungen ohne Einschränkungen gäbe, so würde es theoretisch erlaubt sein, z. B. das zukünftige Resultat einer Ziehung der Lottozahlen in die Gegenwart zu übermitteln. Wie Nimtz später gezeigt hat, ist auch für die von ihm untersuchte Situation eine reale Informationsübermittlung rückwärts in der Zeit nicht möglich.

Neueste Experimente, die allerdings mit der Vorstellung klassischer Trajektorien interpretiert werden und die sich nicht auf die Arbeiten von Nimtz beziehen, behaupten eine gewisse Durchgangszeit eines Elektrons durch einen Tunnel festzustellen. Wenn sich dieses Ergebnis bestätigte, würde allerdings eine mögliche Analogie zu Einstein-Podolsky-Rosen mit den sofortigen Änderungen von Korrelationen entfallen.

Der Widerspruch des Tunneleffektes zum klassischen Energieerhaltungssatz bliebe jedoch auf jeden Fall davon unberührt.

4.5.5. Der Irrtum von den zugleich lebendigen und toten Katzen

Ebenso wie Albert Einstein hatte auch Erwin Schrödinger eine große Abneigung gegen einige der philosophischen Konsequenzen, die sich aus der Quantentheorie ergeben. Dazu muss man wissen, dass erst die von Schrödinger gefundene und heute nach ihm benannte Schrödinger-Gleichung einen wirklich praktikablen Umgang mit der Quantentheorie ermöglicht hatte. Ebenso wie Einstein hatte er seinen Nobelpreis für seine Beiträge zur Quantentheorie erhalten und, ähnlich wie Einstein, hatte er eine der Konsequenzen der Quantentheorie abgelehnt. Schrödinger wendete sich gegen die „verdammte Quantenspringerei". Wohl deswegen hatte sich Schrödinger ab Mitte der 1930er Jahre in der Theoretischen Physik vor allem mit der Mathematik der Allgemeinen Relativitätstheorie befasst. Großen Einfluss auf die Biologie hatte sein Buch „Was ist Leben", welches aus einer Vorlesungsreihe entstanden war, die er 1943 am Trinity College in Dublin gehalten hatte.

Schrödinger hatte an seinem Katzenbeispiel eine logische Konsequenz der Quantentheorie in einer etwas absurden Weise verdeutlichen wollen.

Mit diesem Beispiel hatte Schrödinger sich gegen die ursprüngliche Kopenhagener Interpretation gewendet, die oft so verstanden und zumeist auch so dargestellt wurde, als ob der Beobachter durch seine Beobachtung das Messergebnis auslösen würde.

Manche Darstellungen vermitteln auch heute noch den Eindruck, als sei es allein der Blick oder gar das Bewusstsein des Beobachters, was den Messprozess und damit den Übergang von quantischen Möglichkeiten in ein Faktum bewirken würde. Deswegen war Schrödingers Widerstand gegen solche merkwürdigen Vorstellungen durchaus verständlich. Schließlich wird niemand glauben, dass ein Dinosaurier-Knochen erst durch das Ausgraben und die Kenntnisnahme durch einen Archäologen zu einer faktischen Realität wird, auch wenn der Knochen erst danach zu einem *gewussten* Faktum geworden ist. Auch wird wohl keiner auf die Idee kommen, dass der Mond nicht da ist, wenn er ihn nicht sieht – obwohl er diese Überzeugung in diesem Moment natürlich nicht durch seine Wahrnehmung bestätigen kann.

Schrödingers Gedankenexperiment ist wie folgt aufgebaut. (Es sollte angemerkt werden, dass niemals dabei eine Katze tatsächlich umgebracht worden ist.) In einem Kasten befinden sich eine Katze und ein Atom eines radioaktiven Elementes. Ferner gibt es einen Geigerzähler, der anschlägt, wenn das Atom zerfallen ist und der dabei – über einen Verstärkermechanismus – eine Giftampulle zerschlägt, wodurch die Katze umgebracht würde.

Nach einiger Zeit befindet sich das Atom mit einer bestimmten Wahrscheinlichkeit in einem Quantenzustand, in welchem es noch nicht zerfallen ist, und mit der entsprechenden Wahrscheinlichkeit in einem Quantenzustand, in welchem es bereits zerfallen ist. Wenn das Atom zerfallen ist, dann wurde deswegen die Giftampulle zerschlagen und die Katze getötet – dies würde unabhängig davon geschehen, ob es jemand weiß oder nicht.

Im Rahmen der Quantentheorie ist die Aussage einer Überlagerung der beiden Zustände des Atoms – zerfallen und nichtzerfallen – eine vollkommen sinnvolle Aussage über den Gesamtzustand dieses Atoms.

Schrödinger argumentierte allerdings nun weiter, dass die Katze ebenfalls nach einiger Zeit einen Zustand erreicht hat, in welchem sie mit einer bestimmten Wahrscheinlichkeit noch lebt und mit der entsprechenden Wahrscheinlichkeit bereits tot ist.

Schrödinger sprach dann weiter davon, dass wenn der Beobachter den Kasten öffnet und dadurch mit seinem Blick hinein einen Messvorgang auslöst, dann die Katze schlagartig entweder tatsächlich tot oder tatsächlich lebendig sein würde.

Dies wird oft so dargestellt, als wäre die Katze in diesem Kasten vor dem Öffnen gleichzeitig tot und lebendig. Dass das ein Unfug ist, war natürlich nicht nur Schrödinger klar, selbst wenn man sich überlegt, dass das Sterben eines Lebewesens ein komplexer Vorgang ist und dass es möglicherweise Zwischenstufen in diesem Prozess gibt, in denen eine klare Aussage und Unterscheidung zwischen lebendig und tot vielleicht nicht möglich ist.

Worin besteht der Irrtum? Warum ist das Atom ein Quantensystem und die Katze nicht?

Für ein Atom ist die Quantenbeschreibung mit einem Zustand, der – wie der Fachjargon sagt – eine Überlagerung oder Superposition von „Zerfallen" und „Nichtzerfallen" ist, vollkommen in Ordnung.

Eine lebendige Katze in ihrer Gesamtheit ist jedoch kein teileloses Quantenobjekt, auch wenn natürlich in ihr fortwährend ungezählte Quantenprozesse ablaufen.

Damit ein makroskopisches materielles Objekt als ein teileloses Ganzes zu einem Quantenobjekt werden kann, muss man es extrem stark abkühlen, fast bis an den absoluten Nullpunkt.

Erst fast am absoluten Nullpunkt wäre ein nicht allzu großes makroskopisches materielles Objekt von seiner Umgebung tatsächlich isoliert und würde somit eine Quantenbeschreibung ermöglichen.

Eine Katze allerdings hat eine viel zu große Masse, als dass man sie selbst dann zutreffend als „quantische Ganzheit" bezeichnen könnte.

So müssen beispielsweise Bose-Einstein-Kondensate, bei denen eine riesige Anzahl von Atomen (allerdings viel weniger als in einigen tausend tierischen Zellen) in der Tat einen einheitlichen Quantenzustand bildet, in den Mikro-Kelvin-Bereich abgekühlt werden. Anderenfalls würden sie fortwährend Photonen mit sehr niedriger Energie aussenden können, welche Informationen über den Quantenzustand mit sich hinwegführen – was einem Messprozess entspricht – und somit das Objekt immer wieder in einen faktischen Zustand überführen. Ohne eine Isolierung ist ein solcher faktischer Zustand nicht in der Lage, als Ausgangspunkt für die Präparation der Möglichkeiten eines neuen Quantenzustandes zu dienen. So lange ein großes materielles Objekt wärmer ist als seine Umgebung und nicht gegen jede Ausstrahlung isoliert ist, so lange wird es fortwährend extrem langwellige Photonen aussenden, also solche mit sehr geringer Energie, und dadurch immer wieder in einen faktischen Zustand übergehen.

Um ein Atom mit seiner Umgebung zu verbinden ist eine sehr viel größere Energie notwendig als bei einer Katze aus sehr vielen Atomen und Molekülen. Es sei daran erinnert, dass eine starke Lokalisierung wie bei einem Atom für eine Wechselwirkung eine sehr kurze Wellenlänge und damit eine sehr hohe Energie benötigt. Sehr langwellige Photonen reagieren nicht mit einem einzelnen Atom. Dadurch ist eine Isolierung eines Atoms viel einfacher und es verbleibt viel leichter in einem Quantenzustand als ein großes Objekt aus vielen Atomen. Beim großen Objekt bewirken die ständigen Wechselwirkungen mit den Photonen seiner Umgebung immer wieder das Eintreten von neuen Fakten. Z. B. erscheint uns der Ort eines solchen Objektes zurecht wie etwas Faktisches. Dagegen hat – wie erinnerlich – z. B. ein Elektron keinen faktischen Ort im Molekül.

Wenn man also tatsächlich eine Katze zu einem Quantenobjekt machen wollte, so müsste man versuchen, sie so tief abzukühlen, dass eine Emission auch sehr langwelliger Photonen nicht möglich wäre. Mit einem solchen Versuch wäre allerdings die Frage, ob sie tot oder lebendig sei, eindeutig geklärt – und das vollkommen unabhängig von irgendeiner Giftampulle.

Mit kleineren Objekten, die scherzhaft als „Schrödingers Kätzchen" bezeichnet wurden, wurde Schrödingers Überlegung experimentell bestätigt. Dabei wird ein elektrisch geladenes Atom, ein Ion, so manipuliert, dass es zugleich mit gleicher Wahrscheinlichkeit an zwei verschiedenen Orten gefunden werden kann – und, das ist das Herausfordernde für unsere Vorstellungen, an keiner Stelle zwischen diesen Orten. Diese gleichzeitigen verschiedenen Orte entsprechen der toten und lebendigen Katze in Schrödingers Gedankenexperiment. Seit den ersten Experimenten im Jahr 1996 sind die Versuche immer weiter entwickelt worden. Heute werden Entfernungen erreicht, welche bereits etwa das Fünfzigfache des Durchmessers der verwendeten Ionen betragen.

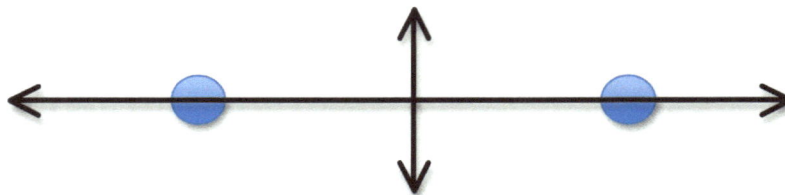

Abbildung 23: Schrödingers Kätzchen: Ein einzelnes Ion (ein elektrisch geladenes Atom) kann zur gleichen Zeit mit gleicher Wahrscheinlichkeit an zwei verschiedenen Orten gefunden werden. Das Ion kann nur im Bereich der beiden Kreise gefunden werden und ist nicht über die ganze Strecke dazwischen „unscharf verschmiert".

Auch hierbei erleichtert es die Vorstellungen, wenn man berücksichtigt, dass die letzte Grundlage aller Erscheinungen eine ausgebreitete Quanteninformation ist. In Abbildung 52 wird an einem einfachen Beispiel verdeutlicht, wie sich die über den Kosmos ausgebreiteten AQIs zu einer Struktur formen können, die wie „Schrödingers Kätzchen" mit gleicher Wahrscheinlichkeit um zwei getrennte Orte konzentriert sind.

4.5.6. Der Quantensprung: bedeutsam und gewaltig – oder doch vielmehr minimalistisch?

Gehen wir noch einmal zurück zu der Entdeckung Max Plancks. Von den öffentlichen Verwendungen des Begriffes „Quanten" in irgendwelchen Zusammenhängen ist diejenige des „Quantensprunges" am meisten geeignet, einen Physiker zu erheitern.

Die Reden, mit denen in Politik und Wirtschaft die eigenen Erfolge herausgestellt werden sollen, waren über viele Jahre voll mit der Verwendung dieses Begriffes und das Internet ist es bis heute. Damit wünscht man Vorgänge zu charakterisieren, welche von besonderer Relevanz und großer Bedeutung sind. Beispielsweise verkündete die CDU/CSU-Fraktion des Bundestages als „Thema des Tages" zum 23. 04. 2015: „Quantensprung in der Haushaltspolitik".

Warum ist dies belustigend?

Physikalisch gesehen ist der Quantensprung die kleinstmögliche Veränderung an einem System, welche noch von null verschieden ist.

Wir hatten davon gesprochen, dass die Quantentheorie im Gegensatz zur klassischen Physik von der Tatsache ausgeht, dass sich Wirkungen in der Natur nicht beliebig klein machen lassen und trotzdem von null verschieden bleiben können.

Die klassische Physik beruht auf der Hypothese, dass z. B. mit immer größerer Entfernung der Wechselwirkungspartner voneinander die Wechselwirkung selbst zwischen ihnen immer kleiner werden kann, ohne dass sie tatsächlich null werden müsste. Dass sollte auch für eine Zerlegung der Stoffe gelten. Deshalb hatte man über lange Zeit auch nicht an Atome glauben wollen, da diese keine weiteren glatten Zerlegungen erlauben würden.

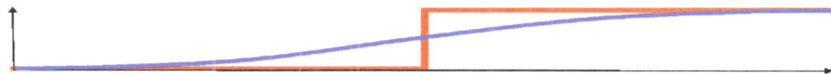

Abbildung 24: Der Quantensprung: Die Stufe entspricht der kleinsten Veränderung, die von null verschieden ist. (Die blaue Linie entspricht dem klassischen Verhalten, die rote mit der Stufe dem quantischen.)

Die Quantentheorie zeigt, dass bei sehr großer Genauigkeit das Bild einer Rampe ersetzt werden muss durch das Bild einer Treppe. Auch wenn die Stufen winzig sind, so erweisen sich doch die Veränderungen als sprunghaft. Dieses Sprunghafte bei den Quanten im Gegensatz zu den allmählichen Änderungen in der klassischen Physik führte zum Begriff des Quantensprunges.

In völliger Verkennung dieses Sachverhaltes ist durch die inflationäre Verwendung des Wortes „Quanten" auch der Begriff „Quantensprung" zu einer vollkommen anderen Bedeutung gelangt als in der Wissenschaft, aus der er stammt.

Die besonders akzentuierte und hervorgehobene Verwendung dieses Begriffes lässt drauf schließen, dass zumindest kein physikalisches Durchdenken dahintersteht.

4.5.7. Gehen die Quanten wirklich nur die Fachleute etwas an?

Die mathematischen Strukturen, die man erarbeitet hat, um im Rahmen der Quantentheorie gute Vorhersagen machen zu können, sind selbstverständlich ohne ein gründliches Studium keineswegs so einfach zu verstehen wie die beiden oben aufgeführten Grundprinzipien, nämlich das Prinzip möglicher Verluste beim Zerlegen einer Ganzheit und das Prinzip des Wirksamwerdens von Möglichkeiten. Die mit der Quantentheorie verbundenen mathematischen Theorien sind in der Tat nur etwas für die Fachleute.

Jedoch die Einsicht in die Struktur der Wirklichkeit, wie sie aus der Quantentheorie folgt, betrifft alle Menschen.

Auch wenn es uns Menschen nicht immer bewusst ist, so beeinflussen uns doch die wissenschaftlichen Einsichten in unserem alltäglichen Leben. Oft dauert es allerdings viele Jahrzehnte, bis sich naturwissenschaftliche Erkenntnisse auch in den Alltag des Schulunterrichtes ausgebreitet haben. Und manchmal dauern überholte falsche Meinungen selbst dann weiterhin an. Man sieht dies z. B. auch bei den Vorstellungen, die aus Darwins zutreffenden Überlegungen über die Evolution der Lebewesen entwickelt worden sind, und die selbst heute keinesfalls überall akzeptiert werden.

Die Beispiele dafür müssen wir also gar nicht im Altertum oder dem Mittelalter suchen, wo in breiten Schichten der Bevölkerung die Vorstellung einer „Erdscheibe" und eines wie bei einer Käseglocke übergestülpten Himmelsgewölbes noch vorhanden waren. Dieses simple Bild stand der Jahrtausende alten Einsicht der Gelehrten entgegen. Schließlich war es bereits den Gebildeten unter den alten Griechen vollkommen selbstverständlich, dass die Erde eine Kugel ist. Man wusste auch bereits vor über zwei Jahrtausenden, dass die Sonne größer als die Erde ist und hatte bereits damals erwogen, dass die Erde um die Sonne läuft und nicht die Sonne um die Erde – wie es vielfach geglaubt und in der Sprache bis heute verankert ist: „die Sonne geht auf!"

Dass sich wissenschaftliche Einsichten auch im Bereich der Medizin nicht schlagartig verbreiten, wird an der Verwendung von Antibiotika deutlich. So hat es eine Weile gedauert, bis man auch in der Öffentlichkeit verstanden hat, dass ein Antibiotikum gegen eine reine Viruserkrankung nicht hilft. Um die schlimmen Folgen zunehmender Resistenzen zu vermeiden, nimmt man auch in der Tierhaltung immer mehr von einer unkritischen Anwendung von Antibiotika Abstand. Dass dieser Sachverhalt noch nicht überall umgesetzt wird, zeigt auf, wie lange auch Überlebens-Erkenntnisse brauchen bis sie ins Bewusstsein und Handeln gelangen.

Bezüglich der Vorstellungen über die Quantentheorie ist es wichtig, zwischen zwei entgegengesetzten Tendenzen einen vernünftigen Mittelweg zu wählen.

Einerseits wird auch von manchen Naturwissenschaftlern und Philosophen noch immer ein Weltbild befördert, welches sich an den naturalistisch-mechanistischen Vorstellungen des 19. Jahrhunderts orientiert. In diesem ist dann für die Quantenphänomene kein Platz.

Die Vorstellungen einer Grundlegung der natürlichen Vorgänge durch eine alleinige determinierte Bewegung kleinster materieller Teilchen bedürfen einer korrigierenden Ergänzung. Die grundlegende und universelle Bedeutung der Quantentheorie und vor allem die Möglichkeit des Wirkens von Quanteninformation kann für keinen Bereich der Natur ausgeschlossen werden. Sonst ist man eingeschränkt in seinen Vorstellungen, z. B. bei der Erklärung von biologischen, medizinischen und psychischen Prozessen.

Es soll andererseits mit dem Blick auf die „Nicht-Fachleute" noch einmal darauf verwiesen werden, dass der Terminus „Quanten" in den verschiedensten Darstellungen in Zusammenhänge gebracht wird, die mit den naturwissenschaftlichen Strukturen nichts zu tun haben. Nicht jedermann ist es bewusst, dass der Begriff „Quanten" in keiner Weise geschützt ist und daher auch in recht wilden Verkettungen verwendet werden kann und leider auch verwendet wird. Oft soll mit seiner Verwendung ein Anschein von Wissenschaftlichkeit auch dort erweckt werden, wo er durch keinerlei Belege gestützt werden kann.

Es gibt Fälle, wo der Begriff „Quanten" verwendet wird, oder Sachen, wo er darauf steht, hinter denen nicht die geringsten wissenschaftlichen Einsichten stehen. Da sich hinter solchen Aktivitäten oftmals lediglich unsaubere Geschäftspraktiken verbergen, ist es wichtig, eine gesunde Skepsis zu bewahren. Dazu hilft es, sich auf gesicherte naturwissenschaftliche Erkenntnisse stützen zu können.

4.5.8. Verschwindet im Inneren der Schwarzen Löcher alles in einem Punkt?

Schwarze Löcher gehören zu den populärsten astronomischen Objekten. Was weiß man heute über diese allermerkwürdigsten Objekte im Kosmos?

In den Zentren der Galaxien gibt es riesige Schwarze Löcher. Deren Massen können größer sein als die von einigen Millionen Sonnen und deren gewaltige Schwerkraft verbiegt den Raum so sehr, dass er um das Schwarze Loch herum geschlossen wird. Dabei entsteht so etwas wie eine Einweg-Membran. Was nahe genug kommt, fällt hinein, jedoch nichts kann wieder heraus. Dadurch ist es auch unmöglich, irgendetwas darüber zu erfahren, was im Inneren eines Schwarzen Loches passiert.

Es gibt auch Schwarze Löcher, welche nicht riesig sind, deren Masse aber immer noch groß ist. Sie entstehen aus besonders großen Sternen. Alle Schwarzen Löcher sind unermesslich viel größer als ein Quantenteilchen. Über lange Zeit wurde auch deshalb bei den theoretischen Untersuchungen der Schwarzen Löcher die Quantentheorie ignoriert.

Die alleinige Verwendung der Allgemeinen Relativitätstheorie führt zu dem Ergebnis, dass bei einem sehr großen Schwarzen Loch beim Hindurchtritt eines Körpers durch den „Rand", d. h. durch den „Horizont" des Black Hole, zuerst kaum etwas zu bemerken sein würde. Das betrifft im theoretischen Modell das Hineinfallen eines Körpers – z. B. eines Sterns oder einer Rakete mit einem Piloten. Allerdings würde der Pilot alle Sterne und Galaxien nicht mehr sehen können. Bald jedoch würde er immer mehr in die Länge gezogen werden. Das zu einem immer längeren Faden gewordene Objekt sollte schließlich im Zentrum des Loches zu einem Punkt zusammengepresst verschwinden. Bei einem kleineren Black Hole würde der „Spagetti-Effekt" des „In-die-Länge-Ziehens" bereits früher eintreten. Das Verschwinden in einem Punkt in der Mitte bliebe.

In vielen fachlichen und in noch mehr populären Veröffentlichungen begegnet man daher der Vorstellung, dass im Schwarzen Loch sämtlicher materieller Inhalt in einem mathematischen Punkt verschwinden würde. Sollte eine solche absurde Vorstellung tatsächlich richtig sein?

Wenn man über Himmelskörper wie Erde oder Mond und ihre Schwerkraft nachdenkt, so folgt aus der Mechanik, dass es einer bestimmten Geschwindigkeit bedarf, um mit einer Rakete die Oberfläche dieses Himmelskörpers zu verlassen. Diese Geschwindigkeit bezeichnet man als die erste kosmische Geschwindigkeit. Mit ihr wird es möglich, in eine Umlaufbahn um den Himmelskörper einzutreten. Will man ihn vollständig verlassen, so ist die zweite kosmische Geschwindigkeit notwendig, welche auch als die „Fluchtgeschwindigkeit" bezeichnet wird. Die Fluchtgeschwindigkeit beträgt beispielsweise für das Wegkommen von der Erde etwa 11,2 km/s und vom Mond rund 2,3 km/s.

Je massereicher und dichter ein astronomisches Objekt ist, desto größer wird auch diese Fluchtgeschwindigkeit. Bereits vor zwei Jahrhunderten haben sich Physiker darüber Gedanken gemacht, was bei einem Himmelskörper passieren würde, wenn in einem hypothetischen Fall die Fluchtgeschwindigkeit größer als die Lichtgeschwindigkeit wäre. Ein solches Objekt müsste vollkommen schwarz sein, weil alles Licht, was von der Oberfläche abgestrahlt würde, zu langsam wäre, um entfliehen zu können. Somit würde das Licht wieder auf die Oberfläche des Himmelskörpers „hinabfallen". Derartige Überlegungen wurden bereits am Ende des 18. Jahrhunderts von dem französischen Physiker und Mathematiker Laplace im Rahmen der Newtonschen Mechanik angestellt. Dieser hatte auch das Modell des „Dämons" erfunden hatte, welcher den gesamten Weltablauf sollte berechnen können. (Siehe S. 47)

Im Jahre 1939 haben Robert Oppenheimer und Hartland Snyder für den Geltungsbereich der Allgemeinen Relativitätstheorie (ARTh) diese Überlegungen aufgegriffen. In dieser Theorie wird aus der „Schwerkraft" die „Krümmung der Raumzeit". (Eine gekrümmte Fläche, z. B. einen Luftballon, kann man sich vorstellen, eine gekrümmte Raumzeit kann man nur berechnen.) Das Innere eines Schwarzen Loches hat auch in der ARTh keinerlei Durchlass mehr nach irgendeinem Außen.

Aus Oppenheimers und Snyders Berechnungen folgt, dass wenn man beispielsweise die Sonne, die immerhin einen Durchmesser von etwa 1,4 Millionen km hat, mit ihrer ganzen ungeheuren Masse auf einen Durchmesser von etwa 6 km zusammenpressen würde oder die Erde auf einen Durchmesser von etwa 2 cm, dass dann selbst das Licht zu langsam wäre, um ein solches Objekt verlassen zu können. Anders formuliert ist der Innenraum dann so, dass es keinen Ausgang nach einem Außen gibt, weil es dann ein Schwarzes Loch wäre. (Allerdings kennen wir derartig kleine Objekte dieser Art nicht, reale Schwarze Löcher haben allesamt eine größere Masse als die der Sonne, etwa mindestens das 5- bis 40-fache der Sonne. Der Mindestdurchmesser für reale Schwarze Löcher beträgt daher etwa 10 km bis 20 km. Es gibt im Zentrum von Galaxien die oben erwähnten sehr viel größeren Schwarzen Löcher mit vielen Millionen Sonnenmassen.)

Der Vergleich dieser Zahlen – die Sonne bei festgehaltener Masse auf 6 km zu verkleinern – macht plausibel, dass für lange Zeit die meisten Physiker die Überlegungen zu den Black Holes lediglich für eine mathematische Spielerei gehalten haben, die mit der astronomischen Realität nicht das Geringste zu tun haben kann.

Abbildung 25: Th. Görnitz, C. F. v. Weizsäcker, H. Bethe

In den 1980er Jahren hatten meine Frau und ich Carl Friedrich v. Weizsäcker auf einer Reise nach Amerika begleitet, auf der unter anderem auch der Physik-Nobelpreisträger Hans Bethe in der Cornell University Ithaca besucht wurde.

Ich hatte zu dieser Zeit eine Arbeit publiziert, in der gezeigt wurde, dass die Verbindung der abstrakten Quanteninformation zur etablierten Physik über die damals noch recht neue Theorie der Entropie der Schwarzen Löcher erfolgen kann, die von Jacob Bekenstein und Stephen Hawking aufgestellt worden war. Hans Bethe und in Reaktion darauf auch Weizsäcker waren jedoch überzeugt, dass die Existenz Schwarzer Löcher nichts mit der astrophysikalischen Realität zu tun hätte.

Der Grund für die Ablehnung wird eine Ursache mit darin gehabt haben, dass eine Berechnung der Schwarzen Löcher allein mit der Allgemeinen Relativitätstheorie zu der erwähnten vollkommen absurden Behauptung über die Verhältnisse in deren Inneren führt.

Solange man an dem Vorurteil festhält, Quantentheorie sei lediglich Mikrophysik, und wenn man sich zugleich klarmacht, dass alle realen astrophysikalischen Schwarzen Löcher unermesslich viel größer sind als ein Atom, so lange wird man nicht auf die Idee kommen können, dass die theoretische Behandlung der Schwarzen Löcher mit der Quantentheorie verbunden werden müsste.

Wie oben dargelegt und wie man oftmals noch nachlesen kann, würde gemäß der Allgemeinen Relativitätstheorie, welche ein Teilbereich der klassischen Physik ist, sämtliche Materie im Inneren des Schwarzen Loches in einem mathematischen Punkt verschwinden. Die Situation wird nicht dadurch wesentlich verbessert, dass man das aus Science-Fiction-Literatur und -Filmen bekannte „Wurmloch" hinzuerfindet.

Genau diese Absurdität einer unendlich großen Dichte ist der Grund dafür, dass man auch bei diesen physikalischen Objekten auf die Quantentheorie nicht verzichten darf. So wie bei anderen mathematischen Unendlichkeiten, die sich für real gemeinte Größen (z. B. unendliche Feldstärken bei Punktteilchen) aus der klassischen Physik ergeben, muss die Quantentheorie korrigierend eingreifen.

Wenn man nicht mehr dem Irrtum „Quantentheorie = Mikrophysik" unterliegt, kann man sich dieser notwendigen Einsicht leichter öffnen.

Die Überlegungen, die zu den Schwarzen Löchern führen, zeigen, dass es für überhaupt keine existierenden materiellen und energetischen Objekte möglich ist, aus dem schwarzen Loch zu entkommen. Da selbst das Licht, also das Schnellste, was es gibt, dafür zu langsam ist, stellt ein Schwarzes Loch einen Behälter dar, dessen „Wände" von innen her absolut undurchdringlich sind.

Das erste, was man als Student in der Quantenmechanik lernen muss, ist die Erkenntnis, dass in einem Behälter der „Grundzustand", also der Zustand mit der niedrigsten Energie – in anderen Worten das Vakuum – anders ist als in dem vollkommen unbegrenzten Raum um den Behälter, hier also um das Schwarze Loch herum. Je kleiner der Behälter, desto höher die Grundzustandsenergie. Das folgt bereits mit der Planckschen Formel. Eine kleine Ausdehnung bedingt eine kleine maximale Wellenlänge und damit eine große Energie. In den Rechnungen von Oppenheimer und Snyder wurde nur mit klassischer Physik gerechnet und daher das Quantenverhalten des Vakuums ignoriert. Es wird für den Grundzustand innen und außen die gleiche „Energie null" angenommen.

Für unseren expandierenden Kosmos mit seinem wachsenden aber endlichen Volumen wird der in ihm existente Grundzustand immer energieärmer, weil sich der Raum ausdehnt. Die Grundzustandsenergie bleibt aber verschieden von null, weil der Raum zu allen endlichen Zeiten endlich ist. (Es darf noch einmal daran erinnert werden, dass zwar ein unendliches Volumen des Kosmos sehr viele Rechnungen stark vereinfacht, dass diese Hypothese aber zugleich bedeutet, dass unsere gesamte Kenntnis sich auf exakt 0 % vom Ganzen bezieht!) Für die Schwarzen Löcher in unserem Kosmos ist deren Volumen um sehr viele Größenordnungen kleiner als unser Kosmos. Daher wird deren innere Grundzustandsenergie sehr viel größer sein als die äußere im Kosmos.

Wir hatten oben davon gesprochen, dass man nichts darüber wissen kann, was im Inneren eines Black Holes passiert. Aber – und das klingt vielleicht merkwürdig – man kann berechnen, wieviel Information über das Innere man *nicht* hat! Die Physik kann keine Aussagen über „Bedeutungen" machen, aber sie kann die Menge der unbekannten Information messen. Diese wird „Entropie" genannt.

Die Menge der Quanteninformation im Inneren ist als die „Entropie des Schwarzen Loches" das Einzige, was von außen berechenbar und im Prinzip messbar ist.

Die wechselseitige Abhängigkeit von Grundzustandsenergie und Raumausdehnung ist eine Grundgegebenheit der Quantentheorie. Diese Abhängigkeit wird beim alleinigen Verwenden der klassischen Physik und der Relativitätstheorie bei den üblichen Überlegungen über das Innere der Schwarzen Löcher vollkommen ignoriert.

In der ARTh wird für innen und außen das gleiche Vakuum, der gleiche Grundzustand postuliert. Daher ist es wenig verwunderlich, dass man dann die erwähnten sinnlosen Ergebnisse erhält.

Verwendet man jedoch die quantentheoretische Grunderkenntnis, so wird auch in diesem Fall das falsche Resultat korrigiert.

Beim Sturz eines Objektes in ein Schwarzes Loch fliegt dieses, bevor es den Horizont erreicht, schließlich mit Lichtgeschwindigkeit gegen die „Hawking-Strahlung". Diese bezeichnet die von Stephen Hawking berechnete Strahlung von Elementarteilchen, welche das Schwarze Loch abstrahlt. Zu den theoretischen Überlegungen zu dieser Strahlung ist eine Erläuterung angebracht.

Wenn man erst erklärt hat, dass die Gravitation am Horizont so stark ist, dass nichts Existierendes schnell genug werden kann, um entkommen zu können, dann klingt „eine von dort ausgehende Strahlung" zumindest sehr seltsam – weil ja nichts herauskommen sollte. Wie ist ein solcher scheinbarer Widerspruch zu erklären?

Da nach Voraussetzung im Außenraum keinerlei Möglichkeit besteht, irgend etwas über das Innere eines Black Hole erfahren zu können, muss man wegen der damit gegebenen riesigen unbekannten Information dem Black Hole eine extrem große Entropie zuschreiben. Das hatte Jacob Bekenstein als erster getan.

Wie lässt sich diese Entropie verstehen?

Entropie kann wie gesagt erklärt werden als ein Maß für die Menge an Information, welche unter den betrachteten oder gegebenen Bedingungen nicht zur Kenntnis kommen kann.

Ursprünglich wurde die Entropie in der Wärmelehre eingeführt, der „Theorie für Dampfmaschinen". Man konnte und wollte es in diesem Fall auch nicht wissen, was jedes Molekül in einem Gas im Einzelnen macht. Und die Menge an Information über die konkreten Zustände, die ignoriert wird, kann man berechnen. Sie ist die Entropie des Gases. Aus den Gesetzen der Thermodynamik folgt dann, dass ein Objekt mit einer von null verschiedenen Entropie auch eine von null verschiedene Temperatur besitzen muss. Und beliebige Objekte mit einer von null verschiedenen Temperatur emittieren Strahlung – die sogenannte Wärmestrahlung!

Diese Überlegungen aus der Thermodynamik waren von Bekenstein aufgegriffen worden und auf die Schwarzen Löcher angewendet worden. Er hatte gezeigt, Schwarze Löcher haben eine – sehr große – Entropie. Hawking fand erst einmal die Konsequenzen absurd, nämlich die Notwendigkeit für Strahlung eines Schwarzen Loches. Er wollte Bekenstein widerlegen und erhielt stattdessen das Resultat: Da Schwarze Löcher eine Entropie haben, müssen sie strahlen.

Es war Stephen Hawking klar, dass mit ARTh dafür nichts zu vollbringen war. So überlegte er eine quantentheoretische Erklärung.

Seine Erklärung für diese Strahlung benutzt die in der Quantenfeldtheorie entwickelte Vorstellung des Quantenvakuums. Nach dieser entstehen und vergehen immer und überall virtuelle Photonen sowie virtuelle Teilchen-Antiteilchen-Paare mit Masse. Alle diese virtuellen Objekte existieren lediglich als Möglichkeiten. Da im Vakuum im Gegensatz zu den Teilchen keine Ladung vorhanden ist, kann niemals ein einzelnes Teilchen mit einer Ladung entstehen, sondern immer nur ein Teilchen-Antiteilchen-Paar mit einer resultierenden Gesamtladung null. Für die virtuellen Photonen, welche keine Ladung tragen, gilt diese Einschränkung auf Paare nicht, sie sind immer auch einzeln möglich.

Durch die gewaltige Gravitation am Horizont werden – so das von Hawking entworfene Bild – die virtuellen Teilchen-Antiteilchen-Paare des Quantenvakuums auseinandergerissen. Wenn ein Partner des virtuellen Paares ins Schwarze Loch „hinunter" fällt, trägt er dabei (unabhängig von seiner Ladung) einen negativen Energiebetrag in das Loch hinein. Diesen Energiebetrag überträgt er zum Ausgleich als positive Energie an den anderen Partner. Der andere Partner kann dadurch so viel positive Energie gewinnen, dass er als reales Objekt dem Einfluss des Schwarzen Loches entkommen kann. Damit wird er zu einem Teil der Hawking-Strahlung.

Daran, dass die Hawking-Strahlung außerhalb des Schwarzen Loches wirksam wird, ist aus Sicht der Protyposis-Theorie nichts auszusetzen – jedoch am Bild der virtuellen Teilchen-Paare, von denen eines ins Schwarze Loch fliegt.

Die Erklärung von Hawking ist noch behaftet mit den Unzulänglichkeiten der Teilchenvorstellungen, die am Horizont eines Schwarzen Loches besonders problematisch werden. Eine Behauptung, Teilchen würden „hineinfliegen", also auch noch innerhalb des Horizontes weiterhin existieren, ist durch keinerlei Experiment von außen überprüfbar.

Wegen der Hawking-Strahlung kann man schließen, dass sämtliche von weit außen auf das Schwarze Loch einfliegenden Materieteilchen schließlich mit *Lichtgeschwindigkeit* gegen die Teilchen der Hawking-Strahlung treffen würden. Wie beim Tontaubenschießen würde alles zerplatzen und zerstreut werden.

Mit der Protyposis kann man annehmen, dass bei der Streuung an der Hawking-Strahlung alle beteiligten Teilchen bis in ihre Quantenbits zerlegt werden. Von der einfliegenden Materie würden dann nur diese Qubits – und die Qubits nicht in der Form von Teilchen – in das Innere des Schwarzen Loches gelangen. Dieses Bild würde für reale Gas- und Sternen-Materie zutreffend sein, die in das Schwarze Loch eingesaugt wird.

Im Rahmen allein der ARTh muss geschlossen werden, dass ein Beobachter in einer geschlossenen Rakete den Durchgang durch den Horizont des Schwarzen Loches nicht bemerkt. Bereits vor drei Jahrzehnten war in einer Arbeit darauf hingewiesen worden, dass diese These nicht haltbar ist. Schließlich lässt die Quantentheorie nicht zu, dass innen und außen das gleiche Vakuum postuliert werden kann.[10]

Dass der Horizont des Schwarzen Loches keineswegs „harmlos" sein kann, wird seit einigen Jahren auch im Mainstream diskutiert. Man spricht von der „Feuerwand" und einem notwendigen Überwinden von manchen zu einseitigen Aspekten aus der ARTh. Allerdings hält man in diesen Diskussionen noch immer am Teilchenbild fest.[11]

Während von außen einfliegende massive und masselose Quantenteilchen nur als AQIs und nicht als „Teilchen" in das Innere gelangen, stellt sich die Situation für die vorgeblichen „Teilchen mit negativer Energie" der Hawking-Strahlung noch anders dar. Die negative Energie von gedachten virtuellen Teilchen, die „nach innen fliegen", existiert nur gemäß der Vorstellung des Teilchen-Bildes. Das ist allerdings unplausibel. Tatsächlich gelangt bei der Hawking-Strahlung nichts ins Innere – denn es müssten „negative AQIs" hineinfliegen und das ist schwer vorstellbar.

Eine bessere Vorstellung verwendet das Teilchen-Bild nicht. Sie geht davon aus, dass AQIs – also langwellige Quantenstrukturen – aus dem Schwarzen Loch *heraustunneln*.

Wir hatten von „Grundschwingungen eines geschlossenen Raumes" gesprochen. Ein Schwarzes Loch kann so interpretiert werden, dass nicht nur unser Kosmos, sondern auch das Innere eines Schwarzen Loches ein geschlossener Raum ist, der aus unserem Kosmos „ausgeschnürt" ist.

Um ein Schwarzes Loch zu generieren, müssen sich AQIs aus dem Kosmos zu solchen lokalisierten Gebilden formen, dass diese in das Innere des Schwarzen Loches passen. Dabei ist es sehr schwierig, die Berechnungen so in Sprache zu übersetzen, dass die damit provozierten Bilder nicht völlig falsch werden. Die AQIs, die das Schwarze Loch bilden und die in ihrer Gesamtheit den richtigen Wert der Entropie ergeben, formen sich zu „Grundschwingungen" für das Innere des Schwarzen Loches – und auch zu deren richtiger Anzahl, welche die Masse des Schwarzen Loches formt. (Siehe auch Anhang Seite 288)

Dieses Bild der Grundschwingungen erlaubt es auch, eine Eigenschaft der Schwarzen Löcher zu erklären, welche wie völlig absurd erscheinen muss. Dazu gleich mehr.

Aus den Formeln von Bekenstein und Hawking hatte sich ergeben, dass große Schwarze Löcher eine niedrige Temperatur besitzen und daher eine energiearme Strahlung aussenden. Kleine Schwarze Löcher hingegen haben eine höhere Temperatur und strahlen energiereichere Quanten ab.

Die Ausdehnung eines Schwarzen Loches — der „Radius" seines Horizontes sozusagen — verhält sich umgekehrt zu seiner Masse bzw. seiner Energie. Nimmt es Masse bzw. Energie auf, z. B. durch „Verschlucken" eines Sternes, so wird es größer. Verliert es Energie durch Strahlung, so wird es kleiner.

Die existierenden Schwarzen Löcher sind so groß, dass die Temperatur, die sich für diese Objekte ergibt, kälter ist als die Temperatur der gegenwärtigen kosmischen Hintergrundstrahlung. Es wird daher viel mehr Energie in die Schwarzen Löcher einstrahlen, als diese beim gegenwärtigen Zustand des Kosmos abstrahlen können. Damit ist natürlich auch ein experimenteller Nachweis der Hawking-Strahlung für die existierenden Schwarzen Löcher nicht möglich. (Man kann auch die Wärmestrahlung eines Schneeballs nicht messen, wenn dieser in warmes Wasser eingetaucht ist.)

In der Theorie hat man sich aber auch Gedanken über kleinere Schwarze Löcher gemacht. Kleinere strahlen stärker. Also verlieren sie Energie und werden noch kleiner — und damit noch heißer — und strahlen noch stärker – usw.!

Während jeder normale Körper kälter wird, wenn er Wärmestrahlung aussendet, passiert bei den Schwarzen Löchern das Umgekehrte. Sie werden umso heißer, je mehr Wärme sie abgeben!

Wenn der innere Raum kleiner ist, dann muss auch die entsprechende Wellenlänge seiner Grundschwingungen kleiner sein. Wenn solche kleineren Schwingungen nach außen tunneln, dann werden gemäß der Planckschen Formel die zugehörigen Energien größer sein. Damit erscheint die Temperatur der Strahlung höher. Im Außenraum können sich diese AQIs dann zu den Quantenteilchen der Hawking-Strahlung organisieren.

Diese verrückt erscheinenden Zusammenhänge lassen sich also mit den AQIs gut erklären.

Dieser Zusammenhang auf der Basis der Protyposis erklärt auch den auf den ersten Blick höchst seltsamen Effekt, dass ein Schwarzes Loch eine umso höhere Temperatur erhält, je mehr Energie von ihm abgestrahlt wird.

Winzig kleine Schwarze Löcher – wenn es sie denn geben würde – müssten demnach sehr schnell wie eine Kernwaffe explodieren. Vor dem Bau des LHC am CERN hatte es Fantasien gegeben, dass dort möglicherweise solche „Mini-Black-Holes" erzeugt werden könnten, welche dann die Erde in die Luft sprengen würden. Eine derartige theoretische Vorstellung konnte ich nie teilen, weil alle realen Schwarzen Löcher aus dem Kollaps großer Sterne entstehen und solche Mini-Black-Holes nur in manchen Theorien existieren.

Als bei den Berechnungen der Eigenschaften der Schwarzen Löcher die quantentheoretischen Zusammenhänge mit eingeschlossen wurden, hatte sich eine weitere überraschende mögliche Konsequenz gezeigt.[12]

Seit langem hat es sich mit der Theorie der Protyposis im Rahmen der Quantentheorie ergeben, dass das Innere eines Schwarzen Loches von innen her gesehen gerade so erscheint wie der Kosmos, in dem wir leben, und zwar zu der Zeit, als dieser noch so klein war wie es das entsprechende Schwarze Loch jetzt ist.

Das bedeutet u. a., dass es, von innen her gesehen, keinen Horizont und keine „Wandfläche" gibt. Wir können uns dazu nur unzureichende Bilder in weniger als drei Dimensionen machen: Eine in sich geschlossene gekrümmte Kreislinie hat keinen Anfangs- und keinen Endpunkt wie ein abgeschnittenes flaches Stück Faden; eine in sich geschlossene gekrümmte Kugeloberfläche hat keine Randlinie wie ein abgeschnittenes flaches Blatt Papier – und ein in sich geschlossener gekrümmter Raum hat keine „Wandflächen" wie ein durch Wände abgeschnittenes flaches Zimmer.

Es ist auf Grund dieser mathematischen Zusammenhänge nicht ausgeschlossen, dass unser geschlossener kosmischer Raum das Innere eines für uns riesig erscheinenden Schwarzen Loches ist. Das bedeutet allerdings weder, dass es „jenseits" unseres Universums noch etwas geben müsste – noch dass man dies mit genügender Sicherheit ausschließen könnte. Eine weitergehende Erörterung dieses Themas soll in diesem Buch nicht erfolgen. Zumal es nach allem, was uns bisher über die Natur erkennbar geworden ist, keine Möglichkeit gibt, irgendeine überprüfbare Erfahrung über etwas „außerhalb des Universums" machen zu können.

4.6. Kann Leben, Gehirn und Bewusstsein tatsächlich ohne Quanten erklärt werden?

Auch bei manchen Physikern, die auf dem Gebiet der Quantentheorie arbeiten, bedarf es eines Umdenkens darüber, was das Wirken von Quanten im Lebendigen angeht.

So habe ich noch Ende 2004 von einem bekannten Physiker, der für Popularisierungen auf dem Gebiet der Quantentheorie sehr bekannt war, auf einer Tagung in Zürich die Feststellung gehört, Quantenphysik habe im Gehirn und auch sonst bei Lebewesen nichts verloren. Diese Bemerkungen fielen allerdings vor meinem eigenen Vortrag. Offensichtlich hatten meine Ausführungen bei ihm wohl etwas bewirkt, denn recht bald danach hatte er begonnen, anders zu formulieren.

Die Zelle ist die kleinste Einheit im Lebendigen. Wenn etwas nicht als Zelle organisiert ist, beispielsweise ein Virus, dann ist es zumindest ein großes theoretisches Problem, ob wir es dabei mit Leben zu tun haben, ob wir es zum Lebendigen rechnen wollen.

Eine Zelle ist im Vergleich zu einem Molekül oder gar einem Atom etwas überaus Riesiges. Wenn man erkennt, dass Quantentheorie mehr ist als ausschließlich Mikrophysik, dass sie also für mehr als nur Atome und noch Kleineres zuständig ist, dann wird auch immer deutlicher anerkannt werden, wie groß die Bedeutung der Quantentheorie für das Verstehen des Lebens ist.

Bisher wurde die universelle Rolle der steuernden und regulierenden Quanteninformation im Lebendigen weitgehend ignoriert.

Viele Biologen erkannten zwar die Bedeutung von Information, sie entwickelten aber dazu Vorstellungen, die sich auf die von Shannon benutzte Definition der Information bezogen. Mit dieser können die Codierungsmöglichkeiten von Nachrichten bei einem vorgegebenen Alphabet bestimmt werden. Für den informativen Gehalt des Genoms im Vergleich zu seinen molekularen Bausteinen, die das Alphabet konstituieren, ist dieses Bild von klassischen Bits zweckmäßig. Jedoch ein Anschluss an die bewährten naturwissenschaftlichen Konzeptionen, welche mit den Begriffen Materie und Energie verbunden sind, kann damit nicht erreicht werden.

Die Vorstellungen von Shannon-Information und klassischen Bits in der Biologie wurden durch moderne genetische Verfahren scheinbar gestützt. Durch die Eingriffe am Genom mit CRISPR/Cas kann die DNA mit dieser biochemischen Methode an ausgewählter Stelle geschnitten und verändert werden. CRISPR ist die Abkürzung von Clustered Regularly Interspaced Short Palindromic Repeats. Der CRISPR-Teil des Komplexes enthält einen konstruierten RNA-Strang, der zur Zielstelle an der zu verändernden DNA-Stelle passt. Dort koppelt der Gesamtkomplex an.

Die Cas-Proteine schneiden dann die DNA an der durch das CRISPR-System markierten Stelle. Mit dieser Methode wurde es sehr viel einfacher als früher möglich, ausgesuchte DNA-Abschnitte zu eliminieren, zu reparieren oder durch andere DNA-Sequenzen zu ersetzen.

Im Gegensatz zu früheren Verfahren können also mit CRISPR/Cas „Buchstaben des genetischen Codes" sehr gezielt und sehr genau ausgetauscht werden. Das wurde bisher vielfach so dargestellt, als sei dabei dieser „Buchstaben-Austausch" ganz deterministisch der einzige Effekt. Scheinbar wurde damit ein „Lego-Bild" des genetischen Codes bestätigt.

Jetzt jedoch zeigen neue Untersuchungen, dass auch an Genom-Bereichen, die vom CRISPR/Cas-Eingriffs-Ort weit entfernt sind, unerwartete genetische Veränderungen gefunden wurden. Dies kann man auch als einen deutlichen Hinweis auf das nichtlokale Wirken von bedeutungsvoll gewordener Quanteninformation in allen Stufen des Lebendigen verstehen.

CRISPR/Cas-Eingriffe werden vor allem verwendet, um in der Pflanzenzüchtung ungezielte Mutationen, z.B. die bisher durch den Einsatz von radioaktiver Strahlung oder durch aggressive Chemikalien für eine Genveränderung eingesetzt werden, durch eine gezielte und damit viel schnellere Veränderung zu ersetzen. Solche Anpassungen bei den Nutzpflanzen sind notwendig, um die wachsende Weltbevölkerung trotz Klimaerwärmung ernähren zu können.

Als besonders interessant wird die Hoffnung gesehen, Schädlinge wie Malaria-Mücken zu bekämpfen. Beim sogenannten „Gen Drive" werden im DNA-Doppelstrang eines Chromosoms beide Allele, also die beiden Expressionen eines Gens, zugleich ersetzt. So soll sich z. B. Unfruchtbarkeit in einer Population ausbreiten. Wie aber z. B. Ernst Wimmer von der Universität Göttingen gezeigt hat, sind allerdings an diesen Eingriffsstellen im Genom die Mutationshäufigkeiten stark verändert. Bereits in der ersten Generation werden bis zu 10% der Allele resistent gegen diesen Eingriff. Daher ist bei seinen Untersuchungen nach 15 Generationen der Effekt des Gen Drives verschwunden.

Auch dieses Auftreten von Wahrscheinlichkeiten kann als ein anderer deutlicher Effekt des Wirkens von Quantenphänomenen interpretiert werden, die bisher in diesem Bereich kaum Beachtung erhalten.

Biologen verweisen oft auf die Robustheit des Lebendigen. Alle Lebensformen haben Fähigkeiten zu einer Selbstreparatur ausgebildet, mit denen kleinere und manchmal sogar größere Schäden ausgebessert werden können.

Wie kann diese Robustheit des Lebendigen verstanden werden, obwohl es ja auf allen Existenzstufen instabil ist?

Besonders wichtig für das Verständnis aller Lebensformen ist es, dass die Realität in verschiedenen Erscheinungsformen auftritt. Sinnvollerweise unterscheiden wir diese mit den Begriffen Materie, Energie und bedeutungsvoll gewordene Information, obwohl sie im Grunde allesamt Ausformungen derselben Grundsubstanz, der AQIs der Protyposis sind.

Materie hatten wir sehr allgemein als dasjenige definiert, was Veränderungen einen Widerstand entgegensetzt. Energie ist das, was notwendig ist, um Materie zu verändern, z. B. ihren Bewegungszustand oder ihre Gestalt. Information wird bedeutungsvoll, wenn sie bereitgestellte Energie auslösen und mit einem solchen Verstärkungseffekt etwas bewirken kann.

So wie ein materieller Träger, z. B. ein Atom, Energie aufnehmen und abgeben kann, so können materielle und energetische Träger, z. B. Moleküle oder Photonen, Quanteninformation aufnehmen und wieder abgeben.

Dieser Prozess der ständigen Umwandlung der verschiedenen Erscheinungsformen der AQIs und die damit verbundene Bedeutungserzeugung machen das Leben und seine überraschende Robustheit möglich.

Robustheit ist besonders dann zu erwarten, wenn viele verschiedene Möglichkeiten vorliegen, um auf äußere und innere Einflüsse reagieren zu können. Das Eröffnen von vielen verschiedenen Reaktionswegen ist ein Kennzeichen von Komplexität. Daher wird Lebendiges nur dann auch robust sein können, wenn es auf hinreichend komplexen Strukturen beruht.

Sehr oft sind die Vorstellungen über das Leben mit Bildern verbunden, welche aus der klassischen Physik stammen. So hatten wir vor einigen Jahren einen wissenschaftlichen Film gesehen, in welchem ein amerikanischer Molekularbiologe darlegte, dass er die notwendigen Bestandteile einer lebenden Zelle kenne und dass es noch zwei Jahre dauern würde, bis er auf dieser Grundlage tatsächlich künstliches Leben erzeugen könne. Seit dieser Zeit sind viele Jahre vergangen und von „künstlichem Leben" war nichts wieder zu hören.

Bisher werden neue Einzeller so erzeugt, dass ein neuer genetischer Code in eine entkernte Zelle eingebaut wird. Der genetische Code ist eine faktisch gespeicherte Information, welche die Programme für die Vorgänge in der Zelle enthält. An solchen klassischen Bits ist primär von quantischen Erscheinungen nichts zu merken.

Der Zellkern enthält also klassisch gespeicherte Information. Diese wird erst im Kontext der lebenden Zelle zu Quanteninformation mit der jeweiligen Bedeutungs-Mannigfaltigkeit aktiviert, wenn sie innerhalb dieses Kontextes einer lebenden Zelle Wirkung entfalten kann.

Es genügt also nicht die Kenntnis des Genoms (oder Nucleoms) mit der darauf abgespeicherten klassischen Information, sondern es ist außerdem notwendig die Kenntnis des Proteoms, also das Wissen über die Eiweiße und deren katalytische Wirkung. Darüber hinaus ist ebenfalls notwendig das Wissen über das „Saccharidom", also über die Kohlehydrate und speziell die Zucker in der Zelle, sowie über das „Lipideom", also die Fette in der Zelle. Von allen diesen Stoffen sind deren Zusammenwirken und die wechselseitigen Zusammenhänge zwischen ihnen für das Geschehen in einer lebendigen Zelle wichtig. Erst durch die quantische Erfassung der Dynamik und der Entfaltungen von Möglichkeiten sowie die erst durch die Protyposis möglich gewordene Einordnung der Information als wirksam werdende Größe der Physik ist die Grundlage für das Verstehen des Lebens möglich geworden. Die klassische Information aus dem Genom ist also notwendig, jedoch keinesfalls bereits hinreichend für das Verstehen des Lebens.

Lebensvorgänge bewirken, dass sich aus klassischer Information im entsprechenden Kontext Quanten für Möglichkeiten entwickeln.

Bereits bei den Einzellern wird durch die quantische Informationsverarbeitung erreicht, dass stets viele Möglichkeiten offenstehen.

Dabei finden wir auch dort das Wechselspiel, welches von der Dynamischen Schichtenstruktur beschrieben wird – einerseits lokalisierte Informationsübermittlung mit materiellen Trägern, also mit speziellen Molekülen, und andererseits eine eher nichtlokalisierte Informationsübermittlung über reale und virtuelle Photonen innerhalb der Zelle und auch von außen. Dabei werden fortwährend Fakten erzeugt, da Quanteninformation mit Photonen aus dem System entweicht. Ausführlicher soll dies im Kapitel „6.3. Von der Kosmologie zu den Teilchen" behandelt werden.

Daher muss darauf hingewiesen werden, dass das Leben nur dann verstanden werden kann, wenn neben den beiden Entitäten Materie und Energie noch die Quanteninformation mit ihrer Steuerungswirkung als eine naturwissenschaftlich wohldefinierte Größe berücksichtigt wird. In einem Lebewesen werden die AQIs als zuvor bedeutungsfreie Quanteninformation der Protyposis nun bedeutungsvoll, da sie in dem Lebewesen wegen der Steuerung an und in diesem etwas bewirken können.

Die grundlegende Zielrichtung der Selbststeuerung eines Lebewesens ist primär auf die Fortführung und Regulation seiner Existenz gerichtet. Evolutionär spätere Ziele, wie z. B. Sicherung der Nachkommen, können sekundär hinzutreten. Beim Menschen können − vor allem mit Sprache und Schrift − auch tertiäre, also sozial, gesellschaftlich und kulturell bedingte Motive, wie z. B. Ruhm als Kriegsheld oder Eintreten für eine Ideologie, gelegentlich das primäre und sogar auch sekundäre Ziele in den Hintergrund treten lassen.

*Den Einfluss von Information ohne eine für die Wirkung **wesentliche** Beteiligung von Energie oder Materie bezeichnet man als Steuerung oder Regulation.*

Für eine gewisse Lokalisierung in Raum und Zeit ist natürlich ein Träger notwendig. Jedoch wird in den Fällen von Steuerung die Information wesentlich. Eine rote Ampel ist vollkommen verschieden von einem Verkehrspolizisten. Trotzdem bewirkt die übermittelte Information „stop" das Halten des Autos.

Das Verhältnis von steuerndem Aufwand zu materieller Wirkung zeigt, dass wir es bei allen Lebensformen mit enormen Verstärkungsprozessen zu tun haben.

Bei diesen Verstärkungsprozessen wird durch Information z. B. der Einsatz von ATP ausgelöst, so dass damit eine sehr viel größere Wirkung möglich wird. Wenn man „Stop!" ruft, dann wird die Schallwelle den Gefährdeten nicht bremsen, wohl aber die in seinen Muskeln aktivierte Energie, welche durch den Ruf ausgelöst wurde.

Die Wissenschaft von Steuerung und Regelung wird gemeinhin als "Kybernetik" bezeichnet. Der Steuermann (Griech. κυβερνήτης, kybernetes) befindet sich auf See in einer instabilen Situation zwischen Wellen, Wind und seinem Ziel und muss mit seiner Steuerungskunst versuchen, das Schiff mit der Besatzung und der Ladung über Wasser zu halten und den Zielhafen zu erreichen.

Ein Beispiel für die Stabilisierung einer instabilen Situation liefert das Balancieren eines Besens auf einem Finger. Der Versuch, einen Besen auf seinen Stiel zu stellen, wird nicht gelingen. Er wird umfallen. Wenn man ihn jedoch auf dem Finger balanciert und ständig nachsteuert, so wird man ihn eine Weile fast senkrecht halten können. Das „fast" ist wichtig, weil die instabile Situation nicht als „fest" missverstanden werden darf.

Was hat Steuerung mit dem Leben zu tun?

Lebewesen können sehr alt werden – zumindest aus menschlicher Sicht. Bäume können bis zu tausend Jahre alt werden, Schildkröten bis zu zweihundert und Grönlandhaie über 300 Jahre, ein Schwamm im antarktischen Meer sogar 10 000 Jahre. Das kann man als Hinweise auf eine enorme Stabilität des Lebens interpretieren. Dennoch bleibt die Aussage über die Instabilität des Lebendigen zutreffend, denn alles Leben kann sterben.

Eine Stabilisierung von instabilen Situationen ist nur durch Steuerung möglich. Denn schließlich kann eine Information, sozusagen der „geringste Hauch", unter Umständen eine Entscheidung zwischen alternativen Entwicklungsmöglichkeiten bewirken. So ließen einige bloße Worte, eine Intrige, Othello zum Mörder an Desdemona werden. Wenn sich ein System immer wieder einmal gewissermaßen „auf Messers Schneide" befindet, dann kann nur Steuerung stabilisieren.

In der klassischen Kybernetik agiert die Information eigenständig und ohne Beziehung zur Physik. Sie macht keine Aussagen über ihre Stellung im Gefüge der Strukturen der Natur. Im Gegensatz dazu muss für das Verstehen des Lebens die Information, welche das Lebendige steuert, in das Gefüge der Physik eingebaut werden. Das geschieht mit der Protyposis.

Die ständige Instabilität des Lebendigen auf allen seinen Organisationsstufen wird dadurch hervorgerufen, dass Lebewesen wie erwähnt Fließgleichgewichte sind, für deren Existenz ein ständiger Durchfluss von Materie und Energie notwendig ist. Die Biologie benennt das als Stoffwechsel. Materie und Energie gehen dabei – allgemein gesprochen – von Zuständen hoher Qualität, die als Quelle von Arbeitsleistung dienen können, in Zustände mit geringerer Qualität über. Deren Material oder Energie kann nicht mehr vom betreffenden Lebewesen genutzt werden und wird ausgeschieden.

In früheren vor allem thermodynamisch orientierten Betrachtungen wurde beim Stoffwechsel von einem „Wachstum der Entropie" im Organismus gesprochen und der Abtransport von nicht mehr zu Verwertendem wird gelegentlich als Verminderung von Entropie oder als Erzeugung von Negentropie bezeichnet. Dazu wird oft geschrieben, dass auf Kosten der Umwelt „Unordnung im Körper erniedrigt wird" – also Ordnung erzeugt wird. Der Körper muss in einem „steady state" verbleiben. Der

Hinaustransport von „Unordnung", die im Körper erzeugt wird, ermöglicht es, im Körper „Ordnung" zu erhalten.

Bei allen realen Prozessen wird Arbeit teilweise oder vollständig in Wärme umgesetzt. Eine völlige Umwandlung von Wärme in Arbeit ist in einem Kreisprozess hingegen nicht möglich. Arbeit ist definiert als Kraft mal Weg. Man denke dabei z. B. an die Arbeit, welche durch eine vollkommen gerichtete Bewegung eines Kolbens geleistet wird.

Wärme wird dargestellt als eine völlig ungerichtete Bewegung von Molekülen. Deshalb wird eine Zunahme von Wärme oft mit einer Zunahme der „Unordnung" in Bezug gesetzt. Das drückt der Zweite Hauptsatz der Thermodynamik oder die gleichbedeutende These vom „Wachstum der Entropie" aus.

Man kann also gerichtete Bewegung in völlig ungerichtete Bewegung verwandeln. Das passiert beim Bremsen eines Autos. Erst ist das Auto in Bewegung, dann sind die Bremsen heiß. Man kann jedoch nicht völlig ungerichtete Bewegung vollständig in gerichtete Bewegung verwandeln, ohne dafür einen hohen weiteren Arbeitsaufwand hinzunehmen zu müssen.

Für den Fortgang des Lebens ist es notwendig, dass von der Sonne Photonen mit hoher Energie auf die Erde treffen. Die Sonnenphotonen haben alle eine *fast identische* Richtung. Ihre Richtungsdifferenz beträgt höchstens zwei Winkelgrad. Sie werden in den Pflanzen für die Photosynthese genutzt. Nach vielen Stoffwechselstufen, wie sie alle Lebewesen betreffen, werden schließlich Photonen von Wärmestrahlung mit sehr viel niedrigerer Energie vollkommen ungerichtet, somit „ungeordnet", in den kalten und dunklen Weltraum abgestrahlt – also mit einer sehr viel höheren Entropie.

Dieser Entropiegradient zwischen Sonnenlicht von niedriger Entropie und Wärmestrahlung in den Weltraum von hoher Entropie ist eine der wichtigen Voraussetzungen für das Leben auf der Erde.

Energie mit niedriger Entropie und damit einer hohen Gerichtetheit kann viel Arbeit leisten, die gleiche Energie mit hoher Entropie und geringer Gerichtetheit kann wenig oder keine Arbeit leisten.

Die mit dem Entropiewachstum zumeist gekoppelte Aussage vom „Wachstum der Unordnung" ist fast immer auch zutreffend.

Jedoch ist Unordnung kein wissenschaftlicher Begriff und hat große subjektive Bedeutungsanteile. Daher kann der Begriff „Unordnung" manchmal eine weniger zutreffende Vorstellung davon erzeugen, was mit Entropie gemeint ist.

Das Wachsen der Entropie bedeutet eine Zunahme derjenigen Information, die nicht erreichbar oder nicht zugänglich ist.

Wenn man eine Vorstellung hat, wo im Arbeitszimmer auf welchem Tisch unter welchen Aktenstapeln und Kugelschreibern welcher Text liegt, dann kann ein „Aufräumen" durch einen anderen, der alles „sehr ordentlich auf einen großen Stoß" packt, durchaus zu einem Anwachsen der Entropie führen. Denn jetzt ist die Information über den Ort des Textes für mich verloren.

Jeder Lebensvorgang erzeugt Wärme und erhöht damit die Entropie. Daher muss Nicht-mehr-Nutzbares abtransportiert werden. Ein solcher Abtransport ist das Kennzeichen aller Fließgleichgewichte. So nehmen wir Lebensmittel auf, mit denen viel chemisch gebundene Energie bereitgestellt wird. Diese benötigen wir für Bewegungen in den Zellen, in den Organen und mit dem gesamten Körper. Als Verdautes, als Ausgeatmetes und als Wärmestrahlung geben wir die Materie und die Energie in solchen Formen wieder ab, die wir selbst nicht mehr nutzen können. Mistkäfer interpretieren die Situation natürlich vollkommen anders.

Alle diese Stoffwechselprozesse sind stets auch mit einer Aufnahme bzw. der Abgabe von bedeutungsvoller Information verbunden. Natürlich wird man sich die Frage stellen können, was denn der „Informationsanteil" bei Lebensmitteln sein soll. In der Tat besteht die größte Bedeutung dieser

AQIs in ihrer Eigenschaft, als „Energie" die notwendigen Gradienten für die Aufrechterhaltung der Lebensprozesse zu liefern. Aber natürlich haben die Moleküle auch Eigenschaften, welche für katalytische Vorgänge benötigt werden. Diese Eigenschaften können und müssen als Anteile von bedeutungsvoller Information verstanden werden. Sie sind wie eine Art von Gedächtnis zu verstehen, also von Information, die einen materiellen Träger hat. In einem biochemischen Prozess wird sie auf Photonen übertragen und ermöglicht dann eine sehr spezielle Reaktion. Man denke beispielsweise an die vielen Spurenelemente und Vitamine, welche die Stoffwechselprozesse katalytisch beeinflussen, die aber selbst nicht direkt als "Energielieferant" zu verstehen sind.

Information, welche bei uns nichts bewirkt, kann auch für uns keine Bedeutung haben.

Beispielsweise haben die Milliarden von Neutrinos, welche ohne jede Spur durch unseren Körper laufen, für uns keine Bedeutung. Für einige Physiker, welche mit höchstempfindlichen Apparaten Neutrinos nachweisen können, stellt sich das zurecht anders dar. Schließlich bewirken für sie die Neutrinos tatsächlich eine Menge.

Die Informationen, die für uns bedeutungsvoll werden, welche also empfunden und bewertet werden, ermöglichen die Steuerung und Regulierung der Lebensprozesse. Eine fortwährende Abstrahlung von Information bewirkt, dass sich in einem Lebewesen ständig Fakten ereignen.

Damit in den Lebewesen die quantischen Steuerungsprozesse ablaufen können, ist in einem bestimmten Rahmen eine Isolierung von der Umgebung notwendig. Andererseits bedingt ein Fließgleichgewicht eine gewisse Offenheit, damit ein Durchfluss möglich ist. Zwischen diesen beiden Polen von Offenheit und Abschließung spielt sich jeder Lebensvorgang ab. Zugleich ist eine der Konsequenzen der Instabilität, dass Lebewesen sterben.

Da Lebewesen sich auf jeder ihrer Organisationsstufen, von den Zellen über die Organe bis zum ganzen Lebewesen, also überall, fortwährend und ständig in instabilen Situationen befinden, können und müssen sie ihre Existenz durch den Einsatz von Quanteninformation steuernd stabilisieren. Diese Steuerung ist letztlich deshalb möglich, weil Materie, Energie und bedeutungsvolle Quanteninformation lediglich unterschiedliche Erscheinungsweisen ein und derselben Grundsubstanz, der Protypois, sind.

Die Steuerungsmöglichkeit im Lebendigen kennt keine prinzipielle Trennung der Software von der Hardware.

Jeder Schritt der Informationsverarbeitung verändert zugleich auch die Anatomie.

Diese Einsicht wurde verstehbar, weil die AQIs eine gemeinsame Basis sowohl für die materiellen Bestandteile des Körpers als auch für die bedeutungsvolle Information des Psychischen bilden. In vielen Fällen wird die Steuerung erst erfassbar, wenn auch die Ausgedehntheit von quantischen Ganzheiten bedacht wird.

Die Vorstellung, welche von manchen Forschern geäußert wird, dass das Bewusstsein wie eine Software im Prinzip auf jeder beliebigen Hardware laufen könnte, ist falsch.

Daher kann eine lediglich funktionalistische Erklärung des Bewusstseins, die das Bewusstsein nur als „Funktion des Gehirns", also wie eine lernfähige Software missversteht, diesen Prozess nicht erfassen. Eine Wirkung des Denkens auf die anatomische Struktur des Gehirns kann es bei einer Vorstellung von getrennter oder trennbarer Hard- und Software nicht geben. Auch die Feststellung, dass es sich um einen "Prozess" handelt, erklärt allein noch nichts. Es ist absolut notwendig darzustellen, dass es sich dabei um einen Prozess der Informationsverarbeitung der AQIs handelt. Auch die Einführung des Wortes „Wechselwirkung" ist für eine naturwissenschaftliche Erklärung zwar notwendig, aber keinesfalls auch schon hinreichend. Solange nicht erklärt wird, welche Entitäten aufeinander einwirken, fehlt das Wesentliche. Es sei dazu auf Kapitel 8 ab Seite 205 verwiesen.

Die Gedanken und das Unbewusste sind bedeutungsvoll gewordene AQIs. Sie sind ein winziger Anteil an den AQIs, welche wir als materielle Bestandteile der Nervenzellen und als Photonen bezeichnen. Zwischen diesen Formen geschieht ein ständiger und fortwährender Austausch. Diesen Austausch können wir zum Teil als die Wechselwirkung des Gehirns mit seinen fortwährend erzeugten und absorbierten Photonen beschreiben. Dass dabei stets bedeutungsvolle Information ebenfalls ausgetauscht wird, kann bei einer unvollständigen Beschreibung leicht aus dem Blickfeld geraten. Es gibt einen unentwegten Wechsel der AQIs zwischen den verschiedenen Formen, durch die sie in der Beschreibung charakterisiert werden. Daher kann von einer ununterbrochenen wechselseitigen Beeinflussung zwischen Gehirn und psychischen Inhalten gesprochen werden. Dieses untrennbare Ineinandergreifen zwischen Körper und Psyche, das ununterbrochene psychosomatische Geschehen, unterscheidet biologische intelligente Systeme von technischen intelligenten Systemen.

Es gibt durchaus eine technisch erzeugte Intelligenz, sogar mit einer Simulation von Emotionen, jedoch kein technisch erzeugtes – also a-biologisches – Bewusstsein.

Man sollte im Zusammenhang von künstlicher Intelligenz statt von „Lernfähigkeit" besser von „Trainierbarkeit" sprechen, denn die Computer lernen nicht selbständig, sondern sie werden trainiert, und zwar von einem Menschen mit Bewusstsein. Ein solches Training kann sehr indirekt sein. Moderne gestaffelte technische neuronale Netzwerke vom „deep learning" wie z. B. bei „AlphaGo", können einem Training auf einer Metastufe unterworfen werden. Dann gibt der Mensch nur noch die Regeln des Go-Spiels und das Ziel „Gewinnen" vor. Das System kann dann damit selbständig eine interne Datenbank möglicher Spielsituationen und deren Bewertungen aufbauen. Aber natürlich muss in allen Fällen der Mensch dem Maschinen-Prozess ein Ziel vorgeben.

Vielleicht sollte man in diesem Zusammenhang auch mitbedenken, dass die These von der selbstständigen Lernfähigkeit künstlicher intelligenter Systeme gern von großen Konzernen verbreitet wird. Dies lässt weniger in den Vordergrund treten, dass es sich keineswegs um ein eigenständiges Lernen handelt. Vielmehr ist es so, dass gewaltige ökonomische Interessen hinter der dauerhaft offen gehaltenen Trainierbarkeit von Algorithmen stehen. Diese Interessen geben die Ziele vor, welche die Weiterentwicklung der Algorithmen bestimmen.

5. Reflexionen über einige Halbwahrheiten

Wir hatten bereits darauf verwiesen, dass Halbwahrheiten schwieriger zu behandeln sind als offensichtliche Irrtümer. Viele der Halbwahrheiten ergeben sich aus unterschiedlichen Vorstellungen über die Strukturen naturwissenschaftlicher Theorien oder auch aus verschiedenen ästhetische Ansichten darüber. Dass sogar ästhetische Argumente dann und wann in den Naturwissenschaften eingesetzt werden – und nicht nur bei Irrtümern oder Halbwahrheiten –, berichtete Weizsäcker. Sein Lehrer und Freund Heisenberg begründete gelegentlich zu manchen theoretischen Vorschlägen, die dieser oftmals von anderen Physikern erhielt, seine Ablehnung mit dem Argument: „Das ist nicht schön". Hinter einer solchen, scheinbar nur ästhetischen Aussage kann oftmals ein tiefes unbewusstes Empfinden eines Fachmannes über eine theoretische Struktur stehen.

Bei manchen Halbwahrheiten ist auch ein geschäftliches, weltanschauliches oder politisches Interesse zu spüren. Und manches, was ich als Halbwahrheit klassifiziere, entspricht so fest dem etablierten Denken, dass diese Einordnung Verwunderung hervorrufen kann.

5.1. Kleinste Teilchen als „fundamentale oder einfachste Bausteine der Wirklichkeit"?

Vieles, was hier dargelegt wird, war schon angeschnitten und vorbereitet. Dieses Kapitel soll aber noch einmal die fest eingefahrenen Vorstellungen hinterfragen. Sie hatten sich in der Vergangenheit sehr erfolgreich bewährt, sind jedoch zunehmend in Schwierigkeiten geraten und zeigen seit einiger Zeit ihre Anwendungsgrenzen immer deutlicher auf. Darauf beruht wohl auch der immer lauter werdende Ruf nach einer „neuen Physik".

Es war bereits darauf verwiesen worden, dass seit dem Altertum in den Naturwissenschaften die Vorstellung weit verbreitet und in der Neuzeit zunehmend beherrschend war, dass die Dinge umso einfacher werden, je kleiner in ihrer räumlichen Ausdehnung die Strukturen sind, welche man untersucht.

Diese Vorstellung „kleinster Bausteine" war in der Geschichte der Naturwissenschaft unerhört erfolgreich gewesen. Während die antiken Naturphilosophen allein durch ihre gedanklichen Reflexionen zu dieser Einsicht gelangt waren, gab es am Beginn der Neuzeit immer mehr experimentelle Bestätigungen für dieses Modell. So war die Erkenntnis unermesslich bedeutsam, dass Milliarden verschiedener Moleküle letztlich aus weniger als hundert verschiedenen Sorten von Atomen zusammengesetzt werden können.

Die Atome waren als „die kleinsten Bausteine der Natur" eingeführt worden. Am Ende des 19. Jahrhunderts stand jedoch fest, die Atome tragen ihren Namen „ἄτομος, átomos, unteilbar" zu Unrecht. Sie lassen sich unterteilen und zerlegen in Kern und Hülle. Am Anfang des 20. Jahrhunderts gingen die Überraschungen weiter: Auch Atomkerne können zerfallen. Man kann sie zerlegen in elektrisch positiv geladene Protonen und neutrale Neutronen. Die Neutronen sind eine Kleinigkeit schwerer als die Protonen.

Wenn man Steine gegen einen Lattenzaun wirft, so fliegen viele einfach weiter und manche, die an eine feste Latte stoßen, fliegen zurück. In der Mitte des 20. Jahrhunderts hatte man innerhalb der Protonen und Neutronen weitere Strukturen entdeckt. Diese schienen sich bei einer Streuung mit sehr schnellen Elektronen wie sehr kleine innere Hindernisse zu verhalten – so ähnlich wie die festen Latten – und so ging die Suche nach immer kleineren Teilchen unentwegt weiter.

Bis heute sind die meisten Darstellungen über die physikalischen Grundlagen der Realität angefüllt mit Erzählungen und Bildern von „Teilchen". Dies geschieht auch, weil die so erfolgreichen Quantenfeldtheorien auf die ihnen zugrundeliegenden Feldquanten reduziert werden können. Und diese Quanten verhalten sich in den Experimenten der Elementarteilchenphysik wegen den immer größer werdenden notwendigen Energien in der Tat immer mehr wie „Teilchen". Es ist dabei daran zu erinnern, dass mit der wachsenden Energie die charakteristische Ausdehnung der Quanten immer kleiner wird und daher deren Wirkungssphäre immer „punktförmiger" erscheint.

Wenn es jedoch um Einfachheit geht, dann sind auf jeden Fall die Quantenteilchen den Quantenfeldtheorien vorzuziehen. Sie sind um vieles einfacher zu beschreiben als die Feldtheorien, die komplizierter sind, weil sie auch das Entstehen und das Vernichten sowie auch die virtuelle Existenz von Quantenteilchen beschreiben können.

Die „kleinen Teilchen" bedeuten nicht nur eine Sprechweise, sondern sie beherrschen bis heute vor allem unbewusst auch die Vorstellungen der meisten Naturwissenschaftler.

Natürlich existieren alle die gefundenen Teilchen tatsächlich – die meisten von ihnen allerdings lediglich für unvorstellbar kurze Zeiten, für den milliardsten Teil einer billionsten Sekunde (kürzer als 10^{-21} sec). Wogegen ich mich wende, das ist die darüber hinausgehende Vorstellung, sie seien möglicherweise auch die elementaren und fundamentalen Strukturen der Natur. Alle die „kleinen Teilchen" lassen sich zumindest theoretisch noch in tatsächlich elementare und damit fundamentale Strukturen zerlegen.

Durch die Vermittlung der Physik in der Lehre werden überkommene Vorstellungen bereits frühzeitig und tief in die nächste Generation verpflanzt. Sie davon zu befreien ist dann später nicht leicht. Einige Beispiele für die Vorstellungsbilder von letztlich punktförmigen Teilchen sollen zeigen, wie fest eingeprägt diese Vorurteile erscheinen und wie sie ein Verstehen so erschweren:

> Räumliche Ausdehnung und Teilbarkeit sind geradezu synonym, so dass wir behaupten können, etwas sei entweder ausdehnungslos (punktförmig) oder teilbar.[13]

Eine solche – aus meiner Sicht grundfalsche – These behauptet, dass wir nur „Punktförmiges" als unteilbar und deswegen als elementar und somit als fundamental betrachten dürfen. Das sind die tief eingegrabenen Vorstellungen aus der klassischen Physik.

However, when it comes to simplicity, quantum particles are preferable to quantum field theories. They are much easier to describe than the field theories, which are more complicated because they can also describe the formation and destruction as well as the virtual existence of quantum particles.

The "small particles" do not only mean a way of speaking, but they also unconsciously master the ideas of most natural scientists.

Of course, all the particles found actually exist - most of them, however, only for unimaginably short times, for the billionth part of a billionth second (shorter than 10 21 sec). What I am turning against is the idea that they are possibly also the elementary and fundamental structures of nature. All the "small particles" can at least theoretically still be broken down into actually elementary and thus fundamental structures.

Through the teaching of physics, traditional ideas are transplanted early and deeply into the next generation. It is not easy to free them from this later on. Some examples of the imaginary images of ultimately punctiform particles are intended to show how firmly imprinted these prejudices appear and how they make understanding so difficult:

Spatial expansion and divisibility are virtually synonymous, so that we can claim that something is either expansionless (punctiform) or divisible.

Such a thesis - from my point of view fundamentally wrong - claims that we can only regard the "punctiform" as indivisible and therefore as elementary and thus as fundamental. These are the deeply buried ideas of classical physics. Die hier geschilderten Ergebnisse hochkomplexer und höchst genauer Experimente sind für das Verstehen der Natur recht wichtig. Dennoch werden diese

Schilderungen nicht nur bei einem fachfremden Leser falsche Vorstellungen erzeugen, sondern auch bei den beteiligten Wissenschaftlern rufen sie unbewusst wirkende Effekte hervor.

Das Verstehensproblem bereiten also nicht die „kleinen Teilchen" selbst, sondern das Missverständnis, dass man sich mit ihnen dem Elementaren und damit dem Fundamentalen, dem „Urgrund" nähern würde.

Dass diese Bilder keinen Einzelfall betreffen, zeigt die offizielle Webseite vom CERN, der Europäischen Organisation für Kernforschung in Genf:

The model describes how everything that they observe in the universe is made from a few *basic blocks called fundamental particles*, governed by four forces. [14]

The theories and discoveries of thousands of physicists since the 1930s have resulted in a remarkable insight into the fundamental structure of matter: everything in the universe is found to be made from a few basic building blocks called fundamental particles, governed by four fundamental forces. [...]

All matter around us is *made of elementary particles*, the building blocks of matter. These particles occur in two basic types called *quarks and leptons*. Each group consists of six particles, which are related in pairs, or „generations". The lightest and most stable particles make up the first generation, whereas the heavier and less stable particles belong to the second and third generations. [...]

The quantum theory used to describe the micro world, and the general theory of relativity used to describe the macro world, are difficult to fit into a single framework. [15]

Bereits durch diese Beispiele der Sprechweise von „neuen Teilchen", vom „Higgs-Teilchen" oder auch von den „Strings" und vielen anderen elementaren „Bausteinen", wird deutlich, welche auch unbewussten Vorstellungen und Bilder dabei überall wirksam sind. So geht die Suche nach immer kleineren Teilchen unverdrossen weiter.

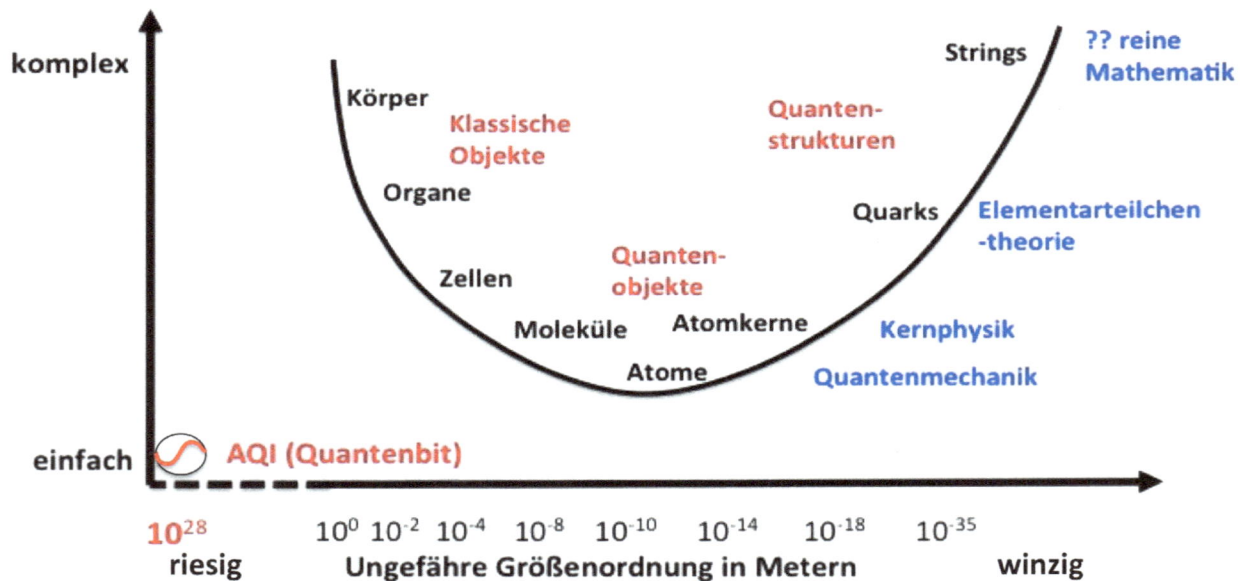

Abbildung 26: Die Komplexität nimmt von den Körpern bis zu den Atomen ab. Der weitere Weg ins räumlich Kleine tiefer in die Atome hinein führt jedoch wieder zu immer komplexeren Strukturen und somit auch zu immer komplexeren Theorien.
Die tatsächlich einfachsten Quantenstrukturen, die Quantenbits oder AQIs, haben kosmische Ausmaße. Für die damit begründete tatsächlich neue Physik muss man sich vom bisherigen Denkschema der "kleinen Teilchen" lösen!

Der letzte theoretische Gipfel (bzw. das Ende der Sackgasse) der „kleinsten Teilchen" ist offenbar mit der Stringtheorie erreicht worden. Diese Theorie umfasst einerseits höchst interessante mathematische Strukturen, so dass einer ihrer Begründer, Edward Witten, mit der Fields-Medaille (dem „Nobel-Preis für Mathematik") ausgezeichnet wurde. Andererseits ist vollkommen ungeklärt, ob überhaupt eine prüfbare Beziehung von den hypothetischen Strings zur physikalischen Realität besteht.

Über die Strings konnte man lesen, dass sie eine Länge haben sollen, die in der Nähe der Planck-Länge liegen soll, also bei etwa 10^{-33} cm. Die Planck-Länge ist die kleinste Länge, über die aus physikalischen Gründen ausgesagt werden kann, sie könnte als faktisch gegeben existieren. Noch kleinere Längen sind lediglich mathematische Möglichkeiten, sie können jedoch keine physikalischen Realitäten werden. Allerdings sollen die Strings nicht wie wir Menschen und wie die gesamte Natur in drei, sondern vielmehr in elf Dimensionen existieren. (Eine davon soll die Zeit sein.) Dabei sind diese Dimensionen nicht als bloße Metaphern gemeint, als bloße mathematische Hilfskonstruktionen, sondern als gleicherweise real wie Länge, Breite und Höhe. Dies soll hier nur erwähnt werden um zu verdeutlichen, wie das Paradigma der räumlichen Kleinheit, der „kleinsten Teilchen", bis heute die Vorstellungswelt beherrscht und wie rigoros diese Auffassung andere und bewährte Aspekte der Realität beiseiteschieben soll.

Für die meisten Sorten von Quantensystemen gibt es natürlich Kontexte, in welchen sie zweckmäßigerweise wie „Teilchen" interpretiert werden. In solchen Zusammenhängen ist die Sprechweise von „kleinen Teilchen" dann tatsächlich hilfreich. So ist es wie erwähnt sehr zweckmäßig, in der Chemie die Atomkerne wie kleine Teilchen zu behandeln. Hingegen wird ein Teilchenbild bei den Elektronen, deren mögliche Orte weit über das ganze Molekül ausgebreitet sind, wegen dieses nichtlokalisierten Verhaltens zu Missverständnissen führen. Während die Elektronen in der Chemie als ausgedehnte Ganzheiten wirksam werden, erscheinen sie in den Experimenten der Hochenergiephysik tatsächlich wie etwas Punktförmiges.

Man soll also das Kind nicht mit dem Bade ausschütten und so argumentieren, als ob der Teilchenbegriff völlig überflüssig wäre.

Wenn man sich seiner Kontextabhängigkeit bewusst ist, besteht keine Gefahr, Teilchen als „fundamental" zu missverstehen.

In anderen Konstellationen jedoch wäre es allerdings eine schlechte Beschreibung der Quantensysteme, wenn man die Teilchen-Vorstellung in diesen Zusammenhängen beibehalten würde. Für eine anschauliche Darstellung sind in solchen Fällen Vorstellungen von Ausgedehntheit, vielleicht auch von Wellen und Schwingungen, eher angebracht, um die Situation bildhafter werden zu lassen.

Trotz des vielfachen Sprechens von den „elementaren Bausteinen" sind die Quantenphänomene sehr viel weitgehender und komplizierter, als es oft geschildert wird. So existieren Quantensysteme, für welche die obige Aussage – Quanten sind Teilchen – schlicht falsch ist. Dies betrifft auf jeden Fall die Strukturquanten wie die Phononen sowie die Quarks oder die Gluonen. Für diese Strukturquanten ist bekannt, dass es prinzipiell unmöglich ist, sie einzeln als „Teilchen" frei in Raum und Zeit bewegen zu können. Sie haben keine eigenständige „Teilchen-Realität" und existieren lediglich innerhalb eines materiellen Trägers (drei Quarks formen ein Proton oder ein Quark-Antiquark-Paar ein Pion).

Wenn also die „kleinsten Teilchen oder Fäden" nicht zu etwas wirklich Einfachem führen, gibt es dann gar nichts Einfaches in der Natur?

Muss man etwa noch auf eine andere Theorie als die Quantentheorie hoffen?

Nein!

Allerdings ist die Physik auf eine wirkliche Grundlage zu stellen!

Für Objekte welche schwerer als die Planck-Masse sind, ist der Weg der Zerlegung in Kleineres tatsächlich der Weg ins Einfachere. Die Planck-Masse (etwa 10^{-5} g, das wäre ein Objekt mit der Masse von etwa 10^{19} Wasserstoffatomen) bzw. Planck-Energie entspricht einem Quantenobjekt, dessen Comptonwellenlänge oder Wellenlänge gerade der Planck-Länge entspricht. Eine Zufuhr weiterer

Energie würde dann theoretisch ein winziges Schwarzes Loch erzeugen. Bei den massereicheren Objekten greifen zumeist die Vorstellungen der klassischen Physik von getrennten Objekten und Kräften zwischen den Objekten. Solche Objekte werden wir als aus etwas Kleinerem zusammengesetzt beschreiben können. Dies erklärt auch den großen historischen Erfolg aller „Atomvorstellungen".

Allerdings können immer auch Teilsysteme von diesen massiven Systemen, sogar wenn sie sich über den gesamten Raum des großen Objektes ausbreiten, als eine teilelose Quantenganzheit erscheinen, z. B. ein supraleitender Strom aus unzähligen Elektronen in der Spule eines großen Magneten.

Für diese ist es dann nicht sinnvoll, sie einer Zerlegung zu unterwerfen. Daher kann auch in großen massereichen Systemen in manchen Kontexten die Quantentheorie nicht ignoriert werden. Damit die quantischen Möglichkeiten nicht ununterbrochen zu Fakten werden, muss ein Aussenden von Quanteninformation über diese Möglichkeiten aus dem betreffenden Teilsystem unterbunden werden.

Ein Supraleiter selbst ist kein „teileloses Quantensystem", die supraleitenden Elektronen in ihm bilden jedoch ein „teileloses Quantenteilsystem". Für die massebehafteten Elektronen im Supraleiter bedeutet dies, dass sie sehr stark gekühlt werden müssen. Ihre Comptonwellenlänge wird wegen der damit verbundenen Energie-Erniedrigung dann so groß, dass sie an den Atomkernen des Supraleiters nicht mehr gestreut werden und ein elektrischer Widerstand verschwindet. (Eine große Wasserwelle wird am Molenpfosten, aber nicht an einem Strohhalm gestreut.) Für die kalten Elektronen mit ihren großen Wellenlängen werden die Atomkerne zu „Strohhalmen". Ohne eine Streuung an diesen werden auch keine Photonen emittiert.

Auch die Psyche ist ein quantisches Teilsystem in einem lebendigen Menschen. Die Psyche selbst bildet eine Ganzheit – im Gegensatz zum Gehirn. Da die aktive Psyche von realen und virtuellen masselosen Photonen getragen wird, ist für die Photonen keine solche Abkühlung notwendig wie für die Elektronen in den supraleitenden Magnetspulen oder im Hochleistungsrechner. Für die Elektronen bedeutet eine Aussendung von Photonen in der Tat das Ende eines Quantenprozesses, also das Eintreten eines Faktums. Für die Photonen, welche selbst keine „Photonen aussenden" trifft der Einwand, das „Gehirn ist zu warm für Quantenvorgänge", nicht zu. Sie werden mit einer ungeheuren Redundanz erzeugt. Daher ist es kein Problem, dass nicht alle von ihnen für eine weitere Informationsverarbeitung wieder von Molekülen absorbiert werden und außerhalb des Kopfes z.T. auch im EEG nachgewiesen werden können.

5.1.1. Ein völlig neues Denken ist erforderlich!

Als Faustregel kann man sich merken, dass alles naturwissenschaftlich Beschreibbare im tiefsten Grunde als ein Quantenphänomen verstanden werden muss.

Alles ist letztlich eine Quantenerscheinung. Der Geltungsbereich der Quantentheorie reicht vom Kleinsten bis zum Kosmos als Ganzem.

Seit dem Beginn der Quantentheorie ist in der Physik bekannt, dass es eine sehr merkwürdige und keineswegs sofort einsichtige Konsequenz dieser Theorie gibt. Sie ist im Grunde unvereinbar mit den herkömmlichen Teilchenvorstellungen, wenn diese Teilchen als die fundamentale und als die einfachste Grundlage der Wirklichkeit verstanden werden sollen.

Gelegentlich wundere ich mich darüber, wie sehr ich selbst dem Teilchen-Dogma verhaftet gewesen war. So habe ich viele Jahrzehnte benötigt, um mir diese Zusammenhänge klar zu machen und deutlich zu formulieren, was mir heute wie selbstverständlich erscheint. Goethe hat dazu trefflich ausgeführt:

> Man erblickt nur, was man schon weiß und versteht. Oft sieht man lange Jahre nicht, was reifere Kenntniß und Bildung an dem täglich vor uns liegenden Gegenstande erst gewähren läßt. Nur eine papierne Scheidewand trennt uns öfters von unsern wichtigsten Zielen, wir dürften sie keck einstoßen und

es wäre geschehen. Die Erziehung ist nichts anders als die Kunst zu lehren, wie man über eingebildete oder doch leicht besiegbare Schwierigkeiten hinauskommt. [16]

Seitdem Max Planck seine große Entdeckung gemacht hatte ist bekannt, dass jedem Quantensystem eine charakteristische Ausdehnung zugeordnet ist. Man nennt diese Länge bei energetischen Quanten – also bei den Lichtquanten, den Photonen – die Wellenlänge. Bei materiellen Quanten, wie Elektronen und Protonen, heißt sie die Compton-Wellenlänge. Für alle Fälle gilt:

$$E = hc/l$$

Dabei ist h das Wirkungsquantum und c die Lichtgeschwindigkeit. Je kleiner diese Ausdehnung l (die Wellenlänge) sein soll, desto größer muss die Energie E und/oder wegen $E = mc^2$ die Masse m sein.

Für die Quanten gilt also der höchst merkwürdige Satz:

Je mehr (Energie und/oder Masse), desto kleiner!

Wenn also kleiner auch einfacher sein sollte, so hätten wir die recht seltsame Aussage: Je mehr Energie, desto einfacher die Struktur.

So ist es wenig verwunderlich, dass die experimentelle und theoretische Erfahrung im Gegensatz zu der Vorstellung steht „klein wird einfach". Sie zeigt, dass je kleiner die untersuchten Objekte sind, desto komplexer und komplizierter wird die Theorie über diese Objekte und desto instabiler und immer vielfältiger zerfallend werden diese Strukturen.

Der umgekehrte Ansatz – weniger ist einfacher – folgt aus der Quantentheorie, ist aber aus Sicht der Atom-Vorstellungen schwer zu akzeptieren:

Je weniger, desto ausgedehnter!

Die kleinste denkbare Energie und damit die einfachste Struktur würde demnach die größte Ausdehnung bedeuten. Dies erscheint als der absolute Gegensatz jeder Vorstellung, welche räumlich „kleine Strukturen" als fundamental und einfach verstehen will.

Der quantentheoretische Zusammenhang wird leichter verstehbar, wenn man daran denkt, dass die Grundlage der materiellen und energetischen Quanten die AQIs sind.

Wegen der Äquivalenz von AQIs mit Materie und Energie führt erst „viel Information" auch zu „viel Energie oder Materie".

Zugleich ist es so, dass erst viel Information eine scharfe Lokalisierung erlaubt. Das ist so wie im täglichen Leben.

Dass wenig Information keine Lokalisierung ermöglicht, ist im Alltag bekannt. Wenn man eine Person sucht und weiß lediglich das Land, so besteht wenig Hoffnung auf Erfolg. Kommen aber dazu noch Informationen über Stadt, Stadtteil, Straße, Hausnummer und Stockwerk hinzu, so wird die Lokalisierung einfacher. Erst ungeheuer viele Quantenbits können im heutigen riesigen Kosmos so etwas wie ein Proton und damit auch seinen recht kleinen Aufenthaltsbereich festlegen. Räumliche Kleinheit an irgendeiner Stelle im Raum erfordert viel Information, wenig Information bedingt Nichtlokalisiertheit.

Was wäre die größte Ausdehnung? Es wäre eine Ausdehnung über den gesamten kosmischen Raum!

Je kleiner die Ausdehnung ist, je mehr an Quanteninformation vorhanden ist, desto deutlicher tritt der Teilchencharakter hervor. Hochenergetische Photonen, z. B. Gammaquanten aus der kosmischen Strahlung oder in den großen Beschleunigern, wirken in der Tat fast immer wie kleine Teilchen.

Deshalb ist eine Teilchenvorstellung an den Zentren der Hochenergiephysik, z. B. dem CERN oder DESY, den dortigen Problemen gut angepasst. Allerdings haben die Teilchen, wie gesagt, keinen fundamentalen Charakter. Sie sind zwar einfacher als Quantenfelder, aber noch immer sehr komplex.

Je geringer die Energie und damit je größer die Wellenlänge, desto weniger wird jedoch an einem Photon etwas von seinem Teilchencharakter fassbar sein.

Bei einem Photon gehen wir davon aus, dass es sich durch den Raum bewegt. Solange die Wellenlänge des Photons klein ist gegenüber dem Ausmaß des kosmischen Raumes, ist dieses Bild sehr ansprechend.

Das Bild einer Bewegung durch den Raum wird zu einer immer weniger zutreffenden Vorstellung, je mehr die Wellenlänge an die Größenordnung des kosmischen Radius gelangt. Die energieärmsten Photonen können daher immer weniger als „Objekte" begriffen werden, denn ein Objekt ist dadurch definiert, dass es sich in Raum und Zeit bewegen kann. Die energieärmsten Photonen werden immer mehr zu „ausgedehnten Quantenstrukturen", für welche die mathematische Beschreibung als „Objekt, im Raum sich bewegend" immer unpassender wird.

5.1.2. Quantenbits – die allereinfachsten und die tatsächlich grundlegenden Strukturen!

Dass ein kleines materielles Teilchen eine Unmenge an potentieller Information trägt, kann man sich daran überlegen, was man alles darüber wissen könnte. Es wäre nicht nur ein Wert für seine Masse und seinen Spin aus einer dafür riesigen Menge an mathematischen Möglichkeiten, sondern auch ein Wert für seinen Ort im gewaltigen Kosmos oder seine Geschwindigkeit in dem weiten Bereich zwischen Null und Lichtgeschwindigkeit.

Was wäre eine Quantenstruktur mit minimaler Information?

Das Ausgedehnteste muss zugleich die kleinste physikalisch vorstellbare Energie besitzen und somit auch die denkbar einfachste Struktur sein. Diese mathematisch einfachste Quantenstruktur ist ein Quantenbit. Eine solche Quantenstruktur mit maximaler, also kosmischer Ausdehnung kann weder als ein materielles Teilchen noch als ein durch den Raum fliegendes Photon gedacht werden.

Wie soll man sich das vorstellen?

Das Quantenbit ist etwas Ähnliches wie eine mögliche „Grundschwingung" des gesamten kosmischen Raumes, also das Ausgedehnteste, was gedacht werden kann. Mit der Vorstellung einer „Schwingung" vermeidet man ein zu statisches Bild beim Quantenbit, was bei dem Wort „Bit" eventuell naheliegen könnte.

Da wir davon gesprochen hatten, dass wir die einfachsten Strukturen suchen, wäre es ja eigentlich nach den alten und überholten Vorstellungen – also ohne Quantentheorie – natürlich, dass sie klein sein sollten.

Klein sind Quantenbits in der Tat, allerdings nicht in ihrer räumlichen Ausdehnung, sondern lediglich im Hinblick auf ihren Gehalt an potentiell bedeutungsvoller Information.

Eine mathematische Überlegung zeigt, dass das Einfachste die kleinste denkbare Informationseinheit ist, ein Quantenbit. Noch weniger Information ist undenkbar!

Wenn man bedenkt, dass die Kennzeichnung eines Ortes umso mehr Information erfordert, je genauer sie sein soll, dann ist es einsichtig, dass ein einziges Quantenbit überhaupt keine Ortsinformation tragen kann.

Die Kleinheit an Information ist das eigentlich Wesentliche am Quantenbit.

Da im täglichen Sprachgebrauch „Information" stets als „bedeutungsvoll" gedacht wird, war eine Bezeichnung notwendig, die ein solches Missverständnis unmöglich macht, denn die Information, welche die Physik erfasst, ist prinzipiell und primär erst einmal frei von jeder konkreten Bedeutung.

Dass „Bedeutung" nichts Objektives sein kann, das macht man sich sofort leicht klar. Bedeutung ergibt sich erst mit einem Lebewesen – und zwar jeweils in spezieller Weise für dieses. Die Tatsache, dass es regnet, erhält eine vollkommen unterschiedliche Bedeutung, je nachdem, ob ich einen Landausflug vorhabe oder ob die Blumen in meinem Garten die Köpfe hängen lassen, weil ich an einem Text schreibe und keine Zeit zum Gießen habe.

Eine neue Bezeichnung für „bedeutungsfreie und bedeutungsoffene Quantenbits" war somit notwendig, um die automatische gedankliche Verbindung zwischen Quanteninformation und „Bedeutung" aufzulösen.

Die Inhalte der Theorie, also die tatsächlich einfachsten Strukturen, die kosmologisch definierten und bedeutungsfreien Quantenbits, wurden auf den Terminus „Protyposis" (laut altgriechischem Wörterbuch: das Vorgeprägte) getauft. Da man sich unter „Protyposis" erst einmal nichts wird vorstellen können, kann man auch keine falschen Bilder damit verbinden. Wie in der Einleitung erwähnt soll die Protyposis verstanden werden als eine „Vor-Struktur", welche sich zu Materie, Energie und auch zu bedeutungsvoller Information ausformen kann.

Für die einfachsten Strukturen der Protyposis war die Abkürzung AQI für diese Absoluten, und deswegen von jeder Bedeutung absehenden abstrakten, als messbar und damit physikalisch verstehbaren Bits von QuantenInformation der Protyposis eingeführt worden.

Jetzt wird mancher einwenden: „wie kann so etwas messbar sein?"

Dazu ist daran zu erinnern, dass in vielen physikalischen Situationen eine Messung indirekt und mit Hilfe einer bewährten Theorie erfolgt. Z. B. kann die Kerntemperatur der Sonne mit keinem Thermometer gemessen werden. Jedoch ist es möglich, aus der gemessenen Oberflächentemperatur und mit Hilfe von bewährten theoretischen Modellen auf die Kerntemperatur zu schließen und dann zu prüfen, ob die sich daraus ergebenden Konsequenzen mit den übrigen Beobachtungen gut vereinbar sind.

Einzelne Quantenbits kann man messen, wenn sie durch Verbindung mit einem Träger lokalisiert erscheinen. Beispiele dafür wären der Spin eines Elektrons oder die Polarisation eines Photons an der zu messenden Stelle im Raum.

Mit den Quantenbits war es mir bereits vor drei Jahrzehnten möglich gewesen, mit der Einsteinschen Allgemeinen Relativitätstheorie und mit Hawkings Schlussfolgerungen über die Strahlung der Schwarzen Löcher eine Abschätzung über die Anzahl der Quantenbits im Kosmos oder in einem Schwarzen Loch herzuleiten. Durch die Weiterentwicklung des Modells der Protyposis-Theorie konnte jetzt sogar gezeigt werden, dass mit den AQIs – und *ohne* die beiden Hypothesen von Einstein und Hawking voraussetzen zu müssen – diese Resultate ebenfalls erhalten werden können. Notwendig sind dafür nur der Erste Hauptsatz der Thermodynamik, die Berücksichtigung der ausgezeichneten Rolle der Lichtgeschwindigkeit und die mathematische Struktur der Quantentheorie, aus der die Beziehung zwischen charakteristischer Ausdehnung und Energie folgt. Mit diesen theoretischen Überlegungen können aus der Protyposis ein kosmologisches Modell hergeleitet und die Theorien von Einstein und Hawking induktiv begründet werden.

Die mit den AQIs begründete Kosmologie erweist sich damit als eine fundamentalere Struktur als die Allgemeine Relativitätstheorie.

Wie gesagt bezeichnet die Protyposis eine *quantische Vorstruktur*, aus welcher sämtliche der existierenden physikalischen Strukturen aufgebaut werden können. Es ist die mathematisch und logisch einfachste Struktur. Wegen der Quantentheorie ist ein Quantenbit zugleich das denkbar ausgedehnteste System im Raum, weil es dem geringsten möglichen Energiebetrag entspricht.

Vielleicht ist hier noch eine kurze Bemerkung angebracht, weil Äquivalenz nicht Gleichheit ist. Photonen mit sehr hoher Energie können sich bei einem nahen Vorbeiflug an einem Atomkern in ein Teilchen-Antiteilchen-Paar verwandeln, also in ein Objekt von Materie und eines von Antimaterie, beide mit der gleichen Ruhmasse. Allerdings ist ein hochenergetisches Photon noch keine Masse, obwohl es in massive Teilchen umgeformt werden kann. Eine solche Umformung ist an sehr spezielle Situationen gebunden. Für energiearme Photonen bleibt eine solche Umwandlung in Materie immer virtuell und wird nicht real. Ebenso ist ein AQI noch keine Energie im herkömmlichen Sinne, obwohl viele von ihnen ein energetisches Quant formen können.

Das Quantenbit (AQI) ist also das absolute Gegenteil zu jeder simplen Teilchenvorstellung.

Die Existenzform eines AQIs ist der Raum, d. h. der gesamte Kosmos.

Über ein solches Quantenbit kann nur ausgesagt werden, dass es existiert und wo im kosmischen Raum die Schwingung, als die es veranschaulicht werden kann, ein Maximum besitzt. Je mehr AQIs vorhanden sind, desto deutlicher kann mit diesen Informationen ein Teilbereich in diesem Raum eingegrenzt werden.

Die Struktur eines Quantenbits wäre recht uninteressant, wenn man daraus nicht alle die Objekte konstruieren könnte, welche die bisherige Quantentheorie so erfolgreich behandelt hat.

Der Gleichtakt gleicher Informationsstrukturen – man könnte sagen, die betreffenden AQIs befinden sich alle im gleichen Quantenzustand, sie stehen sozusagen in „quantischer Resonanz" – führt zu einer immer schärferen Eingrenzung. (siehe z. B. die Abbildung auf Seite 276) Und wenn dann noch verschiedene Möglichkeiten, also Quantenzustände, in Superposition verbunden werden, dann kann aus sehr vielen AQIs so etwas Kleines wie ein Quantenteilchen entstehen. Umfangreiche mathematische und theoretisch-physikalische Untersuchungen haben gezeigt:

Aus Quantenbits lassen sich Quantenteilchen konstruieren, und aus Quantenteilchen schließlich Quantenfelder.

Wenn man eine schwierige Struktur mathematisch verstehen kann, so eröffnet sich mit einer Metapher darüber hinaus die Möglichkeit, diese schwierige Struktur in Analogie zu etwas Bekanntem zu setzen. Quantenbits, Quantenteilchen und Quantenfelder könnte man z. B. mit einer akustischen Metapher verbinden.

Ein Quantenbit würde dabei der Schwingung eines reinen Tones ohne Anfang und Ende entsprechen. Dem Quantenteilchen könnte in diesem Bild eine kurze Melodie und dem Quantenfeld vielleicht eine ganze Sinfonie zugeordnet werden.

Information im Allgemeinen ist etwas, was wir in den Fluss unseres Bewusstseins hineinnehmen und als Gedanken ausformen können. Was wir über unsere Sinnesorgane aufnehmen, aus der Umwelt, aus den Medien, was wir denken und fühlen, welche Bilder und Vorstellungen sich in uns entwickeln, das ist in der Alltags-Sprache „Information". Die Grundlage der Wirklichkeit sind „Quanten". Dies gilt auch für die Information, daher sprechen wir von Quantenbits, den kleinsten Einheiten von Information.

Da man in den Lebens- und Geisteswissenschaften bisher lediglich bedeutungsvolle Information betrachtet, ist mit dieser allein wegen der ihr in diesem Zusammenhang zukommenden „Bedeutung" ein Weg zur Physik versperrt.

Mit der absoluten und somit bedeutungsfreien Quanteninformation, die in der biologischen Informationsverarbeitung für das jeweilige Lebewesen spezifisch bedeutungsvoll werden kann, wird nun ein Denkweg angeboten, der von der Physik bis zu den Geisteswissenschaften führt.

Für die Lebenswissenschaften wird damit neben Materie und Energie die zur Steuerung fähige Quanteninformation zur dritten Bestimmungsgröße. Wegen der Äquivalenz dieser drei Größen kann die Quanteninformation jetzt auch naturwissenschaftlich eingeordnet werden.

In der biologischen Literatur wird zutreffend über eine „Kommunikation" zwischen Zellbestandteilen, Zellen, Organen und Lebewesen geschrieben. Mit der Theorie der Protyposis konnte die Erklärung dieses fundamentalen Informationsaustausches der Steuerung und Regulation des Lebendigen an die naturwissenschaftlichen Grundlagen angeschlossen werden. Man kann dazu formulieren:

Alles Leben beruht auf der selbststabilisierenden Steuerung auf allen Stufen seiner Erscheinung, also von der Zelle mit ihren Bestandteilen über Organe bis zum ganzen Lebewesen und seine Beziehungen zu seiner Umwelt. Diese Steuerung erfolgt durch die Kommunikation zwischen allen diesen Entitäten. Dabei wird Quanteninformation zu einer für dieses Lebewesen bedeutungsvollen Information.

Zugleich wird dabei fortwährend Information in verschiedener Weise codiert und decodiert. Dies ist möglich, weil die materiellen und energetischen Träger einen Teil ihrer AQIs zu bedeutungsvollen Informationen werden lässt.

Dass man aus Quantenbits materielle Objekte formen kann, gehört zu den bedeutsamsten Resultaten der Quantentheorie.

Im Rahmen der klassischen Physik stellt dieser Satz eine gewaltige Zumutung dar. Er könnte wohl kaum akzeptiert werden, wenn wir nicht seit einem Jahrhundert die Erfahrung besitzen würden, dass man „Bewegung" in „Materie" umwandeln kann. Das war Einsteins berühmte Entdeckung: $E = mc^2$. Allerdings ist diese Formel so abstrakt, dass viele nicht sehen, dass Energie in vielen Fällen als „Bewegung" verstanden werden darf. Jedoch mit dieser so vielfach bestätigten Kenntnis wird es leichter, auch eine weitere Konsequenz der Quantentheorie zu bejahen:

Nicht nur Bewegung, sondern auch Quanteninformation ist äquivalent zu Materie.

Wenn mit N die Anzahl der AQIs, die ein Objekt formen, und mit $\hbar = h/2\pi$ das Plancksche Wirkungsquantum, geteilt durch 2π, sowie mit t_{kosmos} das gegenwärtige Weltalter bezeichnet wird, dann kann Einsteins Formel ergänzt werden zu

$$E = m\,c^2 = N\,\hbar\,/\,6\,\pi\,t_{kosmos}$$

Seit langem weiß man, dass materielle Körper Energie aufnehmen und wieder abgeben können und dass Energie in der Form von Photonen auch ohne materiellen Träger Wirkungen hervorruft. In ähnlicher Weise kann sowohl Materie als auch Energie Information aufnehmen und wieder abgeben. Aus der Kosmologie kann man lernen, dass Quanteninformation auch ohne einen Träger existieren kann.

Eine auf der Erde stattfindende „Umwandlung von Bewegung in Materie" wurde erst mit den riesigen Beschleunigern und erst seit wenigen Jahrzehnten möglich – und nicht in mittelalterlichen Laboratorien unter alchemistischen Beschwörungsformeln. Was in der Alchemie begonnen wurde, das waren Zerlegungen und Zusammenfügungen von chemischen Verbindungen. Für die gesamte Chemie bleibt die Menge der Materie unter allen praktischen Gesichtspunkten ungeändert, weil die als Photonen abgestrahlte Energie und das Massenäquivalent, welches ihnen entsprechen würde, um viele Größenordnungen unter der Messbarkeitsgrenze liegen. (Theoretisch könnte sich wohl nach der 15. Stelle hinter dem Komma eine Änderung einstellen, aber so genau wird man gewiss noch lange nicht messen können.) Hingegen wird in den riesigen Beschleunigern der Hochenergiephysik aus Bewegungsenergie tatsächlich und feststellbar neue Materie erzeugt.

Ebenso ist auch der naturwissenschaftliche Zusammenhang zwischen Quanteninformation und Energie bzw. Materie keineswegs so trivial, dass er mit einigen simplen Vorstellungen zu begreifen wäre.

Energie kann die Materie bewegen und verformen. Wir wissen auch, dass ein materieller Träger Energie aufnehmen und auch wieder abgeben kann. Dann bewegt sie sich ohne materiellen Trägen z. B. als Photonen durch den Raum.

Wenn wir nun über bedeutungsvolle Information sprechen, so zeigt sich, dass sie ebenfalls auf verschiedene Träger übertragen werden kann – so wie auch Energie auf einen materiellen Körper.

Bedeutungsvolle Information kann z. B. von Papier oder von einem Bildschirm getragen werden. Von diesen Trägern wird Licht reflektiert oder ausgesendet. Die Photonen des Lichts nehmen dabei die bedeutungsvolle Information vom Papier oder vom Bildschirm auf und tragen sie weiter. Photonen anderer elektromagnetischer Wellen bringen Informationen z. B. zum Handy und gesprochene Sprache bringt sie von dort als Schallwellen zum Ohr. Am Empfänger der jeweils bedeutungsvollen Information kann diese von ihm für eine weitere Verarbeitung aufgenommen werden und ins Bewusstsein gelangen. Auch dieses wird von Photonen getragen, welche im Gehirn erzeugt und absorbiert werden.

Information kann – allerdings nur in instabilen Situationen – bereitgestellte Energie auslösen und dadurch die Bewegung von Materie verursachen, z. B. in den Zellen von Muskeln. Bei uns Menschen geschieht dies so lange wir leben – ohne dass wir darüber großartig reflektieren. Seit einigen Jahrzehnten ist es sogar gelungen, technische Geräte zu konstruieren, mit denen eine Informationsverarbeitung möglich geworden ist. Allerdings wird in den Computern wegen der in ihnen konstruierten Trennung zwischen Hard- und Software lediglich klassische Information verarbeitet, während Lebewesen auch quantische Einflüsse verarbeiten und zu Bewusstsein fähig werden können.

Die gesamte kosmische Evolution ist interpretierbar als eine Entwicklung von abstrakter Quanteninformation zu masselosen Photonen und zu materiellen Teilchen, schließlich zu den makroskopischen Objekten wie den Sternen und danach zu Planeten mit Lebewesen.

Die mit der Protyposis eröffnete Erkenntnis ermöglichte es, den in der Philosophie über lange Zeit herrschenden Dualismus von Geist und Materie zu überwinden.

In der Nachfolge von Descartes, hatten die Naturwissenschaften mit einer dualistischen Sicht auf die Welt kaum Probleme. Es gab den Geist, wie jeder denkende Mensch unmittelbar erfahren konnte, und es gab natürlich die Materie, z. B. die des Körpers. Raum und Zeit bildeten den Rahmen, in welchem alles Geschehen ablief.

Mit Einsteins Allgemeiner Relativitätstheorie, welche Gravitation und Kosmos betrachtet, änderte sich die Situation grundlegend. Nicht einmal mehr Raum und Zeit waren unabhängig von dem Geschehen, welches in ihrem Rahmen ablief. Alles Existierende erscheint miteinander verwoben. Raum und Zeit stellen die Strukturen für die Bewegung der Materie. Jedoch bestimmen andererseits die lokalen Dichten von Energie und Materie die Strukturen von Raum und Zeit.

Aus dieser naturwissenschaftlichen Erkenntnis erwuchs die Überzeugung, dass es in der Wirklichkeit nichts gibt, was nur Wirkungen erleidet, aber keine Wirkungen ausübt. Wirkung bedeutet daher immer ein Wechselspiel.

Sigmund Freud, der sich als Materialist sah, versuchte mit der "psychischen Energie" im naturwissenschaftlichen Rahmen zu bleibe, um so das Geistige aus dem Materiellen heraus zu ermöglichen. Er schrieb aber selbst am Ende seines Lebens zu seinem Programm des Erklärens der Psyche, besonders des Unbewussten;

„Den Ausgang für diese Untersuchungen gibt die unvergleichliche, jeder Erklärung und Beschreibung trotzende Tatsache des Bewusstseins"[17]

Freud sah also ganz klar, dass die Naturwissenschaften, die er damals kennen konnte, keinerlei Möglichkeit für eine Erklärung des Bewusstseins hergaben.

Heute ist es vernünftig zuzugeben, dass beiden, Materie und Energie, mit der Protyposis eine gemeinsame Basis-Entität zugrunde liegt, dass also ein Monismus anzunehmen ist, der es ermöglicht, die Psyche gleichberechtigt einzuschließen.

Dass das Gehirn und seine materiellen Bedingungen einen Einfluss auf die Psyche haben, das wird bereits mit einem guten Wein erkennbar – bei einem schlechten umso mehr. Nun galt lange Zeit, dass andererseits die Psyche ein bloßes Epiphänomen oder eine bloße „Funktion des Gehirns" sein würde. Dann aber könnte aus naturwissenschaftlicher Sicht überhaupt nicht erklärt werden, wieso die Psyche und ihre Inhalte einen Einfluss auf das Gehirn haben.

An der Existenz des Materiellen kann man schwerlich zweifeln. Zusammen mit einer Ablehnung des Dualismus wird dann manchmal fehlerhaft geschlossen, dass es außer der Materie nichts geben kann. Dann muss in dieser Denkstruktur die *reale eigenständige* Existenz des Psychischen verneint werden.

Wenn die Psyche nur Eigenschaft wäre, dann könnte eine Einwirkung der Psyche, also z. B. von Gedanken auf die Nervenzellen, nicht erklärt werden. Die Quantentheorie zeigt jedoch, dass die Festlegung kontextabhängig ist, ob etwas als eigenständiges Objekt oder als eine Eigenschaft einer höheren Quantisierungsstufe zu beschreiben ist.

Dass es für das Materielle eine nichtmaterielle ihm zugrundeliegende Basisstruktur gibt, das lag für lange Zeit außerhalb des Vorstellungsvermögens von vielen. Mit dieser Basisstruktur, mit der Protyposis, wird die wechselseitige Beeinflussung von Gehirn und Psyche auch im Rahmen der Naturwissenschaft erklärt.

Dass das Argument der Psyche als Funktion oder als Epiphänomen schwach ist, wurde am Verlauf der späteren Diskussion zur Hirnforschung deutlich. Da es heute keine ersichtlichen Gründe für einen Dualismus mehr gibt, wurde erst mit der Theorie der Protyposis dieses Problem zufriedenstellend lösbar. Die Psyche als wirkende Quanteninformation ist eine reale Entität.

Bewusstsein und Körper sind verschiedene Erscheinungen, die sich aus ein und derselben Grundsubstanz, einer absoluten, also kosmologisch definierten und bedeutungsoffenen Quanteninformation, den AQIs der Protyposis geformt haben.

Damit wird es möglich, energetische und materielle Quanten, z. B. Lichtquanten, Elektronen, Protonen usw., als dichtgepackte Erscheinungen der Protyposis zu verstehen. Das wird auch daran deutlich, dass diese Objekte bestimmte Eigenschaften haben können, die als bedeutungsvolle Informationen auf einen anderen Träger übergehen können. Die energetischen und materiellen Quanten sind letztlich Formen von abstrakten Bits von Quanteninformation, die ursprünglich bedeutungsfrei sind und die im Zusammenwirken mit anderer Quanteninformation und lebendigen Körpern eine Bedeutung für das jeweilige Lebewesen erlangen können.

Die Inhalte der Psyche erweisen sich damit als solche Erscheinungsformen von AQIs der Protyposis, welche bedeutungsvoll geworden sind.

Auf diese Weise ermöglicht die Quantentheorie es auch, primitive materialistische Vorstellungen aus dem 19. Jahrhundert zu korrigieren, welche meinten, man könne die Wirklichkeit allein auf materielle Objekte reduzieren und müsste folglich die Existenz und Wirkmächtigkeit des Geistigen ignorieren.

5.1.3. Macht die Quantentheorie alles zu Einem, weil alles mit allem zusammenhängt?

Oft hört man die Thesen „Alles hängt mit Allem zusammen" oder auch „Alles ist Eines". Wenn von "alles" gesprochen wird, muss der Kosmos intendiert sein. Um sich ernsthaft diesen Fragen zu nähern ist es zweckmäßig, sie in unterschiedliche Aspekte aufzugliedern.

Der eine Aspekt betrifft die Erkundigung, ob es Bereiche im Kosmos geben kann, die von den anderen so abgetrennt sind, dass es von ihnen keinerlei Wirkungen auf den Rest geben kann. Dazu kann sofort gesagt werden, dass es einen solchen abgetrennten Bereich nicht geben kann.

Der andere Aspekt kann als das Problem verstanden werden, ob es eine einheitliche und letzte Grundstruktur im Kosmos gibt.

Ein dritter Aspekt betrifft die Frage, ob deswegen letztlich „alles eine teilelose Ganzheit" sein würde.

Carl Friedrich v. Weizsäcker hatte die Gedanken zu seiner Ur-Theorie erstmals in seinem Buch „Die Einheit der Natur" einer größeren Öffentlichkeit vorgestellt. Darin erläutert er, dass aus einem grundsätzlichen Verstehen der Quantentheorie eine einheitliche Grundsubstanz erschlossen werden kann – ja sogar erschlossen werden muss.

Im Rahmen der Protyposis kann man feststellen, dass alle Erscheinungen und Objekte im Kosmos letztlich als geformte Quantenbits erklärt werden können. Da ein Quantenbit keinerlei Eigenschaften besitzen kann, ist es unmöglich, ein Quantenbit von einem anderen Quantenbit durch ein beliebiges Merkmal zu unterscheiden. Eigenschaften entstehen erst, wenn sehr viele Quantenbits sich zu Objekten formen und dann einige der AQIs eines solchen Objektes als dessen Eigenschaften interpretiert werden können.

Die Quantenbits sorgen für eine fundamentale Einheitlichkeit des Inhaltes unseres Kosmos, denn alles – z. B. Sterne, Menschen, Blumen, Gedanken – sind letztlich geformte AQIs.

Mit den AQIs ist eine einheitliche und letzte Grundstruktur gegeben.

Wer den Eindruck haben sollte, dass die nachfolgenden und erläuternden Ausführungen vielleicht zu sehr ins Detail gehen würden und wem das Bisherige genügt, der kann zum Kapitel 5.2. auf Seite 128 springen.

Bereits aus der Newtonschen Gravitationstheorie folgt, dass jeder Körper auf jeden beliebigen anderen Körper gravitierend wirkt. Bereits das ergibt einen universellen Zusammenhang.

Wie manche anderen Wissenschaftler betonten z. B. Heisenberg, Pauli und besonders Weizsäcker in vielen ihrer Schriften diesen universellen Zusammenhang und ein daraus folgendes Einheitsdenken. Daher war es für mich eine Überraschung, als ich sogar auf der Feier der Leopoldina zu Weizsäckers 100. Geburtstag einige Wissenschaftler traf, welche ein solches „Einheitsdenken" für überholt erklärten. Auch dafür kann man Gründe angeben. So sind die Übergänge zwischen den einzelnen mathematischen Strukturen der Naturbeschreibung teilweise mit sehr schwierigen mathematischen Grenzübergängen und ebenso mit schwierigen gedanklichen Überlegungen verbunden. Da mag es einfacher sein, sie einfach unverbunden nebeneinander stehen zu lassen.

Nicht nur die theoretischen Erklärungen, sondern vor allem auch die Übergänge in der kosmischen und dann auch in der biologischen Evolution führen vom Einfachen und Strukturarmen zum Komplizierten und Strukturreichen.

Daher würde ein Verzicht auf die Beschreibung der Einheit zugleich einen Verzicht auf eine naturwissenschaftliche Erklärung der entstandenen Realität bedeuten.

Vielleicht kann man diese Argumente als überzeugend empfinden. Dann mag man sich fragen, wieso das alles nur eine halbe Wahrheit sein soll? Die Antwort darauf ergibt sich aus einer Kombination von zwei komplexen Argumenten. Einerseits folgt aus der realen Wirkmächtigkeit der Möglichkeiten ein universeller Zusammenhang von allem Existierenden. Andererseits beobachten wir im Alltag viele Objekte, von denen wir auch mit viel Fantasie nicht behaupten würden, sie seien „Eines". Die physikalische Ursache, dass wir getrennte Objekte im Alltag als Fakten erkennen, folgt aus der Kosmologie. Die Expansion des kosmischen Raumes hat den Platz erzeugt, den wir zwischen den Objekten erkennen.

5.1.4. Einheit oder Ganzheit – faktisch oder möglich?

Im Folgenden soll erklärt werden, dass es für eine wissenschaftliche Begriffsbildung hilfreich sein kann, zwischen Einheit und Ganzheit zu unterscheiden. Eine solche Notwendigkeit wird im Alltag nicht deutlich. Jedoch für ein tiefes Verstehen der Wirklichkeit ist es eine Notwendigkeit und keine bloße philosophische Spitzfindigkeit.

In unserem Alltag gewöhnen wir uns zunehmend daran, dass Verbindungen die räumlichen Trennungen relativieren. Über die sozialen Netzwerke erhalten wir zunehmend den Eindruck, dass die räumliche Entfernung nicht mehr so wie in früheren Jahrhunderten ein unüberwindliches Hindernis für eine Verbindung zwischen Menschen bedeutet. Die dahinterstehenden technischen Strukturen wären ohne die Entwicklung der Quantentheorie vollkommen unmöglich gewesen. Wenn man nur das im Blick hat, dann hat letztlich die Quantentheorie in der Tat die Möglichkeit eröffnet, alle Menschen zumindest informativ miteinander zu verbinden.

Jedoch die Antwort auf die Frage nach der Einheit und der Ganzheit kann als komplizierter und komplexer angesehen werden. Deshalb möchte ich vorsichtiger sein mit der Sprechweise vom „großen Ganzen". Eine solche Begriffsbildung wird oftmals wie eine unbezweifelbare philosophische oder weltanschauliche Wahrheit verkündet. Und das auch dann, wenn dabei noch in kleinen Teilchen, also in getrennten Objekten gedacht wird.

Zur Klärung soll eine sprachliche Differenzierung vorgeschlagen werden.

Mit dem Begriff der „Einheit" soll deutlich gemacht werden, dass eine einheitliche Grundsubstanz die Basis für alle komplexen und komplizierten Erscheinungen bildet.

Diese einheitliche Grundsubstanz ist mit der Protyposis gegeben.

Eine „Ganzheit" soll dadurch ausgezeichnet sein, dass sie keine erkennbaren Teile hat, bevor sie nicht in Teile zerlegt worden ist.

Das ist eine schwierige Denkfigur. In der Physik gibt es zwar klare und deutliche Beispiele für Ganzheiten. Jedoch von den meisten Objekten, die wir am Alltag sehen, können wir uns problemlos auch die Teile vorstellen, ohne dass wir die Objekte dafür zerlegen müssten. Bei allen Säugetieren sehen wir wie automatisch Kopf, Beine und Rumpf. Je komplexer Systeme werden, desto schwieriger wird es, auf sprachliche Unterteilungen zu verzichten. Dann erscheint eher der Begriff des "Individuums" angebracht. Der Mensch als Individuum wäre etwas, an dem zwar Teile erkennbar sind, der aber nicht in Teile zerlegt werden soll. Aber selbst diese These ist nur schwer durchzuhalten, z. B. mit Blick auf die Chirurgie. Manchen Menschen musste z. B. ein entzündeter Wurmfortsatz am Blinddarm oder auch ein Tumor entfernt werden, damit sie weiterleben konnten. Man kann einen Menschen unterteilen in Zellen und Organe und die Mediziner spezialisieren sich jeweils darauf. Wenn allerdings die Ganzheit des Patienten völlig aus dem Blick gerät, dann ist etwas Wesentliches nicht erfasst.

Als Beispiele für physikalische Ganzheiten kann manches vorgeschlagen werden. So wäre der „verschränkte Anteil" eines Systems eine teilelose Ganzheit. Man denke z. B. an den „Spin null" eines Diphotons, wie er in den Abbildungen auf der Seite 88 dargestellt wird. Auch ein supraleitender

Strom, der von unzähligen Elektronen geformt wird, wirkt wie eine teilelose Ganzheit. Der Draht des Magneten, in welchem der supraleitende Strom fließt, ist jedoch in diesem strengen Sinne keine Ganzheit.

Ähnlich ist es mit unserem Bewusstsein und dem Gehirn bestellt. Für die anatomische Struktur und die physiologischen Abläufe im eigenen Gehirn haben wir keinen unmittelbaren Zugriff. Jedoch mit technischen Geräten, z. B. mit NMR, können heute Teile des lebenden Gehirns unterschieden werden. Mein Bewusstsein kann mir wie eine teilelose Ganzheit von bedeutungsvoller Quanteninformation erscheinen, trotzdem kann ich in der Reflexion einzelne Gedanken isolieren.

Für eine Klarstellung ist es weiterhin notwendig, zwischen Möglichkeiten und Fakten zu differenzieren:

Aus dem Blickwinkel der quantischen Möglichkeiten ergibt sich tatsächlich, dass alles miteinander Zusammenhängende eine Ganzheit formt.

Aus der Sicht der Fakten wird ein Zusammenhang, der durch Kräfte erzeugt wird, keine Ganzheit bewirken.

Die Kräfte zwischen zwei Himmelskörpern machen aus diesen beiden keine Ganzheit. Aber natürlich begründen sie einen gegenseitigen Einfluss aufeinander. Dass also nichts innerhalb des Kosmos völlig unabhängig von seinen anderen Bestandteilen sein kann, dass also alles mit allem in bestimmter Weise miteinander wechselwirkt, das dürfen wir als gesichert vermerken. Bereits Newton hatte gesehen, dass die Reichweite der Schwerkraft beliebig weit reicht und somit jeder Körper theoretisch jeden beliebigen anderen Körper anzieht. Natürlich ist diese Wirkung in vielen Fällen so winzig, dass eine experimentelle Überprüfung nicht gelingen kann.

Die mathematische Struktur der Quantentheorie unterscheidet sich von der klassischen Physik vor allem darin, dass sie auf den ersten Blick keine getrennten Objekte kennt. Aus der Mathematik der Quantentheorie folgt, dass zwei Objekte, die miteinander in Wechselwirkung treten, zu einem Ganzen werden. Dieses Ganze hat dann – aufgrund der mathematischen Struktur der Theorie – keine Teile mehr!

Im Alltag erscheint es uns anders. Betrachten wir beispielsweise ein Haus als Ganzes. Wenn es aus Ziegeln gemauert wird und diese Teile durch Mörtel verbunden sind, wird doch niemand auf die Idee kommen wollen, dass im fertigen Haus die Ziegel nicht mehr vorhanden sind!

Wir stehen damit vor zwei gegensätzlichen Aussagen. Die eine lautet: Alles ist ein Ganzes! Die andere entspricht der alltäglichen Erfahrung: die Welt ist voll von Objekten, welche voneinander getrennt oder zumindest unterschieden sind.

Wie lässt sich die Quantenstruktur, welche wechselwirkende Objekte zu Ganzheiten werden lässt, mit der offensichtlichen Unterteilung der Realität in getrennte Objekte vereinbaren?

Warum ist die Welt voll von Objekten, deren Verhalten wir erst einmal gut mit der klassischen Physik beschreiben können? Für die Berechnung der Bewegung der Planeten wird wohl niemals Quantentheorie verwendet werden – obwohl dies natürlich möglich wäre.

Wir merken bereits am simplen Beispiel des Hauses, dass wir es mit „alles ist eins" wohl nur mit einer halben Wahrheit zu tun haben, und dass es komplizierter wird, die Wirklichkeit darzustellen.

Wie kann es kurz wissenschaftlich begründet werden?

Max Plancks große Entdeckung war, dass ein „Je mehr" an Energie oder Masse verbunden ist mit einem „Desto kleiner" für die charakteristische Ausdehnung des betreffenden Objektes. Diese Ausdehnung ist – wie bereits geschildert – für die Photonen die Wellenlänge und für Teilchen mit Masse die Comptonwellenlänge.

Es sei also noch einmal daran erinnert, dass im Rahmen der Quantentheorie eine Verbindung zwischen Masse/Energie und Ausdehnung besteht: Je mehr Masse, desto kleiner die Ausdehnung. Bereits im Jahre 1899 hatte Max Planck als erster über eine Länge gesprochen, die man jetzt als die Planck-Länge bezeichnet.

Die Planck-Länge ist die kleinste Länge, von der wir annehmen dürfen, dass sie – zumindest im Prinzip – als real, als Ausdehnung eines Objektes, gedacht werden darf.

Als Möglichkeiten erlaubt die Quantentheorie kleinere Längen, diese können jedoch niemals als Fakten erscheinen.

Unter praktischen Gesichtspunkten ist die Planck-Länge winzig klein, 10^{-35} m, aber sie ist von der mathematischen Null deutlich verschieden. Technisch ist sie wohl noch für Jahrhunderte jenseits des Erreichbaren. Natürlich kann ich in der Fantasie oder in der Mathematik über noch kleinere Längen und sogar über Punkte sprechen. Physikalisch realisieren kann man das jedoch nicht. Wenn man im physikalischen Experiment immer mehr Energie konzertiert, um immer kleinere Wellenlängen zu erzeugen, so würde der Prozess des Kleinerwerdens an der Plancklänge in sein Gegenteil umschlagen. Der Versuch, ein noch kleineres Quantenobjekt herzustellen, würde kein Quantenteilchen, sondern ein mikroskopisches Schwarzes Loch erzeugen – mit einer Ausdehnung größer als die Plancklänge!

Im Rahmen der Berechungen der Theorie der Protyposis hat sich die Planck-Länge als eine logische Folge aus dem Zusammenspiel von Quantentheorie und Mathematik ergeben.

Die Quantentheorie verbietet nicht, sich den Kosmos als quantische Ganzheit vorzustellen. Dann wäre er vollkommen strukturlos und natürlich ohne jedes faktische Objekt. Es gäbe keinen Beobachter, der vom Rest getrennt wäre. Da Naturwissenschaft keine Gegenstände hätte, kann man wohl höchstens darüber meditieren.

Was kann noch real als eine quantische teilelose Ganzheit erscheinen?

Wir bedenken noch einmal die Korrelation zwischen Länge und Masse. Die Planck-Länge ist mit einer charakteristischen Energie beziehungsweise mit einer *charakteristischen Masse* verbunden. Diese erweist sich im Rahmen der Quantentheorie als die *Planck-Masse* von etwa 10^{-5} g, also etwas mehr als 10 µg. Das entspricht ungefähr der Größenordnung der Masse von etwa 100 Mrd. Influenzaviren oder etwa 10 Mrd. Bakterien. Diese für atomare Verhältnisse doch recht große Masse gibt an, bis zu welcher Grenze ein Quantenobjekt noch als eine teilelose Ganzheit faktisch erscheinen kann. Anton Zeilinger hatte mir gegenüber einmal geäußert, er wolle seine spektakulären Interferenzversuche auch mit Viren durchführen. Dann könnten auch die Biologen nicht mehr an deren quantischen Eigenschaften zweifeln. Die Größenordnungen machen verständlich, dass keine physikalischen Gründe dagegensprechen. Aber natürlich sind die experimentellen Schwierigkeiten für solche Versuche extrem groß.

Nur Quanten mit einer kleineren Masse als der Planck-Masse und deshalb mit einer größeren Wellenlänge als der Planck-Länge können als eine reale teilelose Quantenganzheit auftreten.

Damit wären dann auch z. B. Doppelspaltversuche nur bis zu dieser Grenzmasse möglich. Mit der Planck-Masse wird eine Grenze erreicht. Leichtere Objekte, z.B. Atome. Moleküle und Viren, *können* als Quantenganzheit wirken, sie *müssen es aber nicht* in allen Situationen. So kann ein Molekül manchmal wie teilelos wirken und in anderen Situationen den Aufbau aus verschiedenen Atomen deutlich werden lassen.

Schwerere Objekte erscheinen nur dann für uns faktisch als teilelos, wenn sie uns als Schwarze Löcher entgegentreten.

Die Planck-Masse entspricht dem schwersten Quantenteilchen und zugleich dem leichtesten Schwarzen Loch.

Systeme, deren Masse größer ist als eine Planck-Masse und die keine Schwarzen Löcher sind, werden *faktisch* als zusammengesetzt aus Teilsystemen erscheinen.

Für solche Systeme mit größerer Masse ist die Zerlegung in kleinere Strukturen in der Tat ein Weg ins Einfachere.

Er entspricht dem linken Ast der Kurve auf Seite 114. Von dieser Erfahrung wird die Vorstellung von „kleinsten elementaren Teilchen" seit der Antike gespeist. Sie wird jedoch unzutreffend, je weiter wir in den Bereich der Quantentheorie eindringen.

Für Teilsysteme von massereichen Systemen werden sich jedoch immer wieder auch solche Zustände einstellen können, bei denen sich für diesen Teil ein ganzheitlicher Quanten-Charakter zeigt.

Die bedeutungsvolle Quanteninformation unserer Psyche ist unter energetischen Gesichtspunkten sehr klein. Selbst die Energie der Photonen, zu denen dieses System von Quanteninformation gehört, ist winzig. Wenn wir dazu das Massenäquivalent berechnen würden, so bliebe dieses weit unter der Planck-Masse. *Somit kann die Psyche als teilelose Quantenganzheit erscheinen.*

Jedoch ist die Energie oder gar die Ruhmasse der ATP-Moleküle, welche die Energie für die Informationsverarbeitung in den Zellen bereitstellen, keinesfalls gemeint, wenn von einer *quantischen Ganzheit von Anteilen der Psyche* gesprochen wird. Das Argument der Ganzheit trifft natürlich erst recht nicht auf das Gehirn mit seinen ca. 1,3 kg Ruhmasse zu. Unsere Psyche wird sich deshalb in manchen Situationen wie eine quantische Ganzheit verhalten *können*, das Gehirn jedoch nie.

In anderen Situationen, z. B. wenn in der Reflektion darüber nachgedacht wird, was man gerade denkt, ergibt sich notwendigerweise eine Zerlegung auch des Bewusstseins in getrennt agierende Teile.

Zusammenfassend können wir feststellen:

Die einheitliche Grundsubstanz, die AQIs der Protyposis, garantieren den universellen Zusammenhang im Kosmos. *Teilelose Ganzheiten* begegnen uns im Kosmos als massearme Quantensysteme oder als Schwarze Löcher.

5.2. Wie soll die Quantentheorie interpretiert werden?

Die Interpretationen der Quantentheorie werden zumeist an den jeweils unterschiedlichen Rollen des „Beobachters" unterschieden. Diese verschiedenen Rollen reichen von der Vorstellung Wigners, dass das Bewusstsein des Beobachters den Messprozess auslöst, bis zu der Bohms, in dem ein Beobachter als überflüssig angesehen wird.

Die klassische Physik formuliert es zwar zumeist nicht explizit, aber ihre Idealvorstellung besteht darin, dass man „im Prinzip" die Natur so messen und beobachten können sollte, als ob man aus der Natur herausgehoben wäre. Ein „Beobachter" wird in der klassischen Physik so gedacht, dass er das Geschehen wahrnehmen kann, als ob es von ihm unbeeinflusst wäre.

Die Quantentheorie entlarvt eine solche Vorstellung als Illusion. Wir Menschen sind immer Teil der Natur, aus der wir hervorgegangen sind. Wir sind niemals tatsächlich von dem getrennt, was wir beobachten. Oftmals jedoch sind wir in einer sehr guten Näherung vom beobachteten Geschehen abgetrennt. Bereits beim Mond werden wir kaum annehmen wollen, dass er durch unser bloßes Hinschauen beeinflusst wird.

Die Quantentheorie kommt immer erst ins Spiel, wenn wir sehr genau werden. Dann zeigt sich, wir werden unvermeidlich vom Beobachter zum Mitspieler, ja sogar zum Mitautor und Mitgestalter des Stückes, welches gespielt wird. Niels Bohr hat das immer betont.

5.2.1. Lassen sich Quanten-Interpretationen experimentell unterscheiden?

Mancher mag aus seinem Schulunterricht noch mehr oder weniger angenehme Erinnerungen an die Interpretation literarischer Texte haben. „Was will uns der Dichter sagen" war wenigstens in meiner Jugend eine Fragestellung, die zumindest bei mir nicht nur Begeisterung hervorgerufen hat. Denn was der Dichter sagen wollte, das hatte er gewiss aufgeschrieben, und was er nicht aufgeschrieben hatte, das wollte er wohl nicht sagen. Trotzdem stellt natürlich die Interpretation von Texten eine wichtige Auseinandersetzung mit geistigen Inhalten dar – selbst wenn es manchem Lehrer gelungen sein mag, die Begeisterung seiner Schüler dafür etwas zu dämpfen.

Wieso jedoch spricht man über „Interpretationen der Quantentheorie"?

Quantentheorie ist jedenfalls kein literarischer Text, keinerlei dichterische Absicht steht hinter ihr.

Was allerdings hinter der Quantentheorie wie ein strahlender Morgen aufleuchtet, das ist der gewaltigste Umsturz, dem die Naturwissenschaften in ihrem Blick auf die Wirklichkeit ausgesetzt sind.

Die Quantentheorie mit ihrer mathematischen Struktur zeigt uns, dass unser früheres Verständnis der Wirklichkeit in einer grundlegenden Weise ergänzt und verbessert werden musste.

Und dieser Teil betrifft nicht nur die theoretische Struktur, sondern bei ihm geht es um die Bilder und Vorstellungen, die wir als Konsequenz dieser mathematischen Struktur entwickeln wollen und entwickeln müssen.

Die Physik ist ein Theoriegebäude von mathematisch formulierten Strukturen, mit welchen Experimente und Prozesse beschrieben und prognostiziert werden können. Verschiedene Theorien unterscheiden sich in der Regel dadurch, dass sie für viele gleiche Situationen unterschiedliche Prognosen zur Folge haben.

Eine Interpretation einer Theorie erfasst – wie gesagt – die Bilder und Vorstellungen, welche man mit der mathematischen Struktur verbinden möchte. Zu einer gegebenen Theorie und der mit ihr verbundenen mathematischen Struktur kann es also recht verschiedene Interpretationen geben.

Da sie alle die gleiche Theorie betreffen, sind natürlich alle Prognosen über den Ausgang von Experimenten, also über die Messergebnisse, vollkommen identisch. Die Prognosen folgen allein aus der mathematischen Struktur der Theorie. Sie sind unabhängig von den Bildern, die man sich zur Verdeutlichung des Geschehens entworfen hat. Möchte man also experimentell unterscheidbare Ergebnisse erhalten, so muss man eine abgeänderte Theorie verwenden. Eine andere Theorie würde natürlich auch eine andere Interpretation erzwingen.

Die Prognosen betreffen Wahrscheinlichkeitsaussagen für die Messergebnisse. Ein Lichtpunkt beim Auftreffen eines Teilchens auf dem Schirm hinter einem Doppelspalt ist das Messergebnis. Dieser Ort des Auftreffens wird in dem Bereich liegen, der im Rahmen der Quantentheorie errechnet wurde. Das Ergebnis ist unabhängig davon, ob ich mir vorstelle, dass das Teilchen einen faktischen Ort erst durch die Wechselwirkung am Schirm einnimmt, oder ob ich mir vorstelle, dass es – wie bei Bohm – auch zuvor auf einer festgelegten Bahn gelaufen ist, die uns Menschen jedoch unerkennbar bleibt.

Verschiedene Interpretationen können also niemals durch Experimente unterschieden werden, unterscheiden lassen sich nur verschiedene theoretische Ansätze mit ihren verschiedenen mathematischen Strukturen.

Es ist vielleicht hilfreich, den Unterschied zwischen einer theoretischen Beschreibung und einer Interpretation mit der Metapher eines Theaterstückes zu verdeutlichen.

Wenn man nach dem Besuch eines Theaterstücks den Inhalt wiedergibt, so wäre dies in Analogie zu setzen zu einer theoretischen Beschreibung eines Experimentes. Wenn man in der Nacherzählung eine Bühnenfigur sterben lässt, obwohl im Stück dieser Person ein solches Schicksal erspart worden war, so würde dies einer anderen Theorie entsprechen.

Wie man sich jedoch im Theater gefühlt hat, wie gut oder wie wenig einem das Stück gefallen hat, das entspricht der Interpretation einer Theorie.

Es erscheint selbstverständlich, dass zwei Personen im selben Theaterstück verschiedene Gefühle und Empfindungen haben können. So können auch zwei Physiker den gleichen quantenphysikalischen Sachverhalt verschieden interpretieren und zu den experimentellen Ergebnissen recht verschiedene emotional besetzte Vorstellungen entwickeln. Im Gegensatz zu zwei verschiedenen Theorien werden natürlich trotz verschiedener Interpretationen die Prognosen über künftige Ergebnisse von Experimenten vollkommen identisch sein, da sie ja die gleichen mathematischen Strukturen benutzen.

Wenn also „die" eine Quantentheorie mit verschiedenen Interpretationen ausgeschmückt wird, so wird man trotzdem die gleichen experimentellen Ergebnisse und die gleichen Voraussagen erhalten. Trotzdem findet man gelegentlich Artikel, in denen vorgeschlagen wird, verschiedene Interpretationen der Quantentheorie experimentell gegeneinander zu testen.

Wenn man sich mit einem so schwierigen und über die Physik hinausreichenden Problem wie den Interpretationen der Quantentheorie befassen möchte, dann ist es notwendig, zwischen verschiedenen Interpretationen ein und derselben theoretischen Struktur einerseits und verschiedenen theoretischen Strukturen andererseits sorgsam zu differenzieren.

Weshalb Interpretationen für die Quantentheorie bedeutsam sind, ist auch darin begründet, dass sie eine Theorie über Möglichkeiten ist – und es ist besonders naheliegend, dass man konkrete Möglichkeiten sehr verschieden bewerten und interpretieren kann.

Während also eine Interpretation für die Theorie selbst zu keinen messbaren Konsequenzen führen kann, sind die Interpretationen jedoch für die weitere wissenschaftliche Entwicklung recht bedeutsam. Die kreativen Vorstellungen, die wir Menschen entwickeln, um in neuen Bereichen neue Erkenntnisse zu gewinnen, hängen in hohem Maße von solchen Bildern ab. Bilder und Begriffe lenken – zumeist unbewusst – den kreativen Erkenntnisprozess.

Besonders die Quantentheorie hat gezeigt, wie ungeeignete Begriffe und unpassende Bilder die wissenschaftliche Erkenntnis behindern können.

Man denke beispielsweise an die Vorstellung, die dem Atombegriff beigeordnet ist, dass es nämlich „im Kleinen einfacher wird".

Da die Quantentheorie eine teilweise Verabschiedung von Vorstellungen bedeutet, an die man sich in der Wissenschaft seit einigen Jahrhunderten gewöhnt hatte, so gibt es immer wieder Versuche, sie wenigstens in der sprachlichen Beschreibung an die alten Ideale anzupassen. Schließlich kann man an der mathematischen Struktur der Quantentheorie nichts ändern, ohne dadurch zu einer schlechteren Beschreibung der Natur zu gelangen.

Ein Messergebnis darf keine bloße Möglichkeit sein, es muss ein Faktum sein. Es muss eine Tatsache darstellen.

Mit der Konstatierung einer Tatsache verlässt man den durch die Quantentheorie erfassten Beschreibungsbereich der Möglichkeiten.

Der Ablauf eines naturwissenschaftlichen Experimentes oder eines Prozesses in der Natur ist die eine Sache, die Bewertung eines solchen Vorganges (z. B., dass er als abgeschlossen verstanden werden darf) ist eine andere. Derartige Prozesse geschehen ständig und fortwährend überall – mit und ohne Menschen. Ihre Bewertung setzt Leben voraus und ihre Beschreibung auf jeden Fall ein menschliches Bewusstsein.

Die sprachliche Reflexion über Naturgesetze ist dem Menschen vorbehalten. Das Bewerten einer Situation hingegen ist eine Eigenschaft, welche allem Lebendigen zukommt. Dies beginnt bei den Einzellern und setzt sich bei Pflanzen, Pilzen und Tieren fort. Eine solche Informationsverarbeitung erfolgt vor allem instinktmäßig. Dabei werden die für das Weiterleben jeweils wichtigen Aspekte verarbeitet.

Mathematisch bedeutet der Übergang von den Möglichkeiten zu einer Tatsache, dass man einen Grenzprozess durchführt.

Die verschiedenen Interpretationen der Quantentheorie unterscheiden sich dann dahingehend, wie man diesen mathematischen Prozess durch anschauliche Bilder illustriert und nach welchem Kriterium dieser Grenzübergang als abgeschlossen verstanden werden soll.

Ein Grenzübergang ist eine mathematische Struktur, bei welcher man eine bestimmte Variable unendlich groß (und damit den Kehrwert beliebig klein) werden lässt. In der Mathematik bereitet ein solcher Vorgang, dass eine Variable beliebig groß wird, keine Schwierigkeiten. In der Realität jedoch treten Unendlichkeiten niemals auf.

Für eine *Beschreibung* der Realität ist also ein Mensch notwendig. Dieser kann und muss entscheiden, ob und wann er den Vorgang so betrachten will und kann, als ob ein betreffender Grenzübergang abgeschlossen sein würde. Für die Beschreibung der Erscheinungen in der äußeren Umwelt ist das Bewusstsein dieses Menschen unerlässlich, aber für den Vorgang als solchen ist es irrelevant. Die Realität der Natur muss für die Naturwissenschaften als gegeben verstanden werden, auch ohne oder vor den Menschen. Eine Entscheidung aber, ob eine physikalische Variable in der Beschreibung so verstanden werden darf, als ob sie unendlich groß geworden ist, ist kein objektiver Vorgang, sie wird von einem Menschen je nach dessen Einsicht getroffen.

Der Beschreiber kann eine Situation erst bewerten und dann beschreiben, wenn er sie zur Kenntnis nehmen kann. Erst dann kann er wissen, was in der Zeit davor geschehen ist oder auch nicht, z. B. ob Schrödingers Katze noch lebt oder ob sie bereits gestorben ist. Die Vorstellung einer „Überlagerung" ist für Katzen – wie oben beschrieben – völlig absurd – nicht jedoch für das radioaktive Atom. Bevor der Beschreiber in den Kasten schaut, wird seine beste Beschreibung des Atoms in einer quantentheoretischen Überlagerung von Zerfallen und Nichtzerfallen des Atoms bestehen.

Die reine quantentheoretische Beschreibung kann im Rahmen der Dekohärenz lediglich erfassen, dass die Wahrscheinlichkeiten beliebig nahe bei null oder eins liegen. Wenn wir die Realität der Fakten erklären wollen, die schließlich für uns als gewiss erscheint, dann ist festzustellen, dass das Modell der Dekohärenz sie recht gut erfasst. Für eine exakte mathematische Beschreibung ist allerdings noch vom Beschreiber der Grenzübergang von „so gut wie null" zu „null" vorzunehmen.

Der Übergang von Möglichkeiten, die „so gut wie gewiss sind", zu einem Faktum, welches als Tatsache zu verstehen ist, ist ein Wechsel in der Beschreibung der Natur, nicht im Verhalten der Natur selbst.

Diese Beschreibungsänderung entspricht der Ablösung der quantentheoretischen Beschreibung durch eine solche aus der klassischen Physik.

Solange man also allein mit der klassischen Physik die Vorgänge in der Natur beschrieben hatte, gab es keinen solchen Wechsel der theoretischen Grundstruktur. Dies änderte sich jedoch mit der Quantentheorie und mit dem damit notwendig gewordenen Wechsel zwischen Möglichkeiten und Fakten.

Dieser Wechsel zwischen den theoretischen Grundstrukturen der Beschreibung liegt in der Verantwortung eines Beobachters. Dieser Wechsel sollte unter der Maßgabe einer möglichst guten Beschreibung der Naturvorgänge erfolgen.

Die Art und Weise, wie man die Stellung des Beobachters in diesem Beschreibungsrahmen festlegt, unterscheidet vor allem die verschiedenen Interpretationen der Quantentheorie.

So wie Albert Einstein und Richard Feynman sahen und sehen viele Physiker das Ideal einer jeden Naturbeschreibung in einem determinierten Ablauf von Tatsachen. Gemäß einer solchen Vorstellung darf es die Möglichkeiten nicht in der Realität, sondern lediglich in deren Beschreibung und als Folge von unzureichendem Wissen desjenigen geben, der die Beschreibung vornimmt.

Wir hatten davon gesprochen, dass der Übergang von Möglichkeiten zu einem Faktum mathematisch dadurch erfasst wird, dass mindestens eine Größe unendlich groß wird. Da das natürlich auch unendlich lange dauern würde, muss der Vorgang in seiner Beschreibung durch eine andere Beschreibung ersetzt werden, in der dann dieser Übergang als vollzogen angenommen wird. Ein solches Ersetzen ist ein plötzlicher Vorgang – allerdings in der *Beschreibung* eines Vorganges in der Natur, nicht notwendig in der Natur selbst. So werden im Rahmen der Dekohärenz die Terme der Verschränkungen zwischen dem verbleibenden Objekt, welches in einen faktischen Zustand übergeht, und der auslaufenden Information über die dann nicht realisierten Möglichkeiten immer kleiner, welche dann mit dem „Messergebnis" als völlig beseitigt deklariert werden. Die Verschränkungsterme werden also mathematisch erst nach „unendlicher Zeit" zu null.

In den Hochenergie-Experimenten wird in der Beschreibung dieser Zustand von „unendlicher Zeit" sehr erfolgreich und zutreffend bereits nach Bruchteilen von Sekunden als eingetreten beschrieben.

5.2.2. Die Kopenhagener Interpretation

Die erste Darstellung des Verhältnisses von Theorie zu Beobachter im Rahmen der Quantentheorie geschah mit der sogenannten Kopenhagener Interpretation. Diese stammt von Niels Bohr, der in Kopenhagen lehrte und forschte, und von Werner Heisenberg, der Bohr dort oft besuchte. Sie wurde entworfen, als die Quantentheorie lediglich auf den atomaren Bereich angewendet wurde, also in einer Zeit, als sie sich tatsächlich ausschließlich als Mikrophysik verstehen ließ und eine Beziehung zur Biologie noch nicht einmal zu ahnen war.

Wie ist die ursprüngliche Kopenhagener Interpretation zu verstehen?

In ihr hatte man zwischen dem Quantensystem, welches durch die Quantentheorie beschrieben wird, und dem Rest der Welt unterschieden, der nach damaliger Voraussetzung nicht durch die Quantentheorie beschrieben wird. Zu letzterem gehörte auch der Beobachter mit seinem Messgerät. Diese damals vorgenommene Einteilung in die beiden Bereiche markierte zugleich die Unterscheidung zwischen dem Teil der Wirklichkeit, in welchem die Wahrscheinlichkeiten deutlich werden und berücksichtigt werden müssen, und dem anderen Teil, in welchem man physikalisch lediglich über Fakten spricht.

Zwischen Quantensystem und Messgerät erfolgt eine Wechselwirkung. Da das Messgerät nicht durch die Quantentheorie beschrieben werden soll, sondern ein faktisches Ergebnis präsentieren muss, wird die Zeigerstellung in ihm als ein Faktum, als eine Tatsache verstanden werden müssen. Das Messergebnis, z. B. die Ziffern einer Digitalanzeige, kann der Beobachter zur Kenntnis nehmen und er wird danach den Zustand des Quantensystems aufgrund dieser neuen Kenntnis in neuer Weise beschreiben.

Werner Heisenberg hatte sehr frühzeitig darauf hingewiesen, dass es natürlich möglich ist, das Messgerät genauer zu beschreiben. Das würde dann bedeuten, dass man es als aufgebaut aus Atomen interpretieren kann und dass diese Atome natürlich mit der Quantentheorie beschrieben werden können. Heisenberg sprach dann davon, dass man den sogenannten „Heisenbergschen Schnitt", die Grenze zwischen einer Quantenbeschreibung und dem Bereich, der nicht mit der Quantentheorie beschrieben wird, beliebig verschieben könnte. Diese Verschiebung könnte bis zum Körper des Beobachters gehen, nicht jedoch bis zu dessen Bewusstsein, denn der Körper besteht aus Atomen, die unter die Quantenmechanik fallen, das Bewusstsein – so war ihnen klar – besteht jedoch nicht aus Atomen. Dass das Bewusstsein als Quanteninformation verstanden werden muss, lag damals noch weit außerhalb des Horizontes der Physik.

Der Physik-Nobelpreisträger Eugen Wigner zog aus der ursprünglichen Kopenhagener Interpretation den Schluss, dass das Bewusstsein des Beobachters diejenige Entität sei, welche veranlassen würde, dass sich eine Varietät von Quantenmöglichkeiten in eine Tatsache verwandelt. Die damit scheinbar gegebene Sonderrolle eines menschlichen Beobachters und seines Bewusstseins für den Weltablauf im Allgemeinen und für das Entstehen von Tatsachen im Besonderen wurde und wird einerseits vielfach esoterisch extrem überinterpretiert und erregt andererseits bei vielen Physikern einen großen und berechtigten Widerstand.

Dieser Widerstand führte zu Interpretationen, mit denen versucht wurde, den Zufallscharakter der Quantentheorie oder auch den Übergang von den Möglichkeiten zu einem Faktum, den sogenannten „Kollaps der Wellenfunktion", hinweg zu interpretieren.

5.2.3. David Bohms Interpretation

Wenn man die Quantentheorie so interpretieren möchte, als ob auch in ihr eine durchgängig faktische Beschreibung gegeben sein würde, so hat dies Konsequenzen.

David Bohm hat eine solche Interpretation vorgestellt. Er postulierte punktförmige Teilchen – dies ist mathematisch möglich, jedoch physikalisch sehr fragwürdig – und fordert, dass diese sich auf vollständig determinierten Bahnen bewegen sollen. Dazu musste er die mathematische Struktur der Quantentheorie nicht ändern. Sonst wäre es ja eine andere Theorie und nicht eine andere Interpretation. Er gab ihr aber eine etwas andere Gestalt. In dieser Gestalt erscheint die Schrödingergleichung nun wie die Bewegungsgleichung eines Teilchens in der klassischen Physik. Allerdings entsteht bei dieser Umformung der Gleichung ein Term, welcher aussieht wie eine neue Kraft, die auf das Teilchen wirkt.

Durch diese Umformung wurde es Bohm möglich, an der Vorstellung einer determinierten Bewegung punktförmiger Teilchen auf scharfen Bahnen wie in der klassischen Physik festzuhalten.

Die oben erwähnte Änderung in der Beschreibung eines Quantensystems hat nun eine für die Physik sehr unangenehme Konsequenz für die Struktur dieser erwähnten fiktiven Kraft.

Seit der Entdeckung der Relativitätstheorie ist in der Physik bekannt, dass sich keine realen Wirkungen schneller als mit Lichtgeschwindigkeit ausbreiten können. Reale Wirkungen von Kräften, die sich schneller als mit Lichtgeschwindigkeit ausbreiten sollten, würde man daher wohl als eine Form von Magie ansehen müssen.

Die Umformulierung, welche Bohm vorgenommen hatte, war gleichbedeutend mit der Einführung einer fiktiven Kraft, des sogenannten Quantenpotentials. Die oben erwähnte plötzliche Veränderung der System-Beschreibung, mit welcher der Grenzübergang als beendet definiert wurde, findet sich nun bei Bohm als eine Eigenschaft des Quantenpotenzials wieder. Da dieses jedoch als eine reale Kraft interpretiert werden muss, würde für diese als unvermeidliche Konsequenz eine unendlich schnelle Änderung über beliebige Entfernungen folgen.

Einstein hatte sich mit dem berühmt gewordenen und in der Einleitung zitierten Satz: „Der Alte würfelt nicht" gegen die Möglichkeitsinterpretation der Quantentheorie gewendet. Nach seinem philosophischen Weltbild sollte sämtliches Geschehen im Kosmos vollständig determiniert ablaufen.

Mit der Bohmschen Version der Quantentheorie wird eine deterministische Form der Quantenmechanik vorgestellt, in der es scheinbar keinen objektiven Zufall gibt und in der alle Quantenvorgänge wie faktisch determiniert ablaufen. Der Preis dafür ist allerdings hoch, man muss eine grundlegende Verletzung von Einsteins Spezieller Relativitätstheorie postulieren, damit es die dafür notwendige reale Kraftwirkung geben kann, welche über beliebige Entfernungen mit unendlicher Geschwindigkeit Wirkungen erzeugt. Aus physikalischer Sicht spricht natürlich so viel für die Spezielle Relativitätstheorie, dass nur die wenigsten Physiker diese vielfach bewährte Theorie als falsch erklären möchten.

Die Quantentheorie zeigt also:

Man kann entweder Einsteins bewährten und vielfach bestätigten physikalischen Erkenntnissen über die Relativitätstheorie oder Einsteins philosophischen Vorstellungen über eine Determiniertheit der Wirklichkeit folgen, jedoch nicht beiden zugleich.

An dieser Stelle wird auch deutlich, wie eng Quantentheorie und Spezielle Relativitätstheorie zusammenhängen, auch wenn das bei der Entdeckung dieser beiden Theorien noch nicht offensichtlich geworden war.

Eine noch seltsamere Interpretation der Quantentheorie als die Bohmsche ist die „Viele-Welten-Interpretation" von Everett.

5.2.4. Quantentheorie – eine Theorie über „viele Welten"?

Ein besonders in der Science-Fiction Literatur sehr beliebter Blick auf die Quantentheorie besteht in der Behauptung, sie sei eine Theorie über viele Welten. Diese Interpretation wurde ebenfalls als Gegenentwurf zur Kopenhagener Interpretation entwickelt und erfreut sich bis heute auch unter vielen Physikern einer großen Beliebtheit. Manch einer von ihnen behauptet sogar, sie sei die einzig mögliche Interpretation dieser Theorie.

Allerdings sollte man sich in diesem Zusammenhang fragen, was ein solcher unklarer Ausdruck bedeuten kann. Wenn es zwischen diesen „Welten" immer wieder Möglichkeiten für einen Austausch gibt, dann sind sie Teile unseres Universums. Wenn es keinen Austausch gibt, dann ist jegliche Kenntnis über sie ausgeschlossen.

Ein weiterer und für den Nichtfachmann verwirrender Aspekt der "Viele-Welten-Interpretation" der Quantentheorie besteht darin, dass sie keineswegs etwas mit Kosmologie zu tun hat. Wie in der Quantenmechanik und in der Quantenfeldtheorie üblich, wird als Modell des Raumes der Minkowski-Raum gewählt – also ein "Labor", dessen Wände sich in allen drei Raumrichtungen und in der Zeit von $-\infty$ bis $+\infty$ unendlich erstrecken. Der Minkowski-Raum ist nützlich für Fragen der Teilchenphysik, weil er geometrisch so einfach ist, aber er ist völlig ungeeignet, mit dem realen Kosmos verbunden zu werden.

Der Ausgangspunkt für die "Viele-Welten-Interpretation" war der für viele Physiker bis heute recht ärgerliche „Kollaps der Wellenfunktion", also der Übergang von einer quantischen Wahrscheinlichkeitsbeschreibung zu einer klassischen Beschreibung von und mit Fakten. In der Kopenhagener Interpretation wird der Kollaps durch die „Beobachtung" des Beobachters festgestellt. Der damit notwendige Bruch mit der mathematischen Struktur der Quantentheorie erregt teilweise noch immer großen Widerstand.

In der ursprünglichen Kopenhagener Interpretation erfolgte ein Ausschluss des Beobachters mit seinem Bewusstsein aus dem Geltungsbereich der Quantentheorie. Der Beobachter stellt lediglich den Eintritt eines Messergebnisses fest, also allgemein den eines Faktums. Er steht damit eigentlich sogar außerhalb des Geltungsbereichs der Naturwissenschaft. Das sollte mit der Viele-Welten-Interpretation überwunden werden. Besonders kritisch sieht man es an – und aus meiner Sicht zurecht – wenn das Bewusstsein des Beobachters als Auslöser und als Ursache eines Messvorganges dienen soll. Manche Physiker, wie z. B. Wigner, hatten dies im Gefolge der Kopenhagener Interpretation so gesehen. Wenn allerdings erst das Bewusstsein eines Beobachters zu einem Messprozess und damit zu einem Faktum führt, dann dürfte es seltsamerweise vor der Existenz der Quantenphysiker oder zumindest vor der Existenz der ersten Beobachter (also der Menschen?) keine Fakten gegeben haben.

Ein nicht unbedeutender Teil der Physiker empfindet im Gegensatz zu vielen ihrer Kollegen die Quantentheorie als eine so klare und schöne Theorie, dass sie die Verletzung einer durchgängigen quantenphysikalischen Beschreibung, wie sie in der Kopenhagener Interpretation der Quantentheorie mit dem Messprozess einhergeht, nicht akzeptieren möchten.

Hugh Everett schlug eine Interpretation vor, welche den Anschein erweckte, dass man diese missliche Verletzung der mathematischen Struktur der Quantentheorie nicht mehr ertragen müsse.[18] Außerdem wird dabei behauptet, dass ein Beobachter für das Geschehen eines Messprozesses überflüssig sei und somit die auf einen Beobachter konzentrierte Formulierung der Quantentheorie aufgehoben sei. Damit würde sich natürlich vor allem auch der manchmal behauptete scheinbare Einfluss vom Bewusstsein des Beobachters auf den Ablauf des Messprozesses erübrigen, der bei sehr vielen Physikern eine besonders große und berechtigte Ablehnung hervorgerufen hatte.

Everett hatte vorgeschlagen, dass die Wellenfunktion niemals reduziert wird. Anstelle der Reduktion kann sein Vorschlag so interpretiert werden, dass sich das Bewusstsein des Beobachters in so viele Exemplare aufspaltet, wie es mögliche Messergebnisse gibt. Diese Bewusstseins-Exemplare dürfen natürlich nichts voneinander wissen. Jedes Bewusstsein sieht jeweils sein spezielles Messergebnis „als Faktum" und der gesamte Kosmos verbleibt als Überlagerung aller der Möglichkeiten, die in der unreduzierten Schrödingergleichung vorkommen.

Dabei bleibt natürlich unklar, ob es überhaupt Fakten tatsächlich gibt, oder ob nur „mögliche Bewusstseine" ihre jeweiligen „möglichen Fakten" lediglich für Fakten halten. So komplizierte Überlegungen werden zumeist nicht angestellt. Everetts Vorschlag wird zumeist so geschildert, dass sämtliche Möglichkeiten, die ein Quantensystem vor dem Messprozess hat, alle als ein Messergebnis und damit als ein Faktum realisiert werden.

Dies ist natürlich in der Realität vollkommen unmöglich.

Sehr viele Möglichkeiten müssen sich widersprechen, wenn sie als Fakten gedacht werden. (Man kann nicht zur gleichen Zeit die Möglichkeit faktisch werden lassen, ins Kino und zum Fußball zu gehen – oder physikalisch einen exakten Ort und eine exakte Geschwindigkeit existieren zu lassen.)

Die Everettsche Interpretation wurde daher später zumeist so dargestellt, dass für jede der einander widersprechenden Tatsachen ein eigenes Universum zu postulieren sei. Diese müssen alle zugleich in dem Moment entstehen, in dem der Messvorgang stattfindet.

Für jede Möglichkeit eines Quantensystems entsteht also ein vollständiges neues Universum, in welchem genau diese Möglichkeit zum Messergebnis wird. Falls ein Beobachter anwesend ist, so entstehen natürlich bei diesem Prozess in jedem Augenblick Milliarden und Abermilliarden von immer wieder neuen Exemplaren des einen Beobachters, also so viele, wie jeweils das Quantensystem zuvor an Möglichkeiten gehabt hat. Jedes Beobachter-Teil-Exemplar hat nur die Kenntnis aus seinem aktuellen Universum und kann natürlich gar nicht wissen, dass es die – bei normalen Quantensystemen sogar unendlich vielen anderen Exemplare von ihm – überhaupt gibt. (Da es natürlich nicht nur einen, sondern viele verschiedene Beobachter auf der Erde gibt – auch bewusstseinsfähige Tiere müssten wohl alle berücksichtigt werden – müssen diese alle zu jeweils unendlich vielen Exemplaren ihrer selbst werden, so dass die unendlichen vielen Universen auch noch für jede Kombination von allen Beobachtern und Tieren vervielfältigt werden müssen.)

Diese Vervielfachung kann starke kryptoreligiöse Züge tragen. Wir denken z. B. an einen Fall, dass ein Katholik sich vom Katholizismus abgewendet hat, weil er mit den bisher vermittelten zu naiven Bildern nicht mehr zurechtkam und er dann für einige Exemplare von sich in den vielen Welten Chancen sieht, die ihm in der hiesigen Realität verwehrt sind. Auch wenn Physiker, die Anhänger dieser Vorstellungen sind, in populärwissenschaftlichen Filmen befragt werden, so spekulieren sie darüber, ob sie in anderen Welten ein Popstar oder ein berühmter Künstler sein würden. Niemand in den Filmen stellt sich vor, ein armer Landarbeiter oder gar behindert zu sein!

Für jedes einzelne Exemplar eines Beobachters ist die Situation in der Viele-Welten-Interpretation exakt so, wie sie bereits in der Schilderung der Kopenhagener Interpretation dargelegt wurde. Das Exemplar erlebt die Reduktion der Wellenfunktion exakt so, wie sie dort geschildert wird – aber ohne den ganzen Viele-Welten-Zauber drumherum.

Für jedes einzelne Teilexemplar hat sich die Wellenfunktion aller Möglichkeiten auf ein Faktum reduziert. Aber jeder fiktive Teil-Beobachter kann immerhin phantasieren, dass dies „eigentlich" nicht passiert sei. Vielmehr sei nämlich in den anderen Universen, von denen er allerdings nichts wissen kann, jede der anderen Möglichkeiten ebenfalls faktisch geworden. Für mich und viele andere sind das recht absurde Vorstellungen.

In dieser Interpretation kann nicht mehr zwischen Messung und normalem quantischen Ablauf unterschieden werden. Daher bleibt auch das Problem ungelöst, in welcher Situation die Messprozesse mit den fortwährenden Vervielfältigungen der Universen stattfinden sollen und wann stattdessen eine der ganz normalen quantischen Entwicklungen der Möglichkeiten geschehen wird, bei welcher diese *nicht* zu Fakten in vielen verschiedenen Universen werden, sondern normale quantische Möglichkeiten bleiben.

Wie kann also zwischen der „normalen Entwicklung" der Quantenmöglichkeiten und einer „Universen-Aufspaltung" unterschieden werden?

Wenn sich gemäß der Viele-Welten-Hypothese das Universum und der Beobachter aufspalten, dann sieht jeder dabei vervielfältigte Beobachter in seinem jeweiligen dabei erzeugten Universum ein Faktum.

Das jeweilige Beobachter- bzw. das jeweilige Bewusstseins-Exemplar wird also feststellen, ob – exakt wie bei der Kopenhagener Interpretation – die ihm zugängliche Wellenfunktion reduziert wurde oder nicht.

In seinem jeweiligen Universum sind die angeblich weiterhin vorhandenen Möglichkeiten nicht mehr zugänglich, denn sie sollen ja als Fakten in anderen Universen existieren.

Alles das kann man natürlich mit Bohr und Heisenberg und der Kopenhagener Interpretation wesentlich einfacher haben, ohne eine unendliche Menge von unbeobachtbarer Fantasie einführen zu müssen.

So sympathisch und richtig die Vorstellungen sind, dass die Quantentheorie eine universale Gültigkeit besitzt und dass es in der Natur auch dann Fakten geben wird, wenn kein „Beobachter" anwesend ist, so wenig sympathisch ist die große Menge an fantasierter Realität, welche mit dem Argument einer solchen, als „realistisch" bezeichneten Interpretation der Quantentheorie angeblich postuliert werden muss.

Als eine Variante der Viele-Welten-Theorie können die „consistent histories" angesehen werden. Man kann diesen Ansatz so interpretieren, dass dabei zwischen Präparation und Messung eines Quantensystems fiktionale klassische Verhaltensweisen postuliert werden. Da natürlich nicht jede völlig beliebige Fantasie als real stattgefunden angesehen werden kann und darf, wurden mathematische Bedingungen formuliert, welche die möglichen Verhaltensweisen von den unmöglichen zu unterscheiden gestatten. Dazu wird – ein eventuell sogar übernatürliches – IGUS (Information Gathering and Utilizing System) postuliert, welches dann eine Vergangenheit beobachtet haben könnte. Die Beobachtungen des IGUS würden dann zum „Kollaps der Wellenfunktion" und damit zu Fakten führen. Zwischen Präparation und Messung werden dann „verschiedene historische Abläufe" zugelassen, welche jeweils von einem IGUS beobachtet worden sind – allerdings nicht solche Geschehnisse, die sinnvolle physikalische Annahmen verletzen würden.

Bei vielen Darstellungen der Everett-Interpretation kann man den Eindruck gewinnen, dass der Unterschied zwischen der Natur und ihrer Beschreibung durch die Quantentheorie nicht deutlich herausgearbeitet wird. Da in der Everett-Interpretation für jedes einzelne Beobachter-Teil-Exemplar die Reduktion des Wellenpaketes in gleicher Weise stattfindet wie in der Kopenhagener Interpretation, haben Weizsäcker und ich vor vielen Jahren ein Wörterbuch vorgeschlagen, welches zwischen der Everettschen und der Kopenhagener Interpretation zu übersetzen erlaubt.[19] Dieses „Wörterbuch" enthält lediglich einen Eintrag: wo bei Everett gesprochen wird von „vielen Welten", ist in Kopenhagen zu sprechen von „vielen Möglichkeiten". Und diese quantischen Möglichkeiten existieren in unserem Kosmos – nicht außerhalb von diesem.

Es ist klar, dass Everetts Interpretation durch keinerlei Experiment widerlegt werden kann – sie wäre ja sonst keine Interpretation, sondern eine andere Theorie als die Quantentheorie. Da alle die fantasierten Universen zumindest nicht der Erfahrung zugänglich sind, können sie auch in keinem Experiment auftauchen. Solche Vorstellungen werden dann als Teil der Naturwissenschaft zu etwas Absurden, wenn sie in der Darstellung wie Fakten erscheinen können.

Da diese Interpretation einerseits nicht widerlegt werden kann, jedoch andererseits mit ihr eine praktisch unendliche Menge von Ereignissen postuliert wird, von denen keinerlei wissenschaftliche Kenntnisnahme möglich ist, rechne ich sie zu den Halbwahrheiten.

5.2.5. Ein kurzer Ausflug ins Multiversum

Everetts Interpretation der Quantentheorie hat auch außerhalb des engeren Bereiches der Quantentheorie seltsame Auswirkungen gehabt. Der Begriff "Viele-Welten-Theorie" legt natürlich einen Bezug zum Kosmos nahe, der aber – wie dargelegt – bei dieser Quanteninterpretation nicht intendiert war.

Normalerweise wird der Begriff "Universum" mit der Einzahl des Bezeichneten verbunden. Schließlich ist das Universum als die Gesamtheit alles dessen, wovon eine wissenschaftliche Kenntnisnahme nicht ausgeschlossen ist, notwendig "eines".

Da jedoch die damit verbundene logische Hemmschwelle durch Everetts Interpretation der Quantentheorie stark abgesenkt worden war, hat man die Scheu verloren, ebenfalls die Kosmologie sogar auf *prinzipiell Unbeobachtbares* auszudehnen. Das wurde mit dem Begriff "Multiversum" bezeichnet. Da schon in der experimentell am besten bewährten physikalischen Theorie, der Quantentheorie, eine Vorstellung von „vielen Welten" nicht sofort als eine allzu absurde Idee ausgeschlossen wird, dann könnte es naheliegen, sie auch in einem anderen Bereich aufzugreifen, also in der Kosmologie. In diesem Bereich der Naturwissenschaft wird sie jetzt unabhängig von Everett verwendet.

Ein gegenwärtig tonangebender Bereich der Kosmologie vertritt also die These der „Multiversen". Sie ist eine Folge einer kosmologischen Notlösung, der sogenannten „Inflation", die in den letzten 30 Jahren gleichsam zum „Standard" mutiert ist.

Mit der „Inflation" ist nicht eine über alle Maße sich vermehrende Menge von Papiergeld gemeint, sondern ein alle bewährten physikalischen Gesetze sprengendes überschnelles „Aufblasen" des kosmischen Raumes unmittelbar nach dem Urknall. Die „Inflation" wurde über lange Zeit als Eckstein der Kosmologie betrachtet. An ihr waren keine Zweifel erlaubt, wenn man nicht seine wissenschaftliche Karriere gefährden wollte. Gegenwärtig jedoch nehmen – gewiss sehr berechtigt – die kritischen Stimmen ihr gegenüber immer mehr zu.

Etwas mehr zu den mit der Kosmologie verbundenen Fragen findet man im Anhang „12.10. Noch einige Bemerkungen zur Beziehung zwischen Quanten und Kosmologie".

Gegenwärtig sind auch eine Weiterentwicklung der Multiversen-Theorie und eine noch engere Verbindung zur Everett-Interpretation der Quantentheorie zu beobachten.[20] Auf jeden Fall sollte man als positiven Aspekt daran betrachten, dass man nicht mehr zwanghaft an der Vorstellung „Quantentheorie = Mikrophysik" festhalten will. Auch die „Realität" der vielen Universen wird modifiziert, so dass man den überzeugenden Eindruck gewinnen kann, dass man sich heute dem

„Wörterbuch" [10] annähert, welches Weizsäcker und ich vor 30 Jahren vorgeschlagen hatten, nämlich über „Möglichkeiten" anstelle von „Welten" zu sprechen.

5.2.6. Die Weiterentwicklung der Kopenhagener zur Protyposis-Interpretation

Vor allem die von Wigner stammende These über die Rolle des Beobachter-Bewusstseins hatte oft zu einer Ablehnung der Kopenhagener Interpretation geführt. Wigners Ansicht war, dass das Bewusstsein des Beobachters den Messprozess bewirkt. In der ursprünglichen Kopenhagener Interpretation von Bohr und Heisenberg war eine solch merkwürdige Behauptung vermieden worden, aber für die Ablehnung dieser Interpretation war Wigners Vorschlag sozusagen eine "Steilvorlage". So wurde z. B. in manchen Darstellungen von Schrödingers Katze der "Blick des Beobachters in den Kasten" zur bewirkenden Ursache davon, ob die Katze überlebt hat oder nicht.

Die Bohmsche Interpretation wird durch die Probleme mit einer fiktiven Kraft belastet, welche reale Wirkungsausbreitungen mit einer unendlichen Geschwindigkeit erforderlich machen. Die Everettsche Interpretation erzeugt einen ungeheuren ontologischen Ballast an fiktionaler Pseudorealität und belässt zugleich jeden der unendlich vielen und sich ihrer selbst bewussten Teil-Beobachter in der gleichen Situation, wie sie auch in der Kopenhagener Interpretation vorliegt.

Natürlich sind in allen diesen Interpretationen die Theorie mit ihrem mathematischen Apparat und somit die prognostizierten Ergebnisse von Experimenten identisch. Eine bloße Umformung der Formeln allein ergibt keine andere Theorie. [3•5 sieht anders aus als (2+3)•(4-1), ist aber das Gleiche.] Wenn man aber eine strukturell andere Mathematik verwendet, dann werden die Ergebnisse auch verschieden sein und es liegt eine andere Theorie vor.

In allen Interpretationen wird die gleiche mathematische Struktur verwendet, somit müssen auch die Ergebnisse gleich sein. Betrachten wir als Beispiel den Doppelspalt. In der Protyposis-Interpretation wird darauf verwiesen, dass es sich um lediglich mögliche Bewegungen durch die Spalten handelt. Erst beim Auftreffen auf dem Schirm hinter dem Spalt entsteht ein faktisches Ergebnis. In der Interpretation vom Bohm läuft das Teilchen auf einer Bahn und nur durch einen der beiden Spalte. Wieso soll dann das Ergebnis das Gleiche sein? Die Erklärung ergibt sich daraus, dass bei Bohm postuliert wird, dass die angenommene Bahn durch keine Methode beobachtet werden kann. Vom realen beobachteten Ausgangspunkt verlaufen also sehr viele Bahnen durch jeweils einen der beiden Spalte, so dass bei vielfacher Wiederholung des gleichen Versuches eine Verteilung der Auftreffpunkte erkennbar wird, welche genau dem entspricht, was die Quantentheorie prognostiziert.

Ich würde als Sprachregelung vorschlagen, dass man von "möglichen Bahnen" spricht, da schließlich der postulierte Einzelfall aus den theoretisch behaupteten unendlich vielen Bohmschen Bahnen unbekannt ist und bleibt. Es geht also um eine möglichst einfach verstehbare Sprechweise, um anschauliche Bilder, welche man sich von dem Geschehen machen kann.

Mit der Theorie der Protyposis wird eine Interpretation vorgestellt, in der die positiven Aspekte der Kopenhagener und der Everettschen Interpretation beibehalten werden und in der das dabei Kritisierte vermieden wird. Mit ihr wird eine an unsere Realität besser angepasste Darstellung möglich.

Eine Schwierigkeit für die Vorstellungen über den Messprozess besteht im Folgenden. Bei Everett werden alle Möglichkeiten, die nicht zum „speziellen Messergebnis des speziellen Beobachter-Teil-Exemplars" gehören, für dieses Exemplar unzugänglich. Dieser Verlust erzeugt das „Faktum seines Messergebnisses".

Wenn wir stattdessen den Vorgang aus der Sicht der Quanteninformation betrachten, so wird das Beschriebene verstehbar, ohne dass man dafür noch fiktive Beobachter-Exemplare in fiktiven Welten postulieren müsste.

Dass es beim Messprozess um den Verlust von Informationen über quantische Möglichkeiten geht, das klingt im ersten Moment etwas sonderbar. Normalerweise wird eine Messung doch so verstanden, dass der Beobachter eine Information über den tatsächlichen Zustand des Systems erhält.

Auch durch die Erfindung des Quantenradierers war deutlich geworden, dass eine solche Ausstrahlung von Informationen über Möglichkeiten der eigentliche Kern des Messprozesses ist.

Natürlich ist es schwierig, einen Prozess, welcher nicht stattfindet, trotzdem sprachlich zu schildern, also durch eine Abfolge von Fakten, von notierten Worten. Ich will es dennoch versuchen.

Beim Quantenradierer wird durch eine geeignete Spiegelanordnung die gesamte ausgestrahlte Information, die auf Photonen getragen wird, wieder in das System zurückgesendet. (In der experimentellen Anordnung kommt es auf die Nicht-Entnahme möglicher Information an, reale Spiegel sind nicht notwendig, erleichtern aber wohl das Verstehen des Vorganges.) Man hätte sich vorstellen können, dass im System eine Ausstrahlung der Information stattfinden würde, dass also sich ein Faktum ereignen würde. Danach aber wird die Information nicht verwertet, sondern vollständig in das System zurückgegeben. Dann wird das fantasierte Faktum zu einem „lediglich virtuell gewesen" und der ursprüngliche Quantenzustand mit dem Fächer aller seiner Möglichkeiten ist wiederhergestellt.

Bei einem Messprozess müssen sich die Quantenmöglichkeiten zu einem Messergebnis, also einem Faktum, umbilden. Dies geschieht physikalisch durch die Abstrahlung von Informationen über quantische Möglichkeiten des betreffenden Systems. Im Messprozess wird also die Information über die Vielfalt von Möglichkeiten aus dem System entfernt und lediglich eine von diesen wird als Faktum präsent. Dies geschieht nicht so wie bei den „Vielen-Welten" durch ein Entweichen der Quanteninformation in fiktive andere Universen, sondern durch ein Hinausfliegen in die Tiefe des kosmischen Raumes, in dem wir leben.

In der mathematischen Beschreibung erfasst man diesen Vorgang des Faktischwerdens durch den Grenzübergang einer physikalischen Größe nach unendlich. Das ist natürlich gleichbedeutend damit, dass der Kehrwert davon zu null wird. Anders formuliert: die Wahrscheinlichkeiten für die Quantenmöglichkeiten werden alle zu null bis auf eine von diesen Möglichkeiten, deren Wahrscheinlichkeit damit zu eins wird.

Die Rolle des Beobachters beim Messprozess besteht darin, zu entscheiden, wann das System in einem solchen Zustand ist, dass man es zurecht als „nach durchgeführtem Grenzübergang" beschreiben darf. (Eine Beschreibung setzt natürlich einen Beschreiber voraus.) Von allen zuvor möglich gewesenen Quantenzuständen ist danach nur noch ein einziger als Faktum gegenwärtig. Ein solcher Grenzübergang zu einer Zeit „unendlich" kann bei vielen Experimenten bereits nach Bruchteilen einer Sekunde als erreicht angenommen werden.

Ein solcher hier aufgeführter Grenzübergang bedeutet zugleich einen Beschreibungswechsel und damit einen Ausstieg aus der quantenphysikalischen Beschreibung des Systems und den Übergang zur klassischen Beschreibung.

Die Ausstrahlungsgeschwindigkeit der Informationen kann bis zu der kosmischen Maximalgeschwindigkeit reichen, also bis zu der Lichtgeschwindigkeit. Damit in einem geschlossenen Kosmos auch theoretisch keine Möglichkeit besteht, dass eine Rückkehr dieser Information (z. B. durch einen Umlauf um den geschlossenen kosmischen Raum) wieder in das gleiche System erlaubt sein könnte, ist es notwendig, dass der kosmische Raum sich mit Lichtgeschwindigkeit ausdehnt. Was an anderen Systemen mit der ausgestrahlten Information geschieht, spielt für die theoretische Erklärung des Messprozesses keine Rolle.

Vielleicht mag man solche Klarstellungen für etwas überspitzt halten, aber bei diesen grundsätzlichen Fragestellungen geht es um mathematisch-physikalische Prinzipien und nicht nur um ungefähre anschauliche Vorstellungen. Es ist weiter anzumerken, dass es sich beim Erklären des

Messprozesses um ein ausgewähltes System handelt, welches betrachtet wird. Das in diesem Beispiel Abgehandelte wird dann – ohne dass das noch einmal explizit betont wird – auf alle anderen denkbaren Quantenstrukturen übertragen.

Die kosmologische Bedingung für das Eintreten von Fakten hatte ich früher bereits formuliert. Da die Quantentheorie reversibel ist und das Eintreten eines faktischen Messergebnisses etwas Irreversibles ist, wird in vielen Darstellungen des Messprozesses diese notwendige Irreversibilität entweder einfach gefordert, z. B. in Weizsäckers "Triestiner Theorie", oder sie wird – wie in der algebraischen Quantentheorie bei Hans Primas – mathematisch durch das Modell eines Messgerätes aus unendlich vielen Atomen erhalten. Dazu hatte ich angemerkt:

> Oft wird die schiere Größe des Meßgerätes als hinreichendes Argument herangezogen. Da aber jeder Körper nur aus endlich vielen Atomen besteht, gilt ein solches Argument der Größe in Strenge ebenfalls nur dann, wenn sich der Körper in einem nachts finsteren Universum befindet.
>
> Die Bedingung, daß alle ausgestrahlten Photonen wegfliegen und niemals wieder kommen, bedeutet, daß wir einen schwarzen Nachthimmel fordern müssen, wenn wir diese Prozesse ermöglichen wollen.
>
> An die Stelle der früher geforderten Systeme mit unendlich vielen Freiheitsgraden tritt in diesem Modell der kosmische Hintergrund. Damit der obige Vorgang stattfinden kann, ist also eine bestimmte kosmologische Bedingung zu stellen.[21]

Ich hatte bereits damals zu diesem Quantenvorgang angemerkt, dass der "dunkle Nachthimmel" immer weniger ein sinnvolles Postulat sein kann, je mehr man sich zeitlich dem Urknall nähert. Im ganz frühen Universum war der Kosmos dicht gefüllt mit energiereichen Photonen. Für jedes hinwegfliegende Photon gab es damals ein identisches einfliegendes. Die Information, welche das erste Photon ausfliegt, wird unmittelbar durch ein zweites zurückgebracht. Damit wird die *Vorstellung von Fakten* mit dem postulierten Verlust von lokal vorhandener Information immer zweifelhafter, je mehr man sich dem *Beginn der Zeit* gedanklich nähern möchte.

Mit den AQIs der Protyposis wurde die Verbindung der Quantentheorie mit der Kosmologie aufgezeigt. Die Quantentheorie erfordert einen mit Lichtgeschwindigkeit expandierenden Kosmos. Damit ist begründet, dass Informationen über quantische Möglichkeiten auf Nimmerwiedersehen in der Tiefe des Alls entschwinden können und dass die Wahrscheinlichkeiten dann nicht nur klein, sondern im Grenzfall tatsächlich zu null oder eins und damit zu Fakten werden. Mit diesem Ergebnis konnten die Kopenhagener und die Everettsche Interpretation weiterentwickelt und frühere berechtigte Kritikpunkte ausgeräumt werden.

Mit der Theorie der Protyposis und der aus ihr folgenden Kosmologie muss das Entstehen von Fakten nicht mehr an die Anwesenheit eines Bewusstseins angeschlossen werden, denn schließlich gibt es in der kosmischen und biologischen Evolution die Fakten auch ohne die Menschen.

So wird wohl kein Mensch glauben wollen, dass die Andromeda-Galaxis erst dadurch faktisch wird, dass ein Astronom sie im Fernrohr sieht, oder dass die Saurier-Skelette erst dadurch faktisch werden, dass Wissenschaftler sie ausgraben.

Mit der Protyposis-Interpretation kann auch die scheinbare Sonderrolle des menschlichen Bewusstseins für die Quantentheorie beendet werden. Fakten entstehen auch ohne Menschen. Es ist nicht mehr notwendig, das Bewusstsein wie eine gleichsam über der Realität schwebende und außerhalb der Naturgesetze befindliche Entität zu veranschaulichen. Viel mehr wird es jetzt möglich, die evolutionäre Herausformung eines zu sprachlicher Reflexion fähigen Bewusstseins naturwissenschaftlich zu erklären.

Mit der Theorie der Protyposis kann das Bewusstsein des Beobachters in eine Quantenbeschreibung eingeschlossen werden.

Die kosmische Entwicklung zeigt, dass aus den AQIs der Protyposis die materiellen Objekte und die Photonen entstehen. Am Beispiel des Stoßes zweier Billardkugeln wird deutlich, dass die kinetische Energie, welche als Eigenschaft von einer Kugel getragen wird, auf die andere Kugel übergehen kann. Seit Einsteins $E = mc^2$ wird verstehbar, wieso die kinetische Energie als eine Eigenschaft ihren Träger wechseln kann. Die Energie und ihr Träger sind äquivalent.

Mit den AQIs ist die gemeinsame Grundlage für Materie und Energie gegeben. Auch Energien können − in der Form von Photonen − wie eigenständige Objekte erscheinen. Materie kann stets durch Energie beeinflusst werden. Durch Information beeinflusst werden kann sie jedoch ausschließlich in instabilen Situationen.

Lebewesen sind solche Formen von Materie, die in instabilen Situationen auch durch bloße Information beeinflussbar sind.

(Eine Umkehrung dieses Satzes − instabile Formen von Materie sind lebendig − wäre falsch. Schließlich gibt es heute technische Systeme, die so erbaut worden sind, dass sie auch auf Information reagieren können und die keineswegs lebendig sind.)

Wenn wir eine Nachricht erhalten, die uns freudig erregt oder die uns tieftraurig und bedrückt werden lässt, dann ist dies nicht dem Träger der Nachricht geschuldet, z. B. dem Papier des Briefes. Es ist die *Information* (und nicht der Träger), die *für uns* bedeutungsvoll ist. Die Bedeutung verursacht die Reaktion nicht nur unserer Psyche, sondern auch die unseres Körpers. Eine Nachricht, die für uns Bedeutung hat, z. B. über das Bestehen einer wichtigen Prüfung einer nahestehenden Person, wird für fast alle anderen Menschen ohne Bedeutung sein. Bedeutung kann also nichts Objektives sein.

Das, was für die Information gilt, die uns von außen erreicht, gilt auch für die Quanteninformation, die wir in uns verarbeiten. Natürlich geschehen alle Prozesse in unserer internen Informationsverarbeitung über den Austausch realer und virtueller Photonen. Schließlich sind alle diese Vorgänge elektromagnetischer Natur. Aber auch für diese Photonen gilt wie für einen Brief, entscheidend für die Reaktion ist die Bedeutung, die sie übermitteln. Dabei ist die Energie der Photonen (z. B. die Farbe von Licht) nur eine der möglichen bedeutungsvollen Eigenschaften.

Der für uns wichtige Bedeutungsgehalt entsteht erst im Zusammenwirken unzähliger Photonen, welche mit hoher Redundanz etwas Sinnvolles übermitteln können. Auch ein Text wird erst durch eine ungeheure Anzahl von Photonen zu unserer Netzhaut transportiert. Alle diese Photonen werden uns nicht bewusst, nur das Resultat ihrer gemeinsamen Verarbeitung. Aber das alles bliebe eine bloße Sprechweise, wenn nicht mit der Protyposis gezeigt worden wäre, wie z. B. Photonen aus AQIs gebildet sind und wie deshalb Quantenbits auch bedeutungsvolle Eigenschaften von Photonen oder Molekülen sein können.

Dass die Verarbeitung der unzählig vielen Photonen auch im Gehirn ganzheitlich geschieht und nicht nacheinander an den einzelnen Zapfen und Stäbchen unserer Netzhaut, wird im nachfolgenden Textbeispiel deutlich. Es ist allerdings wahrscheinlich nur für Muttersprachler geeignet und erfordert ein schnelles Lesen. Denn dabei dürfen nicht die einzelnen Buchstaben nacheinander verarbeitet werden, sondern die Worte und der Sinnzusammenhang des Satzes als eine Ganzheit.

> **Wir lseen als Eracwsehne die Wtröer als Ghenezaitn und nhcit mher Babuscthe für Btahsbuce.**
>
> **Die Poyrotisps emhgölcrit enie voemlkmoln nuee Volrsetunlg üebr das Wseen der Rätaleit. Qenutanbtis knenön scih zu Tehlecin aus Maertie, zu Tihcelen aus Egeinre, aslo zu Ponhoten, und acuh zu Itinofmroan mit Buneduteg fmoren.**
>
> **Busewssetin ist bevotungsldeule Imnfotiaron. Das Geitisge wrid zu eeinr Rliteaät.**

Abbildung 27: Beispiele für ganzheitliches Lesen

Die für ein jeweilig spezielles Lebewesen bedeutungsvoll werdende oder gewordene Information, welche lokalisiert in Raum und über eine gewisse Zeit wirksam werden soll, wird mit einem materiellen Träger erscheinen, z. B. einem Buch oder einer DVD. Ein energetischer Träger, also z. B. ein Photon von den Billiarden einer Fernsehsendung, kann nicht an einem Ort lokalisiert sein. Es ist ausgebreitet, obwohl es an einem Punkt in der Antenne absorbiert wird. Es existiert aber „jetzt", also lokalisiert in der Zeit. Dieses „lokalisiert in der Zeit" bedeutet, dass das Photon nur zwischen Aussendung und Absorption, also aus unserer Sicht viel kürzer als eine Millisekunde existiert. Aus Sicht des Photons selbst wird es – wie Einstein gezeigt hat – im Moment des Entstehens bereits absorbiert. Mit Lichtgeschwindigkeit fliegend vergeht keine Zeit.

Die Energie kann mit einem materiellen Träger oder auch eigenständig erscheinen. Im ersten Fall ist sie absorbiert, z. B. als Geschwindigkeit einer Kugel oder als „höherer Energiezustand" eines Atoms, im zweiten fliegt sie als Photon durch den Raum. Zwischen diesen Zuständen kann sie wechseln.

In gleicher Weise kann auch die bedeutungsvolle Quanteninformation ihre Träger wechseln. Ohne Träger wird sie allerdings weder im Raum noch in der Zeit lokalisiert sein können. Man kann sagen, sie ist in diesem Fall „immer und überall" im Kosmos. Aus Sicht der Naturwissenschaft muss allerdings erst einmal offen bleiben, ob sie auch ohne einen Träger für ein Lebewesen bedeutungsvoll werden kann.

Während ein Entstehen von Fakten im Hier und Jetzt auch ohne einen realen oder zumindest postulierten Beobachter mit der Protyposis-Theorie erklärt worden ist, ist die *Beschreibung* dieser Vorgänge – wie oft erwähnt – natürlich an ein menschliches Bewusstsein gebunden – zumindest so lange, wie wir nichts über außerirdische Zivilisationen wissen.

5.2.7. Die Theorie der Protyposis erlaubt noch einen zweiten Blickwinkel auf die Natur – dabei gleichsam aus der Natur heraustretend

Da die Protyposis von Anfang an auf den Kosmos orientiert ist, ist eine durchgehend quantentheoretische Beschreibung des Universums für diese Theorie sehr naheliegend. Wir könnten daher eine „Wellenfunktion des Universums" postulieren. Diese Sprechweise gehört zur Schrödinger-Gleichung, in der die Zustandsveränderung eines Quantensystems in der Form einer Wellengleichung geschrieben wird. In der Quantentheorie handelt es sich jedoch nicht um Wellen von z. B. Wasser oder von elektromagnetischen Vorgängen, sondern um die Veränderungen von Möglichkeiten in einem abstrakten Raum.

Eine „Wellenfunktion des Universums" müsste gemäß der Schrödinger-Gleichung eine determinierte Entwicklung von Möglichkeiten im Kosmos beschreiben.

Eine durchgängige Geltung der Schrödinger-Gleichung bedingt allerdings den Verzicht auf Fakten.

Wenn man trotzdem auch Fakten beschreiben will, dann muss eine solche durchgängige Beschreibung des Ganzen mit der Schrödingergleichung abgeändert werden. Dazu könnte man beispielsweise die Näherung einführen, dass sehr weit entfernte Raumgebiete keine unmittelbaren Wirkungen aufeinander haben können. Auch Korrelationen zwischen ihnen müssten als unwesentlich aus der Beschreibung ausgeschlossen werden. Damit würde eine Aufteilung des kosmischen Ganzen in voneinander abgrenzbare Gebiete postuliert werden. Aus solchen Gebieten könnte Quanteninformation hinauslaufen, ohne dass sie notwendigerweise wieder zurückkommen müsste. *Mit dieser Näherung würden in begrenzten Raumgebieten Fakten möglich werden.* Eine Beschreibung von Fakten würde unter dieser Annahme nur zu einer zeitlichen Beschreibung von lokalisierten Objekten durch lokalisierte Beobachter wie uns Menschen gehören.

Zusammenfassend kann man sagen, für das Universum als Ganzes wäre ein Zustand von sich entwickelnden Möglichkeiten zumindest als mathematisches Modell vorstellbar. Das bedeutet, dass in dieser Beschreibung das gesamte Universum ohne Fakten zu verstehen wäre. Die Fakten wären dann nur eine lokale Annäherung an eine umfassendere Wirklichkeit. Eine solche faktenlose reine Möglichkeit bleibt aber für uns Menschen vollkommen hypothetisch. Ein Verzicht sowohl auf Möglichkeiten als auch auf Fakten erscheint wie gesagt sehr lebensfern.

Oben wurde dargelegt, dass mit der Protyposis im expandierenden Kosmos für lokalisierte Objekte im Kosmos ein "faktisches Verhalten" eine sehr vertrauenerweckende Beschreibung bedeutet. Ein tatsächlicher Verzicht auf Fakten wäre für uns Menschen äußerst lebensunpraktisch. Freilich erfordert die mathematische Beschreibung von Fakten *in der Beschreibung* einen Grenzübergang und damit die Verletzung der Schrödinger-Gleichung *in der Beschreibung* der Natur.

Wenn man eine *Wellenfunktion für das Universum* tatsächlich sinnvoll behandeln will, also tatsächlich für den ganzen Kosmos in seiner Entwicklung, dann muss man hypothetisch die Beschreibung der Welt wie von außen vornehmen. Man könnte dazu sagen, dass Derartiges den Eindruck erwecken muss, dass man sich als Physiker auf den „Thron Gottes" setzen würde. Eine solche Annahme geht erkennbar über den Rahmen einer empirischen Wissenschaft hinaus, denn Empirie ist nur über Situationen *im* Kosmos möglich. Eine solche Annahme kann also in einer empirischen Wissenschaft weder belegt noch widerlegt werden.

Eine derartige Interpretation hätte allerdings den theoretischen Vorteil, dass mit ihr die These von einer ohne jede Einschränkung gültigen Quantentheorie sehr logisch erscheinen würde. Es ist ein Denkmodell, aber keine Vorstellung, die notwendig in die Naturwissenschaft einbezogen werden müsste.

Ein hypothetisches „transzendentes Subjekt" könnte von einem ebenfalls „hypothetischen Außerhalb" das Universum betrachten und die „nie reduzierte Wellenfunktion des Universums" kennen. (Dieser Begriff bezeichnet den Quantenzustand des Kosmos mit der Fülle aller seiner Möglichkeiten, ohne dass eine dieser Möglichkeiten als Faktum deklariert werden würde. Obwohl die Sprechweise recht unterschiedlich klingt, ist dieses Modell der „many worlds interpretation" sehr ähnlich. In beiden Fällen wird die Wellenfunktion des Universums nie reduziert. Nur das Reden darüber unterscheidet sich: In der many worlds interpretation werden die Möglichkeiten als Fakten in verschiedenen Universen dargestellt.)

Die geschilderte Annahme über die „Wellenfunktion des Universums" hat für das Bild von der Zeit eine gravierende Folge. Da keine „Reduktion der Wellenfunktion", also kein Übergang von den Möglichkeiten zu einem Faktum, stattfindet, gibt es für dieses transzendente Subjekt keine Fakten innerhalb des Universums und somit – wie es auch von den mathematischen Ansätzen der „Quantengravitation" postuliert wird – keine Zeit. Wir werden im Unterkapitel „5.2.8. Konsequenzen" ab Seite 151 und besonders ab Seite 156 diese Fragen noch einmal aufgreifen. Hier sollten wir wieder daran erinnern, dass aus der mathematischen Struktur der Quantentheorie folgt, dass sich in einem abgeschlossenen Quantensystem keine Fakten ereignen. Das System verbleibt daher in einer ausgedehnten Gegenwart, bis durch einen Kontakt mit der Umwelt Quanteninformation über vorhanden gewesene Zustände auf Nimmerwiedersehen entweicht, so dass nur die Fakten übrigbleiben. So beschreibt es die Protyposis-Interpretation auf der Basis der AQI's.[22]

Der kosmische Raum als ein Ganzer ist ein solches abgeschlossenes Quantensystem. Kein Atom, kein Photon und kein AQI können aus ihm entweichen. Der Kosmos hat auch keine "Umgebung" – jedenfalls keine, über die wir etwas in Erfahrung bringen könnten.

Für näherungsweise vom Rest des Universums getrennte und lokalisierte Objekte – z. B. für Menschen – entschwinden wegen der Expansion des Universums ständig Informationen über quantische Möglichkeiten aus der lokalen Umgebung in der Tiefe des Alls, also in das kalte und dunkle Universum. Für alle irgendwo im Kosmos lokalisierten Entitäten entstehen durch diesen lokalen Informationsverlust Fakten. Der Prozess der stetigen gesetzmäßigen Veränderung des Fächers der quantischen Möglichkeiten gemäß der Schrödingergleichung wird durch diesen

Informationsverlust unterbrochen. Bei diesem Bruch entstehen Fakten und aus den jeweiligen Fakten erwachsen dann wieder andere neue Möglichkeiten.

Für den Kosmos als Ganzen jedoch kann keine Information „in der Tiefe des Alls" entschwinden. Für einen Standpunkt „außerhalb des Universums" – und damit außerhalb der Naturwissenschaft – wäre Einsteins These über „die Zeit als Illusion" tatsächlich zutreffend.

Eine metaphysische Aussage über ein „transzendentes Subjekt" muss bei der Beschreibung der „Physik für endliche Subjekte" nicht berücksichtigt werden. Wenn man sie jedoch einbeziehen möchte, dann verlässt man den Rahmen einer auf Empirie bezogenen Naturwissenschaft. Alle Quantenmöglichkeiten wären und blieben möglich, nichts von ihnen wäre unmöglich oder faktisch.

5.2.8. Konsequenzen

Es ist daran zu erinnern, dass die Naturwissenschaft unsere menschliche Beschreibung der Vorgänge in der Natur ist. Sie ist nicht die Natur selber, aber unsere Beschreibung sollte die Vorgänge in der Natur so gut wie nur irgend möglich in unseren Modellen, Bildern und Darstellungen widerspiegeln.

Man sucht Naturgesetze, und Gesetze sind sinnvoll nur für Gleiches. Nicht nur im Rahmen der Justiz, sondern auch in der Natur soll „vor dem Gesetz alles gleich sein".

Gleichheit entsteht in der Beschreibung der Natur, falls sie mit Naturgesetzen erfolgen soll, dadurch, dass Unterschiede im betreffenden Zusammenhang als unwesentlich erkannt werden.

Ein Problem der Naturwissenschaft ist es, zu erkennen welche Unterschiede ignoriert werden dürfen, ohne dass die Beschreibung des Problems darunter leiden muss.

Die Beschreibung der Natur mit der mathematischen Methode der Differenzialgleichungen erlaubt es, aus der gegenwärtigen Kenntnis des Zustandes eines Systems dessen künftiges Verhalten vorherzuberechnen. Dazu ein einfaches Beispiel:

Für alle Körper auf der Erde ist die Schwerkraft, welche von der Erde auf sie ausgeübt wird, die gleiche. Das daraus folgende Gewicht jedoch hängt von der Masse des Körpers ab, auch ein wenig von seiner Höhe über dem Erdboden und vor allem auch von seinem Bewegungszustand. So hat man im freien Fall überhaupt kein Gewicht. Die Astronauten in der ISS fallen die ganze Zeit frei um die Erde herum und befinden sich daher in der Schwerelosigkeit.

Die Differenzialgleichung erfasst ein gesetzmäßiges Verhalten von unendlich vielen von möglichen Lösungen. Die Lösungen unterscheiden sich durch verschiedene Startsituationen. Diese kann man durch verschiedene „Anfangswerte" – so der terminus technicus – erfassen. Zu den Anfangswerten bei den Satelliten gehören z. B. die verschiedenen Bahnhöhen über der Erde. Aus denen ergeben sich die jeweiligen Umlaufzeiten.

Die „Gleichheit" wird bei diesem Gesetz z. B. im gesetzmäßigen Wirken einer Kraft gesehen, welche von der Erde verursacht wird. Unwesentlich ist in diesem Beispiel die Farbe der Uniform der Astronauten, deren Geschlecht und Haarfarbe, nur die Masse zählt. (Im Orbit sind alle Massen gewichtslos!)

Die klassische Physik verwendet für die Erfassung eines Zustandes solche Fiktionen von Exaktheit, welche eine zu starke Idealisierung der Realität bedeuten. Auf der Basis dieser Fiktionen werden im Modell (*jedoch nicht in der Natur!*) die künftigen Fakten vollständig festgelegt.

Die berechnete Bahn in unserem Beispiel muss durch ein Nachsteuern immer wieder in die vorgesehene Form gebracht werden. Hierbei wird allerdings die Quantentheorie außen vor gelassen, deren Genauigkeit ist dafür überflüssig.

Der genauere Ansatz der Quantentheorie zeigt, dass mit der ihr zugrundeliegenden Differenzialgleichung, der Schrödinger-Gleichung, lediglich die künftigen Möglichkeiten gesetzlich festgelegt sind. Aber auch die Quantentheorie selbst ist nicht die Natur, sondern sie ist unsere beste Beschreibung von ihr.

Wenn wir noch einmal das „Problem der Interpretationen" und ihrer gesuchten „experimentellen Überprüfung" zusammenfassen, so können wir feststellen: Mit der Entdeckung der Quantentheorie wurde für die Naturwissenschaften deutlich, dass eine einheitliche und durchgängige mathematische Beschreibungsstruktur der Naturvorgänge – also nur mit klassischer Physik – nicht mehr möglich ist.

Wir könnten nicht überleben, wenn wir nicht Fakten als Fakten erkennen und anerkennen würden. Andererseits hat sich gezeigt, dass bei einer sehr genauen Untersuchung der Natur die Beschreibung mittels Fakten durch eine solche Beschreibung verbessert werden muss, welche auch das Wirksamwerden von Möglichkeiten berücksichtigt. Das hat zur Dynamischen Schichtenstruktur geführt.

Und wie man das Ganze dann anschaulich beschreibt und illustriert, das wird in einer Interpretation zusammengefasst.

Man könnte also metaphorisch formulieren: Der szenische Ablauf des Theaterstücks der Naturprozesse bleibt der gleiche. (Er erfolgt so, wie es die Quantentheorie beschreibt.) Wie aber nach der Vorstellung die Zuschauer und Kritiker darüber sprechen und wie die Aufführung diesen gefallen hat – das wäre die Interpretation – das bleibt ihnen jeweils selbst überlassen und ist nicht allein vom Stück abhängig.

Mit der Protyposis wird allerdings dem Stück ein neuer Prolog vorangestellt. Sie ist tatsächlich mehr als nur eine neue Interpretation. Sie ist auch eine theoretische Erweiterung der bisherigen Physik auf die einfachsten Quantenstrukturen.

5.3. Weitere Halbwahrheiten und Probleme

5.3.1. Nochmals zur Verschränkung – haben die Quanten etwas mit Überlichtgeschwindigkeit zu tun?

Wir hatten die Phänomene geschildert, welche Einstein als „spukhafte Fernwirkung" bezeichnete. Dabei hatten wir davon gesprochen, dass im EPR-Experiment eine ausgedehnte teilelose Quantenganzheit bei dieser experimentellen Messung, die nur an einem Ende erfolgt, augenblicklich in zwei Teile zerlegt wird. Diese Zerlegung der Ganzheit kann so stattfinden, dass dabei zwei Teilchen entstehen, die sich in einer großen Entfernung voneinander befinden. Durch die Messung an dem dabei entstandenen einem Teilchen wird dieses in einen faktischen Zustand versetzt. Zugleich wird augenblicklich für das andere Teilchen dessen *Quantenzustand* festgelegt. Dort ist also noch kein Faktum eingetreten!

Wenn man nun ignoriert, dass vor der Zerlegung eine Ganzheit vorhanden war, und stattdessen für den ganzen Prozess zwischen Präparation und Messung durchgehend von „zwei Teilchen" spricht, dann handelt man sich in der Tat ein Problem ein.

Es bleibt dann nämlich vollkommen unklar, wie die Information von dem „gemessen Teilchen" zu dem „anderen noch ungemessenen Teilchen" sollte gelangen können. Da dies augenblicklich geschieht wird gelegentlich dieser Vorgang fälschlich als eine Wechselwirkung mit Überlichtgeschwindigkeit interpretiert.

Noch absurder sind natürlich Vorstellungen, dass diese Information wie in Science-Fiction-Fantasien über den „Hyper-Raum" von einem Teilchen zum anderen gelangt. Man erkennt, welche schwierigen Folgen sich selbst in der Physik aus einer nicht sehr glücklichen Sprechweise bzw. aus unpassend gewählten Bildern ergeben können. Im Alltag geschieht ähnliches nach meinen Erfahrungen allerdings recht oft, denn wir sind geprägt durch Begriffe, die sich zumeist auf bereits bekannte objekthafte Phänomene beziehen. Für Neues fehlen oftmals einprägsame Begriffe.

In diesem Zusammenhang muss noch einmal daran erinnert werden, dass die Grenze der Lichtgeschwindigkeit für die Übermittlung von allen Formen von Materie, Energie oder Information von einem Ort zu einem anderen gilt. Für fiktive Bewegungen, wie zum Beispiel das Huschen eines Schattens über eine Wand, wodurch nichts von einem Punkt der Wand zu einem anderen Punkt der Wand übermittelt werden kann, gilt natürlich diese Grenze nicht. Die Photonen laufen von der Lichtquelle zur Wand nur mit Lichtgeschwindigkeit und der schattenwerfende Gegenstand bewegt sich noch langsamer. Je weiter jedoch die Wand von der Lichtquelle entfernt ist, desto schneller wird sich bei gleichbleibender Bewegung des Gegenstandes der Fleck bewegen, der im jeweiligen Moment keine Photonen erhält. Dieser Fleck kann schneller als mit Lichtgeschwindigkeit über die entfernte Wand huschen, jedoch von einem Stück der Wand zu einem anderen Stück der Wand wird dabei nichts übermittelt.

Weshalb wird bei den EPR-Experimenten immer von „zwei Teilchen" gesprochen? Die experimentelle Situation ist oft noch etwas komplizierter als bisher dargestellt.

So ähnlich, wie es bei einem Molekül möglich ist, die Atomkerne als getrennt zu beschreiben und nur die Elektronenwolke als eine „Ganzheit" zu betrachten, so kann auch ein EPR-Experiment so beschrieben werden, dass die *Schwerpunkte* der beiden auseinanderlaufenden Teile als „Teilchen" klassifiziert werden und als „Ganzheit" lediglich eine von *beiden gemeinsam getragene Eigenschaft*, z. B. ein *Gesamtspin*, firmiert. Wenn man von den AQIs her an das Problem herantritt, so bereitet es weniger Schwierigkeiten, solche ausgedehnten teilelosen Ganzheiten mit Trägern auf verschiedenen Entitäten zu denken. Die AQIs sind vom Prinzip her weit ausgedehnt. Man kann sie sich daher leichter von verschiedenen Trägern zugleich getragen vorstellen, als wenn man nur im Teilchenbegriff denkt. Die Information über den Spin wird im EPR-Experiment von beiden Teilchen zugleich getragen, da sie im Experiment in der Regel in einem einzigen Vorgang hervorgebracht werden.

Bei der Messung wird dann diese Ganzheit zerlegt, z. B. der Gesamtspin in zwei Teilspins. Jeder Teilspin gehört dann zu einem der beiden Teilchen. Der gemessene Anteil, also der Spin am gemessenen Teilchen, ist dann faktisch vorhanden. Der Spin am nichtgemessenen Teilchen muss sofort den neuen Quantenzustand einnehmen, welcher zum Messfaktum am anderen Teil korreliert ist. In einem klassischen Beispiel korreliert eine Scherbe mit dem Rest der zerschlagenen Vase, aber man wird wohl nie behaupten, die Vase sei aus den Scherben zusammengesetzt gewesen. Dieses Beispiel soll es erleichtern zu sehen, dass auch beim Zerlegen von Quantenstrukturen Korrelationen entstehen, ohne dass zuvor bereits Teile vorhanden gewesen sein müssten.

Wenn also eine Ganzheit zerlegt wird, dann geschieht diese Zerlegung augenblicklich und das hat nichts mit der Relativitätstheorie zu tun.

5.3.2. Der Beobachter bestimmt das Messergebnis – wie ist es jenseits esoterischer Vorstellungen?

Bestimmte Übertreibungen der Rolle des Beobachters und seines Bewusstseins für die Quantentheorie im Allgemeinen und für das Messproblem im Besonderen werden gern beschrieben – nach meiner Wahrnehmung selten von Physikern. Sie sind wohl eher als Viertel- und weniger als Halbwahrheiten einzuschätzen.

Zutreffend ist, dass durch eine experimentelle Messanordnung festgelegt wird, welche Sorte von physikalischen Größen (z. B. Ort *oder* Impuls, Spinprojektion in z- *oder* in x-Richtung, usw.) an dem Quantensystem gemessen werden sollen. Nur diese Größen und keine anderen können dann als Messergebnis auftreten.

Das ist der Anteil des Beobachters an den möglichen Antworten, welche das Quantensystem auf eine Messanfrage geben kann.

Völlig abwegig ist jedoch die Vorstellung, der Beobachter könne aus dieser Schar von möglichen Antworten festlegen, welche spezielle von diesen Antworten dann als tatsächliches Ergebnis erhalten wird. Ein solches determiniertes Ergebnis ist im Rahmen und mit der mathematischen Struktur der Quantentheorie prinzipiell unvereinbar.

Ein Prozess, bei welchem ein vorgegebener Zustand erhalten werden soll, wird im Rahmen der Quantentheorie als „Präparation" bezeichnet. Eine Präparation entspricht im Grunde genommen einer Reihe von Messvorgängen. Nach jeder Messung wird der Zustand des gemessenen Quantensystems nun gekannt. Die Fälle mit den unpassenden oder unerwünschten Messergebnissen werden im Rahmen einer Präparation verworfen und nicht weiter betrachtet. Wenn ein gewünschter Zustand gefunden wurde und das gemessene System nach der Messung wiederum von seiner Umgebung isoliert wird, kann der Zustand sich wegen der Isolierung ohne Dekohärenzeinflüsse als Quantenzustand weiterentwickeln. Die sich für ihn ergebenden Möglichkeiten werden sich gemäß der Quantentheorie entfalten.

Ähnliches kennt wohl jeder Mensch von seinen eigenen geistigen Vorgängen. Wir haben beim Nachdenken mögliche und vielfältige Gedanken, die zu einem Faktum werden können, z. B. indem wir uns das Gedachte innerlich formulieren. Es muss dazu nicht einmal laut ausgesprochen werden. Ein dabei formulierter Gedanke wird sich jedoch zumeist zu neuen Möglichkeiten weiterentwickeln. Ein solcher Vorgang entspricht einer Präparation.

Durch die Wiederholung des gleichen Vorganges, z. B. beim Lernen, wird die Wahrscheinlichkeit vergrößert, dass immer wieder das gleiche Faktum erzeugt werden kann. Dieses kann dadurch leichter und dauerhafter als Faktum auf einem materiellen Träger, z. B. den Molekülen einer Synapsenstruktur, abgespeichert werden.

Aus der Quantentheorie folgt also, dass der Beobachter lediglich die experimentellen Bedingungen schaffen kann, welche das Eintreten des erwünschten Quantenzustandes nicht verhindern, sondern es ermöglichen. Mehr kann man nicht tun. Nun kann man lediglich durch Wiederholung desselben Vorganges darauf hoffen, möglichst bald den erwünschten Zustand vorzufinden. Durch die experimentellen Bedingungen ist garantiert, dass eine bestimmte Wahrscheinlichkeit dafür besteht, dass dieser Zustand auftreten wird. Dann muss man die Wiederholungen sortieren und die ungeeigneten Ergebnisse verwerfen und die günstigen behalten. Das ist so ähnlich wie im Märchen vom Aschenputtel, wo die Erbsen aus der Asche sortiert werden müssen und die Tauben, welche Cinderella helfen, aufgefordert werden: „Die guten ins Töpfchen und die schlechten ins Kröpfchen."

Wenn die Wahrscheinlichkeiten groß sind und die Quantenvorgänge in einer sehr großen Häufigkeit auftreten, wie z. B. die vielen Milliarden von Photonen in einem Laser, dann werden sich sehr scharfe und sehr gut reproduzierbare Ergebnisse einstellen.

Ein recht sicheres Kriterium, um unseriöse kommerzielle Anbieter von irgendwelchen „Quanten"-Utensilien zu erkennen, besteht darin nachzuschauen, ob die Ergebnisse so dargestellt werden, als ob man ein einzelnes Ergebnis je nach Wunsch auf simple Weise festlegen könnte. Wenn dieser Eindruck erweckt wird, dann ist die Quantentheorie missverstanden und es ist sinnvoll, von einer solchen Angelegenheit Abstand zu halten.

5.3.3. Quanten heilen?

Mancher Leser mag sich fragen, wieso dieser Abschnitt nicht unter die Irrtümer einsortiert ist. Die Antwort darauf ist relativ einfach:

Da alles, was überhaupt existiert und uns Menschen zugänglich ist, auf Quantenphänomene zurückgeführt werden kann, so kann man natürlich fragen, was, wenn nicht Quanten, sollte denn überhaupt heilen können.

Allen den biochemischen Vorgängen im Körper, die für eine Immunabwehr gegen einen Krankheitserreger notwendig sind, liegen quantische Phänomene zugrunde, auch wenn bisher im Sprechen darüber diese Tatsache nicht deutlich geworden ist. Das Handwerkszeug des Chirurgen ist vielleicht nicht unmittelbar als Quantensystem erkennbar, aber zumindest die Heilungsprozesse im Patienten nach einer Operation sind quantenphysikalische Vorgänge, denn sie sind biochemische Abläufe. Alle Wundheilungen beruhen auf umfangreichen Informationsverarbeitungsvorgängen, welche die Abläufe innerhalb der Zellen, zwischen den Zellen in den Organen und im ganzen Körper steuern.

Auch die Informationsverarbeitung bei einer Psychotherapie beruht letztlich auf Quantenvorgängen. Durch die Protyposis ist es möglich geworden, psychische Vorgänge naturwissenschaftlich zu verstehen. Die Psyche ist bedeutungsvolle Quanteninformation, welche den gesamten Körper zum Träger hat. Für die Verarbeitung von umfangreichen und komplizierten Zusammenhängen ist speziell das Gehirn zuständig. Neben viel unbewusst bleibender Information wird besonders die dem Bewusstsein zugängliche Information im Gehirn verarbeitet. Die Information wirkt von dort aus auf die physiologischen Vorgänge ein, deren Verarbeitung natürlich überall im Körper geschieht.

Jeder gesunde Mensch weiß, dass er Bewegungen und andere Handlungen aus seinem Bewusstsein heraus veranlassen und steuern kann. Die Wirkung der Information aus dem Bewusstsein auf den Körper wird als Top-Down-Einfluss bezeichnet. Aber natürlich wird die Informationsverarbeitung im Gehirn auch von den anderen Prozessen im übrigen Körper beeinflusst, z. B. durch unsere Ernährung und durch das Maß an körperlicher Bewegung und den Gesundheitszustand der Zellen und Organe. Dies sind einige der Bottom-Up-Einflüsse. Im Lebendigen ist Beides verwoben. Eine Trennung wird nur näherungsweise möglich sein.

Wir hatten darauf verwiesen, dass es aus Sicht der Quantentheorie nicht möglich ist, in einem einzigen Schritt ein *unbekanntes* Quantensystem mit Sicherheit in einen erwünschten Zustand zu transformieren. Die Präparation eines erwünschten Quantenzustandes ist in der Regel mit der Wiederholung des Vorganges verbunden. Auch eine seriöse Psychotherapie erzielt in der Regel durch „Wiederholung und Durcharbeitung" eine bessere Wirkung und dauerhafte heilsame Veränderungen der Psyche und damit auch des Körpers des Patienten. Durch das Erzählen und Berichten wird in diesem narrativen Setting ein emotional besetztes Wiedererinnern möglich. Faktisch abgespeicherte Informationen werden dabei als quantische Möglichkeiten aktiviert und damit einer Bearbeitung zugänglich. In der Bearbeitung werden eine neue kognitive und emotionale Bewertung der aktivierten Information und eine veränderte Sicht möglich. Dies führt letztlich auch zu einer Veränderung des Selbst des Patienten und der Gestaltung seiner Beziehungen. Der Prozess von solchem Wiederholen und Durcharbeiten wird in einer neuen Informationsstruktur münden, welche faktisch auf materiellem Träger, d. h. den Gehirnzellen mit den Synapsen, abgespeichert werden kann. Mit den AQIs werden die Beeinflussung physiologischer Vorgänge durch professionell vermittelte Einflüsse aus der Psyche auf den Körper wissenschaftlich erklärt.

Eine Aussage über Heilwirkungen von "Quanten" kann zu einer Halbwahrheit und sogar zu einer Lüge werden, wenn sie mit übertriebenen oder gar marktschreierischen Erfolgsversprechungen verbunden wird. Dies widerspricht dem quantischen Charakter dieser Vorgänge. Eine bloße Verwendung des Wortes „Quanten" hat mit einer Heilwirkung nichts zu tun.

5.3.4. Placebo als wirkende Information

In besonders instabilen Situationen – z. B. an den erwähnten „Bifurkationspunkten" – kann sogar eine einmalige Einwirkung auf die Psyche eine gravierende Veränderung auch am Körper hervorrufen.

Dies kann eine spontane Heilung aber leider auch ein traumatisches Erlebnis sein. Zu den Auswirkungen von solchen kritischen Situationen kann es auch gehören, dass die Steuerungs- und Regulierungsprozesse im Körper nicht mehr einwandfrei arbeiten und die Immunabwehr beeinträchtigt ist.

Eine Heilwirkung nach Verabreichung von Medikamenten, die keine als wirksam bekannten Arznei-Moleküle enthalten, oder nach Scheineingriffen bei einer „Operation" wird als Placebo-Wirkung bezeichnet. Damit erfolgt eine Einwirkung auf den Körper allein aus Vorstellungen und anderen psychischen Vorgängen. Während früher das Wort „Placebo" oftmals abwertend und als Synonym für Einbildung gebraucht wurde, weil allein den Molekülen eine Wirksamkeit zugestanden wurde, hat sich durch viele wissenschaftliche Untersuchungen die Situation geändert.

Die Placebo-Wirkungen, die immer deutlicher auch von der Schulmedizin wahrgenommen werden, lassen uns erkennen, dass bedeutungsvolle Quanteninformation ohne den Einfluss von irgendwelchen von außen zugeführten Molekülen eines Medikamentes in einem Lebewesen große Wirkungen hervorrufen kann.

Unter den Begriffen der Psychosomatik und speziell mit der Psycho-Neuro-Immunologie wird heutzutage versucht, die Bedeutung dieser Phänomene aus der Wechselbeziehung zwischen Körper und Geist in die Medizin einzuordnen.

Weil Lebewesen thermodynamisch instabile Fließgleichgewichte sind, welche sich durch Quanteninformation steuern und stabilisieren, ist es auch möglich, durch Quanteninformation von außen diese Regulierungsprozesse heilend zu beeinflussen. Die mit dem Schein-Medikament verbundene Bedeutungsgebung durch den Arzt, die Vorstellungen und die Heilungserwartungen des Patienten sowie die mit dem Vorgang verbundenen Rituale ermöglichen einen solchen heilenden Einfluss.

Auch ein Gebet mit einem Priester oder ein Ritual mit einem Heiler sowie manchmal die Situation an einem mit Bedeutung aufgeladenen Ort, wie beispielsweise Lourdes, können gelegentlich etwas bewirken. Da es sich dabei stets um Quantenprozesse handelt, kann man nicht erwarten, eine einfache kausale Ursache-Wirkungs-Beziehung vorzufinden (wie vielleicht bei einer Blinddarm-Operation oder wie beim Schienen eines Knochenbruchs), aber eine positive Wirkung kann nicht ausgeschlossen werden.

Also: Quanten heilen tatsächlich, schließlich gibt es letztlich nichts anderes. Alle die vielfältigen Erscheinungen in unserer Welt lassen sich in ihrer Fülle bis auf Quantenphänomene zurückführen. Alle materiellen Körper verstehen wir als gestaltet aus Atomen und Molekülen. Und unsere Gedanken können wir als bedeutungsvolle Quanteninformation begreifen. Damit wird auch verständlich, wie sehr unser Immunsystem von unserer psychischen Verfassung abhängig ist. Diese wiederum, unsere Psyche, ist abhängig von unseren persönlichen, sozialen und allgemein gesellschaftlichen Bedingungen.

Wir können aus alledem schließen, dass alle Heilungsvorgänge in der Tiefe letztlich und prinzipiell erst mit der Quantentheorie und der Theorie der Protyposis verstanden werden können.

Problematisch an der These „Quanten heilen" wird ihre Verwendung, wenn sie gleichsam wie eine Art von Zauberei und mit der Vorspiegelung einer Erfolgsgarantie verkündet und angeboten wird.

Weil Placebo wirksam sein kann, wird es also immer wieder einmal Fälle geben, in denen vor allem kurzzeitige Heilungserfolge eintreten, obwohl die Schulmedizin die Vorgänge, die dazu geführt haben, oftmals zu Recht als Quacksalberei einordnen würde.

Für solche heilenden Wirkungen aus der Psyche gilt: „Dein Glaube hat Dir geholfen". Dieser Glaube muss sich dabei keineswegs auf religiöse Inhalte beziehen. Wie geschildert kann auch ein

Placebo oder die Beziehung zur Persönlichkeit des Arztes oder Heilers etwas Positives bewirken. Ebenso gehört die heilende Zuwendung bei der Pflege der Kranken in diesen Phänomenbereich.

Alle diese Zusammenhänge sollten zu einem Überdenken Anlass geben, ob die Unterbezahlung und Überforderung der Pflegeberufe nicht sogar auch aus Sicht der Krankenkassen kontraproduktiv ist. Wenn also Beziehungen von der unbelebten Natur bis ins Soziale wesentlich sind, sollten im Miteinander der Menschen vor allem im Bereich der Medizin natürlich nicht ausschließlich ökonomische Überlegungen bedeutsam sein.

Bei allen Überlegungen zu den psychischen Einflüssen auf die menschliche Gesundheit bleibt es jedoch wichtig sich klarzumachen, dass ein positiver Einzelfall an ganz spezielle psychische und wohl auch körperliche Bedingungen gekoppelt ist. Daher können aus ihm als Einzelfall keine Gesetze abgeleitet werden, die notwendig einen allgemeingültigen Charakter haben müssten. Gewisse – jedoch nicht sonderlich strenge – Regeln werden trotzdem möglich sein. Allerdings ist auch mit zu bedenken, dass neben den Placebo- auch Nocebo-Wirkungen möglich sind, also schädigende Einflüsse ohne materielle Ursache.

Aus einer einzelnen positiven Wirkung in einem Fall ergeben sich noch keine zwingenden Schlussfolgerungen für andere Fälle. Ein Individuum mit allen seinen speziellen Eigenschaften und Erfahrungen und auch mit seinen Beziehungen ist immer ein Einzelfall. Auch eine therapeutische Beziehung zwischen der Therapeutin oder dem Arzt und der Patientin ist bei aller Regelhaftigkeit letztlich ebenfalls immer ein Einzelfall.

5.3.5. Erschafft man sich mit den Quanten seine Welt?

Da unsere Psyche eine spezielle Form von Quanteninformation, also der AQIs der Protyposis ist, sind die Einwirkungen aus unserer Psyche auf uns selbst und auf unsere Umwelt letztlich Quantenvorgänge. Das wäre der zutreffende Teil der Behauptung.

Dass unsere Psyche und deren Wirkungen für unser Leben von größter Bedeutung sind, ist eine Einsicht, die viele Jahrtausende alt ist. Dass z. B. mit Motivation, Ausdauer, Willenskraft und Kreativität große Veränderungen in den persönlichen Lebensumständen möglich werden können, ist ebenfalls eine allgemeine Erkenntnis. Neben den Einflüssen unserer Gene sowie durch unsere Beziehungen und unsere Einbettung in Kultur und Gesellschaft werden im Laufe des Lebens auch die Inhalte unserer Psyche geformt. Deren Bewertungen können in positiver, aber auch in negativer Weise unsere Lebensumstände beeinflussen.

Ärgerlich wird es für mich als Physiker, wenn im Grunde allgemein bekannte oder triviale Erkenntnisse ohne jeden wissenschaftlichen Zusammenhang mit dem Begriff „Quanten" verkoppelt werden.

Das Internet ist voll mit Reklame für Derartiges, was gekauft werden soll. Die Leserinnen und Leser mögen mir ersparen, Beispiele davon hier aufzuführen.

Man findet dort ein weites Feld, welches aufgespannt ist zwischen durchaus noch seriösem Coaching bis hin zu recht unangenehmen Erscheinungen, die man in vielen Fällen als Bauernfängerei einordnen muss. Hier wird der Begriff „Quanten" verwendet, um entweder etwas aufzuhübschen, was vielleicht auch ganz normal als verhaltenstherapeutische Programmierung verstanden werden könnte, oder um etwas wirklich Zweifelhaftes überhaupt verkaufen zu können.

Die missverständlichen Darstellungen der Quantentheorie, die dem physikalischen Laien den Eindruck vermitteln, als ob das Bewusstsein des Beobachters das Ergebnis eines Quantenmessprozesses festlegen könnte, mögen diesem unangenehmen Treiben Vorschub geleistet haben.

Solange immer wieder einmal – auch von Physikern – der Eindruck erweckt wird, man könnte die Quantentheorie sowieso nicht verstehen, scheint sich ein Freiraum für Fantasien zu öffnen. Diese bleiben nicht auf die Darstellungen in Science Fiktion beschränkt, die auch mir gelegentlich Entspannung und Vergnügen bereiten.

Einer Vermischung von Fantasien mit Realität wird allerdings wenig Einhalt geboten, wenn von manchen Seiten der Philosophie und anderer Wissenschaften gelegentlich der Eindruck bestärkt wird, man müsse Quantentheorie keineswegs wichtig nehmen. Daher ist es nicht sehr verwunderlich, dass man in ein geistiges vermeintliches Vakuum hinein mit wilden Eigenkonstruktionen Claims für gute Geschäfte abzustecken versucht.

5.4. Ist die Zeit eine Illusion?

Diese Frage betrifft wiederum einen sehr schwierigen Sachverhalt. Zwar sind bereits einige Aspekte davon betrachtet worden, aber wegen der Schwierigkeit des Problems soll es noch einmal aus einer etwas anderen Sicht beleuchtet werden. Zwei gegenläufige Erkenntnisse über die Zeit werden dabei zusammentreffen.

Einerseits ist der uns vertraute Ablauf der Zeit mit seinem Unterschied zwischen Vergangenheit, Gegenwart und Zukunft die Grundvoraussetzung für jede Möglichkeit von Naturwissenschaft. Naturwissenschaft ist nur dann eine solche, wenn sie auf Empirie begründet ist. Unter Empirie, also Erfahrung, versteht man, dass man das Verhalten eines Systems in dessen Vergangenheit so gut studiert hat, dass man jetzt in der Gegenwart zutreffende Prognosen über das Verhalten dieses Systems in der Zukunft machen kann

Wenn man sich das überlegt, dann erkennt man, dass die Möglichkeit einer Unterscheidung der zeitlichen Abläufe in Vergangenheit, Gegenwart und Zukunft die Voraussetzung für eine empirische Wissenschaft ist.

5.4.1. Die klassische Physik leugnet eine offene Zukunft

Woher kommt wohl die Vorstellung, die gelegentlich in der Physik auftaucht, dass die Zeit eine Illusion sei?

Ein Grund dafür war gewiss ein mathematischer. Naturgesetze werden zumeist in der mathematischen Form einer Differenzialgleichung formuliert. Diese legen die Bewegungsstruktur eines Systems für beliebige Zeiten fest, wenn für einen einzigen Zeitpunkt der aktuelle Zustand vorgegeben ist, zum Beispiel in der Mechanik der Ort und die Geschwindigkeit der beteiligten Teilchen. „Beliebige Zeiten" meint, dass dies sowohl in Richtung der Vergangenheit als auch in Richtung der Zukunft gilt. Mathematisch gesprochen kann also dabei die Zeit vorwärts oder rückwärts laufen, keine Richtung ist dabei mathematisch ausgezeichnet. Die Veränderungen in der Zeit formen dabei etwas, was man in der Mathematik eine Gruppe nennt. Wenn man nur eine Richtung der Zeit auszeichnen würde, dann müsste man zu einer sogenannten Halbgruppe übergehen, einer Struktur, die mathematisch etwas unbequemer zu behandeln wäre. Die Nicht-Auszeichnung einer Zeitrichtung ist also reiner Bequemlichkeit geschuldet. Daraus ein Grundprinzip zu machen, das ist – gelinde gesagt – unvernünftig und sollte ein Grund sein, darüber zu reflektieren.

Allerdings zeigt ein tiefes Eindringen in die Grundlagen der Quantentheorie, dass die Verhältnisse nicht ganz so trivial sind, wie sie sich auf den ersten Blick zeigen.

So gibt es große Vorbilder unter den Physikern, welche einen großen psychischen Widerstand gegen die Einsicht entwickelt haben, dass die Zeit mit dem Urknall beginnt und von dort aus in eine Richtung verläuft, nämlich in die eines fortwährend expandierenden Kosmos.

Berühmt geworden ist ein Zitat aus einem Brief, welchen Albert Einstein an die Hinterbliebenen seines Jugendfreundes Michele Besso geschrieben hatte:

> Nun ist er mir auch mit dem Abschied von dieser sonderbaren Welt ein wenig vorausgegangen. Das bedeutet nichts. Für uns gläubige Physiker hat die Scheidung zwischen Vergangenheit, Gegenwart und Zukunft nur die Bedeutung einer, wenn auch hartnäckigen, Illusion. [23]

Es sind nicht wenige Physiker, welche diesen Glauben Einsteins an die Strukturen der klassischen Physik teilen. (Diesen Glauben bitte nicht mit einem Glauben im Rahmen einer konkreten Religion verwechseln.) Er ist verbunden mit dem, was heute auch als „Blockuniversum" dargestellt wird. Danach wäre die Welt ein fertig abgedrehter Film mit allen Fakten, die es gab, gibt und geben wird. Diesen Film müsste man dann auch rückwärts laufen lassen können.

Einige von den Physikern, die Einsteins Meinung von der "Illusion der Zeit" teilten, habe ich auf einer Physiker- und Philosophen-Tagung, welche dem Thema der Zeit gewidmet war, im Jahre 2002 in Bielefeld getroffen. Vielleicht kann man das „Illusionäre der Zeit" daran festmachen, dass der betreffende Tagungsband, zu dem ich auch einen Beitrag geschrieben hatte, immerhin „schon" im Jahre 2014 erschienen ist. Aber ein wirklicher Beweis ist das wohl nicht – und die wirkliche Struktur der Zeit ist noch komplizierter.

Die Mehrheit der Teilnehmer auf dieser Tagung befasste sich mit der These, dass es aus ihrer Sicht keinen Grund gibt, dass die Zeit nur in einer Richtung verläuft. Dazu muss man feststellen, dass es zutreffend ist, dass die mathematische Struktur vieler wichtiger Gleichungen in der Physik genau so ist, dass man für die von ihnen beschriebenen Zusammenhänge die Zeit problemlos vorwärts oder rückwärts laufen lassen kann. Dabei wird aber übersehen, dass es aus Gründen der simplen Einfachheit in der Physik so eingerichtet wird, dass die Gleichungen genau diese Struktur besitzen. Sie sind in dieser Form einfacher zu behandeln – und wenn man sie auf ein reales Problem anwendet, dann weiß man sowieso, wie die wirkliche Zeit abläuft.

Übrigens, wenn ich später einen dieser Teilnehmer wiedergetroffen habe, so war keiner von ihnen gleichalt geblieben oder gar jünger geworden. Trotzdem befassen sich viele Physiker noch immer mit dem sogenannten «Problem des Zeitpfeils», also der Erkenntnis, dass – im Gegensatz zu vielen (offensichtlich zu sehr vereinfachten) Gleichungen in der Physik – alle Abläufe in der Natur gemäß der von uns erlebten normalen Zeit verlaufen.

Dabei wird eine einfache naturphilosophische Erkenntnis missachtet. Carl Friedrich v. Weizsäcker hat in seinen naturphilosophischen Betrachtungen stets gezeigt, dass die Struktur der Zeit mit ihrer Unterscheidung zwischen Vergangenheit, Gegenwart und Zukunft eine Voraussetzung dafür ist, überhaupt sinnvoll eine empirische Naturwissenschaft betreiben zu können.

Nun ergeben sich aus Überlegungen im Rahmen der Quantentheorie auch Strukturen, welche als „ausgedehnte Gegenwart" bezeichnet werden können. In diesen ist eine Unterscheidung zwischen Vergangenheit und Zukunft nicht möglich. Da man jedoch aus der Empirie heraus eine Beziehung zu solchen „zeitfreien" Strukturen begründen und diese als Ausschnitte und Näherungen eines zeitlichen kosmischen Geschehens verstehen kann, bleibt dabei der Begriff der Erfahrung zulässig. Ohne eine solche Anbindung würde Naturwissenschaft zu Metaphysik.

5.4.2. Der Prozess des Zeitlichen und die ausgedehnte Gegenwart

Die fortwährende Zunahme der AQIs der Protyposis impliziert die Expansion des Kosmos und damit das Wachstum von dessen Krümmungsradius. Der Raum ergibt sich in diesem Modell als die immer größer werdende "dreidimensionale Oberfläche einer vierdimensionalen Kugel". (Anschaulich vorstellen kann man sich allerdings nur die zweidimensionale Oberfläche einer dreidimensionalen Kugel.) Diese Oberfläche hat keinen "Rand". Sie besitzt aber einen Krümmungsradius R, welcher wächst, der aber zu einer endlichen Zeit nur eine endliche Größe hat. Jedoch im Grenzfall der unbegrenzten Zeit (t → ∞) kann er unbegrenzt wachsen.

Mit Hilfe der Konstanz der Lichtgeschwindigkeit c kann aus dieser veränderlichen Längengröße des kosmischen Radius R eine universelle kosmische Zeit t definiert werden, nämlich $t = R/c$. Mit dieser Definition der Zeit muss der Kosmos sich – gemessen mit dieser Zeit – mit Lichtgeschwindigkeit ausdehnen: $R = ct$. Dieses Ergebnis passt sehr gut zu den neuesten astronomischen und mathematischen Untersuchungen.

Die Autoren verschiedener Studien haben die neuen kosmologischen Beobachtungsdaten sehr genau analysiert und kommen zu der Feststellung, dass dieses Modell die Realität besser beschreibt als das gegenwärtige „Standardmodell der Kosmologie". Als Beispiel werde zitiert[24]:

> Cosmological models with a geometry different from that in the current standard model have fallen out of favour and are rarely considered in on-going tests using the latest high-precision measurements. However, even within the framework of the standard model, not all the data fit together tension free. At least some controversy still surrounds the interpretation of various measurements, and other competing models often fit at least some of these observations better than the concordance model does. It is therefore useful to re-examine how these alternative scenarios fare compared to ΛCDM when new, improved data become available.

> But whereas this optimization of parameters in ΛCDM/wCDM creates some tension with their concordance values, the $R_h = ct$ universe has the advantage of fitting the QSO and AP data without any free parameters.

Den Autoren dieser Studien war nicht bekannt, dass ein mit Lichtgeschwindigkeit expandierendes Modell mit der gleichen Zustandsgleichung wie bei ihnen bereits vor 30 Jahren auf Grund von mathematischen Überlegungen über die Beziehung zwischen Quantentheorie und Kosmologie begründet und publiziert worden war.[25]

Nun wird man sich fragen, was dies alles mit der Quantentheorie zu tun hat und wo die anfangs erwähnten „gegenläufigen Erkenntnisse" zu den bisherigen Ausführungen über die Zeit bleiben? Hier kommen sie:

Ein Quantensystem befindet sich in einer ausgedehnten Gegenwart, solange es isoliert vom Rest der Welt verbleibt.

In einer Gegenwart gibt es kein „früher" und kein „später", keine Vergangenheit und keine Zukunft. Dies klingt extrem merkwürdig. Wenn wir jedoch daran erinnern, dass die Quantentheorie eine Theorie über Möglichkeiten ist, Zeiten sich jedoch erst durch das Konstatieren von Fakten in die Bereiche von »vor einem Ereignis« und »nach einem Ereignis« untergliedern lassen, dann wird es plötzlich einsichtig. Auch unter zeitlichen Aspekten kann es also „quantische ungeteilte Ganzheiten" geben.

Die erste Darstellung, dass innerhalb eines Quantensystems der gewohnte Zeitablauf nicht existiert, stammt von C. F. v. Weizsäcker. Max Jammer hat in seinem berühmt gewordenen Buch „Die Philosophie der Quantenmechanik" darauf hingewiesen, dass Weizsäcker in seiner ersten physikalischen Publikation bereits explizit ein Experiment mit verzögerter Wahl beschrieben hatte.[26] Weizsäcker erzählte später gern, dass das damals den jungen Forschern um Heisenberg so selbstverständlich erschien, dass sie darum kein großes Aufheben gemacht hätten.

Viele Jahre später hatte dann Archibald Wheeler mit großer publizistischer Wirkung von »verzögerter Wahl«, von „delayed choice" gesprochen. Diese These hatte das Missverständnis hervorgerufen, dass man im Rahmen der Quantentheorie nachträglich eine Vergangenheit „wählen" könnte.

Niels Bohr hatte für einen von seiner Umwelt abgeschlossenen − also auch nicht beobachteten − Quantenvorgang den Begriff "individueller Prozess" geprägt. Natürlich gibt es zwischen Beginn und

Ende des individuellen Prozesses für diesen keine Fakten. Aber wenn man es unbedingt will, dann kann man versuchen, sich trotzdem solche nichtexistenten Fakten zu fantasieren. Man kann zwar nichts belegen, die Behauptungen können aber auch nicht widerlegt werden.

Es wäre somit möglich, am Ende eines individuellen Prozesses festzulegen, in welcher Weise man das Vergangene zwischen Beginn und Ende des individuellen Prozesses als eine Abfolge von fiktiven – also von fantasierten – Fakten beschreiben will. Die meisten Darstellungen von Wheelers „delayed choice" stellen eine solche Fantasie dar. Man beschreibt einen individuellen Prozess so, als ob in ihm Fakten stattgefunden hätten, die man sich geeignet zurechtlegt. Aber natürlich macht die Quantentheorie im Grunde genommen deutlich, dass es zwischen Anfang und Ende des individuellen Prozesses im betreffenden System gar keine Fakten gegeben hat.

Aus dem Fächer der Möglichkeiten eines Quantensystems bleibt nach dem »Messprozess« eine einzige der Möglichkeiten vorhanden und wird zum faktischen Messergebnis. Die Information über die anderen möglich gewesenen Zustände ist aus dem System entwichen.

Damit an einem Quantensystem tatsächlich ein Faktum kreiert worden ist, ist es notwendig, dass die abgestrahlte Information über unrealisierte Möglichkeiten auch unter sämtlichen theoretischen Gesichtspunkten niemals die Chance hat, jemals in dieses System zurückzugelangen.

Am Beispiel des sogenannten Quantenradierers[27] kann man wie gesagt lernen, dass ein solcher unwiederbringlicher Verlust von Informationen über Quantenmöglichkeiten der entscheidende Vorgang ist, um ein Faktum entstehen zu lassen. Die populären Darstellungen dazu sind zumeist unkorrekt. In ihnen wird oft davon gesprochen, „dass durch nachträgliche Vernichtung einer Information eine scheinbar erfolgte Veränderung am Quantenobjekt vollständig rückgängig gemacht wird."[28] Das ist unzutreffend. Es geht darum, dass aus dem System keine Information entnommen wird. Dadurch bleibt ein „fiktives Faktum", also die lediglich vorgestellte Entnahme der Information, eine nichtrealisierte, eine nicht faktisch gewordene Möglichkeit. Die quantische Entwicklung des betreffenden Systems geht ungestört weiter.

Damit also ein Faktum entstehen kann, muss die Information in die Tiefe eines expandierenden Kosmos entschwinden. Nur damit ist gesichert, dass eine Rückkehr auch theoretisch unmöglich ist.

Auch diese Verbindung der Quantentheorie zur Kosmologie lässt etwas von dem universellen Zusammenhang aller Naturerscheinungen deutlich werden.

Das Aufheben der Isolierung des Systems bedeutet das Zulassen (oder auch ein unerwünschtes Eintreffen) einer Wechselwirkung mit den das System umgebenden Objekten, z. B. mit Messanordnungen oder mit der Luft.

Das damit verbundene Entweichen von Information über Zustandsmöglichkeiten des Systems – letztlich ins All – bewirkt das Setzen eines Faktums.

Einen solchen Vorgang bezeichnet man in der Physik als „Messung". Dabei wird die Beschreibung des normalen Quantenablaufs unterbrochen, also die zeitliche Veränderung der Möglichkeiten innerhalb eines Quantensystems. Wird dann die Isolierung wiederhergestellt, dann kann sich aus dem entstandenen Faktum wieder eine neue Fülle von quantischen Möglichkeiten entwickeln.

Da Lebewesen auf einen ständigen Durchfluss von Material und Energie angewiesen sind, können sie als Ganzes nicht abgeschlossen sein. An ihnen werden daher stets immer wieder Fakten entstehen, denn von Lebewesen geht ein fortwährender Strom von Quanteninformation aus, der interne Quantenzustände faktisch werden lässt. So lösen sich immerwährend kürzere und längere Zustände einer „quantischen ausgedehnten Gegenwart" mit dem Erscheinen eines Faktums ab, welches diesen „zeitfreien Zustand" beendet. Damit folgt immer wieder ein Faktum mit einer gewissen Wahrscheinlichkeit aus einem früheren Faktum. Dies gilt sowohl körperlich als auch psychisch. Als ein simples Beispiel dafür, und zwar an einer vorgegebenen Struktur, kann der Neckerwürfel dienen.

Wenn dieser konzentriert beobachtet wird, dann lösen sich Zustände ab, in denen der Würfel einmal wie von oben und dann wieder wie von unten gesehen erscheint.

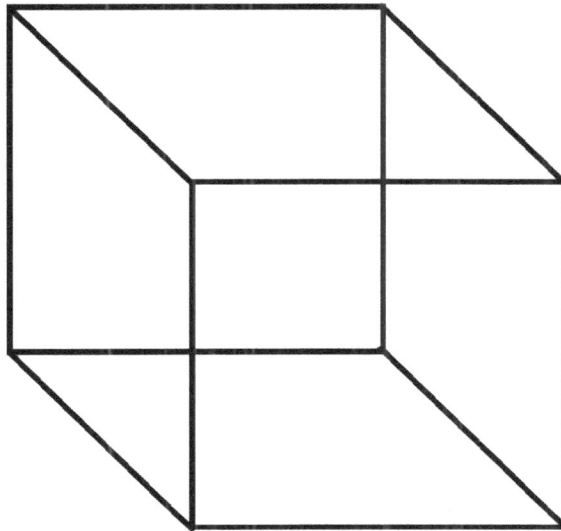

Abbildung 28: Neckerwürfel. Bei einer Fixierung des Blicks auf den Würfel tritt nach einiger Zeit ein Wechsel zwischen einem Blick von oben und einem von unten ein.

Der Neckerwürfel ist ein gutes Beispiel für kulturelle Verankerungen von Wahrnehmungen. Mit der einmal kulturell erlangten Fähigkeit des perspektivischen Sehens gelingt es vielen Menschen – so wie mir auch – nicht mehr, „keinen Würfel", sondern eine lediglich flache Anordnung von Linien zu sehen.

Als eine Erklärung für den Wechsel der Sicht wird oft eine „Ermüdung" der Nervenzellen angeboten. Die Informationsverarbeitung im Lebendigen, welche auf einer Einheit von Hard- und Software, auf einer „Uniware" beruht, lässt einen „zeitfreien Quantenzustand" lediglich für eine gewisse Spanne zu, dann wird wieder ein Faktum als realisiert erscheinen. Diese „Zeitfreiheit" in der Psyche kann durch Training verlängert werden, z.B. mit Meditation. Dieses Training läuft darauf hinaus, in dieser Zeit keine Bewertungen vorzunehmen. Dem entspricht ein zeitweiliger „Verzicht auf Messvorgänge" und damit auf das Entstehen von Fakten im Psychischen, also im Unbewussten und im Bewusstsein.

Es soll noch einmal betont werden, dass die Ideale und die Illusionen der klassischer Physik die irrtümlichen Vorstellungen erzeugen konnten, dass das ganze Weltgeschehen ein fertig abgedrehter Film sein würde, in welchem es „eigentlich" keine Zeit geben würde, weil auch die Zukunft bereits schon passiert sei.

Die seltsame Sprechweise von „Zeit als einer Illusion" kann spätestens bei Geburt und Tod nicht durchgehalten werden. Geborenwerden und Sterben sind für uns Menschen keine Illusionen.

Die reale Zeit ermöglicht Neues. Die Offenheit der Zukunft und die Beziehungsstruktur der Quantentheorie ermöglichen Kreativität und Intuition mit immer wieder neuen Möglichkeiten.

Damit im Denken etwas Neues entstehen kann, ist es also notwendig, dass sich Quantenmöglichkeiten in der Psyche entfalten können. Durch Planung und Zeitdruck kann allerdings das Bewusstsein genötigt werden, immer wieder Fakten festzustellen. Dann werden stets Quantenprozesse sofort wieder beendet. Erst eine gewisse Muße eröffnet also mehr an Möglichkeiten für Kreativität.

5.4.3. Die Zeit und ein für uns Menschen unmöglicher Blick „von außen" auf den Kosmos

Wir wollen nun noch einmal zu Einstein und seiner Bemerkung über die „Illusion der Zeit" zurückkommen, über die wir bereits im Unterkapitel „5.2.6. Die Weiterentwicklung der Kopenhagener zur Protyposis-Interpretation" einiges ausgeführt hatten.

Wir hatten davon gesprochen, dass das Entstehen von Fakten daran gekoppelt ist, dass Information über quantische Möglichkeiten auf Nimmerwiedersehen in der Tiefe des Alls entschwindet. Damit ist es klar, dass für uns Menschen als Wesen, die in Raum und Zeit nur eine endliche Ausdehnung erfassen können, die also raumzeitlich lokalisiert sind, fortwährend Fakten entstehen. Immerfort entfliehen Photonen der Wärmestrahlung von der Erde in die Kälte und Tiefe des dunklen Kosmos und kehren niemals zurück. Die AQIs, welche diese Photonen sind, und die AQIs, welche auch als Information über gewesene Zustände von diesen Photonen mit hinwegtransportiert werden, bewirken bei uns die Fakten.

Falls jedoch – sehr locker und metaphorisch gesprochen – ein Bild vermittelt werden sollte, als säße man außerhalb des Kosmos auf dem „Throne Gottes", dann sieht die Situation anders aus. Für den Kosmos als Ganzen kann keine Quanteninformation „in der Tiefe des Alls" entschwinden. Für diese Situation ist eine Vorstellung von „Fakten" mit der uns bekannten Physik nicht mehr zu verbinden.

Da aus dieser Sicht nichts „faktisch" wird, dann bleibt alles „möglich" – oder anders gesagt: nichts wird „unmöglich"!

Wenn also Einstein gedanklich einen solchen quantentheoretischen und transzendenten Standpunkt eingenommen hätte – der ihm vielleicht eher fern lag –, dann wäre eine „zeitlose ausgedehnte Gegenwart" eine vertretbare Vorstellung gewesen.

Wenn es gemäß einer universellen Quantentheorie für den Kosmos als Ganzen nur Möglichkeiten gibt, dann wird es Fakten lediglich als eine sehr gute Näherung an die Wirklichkeit geben. In diesem Fall könnte man beispielsweise ein Faktum dadurch definieren, dass die Möglichkeiten dafür beliebig nahe bei 1 beziehungsweise bei 0 sind. Fakten wären demnach Möglichkeiten, die so gut wie sicher eingetreten bzw. nicht eingetreten sind. Das entspräche dann einem Vorgang, wie er bei der Dekohärenz beschrieben wird. Die Wahrscheinlichkeiten werden in ihrer mathematischen Beschreibung sehr nahe bei 0 oder 1 sein, sind aber nicht exakt 0 oder 1.

Für eine klare mathematische Beschreibung und für den Übergang von der Quantentheorie zu einer klassischen Beschreibung sind eine exakte scharfe 0 bzw. 1 notwendig und damit ein mathematischer Grenzübergang. Selbst $10^{(-500)}$ ist mathematisch noch von 0 verschieden, auch wenn nach dem Komma erst einmal 500 Nullen kommen!

5.5. Ist die Unterscheidung zwischen Mikro- und Makrophysik mehr als lediglich pragmatisch?

Oft wird bemerkt, dass die Beschreibungen vom Mikroskopischen mit dem Makroskopischen nicht zusammenpassen, damit meint man Quantentheorie und Relativitätstheorie. Zutreffend daran ist, dass für eine möglichst zweckmäßige und für unsere menschlichen Bedürfnisse gut angepasste Erfassung der Naturvorgänge sowohl die genaue Beschreibung durch die Quantentheorie als auch die den Objekten im Alltag gut angepasste klassische Physik notwendig ist.

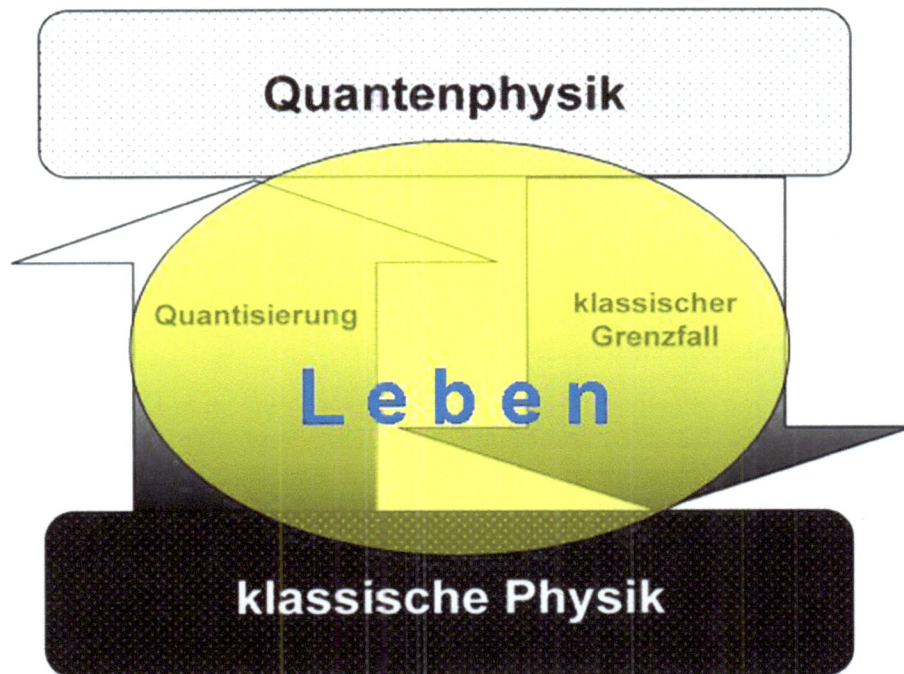

Abbildung 29: Die Dynamische Schichtenstruktur von quantischer und klassischer Physik. Die Übergänge zwischen beiden Beschreibungsweisen werden als die Quantisierung und der klassische Grenzfall bezeichnet.

Dass der Begriff der Wechselwirkungen im Grunde genommen den Quantenstrukturen entgegengesetzt ist, das war auch mir über viele Jahrzehnte der Forschung nicht deutlich geworden. Erst nachdem ich verstanden hatte, dass für eine Herleitung der grundlegenden Wechselwirkungsstrukturen die Dynamische Schichtenstruktur unvermeidlich ist, wurde die Begründung der mathematischen Struktur der drei fundamentalen Wechselwirkungen möglich. [Görnitz & Schomäcker 2016]

Die grundlegende Einheit der Natur sollte über lange Zeit mit der Zusammenfassung der drei fundamentalen Wechselwirkungen, der elektromagnetischen, der schwachen und der starken, zu einer einzigen fiktiven Wechselwirkung begründet werden.

In der Geschichte der Physik war die Zusammenfassung der elektrischen, der magnetischen und der optischen Erscheinungen in eine einzige Kraftwirkung ein riesiger Erfolg gewesen. Er war wohl mit ein Anlass gewesen, dieses Erfolgsrezept zu wiederholen. Allerdings würde ein solcher Versuch, diese drei Wechselwirkungen zusammenzufassen, zu einer riesigen Gruppe führen. Diese müsste die drei bekannten Eichgruppen als Untergruppen beinhalten. Eine solche Theorie mit einer sehr großen Gruppe müsste wiederum zu einer ungeheuren Explosion in der Anzahl der dann notwendig werdenden „elementaren" Kraftquanten führen, zu einer Inflation der Anzahl der Eichbosonen.

Heute zeigt es sich, dass es nicht genügt, die Kräfte zusammenzuführen. Vielmehr ist es jetzt möglich geworden, die Kräfte und die materiellen Objekte aus einer gemeinsamen Grundlage zu erklären, welche weder Materie noch Kraft und auch kein Bewusstsein ist, aber die Basis für dieses alles bildet.

Die Einheit der Realität folgt also *nicht* aus einem „Zusammennageln" der Wechselwirkungen. Ein solcher Versuch ist auch nicht mehr notwendig, da mit der Theorie der Protyposis, der fundamentalen und einheitlichen Grundstruktur, die Strukturen der drei Wechselwirkungen und zugleich die materiellen Objekte begründet werden können.

158

Aus der einheitlichen Grundstruktur folgt also die mathematische Struktur der drei unterschiedlichen elementaren Wechselwirkungen.

Was kann für den Kosmos als Einheit gefolgert werden?

Wenn wir nicht völlig undifferenziert davon sprechen wollen, dass „alles ein Ganzes wird", dann sehen wir, dass es sich um eine kosmologische Aussage handelt. „Alles", das ist schließlich eine andere Bezeichnung für das Universum.

Etwas genauer kann man formulieren:

Das Universum ist die Gesamtheit von alledem, wovon eine wissenschaftliche Kenntnisnahme nicht aus prinzipiellen Gründen unmöglich sein darf.

Eine wissenschaftliche Kenntnisnahme darf durchaus indirekt sein. Dazu hatten wir bereits ein simples Beispiel gegeben: Es ist zwar unmöglich, in das Zentrum der Sonne zu gelangen, um dort beispielsweise ein Thermometer hinzubringen und die Temperatur zu messen. Jedoch können wir mit gut bewährten Theorien die spektroskopisch gemessenen Oberflächentemperaturen der Sonne in deren Inneres extrapolieren und die errechneten Ergebnisse an ihren Konsequenzen prüfen.

Zwei einfache logische Folgerungen ergeben sich sofort. Wir hatten bereits darauf verwiesen. Das Universum ist notwendigerweise „eines", nicht zwei oder noch mehr! Eine Ganzheit mag in viele Teile unterteilt werden können, als Ganzheit ist sie jedoch lediglich eine.

Das einzige, was man über fantasierte andere Universen wissen kann – und das allerdings mit absoluter Gewissheit – ist, dass darüber jede Erfahrung und damit jede naturwissenschaftliche Kenntnis unmöglich sind. Schließlich wird ja alles das, worüber Wissenschaft eine Erkenntnis haben kann, unter dem Begriff „Universum" zusammengefasst.

Damit wäre die eine Seite des „Einen" erst einmal geklärt.

Nach dieser Vorbemerkung können wir darangehen, den schwierigeren Teil zu behandeln. Er hängt einerseits mit Max Plancks Entdeckung zusammen, dass ein „immer mehr an Energie und Masse" bei einem Quantensystem bedeutet, dass seine charakteristische Ausdehnung immer kleiner wird. Es sei an die riesigen Beschleuniger wie dem LHC im CERN erinnert, die mit den extrem hohen Energien in immer kleinere Bereiche vordringen sollen.

Als die Physiker daran gingen, immer kleinere Quantensysteme zu untersuchen, blieb die Kosmologie erst einmal vollkommen ausgespart. Bei den Elementarteilchen ist die Wirkung der Gravitation zwischen zweien von ihnen so extrem klein, dass sie in keinem Experiment mit ihnen erkennbar werden kann. Und wenn man die Gravitation nicht beachtet, dann bleibt natürlich auch die Kosmologie ausgeschlossen.

Man verwendete in der Elementarteilchenphysik also nur die Spezielle Relativitätstheorie. Deren wesentlicher Aspekt ist die Konstanz der Lichtgeschwindigkeit als Maximalgeschwindigkeit. Aus dieser folgt die Relativität von Dauern und Längen in solchen Systemen, die sich relativ zueinander bewegen. Die Allgemeine Relativitätstheorie wird nicht beachtet und der durch die Gravitation „verbogene" reale kosmische Raum wird ignoriert. Stattdessen wird als Modell des Raumes der sogenannte Minkowski-Raum verwendet. Den räumlichen Anteil dieses Minkowski-Raumes, des Modells für Raum und Zeit der Speziellen Relativitätstheorie, kann man sich vorstellen wie ein unendlich ausgedehntes Laborzimmer, dessen Zimmerkanten von „Länge, Breite und Höhe" wie unendliche Geraden gedacht werden müssen.

Wir haben also ein Raum-Modell für die Elementarteilchenphysik und ein Raum-Modell für die Kosmologie.

Eine Metapher dazu:

Wenn ich mich in meiner Stadt oder in meinem Land orientieren möchte, so verwende ich eine Karte. Es ist ein flaches Papier, ein Ausschnitt aus einer Ebene. Dabei ignoriere ich, dass es Berge und Täler gibt, weil das für die Orientierung zumeist nicht sonderlich von Bedeutung ist. (Natürlich werde ich für eine Bergwanderung eine modifizierte Karte verwenden, aus der die Höhenunterschiede erkennbar werden.)

Gänzlich anders erscheint die Angelegenheit, wenn es um die Erde als Ganzes geht. Da ist zumeist ein Globus wesentlich sinnvoller als ein Blatt Papier. Ein Globus ist nicht mehr flach. Während ein Blatt Ränder hat, also willkürlich abgeschnittene Grenzen, hat die Oberfläche des Globus keinen Rand, an welchem die Oberfläche abgeschnitten wäre. Es gibt außerdem einen Durchmesser des Globus, für den es beim Papierblatt nichts Entsprechendes gibt.

Die Elementarteilchenphysik entspricht mit dem bei ihr bisher verwendeten Modell des Raumes dem flachen Papier aus unserer Metapher und dieses Modell kennt keine kleinste Länge – und auch keine größte – und somit auch kein Verhältnis von zwei solchen Längen.

In diesem Ansatz, wie er zumeist in der *Quantenfeldtheorie* verwendet wird, bereitet es keine Probleme, zu postulieren, dass alles mit allem zusammenhängt und letztlich ein „Ganzes" wird.

Es darf an dieser Stelle noch einmal daran erinnert werden, dass einem Quantensystem eine charakteristische Länge zugeordnet ist, die umso kleiner wird, je größer dessen Masse oder Energie ist. Im Modell des Minkowski-Raumes gibt es keine kleinste Länge. Damit folgt auch, dass es keine größte Masse gibt, bis zu der noch von einer quantischen teilelosen Ganzheit gesprochen werden kann.

Mit dem Minkowski-Raum ist die reale Kosmologie ausgeschlossen – wie bekommt man sie wieder hinzu?

An dieser Stelle wird die Theorie der Protyposis wieder wichtig, denn sie verbindet notwendig auch die Teilchenphysik mit der Kosmologie.

Seit über zwei Jahrzehnten verdeutliche ich in meinen Publikationen und Vorträgen, dass Quantentheorie und Kosmologie nicht getrennt betrachtet werden können. Es ist sehr schön, dass heutzutage die Widerstände gegen diese Erkenntnis abnehmen.

Heute sind die gleichen Zeitschriften davon voll, dass die Quantentheorie für die Erklärungen der Astrophysik und der Kosmologie unerlässlich ist, in denen vor wenigen Jahren noch geschrieben wurde", dass "Makrophysik" und Mikrophysik" völlig getrennte "natürliche Bereiche" sind.

Mit der Theorie der Protyposis wird die Planck-Länge begründet und mit dieser kann es keine teilelosen Quantenganzheiten mit beliebig großer Masse geben.

In diesem Zusammenhang ist es auch wichtig, dass mit der Theorie der Protyposis und mit der aus ihr folgenden Kosmologie auch die Theorie der Gravitation hergeleitet werden konnte.

Diese Kosmologie konnte ohne die Einsteinschen Gleichungen begründet werden. Nun kann man fordern, dass die verschiedenen zeitlichen Zusammenhänge mit ihren Beziehungen zwischen Energiedichte und Krümmungsradius auch für lokale Variationen von Materie und Energie gelten. Aus dieser Forderung lassen sich die Einsteinschen Gleichungen dann induktiv herleiten.

Aus alledem folgt aus der Quantentheorie, wenn die Protyposis eingeschlossen wird, dass es unter den theoretisch vorstellbaren Längen eine kleinste Länge gibt, welche noch als faktisch denkbar ist und die daher noch als eine Realität behandelt werden darf. Dieser kleinsten Länge entspricht dann die größte Masse, die ein teileloses Quantenobjekt noch haben kann – die bereits erwähnte Planck-Masse.

Das Nichtbeachten der Bedeutung der Planck-Länge entspricht nicht nur einem Ignorieren der Gravitation, sondern sogar der Kosmologie. Dies ist – zumindest für Aussagen über „alles" – doch recht fragwürdig.

Die Theorie der Protyposis hat die seit langem gesuchte Vereinigung von Quantenstrukturen und der Gravitationstheorie ermöglicht. Mit ihr ist daher die Vereinigung der sogenannten Mikro- mit der Makrophysik gefunden.

Das quantenkosmologische Modell, welches mit den AQIs begründet werden kann, lässt die Gültigkeit der Quantentheorie für den gesamten Kosmos deutlich werden. Für uns Menschen als endliche Objekte sowohl im Raum als auch in der Zeit ist es jedoch zweckmäßig, die Dynamische Schichtenstruktur als die beste Beschreibungsmöglichkeit der Realität mit ihren verschiedenen Aspekten zu verwenden. Dabei ist dann je nach Situation die eine oder die andere Struktur stärker zu betonen, die quantische oder die klassische.

Die Einheit der Natur, die in der Tiefe besteht, ist daher so zu betrachten, dass für unser alltägliches Verhalten neben der Quantentheorie auch die Aufteilung der Welt gemäß der klassischen Physik in getrennte Objekte und in Kräfte, welche zwischen diesen wirken, zweckmäßig ist.

6. Statt Irrtümern – das Weltbild der neuen Physik, einer tatsächlichen „universellen Theorie"

Für viele Menschen hat der Begriff „Theorie" einen Beiklang von Beliebigkeit. Dies wäre in der Physik völlig falsch. Die mathematische Struktur gibt einen klaren Rahmen vor für das, was gemäß der Theorie möglich und was nicht möglich sein kann.

Unter einer Theorie versteht man in der Naturwissenschaft eine Struktur, die zumindest in der Physik mathematisch formuliert ist und mit der ein gesetzmäßiges Verhalten des Beschriebenen erfasst wird.

Seit langem wird ein solcher gesetzmäßiger Zusammenhang in Verbindung mit „elementaren Teilchen" gesucht. Im Kapitel »5.1. Kleinste Teilchen als „fundamentale oder einfachste Bausteine der Wirklichkeit"?« war dargelegt worden, dass ein solcher Weg an der letztlich vorquantischen Vorstellung „das Kleinste im Raum ist das Einfachste" scheitert.

6.1. Wie kam es zur Neuen Physik?

Die grundlegenden Strukturen müssen die einfachsten sein und sie müssen universell gelten. „Universelle Gültigkeit" bedeutet, dass diese Struktur sowohl mit Quantentheorie (QTh) als auch mit Allgemeiner Relativitätstheorie (ARTh) vereinbar sein muss.

Weizsäcker hatte die Ur-Alternativen als das Grundlegende vorgeschlagen. Sie sind die einfachsten Strukturen. Wie aber war es mit einer Verbindung zu den Teilchen der Quantentheorie und zur Allgemeinen Relativitätstheorie?

Vor dieser Frage stand ich, nachdem ich aus Leipzig zu Weizsäcker „in den Westen" gekommen war.

Jacob Bekenstein und Stephen Hawking hatten damals gezeigt, dass an den Schwarzen Löchern eine erste Verbindung zwischen QTh und ARTh erscheint. Das Zusammenspiel beider Theorien führte zu einer Formel für die Entropie eines solchen Objektes.

Mit dieser Formel wird die Entropie als das Maß für den Inhalt an unbekannter Information erfasst, Damit und mit zusätzlichen mathematischen Überlegungen wurde es mir möglich, eine Kosmologie zu begründen. Diese ermöglichte eine erste Verbindung der Ur-Theorie mit der bekannten Physik.

Aus den späteren Forschungen zur Protyposis folgte die mathematische Darstellung der Zustände von Quantenteilchen. Ein wichtiges Ergebnis war die Begründung der Struktur der quantischen Wechselwirkungen.

Es stellte sich weiter heraus, dass ein Voraussetzen der ARTh wie bei Bekenstein und Hawking nicht notwendig ist. Drei sehr einfache und unbezweifelbare physikalische Forderungen genügen, um mit der Mathematik die Resultate von Bekenstein und Hawking und auch die ARTh zu begründen.

So schließt sich der Bogen zum Anfang. Es war eine einfache und universelle Struktur gesucht worden. Die Protyposis ist die einfachste Struktur und ihre Folgerungen und Anwendungen reichen vom Kosmos bis zu den elementaren Teilchen.

6.2. Eine Theorie für alles

Die neue Physik zeigt: das Einfachste ist „klein" lediglich mit Blick auf den Informationsgehalt (und damit auch in Bezug auf seine Energie oder seine Materie), es ist jedoch räumlich riesig ausgedehnt über den gesamten kosmischen Raum.

162

Eine Theorie „für alles" muss die Grundlage dafür liefern, begreifen zu können, weshalb wir im Kosmos – und natürlich auf unserer Erde – gerade und genau die Kräfte und Teilchen finden, welche dort beobachtet werden. In der Naturwissenschaft gilt es als eine bewährte Forschungsleitlinie, sich an „Occam's Razor" zu halten. Sie besagt, dass unter verschiedenen Theorien diejenige vorzuziehen ist, welche die wenigsten willkürlichen Annahmen macht. Daher ist es beispielsweise naheliegend, nicht wie bisher durch immer größere „Eichgruppen" eine fiktive „einheitliche Wechselwirkung", also eine Vereinheitlichung von starker, elektromagnetischer und schwacher Wechselwirkung zu suchen. Dieser Prozess würde wie erwähnt als seine Folge eine Unzahl von neuen hypothetischen und unbeobachteten Teilchen erfordern. Viel sinnvoller ist es – und dies ist gelungen – alle Wechselwirkungen als Folge der tatsächlich einfachsten Struktur zu begründen.

Die vertrauenswürdigste Annahme für die Grundlage der Wirklichkeit ist die der einfachsten möglichen Quantenstruktur – des Quantenbits.

(Noch weniger anzunehmen, z. B. ein klassisches Bit, ist aus prinzipiellen Gründen unmöglich. Zumeist begreift man ein Bit zusammen mit seinem Träger. Natürlich kann man mit einem 3-D-Drucker Material beliebig formen. Man benötig neben dem Material noch ein Programm, damit mittels der Steuerung durch die Bits aus dem Material – und nicht aus den Bits – eine Form entsteht. Was mit dem Bit gemeint ist, sind nur zwei Punkte (0 und 1) und nichts weiter. Sie bedeuten einen nulldimensionalen Zustandsraum, aus diesem lässt sich nichts Reales konstruieren. Ein klassisches Bit ohne Träger ist in der Tat ein „Nichts". Ein Quantenbit hingegen ist bereits ein „Etwas mit Möglichkeiten". Daher kann die Protyposis, also die Natur, aus sich heraus die Objekte mit ihren Formen schaffen.)

Die Quantentheorie hat ein neues Weltbild ermöglicht, in welchem die scheinbar fundamentale Trennung zwischen Materie und Geist für die naturwissenschaftliche Erklärung der Welt aufgehoben ist. Die bis jetzt propagierte und beklagte „Erklärungslücke", der „explanatory gap" zwischen Körper und Psyche, konnte geschlossen werden. Die Unterscheidung zwischen diesen beiden wie gegensätzlich erscheinenden Entitäten der Realität bleibt trotzdem unter praktischen Gesichtspunkten weiterhin zweckmäßig, weil sie viele Phänomene leichter zu differenzieren gestattet. Trotzdem beruhen beide, Körper und Psyche, auf der einfachsten Quantenstruktur, der Protyposis.

Es kann nun verstanden werden, dass die bei den technischen Geräten der Informationsverarbeitung übliche und sinnvolle Trennung zwischen Hardware und Software für die biologische Informationsverarbeitung nicht besteht. Computer sollen ihre Hardware bei der Datenverarbeitung nicht verändern, sie soll tatsächlich „hart" bleiben. Sie werden extra so konstruiert, damit das erfüllt ist und so bleibt. Die Software hingegen kann beliebig geändert werden.

Ein „reset" stellt den Computer wieder auf „Anfang". Für ein Lebewesen wäre ein damit verbundenes vollkommenes Vergessen aller zwischenzeitlichen Lebenserfahrungen eine Katastrophe! (Gelegentlich werden Fälle einer vollkommenen Amnesie geschildert. Die Probleme eines solchen Verlustes von Lebenserfahrungen sind für den Patienten dramatisch, auch wenn z. B. seine Sprachfähigkeit erhalten bleibt. Das Wissen um die internen Stoffwechselvorgänge und sogar auch die Sprache könnte man analog zum „Betriebssystem" beim Computer sehen, welches nach dem Reset wieder geladen wird.)

Leben ist immer auch „Lernen aus Erfahrung". Daher hinterlässt jede Informationsverarbeitung auch in den molekularen und anatomischen Strukturen ihre Spuren. Dies ist möglich, weil die AQIs auch an den stabileren der instabilen biologischen Strukturen – welche ihrerseits ebenfalls spezielle Formen von AQIs sind – das Entstehen von Wirkungen veranlassen. Die damit codiert gespeicherten Erfahrungen liegen einerseits als gesichertes Faktenwissen in Molekülen und Synapsenstrukturen vor. Andererseits bewirken diese AQIs als „Neugelerntes" auch eine veränderte Informationsverarbeitung.

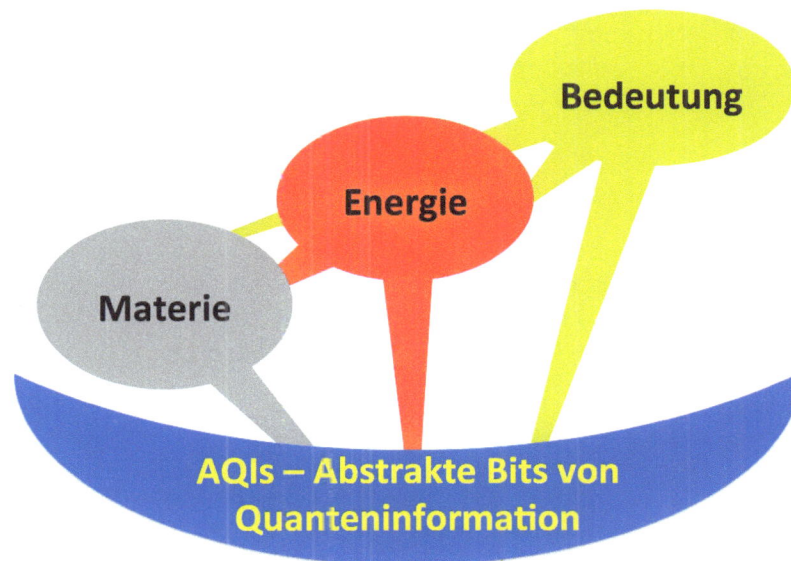

Abbildung 30: Die Trias der Erscheinungsformen der Protyposis: Materie, Energie und bedeutungsvolle Information. Dabei kann die Materie als Träger von Energie und/oder von Bedeutung erscheinen. Auch die Energie in ihrer Erscheinung als Photonen kann Träger von Bedeutung sein. Jedoch ist es auch möglich, dass Energie und Quanteninformation als eigenständige Entitäten und ohne lokalisierten Träger wirken.

Die damit möglich gewordene „Uniware" soll die Einheit von dem bezeichnen, was in Analogie zu den technischen Gebilden als Hard- und als Software angesehen werden kann. Sie ist eine Voraussetzung dafür, dass in der biologischen Evolution letztlich auch Bewusstsein möglich wurde. Die gegenseitige Beeinflussung zwischen den materiellen Strukturen, der „Hardware", und der bedeutungsvollen Information, der „Software", ist möglich, weil sie verschiedene Erscheinungsformen von ein und derselben Grundstruktur sind, der Protyposis.

Das menschliche Bewusstsein wurde mit der Quantentheorie in die Lage versetzt, technische Geräte der Informationsverarbeitung zu bauen, welche manche der menschlichen Fähigkeiten in der Schnelligkeit der Verarbeitung bei weitem übertreffen. Dies gilt besonders für die Berechnung von Simulationen natürlicher Vorgänge. Aber auch ein Einbau dieser Systeme von technischer Intelligenz in Roboter ermöglicht lediglich, ein vernunftanaloges Verhalten zu simulieren. Bewusstsein im Sinne einer Einheit von Hard- und Software und mit dem direkten unvermittelten und nicht durch einen Hersteller vorgegebenen Zugang zu den eigenen Empfindungen, Gefühlen und Denkstrukturen ist bei den technischen Geräten nicht möglich.

Was für Auswirkungen werden die neuen Erkenntnisse aus der Quantentheorie darauf haben, wie wir Menschen uns selbst und uns in unseren Beziehungen zu unserer technisch geprägten Umwelt sowie zur Natur insgesamt sehen?

6.2. Was meint man mit „Theorie"?

Gesetze allgemein sollen für „Gleiches" gelten, auch Naturgesetze. Sie werden dadurch gefunden, dass man für ihre Formulierung „Unwesentliches" ignoriert und damit Gleichheit erzeugt.

Wenn der sich daraus ergebende Näherungscharakter aller Naturwissenschaft ausgeblendet wird, dann könnte man der Meinung sein, dass die Quantentheorie uneingeschränkt gültig ist. Es würde bedeuten, dass sie nicht nur die beste Beschreibung der Natur ist, sondern dass sie sogar mit der Natur übereinstimmen würde. Es würde dann über sie hinaus „nichts Unwesentliches" mehr existieren. Eine solche Aussage könnte wahr sein, sie kann jedoch nie zu einer Gewissheit werden.

Erwin Schrödinger hatte kritisch festgestellt, dass durch die Quantentheorie ein kausaler Zusammenhang in der Naturbeschreibung relativiert wird. Dazu ist natürlich anzumerken, dass die Quantentheorie immerhin einen kausalen Zusammenhang in der Entwicklung der Möglichkeiten behauptet.

Es sollte meiner Meinung nach genügen anzuerkennen, dass die Quantentheorie die beste, weil auch die genaueste naturwissenschaftliche Erfassung der Welt ist, welche die Menschheit jemals entwickelt hat.

Als Naturwissenschaft hat sie eine mathematische Gesetzesform. Sie ist allerdings so genau, dass in ihrem Rahmen erkannt worden ist, dass sich in der Natur lediglich die Möglichkeiten gesetzmäßig verändern. Die künftigen Fakten werden im Rahmen der Möglichkeiten jedoch zufällig eintreffen.

In meiner Schulzeit und oftmals bis heute hört man die Festlegung: "Die Physik ist die Wissenschaft der unbelebten Natur."

Daher bedeutete es für die Geschichte der Physik eine große Überraschung, dass die Quantentheorie besser an unsere inneren menschlichen Erfahrungen angepasst ist als es die klassische Physik jemals sein wird.

Wie die klassische Physik war auch die Quantentheorie am Verhalten der unbelebten Objekte entdeckt worden. Allerdings orientierte sich die klassische Physik an der Materie. Die Kräfte zwischen den Objekten kann sie lediglich konstatieren, jedoch nicht erklären. Das gleiche gilt auch für die Materie, von der bisher die Erklärung bis zu „kleinen Stücken von Materie", zu Elementarteilchen, geführt hat.

Heute können wir erkennen, dass die Quantentheorie dort gefunden wurde, wo Quantenphänomene makroskopisch wahrnehmbar werden, also durch das Sehen, nämlich am Licht – d. h. an einem speziellen Fall der elektromagnetischen Wechselwirkung. Von der Gravitation, welche makroskopisch wirkt, kennen wir in der Realität keine Quanteneffekte. Dies gilt, obwohl z. B. in dem speziellen Fall der klassisch beschriebenen Gravitationswellen auch „Gravitonen" theoretisch postuliert werden können. Von der schwachen und der starken Wechselwirkung gibt es keine makroskopischen Effekte. Das Licht ist daher eine Besonderheit. Es regelt fast alle Erscheinungen im Alltag, ohne dass es deswegen die üblichen Erscheinungen der Materie haben würde, also Trägheit, Undurchdringlichkeit, Lokalität.

Mit der Genauigkeit der Quantentheorie folgt, dass sie in der Lage ist, „hinter die Oberfläche der äußeren Erscheinungen" zu blicken. In der äußeren Umwelt sieht man die faktischen Gegenstände, welche die klassische Physik erfasst. Die Möglichkeiten, also der Bereich der Quantentheorie, sind einem oberflächlichen Blick eher verborgen. Am Menschen sieht man das äußere Verhalten und oft den Ausdruck der Affekte, die inneren Gedanken und manche seiner Gefühle bleiben den Mitmenschen zumeist verborgen. Solange die Wahrnehmung allein auf die äußeren Objekte gerichtet bleibt, werden auch bestehende Beziehungen nicht immer offen erkennbar sein. In unserem Bewusstsein sind uns jedoch unsere Beziehungen zu den Anderen und das, was aus diesen Beziehungsstrukturen folgt, in der Regel präsent.

Wie wir Menschen aus eigener Erfahrung wissen, ist ein Ganzes, welches sich aus Beziehungen entwickelt hat, oftmals mehr als die Summe der Teile, in welche es zerlegt werden kann.

Das gilt u. a. auch für soziale Beziehungen. Oftmals erkennen viele nach verloren gegangenen Beziehungen, z. B. durch einen Todesfall, oder nach Trennungen, den Umfang der Verluste erst danach. Vielfach wird auch das möglich gewesene Positive anders als zuvor bewertet.

Für uns ist es weiterhin evident, dass neben den Fakten der Vergangenheit auch künftige Möglichkeiten unser gegenwärtiges Verhalten beeinflussen.

Diese beiden allgemeinen Erfahrungen charakterisieren die Grundstruktur der Quantentheorie, die universell gültig ist.

Im Rahmen des Mikroskopischen ist die Quantentheorie wegen ihrer Genauigkeit zwingend erforderlich. Für den Umgang mit größeren Objekten genügt oftmals die weniger genaue Beschreibung der Natur durch die klassische Physik. Jedoch in instabilen Situationen, wie sie z. B. für Lebewesen von den Zellen über die Organe bis zum ganzen Lebewesen fortwährend und ständig auftreten, ist auch für Größeres zumeist die Berücksichtigung der quantischen Einflüsse unverzichtbar.

Der quantische Einfluss trifft besonders auf steuernde Teilsysteme zu. Er erstreckt sich nicht auf ein ganzes massereiches Objekt.

Die Quantentheorie beachtet die fundamentale menschliche Erfahrung, dass die Zukunft weithin unbestimmt ist, weil diese lediglich in groben Umrissen festliegt. „Grob" ist dabei relativ gemeint. Das Wetter in mitteleuropäischen Breiten ist kaum für mehr als drei Tage gut vorhersagbar, eine Sonnenfinsternis jedoch für Jahrtausende.

Instabilitäts-Situationen, in denen Prognosen besonders schwierig werden, gibt es auch immer wieder im Sozialen sowie zwischen gesellschaftlichen Strukturen, z. B. Minderheiten und Religionsgemeinschaften, und auch Staaten. In solchen Situationen wird die Offenheit der Zukunft auch an großen Systemen deutlich, selbst bloße Informationen werden dann bedeutungsvoll und wirksam. Dabei können „kleine Ursachen" große Wirkungen hervorrufen. Ein auf Deutschland bezogenes Beispiel kann das Verlesen des „Spick-Zettels" auf der Pressekonferenz von Günter Schabowski liefern. Der ökonomische Zusammenbruch der DDR und Gorbatschows Weigerung, sowjetische Truppen gegen die mutige DDR-Bevölkerung einzusetzen, hatten eine so instabile Lage bewirkt, dass zwar kein „Schmetterling" jedoch „ein Blatt Papier" in dieser Stunde zum Fall der Mauer führte.

Dass "bloße Information" im Sozialen Gewaltiges bewirken kann, ist wohl für jeden evident. Auch dass im Lebendigen "bloße Information" Wirkungen erzeugt, ist wohl nicht überraschend.

Selten wurde jedoch bisher die mit der Protyposis aufgedeckte Äquivalenz der Information zu Materie und Energie beachtet und das, was daraus gefolgert werden kann.

Stattdessen werden oftmals in den verschiedenen Wissenschaften Gegebenheiten aus anderen Wissenschaften unreflektiert und unhinterfragt vorausgesetzt.

In der Tat besteht eine Möglichkeit der Beschreibung von Sachverhalten darin, das dafür jeweils Notwendige nicht zu begründen oder zu erklären, sondern es einfach als gegeben zu postulieren. Allerdings nähert man sich dabei in einer gewissen Weise der Struktur von Kochrezepten an.

Kochrezepte beschreiben, wie aus geforderten Ausgangstoffen die gewünschten Ergebnisse erhalten werden. Die dazu notwendigen Prozeduren werden durchaus beschrieben, nicht jedoch wird erklärt, warum es die Zutaten überhaupt geben kann und welche tieferen Gründe den Prozeduren zugrundeliegen.

Als ein mögliches Beispiel kann die Psychologie dienen. Man kann die offensichtliche Realität der Psyche einfach als gegeben hinnehmen und darauf aufbauend weitere Folgerungen herleiten. Aber man kann sich beispielsweise auch fragen, wie war eine Evolution möglich gewesen, die schließlich zu der Entwicklung einer Psyche führen konnte? Welche physikalischen Grundlagen sind für eine Erklärung der Einwirkungen von psychischen Inhalten auf den Körper notwendig.

In der Psychologie möchten viele Wissenschaftler ihre Überlegungen an die Hirnforschung anschließen. Damit soll eine Verbindung zur Naturwissenschaft aufgebaut werden. Bisher jedenfalls möchte man aber in der Hirnforschung auf der Basis von überkommenen Vorannahmen alles allein auf Atome bzw. Zellen zurückführen. In den guten Arbeiten zur Hirnforschung wird dieser Tatbestand als bisher unerklärbarer „Gap" offen dargelegt. Vielfach wird er jedoch eloquent durch Begriffe wie „Emergenz", „Prozess" oder „Funktion" überdeckt. Wenn demnach gemäß der bisherigen

Voraussetzungen für eine eigenständige Realität der Psyche und damit für die Realität und Wirkmächtigkeit des Bewusstseins gar kein Platz sein kann, dann wird deutlich, dass eine Reflexion der naturwissenschaftlichen Grundlagen auch für die Psychologie notwendig wird.

Ein Kochrezept funktioniert dann nicht, wenn es Ausfälle gibt, wenn also die Zutaten nicht einfach vorhanden sind. So kann es in der Erklärung und im Verstehen der Psychosomatik problematisch werden, wenn man keine naturwissenschaftliche Definition der Psyche besitzt, sondern das psychisch Unbewusste und das Bewusstsein *nur* als "Funktion" der Nervenzellen beschreiben will. Es genügt nicht, nur zu beschreiben, dass die "mentalisierten Inhalte zurückwirken", sondern man sollte auch erklären, wie das überhaupt möglich ist, wie also die Psyche auf den Körper Einfluss nehmen kann.

Aufbau der Erkenntnisse

- **Geisteswissenschaften** — Kultur, Moral, Ethik

- **Psychologie** — Erleben, Verhalten, Unbewusstes, Bewusstsein
  stets dabei Empfindungen, Gefühle

- **Medizin** — Verbindung des Biologischer mit dem
  Psychologischem

- **Biologie** — Leben: Selbststabilisierung des Instabilen
  durch Informationsverarbeitung

- **Chemie** — vollkommen Neues aus Atomen

- **Physik** — Grundlage von allem, gilt überall

Evolution aus den Grundlagen

Abbildung 31: Die Stufung der Wissenschaften (ohne die vielen Zwischenformen)

Oft beginnen Erklärungen erst mit Entwicklungsresultaten und den faktisch vorhandenen Strukturen aus einer späten Stelle der kosmischen Evolution. Dabei sollte man jedoch bedenken, dass das Vorausgesetzte in der kosmischen Entwicklung zuvor nicht vorhanden gewesen war und dass deshalb sein Entstehen erklärt werden muss. Das ist wichtig, auch wenn diese Erklärungen zumeist in das Gebiet einer anderen Wissenschaft fallen. Wenn man das bedenkt, dann kann man erkennen, dass Aspekte, die in einer der zugrundeliegenden Wissenschaften längere Zeit ohne größeren Schaden noch ignoriert werden konnten, sich später als bedeutsam erweisen. So war der Informationsbegriff in der Chemie und in vielen Bereichen der Physik bisher nicht als notwendig erkennbar, während er – wie sich jetzt zeigt – für die Grundlagen der Physik fundamental geworden ist und als bedeutungsvolle Information schon länger in Biologie und Psychologie unverzichtbar war. Natürlich wird kein Physiker die Schrödinger-Gleichung bemühen, wenn er prognostizieren will, wohin ein Stück Holz in einer Wasserströmung sich wohl bewegen wird. Wahrscheinlich wird er mit einem Rechner versuchen, dafür die Navier-Stokes-Gleichung numerisch zu lösen. Allerdings sind auch dabei weitere Fragestellungen möglich: Es gab nicht schon immer Holz oder Wasser oder einen Menschen, der sich fragt, in welche Richtung das Holz auf dem Wasser schwimmen wird. Kann man auch solchen Fragen auf den Grund gehen?

Je weniger man unreflektiert voraussetzt, desto allgemeiner und grundlegender werden die Schlussfolgerungen sein!

Die geringsten Voraussetzungen beruhen auf den einfachsten Quantenstrukturen.

Alle in der Physik vorkommenden Strukturen lassen sich aus den einfachsten Quantenstrukturen konstruieren und damit erklären. Die aus mathematischen Gründen einfachste der möglichen Quantenstrukturen besitzt einen lediglich zweidimensionalen Zustandsraum.

Als technische Anwendungen, von denen bisher in der Physik gesprochen wird, kennt man ein „Quantenbit" oder einen „Spin ½". (Beide werden jedoch in den bisherigen Darstellungen immer als lokalisierte Erscheinungen dargestellt, also an ein Objekt wie ein Photon oder ein Elektron als Träger gebunden.) Wenn man eine solche einfache Struktur als ein „Abstraktes" und noch bedeutungsfreies Bit von „QuantenInformation" (AQI-Bit) begreift, dann erscheint es im Nachhinein, nachdem also die mathematischen und physikalischen Grundlagen entwickelt worden waren, „wie notwendig", dass die Einstein'sche Äquivalenz von Materie und Energie auf diese Bits von Quanteninformation erweitert werden musste.

Mit den AQIs wird die merkwürdige Struktur von Max Plancks großer Entdeckung gut verstehbar. Diese besagt, dass für Quanten ein Mehr an Energie oder an Masse zugleich eine immer kleinere Ausdehnung zur Folge hat.

Von der Information her gedacht ist es uns sehr geläufig, dass wenig Informationen nur eine schlechte Lokalisierung erlauben, dass jedoch mit viel Information eine sehr genaue Lokalisierung in einem kleinen Bereich möglich wird.

Wenn also Energie und Quanteninformation äquivalent sind, dann ist auch verständlich, dass viel Energie zugleich viel Information und damit eine scharfe Lokalisierung bedeuten kann.

Der Philosoph Gottfried Wilhelm Leibniz, dem wir den Formalismus der Differenzial- und Integralrechnung verdanken, hatte von der „besten aller Welten" gesprochen. Er hatte es theologisch gemeint und dafür viel Häme von Voltaire erhalten. Wenn wir jedoch das durch die Quantentheorie sichtbar gewordene Zusammenspiel von Ordnung und Freiheit in der Welt erkennen, dann kann man diese Struktur in der Tat bewundern.

Die Abläufe in der Realität verlaufen weder völlig festgelegt noch in völliger Beliebigkeit.

Beliebigkeit würde keinerlei Ordnung ermöglichen. Ohne Ordnung kein Lernen, ohne Lernen kein überdauerndes Leben. Die Quantentheorie zeigt, dass die Entwicklungen und die Veränderung der Möglichkeiten geordnet, also gesetzmäßig ablaufen. Andererseits gäbe es ohne Freiheit, ohne Alternativen, keine Entwicklung. Nur Freiheit ermöglicht Unvorhergesehenes, ermöglicht Neues. Die Quantentheorie zeigt, dass die künftigen Fakten in der Gegenwart noch nicht determiniert sind. Ihr Eintreten kann beeinflusst werden. Dies kann z. B. geschehen, indem der Kontext für die „Messungen" beeinflusst wird, indem neue Möglichkeiten und damit neue Fakten geschaffen werden. Bei der "Beeinflussung der Zukunft" wird die Freiheit der Menschen wesentlich. An dieser Stelle setzt das "Mitspielen" ein, von dem schon Niels Bohr gesprochen hatte. Die Offenheit der Zukunft stellt uns im gesellschaftlichen und politischen Raum und natürlich im Zusammenleben von Individuen allgemein auch in eine Verantwortung für unser Tun.

Die Natur hält stets Alternativen bereit − Alternativlosigkeit existiert nicht. Schließlich zeigt die Quantentheorie, dass sich nach einem Faktum stets mehrere Möglichkeiten eröffnen.

Die Gesetze der Quantentheorie zeigen uns eine Grundstruktur der Wirklichkeit auf, welche keine Beliebigkeit, sondern eine Ordnung schafft − jedoch in solcher Weise, dass Freiheit möglich ist.

6.3. Von der Kosmologie zu den Teilchen

Wie zeigt sich die kosmische Evolution mit der Theorie der Protyposis?

- *Die Protyposis kann als das Sein in der Form des Werdens verstanden werden.*

- *Sie erweist sich als der ständige Übergang vom Werden zum Sein und wieder zum Werden.*

Der Beginn der kosmischen Entwicklung wird heutzutage als "Urknall" bezeichnet. Wenn man Naturwissenschaft richtig versteht, so erfasst man, dass eine naturwissenschaftliche Beschreibung erst sinnvoll beginnen kann, wenn etwas „ist", also *nach* dem sogenannten "Urknall".

Vielleicht ist es einsehbar, dass nicht nur in den Religionen, sondern sogar auch in der Naturwissenschaft über diesen Übergang vom „Nichtsein zum Sein" höchstens in einer metaphorischen Weise gesprochen werden kann. Bereits der Begriff „Übergang" ist ohne eine Zeitstruktur mit vorher und nachher nicht vorstellbar – wie soll man da den „Übergang von einer Nichtzeit in die Zeit" sprachlich formulieren? Auch Sprechen und Schreiben sind Vorgänge in der Zeit.

Über „Nichtzeitliches" zu sprechen bedeutet, sich auf Aporien und auf Widersprüche einlassen zu müssen.

Raum und Zeit entstehen mit der Protyposis, sie sind ihre Existenzweisen. Der Kosmos ist gefüllt mit den AQIs. Ein Vakuum im Sinne von „Nichts" gibt es nicht. Allerdings formen die AQIs sich auch zu Teilchen mit einer Ruhmasse. Und ein Vakuum mit der Bedeutung, dass im betreffenden Raumbereich keine Teilchen mit einer Ruhmasse existieren, eine solche Vorstellung ist hingegen sehr wohl möglich.

Der Urknall beginnt hypothetisch mit einem Quantenbit. Zugleich damit treten Raum und Zeit in ihre Existenz. Es ist unmöglich, im Rahmen der Naturwissenschaft davon zu sprechen, dass etwas "ist", ohne den Raum anzugeben, in welchem es ist, und ohne zu bedenken, dass das Verb "sein" eine zeitliche Existenz meint.

Das Nachdenken über alles, was „vor" der Naturwissenschaft zu platzieren ist, gehört gemäß der philosophischen Tradition zur Metaphysik. Da man sich in diesem Feld des Nachdenkens grundsätzlich nicht mehr auf Empirie oder gar auf Experimente stützen kann, findet sich hier ein weites Feld von Hypothesen und Überzeugungen. In unserer Monographie „Die Evolution des Geistigen" haben wir u. a. auch dazu unsere Überlegungen dargestellt. Hier jedoch wollen wir uns an die Empirie und an die theoretischen Schlussfolgerungen halten, welche aus den empirischen Daten gefolgert werden können.

6.3.1. Der Kosmos und die Quantenbits

Die erste Folgerung aus den kosmologischen Beobachtungen ist: Die Anzahl der Quantenbits wächst. Die kosmische Zeit ist ein Maß für die Anzahl dieser AQIs. Es ist evident, dass sie anfangs nur wenige sind und dass sie als bedeutungsneutral behandelt werden müssen. Die Zunahme des Weltalters, die Zunahme der AQIs und die Expansion des Kosmos sind drei Formulierungen für dasselbe Geschehen. (Die Anzahl der AQIs erweist sich als das Quadrat des Weltalters, wenn dieses in Planck-Zeiten, d. h. 10^{-44} sec, gemessen wird.)

Ein Quantenbit realisiert sich als Wirkungsquantum.

Das Wirkungsquantum ist das naturgegebene konstante Maß für die kleinste in der Natur mögliche Wirkung. Es kann definiert werden als das Produkt aus einer Zeit und einer Energie. Das bedeutet, dass eine Wirkung mit viel Energie in kurzer Zeit und kleiner Wellenlänge und die gleiche mit wenig Energie in langer Zeit und großer Wellenlänge hervorgerufen wird.

Nun kommt eine schwierige Überlegung. Aus Einsteins Äquivalenz von Masse und Energie folgt, dass man hypothetisch einem Photon eine Masse zuordnen kann – z.B. für eine gravitative Wirkung – obwohl es selbst im engeren Sinne natürlich keine Masse – also keine Ruhmasse – besitzt. In ähnlicher Weise kann man einem Qubit – welches immerhin eine Wirkung hervorrufen kann – eine Energie zuordnen, obwohl es in einem engeren Sinne keine Energie wie ein Photon ist.

Wenn ein Bit eine Wirkung erzielen soll, so wird es dafür mindestens die kleinste theoretisch mögliche Energie im Kosmos benötigen. Das Wirkungsquantum ist definiert als das Produkt aus einer Energie und einer Zeit. Daher wird die kleinste Energie im Kosmos beim Wirkungsquantum verbunden sein mit der größten Zeit im Kosmos, also mit dem Weltalter. Aus der Planckschen Relation folgt, dass eine immer kleinere Energie mit einer immer größeren Wellenlänge verbunden ist. Dann wird also zur kleinsten Energie eine „Schwingung" mit der größten denkbaren Wellenlänge gehören. Wenn man im ganzen Kosmos lediglich ein Qubit zu betrachten hat, dann wird dem die geringste mögliche Lokalisation entsprechen. Jede genauere Lokalisation erfordert mehr Information.

Wenn also zu einem Qubit eine Veranschaulichung gesucht wird, so kann man folgern:

Ein Qubit lässt sich veranschaulichen als eine „Grundschwingung des kosmischen Raumes".

Die Existenz der Quantenbits begründet wie erwähnt zugleich Raum und Zeit.

Wenn sich viele von solchen Schwingungen quantisch kombinieren, dann wird die Wellenlänge dieser Kombinationen von immer mehr Schwingungen immer kleiner werden. Diese Spezialität der Quantentheorie, dass „viel Ausgedehntes" zu etwas „scharf Lokalisiertem" werden kann, ist nicht leicht einzusehen. Es ist aber eine wichtige Einsicht zum Verstehen der Quantentheorie überhaupt. Diese Eigenschaft der Quantentheorie, mit die sie klar von der klassischen Physik unterschieden ist, ermöglicht eine Bildung von lokalisierten Objekten, also von Teilchen, und mit ihnen räumliche Differenzierungen.

Teilchen sind daher zu verstehen als geformte Bildungen von AQIs.

(Siehe dazu auch Abbildung 52.)

Eine räumliche Anordnung, z. B. von schwarzen und weißen Stellen auf Papier, ermöglicht das Erkennen von Schrift. Die räumliche Anordnung unterscheidet ein Haus von einem Haufen Ziegeln. Beim Thalidomit unterscheidet die räumliche Anordnung der Atome im Molekül, ob es als Contergan Missbildungen bei Ungeborenen verursacht oder nicht.

Ganz allgemein gesprochen sind räumliche Anordnungen – wovon auch immer – fundamental für eine Herausformung von „Bedeutung".

Einer Information eine Bedeutung geben zu können ist wiederum fundamental für die Möglichkeit von Leben.

Schon für einen Einzeller ist „Nähe" eine entscheidende Kategorie für sein Verhalten. Das betrifft einerseits die Anordnungen von Nukleobasen im Genom, von Proteinen in der Zelle und auch von Entitäten in der Umgebung – bereits bei einem Einzeller. Für uns Menschen ist es selbstverständlich, dass die räumliche Anordnung der Bits die Bedeutung eines Textes oder eines Bildes bewirkt. Auch die Bedeutungserzeugung im Bewusstsein wird wesentlich durch die Verarbeitungsorte im Gehirn und durch deren Zusammenspiel generiert.

Da die Quantenbits den Raum erzeugen, bedeutet es zugleich, dass jede Information letztlich auf eine räumliche Struktur zurückgeführt werden kann. In einer sehr abstrakten Weise kann formuliert werden:

Jede Information ist letztlich als räumlich interpretierbar.

Für das, was wir taktil oder optisch wahrnehmen, ist das selbstverständlich. Aber selbst Musik beruht auf – natürlich zeitlich veränderlichen – räumlich differenzierten Schwankungen des Luftdrucks.

Ganzheiten, welche nicht weiter ausdifferenziert werden können, erlauben auch keine internen räumlichen Unterscheidungen. Dies gilt beispielsweise für die mathematische Idealisierung eines „Punktteilchens". Punktteilchen jedoch existieren nicht in der Natur. Für physikalische Erscheinungen von Ganzheiten in unserem Kosmos – wie die Schwarzen Löcher – ist ebenfalls für uns, also *von außen,* eine Differenzierung des Inhaltes unmöglich.

In der kosmischen Evolution, welche durch die Zunahme der Anzahl der AQIs bewirkt wird, formen sich aus jeweils einer bestimmten Anzahl von AQIs die massiven Elementarteilchen, die eine leptonische oder baryonische und manche auch eine elektrische Ladung tragen. Sie formen ebenfalls die Quanten der Kräfte zwischen diesen Teilchen. (siehe dazu Anhang 12.5. Auf welche Weisen kann man die Quanten eingruppieren?)

Die AQIs begründen das Entwicklungspotential für die ungeheure Vielfalt, die sich in der Natur immer mehr entfaltet. Sie eröffnen alle die Möglichkeiten, die wir erkennen können und die sich für uns endliche Wesen zu Fakten entwickeln, an denen wir uns erfreuen oder die uns auch bedrängen oder ängstigen können.

6.3.2. Die Quantenbits, der Kosmos und die Allgemeine Relativitätstheorie

Mit den Quantenbits wurde *ohne* Verwendung der Allgemeinen Relativitätstheorie (ARTh) eine Kosmologie hergeleitet, also ein mathematisches Modell für die Entwicklung des Kosmos als Ganzes.[29] Wie erwähnt waren dafür drei plausible Hypothesen notwendig. *Dabei ist es höchst bedeutungsvoll, dass im Gegensatz zu den üblichen Modellen keine zusätzlichen freien Parameter und vor allem keinerlei völlig unbekannte Entitäten, wie z. B. eine „Inflation" oder eine „Dunkle Energie" frei postuliert werden mussten.*

Die erste Hypothese ist die von Max Planck entdeckte Grundformel der Quantentheorie, welche zwischen Ausdehnung und Energie einer Quantenstruktur eine umgekehrte Proportionalität feststellt. Eine unübersehbare Menge experimenteller Erfahrungen gibt keinerlei Hinweis auf eine Verletzung dieses Zusammenhangs.

Als zweites wurde der Erste Hauptsatz der Thermodynamik einbezogen. Diesen hatte Einstein als das gewisseste von allen physikalischen Gesetzen bezeichnet. Er beschreibt die Beziehung zwischen Energiedichte und Druck in einem expandierenden Volumen. *Das ist im Grunde eine klassische Beschreibung eines komplexen Quantensystems.* Daher wird das kosmologische Modell auch eine faktische, also eine klassische Beschreibung eines Quantensystems liefern.

Die dritte Hypothese betrifft die Existenz einer ausgezeichneten Geschwindigkeit, also die Rolle der Lichtgeschwindigkeit. An dazu gibt es nicht den kleinsten ernstzunehmenden Hinweis auf eine Verletzung.

Das aus diesen Hypothesen folgende mathematische Modell ergibt eine klassische Kosmologie.

Es wurde aus der Quantentheorie der Protyposis ohne Verwendung der Allgemeinen Relativitätstheorie (ARTh) hergeleitet. Dieses Modell kann in die Gleichungsstruktur der ARTh eingesetzt werden. (Die ARTh bildet ein System von gekoppelten nichtlinearen Differenzialgleichungen.) Dann zeigt es sich, dass das Protyposis-Modell eine exakte Lösung dieser Gleichungsstruktur ist.

Damit kann die ARTh als klassischer Grenzfall einer quantischen Theorie induktiv aus dieser Quantenkosmologie erschlossen werden.

Die induktive Schlussweise ist der übliche Erkenntnisweg der mathematischen Naturwissenschaften. Mit ihr wird ausgehend von einigen gut gesicherten empirischen Erkenntnissen und Prinzipien auf eine allgemeine Gleichungsstruktur geschlossen.

Die Quantenstruktur der Protyposis erweist sich also als fundamentaler als die ARTh und sie ermöglicht deren Begründung. Eine „Rückquantisierung" der Einstein'schen Gleichungen, welcher sich bisher so unermessliche Widerstände entgegengestellt haben, erscheint damit nicht mehr als notwendig. Dazu ist außerdem anzumerken, dass man sich mit der ARTh auch viele Lösungen einhandelt, welche keine Entsprechung in der Realität haben.

Die gegenwärtig tonangebende Kosmologie geht von der Hypothese aus, dass der gesamte Inhalt des Kosmos bereits beim Urknall vorhanden gewesen war – natürlich in einer anderen Form als er es gegenwärtig ist. Über die Herkunft des kosmischen Inhaltes kann nichts Überprüfbares behauptet werden. Die gesamte Materie bzw. Energie war nach dieser Vorstellung bereits da und wird danach im Laufe der kosmischen Entwicklung nur anders angeordnet, z. B. in Form von Sternen oder von Menschen.

- *Die Protyposis-Kosmologie beschreibt im Gegensatz dazu nicht nur eine Umformung des Vorhandenen zu neuen Formen, sondern sogar „das Sein in der Form des Werdens".*

Die aus den drei obigen Hypothesen folgende Zustandsgleichung der Protyposis erfordert eine Zunahme der Gesamtenergie des kosmischen Inhaltes proportional zum kosmischen Radius.

Das Alter des Kosmos beträgt heute etwa 13,8 Mrd. Jahre. Das sind $10^{61,5}$ Planck-Zeiten. Mit diesem empirischen Input folgt damit für N, die heutige Anzahl der AQIs ein Wert von $N = 10^{123}$. Auf diesen Wert für die Entropie des Kosmos, also für die gesamte Information, welche es über den Kosmos geben könnte (die man aber nicht besitzt), war auch Sir Roger Penrose gekommen.[30] In seinem sehr lehrreichen Buch „Computerdenken" setzt er sich kritisch mit Vorstellungen auseinander, welche meinen, dass die Computer nach einer gewissen weiteren Entwicklung in der Lage sein würden, Bewusstsein zu entwickeln.

Abbildung 32: Sir Roger Penrose in meinem Frankfurter Arbeitszimmer.

Gleiche Voraussetzungen wie bei der Protyposis-Kosmologie, nämlich die ständige Expansion des kosmischen Raumes mit Lichtgeschwindigkeit und das gleiche Verhalten von Druck und Energiedichte im Kosmos, also die gleiche Zustandsgleichung mit der Zunahme der Gesamtenergie, teilt ein kosmologisches Modell, welches seit einigen Jahren zu einer ernsthaften Konkurrenz zu den anderen kosmologischen Modellen geworden ist. Nach neuen Veröffentlichungen von Astronomen und Mathematikern beschreibt dieses $R_h = ct$-Modell die kosmische Entwicklung besser als das gegenwärtige „Standardmodell der Kosmologie".[31] Ein weiterer interessanter Gesichtspunkt zeigt sich in Folgendem: Man kann die anderen Modelle der kosmischen Expansion über die gesamte kosmische Zeit mitteln. Dabei wird der Mittelwert der die durch die wechselnden freien Parameter beschriebenen Beschleunigungen und Abbremsungen der kosmischen Expansion berechnet. *Dieser Mittelwert entspricht einer konstanten Expansion mit Lichtgeschwindigkeit!*[32] Auch das ist ein wichtiger Hinweis, dass diese Modelle mit ihren vielen bisher nicht gefundenen Eigenschaften wohl nicht notwendig sind.

Für die mit Lichtgeschwindigkeit expandierenden Modelle werden die vielen und unerklärten freien Parameter des Standardmodells nicht mehr benötigt oder können mit ihren Größenordnungen erklärt werden. Ein freier Parameter ist eine Größe, welche am System frei gewählt werden kann. (Beispielsweise kann beim Abschießen einer Armbrust der Abschusswinkel frei geändert werden. Ein sehr flacher oder ein sehr steiler Schuss wird weniger weit fliegen als einer, der etwa unter einem halben rechten Winkel erfolgt. Für diesen ist die Weite dann maximal.)

Im Unterschied zum $R_h = ct$-Modell mit seinem flachen Raum, d. h. einem zu allen Zeiten unendlich großem Volumen, geht das bereits vor 30 Jahren konzipierte Protyposis-Modell von einem zu jeder Zeit endlichen kosmischen Volumen aus. Aber natürlich hat es das gleiche Verhalten von Energiedichte und Druck und es wächst mit der gleichen Geschwindigkeit wie das $R_h = ct$-Modell.

Mit dem Anwachsen der AQIs wächst also zugleich der kosmische Raum, es entstehen immer neue Möglichkeiten für Lokalisationen, die wir dann mit den Teilchen identifizieren können, und für Zwischenräume, so dass sich *voneinander getrennte Objekte* bilden können.

Sobald man im Kosmos von Teilchen sprechen kann, ist es ebenfalls notwendig, deren Wechselwirkungen zu beschreiben, weil kein Teilchen unabhängig von seiner Umgebung ist.

6.3.3. Die Teilchen und die quantischen Wechselwirkungen

Als Teilchen soll in diesem Zusammenhang eine gestaltete Struktur von AQIs verstanden werden, welche lokalisiert wirken kann. Dazu gehören beispielsweise Elektronen, Protonen, Atome, Moleküle und auch Photonen. Das Wesentliche an dieser Festlegung ist also, dass ein solches Teilchen in der Lage ist, in einem kleinen Raumbereich, zum Beispiel an einem Atom oder einem Molekül, eine Wirkung hervorrufen zu können. (Auch Photonen können an einem Atom eine Wirkung hervorrufen, obwohl sie selbst nicht in einem kleinen Raumbereich lokalisiert sein können.)

In der Physik sind die theoretischen Festlegungen für ein so definiertes Teilchen in einer klaren mathematischen Form gegeben. Der Fachausdruck dafür lautet: „Die Zustände eines Teilchens spannen eine irreversible Darstellung der Poincaré-Gruppe auf."

Dazu zwei Erläuterungen: Raum und Zeit werden in der Teilchenphysik zum sogenannten Minkowski-Raum zusammengefasst. Der Minkowski-Raum besitzt eine „indefinite Metrik", das bedeutet eine andere Definition von „Abstand" als üblich. Für die drei Raum-Koordinaten bleibt alles wie gewohnt. Jedoch für „lichtartige Abstände" ist der Abstand immer null! In die Physik übersetzt bedeutet dies, dass für ein Photon selbst – wenn es „Zeit" wahrnehmen könnte" – zwischen Emission und Absorption keine Dauer liegen würde. Für alles, was sich mit Vakuum-Lichtgeschwindigkeit bewegt, bleibt „die Zeit stehen". Es ist schwer vorstellbar und wohl noch schwerer zu akzeptieren, dass bei einer Bewegung mit Lichtgeschwindigkeit die „Zeit stehen bleibt". Wir sehen Photonen, welche vor mehr als 10 Mrd. Jahren ausgesendet worden sind und bemerken an deren Veränderung die

Expansion des kosmischen Raumes. Trotzdem vergeht für das Photon in diesen Milliarden von Jahren keine Zeit!

Für „zeitartige Abstände" wird der im Minkowski-Raum definierte „Abstand" sogar negativ. Die „indefinite Metrik" ist trotz aller Verstehensschwierigkeiten in vielen Experimenten immer wieder bestätigt worden, so dass in der Physik daran nicht gezweifelt wird.

Einstein hatte mit seiner Speziellen Relativitätstheorie (die keine Beziehung zur Kosmologie hat) gezeigt, dass Entfernungen und zeitliche Dauern miteinander verwoben sind. Er hatte deswegen zu den drei räumlichen Koordinaten die Zeit als eine imaginäre Koordinate [$i = \sqrt{(-1)}$] hinzugefügt. Damit kann das Abstandsquadrat auch null oder negativ werden. Minkowski als Mathematiker hatte das Imaginäre durch seine Abstandsdefinition in die Metrik geschoben. Diese betrifft die Abstands*quadrate* und die sind für das Räumliche positiv und für das Zeitliche negativ. Das Imaginäre quadriert wird zu etwas Negativem, und damit scheint das „*i*" verschwunden zu sein.

Heute kann man Einsteins Kunstgriff mit dem „Imaginären" sogar in eine Beziehung zur Quantentheorie setzen.

Einstein hatte bei seiner Relativitätstheorie und auch später keinen Bezug zur anfangs noch nicht existierenden Quantentheorie genommen. In der Speziellen Relativitätstheorie wird normalerweise nur von „Fakten" gesprochen. Alles soll determiniert sein. Dennoch kann ein Bezug zur Realität und einer besseren Beschreibung der Wirklichkeit, also zur Quantentheorie, hergestellt werden.

Mit der Quantentheorie kann man sagen: Die Raum-Koordinaten können als die Orte der Fakten angesehen werden. Die Zeit entfaltet dann die Möglichkeiten, welche sich aus den Fakten entwickeln können. Und Möglichkeiten – so hatten wir mit der Quantentheorie überlegt – erfordern die imaginären Zahlen für ihre Darstellung.

Die Mathematiker vor rund hundert Jahren hatten diese Zusammenhänge etwas anders gesehen. Hermann Minkowski war ein in Russland geborener bedeutender jüdischer Mathematiker, dessen Familie wegen antisemitischer Pogrome nach Deutschland emigrierte. Während seiner Professur in Zürich war Albert Einstein sein Schüler. Später hatte er einen Lehrstuhl in Göttingen. Minkowski hat die Spezielle Relativitätstheorie in eine mathematische Form gebracht, wie sie heute noch verwendet wird. Anstelle einer „imaginären Zeit" spricht man seitdem von einer „indefiniten Metrik". Und die Raumzeit, eine flache Mannigfaltigkeit aus drei raumartigen und einer zeitartigen Dimension wird heute als Minkowski-Raum bezeichnet.

Von Minkowski ist eine berühmte Rede zu Speziellen Relativitätstheorie überliefert.[33] In dieser führt er aus:

> Die Anschauungen über Raum und Zeit, die ich Ihnen entwickeln möchte, sind auf experimentell-physikalischem Boden erwachsen. Darin liegt ihre Stärke. Ihre Tendenz ist eine radikale. Von Stund' an sollen Raum für sich und Zeit für sich völlig zu Schatten herabsinken und nur noch eine Art Union der beiden soll Selbständigkeit bewahren.

Minkowskis Einführung eines nicht-euklidischen Raumes mit der indefiniten Metrik wurde für die Weiterentwicklung dann zur Allgemeinen Relativitätstheorie wichtig. Tragischerweise ist er bereits Anfang 1909 an einem Blinddarmdurchbruch verstorben.

Der französische Mathematiker Henri Poincaré hatte die mathematischen Zusammenhänge, welche die Raum-Zeit-Transformationen von Teilchen betreffen, als erster erkannt.

Von Poincaré wird berichtet, dass er ein photographisches Gedächtnis hatte. Berühmt wurde er jedoch für seine vielfältigen, vor allem mathematischen Erkenntnisse. So wurde von ihm gezeigt, dass bereits für nur drei Körper in der Mechanik in der Regel ein Verhalten resultiert, was gegen Ende des 20. Jahrhunderts mit dem „Chaos" und dem „Schmetterlingseffekt" eine große öffentliche Aufmerksamkeit erhielt. In seinem großen naturphilosophischen Werk „Wissenschaft und Hypothese" fasste er die physikalischen Erkenntnisse seiner Zeit zusammen. Er wendete sich gegen die Auffassung, dass die Naturwissenschaft allein einer solchen Vorstellung entsprechen würde, wie sie später vom „Konstruktivismus" vertreten wurde. Für Poincaré waren die Beziehungsstrukturen das Wesentliche.

> ... ob der Gelehrte sich nicht durch seine Definitionen betrügen läßt und ob die Welt, die er zu entdecken glaubt, nicht einfach nur durch die Willkür seiner Laune geschaffen ist. Bei diesem Standpunkte wäre die Wissenschaft sicher begründet, aber sie wäre ihrer Tragweite beraubt.

> Wenn dem so wäre, so wäre die Wissenschaft ohnmächtig. Nun haben wir aber jeden Tag ihren Einfluß vor Augen. Das könnte nicht der Fall sein, wenn sie uns nicht etwas Reelles erkennen ließe; aber was sie erreichen kann, sind nicht die Dinge selbst, wie die naiven Dogmatiker meinen, sondern es sind einzig die Beziehungen zwischen den Dingen; außerhalb dieser Beziehungen gibt es keine erkennbare Wirklichkeit.[34]

Wenn man eine logisch geschlossene Struktur, einen Satz von Definitionen entwickelt, dann – so meinte man damals – ist man auf jeden Fall im sicheren Bereich. Allerdings, so Poincaré, wüsste man nicht, ob man damit irgendetwas von der Realität erfasst hätte. (Nach den Arbeiten von Kurt Gödel, weiß man, dass selbst die mathematischen Definitionen keine absolute Sicherheit bieten.)

Heute, aus der Sicht der Protyposis, kann man Poincaré so interpretieren, dass auch die Dinge selbst sich letztlich als Beziehungsstrukturen erweisen und dass sie damit, also mit den Beziehungsstrukturen, auch selbst erkennbar werden.

Im zitierten Buch befasst Poincaré sich auch ausführlich mit der Mathematik, welche in der Speziellen Relativitätstheorie verwendet wird, insbesondere mit den möglichen Transformationen, also den unterschiedlichen „Bewegungen" in Raum und Zeit. Diese Transformationen kann man miteinander verknüpfen, also sie nacheinander am selben Objekt ausführen. Sie bilden in der Sprache der Mathematik eine „Gruppe". Deshalb werden diese Raum-Zeit-Transformationen heute als die „Poincaré-Gruppe" bezeichnet. Die Zustände eines Teilchens, das im Rahmen der Relativitätstheorie beschrieben wird, bilden eine irreduzible Darstellung dieser Gruppe. Das bedeutet, dass jeder Zustand eines Teilchens durch eine räumliche oder zeitliche Bewegung in jeden anderen seiner Zustände überführt werden kann.

Allerdings ist es so, dass auch in der Relativitätstheorie die Zeit vom Raum deutlich unterschieden ist. (Die drei Raumkoordinaten unterscheiden sich in ihren physikalischen Eigenschaften deutlich von der Zeitkoordinate. Man kann nach draußen gehen, jedoch niemals nach gestern). Unbewusst hatte dies wohl auch Minkowski deutlich machen wollen. Er sagte in der oben zitierten Rede: »von Stund' an« und nicht »von hier aus«. Aber trotzdem bilden Raum und Zeit eine unauflösliche Einheit.

Gehen wir noch einmal zurück zum Kosmos als Ganzheit. Wenn die quantische Ganzheit, als die der Kosmos verstanden werden kann, teilweise in getrennte Teilchen zerlegt wird, so wird auch diese Zerlegung mit einem Verlust der Beziehungsstrukturen und damit an Genauigkeit der Beschreibung verbunden sein.

Zum Ausgleich für die Fehler, welche mit der Trennung in separierte Objekte erzeugt werden, müssen Kräfte zwischen den Teilchen eingeführt werden.

Mit der Theorie der Protyposis wurde es möglich zu begründen, weshalb es in der Natur genau drei quantische Wechselwirkungen gibt – die elektromagnetische, die schwache und die starke.

Die mathematische Struktur dieser Wechselwirkungen beruht bei allen dreien auf dem gleichen Prinzip, dem der sogenannten Eichgruppen. Man kann die Wirkung dieser Gruppen vielleicht so deuten, dass durch die Anwesenheit eines Kraftfeldes die Teilchen nicht mehr mit konstanter Geschwindigkeit geradeaus fliegen. Der Raum scheint wie „verbogen" zu sein und die Bahnkurven werden gekrümmt.

Die Eichgruppen werden mit ihrer mathematischen Struktur durch sogenannte „Generatoren" erzeugt. Deren physikalische Bedeutung ist die einer Ladung, welche das Kraftfeld erzeugt. Mit der Protyposis-Struktur war es möglich geworden, die mathematische Gestalt der drei Gruppen zu begründen.[35]

Zusammenfassend können wir konstatieren: die mathematisch exakte Beschreibung von Teilchen erfolgt im flachen Minkowski-Raum, also nicht im mathematischen Modell des realen Kosmos. Um die dabei auftretenden Fehler zu minimieren ergibt sich die Notwendigkeit, die quantischen Wechselwirkungen zwischen den Teilchen einzuführen. Für diese ergeben sich Kraftfelder, die man verstehen kann als aufgebaut aus den Kraftquanten.

Die Beschreibung der Kraftfelder als eine unbestimmte Anzahl von Kraftquanten bezeichnet man als Quantisierung. Sie ist die mathematische Weiterentwicklung von Einsteins Konzept der Photonen für das elektromagnetische Feld.

6.3.4. Der Sonderfall der Gravitation und die Dunkle Materie

Die Gravitation fällt aus diesem Rahmen der Eichgruppen für die quantische Wechselwirkung von Teilchen heraus.

Die Gravitation ist die universelle anziehende Wechselwirkung zwischen allem, was existiert. Deutlich wird sie zwischen großen Massen. Die Sonne zieht die Planeten an und die Erde die Menschen. Dass es auch umgekehrt gilt, wird zwischen Mensch und Erde wegen der Größenunterschiede nicht deutlich. Dass auch Planeten auf ihren Stern wirken, das hat man sich zu Nutze gemacht, um Planeten außerhalb unseres Sonnensystems an dem durch sie verursachten „Wackeln" ihres Muttersterns zu entdecken. Auch große Wolken interstellaren Gases wirken gravitativ, obwohl es sich bei ihnen nicht um einen festen Körper handelt. Dass große Massen auch auf Licht gravitierend wirken, hatte Einstein vorhergesagt. Bei vielen Sonnenfinsternissen wurde es eindrucksvoll nachgewiesen.

Zwar ist für schwache Gravitationsfelder eine Beschreibung möglich, die analog zu der erfolgt, wie man sie von den elektrischen Feldern mit den Photonen kennt. Das ist für die Schwerkraft in einer gewissen Weise eine Weiterentwicklung zum Ansatz Isaak Newtons. Dazu wird für eine Masse in „Post-Newtonscher-Näherung" angenommen, dass man ihre Schwerewirkung im Minkowski-Raum beschreiben darf, weil die „Krümmung" des Raumes sehr gering ist. Das gilt auch für die fast nicht nachweisbaren „Krümmungen" der Raumzeit bei den hier auf der Erde angekommenen praktisch ebenen Gravitationswellen. Diese Wellen könnte man theoretisch noch sinnvoll mit „Gravitonen" beschreiben, mit „Quanten der Schwerkraft".

Wenn im Kosmos jedoch zu starke Inhomogenitäten auftreten (z. B. schwere Sterne, Schwarze Löcher), kann die Näherung des flachen Minkowski-Raumes einen zu großen Fehler bedeuten. Schließlich wird der Raum um die schwarzen Löcher so stark gekrümmt, dass eine Rückkehr aus dem Schwarzen Loch in unseren kosmischen Raum nicht mehr möglich ist. Die Bilder eines „Schwerkraftfeldes" im Minkowski-Raum werden dann sehr falsch. Damit werden auch die am flachen Raum erprobten Quantisierungsmethoden nicht mehr anwendbar. Beim Verschmelzen zweier Schwarzer Löcher, also in der Nähe des Ursprungs von Gravitationswellen, wird die Raumkrümmung so stark, das dort das Modell der Gravitonen nicht mehr anwendbar ist. Im allgemeinen Fall von starker Gravitation ist es also nicht mehr so wie mit den Photonen beim Elektromagnetismus. Da scheitert der Versuch, Gravitonen zu konstruieren.

Die Gravitation ist eine universelle Wechselwirkung. Sie wirkt auf alles Existierende und ist keineswegs nur auf solche Formen der Protyposis beschränkt, welche als Teilchen beschrieben werden können. *So kann die „Dunkle Materie" ein Beispiel für gravitative Wirkung geben, welche nicht auf „elementare Teilchen" zurückgeführt werden kann. Die Protyposis erlaubt derartige „nicht-teilchenförmige" Erscheinungsformen, die natürlich wie alles sonstige Existierende gravitativ wirken.*

176

Bei der Dunklen Materie wird besonders deutlich, dass die Vorstellung von „elementaren Teilchen" keineswegs auf das populäre Anschaulichmachen von physikalischen Phänomenen beschränkt ist. Die Teilchen-Vorstellungen beeinflussen massiv Theorien, Experimente und somit auch die Vergabe von Fördermitteln:

> A global effort is under way to carry out a complete search for *high-mass dark-matter particles* using an experiment called DarkSide-20k and its successor, which rely on novel liquid-argon technologies.

> Compelling cosmological and astrophysical evidence for the existence of dark matter suggests that *there is a new world beyond the Standard Model of particle physics still to be discovered and explored.* Yet, *despite decades of effort, direct searches for dark matter at particle accelerators and underground laboratories alike have so far come up empty handed.* This calls for new and improved methods to spot the mysterious substance thought to make up most of the matter in the universe.[36]

Dieses Zitat ist zumindest verblüffend. Nach jahrzehntelangen Forschungen und Experimenten steht man mit leeren Händen da. Man ruft nach einer „Neuen Physik" − und trotzdem schlägt man das vor, was der vielseitige amerikanische Psychologe Paul Watzlawick in seinem bekannten Buch „Anleitung zum Unglücklichsein" als das Rezept des „mehr Desgleichen" bezeichnet hat. Wenn eine Tür nicht aufgeht, dann ruft man Freunde, um mit vereinten Kräften zu drücken.

Manchmal ist es jedoch sinnvoll, nachzuschauen, ob sich die Tür nicht durch ein einfaches Ziehen an Stelle des Drückens öffnen läst − weil nämlich die Tür so gebaut ist, dass man sie Aufziehen muss und daher nicht Aufrücken kann.

Dass die Idee der „Teilchen" eine wichtige Auswahl unter den möglichen quantischen Erscheinungen bedingt, wird mit der Protyposis leichter verstehbar. Wenn man ein Teilchen mathematisch sauber definieren will, so ist der Raum seiner Zustände der Darstellungsraum einer irreduziblen Darstellung der Poincaré-Gruppe. Ein „Teilchen" ist eine strenge Symmetrieforderung an die Anordnung der AQIs. Wenn wir die gegenwärtigen astrophysikalischen Angaben zugrunde legen, dann formen sich wahrscheinlich weniger als 10 % der AQIs zu derartigen Zuständen. Diese Zustandsstrukturen ermöglichen, dass sich ein Teilchen frei in Raum und Zeit bewegen kann und sich dabei nichts weiter als seine Orte und sein Geschwindigkeiten verändern.

Aus Sicht der Protyposis ist es viel wahrscheinlicher, dass sich Zustände ergeben, welche nicht auf derartige Weise bewegt werden können und die daher nicht als Teilchen erscheinen können. Wenn diese Zustände trotzdem lokalisiert sind − vielleicht auf Ausdehnungen etwa vom Durchmesser einer Galaxis, dann werden deren gravitativen Wirkungen genau dem entsprechen, was bisher als Wirkung von Dunkler Materie bezeichnet wird.

Die Gravitation ist eine Beschreibung in klassischer Näherung für die Inhalte des quantisch beschriebenen Kosmos.

Die Gravitation kann mit der Protyposis verstanden werden als die Auswirkung von Inhomogenitäten des klassisch beschriebenen materiellen, energetischen und informativen Inhalts des Kosmos. Das erlaubt auch eine Begründung, weshalb die Einsteinschen Gleichungen die Phänomene der Schwerkraft im Kosmos so gut erfassen.[37]

Dass die Einsteinschen Gleichungen eine hervorragende Beschreibung der Gravitation liefern, das wurde in der letzten Zeit an verschiedensten Beobachtungen deutlich erkennbar. Die bereits von Einstein postulierten Gravitationswellen konnten durch die enormen technischen Entwicklungen – die vor allem auf der Basis der Quantentheorie erfolgten – ein Jahrhundert nach ihrer Vorhersage erstmals auf der Erde nachgewiesen werden. Durch modernste optische Interferenzmethoden, die auf der Europäischen Südsternwarte in Chile installiert wurden, sind sehr genaue Beobachtungen von Bahnkurven von Sternen um das zentrale Schwarze Loch im Zentrum unserer Milchstraßen möglich geworden.[38] Auch sie bestätigen die Rechnungen der Allgemeinen Relativitätstheorie.

6.3.5. Ein Blick auf die Evolution im Kosmos

Natürlich hat eine erfolgreiche naturwissenschaftliche Beschreibung derjenigen Phänomene, die wesentlich komplexer sind als die einfachen, welche von der Physik beschrieben werden, immer wieder neue Grenzübergänge und damit neue Näherungsmethoden erfordert. Die in Abbildung 31 dargestellte Aufstufung der Wissenschaften ist nicht nur einer historisch gewachsenen Herausformung geschuldet. Sie beruht vor allem auf methodischen Unterschieden und auf unterschiedlichen Gesichtspunkten für das, was im jeweiligen Kontext wichtig oder unwichtig ist.

Wenn dies mitbedacht wird, so kann man konstatieren:

Mit der Theorie der Protyposis lässt sich die kosmische und biologische Evolution vom Urknall bis zum Bewusstsein des Menschen durchgängig erklären, ohne an einer Stelle einen „Dualismus" oder ein „emergentes Durchbrechen von Naturgesetzen" postulieren zu müssen.

Das Wort „emergent" hatte in der Geschichte der Wissenschaften darauf verwiesen, dass man keine Erklärung für die Ursache einer neuen Qualität hat. Natürlich ist es zuerst wichtig, eine solche neue Qualität überhaupt wahrzunehmen und zu kennzeichnen. Die eigentliche Aufgabe der Naturwissenschaft ist es jedoch, den Übergang zum Neuen zu erklären und damit zu verdeutlichen, dass an die Stelle der Emergenz eine tatsächliche Erklärung getreten ist und dass dieses Wort wieder überflüssig geworden ist. Auch die in der Medizin benutzten Worte „idiopathisch" oder „essentiell" drücken eine Ungewissheit über mögliche Ursachen und Abläufe aus. Auch sie werden überflüssig, wenn neue Erkenntnisse erhalten werden.

Mit der Protyposis liegt der Welt eine Struktur zu Grunde, welche auf Einheit zielt, die also als henadisch bezeichnet werden kann, und die zugleich Beziehungen begründet, also neue Untereinheiten erzeugen wird.

Aus den noch ungeformten Strukturen der ersten AQIs bildeten sich nach dem Urknall die ersten Gestalten als Elementarteilchen und Schwarze Löcher. Dieser Anfang ist als sehr heiß und sehr dicht zu verstehen. Eine Trennung zwischen Licht und Materie war noch nicht möglich.

Scharf festgelegte Anzahlen von AQIs formen Neutrinos, Elektronen und Protonen. Diese sind stabile Quantenteilchen mit einer jeweils festen Masse und mit jeweils spezifischen Eigenschaften. Die wichtigsten dieser Eigenschaften sind die unterschiedlichen Teilhaben an den drei quantischen Wechselwirkungen, der schwachen, der elektromagnetischen und der starken.

Die Neutrinos nehmen nur an der schwachen Wechselwirkung teil, weder an der starken noch an der elektromagnetischen. So rasen pro Sekunde über 60 Milliarden Neutrinos durch jeden Quadratzentimeter in unserem Körper hindurch. Sie kommen aus allen Richtungen und durchqueren die gesamte Erde, als ob diese nicht vorhanden wäre. Dass so etwas nachweisbar sein sollte, wurde lange nicht für möglich gehalten. Heute weiß man sogar, dass es von ihnen drei verschiedene Typen gibt.

Die starke Wechselwirkung ermöglicht die Bildung von Neutronen. Diese haben eine relativ lange Lebensdauer. Aus Protonen und Neutronen formen sich unter der starken Wechselwirkung sehr bald nach dem Urknall Atomkerne des Heliums. Diese sind stabil.

Aus den AQIs bilden sich auch Photonen. Photonen sind Energie ohne Masse. Sie können die elektrisch geladenen materiellen Teilchen beeinflussen. Werden die Photonen absorbiert, so wächst die kinetische Energie der materiellen Teilchen. Eine Emission von Photonen vermindert die kinetische Energie.

Dann, nach einer gewissen Abkühlung, bildeten sich durch die elektromagnetische Wechselwirkung aus den Elektronen und den Atomkernen auch Atome – anfangs nur Wasserstoff, Helium und eine Spur von Lithium. Bei zusammengesetzten Systemen wie Atomen und Molekülen muss die Absorption eines Photons nicht notwendig zu einer Vergrößerung der kinetischen Energie führen. Sie kann auch – z. B. wenn das Atom gebunden ist – eine Vergrößerung der inneren Energie zur Folge haben. Dabei geht das Atom in einen „angeregten Zustand" über. Bei einer Emission wird diese Energie wieder als Photon abgestrahlt. Dabei haben die Photonen genau die passende Energie, welche exakt der Differenz zweier Energiestufen entspricht.

Das Licht vom Anfang konnte sich nach dieser Abkühlung des Kosmos weitgehend ungestört ausbreiten. Durch die Expansion des Raumes wurde die Wellenlänge der Photonen des Lichtes vom Anfang immer größer und somit die Energie seiner Photonen immer kleiner. Sie werden heute als „kosmische Hintergrundstrahlung" bezeichnet. Diese Photonen sind vor 13,4 Mrd. Jahren mit sehr hoher Energie gestartet. Durch die Ausdehnung des Raumes wurde ihre Energie immer kleiner. Heute erreichen sie uns aus allen Richtungen des Himmels in gleicher Weise und haben eine Temperatur von nur noch knapp über dem absoluten Nullpunkt, von 2,7 K.

Beim Entstehen der Hintergrundstrahlung betrug die Temperatur der Photonen viele Millionen Grad. Das ist sehr viel heißer als die Oberfläche der Sonne mit ihren 6000 Grad. An diese Photonen von der Sonne ist unser Auge angepasst.

Durch die Gravitation bildeten sich aus den Gaswolken die ersten Sterne, die sich um die Schwarzen Löcher zu Galaxien formten. Nach den ersten Supernova-Explosionen im Kosmos gab es dann auch Elemente mit schwereren Atomkernen als nur Wasserstoff und Helium – also das ganze Periodensystem der Elemente. Damit eröffnete sich die Möglichkeit für die Bildung kleinerer Himmelskörper wie Planeten. Danach können auf diesen auch relativ dauerhafte Strukturen von im Prinzip instabilen Einheiten entstehen, nämlich Lebewesen.

7. Das Leben

Mit dem Leben kommen wir von dem oft recht nüchtern Dargestellten, von dem, wo die Mathematik bestimmend ist, zur Fülle der Erscheinungen. Das Leben betrifft uns selbst, denn wir leben. Von Albert Schweizer stammt die schöne Sentenz „Ich bin Leben, das leben will, inmitten von Leben, das leben will."

Jedoch immer wieder einmal kann man lesen, es gäbe in der Biologie keine Definition dafür, was Leben ist. Dies ist gewiss zum einen der unerhörten Vielfalt des Lebendigen geschuldet. Wie sehr verschieden offenbart es sich unter dem Blick der immer genauer werdenden Forschung, wie schön und schrecklich zugleich kann es uns erscheinen.

Zum anderen kann dieses Fehlen aber auch der Tatsache mit geschuldet sein, dass für lange Zeit von den anderen Wissenschaften ausgeblendet worden war, was im Lebendigen das wichtigste ist – die unablässige Kommunikation innerhalb und zwischen allen Lebewesen, der fortwährende Austausch von Informationen.

Nur dieser Austausch lässt Lebewesen lebendig bleiben, lässt sie durch Steuerungsvorgänge sich selbst stabilisieren und ermöglicht diesen totgeweihten Gebilden, dieses unausweichliche Schicksal doch recht lange hinausschieben zu können und den Staffelstab des Lebens weitergeben zu können.

So wollen wir uns fragen: Wie stellt sich das Leben aus Sicht der Kommunikation und Information, aus Sicht der Protyposis dar?

Wir wollen kurz innehalten und uns klar machen, welcher Luxus es ist, sich auch einer solchen Frage zuwenden zu können.

Die Menschen mussten ohne riesige Körperkräfte, ohne Krallen und Reißzähne, ohne selbst – wie die Pflanzen – Photosynthese betreiben zu können, sich in einer gefährlichen Umwelt behaupten. Sie mussten den Bedingungen eines sich verändernden Klimas mit Hungersnot und Kälte trotzen. Durch die gesamte Menschheitsgeschichte hindurch wandern sie weiter in neue Landschaften und Erdteile, in eine offene und daher ungewisse Zukunft, und mussten dabei ihre Kinder aufziehen.

Das einzige, worin sie ihren möglichen Feinden überlegen waren, waren ihre kommunikativen Fähigkeiten. Die Menschen waren nicht allein auf ihr genetisches Erbe angewiesen. Sie konnten durch die Narrationen ihre Erfahrungen weitergeben und eine Kultur aufbauen.

Und so haben, seitdem die Menschen mit der Sprache zum Menschen wurden, immer wieder einige von ihnen auch darüber nachgedacht: Wo kommen wir her? Was sollen wir hier tun? Wo gehen wir hin?

Nachdem der Mensch auch zur Schrift befähigt wurde, sind uns aus der Vorzeit neben vielen Notizen des Alltags – Kaufmannsrechnungen und Steuerunterlagen – auch gewaltige Epen überliefert. Auch heute noch, auf einem vollkommen anderen kulturellen Stand, können wir uns der darin deutlich werdenden Tiefgründigkeit und sogar auch einem hellsichtigen Ahnen nicht entziehen. Und wenn wir vor uns selbst ehrlich sind, so sehen wird auch, dass manche der grundsätzlichen Fragen heute nicht besser beantwortet werden können als damals.

Jedoch die großen Schöpfungserzählungen der Religionen sind für die Naturwissenschaft tabu. In den Naturwissenschaften darf man keine außerkosmischen Gründe annehmen, auch keinen Geist, der von außen in den Kosmos hineinwirkt.

Was wir aber mit der Protyposis gefunden haben, ist eine Wirklichkeit, die als Information primär wie „geistig" erscheint. Es konnte gezeigt werden, dass – von den Grundlagen her gesehen – aus der absoluten Quanteninformation, den AQIs als einer Prä-Formation, Materie und Energie gestaltet werden. *Im Kosmos erscheinen somit Materie und Energie erst als ein Zweites.* Gewaltige Implosionen

180

und Explosionen riesiger Sterne bewirkten das Entstehen aller chemischen Elemente. Das ermöglichte schließlich auch unsere Erde. Das turbulente kosmische Geschehen, die Zusammenstöße der Erde mit anderen Planetoiden mit der sich dabei ergebenden Durchmischung auch der irdischen Substanzen, der Widerstreit zwischen heiß und kalt, das Gefälle der Bedingungen zwischen der Sonne und dem Weltraum, führten mit vielen anderen Ursachen zum Leben. Die naturgesetzliche Struktur des Kosmos zeigt uns, dass ein Entstehen von Leben wie etwas Unausweichliches erscheint.

Je besser wir das Leben am Beispiel der Erde verstehen, desto deutlicher wird es, dass es im Kosmos universell ist. Vielleicht erleben sogar wir und nicht erst unsere Kinder, dass die ersten nichtirdischen Lebensformen gefunden werden.

Was folgt aus der neuen Physik für die Grundlagen des Lebens:

1. Die Protyposis bietet eine gemeinsame Basis für das Verstehen von Materie und Energie als geformte Quanteninformation, sowie für das Verstehen von Leben.

2. Aus der Struktur der Protyposis folgt, dass ein Grundzug der Natur darin besteht, dass auch Teile in der Natur in Beziehungen treten und Ganzheiten bilden können.

3. *Das Leben kann charakterisiert werden als eine in der Natur entstandene Bewertung von Informationen. Dadurch erfolgt eine Umwandlung von bedeutungsoffener zu bedeutungsvoller Information.*

4. *Keine Lebensform wäre möglich, wenn sie nicht mit einer intelligenten Informationsverarbeitung auf die Bedingungen reagieren könnte, denen sie ausgesetzt ist.* „Intelligenz" meint hierbei u. a., dass sich ein instabiles System über längere Zeit durch Informationsverarbeitung vor seinem Zerfall zu bewahrt.

5. Einzeller werden als die einfachsten Lebensformen angesehen. Sie haben sich auf Grund quantischer Beziehungsstrukturen als instabile und deswegen steuerungsfähige Strukturen herausgebildet. *Steuerung meint das Auslösen von bereitgestellter Energie durch Information und die damit mögliche Beeinflussung von Materiellem.*

6. Den Kern dieser Intelligenz bei den selbststeuerungsfähigen materiellen Lebensformen mit ihren energetischen und informativen Beziehungsstrukturen kann man sehr zutreffend als *„Überlebenswille"* oder als *„Selbsterhaltungstrieb"* kennzeichnen. Diese nur metaphorisch zu verstehende Bezeichnung ist eine Umschreibung für eine effizient arbeitende Steuerung, ohne die ein Verbleib in der Evolution unwahrscheinlich wird.

7. Das Ziel eines Überlebens kann im Laufe der Evolution durch sekundäre – Erhaltung des Nachwuchses – und beim Menschen sogar durch tertiäre kulturelle Zielsetzungen – Einsatz für geistige Werte – überformt werden.

8. *Alle Lebensvorgänge sind verbunden mit einem Austausch von Material und Energie sowie mit einem fortwährenden Prozess der Codierung und Decodierung von bedeutungsvoll gewordener Information.*

9. Die Protyposis als quantische Informationsstruktur ermöglicht das Entstehen der instabilen Ganzheiten des Lebendigen durch die Beziehungsstrukturen der Quanten. Immer wieder werden dabei neue ausgedehnte Ganzheiten erzeugt. Ihre Beschreibung erfolgt vor allem mit der Quantentheorie im Rahmen der Dynamischen Schichtenstruktur.

10. Die möglichen Substrukturen der Lebewesen mit ihren verschiedenen Eigenschaften kommunizieren untereinander. Unter anderem durch die Übermittlung von Informationen über räumliche Anordnungen sowie über bereitstehende Energien und Verbindungen werden diese Informationen bedeutungsvoll.

11. Beim Leben ist das Austesten von Möglichkeiten und darauf aufbauend Lernen und Intelligenz verbunden mit einer Informationsverarbeitung, welche auch nichtlokal im ganzen Lebewesen in Erscheinung tritt.

12. Quanteneffekte wie der Tunneleffekt, das Wirken von virtuellen und auch von verschränkten Quanten sowie die Superpositionen von quantischen Möglichkeiten liefern notwendige Schlüssel für das Verstehen der Lebensvorgänge.

13. Im Lebendigen werden Beziehungsstrukturen zu Bedeutungsstrukturen. Zu diesen Strukturen gehören ganz wesentlich vom Beginn des Lebens an auch diejenigen Phänomene, welche unter den Begriffen der *Symbiogenese* und der *Symbiose* zusammengefasst werden.

14. Da Quanteninformation nicht dupliziert werden kann, ist für die Vervielfältigung wichtiger Informationen im Rahmen von Vererbung eine Speicherung als klassische Information auf einem materiellen Träger notwendig.

15. Die Dynamische Schichtenstruktur beschreibt den Wechsel zwischen klassischen und quantischen Formen bedeutungsvoller Information. Dabei kann die klassische Information z. B. in der DNA als materiellem Träger gespeichert sein. Die quantische Information wird während der Verarbeitung auf Photonen übertragen.

16. Die Lebensvorgänge lassen klassische Information zu quantischer werden und diese immer wieder zu faktischer. Als eine Folge davon kann es im Lebendigen keine strenge Trennung zwischen dem geben, was man als „Hardware" bezeichnen könnte, und dem, was man als „Software" ansehen könnte. Lebendiges ist *Uniware*.

Intelligenz ist etwas Geistiges. Mit dem Leben kommt also das Geistige unausweichlich in den Kosmos und damit auch in die Naturwissenschaft. Geist hat mit Bewertung und mit Bedeutungsgebung zu tun, mit bedeutungsvoller Information. Wir hatten davon gesprochen, dass die AQIs keine konkrete Bedeutung haben – nun, mit dem Leben, können manche von ihnen bedeutungsvoll werden.

Die AQIs formten sich im Kosmos zu Teilchen und zu Energie. Im Lebendigen werden manche der AQIs von diesen Quantenobjekten zu bedeutungsvoller Information. Bedeutung ist nicht einfach „da"! Bedeutung wird zugewiesen, sie wird erzeugt, generiert. Bedeutung wird durch Bewertungen geschaffen! Solche Vorgänge kann man als *Informationsverarbeitung* und *Bedeutungserzeugung* bezeichnen.

- *Aus unserer Sicht ist der zentrale Aspekt aller Lebensformen eine Informationsverarbeitung, welche ihre weitere Existenz, ihr Weiterleben, sichern soll.*

Diese Informationsverarbeitung ist das Fundament einer jeden Lebensform. Lebewesen erweisen sich in ihren Strukturen als Netzwerke für eine solche Informationsverarbeitung. Das beginnt bereits beim Einzeller und wird am deutlichsten bei der Struktur der Gehirne, also derjenigen Organe, welche auf die Informationsverarbeitung spezialisiert sind.

Wir haben die weiten Wege durch die Welt der Quanten durchwandert, weil wir auch beim Leben ohne die Quantentheorie nichts von dessen Grundlagen verstehen können.

Noch vor drei oder zwei Jahrzehnten wurden Vorstellungen üblicherweise als gesichert angesehen, die auch heute noch zumeist vertreten werden, dass nämlich die Quanten nichts mit dem Leben zu tun haben würden.

Wir vertreten bereits seit langem die entgegengesetzte Erkenntnis:

Aus physikalischer Sicht sind Lebewesen Systeme, die von einem ununterbrochenen Quantenprozess gesteuert werden und die fernab vom thermodynamischen Gleichgewicht existieren. Sie benötigen daher eine ständige Zufuhr von Energie und von lebenswichtigen Stoffen, ohne die sie notwendig zerfallen müssten.[39]

7.1. Zur üblichen Definition von „Leben"

Für die Definition von „Leben" findet sich in der Literatur eine Reihe von Vorschlägen. Die Kernpunkte dabei sind

- Stoffwechsel

- Wachstum und Entwicklung

- Halboffene Membranen für einen gesteuerten Austausch mit der Umwelt

- Fähigkeit der Selbstregulation – Homöostase – Reagieren auf Umweltveränderungen

- Fortpflanzung und Vererbung, also das Hervorbringen gleichartiger Nachkommen

Wie kann man das interpretieren?

Lebewesen sind lebendig – das ist das Gegenteil von unlebendig, von stabil, von unveränderlich, von tot. Im stabilen Gleichgewicht passiert nichts. Es ist und bleibt langweilig. Das Lebendige befindet sich nie im Gleichgewicht, es ist instabil, immer wieder neu, immer wieder anders und trotzdem vielfach ähnlich dem Vorherigen. Etwas Instabiles zerfällt normalerweise – Lebendiges jedoch kann für eine Weile existieren. Wir hatten bereits davon gesprochen, dass Bäume mehr als tausend Jahre alt werden können und Grönlandhaie – immerhin Wirbeltiere – über 300 Jahre. Einfachere Lebensformen haben Sporen entwickelt, welche Jahrhunderte „wie tot" – der Fachausdruck ist Vita reducta – existieren, um bei günstiger Gelegenheit wieder zu erwachen. Im Jahre 2012 wurde ein 30 000 Jahre altes Samenkorn aus dem sibirischen Permafrostboden wieder zu einer zarten kleinen blühenden Blume. Von den Bärtierchen (Tardigrada), etwa 0,5 mm großen Mehrzellern, ist bekannt, dass sie sich selbst in einen todesähnlichen Zustand versetzen und damit ihren Stoffwechsel auf ein Minimum drosseln können. Einige von ihnen mussten sogar als unfreiwillige Teilnehmer eines Experimentes über längere Zeit ungeschützt an der Außenwand eines Satelliten – im freien Weltraum ohne Schutzanzug – um die Erde kreisen. Und manche von ihnen haben sich danach wieder selbst zum Leben erweckt.

Bis zum Tod besteht also auch bei hochentwickelten Lebewesen die Möglichkeit, viele Teile relativ stabil zu halten. Manche Teile bleiben auch nach dem Tode bestehen. So können Knochen Jahrmillionen von Jahren überdauern.

Für ihre relative Stabilität benötigen Lebewesen eine geeignete Umwelt. Sie brauchen Wasser und Nahrung. Darüber hinaus benötigen viele in unterschiedlicher Ausprägung auch Licht, Luft (Sauerstoff), Sonne. Und sie scheiden wieder etwas aus. Sie nehmen auf, was für sie wertvoll ist, und geben ab, was sie nicht mehr gebrauchen können.

In diesem Zusammenhang wird seit langem davon gesprochen, dass Lebewesen Ordnung erzeugen, indem sie „Unordnung exportieren". Das ist eine vornehme Sprechweise darüber, dass Nahrung aufgenommen und verwertet wird und dass dann Unverwertbares wieder ausgeschieden wird. Die physikalische Sprechweise dafür ist: Lebewesen nehmen Energie mit niedriger Entropie, also mit hoher Ordnung, auf und geben Energie mit hoher Entropie, mit viel „Unordnung", ab.

Die Entropieabgabe an die Umwelt kann leichter verstehbar werden, wenn sie informationstheoretisch beschrieben wird. Mit anderen Worten gesagt, müssen Lebewesen ständig notwendige Information aus ihrer Umwelt aufnehmen und wertlos gewordene Information an diese abgeben.

Die Träger dieser Information können Energie und/oder Materie sein. Da Lebewesen endliche Systeme sind und somit nur endlich viel an Information speichern können, ist es notwendig, immer wieder „einen Teil des Speichers zu löschen", um an Stelle von nutzloser Information Platz für neue Information zu schaffen. Auch wir Menschen tun dies ständig, wir vergessen viel und oftmals nutzlose Informationen.[40]

Heute würde ich das Zitat ergänzen, dass man im Alter und auch in stressenden Prüfungssituationen leider nicht nur nutzlos gewordene Information vergisst, sondern gelegentlich auch solche, die man gern im entsprechenden Augenblick parat hätte. Dass man dieses traurige Erleben wissenschaftlich immer besser erklären und begründen kann, ist dann, wenn es einen selbst betrifft, kein wirklicher Trost. Da hilft abstraktes Denken nicht unbedingt weiter!

Atome und Moleküle formen

Komplexe Beziehungsstrukturen

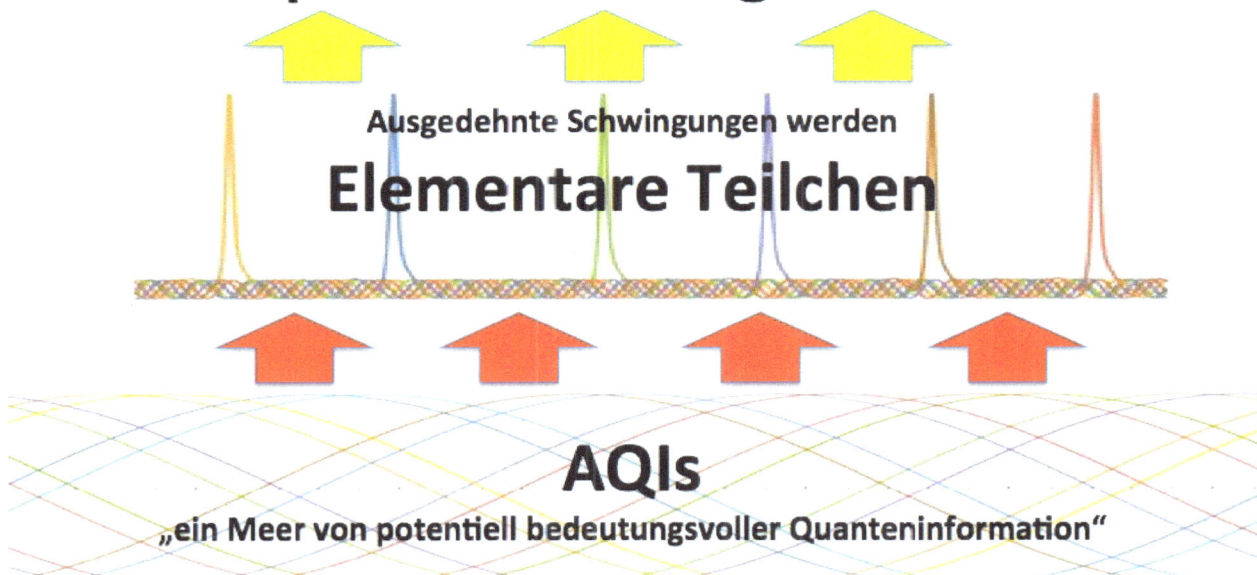

Ausgedehnte Schwingungen werden

Elementare Teilchen

AQIs

„ein Meer von potentiell bedeutungsvoller Quanteninformation"

Abbildung 33: AQIs als „kosmische Schwingungen" können sich zu Teilchen formieren. Lokalisierte Strukturen aus AQIs können als Teilchen mit Ruhmasse Strukturen bilden, die sich zu Lebewesen entwickeln. Strukturen aus AQIs als Teilchen ohne Ruhmasse (Photonen) vermitteln Wechselwirkungen in den Lebewesen. Da Bedeutung nie objektiv ist, sondern primär auf ein jeweiliges Exemplar bezogen ist, werden in Lebewesen manche der AQIs für dieses bedeutungsvoll und bewirken stabilisierende Steuerungseffekte.

Mit dem Leben wurden die AQIs, welche keine spezielle Bedeutung haben, erstmals auch zu solchen Informationsstrukturen, denen eine konkrete „Bedeutung" zukommen konnte.

Diese Bedeutungsstrukturen werden wie gesagt zuerst die Erhaltung des Lebewesens betreffen. Nur damit sind Lebewesen als instabile Gebilde in der Lage, durch eine angepasste Informationsverarbeitung sich selbst über längere Zeit zu stabilisieren. Eine solche Feststellung kann sogar zu einer Bestimmung des Begriffs „Leben" verwendet werden. Wir verstehen

Leben als das Schaffen von Bedeutung aus bedeutungsfreier oder bedeutungsoffener Information.[41]

Es geht also darum, eine für das Lebewesen und für die jeweilige Situation spezifische Bewertung vorzunehmen. Eine Bewertung wird vom Kontext, somit von der Umgebung, ebenso wie vom Zustand des Lebewesens beeinflusst. Das ist bei den ersten einzelligen Lebensformen evident, spielt aber auch bei höherentwickelten Lebensformen in alle ihre Lebensprozesse mit hinein. Der Neandertaler musste entscheiden: Lässt sich dieser Stein zu einem Faustkeil oder zu einer Speerspitze zerschlagen? Ist das ferne Gebilde ein bemooster Felsbrocken oder ein schlafendes Mammut?

- *Information wird also für ein Lebewesen bedeutungsvoll, wenn sie dessen interne Informationsverarbeitung beeinflussen kann.*

Wird die aufgenommene Information in einer solchen Weise eingebunden, dass das Überleben befördert wird, dann kann man von einer „zutreffenden" oder von einer „richtigen" Bewertung und „Bedeutungsgebung" sprechen.

Diejenigen Lebewesen, welche einer einlaufenden Information die „falsche", also eine nicht-lebenserhaltende Bedeutung geben, fallen aus dem Prozess der biologischen Evolution schnell wieder heraus.

Ähnlich strukturierte Lebewesen werden ähnlichen Informationen auch ähnliche Bedeutungen zuschreiben.

Wir finden daher in der Natur eine kontinuierliche Veränderung zwischen einer rein subjektiven Bedeutungszuschreibung zu intersubjektiven Bedeutungsgebungen bis zu solchen, welche fast wie eine „objektive" Bedeutung erscheinen können.

Etwas Stabiles kann nur durch einen Kraftaufwand verändert werden. Einen Wagen muss man ziehen oder schieben, ein Gewicht kommt nicht von selbst nach oben. In beiden Fällen hilft gutes Zureden nichts. Ein Lebewesen jedoch kann auf bloße Information reagieren. Nur einige Photonen gelangen ins Auge: Die Antilope sieht die Löwin und springt davon. Ein winziger Druckunterschied schwingt durch die Luft: Man ruft „Halt" und der Gerufene bleibt stehen.

In diesen Beispielen wird die Information für das betreffende Lebewesen bedeutungsvoll und löst einen gewaltigen *Verstärkungsfaktor* aus. Dafür muss im Lebewesen zuvor Energie in solcher Weise „bereitgestellt" gewesen sein, dass sie durch die Information ausgelöst werden kann.

Der energetische Aufwand für die Übermittlung der Information ist bei den Lebewesen winzig im Vergleich mit der erzielten materiellen Veränderung.

Im Fall der Antilope sind es Photonen, welche ins Auge treffen, im zweiten einige Schallwellen, die das Ohr des Gerufenen erreichen. Aber natürlich muss die Antilope über ihre Vorfahren über das Genom und das Verhalten der Elterntiere die Erfahrung vermittelt bekommen haben, dass Löwen lebensgefährlich sind. Und der Gerufene muss die Sprache verstehen, in der eine Mitteilung gegeben wird.

So wie ein Mensch auf eine von außen kommende Information reagieren kann, kann er auch auf eine interne „Nachricht" reagieren. Wie das geschieht, soll nachher geschildert werden.

Nach diesen Überlegungen wollen wir uns aber jetzt noch einmal den Punkten zuwenden, die für Lebewesen gemeinhin als charakterisierend gelten:

- Stoffwechsel

Lebewesen sind Fließgleichgewichte und somit instabil. Wenn der „Fluss" – der Durchsatz von Nahrung, Wasser und Luft – aufhört, dann zerfällt alles. Stabile Materie kann nur durch einen Aufwand von Energie beeinflusst werden. Wir machen uns oftmals nicht klar, wie wunderbar es eigentlich ist, dass etwas Instabiles wie ein Lebewesen auch durch Information gesteuert und stabilisiert werden kann. Wenn Information an einem Lebewesen etwas bewirken kann – das kann auch die Schutzstarre der völligen Bewegungslosigkeit sein, damit der Blick des Raubtiers nicht an einer Bewegung hängen bleibt – dann wird dabei Information bedeutungsvoll. So wurde uns über Norwegen und Kanada berichtet, dass es sinnvoll sei, bei einer Begegnung mit einem Bären nicht schreiend davonzulaufen und damit dessen Verfolgungsreflex auszulösen. Außerdem würde ein Bär schneller rennen als ein Mensch, besser auf Bäume klettern können als ein Mensch und wäre auch sonst stärker als ein Mensch.

„Fließgleichgewicht" ist der allgemeinere physikalische Ausdruck, welcher zutreffend in der Biologie zu „Stoffwechsel" präzisiert wird. Alle Lebewesen nehmen Material und Energie in solchen Formen auf, die sie verwerten können. Das ist bei den Pflanzen der Kohlenstoff, den sie als CO_2 aus der Luft holen. Aus der Erde entnehmen sie das Wasser sowie in geringerem Umfang weitere Elemente wie Stickstoff, Schwefel, Phosphor usw. Bei allen Lebewesen tragen die Atome und Moleküle der jeweiligen Nahrungsstoffe, der Spurenelemente, Mineralstoffe, Vitamine usw. eine für das jeweilige Lebewesen verbundene bedeutungsvolle Information. Diese ist notwendig, um die Stoffwechselvorgänge optimal ablaufen lassen zu können. In der Sprache der Chemie wird der Informationsaspekt dieser materiellen Teilchen zumeist nicht explizit ausgedrückt. Stattdessen spricht man lediglich von Valenzen, Bindungskräften oder Ähnlichem.

Tiere als Pflanzenfresser verwerten die von den Pflanzen erzeugten organischen Verbindungen, also Gräser, Blätter, Früchte. Raubtiere fressen andere Tiere. Pilze können sowohl Pflanzliches wie auch Tierisches verwerten. Wenn der frühere Bundeskanzler Helmut Kohl sagte: „wichtig ist, was hinten rauskommt", so ist beim Leben zumeist das Gegenteil wahr. Da ist wichtig, was man aufnimmt bzw. aufnehmen kann. Das andere, „was hinten rauskommt", ist – scherzhaft gesagt – für die Mistkäfer, die das natürlich ganz anders bewerten. Auch das kann als Hinweis darauf betrachtet werden, wie unterschiedlich Bewertungen zwischen verschiedenen Lebewesen ausfallen können.

- Wachstum und Entwicklung

Wenn Einzeller gute Umweltbedingungen vorfinden, dann teilen sie sich nach einer Wachstumsphase und verdoppeln dabei die in ihnen auf der DNA gespeicherte Information.

Mehrzellige Lebewesen entstehen aus im Vergleich zum fertigen Lebewesen einfachen Strukturen. Viele Pflanzen beginnen als Samen, viele Tiere als Eizelle und Pilze als Spore. Alle diese Prozesse werden gesteuert von Informationen, welche auf DNA-Strukturen gespeichert sind. Diese bilden in ihrer Gesamtheit das Genom. Von dort werden sozusagen „Rezepte" abgelesen, nach welchen dann weitere biochemischen Prozesse des Stoffwechsels in den Zellen bzw. im Organismus ablaufen.

Bevor aus einer Zelle zwei Zellen werden, also bei der sogenannten Zellteilung, wird die in den Genen vorhandene bedeutungsvolle Information durch Kopieren verdoppelt. Die beiden Nachfolgezellen haben damit die gleiche genetische Information wie die Ausgangszelle. Die Fehlerrate bei diesem Prozess ist in der Regel sehr klein. Das ist die Voraussetzung für eine relativ hohe Invarianz innerhalb einer Art. Aristoteles hatte von „Urzeugung" gesprochen. Er meinte, Maden entstehen aus feuchtem Mehl und Frösche aus Morast. Obwohl dafür einige Beobachtungen gesprochen haben, so wussten doch alle Menschen, aus Katzen werden immer nur Kätzchen und nie Mäuse. Diese während eines Menschenlebens immer wieder zu beobachtenden Invarianzen haben es lange schwer gemacht, an eine Evolution der Arten zu glauben.

Bei der Erzeugung von Nachkommen wird die doppelsträngige DNA in den Gameten, also in der Eizelle und in den Spermien, in eine einsträngige Form überführt. Bei der Befruchtung wird dann daraus wieder eine doppelsträngige Form erzeugt. Durch diese Kombination der Erb-Informationen der beiden Eltern erscheinen immer wieder neue Kombinationen von möglichen Eigenschaften.

Die Mitochondrien, die Kraftwerke der Zellen, verarbeiten das für viele einzellige Lebewesen schädliche Zellgift „Sauerstoff", indem sie in der „Atmungskette" die Energiebereitstellung in Form von ATP ermöglichen. Die Mitochondrien haben eine (wohl von einem Bakterium stammende) eigenständige DNA und vermehren sich wie andere Einzeller durch Knospung. Bei der Zellteilung werden die vorhandenen Mitochondrien auf die beiden Tochterzellen verteilt. Daher haben alle Nachkommen von mehrzelligen Tieren ihre Mitochondrien-DNA immer nur von ihrer Mutter.

- Halboffene Membranen für einen gesteuerten Austausch mit der Umwelt

Für den Ablauf der quantischen Prozesse im Inneren von Zellen, Organen und Lebewesen ist es notwendig, dass eine Unterscheidung zwischen Innen und Außen gegeben ist. Für die Existenz eines Fließgleichgewichtes ist ein „Durchfluss" von Materie und Energie unabdingbar. Als Kompromiss zwischen diesen beiden entgegengesetzten Forderungen – zwischen Abgrenzung und Durchsatz – haben alle Lebewesen unterschiedliche Systeme entwickelt, um dem Genüge tun zu können.

Eine der einfachsten der möglichen Bildungen sind die „semipermeablen Membranen". Sie lassen nur bestimmte Moleküle und Ionen hindurch und andere nicht. Zumeist finden sich aber noch wesentlich raffiniertere Strukturen. Beispielsweise haben bereits Bakterien *Kanäle* in ihrer Membran, welche einen *gesteuerten* Austausch ermöglichen. Einzeller mit Zellkern können wie eine Amöbe mögliche Nahrungspartikeln umfließen und dann einverleiben. Andere können dafür Organellen ausbilden. Pflanzen haben Atemöffnungen in ihren Blättern, welche sie mehr oder weniger öffnen können. Tiere haben einen Verdauungstrakt sowie Kiemen bzw. Lungen oder Tracheen für den Gasaustausch.

- Fähigkeit der Selbstregulation – Homöostase – Reagieren auf Umweltveränderungen

Mit den Begriffen „Fähigkeit der Selbstregulation" und „Homöostase" werden Aspekte von dem umschrieben, was sich umfassend als *stabilisierende Informationsverarbeitung in Lebewesen* begreifen lässt. Allerdings war für lange Zeit die Information kein Begriff der Naturwissenschaft und war somit auch nicht in dieser deutlich benannt worden. Die notwendige Einbindung der Information in die Naturwissenschaft wurde mit den AQIs erreicht.

Der in der Biologie als Homöostase bezeichnete Effekt beruht auf der stabilisierenden Wirkung einer quantischen Informationsverarbeitung. Jede intelligente Informationsverarbeitung, welche stabilisierend wirken soll, reagiert auf Änderungen in der Umwelt und auf die Zustände im System selbst.

Die Homöostase soll deutlich machen, dass es für jede Art der Lebewesen einen optimalen Zustand gibt. Die Abweichungen von diesem dürfen nicht zu groß werden, wenn es dem Lebewesen möglich bleiben soll, weiterleben zu können. Wir kennen das von der Körpertemperatur, die bei uns Menschen auf etwa 37 Grad gehalten wird. In manchen medizinischen Situationen, z. B. wegen einer langdauernden Operation, werden durch eine starke Abkühlung die Stoffwechselprozesse stark verlangsamt. Wenn wir Fieber haben, versucht der Körper durch eine erhöhte Temperatur seine Stoffwechselprozesse zu beschleunigen. Das verbessert seine eigenen Bedingungen für die Abwehr der Krankheitserreger und verschlechtert damit deren Bedingungen, sich zu vermehren. Auch die eingedrungenen Krankheitskeime gehören zu der Umwelt, mit der man sich auseinandersetzen muss. Aber natürlich auch auf das äußere Umfeld um ihren Körper herum müssen die Lebewesen reagieren. Wie wir es von unseren Balkonpflanzen wissen, können die meisten Pflanzen nur kurze Perioden ohne Wasser überleben, immerhin einige Wüstenpflanzen auch lange Trockenzeiten.

- Fortpflanzung

Fortpflanzung erscheint im Lebendigen in vielfältigen Formen. Einzeller verdoppeln sich. Pflanzen können sexuell über Samen, aber auch asexuell über Stecklinge vermehrt werden. Heute kann man im Labor sogar aus einzelnen Zellen eine neue Pflanze ziehen. Bei Tieren sind neben der normalen sexuellen Vermehrung heute auch die Verfahren der Klonbildung möglich geworden. Das Schaf „Dolli" war das erste Exemplar. In der Entwicklung eines mehrzelligen Lebewesens werden in jedem Organ bestimmte Gene ausgeschaltet. Damit können sie nicht mehr in die Steuerung eingreifen, so als ob sie nicht vorhanden wären. Aber natürlich sind alle diese Gene noch vorhanden. Heute gelingt es teilweise bereits, die „Stilllegungen" wieder aufzuheben. Man spricht davon, dass die Zellen wieder „omnipotent" werden. Dann können sie – wie bei Dolli – sich zu einem ganzen Lebewesen entwickeln.

In allen Fällen von sexueller Fortpflanzung haben die Nachkommen eine große Ähnlichkeit mit den Eltern, sind aber von jedem Elternteil auch in manchen Merkmalen verschieden. Die Ähnlichkeit hatte wie gesagt über Jahrhunderte Vorstellungen über eine Evolution und damit über das Entstehen und die Veränderungen der Arten behindert.

Man kann sich trotzdem überlegen, dass „Fortpflanzung" nicht notwendig zum Leben gehört. Man könnte sich biologische Systeme vorstellen, welche darauf ganz verzichten. Allerdings ist das eine von der Realität sehr weit entfernte Überlegung, weil alle hypothetischen Lebensformen, welche auf Fortpflanzung verzichten würden, sehr schnell wieder aus dem Evolutionsgeschehen ausscheiden. Man kann dazu sagen: Kinderlosigkeit ist nicht vererbbar.

- Vererbung

Lebewesen entwickeln im Laufe der Evolution bestimmte Strategien ihrer Informationsverarbeitung, die in der ökologischen Nische, in der sie leben, dieses Überleben zu sichern helfen. Von Orang-Utans ist bekannt, dass die Mutter das Junge über etwa elf Jahre betreut und anlernt, wie es im Urwald überleben kann. Das ermöglicht ihm die Anpassung an veränderliche Lebensumstände und das Erlernen komplexer Inhalte. Andere Arten müssen ganz ohne elterliche Unterstützung aufwachsen. Ihnen muss im Genom viel instinktives Wissen mitgegeben werden, also genügend *Handlungsinformation*, damit nicht alle Jungtiere umkommen. Viele Tiere durchlaufen auch eine kulturelle Entwicklung, eine Entwicklung, in der sie Lebenswichtiges von ihren Elterntieren lernen. Das Wissen darüber hatte sich wegen eines lediglich an die Sprache gekoppelten Begriffes von „Kultur" für lange Zeit nicht durchsetzen können und ist auch heute leider keineswegs Gemeingut. Wenn wir Menschen nicht dafür sorgen, dass wir Habitate erhalten, die eine natürliche und Generationen übergreifende Entwicklung von Tieren ermöglichen, werden auch die größten Fortschritte in der Genetik verlorene Arten nicht zurückbringen können.

Man liest von Bestrebungen, das Mammut wieder aus dem Erbmaterial zu erwecken, welches im Permafrost erhalten geblieben ist. Selbst wenn dies mit Hilfe von Elefantenkühen gelingen sollte, so bleibt das kulturelle Erbe der Mammuts verloren. „Jurassic Park" bleibt für immer eine – wenn auch sehr spannende und unterhaltsame – Fantasie.

Insgesamt kann man sagen, dass für alle Lebewesen gilt, dass diejenigen unter ihnen, welche in der Lage sind, die notwendigen und wichtigen Informationen an ihre Nachkommen weiterzugeben, diesen einen evolutionären Vorteil sichern werden. Nur diese Arten werden über längere Zeit im Evolutionsgeschehen verbleiben – das gilt übrigens auch für uns Menschen! Wir müssen uns vergegenwärtigen, was es bedeuten kann, dass auch manche der heutigen Politiker keine Vorstellung mehr davon besitzen, welche Wirkungen Kernwaffen haben. Viele junge Menschen in Mitteleuropa sind in der glücklichen Lage, die Schrecken des Krieges nur von ihren Großeltern zu hören. Dennoch sollten auch sie wissen, dass in der Zeit des „kalten Krieges" mit den stets vorhandenen einsatzbereiten Kernwaffen manchmal nur mutige Entscheidungen von klugen untergeordneten Militärs deren automatisierten Einsatz verhindert haben. In einer Zeit, in der sehr einfache Lösungen für komplexe Probleme als „alternativlos" vorgeschlagen werden, wird auch für uns Menschen erkennbar, wie wichtig kulturelle Überlieferungen auch in ihrer Vielfalt und Ambivalenz sind. Zur Weitergabe von Erfahrungen gehören nicht nur technische Fähigkeiten, sondern auch Werte wie Mitmenschlichkeit, Toleranz und auch der Widerstand gegen intolerante Machtansprüche. Wir Menschen können über die Bedeutungen von Beziehungsstrukturen reflektieren und zugleich deren Fragilität bedenken.

Komplexes Denken ist immer anstrengender als einfache Vorschläge. In der Zeit, als man daran ging, erstmals das menschliche Genom vollständig zu entschlüsseln, konnte man vielfach lesen, dass man mit dem Genom das Leben enträtselt haben würde. Heute erkennt man, dass diese Vorstellung wohl etwas zu naiv war. Die Daten über das Wirksamwerden der epigenetischen Einflüsse verdeutlichen, dass die einfachen und mechanistischen Vorstellungen einem wesentlich realistischeren Verständnis weichen. Die Anpassungen an eine veränderliche Umwelt durch die Wirkungen der Epigenetik werden besser verstanden. Beispielsweise spielen Methylgruppen eine wichtige Rolle dabei, ob die von den Genen getragene Information in ihrer Wirksamkeit ein- oder ausgeschaltet wird.

Solche Markierungen an Genen werden teilweise auf die Nachkommen weitergegeben. Die dogmatische Sichtweise auf das Genom als *die* ausschließlich steuernde Entität ist im Rückzug. Aus Sicht des Wirkens von quantischen Einflüssen – vom Genom auf die Lebensumstände des Lebewesens wie auch von den Lebensumständen auf das Wirken der Information des Genoms – erscheint dies absolut folgerichtig.

7.2. Die Herausbildung der Lebensformen

Wenn wir die Protyposis und die uns bekannte kosmische Entwicklung betrachten, so erscheint es fast gewiss, dass diese Evolution interpretiert werden muss als eine Herausformung von immer komplexeren Strukturen.

Zwar sind Sterne schön anzusehen und im Teleskop erscheinen sie auch unterschiedlich. Aber verglichen mit den vielfältigen Strukturen auf der Erdoberfläche, mit den Stränden, den Meeren und Seen, den Hügeln und Gebirgen, den Vulkanen und Gletschern, den Flusstälern und Wüsten sind die Sterne doch recht gleichförmig. Und alle diese zum Teil auch wilden und erschreckenden Schönheiten der Erdoberfläche wiederum können in keiner Weise an die ungeheure Vielfalt der Lebensformen auf ihr heranreichen. Und wenn wir weiterschauen, dann sehen wir: verglichen mit einer großen Bibliothek ist die Vielfalt eines Ameisenstaates verschwindend gering. Von den Sternen zu den Planeten, weiter zum Leben und schließlich zur Kultur beobachten wir eine immer größere Komplexität und Vielfalt.

Die Wege zu den komplexen Strukturen erhalten im Kosmos mit dem Entstehen von Leben eine entscheidende Wendung. Wir sind uns sicher, dass wir kein großes Risiko eingehen würden, wenn wir darauf wetten würden, dass es überall im Kosmos Leben gibt, wo es nur immer möglich sein kann.

Das, was wir Menschen auf der Erde bereits über die Protyposis, die Physik, die Chemie und über die bei uns realisierte Biologie in Erfahrung gebracht haben, lässt eine universelle Entstehung von Leben so gut wie sicher erscheinen. Denn es gibt keinen Hinweis darauf und auch keinen Grund anzunehmen, dass irgendwo im Kosmos die Naturgesetze anders sein würden als dort, wo wir sie bereits untersucht haben.

Das Entstehen von Leben geschieht über viele Zwischenstufen.

Spezielle Moleküle mit sehr speziellen Eigenschaften und ebenso sehr spezielle Katalysatoren können sich aufgrund des energetischen Unterschiedes zwischen heißem Stern und kaltem Weltraum bereits im interplanetaren Raum formen. Solche Moleküle bilden die Vorstufen und schließlich die Moleküle von RNA, der Ribonukleinsäure.

Die RNA hat sowohl die Fähigkeit, Information zu speichern, als auch katalytisch wirken zu können.

In der weitern Entwicklung formen sich dann die verschiedenen Formen von organischen Molekülen: DNA (die Desoxyribonukleinsäure) und weiter Lipide (die Fettmoleküle), Proteine (die Eiweißmoleküle), und Saccharide (die verschiedenen Zuckermoleküle).

Der Übergang vom Unbelebten zum Lebendigen ist kein scharf abgrenzbarer Sprung. Die Herausformung der Zwischenstufen führt zu einer immer enger werdenden Beziehungsdichte von Molekülstrukturen.

Mit der Herausformung der ersten Zellen erfolgte eine Spezialisierung des Zellinhaltes einerseits auf die Speicherung von bedeutungsvoller Information und andererseits auf die katalytische Wirkung, welche einen Stoffwechsel im Lebendigen erst möglich macht.

Für die Speicherung von Quanteninformation erwies sich die doppelsträngige DNA als wesentlich stabiler als die einsträngige RNA.

Auf der DNA ist bedeutungsvolle Information klassisch und in gespiegelter Form quasi in doppelter Ausführung gespeichert. Bei der Zellteilung wird wie dargestellt die klassische Information kopiert und so je ein neuer Doppelstrang gebildet. Dann kann ohne weiteres je eine Ausformung auf jede der entstehenden Zellen verteilt werden.

Nach der Vorlage, welche die DNA darstellt, werden Boten-RNA-Moleküle synthetisiert. Diese dienen an den Ribosomen als Matrizen für die Bildung der Proteine.

Die enzymatische Wirkung der Proteine wiederum ist deutlich effizienter und vielfältiger als die bei der RNA.

Mit dieser „Aufgabenteilung" gelangt die Informationsverarbeitung im Lebendigen auf eine neue und höhere Stufe.

Innerhalb der Zelle ist der Informationsaustausch mindestens so wichtig wie der Austausch von Energie und Materie. Er wird getragen von den BCPs, den biologically created photons, deren Emission und Absorption dem aktiven Informationstransport in allem Biologischen zugrunde liegt. Fritz-Albert Popp hatte an biologischen Proben die Emissionen von Photonen experimentell nachgewiesen.[42] Diese Erkenntnisse wurden lange ignoriert und zum Teil heftig zurückgewiesen. Daher erschien es für viele – auch Forscher – wie eine Überraschung, als es mit Methoden der Optogenetik möglich wurde, Zellvorgänge z. B. bei Mäusen mit sichtbarem Licht zu steuern. Dafür war es notwendig, in die Zellen mit gentechnischen Methoden Proteine einzubauen, welche empfindlich auf sichtbares Licht reagieren. Verschiedene dieser Proteine reagieren auf verschiedene Frequenzen, so dass damit ein gezieltes Steuern möglich wurde. Die Photonen, welche natürlicherweise für alle biochemischen Vorgänge wesentlich sind, sind - wie erwähnt – mit bloßem Auge nicht sichtbar. Jetzt konnten die Forscher sehen, in welche Zellen sie mit ihren Lasern welche Sorten von Photonen sendeten und welche verschiedenen Reaktionen durch die Aktivierung der entsprechenden Proteine ausgelöst wurden.

Die von Popp gewählte Bezeichnung „Biophotonen" hatte gelegentlich dazu geführt, diese irrtümlich als grundlegend verschieden von anderen Photonen zu verstehen. Es muss daher noch einmal daran erinnert werden, dass mit der Vorsilbe „Bio" lediglich der *Ort ihrer Emission* gekennzeichnet ist. Ansonsten gibt es zwischen Photonen – außer natürlich mit ihren physikalischen Parametern wie Frequenz und Polarisation – keinerlei Unterschiede.

Wenn in diesem Zusammenhang lediglich von „chemischen und biochemischen Vorgängen" gesprochen wird, so ist dies nicht falsch. Es verdeckt allerdings die zentrale Rolle der realen und virtuellen Photonen im Lebendigen.

Die Mitochondrien, die „Kraftwerke der Zellen", sind ein wichtiges Beispiel für die Rolle der *Symbiogenese* in der Evolution. Sie sind am Beginn der Entwicklung des Lebens auf der Erde eigenständige Einzeller gewesen. Sie wurden jedoch von anderen Einzellern nicht verdaut, sondern integriert. Sie haben seitdem auch ihr eigenes Erbgut behalten und werden nur von den Müttern an die Nachkommen vererbt.

Das Beziehungsgeflecht in einer lebenden Zelle empfängt seine Wirkungen keineswegs allein von den Genen. Vielfältige Bedeutung wird generiert, indem Gene mit Zusatzinformationen konfrontiert werden, welche steuernd dazu beitragen, ob und wie die im Gen gespeicherte Information zur Wirkung kommen kann, ob sie abgerufen oder stillgelegt wird. Teile des genomischen Materials tragen die „Bauvorschriften" für je ein Protein. Manche Teile an den Genen wurden früher etwas verächtlich als „junk-DNA" bezeichnet, da sie keine Rezepte für eine Protein-Produktion beinhalten. Sie haben sich unterdessen als sehr wichtig für die Steuerung der Proteinsynthesen erwiesen.

Die wechselseitigen katalytischen Einflüsse lassen aus räumlicher Nachbarschaft gestaltgebende Bedeutungsstrukturen entstehen.

190

Katalyse kann wesentlich dadurch verstanden werden, dass eine enge räumliche Beziehung von Molekülen zu einem Katalysator dazu führt, dass über die Wechselwirkung mit virtuellen Photonen die räumliche Struktur der Moleküle beeinflusst wird. Dadurch können Zerlegungen von Molekülen oder Verbindungen von Atomen und Molekülen zu neuen Strukturen leichter geschehen als ohne den Einfluss des Katalysators.

Bei solchen chemischen Prozessen kann eine Vor-Bedeutung, also eine strukturelle Eignung für biologische Prozesse, sozusagen eine prä-biologische Bedeutungsentstehung angenommen werden. Bereits bei chemischen Kreisprozessen könnte sie postuliert werden. Sie erfolgt, wenn bestimmte Abläufe sich stabilisieren und damit gegenüber anderen einen „Überlebensvorteil" erhalten.

Wie kann man sich diese ersten steuernden Einflüsse vorstellen? Spezielle Formungen von Molekülen und auch von Photonen, deren Spin in einer bestimmten Weise ausgerichtet ist – z. B. eine linksdrehende Polarisation – sind dabei bedeutungsvoll gewordene AQIs. Wie werden sie als Quanteninformationen bedeutungsvoll? Als Untermenge von denjenigen AQIs, welche als „Träger" (Moleküle, Ionen, Photonen) bezeichnet werden, haben sie einen Einfluss auf die Prozesse. Dieser Einfluss muss dabei in speziellen Situationen über den bloßen Einfluss der Energie hinausgehen. Als „Information" (der Photonen) können sie mit anderer Information (der Moleküle und Ionen) „kommunizieren". Vielfach werden dabei verschränkte Zustände geformt werden, also Ganzheiten bzw. „Unterganzheiten" aus wechselwirkenden Teilstrukturen. Bei einer Zerlegung dieser Ganzheiten werden die entstehenden Teile unabhängig von ihrer räumlichen Entfernung korreliert sein.

So können schließlich Erzeugungszyklen entstehen, welche schließlich zum Generieren von RNA-Molekülen geführt haben.

Bisher wird das Leben mit einer auf der DNA basierenden Informationsspeicherung und einer durch RNA vermittelten Informationsverarbeitung verbunden. Die Entdeckung immer neuer und immer größerer Viren lässt deutlich werden, dass der Übergang von einer „RNA-Welt" zu der „DNA-Welt" wohl fast kontinuierlich gewesen sein wird. Heute sind Viren gefunden worden, deren Erbgut und deren Größe an die von einfachen Bakterien heranreicht. Wir halten es daher nicht für ausgeschlossen, dass sogar heute noch einzellige Lebensformen mit einer nur auf RNA basierenden Steuerung gefunden werden könnten.

Wenn wir also das Leben und seine Entstehung erklären wollen, dann müssen wir daran erinnern:

Vergesst die kosmische Evolution nicht!

Leben hängt – wie gesagt – an Unterschieden, die Physiker sprechen von „*Gradienten*". Bei einem Höhenunterschied spricht man von einem „Abhang", auf dem etwas „wie von selbst hinabrutschen" kann und dabei Energie gewinnt. Man denke z. B. an den Schnee und an die gewaltige Wirkung einer Lawine. Die im Biologischen wirksam werdenden Unterschiede können vielfältig sein. Sie betreffen beispielsweise Temperatur, Dichte, Konzentration und Feuchtigkeit. Die Natur strebt danach, die Unterschiede auszugleichen. Zugleich sind die Umweltbedingungen oftmals so, dass sich Unterschiede neu herausbilden. Für das Entstehen und die weitere Entwicklung des Lebens gehörten dazu: heiße Sonne – kaltes All, heißer schwarzer oder weißer Raucher – kalter Ozean, höhere Konzentration organischer Substanzen in Gesteinsporen – Meerwasser mit nur etwas Salz, feuchter Morast um heiße Quelle – trockener Sand darum herum.

Komplexe Biomoleküle entstehen bereits im Weltraum unter der Wirkung der dort anzutreffenden Photonen und der sehr wechselnden Umweltbedingungen, z. B. auf und im Eis der Kometen. In Sonnennähe kann ein Teil des Gefrorenen tauen und Dichtegradienten im Eis können zu Umlagerungen und zu chemischen Reaktionen führen. In Sonnenferne wird alles wieder sehr kalt, die chemischen Reaktionen werden sehr langsam. So werden die gebildeten Moleküle nicht sofort wieder zerlegt und können in andere Bereiche diffundieren und damit in die Nachbarschaft anderer Moleküle gelangen. Das mag dann auch wieder andere Reaktionen ermöglichen als zuvor.

Von den Kometen gelangten die Biomoleküle mit Eis und Wasser auf die junge Erde. Besonders der untermeerische Vulkanismus und die Schwarzen und weißen Raucher bieten Umgebungen, welche durch ihre Kombination von Mikroporen und katalysierenden Oberflächen eine weitere Synthese organischer Moleküle befördern.

Für die Biologen war es eine große Überraschung, als man in einer vollkommen dunklen Tiefe und einem schwer vorstellbaren Druck einer Wassersäule von vielen Kilometern ein reiches Ökosystem um vulkanische Quellen fand, aus denen bei den schwarzen Rauchern Wasser mit über 400° C in den Ozeangrund strömte. Bei den weißen Rauchern hat das stark alkalische Wasser immerhin Temperaturen um 100° C. Von den an den Rauchern wachsenden Bakterien leben Würmer und von diesen wiederum Krebse. Das Merkwürdigste für mich war, dass an den schwarzen Rauchern Algen gefunden wurden, welche dort unten in stockdunkler Nacht Photosynthese betrieben. Die Lösung ist, dass das extrem heiße Wasser natürlich infrarote Photonen ausstrahlt – und mit diesen erfolgt die Photosynthese der Algen.

So liefern die Energieunterschiede zwischen den heißen Quellen am Meeresgrund und dem kalten Ozeanwasser die Gradienten, welche notwendig sind, um ein Fließgleichgewicht am Laufen zu halten.

Man kann dazu an einen Bach erinnern, welcher einen Hang hinabfließen muss, um seine Wirbel bestehen lassen zu können.

Andere theoretische Überlegungen verweisen auf die Bedeutung, welche die Ränder von Ozeanen haben können. Ein Wechsel zwischen feuchten und trockenen Perioden in morastischen Gebieten kann ebenfalls zu Konzentrationen von organischen Molekülen und weiter zu Reaktionen zwischen diesen führen, die im freien Wasser wenig wahrscheinlich sind. Wenn dann noch vulkanische Quellen für Gradienten bei Temperatur und chemischer Zusammensetzung sorgen, wird auch dies Zyklen von chemischen Reaktionen befördern.

Die Bedeutung von elektromagnetischen Vorgängen wurde bereits 1953 bei dem Miller-Urey-Experiment im Labor erkennbar. Photonen aus künstlichen Blitzen in einer sauerstofffreien Atmosphäre bewirkten das Entstehen von vielen verschiedenen organischen Molekülen. Wichtig dabei war, dass auch viele Aminosäuren dabei waren, aus denen die Proteine aufgebaut werden. Jahre nach Millers Tod wurden seine Proben neueren und genaueren spektroskopischen Untersuchungen unterzogen. Sie zeigten, dass in den versiegelten Ampullen aus seinen Experimenten mehr als die 20 Aminosäuren gefunden werden konnten, welche auf natürliche Weise im Lebendigen vorkommen. Auch war es so, dass sowohl links- als auch rechts-drehende Aminosäuren entstanden waren. In den Organismen auf der Erde gibt es aber überwiegend nur die links-drehenden Aminosäuren.

Wir sehen: Bereits die Entstehung des Lebens aus unbelebten Vorformen ist ohne den Einbezug der Wirkung von realen und virtuellen Photonen unerklärlich.

In einer Beschreibung auf der weniger genauen Basis der klassischen Physik wird von statischen elektrischen und magnetischen Feldern sowie von elektromagnetischen Wellen gesprochen.

Eine genauere weil quantentheoretische Beschreibung wird bei den statischen Feldern von virtuellen Photonen und bei den Wellen von realen Photonen sprechen.

Gewiss haben die besonderen *Eigenschaften des Wassers* bei der Entstehung des Lebens eine wichtige Bedeutung. Vielfach finden sich in der Literatur faktische, also klassische Bilder von eigentlich quantischen Strukturen. Sie erleichtern zutreffende Vorstellungen, wenn deutlich gemacht wird, dass sie höchstens als Metaphern verstanden werden dürfen – denn graphisch dargestellte Möglichkeiten sind Fakten. So spricht man davon, dass Wassermoleküle die Form einer leicht geknickten Hantel (Knickwinkel etwa 10-°) haben. Daraus folgt, dass sie ein elektrisches Dipolmoment besitzen. Die eine Seite ist stärker positiv und die andere stärker negativ geladen. Die dadurch entstehenden Kräfte sind zu verstehen als ein unentwegter Austausch von virtuellen Photonen. An der Wasseroberfläche machen sie sich als „Oberflächenspannung" bemerkbar. Diese erlaubt es

192

beispielsweise, eine Büroklammer schwimmen zu lassen. Weitere Untersuchungen zeigen, dass dieses Bild vom Wasser noch viel zu einfach ist. Viele Moleküle zerlegen sich in OH$^-$ und H$^+$ Ionen, andere wiederum formen sich unter der Wirkung der Dipolkraft zu Clustern aus vielen Molekülen. In eine quantische Beschreibung müssten alle diese anschaulichen Bilder zu einer Ganzheit zusammengefasst werden, die dann wohl nur noch als mathematische Struktur begriffen werden kann.

Zu dem Kontext, welcher das Entstehen des Lebens ermöglicht, gehören die erwähnten wechselnden Konzentrationen von Biomolekülen im Ozeanwasser und dann katalytische Oberflächen und Mikroporen, an und in denen auch Reaktionen ablaufen können, welche im freien Ozean nicht möglich sind.

Es sei daran erinnert, dass Katalysatoren als *selbst unveränderliche Bewirker* entweder spezielle Sorten einzelner Moleküle oder die Oberflächen von speziellen festen Körpern sind. Katalysatoren *verbiegen* andere Moleküle beim Kontakt mit ihnen in solcher Weise, dass deren Wechselwirkung mit anderen *verbogenen* Molekülen sehr viel leichter geschehen kann, als wenn diese sich frei und unabhängig voneinander bewegen. Nach einer Reaktion, also einer neuen Verbindung oder aber auch nach einer Zerlegung eines Moleküls in kleinere Teile, wird die Bindung zum Katalysator wiederum geringer als zuvor, so dass die Reaktionsprodukte den Katalysator wieder verlassen.

In der Entwicklung des Lebens wurden die katalytischen Wirkungen und die Gedächtnisfunktionen, welche ursprünglich beide durch die RNA erfüllt wurden, aufgeteilt auf die Proteine, die dann als Enzyme bezeichnet werden, und auf die DNA, die „Gedächtnisbausteine" des Lebens. Die RNA dient in den Lebewesen als Botensubstanz im Informationstransfer.

Durch die vielfachen Wechselwirkungen zwischen den organischen Molekülen und Ionen, denen des Wassers und den als Katalysatoren wirkenden Festkörperoberflächen oder Molekülen werden fortwährend neue Zustände erzeugt. In einer eher an der klassischen Physik orientierten Sprache über Quantentheorie spricht man dabei von „verschränkten" Zuständen bzw. von „verschränkten" Teilchen. Im Grunde jedoch werden *Ganzheiten* erzeugt, deren „Teile" lediglich als virtuell verstanden werden müssen, solange eine tatsächliche Zerlegung noch nicht erfolgt ist.

Die katalytischen Kreisprozesse, von denen wir gesprochen haben, werden umso robuster sein, je komplexer ihre Beziehungsgeflechte ausgeformt sind.

In komplexen Beziehungsgeflechten steht eine Vielzahl von Wegen offen. Daher werden sich die *Verhaltensmöglichkeiten* stark erweitern. Alle diese Vorgänge sind letztlich instabil. Sie werden jedoch dynamisch stabilisiert, wenn z. B. Störungen, die den Durchsatz von Energie und Material betreffen, umgangen werden können. Die dabei notwendige Steuerung wird Quanteninformation für den jeweiligen Prozess *bedeutungsvoll* werden lassen:

Wegen der quantischen Möglichkeiten können viele verschiedene Wege offenstehen, so dass ein komplexes System auf „Ersatzrouten" ausweichen kann.

Die Quantentheorie hat uns gelehrt, dass aus jedem Faktum eine Fülle an Möglichkeiten erwächst und dass auch bloße Möglichkeiten Wirkungen erzielen können. Hinzu kommt natürlich, dass die Proteine auch immer wieder als „Reparaturwerkzeuge" in der Zelle eingesetzt werden.

Wir hatten darauf verwiesen, dass jede Information letztlich als räumlich verankert interpretiert werden kann. Die räumlichen Beziehungen sind daher – wenig überraschend – auch für das Verstehen des Lebens entscheidend.

Die Quantenstrukturen, welche bei der Entstehung des Lebens wichtig waren, kommen im Lebendigen zu ihrer vollen Wirkung. In Mikroporen kommt es im Gegensatz zu offenen Flüssigkeiten zu einer Konzentration größerer organischer Moleküle. Mit dem Entstehen von RNA-Molekülen gibt es eine Molekülsorte, welche enzymatische Wirkungen erzeugen kann (die biologische Bezeichnung für katalytisches Verhalten) und die zugleich als Speicher für abrufbare bedeutungsvolle

Informationen genutzt werden kann. In allen Lebensformen dienen seitdem RNA-Moleküle als Überträger der Quanteninformation von den Genen zu den Ribosomen, den Erzeugungsstätten der Proteine. Die Ribosomen selbst bestehen zu einem großen Teil aus RNA-Molekülen und auch aus Proteinen. In einer Zelle bei uns Menschen gibt es etwa zwischen 100 000 und 10 Millionen Ribosomen und wohl mehr als 10 000 verschiedene Sorten von Proteinmolekülen.

Wie wir von Karin Mölling[43] gelernt haben, ist anzunehmen, dass RNA-Komplexe mit ihren biochemischen Wirkungsmöglichkeiten einen allmählichen Übergang vom Unbelebten zum Leben bewirkt hatten. Sie haben sich zu dem weiterentwickelt, was wir heute unter dem Namen „Viren" kennen. Viren bewirken in hohem Maße, dass sich genetisches Material verändert und in neuen Zusammenhängen neue Wirkungen hervorruft – auch vollkommen andere als bisher. Im Zusammenhang mit der Entwicklung der Augen stellt Mölling u. a. die Frage:

> Insgesamt bei fünf Virusarten fand man den Rhodopsinvorläufer. Haben die Viren das Proto-Gen erfunden und an ihre Wirte weitergereicht?[44]

Rhodopsin war in der Evolution das erste Molekül, mit welchem Licht von der Sonne biologisch verwertet werden konnte.

Andere Biologen sehen diese Überlegungen über die Viren recht kritisch. Mölling verweist aber darauf, dass Viren zu ihrer Vermehrung nutzbare Energie benötigen, nicht aber notwendig eine lebende Zelle. Sie zitiert eine Definition der NASA:

> Leben ist ein sich selbst unterhaltendes System, das genetische Information enthält und fähig ist, darwinsche Evolution zu durchlaufen. Jerry Joyce vom Salk Institute in Kalifornien hat diese Definition mitgeprägt, als er im Reagenzglas sich selbst replizierende RNA herstellte, die auch noch imstande war, sich zu mutieren und zu evolvieren, womit er den Anfang des Lebens nachahmen konnte. Diese Definition wurde dann in etwa von der NASA übernommen.[45]

Mit diesen erwähnten Versuchen wird also gezeigt, dass RNA-Material sich bei günstigen Bedingungen replizieren kann. Till Keil wies uns darauf hin, dass es dann so gut wie sicher ist, dass dies mit einer sehr großen Variationsbreite geschehen wird. Wir können uns vorstellen, dass vor den ersten Zellen bereits verdopplungsfähige RNA-Moleküle existierten. Vor den ersten Zellen wird die große Variation bei solchen Vorgängen wesentlich dazu beigetragen haben, immer wieder neue molekulare Strukturen entstehen zu lassen. In den Reaktionszyklen entstand dabei immer mehr von solcher Information, welche als „prä-bedeutsam" gekennzeichnet werden kann.

Da im Leben auf der Erde die RNA als Träger von innerzellulärer bedeutsamer Information in jeder Zelle vorhanden ist, wird freie RNA auch am Beginn des Lebens in den ersten Zellen nicht in jedem Fall als etwas „Fremdes" aussortiert worden sein.

In einer entsprechenden Umgebung noch ohne Leben hätten diese RNA-Formen sich wie im beschriebenen Experiment von Jerry Joyce ebenfalls „duplizieren" können, ohne dass sie dafür eine Zelle als Wirt benötigt hätten.

Alle lebenden Zellen sind u.a. dadurch ausgezeichnet, dass in ihnen die Information bei einem Kopiervorgang mit einer sehr großen Präzision verdoppelt wird. Das unterscheidet diesen Vorgang von einer RNA-Kopierung ohne Zellen. Wenn nun verdopplungsfähige RNA in Proto-Zellen gelangt und es ihr dann auch noch gelingt, den Verdopplungsmechanismus umzuprogrammieren, dann wird diese RNA einen ungeheuren Vermehrungsvorteil besitzen. Solche Formen von RNA werden sich schließlich zu den Zellschmarotzern entwickeln, als welche wir die eigentlichen Viren kennen. Da ihre Vermehrung in lebenden Zellen erfolgt, ist ihre Reproduktion sehr viel genauer als es möglicherweise ohne Zellen möglich gewesen war, aber natürlich noch immer mit einer im Vergleich zur DNA recht großen Variationsbreite. Die jährlich neuen Impfstämme gegen die Grippe-Viren sind ein bekanntes Beispiel für die schnellen Variationen von Viren-Erbgut.

Natürlich ist es so, dass Viren – unter den Bedingungen, unter denen sie heute untersucht werden – erst dann vermehrt werden, wenn sie einen lebendigen Wirt finden, den sie umprogrammieren können. Allerdings lassen sich überall auf der Erdoberfläche Viren finden. Und keineswegs werden alle Viren von anderen Lebewesen verstoffwechselt. Daher kann man mit physikalischen Gründen nicht ausschließen, dass auch heute noch an manchen exponierten Stellen eine Verdopplung von RNA-Material ohne eine Beteiligung von Zellen stattfinden kann.

Falls es allerdings noch heute Stellen geben sollte, an denen Bedingungen herrschen, welche in der Natur eine zellfreie Vermehrung von Virenmaterial ermöglichen, so werden diese wahrscheinlich sehr unzugänglich sein. In der Umgebung von Schwarzen Rauchern werden wohl bisher kaum mehr Untersuchungen als nur fotografische Aufnahmen möglich gewesen sein.

Auch beim Menschen findet sich im Genom viel Material, das ursprünglich von Viren stammt. Gegenwärtig werden Untersuchungen an Koalas durchgeführt, welche zeigen, wie Viren-Material ins Genom übernommen wird und damit seinen Krankheitswert verlieren kann und somit vor Neuansteckungen durch ähnlich geartete Viren schützt.[46]

7.3. Die quantenphysikalischen Grundlagen des Lebens und die Rolle der Photonen

Da alle Vorgänge in einer lebenden Zelle quantische Prozesse sind, werden natürlich immer wieder Abweichungen vom optimalen Ablauf eintreten. Allgemein bekannt sind Mutationen des Erbgutes, die bei der (üblicherweise zumeist als Zellteilung bezeichneten) Informationsverdopplung entstehen, und die bei einer Krebsentstehung deutlich werden können.

Till Keil hat uns dankenswerter Weise darauf aufmerksam gemacht, dass eine zutreffendere Bezeichnung für diesen Vorgang „Zellverdopplung" sein würde. Wieso ist der unzutreffende Begriff der „Zellteilung", den auch wir früher gelernt haben, so langlebig? Unsere Antwort darauf ist, dass solange allein der materielle Zellinhalt für das Lebewesen als das Wesentliche verstanden wird, der Begriff der „Teilung" wie naturgegeben erscheint. Schließlich wird der materielle Inhalt tatsächlich auf die beiden Nachfolgerzellen aufgeteilt.

Allerdings ist der materielle Inhalt für das Lebendige keineswegs das allein Entscheidende.

Das Wesentliche einer *lebendigen* Zelle sind die Steuerungen der Abläufe in ihr, welche von der in ihr gespeicherten Information verursacht werden. Und diese Information wird beim Kopieren *verdoppelt!*

Die bedeutungsvolle Information ist zwar auf dem Genom gespeichert. Wenn sie allerdings aktiv werden soll, dann wird sie auf Photonen übertragen und von diesen auf die Proteine. Letztere entfalten dann ihre katalytischen Wirkungen.

Diese Wirkung von vielen Proteinen hat sich evolutionär dahingehend entwickelt, dass sie im Zusammenspiel mit der bedeutungsvollen Information im Genom schädliche Mutationen korrigierend beseitigen können. Ohne das enzymatische, also katalytische Wirken der entsprechenden Proteine, würde z. B. Krebs bei Tieren sehr viel früher und sehr viel häufiger auftreten.

Das gemeinsame Wirken der Proteine und der DNA führt dazu, dass die Vorgänge in den Zellen wie weitgehend determiniert erscheinen – es jedoch keinesfalls tatsächlich sind.

Früher konnte man noch nicht wissen, dass die Lebensprozesse das Gegenteil von dem sind, was man wissenschaftlich als „determiniert" bezeichnet. So hatte Schrödinger 1943 in seinen als Buch berühmt gewordenen Vorträgen »Was ist Leben« die Bedeutung der Quantentheorie für die Biologie sehr kritisch dargestellt. Lange Zeit haben daher viele Wissenschaftler ebenfalls die irrige Meinung vertreten, die Quantentheorie würde die Biologie nicht betreffen. Auch bei Weizsäcker finden sich gelegentlich Aussagen, die eine kritische Haltung gegenüber der Rolle der Quantentheorie für die Biologie erkennen lassen. So schrieb er im Februar 1956 an den aus der Quantentheorie in die Biologie übergewechselten Max Delbrück, der für seine Arbeiten über Bakteriophagen (Bakterien-Viren) den Nobelpreis erhalten hatte:

> Zwar zweifle ich, durch manche Gespräche mit Biologen belehrt, an der Meinung, die Bohr gelegentlich und Jordan mit dem ihm eigenen Nachdruck ausgesprochen hat, die Atomphysik [also die Quantentheorie, Anm. TG] könnte für biologische Elementarakte wesentlich werden.[47]

Ein halbes Jahrhundert später wird deutlich, dass Niels Bohr und Pascal Jordan in diesem Fall eine zutreffendere Sicht auf das Biologische hatten als Weizsäcker. Allerdings muss man dabei auch bedenken, dass die Wahrscheinlichkeiten, welche sich im Biologischen aus den quantischen Wechselwirkungen ergeben können, oftmals sehr nahe bei Null oder Eins liegen können. Sie sind dann unter „praktischen Gesichtspunkten" sehr schwer von Fakten zu unterscheiden. Die Zufälligkeiten, welche natürlich nicht ignoriert werden können, werden oft – wie bereits erwähnt – mit dem Wort des „Rauschens" gekennzeichnet.

Alle die Vorgänge und Strukturänderungen im Lebendigen beruhen allein auf dem Austausch von Photonen. Die Tatsache, dass das Leben ohne seine quantenphysikalischen Grundlagen nicht verstanden werden kann, wird heute sehr viel weniger bezweifelt als noch vor zwei Jahrzehnten, also zu der Zeit, als das Buch „Der kreative Kosmos" erschienen ist.[48] Dort konnten bereits wesentliche Beispiele für das Wirken von Quanteninformations-Strukturen dargestellt werden.

In der Zwischenzeit sind viele weitere neue Erkenntnisse hinzugekommen. Das Buch von Al-Khalili & McFadden[49] gibt auch für Nichtspezialisten einen Einblick über viele quantenphysikalische Prozesse, die bereits im Lebendigen nachgewiesen wurden. Beeindruckend ist z. B. ihre Schilderung der Photosynthese. Bei der Photosynthese wird die Energie der Photonen von der Sonne für die Synthese von Kohlenwasserstoffmolekülen verwendet. Dieser Vorgang beruht darauf, dass durch die Einwirkung eines Photons ein Elektron zu einem Rezeptor transportiert wird. Die mit dem Elektron dorthin transportierte Energie wird dann verwendet, um aus einem ADP- ein ATP-Molekül aufzubauen. (ATP ist die universelle „Energie-Währung" im Lebewesen.) Dieser Vorgang kann nur verstanden werden, wenn das Elektron dabei die Gesamtheit der möglichen Wege nutzen kann.

Dabei wollen wir darauf hinweisen, dass die Vorstellung einer konkreten „Bewegung" des Elektrons als Abfolge einer Reihe von Orten falsch wäre. Als faktisch kann die Reaktion des Photons mit dem Elektron beim Start und die Reaktion des Elektrons am Ziel interpretiert werden. Zwischen diesen beiden Zeitpunkten gibt es am Elektron keine Fakten, sondern nur viele mögliche Orte des Elektrons.

In einem Übersichtsartikel beschreibt Richard Funk[50] eine Fülle von experimentellen Daten. Beeindruckend dabei ist, welches riesige Frequenzspektrum für die Photonen im Lebendigen bereits gefunden wurde. Mit ihrer Wirkung kann erklärt werden, wie schnell und hoch koordiniert die biologischen Vorgänge ablaufen:

> Cells, organelles and molecules have to be synchronized or at least prepared for a compatible cooperation. Thus, the time needed to exchange all the necessary information for the coordination of these processes would be much too long if one would only take into consideration random diffusion of signaling molecules in a watery surrounding.

Für lange Zeit wurden elektromagnetische Phänomene im Menschen im Wesentlichen beim EEG, dem Elektroenzephalogramm, und beim EKG, dem Elektrokardiogramm, akzeptiert. Heute hingegen, so Funk, können bei allen Zellen die Membran-Potentiale untersucht werden. Dabei erweisen sich besonders die „gap-junctions", die direkten elektrischen Verbindungen zwischen Zellen als bedeutsam.

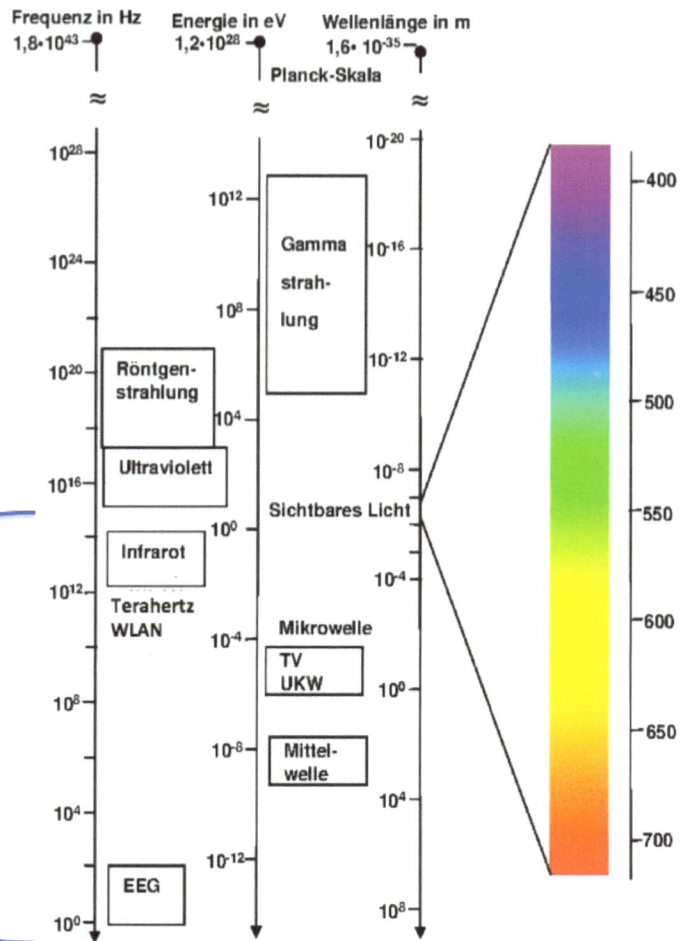

Abbildung 34: Das elektromagnetische Spektrum. Die theoretisch möglichen Wellenlängen reichen von der Planck-Länge von etwa $10^{(-35)}$ m bis zur räumlichen Ausdehnung des Kosmos von etwa 10^{27} m. Die Wellenlängen der in der Realität vorkommenden Photonen können mehr als 50 Zehnerpotenzen überdecken.

Wir dürfen noch einmal daran erinnern, dass Photonen nicht auf das Licht beschränkt sind, welches wir sehen können. Ihre möglichen Wellenlängen überspannen mehr als 10^{50} Plancklängen. (Eine 1 mit 50 Nullen kann man sich als Zahl nicht mehr vorstellen, man kann sie nur abstrakt aufschreiben und damit rechnen.)

Die neuen Untersuchungsmethoden, so Funk, wie z. B. Abbildungen lebender Zellen bis auf molekulare Maßstäbe, Kryo-Elektronenmikroskopie und die vielfältigen spektroskopischen Methoden vom Hz- bis zum THz-Bereich und dem Infrarot erlauben Einsichten, die noch vor kurzem nicht vorstellbar waren. Der Bereich der Wellenlängen der beteiligten Photonen umfasst etwa 15 Zehnerpotenzen. Er reicht von den Nanometern bis zu Hunderttausenden von Kilometern.

Interessant ist der Bereich der Terahertz-Strahlung. Das sind Schwingungen in der Größenordnung von einer Billion Schwingungen (10^{12}) pro sec. Diese Strahlung durchdringt gut Kleidung, nicht jedoch die Haut oder Metall-Gegenstände. Mit den sogenannten „Nackt-Scannern" für Flughafenkontrollen erlangte sie eine gewisse Berühmtheit. Neben der vom lebendigen Körper emittierten Infrarotstrahlung erzeugen Rotationen und Schwingungen von Molekülen im lebendigen Körper auch Terahertz-Strahlung, die ein wenig langwelliger als das Infrarot ist.

At THz till IR molecular vibrational spectra are working and at higher frequencies all "typical" biophotonic phenomena within the NIR [Nah-Infrarot, *Anm. TG*], visible and UV range are happening –

at the shortwave of visible and UV and higher, typical photon absorptions and de-excitations by electrons take place.[51]

Vor allem aus dem Bereich der Terahertzstrahlung, der erst in den letzten Jahren technisch gut erreichbar geworden ist, kommen neue Einsichten in das Wirken von Quantenphänomenen. Manche davon scheinen analog zu denen bei der Bildung von Cooper-Paaren in der Festkörperphysik abzulaufen. Derartige Quantenphänomene wurden in der Biologie früher nicht für möglich gehalten. Vielfach wird dort noch in den alten Bildern der Biochemie vom „Schlüssel-Schloss-Prinzip" gedacht. Jedoch mit derartigen mechanischen Vorstellungen sind viele der neuen Ergebnisse nicht zu verstehen.

Funk verweist in seinem Artikel auf das Bild der „Cooper-Paare". Das sind verschränkte Elektronen, also ausgedehnte Zustände, in denen die Elektronen wie ein einziges Quantenteilchen agieren. Dabei verhalten sich zwei Fermionen als Paar wie ein Boson. Für Bosonen gilt die Pauli-Abstoßung nicht. Unter geeigneten Bedingungen in einem Festkörper (z. B. bei 4 K in einem Magneten aus Niob-Draht am LHC) ermöglicht das eine Supraleitung.

Dass immer mehr von solchen quantischen Erscheinungen im Lebendigen gefunden werden, war im Grunde aus physikalischer Sicht seit langem zu erwarten.[52] Aber natürlich ist deren expliziter Nachweis sehr schwierig.

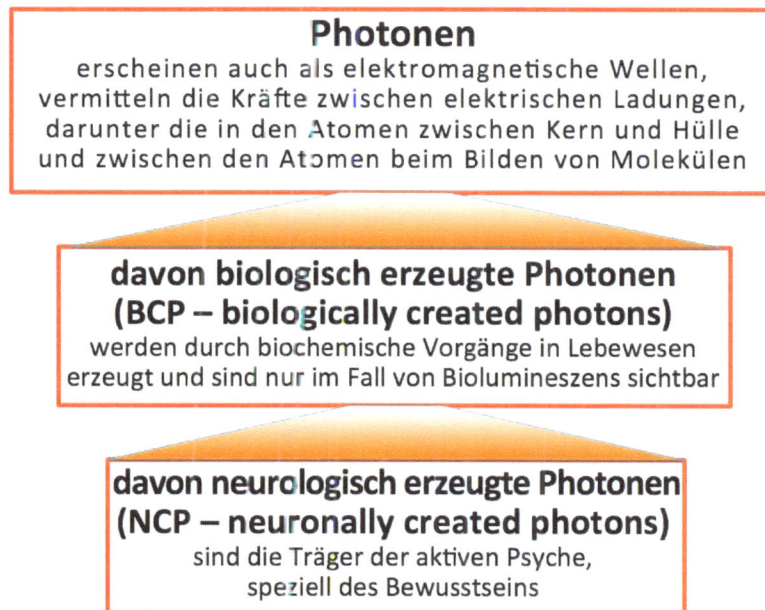

Photonen
erscheinen auch als elektromagnetische Wellen,
vermitteln die Kräfte zwischen elektrischen Ladungen,
darunter die in den Atomen zwischen Kern und Hülle
und zwischen den Atomen beim Bilden von Molekülen

davon biologisch erzeugte Photonen
(BCP – biologically created photons)
werden durch biochemische Vorgänge in Lebewesen
erzeugt und sind nur im Fall von Biolumineszens sichtbar

davon neurologisch erzeugte Photonen
(NCP – neuronally created photons)
sind die Träger der aktiven Psyche,
speziell des Bewusstseins

Abbildung 35: Alle Photonen sind aus abstrakter Quanteninformation geformt. Sie können als Energie wirken. Im Lebewesen können außerdem manche ihrer AQIs von bedeutungsoffener zu bedeutungsvoller Information werden.

Photonen sind als bewegte Energie die Grundlage aller elektromagnetischen Erscheinungen. Alle Wechselwirkungen zwischen einem Lebewesen und seiner äußeren Umgebung werden durch Photonen vermittelt.

Photonen werden auch im Lebendigen erzeugt (*BCPs, biologically created photons*) und dort wieder zum Teil absorbiert. Die BCPs sind die wesentlichen Träger von aktiv zu verarbeitender Quanteninformation in allen Lebensformen. Diese Photonen tragen dabei codierte Information über Vorgänge im Lebewesen, darunter auch verarbeitete Information über Vorgänge in der Umgebung.

BCPs, welche von Neuronen erzeugt werden (*NCPs, neuronal created photons*), sind die Träger der aktiven Psyche und somit auch des Bewusstseins. Manche von ihnen werden im Gehirn nicht wieder absorbiert und können außen am Kopf im EEG nachgewiesen werden. Ihr völliger Ausfall zeigt den Hirntod an.

198

Wie beim Lesen sind auch bei der Informationsverarbeitung im Lebewesen die Photonen die Träger der aktiven steuernden und deswegen bedeutungsvollen Informationen. Dazu ein Beispiel, welches für uns Menschen relevant sein kann. Ein Text existiert auf dem Papier und gelangt in meine Vorstellung. Beim Lesen werden meine Vorstellungen vom Text – der Information – beeinflusst, d. h. gesteuert. Die Übermittlung vom Papier ins Bewusstsein geschieht mit einer unablässigen Folge von Photonen. Diese werden immer wieder von der gleichen Stelle ausgesendet und absorbiert – bis ich zum nächsten Absatz übergehe. *In gleicher Weise werden auch im Körper – schon beim Einzeller – immer wieder Photonen an den gleichen Stellen ausgesendet und absorbiert – bis ein weiterer Prozessabschnitt beginnt.*

Das Wort „Träger" lässt manchmal etwas in den Hintergrund treten, dass die Photonen selbst natürlich auch Ausformungen von AQIs sind. Unter dem Gesichtspunkt einer *Steuerung* der Prozesse wird der Anteil in den Hintergrund treten, welcher als „Energie" bezeichnet wird. Deshalb wird dieser als „Träger der bedeutungsvollen Information" bezeichnet. So mag es sinnvoll sein, die AQIs eines Photons in der Beschreibung in den Anteil zu unterteilen, der als Energie bezeichnet wird und in den, welcher tatsächlich als bedeutungsvolle Information in den Prozessen die steuernde Wirkung erzeugt.

Man kann die Photonen bezüglich ihrer Herkunft und damit ihres hauptsächlichen Wirkungsortes unterteilen. Physikalisch ist diese Einteilung ohne Bedeutung – ein Photon ist ein Photon. Die Unterteilung erleichtert jedoch die Wahrnehmung, wie wichtig die Photonen für alle biologischen und psychischen Prozesse sind.

Alle Vorgänge in unserer Umwelt und auch in uns selbst sowie in allen sonstigen Erscheinungen des Lebens sind, sofern sie nicht unmittelbar mit der Schwerkraft zu tun haben, ausschließlich elektromagnetisch. Die elektromagnetische Wechselwirkung beruht immer auf der Aussendung und der Absorption von Photonen.

Die Wechselwirkung eines Atoms mit einem Photon kann sehr vereinfacht damit dargestellt werden, dass bei der Absorption eines Photons ein Elektron in einen Zustand mit höherer Energie übergeht und aus diesem unter Aussendung eines Photons wieder in einen Zustand mit niedrigerer Energie.

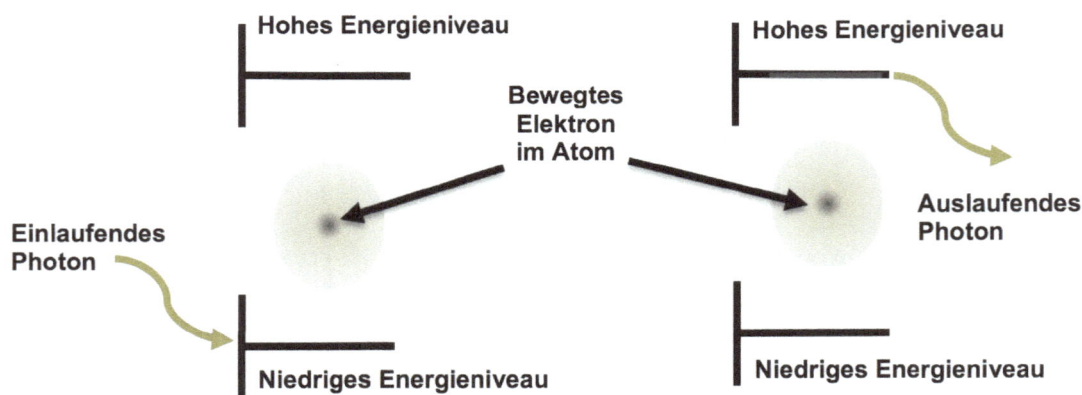

Abbildung 36: Schematische Beschreibung der Wechselwirkung zwischen einem Photon und einem Elektron in der Atom- oder Molekülhülle, d. h. in Chemie und Biochemie. Bei diesen Vorgängen wird ebenfalls ständig Information mit bewegt und auch verändert, also verarbeitet.

Die Photonen – von denen wir aus ihren Abermilliarden von verschiedenen Frequenzen mit unseren Augen nur eine einzige Oktave (also Wellenlängen zwischen 400 nm und 800 nm) sehen können – sind die Grundlage aller elektromagnetischen Erscheinungen und vor allem auch die Träger des aktiven Bewusstseins.

7.4. Photonen tragen bedeutungsvolle Information

Wie kann die von den virtuellen und auch von den realen Photonen getragene Quanteninformation ihre steuernde Wirkung entfalten? Die virtuellen Photonen existieren lediglich der Möglichkeit nach. Sie sind der quantentheoretische Ausdruck der Coulomb-Kraft, die zwischen elektrischen Ladungen wirkt.

Wir dürfen daran erinnern, dass sämtliche Photonen aus den AQIs der Protyposis geformt sind, dass sie kondensierte Quanteninformation sind.

Ein gewisser Anteil der AQIs dieser vielen Photonen wird dabei als eine *übergreifende Ganzheit von bedeutungsvoller Quanteninformation* erscheinen. Diese Photonen-Eigenschaften formen ein übergeordnetes Ganzes, so ähnlich wie die Pixel nicht nur Buchstaben, sondern einen ganzen Textabsatz formen. Diese Ganzheit kann für die Vorgänge bei der Formung des Lebendigen und dann im Lebendigen selbst bereits eine *Vorbedeutung* erhalten.

Wie vorhin beschrieben, können wir ein Buch nur dann lesen und damit eine Bedeutung aus ihm aufnehmen, wenn Photonen die Quanteninformation vom Buch ins Auge übermitteln. Analog zu den Vorgängen beim Sehen übermitteln virtuelle und reale Photonen in der Zelle bedeutungsvoll gewordene Quanteninformation zwischen den verschiedenen Bereichen und Organellen. Bereits in dem weiten Bereich des Überganges vom Unbelebten zum Lebendigen kann man vielleicht schon von biologisch erzeugten Photonen – *BCPs* – sprechen.

Die bedeutungsvolle Quanteninformation kann – wie ein Text auf einem Bildschirm – bestehen bleiben, obwohl die Photonen, welche in ihrer Gesamtheit diese Bedeutung tragen, ständig wechseln. Es werden dabei also immer wieder Photonen der gleichen Sorte aufgefrischt.

Die biologisch erzeugten Photonen – *BCPs, biologically created photons* – sind wie geschildert die Träger der elektromagnetischen Wechselwirkung im Lebendigen. Diese Wechselwirkung bestimmt alle chemischen und biochemischen Vorgänge im Lebendigen. Darüber hinaus sind die Photonen auch zugleich energetische Formen von bedeutungsfreier Quanteninformation, von AQIs. Von den AQIs wiederum können wie erwähnt Teilmengen im jeweiligen Kontext eine Bedeutung erlangen. Diese Bedeutung wird der jeweils speziellen Situation angepasst sein.

Die nichtlokale Wechselwirkung der BCPs und natürlich auch der NCPs erzeugt dabei Beziehungsgeflechte, in denen eine Prä-Bedeutung entstehen kann.

Im Zusammenwirken der Photonen wird aus einer Prä-Bedeutung dann eine tatsächliche *Bedeutung*.

Auch die einzelnen Photonen, welche von den hellen Stellen einer Buchseite ins Auge reflektiert werden, haben nur eine Prä-Bedeutung. Erst im Zusammenwirken von vielen Photonen von den hellen Stellen und den wenigen Photonen von dort, wo das Papier dunkel eingefärbt ist, entstehen die Buchstaben, dann die Worte und Sätze und damit ein Text. So kann eine immer komplexere Bedeutung erzeugt werden.

In ähnlicher Weise ergibt sich eine konkrete Bedeutung für ein konkretes Lebewesen erst im Zusammenspiel unzähliger Photonen und der von ihnen jeweils übermittelten Teil-Bedeutungen.

Die *Orte des Entstehens und der Absorption der Photonen* sind für die Bedeutungsgebung wichtig. So wird allen Photonen, welche in die Sehrinde des Gehirns gelangen, eine optische Bedeutung zugeschrieben. Allen Photonen, die im Hörzentrum eine Wirkung hervorrufen, wird eine akustische Bedeutung zugemessen.

Die Anteile der Photonen, welche zu bedeutungsvoller Information werden können, sind sehr unterschiedlich. Es kann zum einen ein sehr bestimmter *Energiewert* sein. Dieser wird dann nur an sehr speziellen Molekülen, deren Energieniveaus genau dazu passen, eine Veränderung bewirken. Wir hatten darauf verwiesen, dass sich die verschiedenen Frequenzen, welche den verschiedenen Energien entsprechen, über fünfzehn Zehnerpotenzen erstrecken (die entsprechenden Wellenlängen liegen zwischen Nanometern und Hunderttausenden von Kilometern). Es kann auch wie erwähnt der Spin, also die *Polarisation* sein. Diese kann dann ebenfalls dazu führen, dass nur in bestimmten Situationen eine Wirkung hervorgerufen wird. Da stets sehr viele gleiche Moleküle viele gleiche Photonen erzeugen und absorbieren, haben solche Prozesse eine hohe Redundanz. Auch am Bildschirm kommt einem einzelnen Pixel kaum eine Bedeutung zu.

7.5. Empfindungen gehören zum Leben

Alle Lebewesen haben Empfindungen, also eine über den ganzen Körper ausgebreitete Reaktion auf Umwelteinflüsse. Sie sind ein ganzkörperlicher Ausdruck einer quantischen Informationsverarbeitung.

7.5.1. Unterscheidung zwischen innen und außen

Lebewesen sind von ihrer Umgebung unterschieden. Die Entstehung des Lebens wird auch an einer Unterscheidung zwischen „innen" und „außen" festgemacht.

Lipid-Moleküle haben ein hydrophobes (wasserabstoßendes) und ein hydrophiles (wasseranziehendes) Ende. Daher können sie sich zu doppelwandigen Membranen formen. Im Inneren der Doppelschicht sind die hydrophoben Enden und jeweils außen die hydrophilen. Diese Doppelschichten können dann relativ stabile Blasen bilden, welche auf den beiden Seiten der Doppelmembran hydrophil sind. Sie können dann im Wasser sein und eine wässrige Lösung im Inneren beherbergen. Solche „Proto-Zellen", auch als teilabgeschlossene Bereiche, können sich auch außerhalb der Mikroporen im Gestein oder Eis über eine gewisse Zeit stabilisieren.

Mit den ersten Zellen wird für Lebewesen eine Unterscheidung zwischen „innen" und „außen" fundamental. Bereits einzellige Lebewesen müssen eine solche Differenzierung vornehmen können. Erst durch die Abgrenzung vom Äußeren kann eine für das Lebewesen bedeutungsvolle innere Informationsverarbeitung herausgeformt werden.

Auch bei der Steuerung haben wir nicht nur eine Wirkung von verschiedenen Zellbestandteilen aufeinander, sondern auch zwischen den Zellen, zwischen den Organen sowie von der Umwelt auf das Lebewesen insgesamt. Die Wirkung der Steuerung kann dabei von den Teilen aufs Ganze erfolgen und auch jeweils von einem Ganzen auf dessen Teile. *Bei beiden Vorgängen sind Verschränkungen und auch Superpositionen zu beachten.* Die Verschränkungen sind Folge von Wechselwirkungen und von den dabei bewirkten multiplikativen Verknüpfungen zu neuen Unterganzheiten. Die Superpositionen betreffen die Additionen von Möglichkeiten bei den Bestandteilen einer Zelle, bei einer Zelle insgesamt, bei einem Organ oder einem Organismus, welche alle als quantische Systeme stets eine Vielzahl von Möglichkeiten zugleich zur Verfügung haben.

Nach der Ausbildung hochentwickelter Gehirne gibt es auch Verschränkungen und Superpositionen der dort verarbeiteten bedeutungsvollen Quanteninformation.

Da alle Tiere sich aus einer einzigen (fast immer befruchteten) Eizelle entwickeln, ist in der Embryonalentwicklung die Wahrnehmung des Tastsinns die erste und ursprünglichste. (Es gibt allerdings sogar bei Wirbeltieren die sogenannte Jungfernzeugung. Bei dieser Parthenogenese können ohne Befruchtung durch ein männliches Exemplar Klone der Mutter entstehen. Die moderne Stammzellforschung ermöglicht ähnliche Vorgänge auf künstlichem Wege.)

Der menschliche Embryo entwickelt als ersten Sinn den Tastsinn, mit dem er zwischen sich und dem Uterus unterscheiden kann. Die Tastwahrnehmungen begleiten uns als primärer Sinn bis an unser Ende. Sie sind eine „Grenzwahrnehmung" und zugleich auch eine Hilfe bei unserer inneren Orientierung in unserer Umgebung. Berührungen und andere taktile Reize sind stets – wenn auch zumeist unbewusst – mit den anderen Sinneseinflüssen auf Körper und Psyche verbunden.

Viele Menschen empfinden bei einem E-Book einen Mangel an Haptischem. Daher blättern sie lieber in einem papiernen Exemplar. Man sollte dies nicht als einen Ausdruck von Kulturpessimismus verstehen, sondern als erklärbare und biologisch begründete Reaktion. Deshalb soll dieses vorliegende Buch auch eine gedruckte Version erhalten.

Wir hatten davon gesprochen, dass letztlich bedeutungsvolle Information auf „Räumliches", auf Anordnungen und Prozesse im Raume, zurückgeführt werden kann. Die einfachste und unmittelbare Wahrnehmung bezieht sich auf den Unterschied zwischen „innen" und „außen", zwischen „selbst" und „nicht-selbst". Sie könnte vielleicht schon als Vorläufer eines „Tastsinns" bezeichnet werden.

Als *Empfindung* kann man die Verarbeitung einer Wahrnehmung durch ein Lebewesen bezeichnen.

Mit dieser Erklärung sind alle Lebewesen empfindungsfähig.

7.5.2. Empfindungen und Gefühle

Die Empfindungen der Einzeller entwickeln sich bei den mehrzelligen Tieren weiter zu differenzierteren Gefühlen. Die Gefühle bilden eine deutliche Einheit von aufgenommener und verarbeiteter Information und der körperlichen Reaktion darauf.

Diese Einheit ist die Ursache dafür, dass die Bewertung von allen dabei bedeutungsvoll werdenden Informationen stets mit von Gefühlen beeinflusst wird. In bestimmten Situationen können beim Menschen Gefühle entscheidender sein als rationale Überlegungen.

Tiere sind frei beweglich und benötigen deshalb eine schnellere, gezieltere und deswegen auch komplexere Informationsverarbeitung als Einzeller, Pflanzen und Pilze. Im Laufe der biologischen Evolution spezialisieren sich in den Tieren spezielle Zellen für eine differenzierte Informationsverarbeitung. Diese Nervenzellen sind in der Lage, bedeutungsvolle Information schnell und sehr speziell zu verarbeiten. Sie gelangt von Photonen getragen in das Lebewesen oder wird von Photonen, Elektronen, Ionen, und Molekülen innerhalb des Lebewesens transportiert. Die entstehenden Nervennetze, die sich schließlich zu Gehirnen ausformen, verbinden sich untereinander und mit dem gesamten übrigen Körper. Es entsteht eine Einheit von Körper und dem System von Informationsverarbeitung. Damit ergibt sich eine Koordination von Körper und der Informationsverarbeitung. Eine scharfe Auftrennung zwischen beiden ist nicht möglich.

Da die Informationsverarbeitung im Körper und speziell im Gehirn stets mit einer Veränderung der biochemischen und sogar der anatomischen Struktur verbunden ist, müssen die bedeutungsvollen Informationen, die den Erhalt des Lebewesens sichern, und der Körper des Lebewesens als eine untrennbare Einheit – als *Uniware* – verstanden werden. Diese Einheit wird erst im Tod aufgelöst.

Die Informationsverarbeitung im Gehirn und im restlichen Nervensystem beruht neben den Photonen auch auf sehr speziellen Molekülen, beispielsweise den Neurotransmittern, und auf sehr speziellen anatomischen Strukturen, zum Beispiel den Synapsen. Diese speziellen Strukturen sind in der Lage, mit den Trägern von bedeutungsvollen Informationen der aktiven Psyche, also mit realen und virtuellen Photonen, wiederum spezifisch zu reagieren.

Mit der Absorption der Photonen durch diese materiellen Strukturen wird der Anteil von bedeutungsvoller Information des Photons z. B. auf das Molekül übertragen. Dabei kann eine Verarbeitung dieser einlaufenden Information zusammen mit derjenigen Information erfolgen, welche in dem Molekül bereits gespeichert war. Eine Wiederaussendung eines Photons kann also die ursprüngliche Information weiterleiten oder auch eine Information, welche aus dem Verarbeitungsprozess hervorgegangen ist.

Durch die Verschränkung der ungeheuren Anzahl realer und virtueller Photonen bei der Informationsverarbeitung im Gehirn kann eine Einheit der von diesen Photonen getragenen bedeutungsvollen Informationen entstehen. Diese Einheit von bedeutungsvoller Quanteninformation kann erhalten bleiben, auch wenn die Träger der jeweiligen Informationsanteile, die Photonen, fortwährend wechseln. Eine Analogie dazu ist der bereits erwähnte Text, den wir als eine Ganzheit wahrnehmen, obwohl er von ununterbrochen wechselnden Photonen getragen zu uns gelangt.

In der weiteren Evolution werden manche Tiere über die Reflexe hinaus zu Bewusstsein fähig. Bewusstsein ermöglicht, Handlungsoptionen in theoretischen Modellen zu überprüfen, ohne sie real durchführen zu müssen. Ein Modell des Körpers sowie ein Modell der Umgebung werden mit verschiedenen Modellen von Wechselwirkungen zwischen beiden zumeist unbewusst verglichen. Das Resultat der unbewussten Verarbeitung wird dann ans Bewusstsein weitergeleitet und kann eine bewusste Handlung auslösen.

Wenn die Informationsverarbeitung hinreichend umfangreich wird, kann sie sogar über sich selbst reflektieren, so wie wir es von uns Menschen kennen.

7.6. Biologische und kulturelle Stufen der Bedeutungsgebung

Alle Lebensformen bewerten die Informationen aus ihrem Inneren, damit sie sich stabilisieren können. Und in gleicher Weise werden auch denjenigen Informationen jeweils passende Bedeutungen zugeordnet, welche von außen auf sie treffen. Darwins berühmte Theorie von der Evolution der Arten kann mit der Quanteninformation dahingehend spezifiziert werden:

Lebensformen, deren aktuelle Informationsverarbeitung an die gegebenen Umstände gut angepasst ist, haben eine höhere Überlebenswahrscheinlichkeit als solche, deren Informationsverarbeitung an die aktuellen Umstände weniger gut angepasst ist.

Die Informationsverarbeitung hat Einfluss und Auswirkungen z. B. auf die Reaktionsmöglichkeiten, den Stoffwechsel und die Nachkommenschaft.

In der biologischen Evolution kann man drei Stufen einer Bedeutungsgebung erkennen.

Die erste Stufe orientiert sich wie geschildert allein an der Frage des Überlebens. Biologische Strukturen, welche kein „Bestreben haben", sich durch ihre interne Informationsverarbeitung zu stabilisieren, die also „falsche" Bedeutungen über ihre Umgebung oder ihren inneren Zustand erzeugen, scheiden schnell aus der Evolution wieder aus. Man kann in diesem Zusammenhang von besser und von weniger gut angepassten Lebensformen sprechen.

Die Wahrnehmung des eigenen Zustandes und des Zustandes der Umgebung zeichnet alle Lebewesen aus. Der über das Lebewesen ausgedehnte Zustand von Quanteninformation kann – wie beschrieben – als Empfinden bezeichnet werden.

Eine solche intelligente Informationsverarbeitung findet sich bereits bei den einfachsten einzelligen Lebewesen. Sie zieht sich durch über Pflanzen, Pilze und Tiere bis zum Menschen.

Diese erste Stufe betrifft die einzelne Struktur, das „Individuum". Die Vermehrung durch „Zellteilung" lässt allerdings diesen Begriff sehr unscharf werden. Die Bildung von „Bakterienrasen" mit den entsprechenden Schleimschichten führt dazu, dass viele Exemplare „des gleichen Individuums" sich gemeinsam gegen widrige äußere Umstände schützen.

Der Begriff der „Zellteilung" lässt deutlich werden, dass wie gesagt der materielle Zellinhalt auf die beiden Tochterzellen aufgeteilt wird. Bei den Lebewesen mit einem Zellkern, den Eukaryoten, geschieht die Zerlegung des DNA-Doppelstranges in zwei Exemplare, welche dann wieder zu einem Doppelstrang rekombiniert werden. Diese beinhalten im Wesentlichen die gleiche bedeutungsvolle Information. Wegen dieser Kopie des Bedeutungsgehaltes sollte man im Blick auf den Gehalt an bedeutungsvoller Information von einer „Zellinformations-Verdopplung" sprechen.

Bereits auf den ersten Erscheinungsstufen des Lebens tritt neben dem sogenannten „Kampf ums Dasein" auch die *Beziehungsstruktur der Wirklichkeit* in Form der *Symbiogenese* auf. Ein berühmtes Beispiel bieten die Mitochondrien, die „Kraftwerke der Zellen." Sie können verstanden werden als die „Einverleibung" eines Bakteriums in die Vorläuferzellen aller Eukaryoten.

Nachdem die Cyanobakterien mit der Photosynthese in der Lage gekommen waren, aus Wasser und Kohlendioxid manche Kohlenwasserstoffe und freien Sauerstoff zu erzeugen, wurde dieser in der Atmosphäre freigesetzt. Wegen der Wirkung des Zellgiftes „Sauerstoff" starben fast 90 % der damaligen Lebensformen aus. Der Vorgang des Einverleibens der Mitochondrien ermöglichte es jedoch, die Giftwirkung des Sauerstoffes unschädlich zu machen. Der damit mögliche Stoffwechsel auf Sauerstoffbasis hatte eine sehr viel größere Energiefreisetzung zur Folge als die bis dahin nur existierenden anaeroben Prozesse. Damit wurden mehrzellige Lebewesen möglich. Mit den mehrzelligen Lebewesen ergaben sich neue und komplexere Formen der Informationsverarbeitung, z. B. verschiedene Gefühle.

Die Empfindungen und in der späteren Evolution der Tiere auch das Gefühl sind bei allen Formen der Bedeutungsgebung beteiligt.

Gefühle entstehen vorbewusst, sie können jedoch bei bewusstseinsfähigen Tieren ins Bewusstsein gelangen.

Die Verwendung der Begriffe Gefühle, Emotionen und Affekte ist wegen deren großer Bedeutungs-Überlappung uneinheitlich. Sie gehören gleichermaßen zum Bereich des Körperlichen und des Psychischen und sie verbinden diese. So kennzeichnen sie Zustände, die als mehr oder weniger ausgebreitet über den ganzen Körper charakterisiert werden müssen. Für die Verarbeitung einzelner Gefühle gibt es allerdings bei hochentwickelten Tieren spezialisierte neuronale Netzwerke, in denen dies schwerpunktmäßig geschieht. So wird z. B. Angst vorwiegend in der Amygdala verarbeitet.

Mit dem Erscheinen der sexuellen Vermehrung kann die primäre durch eine sekundäre Bedeutungsgebung überformt werden. Später beim Menschen tritt mit Sprache und Schrift noch eine tertiäre Bedeutungserzeugung hinzu.

Dabei zeigt sich, dass in der Evolution immer wieder neue und komplexere Bedeutungskerne für den Erhalt des Lebendigseins erkennbar werden. Dieser Erhalt kann über das Individuum hinausgehend auch die gesamte Art, z. B. bei der Verteidigung der Nachkommen, oder die Kultur betreffen sowie beim Menschen eine Opferung für „höhere Ziele" beinhalten.

Mit der sexuellen Vermehrung erscheint die erwähnte zweite Stufe der Bedeutungsgebung bei der Informationsverarbeitung. Bei ihr kann die Arterhaltung stärker in den Vordergrund rücken. Natürlich kann es sehr viele äußere Umstände geben, welche den Erhalt einer Art unmöglich werden lassen. So haben die Dinosaurier gewiss nicht den Asteroiden und seine Folgen mitverursacht, welcher wesentlich für das Aussterben aller der Arten von ihnen war, die sich nicht zu den Vögeln weiterentwickeln konnten. Aber auf jeden Fall gilt, dass Arten, die sich so unflexibel verhalten, als ob für sie der Erhalt ihrer Art nicht bedeutungsvoll ist, aus der Evolution ausscheiden werden.

Der Sexualtrieb ist in seinen Erscheinungen immer auch ambivalent und erscheint oft widersprüchlich. Für das Überleben einer Art kann es in der Konkurrenz mit anderen Arten hilfreich werden, wenn beispielsweise die Männchen das Protein ihres Körpers für den eigenen Nachwuchs zur Verfügung stellen. So lassen sich beispielsweise manche Spinnenmännchen während der Kopulation von der Mutter ihres Nachwuchses fressen.

Der Sexualtrieb ist mit Lust verkoppelt, aber oft auch mit Macht – bereits bei Tieren. Manche Biologen sprechen vom „genetischen Egoismus". Wenn beispielsweise ein Löwenmännchen einen Harem übernimmt, so werden von ihm oft die noch zu säugenden Nachkommen seines Vorgängers getötet, damit deren Mütter schneller wieder trächtig werden können. Die biologischen Zusammenhänge sind oft komplexer, als man das früher wissen konnte.[53] Ein Ausrotten innerartlicher

Konkurrenten ist keineswegs auf den Menschen beschränkt, es ist beispielsweise auch bei Schimpansenhorden beobachtet worden.

Mit dem Entstehen von Sprache und Schrift erscheint in der menschlichen Kultur eine dritte Stufe der Bedeutungsgebung. Die Bedeutungserzeugungen der menschlichen Kulturen sind äußerst vielfältig. Sie unterscheiden sich in Sprache und Schrift, im Grad der technischen und der darauf basierenden ökonomischen und militärischen Entwicklungen, in den herrschenden religiösen und ideologischen Vorstellungen und in den sozialen Strukturen.

Natürlich können Kulturen wegen vielfältiger Ursachen wieder untergehen. Zu solchen Ursachen gehören Überwältigungen durch andere, aggressivere Kulturen, vielfach auch die Zerstörung der eigenen Lebensgrundlagen durch unökologisches Verhalten.

Aber auch bei den Kulturen kann man wie bei den biologischen Arten davon sprechen, dass Kulturen, welche unflexibel sind und nicht für ihren Erhalt sorgen können oder wollen, wieder aus der Evolution ausscheiden.

Mit Sprache und Schrift können kulturelle Anreize wie Ruhm, eine enge Verbindung zu einer Ideologie, einer Religion oder zu einer anderen Idee, wie z. B. „die Partei", „das Vaterland", zu einem Verhalten führen, welches weder dem eigenen Überleben noch dem des Nachwuchses dienlich ist. Die Massenselbstmorde der amerikanischen Volkstemplersekte oder der Davidianer-Sekte im texanischen Waco sind auch in der Gegenwart erschreckende Beispiele dafür. Der Bericht vom 13. 5. 2018 von einer islamistischen Familie in Indonesien liefert ein anderes grausames Beispiel. Vater, Mutter und die vier Kinder haben zum gleichen Zeitpunkt in drei verschiedenen Kirchen durch Selbstmord-Attentate viele Menschen umgebracht.

Mit der elektronischen Datenverarbeitung und dem Internet werden die in früheren Zeiten existierenden räumlichen Trennungen (siehe den Auszug aus dem Osterspaziergang in Goethes Faust auf Seite 7) immer stärker überbrückt. „... hinten, weit, in der Türkei" ist heute vor unserer Haustür! Ein solches Zusammenrücken erfordert auch eine neue, tolerante Akzeptanz der Gleichberechtigung der Menschen bei aller Verschiedenheit ihrer Ansichten durch die Ausformungen ihrer jeweiligen Kulturen und Religionen sowie ihren Bildungsgrad. Neue Bedeutungsgebungen auch durch neue Narrative sind notwendig. Zu ihnen wird ebenfalls die Einsicht gehören müssen, dass keineswegs allein die materiellen Umstände das Verhalten der Menschen steuern – selbst wenn sie es natürlich oft stark beeinflussen.

8. Die naturwissenschaftliche Erklärung des Bewusstseins

Vielleicht ist es sinnvoll, zuerst noch einmal kurz darzustellen, was mit Bewusstsein gemeint ist.

Jeder Mensch, der fragen kann, was denn Bewusstsein sei, macht bereits dadurch deutlich, dass er Bewusstsein hat. Man denkt nach und denkt auch über manche sonst flüchtigen Gedanken noch einmal nach. Dann können vorüberziehende Eindrücke begrifflich gefasst und länger erinnert werden. In der Regel schwingt mit einem Gedanken zugleich ein Fächer von gedanklichen Möglichkeiten mit, die in der Reflexion zu einem Faktum zusammengefasst werden können. Dies könnte z. B. ein ausformuliertes Vorhaben sein. Aber es muss keineswegs immer sprachlich sein. So erzählte beispielsweise Roger Penrose, dass er im Bereich der Mathematik vieles nichtsprachlich erfasst und durchdenkt.

Jedes Nachfragen ist eine Form der Reflexion und Bewusstsein ist genau dadurch ausgezeichnet, dass mit ihm zu einer gegebenen gedanklichen Struktur eine weitere Stufe der Reflexion möglich ist. Beim Menschen gehören ein logisches Schließen und die Fähigkeit zur Selbstreflexion eindeutig zu einem gesunden und entwickelten Bewusstsein.

Allerdings begrenzt die Kapazität unserer menschlichen Informationsverarbeitung die gleichzeitige Kopplung von einer Mehrzahl an Reflexionsstufen. Man kann zwar im Prinzip an jeder Stelle neu beginnen, aber die unmittelbare Kopplung von Reflexionen geht oft nicht über drei Stufen hinaus. Die „Nebenwirkungen" der Nebenwirkungen werden oftmals bereits nicht mehr bedacht. Daher das geflügelte Wort: Das Gegenteil von „gut" ist „gut gemeint".

Bewusstsein ermöglicht u. a. ein Innehalten vor und auch während einer Handlung, um den Ablauf mit der Zielsetzung zu vergleichen. Umfangreiche Versuchsbeschreibungen deuten darauf hin, dass ein bloßes Erleben von affektiven Zuständen oder Wahrnehmen eines Reizes noch kein Hinweis darauf ist, dass dies bewusst werden muss. Dies wird z. B. bei der sogenannten Substitutionsmaskierung deutlich. (Siehe S. 216)

In mancher psychoanalytischer Literatur wird gelegentlich der Eindruck erweckt, als wäre das Gegenteil von Bewusstsein eine Bewusstlosigkeit. Wir finden es richtig, die mehr oder weniger deutlichen Formen einer Abwesenheit von Bewusstsein und auch das Unbewusste von einer Bewusstlosigkeit klar zu unterscheiden.

Bei einer *Bewusstlosigkeit*, wie z. B. unter einer Narkose, ist die Wahrnehmung auch von starken Schmerzen unterbunden. Tiere, welche kein entwickeltes Bewusstsein besitzen, können natürlich durchaus schmerzempfindlich sein und sind in diesem Sinne nicht bewusstlos.

Die menschliche Psyche kann grob in verschiedene Grade der Bewusstheit eingeteilt werden. Dabei ist es wichtig anzumerken, dass die Übergänge fließend sind und die Einteilung vor allem unserem menschlichen Bedürfnis nach Abstraktion und damit nach Einteilung und Untergliederung geschuldet ist. Neben dem Wachbewusstsein kann man noch das Vorbewusste und ein Traumbewusstsein unterscheiden. Vorbewusstes kann bei Bedarf sehr schnell ins Bewusstsein gelangen. Dies trifft vor allem auf automatisiertes Verhalten zu.

Im Sinne einer Sprachregelung kann man auch das Unbewusste noch einmal unterteilen. Zum einen gibt es das verdrängte Unbewusste, mit dem sich vor allem Sigmund Freud so umfassend beschäftigt hatte. Einen anderen Teil, den man nicht als verdrängt ansehen kann, könnte man auch als „unterbewusst" bezeichnen. Dabei handelt es sich neben der gesamten Informationsverarbeitung in allen Körperzellen vor allem um die primären Verarbeitungsvorgänge im Gehirn, welche die einlaufenden Daten aufbereiten, damit sie zu sinn- und bedeutungsvoller Information werden können. Die bereits recht gut erforschten ersten Verarbeitungsschritte von optischer Information, die zum

206

Beispiel dazu führen, dass Kanten oder Farben wahrgenommen werden können, sind unter- und vorbewusst, aber nicht verdrängt.[54]

Viele automatisierte Abläufe lassen wir ohne Zuschaltung des Bewusstseins, also unbewusst ablaufen. Massive Einwirkungen, z. B. Schmerzen, werden sofort ans Bewusstsein weitergeleitet. Vorbewusst sind automatisierte Abläufe, welche dennoch eine gewisse Aufmerksamkeit erfordern, wie z. B. beim Autofahren. Nur voll bewusst können wir Prozesse von logischem Denken durchführen.

Die großen Probleme bei einem naturwissenschaftlichen Zugang zum Bewusstsein konnten für lange Zeit nicht überwunden werden. So blieben die Thesen von Emil Du Bois-Reymond aktuell. Er hatte im Jahre 1872 auf der Tagung der Naturforscher und Ärzte in seiner Rede »Über die Grenzen des Naturerkennens« sehr anschaulich formuliert:

> Es ist eben durchaus und für immer unbegreiflich, daß es einer Anzahl von Kohlenstoff-, Wasserstoff-, Stickstoff, Sauerstoff- usw. Atomen nicht sollte gleichgültig sein, wie sie liegen und sich bewegen, wie sie lagen und sich bewegten, wie sie liegen und sich bewegen werden. Es ist in keiner Weise einzusehen, wie aus ihrem Zusammensein Bewußtsein entstehen könne.

Heute kann man alles sehr viel differenzierter sehen. Natürlich ist es den Atomen selbst vollkommen gleichgültig, was mit ihnen geschieht. Sie haben keinerlei Wahrnehmungen und keinerlei Empfinden. Jedoch je mehr von Atomen und Molekülen in einem Sinnzusammenhang geordnet werden und zusammenwirken, also in einen Gesamtzusammenhang eingeschlossen werden, desto leichter kann Information bedeutungsvoll werden. Dies beginnt beim Einzeller und gilt in der Evolution für jedes Lebewesen.

In einem Lebewesen und besonders in dessen Nervensystem ist es keineswegs gleichgültig, wie sich die Zustände der Atome und ihre Veränderungen gestalten.

Die Informationsanteile der Atome und Ionen sowie deren Wechselwirkungen untereinander und mit den Photonen beeinflussen und verändern die von ihnen getragenen Quantenbits und damit deren Bedeutung. Durch die heute möglich gewordenen erweiterten Vorstellungen von Materie und Energie als spezielle Formen von Quanteninformation wird deutlich, dass das Wechselspiel, die „Kommunikation" der Zellbestandteile, die Psyche erzeugt. Heute, fast eineinhalb Jahrhunderte später, wird die Rolle von räumlicher Nähe auch für die Vorgänge zwischen den Zellbestandteilen klarer erkannt. Diese wird u. a. deutlich beim Wirksamwerden von Katalysatoren, also von Enzymen, und bei den dabei entstehenden und sich verändernden biologischen Strukturen.

Die tiefste weil einfachste Struktur unterhalb aller materiellen und energetischen Quanten sind die bedeutungsoffenen AQIs der Protyposis. Daher sind psychische Inhalte, z. B. bewusste Gedanken, als spezielle Formen der absoluten Quanteninformation nicht grundlegend von den materiellen und energetischen Quanten verschieden.

Die Quantentheorie ist eine Theorie der wirkenden Möglichkeiten und der Beziehungsstrukturen, welche Neues schaffen. Sie hat den steuernden und regulierenden Einfluss von bedeutungsvoll gewordener Quanteninformation auf die metastabilen materiellen Strukturen von Lebewesen verstehbar werden lassen. Wir erleben an uns selbst immer wieder, wie Vorstellungen und Gedanken sowie bewusste Entscheidungen, oft durchaus unbewusst vorbereitet, unseren Körper steuernd beeinflussen. In gleicher Weise erleben wir, wie die Information über den aktuellen Zustand des Körpers, z. B. ob er müde oder ausgeruht, hungrig oder gesättigt ist, auf die Informationsverarbeitung unserer Psyche wirkt.

Die Quantentheorie erklärt, wieso der Fluss der Gedanken eine sehr subjektive Struktur ist, welche von anderen höchstens in grober Näherung erfasst werden kann.

Aus der Quantentheorie folgt, dass es prinzipiell unmöglich ist, den aktuellen Zustand eines unbekannten Quantensystems kennen zu können. Der aktuelle Zustand eines unbekannten Quantensystems kann also nicht objektiviert werden.

Die Quantentheorie zeigt, dass sich das Ideal von Objektivität, welches die klassische Physik kennzeichnet, bei einer sehr genauen naturwissenschaftlichen Betrachtung als eine Illusion erweist.

Jede Kenntnisnahme wird den unbekannten Quantenzustand verändern, so dass man im günstigsten Fall lediglich wissen kann, wie der Zustand nach einer solchen Kenntnisnahme ist (physikalisch gesprochen nach einer Messwechselwirkung). Aus dieser Kenntnis folgt allerdings nur wenig über den Zustand zuvor. Dieser „Keim von Subjektivität", der bereits in der unbelebten Natur erkennbar wird, entfaltet sich nach der evolutionären Entwicklung des Lebens schließlich zu derjenigen Subjektivität, welche wir von uns und unseren Mitmenschen kennen.

Die Erzeugung von Bedeutung ist wegen ihrer notwendigerweise immer gegebenen Subjektivität höchstens näherungsweise objektivierbar.

Die Bilder und Vorstellungen, die jemand im Moment hat, sind seine ganz privaten Assoziationen. Ein geschriebener Satz ruft bei jedem Leser immer auch seine eigenen Gedanken und Gefühle hervor.

Mit der Dynamischen Schichtenstruktur wird verstehbar, dass die quantischen Beziehungen zwischen einem Menschen und den anderen weniger eng sind als die zwischen den verschiedenen Anteilen seines eigenen Selbst, z. B. seinen Gedanken und Gefühlen. Wir beobachten fortwährend eine Trennung zwischen verschiedenen Personen, nicht nur zwischen ihren Körpern, sondern auch zwischen ihren Psychen. Bei aller Empathie, bei aller Verbundenheit und bei allen Versuchen, auch „die Perspektive des anderen" einzunehmen, ist ein Übereinstimmen stets nur partiell möglich. Erleichtert wird eine solche partielle Einnahme der „Perspektive des Anderen" wahrscheinlich auch durch die Effizienz der Natur. So überlappen sich die Aktivitätsbereiche in den Nervennetzen des Gehirns, welche beispielsweise für motorischen Handlungen zuständig sind, weitgehend mit denen, welche aktiv sind, wenn solche Aktivitäten nur vorgestellt oder bei anderen beobachtet werden. Die „Spiegelneurone" haben verdeutlicht, dass es für viele Bereiche des Gehirns keine Rolle spielt, ob es sich um eine faktisch durchgeführte, eine bei anderen beobachtete oder eine im Bewusstsein vorgestellte Handlung handelt.

Natürlich kann man faktische Erscheinungen, die sich vor allem körperlich ausdrücken, wie seine Miene oder Stimmlage, am Anderen bemerken. Jedoch ein tatsächlich teileloser ganzheitlicher Zustand zwischen Anteilen zweier Psychen ist wahrscheinlich ein seltenes Ereignis. Bei der engen Verbindung zwischen Mutter und Säuglingen sowie beim gemeinsamen Singen und Musizieren darf allerdings durchaus eine Synchronisation von emotionalen, affektiven und auch kognitiven Zuständen gesehen werden. Eine tiefe gefühlsmäßige Verbundenheit kann zutreffend davon sprechen lassen, dass man z. B. einen „Klangkörper" wahrnimmt oder sich als Teil eines solchen fühlt. In anderen zwischenmenschlichen Bereichen können ebenfalls solche Zustände einer tiefen Verbundenheit auftreten. Auch in der therapeutischen Situation können gelegentlich kohärente Zustände von Quanteninformation wahrnehmbar werden. Die Vorgänge von Übertragung und Gegenübertragung können dazu führen, dass sich ein gemeinsamer kohärenter Zustand von bedeutungsvoller Quanteninformation einstellt. Das kann z. B. bemerkbar werden, wenn Patient und Therapeut nach einer Weile des Schweigens beide eine übereinstimmende, jedoch keineswegs naheliegende Assoziation äußern.

Eine Resonanz, welche weniger positiv anzusehen ist, kann wohl auch bei Zuständen von Massenbegeisterung, -hysterie und -aufmärschen eintreten.

Wenn eine solche teilweise unbewusste Verbindung gegeben ist, dann wird diese wegen der ständig wirkenden Dekohärenz auch immer wieder gelöst. Wodurch erfolgt diese Trennung? Wir sind Kinder der kosmischen Entwicklung und stehen – wenn auch nicht merkbar – mit dem Kosmos in Verbindung. Da alle Lebewesen zumindest wärmer als der kosmische Raum sind, wird von ihnen unablässig Information – getragen von Photonen – in den Raum abfließen (z. B. im EEG registriert oder als Wärmestrahlung abgegeben). Auch innerhalb eines Lebewesens bewirken diese Vorgänge, dass die damit verbundene Dekohärenz als ein Entstehen von faktischen Zuständen (als Messvorgang) verstanden werden muss.

Wie kann das an einem Beispiel verstehbar gemacht werden?

Die ausgesprochenen und auch die innerlich im Selbstgespräch formulierten Gedanken sind Fakten. Aus diesen erwachsen jedoch normalerweise bei der inneren Informationsverarbeitung ständig neue quantische Zustände, die aufzeigen, welche Fülle neuer Möglichkeiten sich eröffnen. Im Redefluss weiß man zumeist nicht, wie ein begonnener Satz enden wird – es sei denn, es handelt sich um eine bloße Abfolge eines angelernten Textes. So wird dem britischen Erzähler E. M. Forster der bekannte Satz zugeschrieben: „Wie kann ich wissen, was ich denke, bevor ich höre, was ich sage."

In Bezug auf Resonanz und Synchronisation zwischen psychischen Zuständen verschiedener Individuen bleibt festzuhalten, dass die Beziehung zwischen mir und meinem Bewusstsein sehr viel enger ist als zu dem Bewusstsein eines anderen Menschen. In der Regel werde ich meine bewussten Gedanken kennen, denn schließlich erzeuge ich sie selbst.

Selbst wenn man sagt, „der kennt mich besser als ich mich selbst", so wird dies oft ein Euphemismus sein. Wenn man jedoch lange miteinander lebt und sich gut kennt, kann man Wünsche oder Erwartungen vorwegnehmen, welche dem anderen möglicherweise noch nicht bewusst geworden sein müssen. Trotzdem sind über andere Menschen in der Regel lediglich grobe Vorhersagen über zu erwartende Handlungen möglich, nicht jedoch genaue Prognosen über Gedanken und Gefühle. Deshalb geschehen auch in Beziehungen plötzliche und unerwartete Reaktionen. Immer wieder einmal hört man davon, dass jemand plötzlich gegangen ist. Von größerer gesellschaftlicher Relevanz ist es, wenn ein eher unauffällig gewesener Mitschüler plötzlich Amok läuft und andere erschießt.

Für die naturwissenschaftliche Erklärung des Bewusstseins ist auf eine simple Tatsache zu verweisen:

Messbar sind Hirnaktivitäten, nicht aber die Gedanken selbst.[55]

Wenn das Bewusstsein naturwissenschaftlich untersucht werden soll, dann wird dies darauf aufbauen, dass es eine Evolution gegeben hat, in der sich das Bewusstsein aus nicht bewussten Lebensformen und diese wiederum aus unbelebten Strukturen entwickelt haben. Alle diese Entwicklungsschritte erfordern für ihr Verständnis auch quantentheoretische Einsichten. Die objektiven Gründe dafür sind in den vorherigen Kapiteln dargelegt worden.

Worum es jedoch nicht gehen kann, wäre der vergebliche Versuch, die subjektiven Inhalte des Bewusstseins einer Frau oder eines Herrn Mustermann zu objektivieren. Ein solches Vorhaben widerspricht der oben dargelegten quantentheoretischen Grunderkenntnis. Lediglich eine ungefähre Kenntnisnahme ist möglich.

Es geht hier darum, eine naturwissenschaftliche Theoriestruktur darzulegen, die erklärt, wieso biologische Systeme bewusstseinsfähig werden können und wie das Bewusstsein als solches und nicht nur das Gehirn in den Rahmen der Naturwissenschaft eingefügt werden kann.

So seltsam es für manche Leser klingen mag, aber gerade dafür ist die neue Physik notwendig. Obwohl zur Physik das „Messen" und damit das „Objektivieren" gehört, so zeigt sie doch jetzt auch, dass sie den Weg zu manchem „Nichtobjektivierbaren" öffnet.

8.1. Vorbedingungen für und Erkenntnisse über das Bewusstsein

Mit den AQIs der Protyposis haben wir eine Theorie der Quanteninformation, in welcher die Gesichtspunkte der Lokalisation sowie der Ausgedehntheit, der wirkenden Möglichkeiten, der Beziehungsstrukturen und der Subjektivität beachtet sind.

Quanteninformation kann sich nicht nur zu materiellen und energetischen Quanten konzentrieren. Beispielsweise mit Symbolbildungen gibt es ebenfalls Konzentrationsvorgänge, welche besser noch als Abstraktionsvorgänge bezeichnet werden können, bei denen vielfältige bedeutungsvolle Einzelinformationen zu einer Metainformation zusammengefasst wird. Bei der Verarbeitung bedeutungsvoller Information in den Lebewesen werden Bedeutungen erzeugt, geändert und integriert sowie auch wieder gelöscht.

Wir können zusammenfassen: Im Laufe des kosmischen Evolutionsprozesses formen sich AQIs zu energetischen und materiellen Quanten. Aus diesen entstehen Sterne und in diesen die chemischen Elemente, später auch Planeten. Wenn auf Planeten eine aktive Oberfläche mit vielen Elementen des Periodensystems, flüssiges Wasser und organische Moleküle vorkommen, kann sich Leben entwickeln.

Leben lässt in seinen Interaktionen manche bedeutungsfreie Information bedeutungsvoll werden. In einer langen biologischen Evolution werden im Genom die Erfahrungen darüber akkumuliert, wie sich unter wechselnden Umweltbedingungen die metastabilen Systeme „Lebewesen" für eine gewisse Zeit durch eine intelligente Informationsverarbeitung selbst stabilisieren können.

Alle Lebewesen haben „Wahrnehmungen", sie nehmen für sie bedeutsame Informationen aus dem Äußeren und aus ihrem Inneren auf und verarbeiten diese. Die gesamte Informationsverarbeitung in jedem Lebewesen beruht auf Photonen als den Trägern der aktiven Informationsverarbeitung. Geeignete Molekülstrukturen und -verbindungen verändern sich im Prozess der Informationsverarbeitung und können bedeutungsvoll gewordene Informationen über längere Zeiten speichern. Damit werden diese Informationen als Gedächtnisinhalte codiert.

Jede Wahrnehmung betrifft grundsätzlich das gesamte Lebewesen, auch wenn sie nur einen Teil davon beeinflusst. Daher ist jede Wahrnehmung, ob sie sich auf innere oder äußere Einflüsse bezieht, immer mit Empfindungen und beim Menschen auch mit bestimmten emotionalen Zuständen, Gefühlen und Affekten verbunden.

8.1.1. Thesen zum Bewusstsein

1. Bewusstsein ist ein Teil der Realität. Die AQIs der Protyposis, also die nichtmateriellen Quantenbits einer bedeutungsoffenen Information, formen sich zu materiellen und energetischen Quantenteilchen. Darüber hinaus können sie sich nach dem langen biologischen Evolutionsprozess auf der Erde in sehr hoch entwickelten Lebewesen zu bewussten Gedanken formen. *Als Information über Information werden Gesamtheiten von AQIs somit in die Lage versetzt, über sich selbst zu reflektieren.*

2. Frei bewegliche Tiere bilden mit dem Nervengewebe eine spezialisierte Form der Informationsverarbeitung aus. Diese ermöglicht eine höhere Geschwindigkeit, Flexibilität und Komplexität als mit dem Genom allein. Das Genom steuert die grundlegenden Prozesse in allen Zellen, also auch in den Nervenzellen. Jedoch das jeweilige Wirksamwerden des Genoms in den einzelnen Nervenzellen wird von den dort eintreffenden spezifischen Informationen veranlasst.

3. Viele Tiere bilden aus neuronalen Netzen als Zentren der Informationsverarbeitung auch Gehirne. Primär läuft in diesen die Informationsverarbeitung unbewusst ab. Sehr komplexe Gehirne werden darüber hinaus zu Bewusstsein fähig. *Bewusstsein ist stets ein Resultat einer vorangehenden unbewussten Informationsverarbeitung.* Mit ihm können das rein Instinkthafte sowie die unbewusst verarbeiteten Empfindungen durch bewusstes Erleben ergänzt, beeinflusst und verändert werden. Bewusstsein ist individuell und „energetisch teuer". Es wird nur aktiv, wenn es tatsächliche Vorteile erbringen kann. Daher laufen die meisten psychischen Prozesse unbewusst ab.

4. Die Informationsverarbeitung des Unbewussten ist sehr effizient. Sie geschieht – wie auch beim Bewusstsein – ausschließlich auf der Basis von elektromagnetischen Vorgängen, also vermittelt

durch Photonen, und als eine hochgradig parallele Verarbeitung. Diese Verarbeitung verläuft klassisch in den Fasern der anatomisch weitverzweigten neuronalen Netze und ebenso als quantische Verarbeitung von Superpositionen von bedeutungsvoll gewordenen Quantenbits, also basierend auf der gleichzeitigen Existenz verschiedener möglicher Zustände.

5. Die biologische Entwicklung hat zu der *Uniware* der Informationsverarbeitung geführt. *Die Uniware wird von der bedeutungsvoll gewordenen Information sowie von deren materiellen und energetischen Trägern gebildet, also von allen mit diesem Informationsverarbeitungsprozess interagierenden Entitäten. Diese Einheit von Körper und Geist ist Ausdruck davon, dass es sich dabei um verschiedene Erscheinungsformen der AQIs handelt.* Die wechselseitige Beeinflussung aller an diesen Prozessen beteiligten Strukturen, sowohl der körperlichen, insbesondere der neuronalen, als auch der psychischen Anteile, unterscheidet die biologische Informationsverarbeitung von der technischen. Dabei muss die Informationsverarbeitung in einem dem jeweiligen Individuum angepassten physiologischen Bereich ablaufen.

6. Die unbewusste Verarbeitung liefert sehr schnelle Resultate. Obwohl diese aus physikalischer Sicht lediglich wahrscheinlich sind, können die Wahrscheinlichkeiten dafür durch ein Lernen, Üben und Trainieren sehr nahe zu null oder zu eins gebracht werden. Daher ist es eine allgemeine menschliche Erfahrung, dass Prozesse, welche schnell und ohne aktuelle Entscheidungserfordernisse geschehen sollen, wie z. B. beim Eislaufen oder Turnen, beim Autofahren oder Klavierspielen, erst dann gut ablaufen, wenn die damit verbundene *Steuerung als automatisierter Ablauf aus dem Bewusstsein ins Unbewusste delegiert* werden kann.

7. Notwendigkeiten für logisches Schließen sowie Umstände, welche nicht leicht in ein automatisches Verarbeitungsmuster eingepasst werden können, werden aus dem Unbewussten ins Bewusstsein weitergereicht. Dort kann die quantische Informationsverarbeitung durch eine klassische Informationsverarbeitung angereichert werden. Mit ihr wird es auch möglich, Situationen zu reflektieren, an Hand von Fakten logisch zu denken sowie strukturiert in die Zukunft zu planen. Beim Menschen ist die *Fähigkeit für eine Codierung* seiner Erfahrungen und seines Erlebens *auch in Begriffe* genetisch angelegt. Die Speicherung der codierten Information im Gehirn erfolgt dann mittels Veränderungen von Eigenschaften von molekularen, synaptischen und anderen zellulären Strukturen. Die Formung des Gedachten im Rahmen einer grammatisch strukturierten Sprache wird kulturell vermittelt und muss erlernt werden. Sprache befähigt zu enormen Abstraktionsleistungen.

8. Bewusstsein ist eine solche Form der Informationsverarbeitung, die es ermöglichen kann, sich Vorstellungen zu machen, also geistige Bilder und Modelle zu entwickeln, welche über ein bloßes Erkennen und Wiedererkennen hinausgehen. Dazu gehören u. a. auch Vorstellungen von sich selbst, von seinen Artgenossen und über sein Umfeld. Wichtig ist auch die Möglichkeit, eventuelle Konsequenzen von Handlungen abschätzen zu können, ohne diese bereits real durchführen zu müssen. Das Bewusstsein ist real, jedoch mit seinen Inhalten nicht an die Realität gebunden. Es ist offen für Kreativität und Fantasie.

9. *Bewusstsein kann erklärt werden als kohärente Zustände von Quanteninformation in einer derartigen Form, dass diese sich selbst mit ihren emotional beeinflussten Gedanken erleben und kennen kann.* Ohne Bezug zur Naturwissenschaft verwendet man dafür in der traditionellen Philosophie den Begriff „Qualia".

10. *Das Bewusstsein kann zu einem gegebenen Verarbeitungsschritt noch eine Stufe der Reflexion hinzufügen. Das bedeutet, dass zwischen „Bewusstsein" und „Meta-Bewusstsein" kein fundamentaler Unterschied besteht.*

11. Das Unbewusste und auch das Bewusstsein ermöglichen ein „Verrechnen" der aus dem äußeren Kontext folgenden Einwirkungsmöglichkeiten. Das sogenannte „Berechnen" in den Nervenzellen darf man sich weniger als ein Rechnen mit Zahlen vorstellen. Es ist eher mit einem optischen

Vergleichen von Längen, von Projektionen auf Hintergründen, einem Abwägen von Mengen und einem Erkennen von Mustern vergleichbar.

12. Im Sinne der Dynamischen Schichtenstruktur lösen sich in der psychischen Informationsverarbeitung Fakten und Möglichkeiten wechselseitig ab. Gedanken und Bilder und die sie begleitenden Emotionen können im Bewusstsein zu Fakten werden und als solche gespeichert oder in der Reflexion weiter bearbeitet werden. Die Verarbeitung von Fakten ermöglicht ein streng logisches Denken.

13. Das *Bindungsproblem* bezeichnet die Frage, wie die aus den verschiedenen Sinnesorganen und aus dem Körper auch mit zeitlichen Differenzen einlaufenden Signale über einen Gegenstand bzw. von einem Ereignis zu einer Ganzheit zusammengeführt werden. Es wird dadurch gelöst, dass die Inhalte des Bewusstseins aus Sicht der Quantentheorie eine Einheit von verschränkter und bedeutungsvoller Quanteninformation bilden. Die „Lokalisierung von Sinnesdaten in Hirnarealen" ist aus wissenschaftlicher Sicht eine weit über Atome oder Zellen hinausgehende ausgedehnte Nichtlokalität. Der unaufhörliche Wechsel zwischen dem Einfließen von immer wieder neuen ausgedehnten Zuständen von bedeutungsvoll gewordenen bewussten Informationen einerseits und der *Bindung* dieser Daten andererseits erzeugt eine dynamische Ganzheit. Dazu werden diese Daten, welche von den verschiedenen Sinnesorganen, aus dem übrigen Körper und aus dem Gedächtnis mitsamt den erlebten Beziehungsstrukturen stammen, einer Vorverarbeitung zugeführt, um dann z. T. ins Bewusstsein zu gelangen.

14. Die quantische Nichtlokalität lässt verständlich werden, dass Assoziationen, also Verbindungen zwischen nicht notwendig logisch zusammenhängenden Inhalten, möglich sind. Sie haben einen wichtigen Anteil an allen Lernvorgängen.

15. Manche Tiere und der Mensch können im Laufe ihrer Individualentwicklung ein auch von außen erkennbares Ich-Bewusstsein ausbilden. Als ein Kennzeichen dafür gilt zumeist die Fähigkeit, das eigene Spiegelbild als Bild von sich erkennen zu können. Menschenkinder erwerben diese Fähigkeit mit etwa 18 Monaten. Das *Selbst* entwickelt sich in einem dynamischen Prozess. Es abstrahiert von den Unterschieden zwischen „Ich" und „Körper" und erfasst somit die Leib-Seelische-Einheit.

Die hier dargelegten Thesen zeigen die Übergänge von der Beschreibung der Natur durch die Physik zum Leben, also zur Beschreibung durch die Biologie, und von der Biologie zum Bewusstsein, also zur Beschreibung durch die Psychologie.

Information ist die einzige naturwissenschaftliche Größe, welche sinnvoll reflexiv verwendet werden kann. (Die „Materie der Materie" oder „Energie über Energie" sind sinnfreie Ausdrücke.) So kann man über die Informationsbedeutung nachdenken, welche man einer einlaufenden Information zuordnen kann oder will. Das ist *Information über Information*. Eine solche „Meta-Information" kann man auf allen Entwicklungsstufen des Lebens erkennen. Diese Struktur ist bereits bei den Vorgängen innerhalb der Zellen und Organe anzutreffen – und natürlich dann im Unbewussten und sehr deutlich im Bewusstsein.

Als Quantenzustände erfassen die Bewusstseinsinhalte auch mitschwingende Möglichkeiten. Diese können als Superpositionen von anderen Quantenzuständen beschrieben werden. Bei einem noch nicht faktisch gewordenen Gedanken werden Denkstrukturen und Bilder immer auch um ähnliche Vorstellungen oszillieren und Assoziationen lebendig werden lassen. Auch dann, wenn durch ein Aussprechen ein Faktum konstatiert wird, so entfaltet sich aus diesem sofort wieder ein Fächer neuer Möglichkeiten. Ein dafür berühmtes Beispiel aus der Literatur ist Heinrich v. Kleists Brief an seinen Freund Rühle v. Lilienstern. Kleist hatte etwas formuliert, was man als Vorwegnahme ähnlicher Einsichten ansehen kann:

> Wenn du etwas wissen willst und es durch Meditation nicht finden kannst, so rate ich dir, mein lieber, sinnreicher Freund, mit dem nächsten Bekannten, der dir aufstößt, darüber zu sprechen. Es braucht nicht eben ein scharfdenkender Kopf zu sein, auch meine ich es nicht so, als ob du ihn darum befragen solltest:

nein! Vielmehr sollst du es ihm selber allererst erzählen. Der Franzose sagt, l'appétit vient en mangeant, und dieser Erfahrungssatz bleibt wahr, wenn man ihn parodiert, und sagt, l'idée vient en parlant.

Wenn wir noch einmal auf die physikalischen Grundlagen eingehen, so ist daran zu erinnern, dass es unmöglich ist, den aktuellen Zustand eines unbekannten Quantensystems kennen zu können. Nach einer idealen Messung kann man den *dann* aktuellen Zustand kennen, ebenso nach einer Präparation. Das Wissen um einen *bekannten Zustand* erlaubt es, diesen durch Präparation zu vervielfältigen. Für eine Präparation muss man Möglichkeiten für sein Entstehen schaffen. Diese Versuche müssen so oft wiederholt werden, bis der zu erreichende Zustand vorliegt. Die erfolglosen Versuche werden verworfen.

Die *Selbstkenntnis*, also die Kenntnis einer gewissen inneren Situation, ermöglicht ein Duplizieren dieser Information durch Präparation. Man kann also etwas aussprechen, ohne sofort vergessen zu müssen, was man gesagt hat.

Wie komplex bereits scheinbar einfache Wahrnehmungsvorgänge sind, wird an sehr interessanten Vorgängen deutlich, welche Dehaene bei der sogenannten „Substitutionsmaskierung" beschreibt.[56] Wenn eine bestimmte Form auf dem Experimentier-Bildschirm länger an einer Stelle leuchtet, scheint sie jede bewusste Wahrnehmung einer anderen, zuvor nur kurz (33 ms) gezeigten Form an dieser Stelle zu ersetzen und auszulöschen. Wir interpretieren dies als einen Hinweis darauf an, dass dabei im Unbewussten diese Wahrnehmung nicht zu einem Faktum verfestigt wurde, sondern als eine bloße Möglichkeit von der zweiten Wahrnehmung faktisch überdeckt wurde.

In Laufe seiner *Kindheitsentwicklung* lernt der Mensch, seine Wahrnehmungen mit den ihm vermittelten sozialen und kulturellen Bewertungsvorgaben und Begriffen zu verbinden – beispielsweise Photonen als „rot" zu bewerten, denen in der Physik eine Wellenlängen um die 700 nm zugewiesen wird.

Dieses Beispiel kann auch darauf verweisen, wie wichtig der genetisch vorgegebene Informationsanteil in der Entwicklung des Bewusstseins ist. Bei einer angeborenen Rot-Grün-Schwäche hat die kulturelle Vermittlung u. U. keinen Anknüpfungspunkt.

Die von den Photonen z. B. des roten Lichtes getragene Information aktiviert über Zwischenstufen in der Verarbeitung schließlich neuronale Verbindungen mit ihren molekularen Strukturen, auf welchen die Bedeutung „rot" gespeichert ist. Mit diesen – durch die Verarbeitung verkoppelten – bedeutungsvollen Informationen kann die Wahrnehmung aus einem Sinnesorgan zu einer geistigen Struktur im Bewusstsein werden.

Bei der Verarbeitung von Informationen werden unbewusste Erfahrungs- und Ablaufmuster reaktiviert und Vorstellungen über Künftiges einbezogen. Die Reaktivierung alter Situationen kann dazu führen, dass Muster von einem damals erfolgreichen Verhalten wieder vom Unbewussten ausgelöst werden. Manchmal können diese alten Verhaltensweisen sowie auch die erlebten Beziehungsstrukturen in der aktuellen Situation unzureichend oder sogar kontraproduktiv wirken. In einem Wiederholungszwang können Handlungen veranlasst werden, welche der gegenwärtigen Situation nicht mehr angemessen und daher in dieser nicht zielführend sind.

8.1.2. Hirnforschung und Bewusstsein

Die naturwissenschaftliche Erklärung des Bewusstseins wurde üblicherweise noch immer zu den großen Rätseln der Wissenschaft gezählt. Eine gut lesbare Auseinandersetzung mit der aktuellen Hirnforschung aus der Sicht eines Mediziners findet sich im aktuellen Buch des Psychiaters und Psychosomatikers Ralf Krüger.[57]

Hinter den Problemen der Hirnforschung mit dem Bewusstsein steht oftmals die zutreffende Einsicht, dass mit den überkommenen Vorstellungen über das Wesen der Materie dieses Problem tatsächlich keine naturwissenschaftliche Lösung erlaubt. So hatte ich bereits vor zwei Jahrzehnten zur realen Wirksamkeit der Psyche beispielsweise feststellen müssen:

> Während bei Edelman die Realität des Bewusstseins eingeräumt und in Form der Qualia-Hypothese formuliert wird, bleibt für mich in seinem Modell der Zusammenhang zwischen den Qualia und den „materiellen Vorgängen im Gehirn" noch unklar. Introspektion zumindest erzeugt den Eindruck, dass die Qualia, unsere Gefühle, unsere Gedanken und Emotionen, etwas in unserem Körper bewirken können, dass also nicht nur auf der einen Seite chemische Substanzen das Bewusstsein beeinflussen, sondern auf der anderen Seite auch das Bewusstsein – zusammen mit seinen verdrängten Anteilen – Einfluss auf materielle Vorgänge im Körper hat. Ich erinnere an die enge Beziehung zwischen Immunsystem und emotionalen Zuständen, welche die Psychoneuroimmunologie untersucht oder an die Unterscheidung von Eustress und Disstress, bei der eine äußerlich gleiche Belastung je nach emotionaler Einstellung als Beeinträchtigung oder als Herausforderung empfunden werden kann.[58]

Trotz sehr vieler und wichtiger experimenteller Befunde, welche durch technische Anwendungen der Quantentheorie in immer besserer Qualität möglich wurden, schließt eine neuere Übersichtsarbeit von Christof Koch et al. ehrlicherweise mit der Aussage:

> Further progress in this field will require, in addition to empirical work, testable theories that address in a principled manner what consciousness is and what is required of its physical substrate.[59]

Für die von Seiten der Hirnforschung bereitgestellten theoretischen Modelle für „Bewusstsein" gelten allerdings noch immer meine in „Quanten sind anders" vor zwei Jahrzehnten publizierten Bemerkungen:

> Wenn man sieht, wie gut trotz aller Einschränkungen bereits die auf der klassischen Physik basierenden Modelle arbeiten, dann kann man sich leicht verdeutlichen, dass besonders die fundamentale Nichtlokalität der Quantentheorie Denkmodelle wird bereitstellen können, aus denen man weitere wichtige Anregungen für ein volles Verständnis dieser schwierigen Probleme gewinnen kann.

> Wesentlich für die Akzeptanz solcher Modelle wird es aber sein, das Vorurteil zu überwinden, der Geltungsbereich der Quantenphysik sei lediglich der atomare und subatomare Bereich der Wirklichkeit.[60]

Dem steht bis heute ein verbreiteter Widerstand gegen die Quantentheorie entgegen. So, wie ich es bereits damals ausgedrückt habe, findet er sich auch heute:

> Problematischer ist aber meiner Meinung nach Edelmans in diesem Zusammenhang gemachte Bemerkung: "keine Gespenster – keine Quantengravitation, keine Sofortwirkung über Entfernung hinweg."[61]

> Edelman meint, die einerseits gegebene "Fremdheit der Quantentheorie" habe die Physiker verführt, sie mit der andererseits gegebenen "Fremdheit des Bewusstseins" zu verknüpfen. Ich habe dargelegt, dass die Strukturen der Quantentheorie nur dann fremd erscheinen, wenn man sich entschließt, sich ausschließlich auf die Denk- und Erkenntnisweisen der klassischen Physik zu beschränken und meine daher, dass der Holismus der Quantentheorie und der Holismus unseres Bewusstseins vielmehr die Überlegung nahe legen, dass eine solche Verknüpfung von Quanten- und Bewusstseinstheorie auch eine reale Beziehung widerspiegelt.[62]

Unsere damaligen Überlegungen sind im Laufe der Jahre mit umfangreichen Arbeiten weitergeführt und vertieft worden. Teilweise erkennt man heute im Kreise der Hirnforscher bereits, dass die Quantentheorie die Möglichkeit bietet, sich dem Bewusstsein tatsächlich naturwissenschaftlich zu nähern. So schreibt Dehaene:

> Der ganze Prozess weist eine faszinierende Analogie zur Quantenmechanik auf (obwohl die neuronalen Mechanismen höchstwahrscheinlich nur auf klassischer Physik beruhen). Quantenphysiker erzählen uns, dass die physikalische Realität eine Überlagerung von Wellenfunktionen sei, die festlegen, mit welcher Wahrscheinlichkeit ein Teilchen in einem bestimmten Stadium vorzufinden ist. Doch wann immer wir uns um eine Messung bemühen, kollabieren diese Wahrscheinlichkeiten zu einem festgelegten Alles-oder-Nichts-Zustand. Seltsame Mischzustände, wie Schrödingers berühmte Katze, die halb tot und

halb lebendig ist, beobachten wir nie. Gemäß der Quantentheorie zwingt der bloße Akt physikalischer Messung die Wahrscheinlichkeiten, zu einer einzigen diskreten Messung zu kollabieren. In unserem Gehirn geschieht etwas Ähnliches: Allein die bewusst auf ein Objekt gerichtete Aufmerksamkeit bereitet der Wahrscheinlichkeitsverteilung ihrer verschiedenen Interpretationen ein Ende und vermittelt uns nur eine davon. Das Bewusstsein fungiert als eigenständige Messvorrichtung, die uns nur einen einzigen flüchtigen Blick auf das darunter liegende riesige Meer der unbewussten Berechnungen gewährt.

> Es kann sein, dass diese verführerische Analogie dennoch oberflächlich ist. Nur zukünftige Forschungen werden uns verraten, ob ein Teil der Mathematik hinter der Quantenmechanik auf die kognitive Neurowissenschaft der bewussten Wahrnehmung angewandt werden kann.[63]

Da man allerdings weiterhin an einer Vorstellung von Quantentheorie als einer „Theorie kleinster Teilchen" festhält, bleibt bei Dehane schließlich doch die Skepsis erhalten:

> Leider beruhen diese fantasievoll ausgeschmückten Vorschläge nicht auf soliden Erkenntnissen von Neurobiologie oder Kognitionswissenschaften. Obwohl die Intuition, unser Geist wähle unsere Handlungen „willentlich", nach einer Erklärung verlangt, ist die Quantenphysik, die moderne Version der „schwingenden Atome" des Lukrez, keine Lösung. Die meisten Wissenschaftler stimmen darin überein, dass das warmblütige Bad, in dem das Gehirn schwimmt, mit einem Quantencomputer unvereinbar ist – dieser erfordert sehr niedrige Temperaturen, damit die Quantenkohärenz nicht rasch zusammenbricht. Und die Zeitskala, auf der uns Aspekte der Außenwelt bewusst werden, steht in keinem Verhältnis zum Maßstab der Femtosekunde (10^{-15}), in dem diese Quantendekohärenz gewöhnlich auftritt.[64]

Selbstverständlich ist es zutreffend, dass das ganze Gehirn nicht als ein teileloser Quantenzustand anzusehen ist. Aber es geht hier um das Bewusstsein und nicht um das Gehirn, welches der materielle Anteil der Träger des Bewusstseins ist. Auch erzeugen „schwingende Atome" zumeist falsche Bilder über quantenphysikalische Vorgänge. Die Photonen, welche die Träger der aktiven Bewusstseinsvorgänge sind, formen ausgedehnte und korrelierte Quantenganzheiten. Alle biologischen Vorgänge geschehen bei Temperaturen weit ab vom absoluten Nullpunkt und sie sind trotzdem nur quantentheoretisch zu begreifen.

So zeigen immer mehr Ergebnisse von neuen Untersuchungen, dass das Argument der augenblicklichen Dekohärenz im Biologischen oftmals unzutreffend ist. Eine Zusammenstellung von neuen Ergebnissen findet man z. B. bei Al-Khalili & McFadden.[65] So ist bereits bei dem Einfang eines Photons am Chlorophyllmolekül gezeigt worden, dass die entscheidenden Vorgänge im Femtosekundenbereich ablaufen und dass sie nur mit Quantentheorie zu verstehen sind.[66]

Die quantischen Prozesse sind ungeheuer schnell, eine Femtosekunde sind 0,000 000 000 000 001 sec. Daher kann man erst heute mit den modernsten technischen Möglichkeiten die Existenz derartiger Vorgänge überhaupt feststellen und untersuchen.

Auch wenn die quantische Informationsverarbeitung sehr schnell verläuft, so sind doch alle Informationsverarbeitungsprozesse Vorgänge in der Zeit. Es vergeht eine kleine Zeitspanne zwischen dem Eintreffen einer Information an einem Sinnesorgan über die Zwischenschritte von unbewussten Vorverarbeitungen bis zur Meldung ans Bewusstsein.

In allen diesen Schritten lösen sich quantische Abläufe, also eine von realen und virtuellen Photonen getragene Informationsweitergabe, mit dem Herausbilden von Fakten, also einer Speicherung auf einem materiellen Substrat, immer wieder ab.

Dabei kann Information verändert und – falls sie nach der Speicherung als klassische Information vorliegt – auch kopiert werden. Diese wiederholten Wechsel zwischen Möglichem und Faktischem, also zwischen Quantischem und Klassischem, können im Rahmen der Dynamischen Schichtenstruktur als „Messvorgänge" bezeichnet werden.

Was die quantische Kohärenz betrifft, also die sich bildende Einheit von miteinander wechselwirkenden Quanten, haben sich durch die neuen Untersuchungsmethoden wichtige Erkenntnisse ergeben.

Rotkehlchen richten sich bei ihrem Zugverhalten auch am Erdmagnetfeld aus. Dies wurde bereits früher in Versuchen gezeigt, bei denen innerhalb der experimentellen Anordnung das Magnetfeld der Erde mit einem künstlichen Feld überlagert wurde. Dadurch wurde darin für diese Vögel der „wahrnehmbare magnetischen Nordpol" in eine andere Richtung verstellt.

Manche Tierarten haben für die Wahrnehmung des Magnetfeldes winzige Magnetnadeln aus Eisen entwickelt. Etwas Derartiges konnte beim Rotkehlchen nicht gefunden werden.

Mit der Quantentheorie wird es jedoch möglich zu erkennen, dass ein Elektron wie ein kleiner Magnet wirken kann. Man fand, dass beim Rotkehlchen der Magnetsinn im Auge verortet ist. Die Wahrnehmung des Magnetfeldes geschieht an Molekülen von Cryptochrom, welche die magnetische Wirkung von Elektronen ungeheuer verstärken und somit wahrnehmbar machen. Eine solche Wahrnehmung kann im Zusammenhang mit kohärenten Quantenzuständen zwischen diesen Molekülen erklärt werden.[67]

Seit langem vertreten wir aus naturwissenschaftlichen Gründen die Meinung, dass das Leben durch Quanteninformation gesteuert wird[68] und dass es bei den quantenphysikalischen Modellen vor allem um Informationsfluss an Stelle von Materiefluss geht.[69] Auch das wird zunehmend immer deutlicher von den Biologen erkannt.[70]

Da wir hier kein Buch über Hirnforschung, sondern über die neue Physik der Protyposis schreiben, wird es in diesem Kapitel nicht um die vielfältigen und sehr wichtigen Erkenntnisse über die anatomischen, physiologischen und biochemischen Vorgänge in den Nervennetzen und speziell im Gehirn gehen. In den letzten Jahrzehnten ist dazu eine überwältigende Fülle an Ergebnissen publiziert worden. Auf diese kann nur stichpunktartig verwiesen werden.

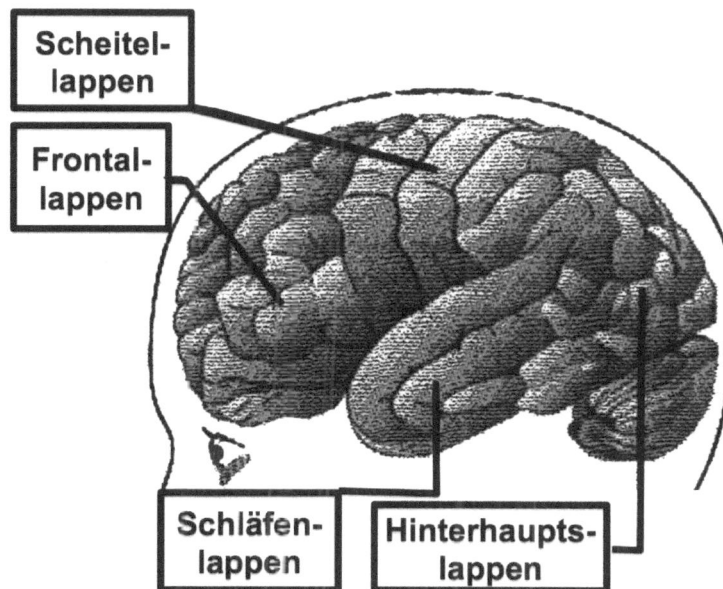

Abbildung 37: Die Hirnlappen beim menschlichen Gehirn: Parietallappen = Scheitellappen, Schläfenlappen = Temporallappen, Hinterhauptslappen = Okzipitallappen, dort ist auch die Sehrinde. Im Scheitellappen befinden sich u. a. die sensorischen und motorischen Areale für die Extremitäten, Zunge usw., im Hinterhauptslappen diejenigen für die Verarbeitung von optischen und im Schläfenlappen für die von akustischen, und vor allem auch sprachlichen Reizen. Der Frontallappen ist u. a. für Planung und Logik zuständig.

Hier wird es vor allem darum gehen, die Erklärungslücke zu schließen, die bisher zwischen den im Gehirn verorteten „Korrelaten neuronaler Prozesse" bzw. den „Signaturen des Bewusstseins" und der Psyche selbst mitsamt dem Bewusstsein bestanden hatte.

Neben den grundsätzlichen Fragen sind natürlich auch die medizinischen Fragestellungen der Hirnforschung sehr wichtig. So ist es besonders aus medizinischer Sicht höchst bedeutsam, feststellen zu können, ob ein Patient bei Bewusstsein ist oder nicht. Gibt es doch immer wieder Patienten mit „Locked-in-Syndrom", denen man nicht anmerkt, dass sie trotz völliger Bewegungslosigkeit bei Bewusstsein sind. Dehaene beschreibt dazu vier Signaturen des Bewusstseins:

> Obwohl ein unterschwelliger Reiz tief in den Kortex eindringen kann, wird diese Gehirnaktivität zunächst erheblich verstärkt, wenn dieser Reiz die Schwelle der Wahrnehmung überschreitet. Er gelangt dann in viele zusätzliche Regionen, was zu einer plötzlichen Zündung parietaler und präfrontaler Schaltkreise führt (Signatur 1). Im Elektroenzephalogramm erscheint bewusster Zugang als späte, langsame Welle namens PS-Welle (Signatur 2). Dieses Ereignis tritt erst eine Drittelsekunde nach dem Reiz auf: Unser Bewusstsein hinkt hinter der Außenwelt her. Verfolgt man die Gehirnaktivität mit tief ins Gehirn eingepflanzten Elektroden, können zwei weitere Signaturen beobachtet werden: eine späte und plötzliche Häufung hochfrequenter Oszillationen (Signatur 3) und eine Synchronisation von Prozessen des Informationsaustauschs über ferne Gehirnregionen hinweg (Signatur 4). All diese Ereignisse liefern verlässliche Hinweise auf bewusste Verarbeitung.[71]

Andere Autoren wiederum melden Zweifel an Dehaenes Schlussfolgerungen an. Z. B. schreiben Koch et al. in einem neueren Übersichtsartikel:

> Thus the P3b, measured using an auditory oddball paradigm, has been proposed as a signature of consciousness, revealing a non-linear amplification (also referred to as ignition) of cortical activity through a distributed network involving fronto-parietal areas.
>
> However, this interpretation has been contradicted by several experimental results. For example, task-irrelevant stimuli do not trigger a P3b even when participants are clearly conscious of them, whereas stimuli that are not consciously detected can trigger a P3b. The P3b does not signal conscious perception when participants already have a target stimulus held in working memory.[72]

Wir führen dieses Zitat an, um deutlich werden zu lassen, wie schwierig sich dieser Bereich der experimentellen Hirnforschung erweist. Es gibt also nach Koch Bewusstsein ohne P3-Wellen und P3-Wellen ohne Bewusstsein. Wir sind zuversichtlich, dass derartige Fragen künftig experimentell geklärt werden können.

Anders liegt der Fall mit den jeweils zugrundeliegenden theoretischen Konzepten. Da Quantenkonzepte in der Hirnforschung bisher abgelehnt werden, verbleiben die diesbezüglichen Vorstellungen im Bereich der klassischen Informationsverarbeitung. So spricht Dehaene von einem „globalen neuronalen Arbeitsbereich". Er schreibt:

> Unsere Hypothese lautet, dass Bewusstsein globale Informationsverbreitung innerhalb des Kortex, also der Großhirnrinde, ist; es geht aus einem neuronalen Netzwerk hervor, dessen Daseinszweck die massive Verteilung relevanter Informationen über das ganze Gehirn ist. ...
>
> Dank des globalen neuronalen Arbeitsbereiches können wir jede Idee, die bei uns einen starken Eindruck hinterlässt, beliebig lange im Kopf behalten und sicherstellen, dass sie in unsere Zukunftspläne einbezogen wird, welche das auch immer sein mögen. Demnach kommt dem Bewusstsein in der Berechnungsökonomie des Gehirns eine präzise Rolle zu - es wählt aus, verstärkt und leitet relevante Gedanken weiter.[73]

Bei Tononi et al. wird von einer „integrated information theory" gesprochen. Gegenüber anderen Ansätzen aus der Hirnforschung wird hierbei von der Existenz des Bewusstseins ausgegangen.

> Integrated information theory starts from the essential properties of phenomenal experience, from which it derives the requirements for the physical substrate of consciousness. It argues that the physical

substrate of consciousness must be a maximum of intrinsic cause–effect power and provides a means to determine, in principle, the quality and quantity of experience.[74]

Dazu werden dann Eigenschaften postuliert, wie z. B.:

> The axioms of IIT state that every experience exists intrinsically and is structured, specific, unitary and definite. IIT then postulates that, for each essential property of experience, there must be a corresponding causal property of the PSC (the physical substrate of consciousness). The postulates of IIT state that the PSC must have intrinsic cause-effect power; its parts must also have cause-effect power within the PSC and they must specify a cause-effect structure that is specific, unitary and definite.[75]

Im Artikel von Tononi et al. wird zwar von „Physik" gesprochen, jedoch kann dort eine Anbindung an die Physik nicht gefunden werden, denn die Notwendigkeit von moderner Quantentheorie wird nicht gesehen:

> The most relevant findings concerning the necessary and sufficient conditions for consciousness come from neuroanatomy, neurophysiology, and neuropsychology.[76]

Natürlich sind Neuroanatomie, Neurophysiologie und Neuropsychologie notwendig, wenn die Begleitumstände des Bewusstseins verstanden werden sollen. Jedoch basieren alle biologischen Prozesse auch auf chemischen Vorgängen und diese wiederum auf quantenphysikalischen. In der Beschreibung muss man sich daher auf die Dynamische Schichtenstruktur zwischen klassischer und quantischer Physik stützen. Erst damit kann das Wechselspiel zwischen faktischem und möglichem Verhalten, also zwischen klassischer Determiniertheit und quantischem Zufall erfasst werden.

Natürlich kann jede Beschreibung erst auf einer der späteren Stufen der naturwissenschaftlichen Erklärung beginnen. Dann bleibt jedoch unklar, was alles damit implizit vorausgesetzt wurde oder was überdeckt wird, weil es noch unverstanden ist.

Beispielsweise kann man eine Beschreibung biochemischer Vorgänge erst und allein mit der Chemie beginnen. Oder man kann einen anatomischen Aufbau nur auf Grund der zellulären Struktur darstellen. Damit würden jedoch die zugrundeliegenden Vorgänge der Informationsverarbeitung in der betreffenden Lebensform unerklärt bleiben.

So lange wie bei der IIT die Information von *vornherein* als „bedeutungsvoll" und nicht auch als vor dem Wirken im Lebendigen noch als bedeutungsfrei zu verstehen ist, ist sie nicht an die Physik oder allgemein an die Naturwissenschaft ankoppelbar. Der Verweis auf „Emergenz" lässt die dort noch vorhandene Erklärungslücke deutlich werden:

> Analyzing systems in terms of maxima of information/causation over many spatio-temporal scales also helps to address issues related to the possibility of causal emergence. For example, it is generally assumed that in physical systems causation happens at the micro-level, that a macro-level *supervenes* upon the micro-level (it is fixed once the micro-level is fixed), and that therefore a macro-level cannot exert any further causal power. On the other hand, if it can be shown that information/causation reaches a maximum at a macro- rather than at a micro-level (see note 22), then by the exclusion postulate there is true causal emergence: the macro-level *supersedes* the micro-level and excludes it from causation.[77]

Natürlich ist das Bewusstsein für jeden einzelnen Menschen *spezifisch*. Das betonen wir seit langem in unseren Monographien. Der genaue und konkrete individuelle Bedeutungsgehalt kann also nicht von anderen von außen objektiviert werden. Man kann allerdings mit psychologischen Testmethoden eine ungefähre Kenntnis erhalten. Auch mit den modernen Untersuchungsmethoden wie fMNR oder auch EEG kann für einfache Fragestellungen, wie z. B. eine Auswahl aus vorgegebenen Begriffen oder Bildern, aus der gemessenen Hirnaktivität ein Rückschluss gezogen werden.

Das Bewusstsein ist eine Ganzheit, man kann es als *holistisch* bezeichnen. Allerdings haben wir gezeigt, dass es besser als *henadisch* beschrieben werden soll, also auf *Einheit (Unität)* zielend. Sofern der erwachsene Mensch keine schwere psychische Erkrankung hat, wird er sich im Bewusstsein als Einheit empfinden. Trotzdem sind wir in der Reflexion fähig, unser eigenes Bewusstsein „wie von außen" zu betrachten. Wir können über uns selbst so nachdenken und empfinden, als ob wir die erste und zugleich auch die dritte Person wären, welche die erste beobachtet. Dennoch sind wir uns in diesem Fall und auch dann, wenn wir „*verschiedene Rollen oder Sichtweisen einnehmen*", bei geistiger Gesundheit immer noch darüber im Klaren, dass es wir selbst sind, die bei verschiedenen Aufgaben die entsprechenden Rollen übernehmen.

Ebenso sind – wiederum geistige Gesundheit vorausgesetzt – die Inhalte unseres Bewusstseins *strukturiert*. Alles, was in unser Bewusstsein kommt, ist bereits deshalb bedeutungsvoll und hat damit eine gewisse Struktur, es ist *definiert*. Trotzdem kann das Denken aus dem Unbewussten gedankliche Informationen erhalten, für die in diesem Moment die bewusste Bearbeitung der Gedanken keine formulierbare Bedeutung erkennen lässt. So kann man im Moment an fliegende rosa Elefanten denken – und erst viel später fällt einem dazu ein Kinderbuch ein – oder es ist eine momentane kreative Neuschöpfung.

Wir hatten davon gesprochen, dass „Emergenz" den Versuch bedeutet, eine Erklärungslücke zu überbrücken. Um an die Stelle des Wortes „Emergenz" eine *tatsächliche naturwissenschaftliche Erklärung* zu setzen, muss man mit der Einsicht beginnen, dass die Grundlage der Physik von den bedeutungsfreien AQIs der Protyposis gebildet wird.

Nochmals ist der Bogen zu schließen: In der kosmischen Evolution formten die noch bedeutungsfreien AQIs materielle und energetische Quantenobjekte. Die weitere Evolution dieser Beziehungsstruktur führte schließlich zum Leben. Im Lebendigen können manche der AQIs der dort wirkenden Moleküle, Ionen und Photonen, welche ihrerseits selbst Formen von AQIs sind, zu *bedeutungsvoller Information* werden. Diese Bedeutung ist als Gedächtnis zumeist biochemisch und durch die anatomischen Strukturen codiert. Sie hat sich in der Evolution für die jeweiligen Lebensformen herausgebildet.

Ein Anteil dieser bedeutungsvollen Information ist *überindividuell* artspezifisch genetisch und kulturell vermittelt. Ein Teil jedoch ist *spezifisch* für das konkrete individuelle Lebewesen. Beides ermöglicht, die Existenz des Lebewesens steuernd zu stabilisieren.

Die *Spezifität* führt dazu, dass Bedeutung nicht vollständig objektivierbar ist. Natürlich finden sich bei jedem Individuum auch überindividuelle Anteile. Beispielsweise haben die Objekte, welche z. B. durch abstraktere Begriffe wie Baum oder Tisch bezeichnet werden, eine überindividuell durch die jeweilige Sprache festgelegte Bedeutung.

Man erkennt, dass für die IIT geforderten Eigenschaften denen entsprechen, die seit langem für die Protyposis in ihrer speziellen Form als *bedeutungsvolle Inhalte der Psyche* dargestellt wurden.[78] Da jedoch für die IIT eine Beziehung zur Quanteninformation nicht hergestellt wird, müssen dort die Ganzheitlichkeit und vor allem auch die Wirksamkeit zusätzlich eingeführt, d. h. extra postuliert werden. Diese Merkmale ergeben sich im Rahmen des IIT-Ansatzes nicht aus naturgesetzlicher Notwendigkeit.

Eine solche *Ganzheit* und die *Wirksamkeit* folgen jedoch naturgesetzlich mit den AQIs und den quantentheoretischen Gesetzmäßigkeiten der Protyposis-Theorie. Kohärente Zustände von bedeutungsvoller Quanteninformation, die als ausgedehnt zu verstehen sind und die dennoch sehr lokale Wirkungen hervorrufen können, bleiben als Ganzheiten zeitweilig vorhanden. Die inneren Bilder bleiben als Ganzheiten für eine kurze Zeit im Bewusstsein präsent, obwohl die Photonen, welche die Träger des Bewusstseins sind, fortwährend mit hoher Redundanz extrem schnell wechseln.

Wie aus Rate- und Merkspielen bekannt ist, kann man ohne Training sich etwa bis zu sieben Chunks, also Begriffszusammenhänge, merken. Er entspricht in etwa der Speicherkapazität des Arbeitsgedächtnisses im Bewusstsein. Die Kapazität der inneren Bilder ist allerdings viel größer. Berichte von Gedächtniskünstlern verweisen auf innere Vorstellungen, die ihnen erlauben, die zu merkenden Größen mit Objekten einer bekannten Umgebung zu verbinden. Menschen mit einem sogenannten fotographischen Gedächtnis können Gesehenes wie auf einer inneren Festplatte speichern.

Die Wahrnehmungen von Ganzheit werden an Beispielen wie der Abbildung 27 deutlich, welche das „ganzheitliche Lesen" illustriert. In analoger, aber nicht so offensichtlicher Weise geschieht dies mit den Inhalten des Unbewussten und des Bewusstseins in unserem Gehirn. (Eine vielleicht etwas abwegig klingende Veranschaulichung könnte eine Jahrmarkts-Attraktion liefern. Ein gewaltiges Gebläse lässt dabei den zahlenden Gast in einem Strom von immer neuen Luftmolekülen unveränderlich schweben.) Beim Lesen eines Textes tragen fortwährend neue Photonen mit immer den gleichen Eigenschaften die gleiche bedeutungsvolle Information ins Auge, bis wir uns der nächsten Sentenz zuwenden.

Wenn wir einen Gedanken erwägen, dann werden von denselben Hirnzellen – und allgemeiner von den gleichen neuronalen Strukturen – ebenfalls durch fortwährend neue Photonen mit immer den gleichen Eigenschaften dieselben bedeutungsvollen Informationen weitergetragen. Da die Verarbeitung von bedeutungsvoller Information Energie erfordert, sind alle diese psychischen Prozesse mit Stoffwechselvorgängen verbunden. Sie verbrauchen ATP, indem sie dieses in ADP umformen. So werden die Zellen ermüden. Das können wir im Bewusstsein als Ermüdung, aber auch als eine Weiterführung des Gedankens oder als eine Abweichung auf einen anderen geistigen Inhalt wahrnehmen. In alle diese Vorgänge spielt auch der gesamte körperliche Zustand mit hinein und beeinflusst die Verarbeitung. Aus diesem Grunde sind im Biologischen die geistigen Vorgänge mit den körperlichen sehr eng verbunden.

Bei Dehaene wird keine Verbindung von der bei ihm beschriebenen Informationsverarbeitung in seinem „globalen neuronalen Arbeitsbereich" zu den physikalischen Strukturen hergestellt. Mit den oben dargestellten quantentheoretischen Überlegungen über die AQIs kann eine naturwissenschaftliche Einordnung erfolgen. Damit wird es verständlich, dass es sich bei den von Dehaene beschriebenen Wellen um Gesamtheiten von sehr vielen Photonen handelt, welche bedeutungsvolle Informationen zwischen verschiedenen Verarbeitungsarealen hin und her transportieren.

In den vorherigen Kapiteln wurde dargelegt, dass in vielen Darstellungen über die Quantentheorie als „Mikrophysik" die Meinung verbreitet wurde, dass die Objekte der Quantentheorie viel zu klein sein würden, um in den Lebenswissenschaften eine Bedeutung haben zu können. Da allerdings das Wirken von Quanteneffekten auch in der Hirnforschung zunehmend weniger ignoriert werden kann, spricht man nicht von Quanteninformation, sondern stattdessen oftmals vom „Rauschen".

So formuliert beispielsweise der Hirnforscher Wolf Singer in seinen Gesprächen mit dem Naturwissenschaftler und buddhistischen Mönch Matthieu Ricard:

> Deine Fragen hängen eng mit einer anderen Frage zusammen, nämlich warum wir den Eindruck haben, unser Wille sei von den Einschränkungen der Natur unabhängig, obgleich wir wissen, dass unsere Entscheidungen das Produkt neuronaler Interaktionen sind, die ihrerseits den Naturgesetzen gehorchen. Natürlich gibt es ein Rauschen in diesem komplexen System, zufällige Fluktuationen, aber in der Regel funktioniert es zuverlässig und folgt dem Prinzip der Kausalität. Zum Glück, denn sonst könnte sich das Gehirn nicht den Umweltbedingungen anpassen, könnte weder »korrekte« Vorhersagen treffen noch angemessen auf die sich ständig verändernden Gegebenheiten reagieren, wie es Lebewesen nun mal tun müssen, um überleben zu können.[79]

Mit dem Sprachgebrauch des „Rauschens" konnten die ungeliebten quantischen Einflüsse scheinbar weiterhin ignoriert werden. Dieser Eindruck wird dadurch unterstützt, dass die Wahrscheinlichkeiten oft nahe bei null oder eins liegen und immer wieder entsprechende Fakten entstehen, welche deshalb den Eindruck von „ziemlich weitgehend festgelegt" erzeugen.

An anderer Stelle führt Singer aus:

220

Im Rahmen unseres Verständnisses von Naturgesetzen ist es unvorstellbar, dass ein immaterielles Agens – also etwa der Wille – auf neuronale Netzwerke einwirkt und sie dazu bringt, das auszuführen, was dieses Agens vorhat, um damit eine Handlung auszulösen.«[80] ... »Wäre mentale Verursachung möglich, müssten wir dagegen von einem Prozess ausgehen, der uns bisher gänzlich unbekannt ist. Dieses unbekannte Etwas müsste die Kontrolle über unsere neuronalen Vorgänge ausüben und diese so steuern, dass sie sich auf unsere Gedanken, Wünsche, Emotionen sowie alle unsere Charaktereigenschaften auswirken.[81]

Mit Singers Aussage wird der Einfluss des Psychischen auf das Verhalten des Körperlichen klar verneint. Allerdings spricht Singer an anderer Stelle – wahrscheinlich unter dem schlichten Druck der Tatsachen – über ein

Konzept einer sozialen Beeinflussung, eine Fülle der Realitäten, welche plötzlich wirken. All die Realitäten, die wir als immaterielle Entitäten, als psychologische, mentale und spirituelle Phänomene bezeichnen, sind durch die kulturelle Evolution entstanden.[82] ... Obgleich immateriell, entfalten diese Realitäten nachhaltige Wirkungen auf die Hirnfunktionen anderer.[83]

Natürlich ist ein solcher plötzlicher Übersprung ins Soziale und auch Psychische sehr naheliegend. Trotzdem führt der damit formulierte Widerspruch zu der Frage, was das „Immaterielle" eigentlich ist, welches solche Wirkungen erzeugt.

Das Soziale hat den „riesigen Vorteil", dass jedermann zu wissen glaubt, was es ist. Und so kann man auch glauben, dass sich deshalb eine naturwissenschaftliche Erklärung für Entstehen und Wirken des Sozialen erübrigt. Eine Naturwissenschaft als Grundlage ist jedoch notwendig, um den Übergang von der Hirnphysiologie zur Psychologie unter der Einbeziehung auch des Sozialen vollziehen zu können. Ohne eine solche Erklärung bleibt weiterhin vollkommen unverstehbar, wie etwas Immaterielles reale Wirkungen auf das Gehirn hervorrufen kann! Und das Postulat einer „Funktion" oder gar das Wort „Emergenz" löst das Problem keinesfalls.

- *Es ist also dringend notwendig, mit der Naturwissenschaft hinter den Schleier des Materiellen zu schauen!*

Für mich stellt sich – auch aus psychologischer Sicht – die Frage: Wieso wurden und werden die vor über zwei Jahrzehnten von mir z. B. im Seminar des Max-Planck-Institutes von Wolf Singer vorgetragenen Ideen eines naturwissenschaftlichen Zuganges zum Bewusstsein nicht aufgegriffen? Wieso gab es die vehemente Abwehr gegen die Quantentheorie, die doch auch von Ricard immer wieder in die Gespräche mit Singer eingebracht wurde? Wieso wendet man sich Bildern und religiösen Thesen aus dem Buddhismus zu? Gerade diese lassen sich doch, wenn man sie denn mit der Wissenschaft verbinden will, recht gut mit der Quantentheorie in Beziehung setzen.

Eine Antwort könnte sein: Vielleicht muss man erst das Feld des Materiellen in jeder Hinsicht und mit hinreichend großem Aufwand tief genug erforschen, bevor man von den Tatsachen zur Quantentheorie und speziell zur den AQIs der Protyposis genötigt wird. Das war mit dem Übergang von der klassischen Physik zu Quantenphysik so gewesen und trifft wohl noch mehr auf den Übergang vom materiellen Gehirn zu den immateriellen Anteilen des Unbewussten und des Bewusstseins zu. Die Photonen, die in den Lebewesen die Träger des Bewusstseins sind, haben keine Ruhmasse. Diejenigen der AQIs, die als bedeutungsvolle Quanteninformation – z. B. als das Bewusstsein mit seinen gedanklichen Inhalten – erscheinen, sind weder als Materie noch als Energie einzuordnen. Trotzdem sind sie als äquivalent zu diesen anzusehen. Das bedeutet wie erwähnt, dass sich unter bestimmten Umständen die eine Erscheinung in eine der anderen umformen kann.

Von dem philosophischen Dogma: „Es gibt nur die Materie." geht man gegenwärtig über zu einer „Funktion des Nervennetzes". Man vergleicht das Gehirn mit anderen Organen und lässt das Gehirn das „Bewusstsein produzieren". Der Hirnforscher Wolf Singer wurde im Rahmen eines Gesprächs gebeten, das folgende Zitat zu kommentieren:

Wie die Niere den Urin produziert, so produziert das Gehirn die Gedanken.

Singer bemerkte, dass der Kollege, von dem dieser Satz stamme, zwar einen unappetitlichen Vergleich gewählt habe, doch habe er

im Grunde Recht![84]

Während jedoch der Urin eine gesunde Niere nicht beeinflussen soll, ist doch die Beeinflussung des Gehirns durch die bewussten Inhalte der Psyche für jedermann eine unmittelbare Erfahrung. Das analoge gilt für die unbewussten Inhalte der Psyche. Man kann zwar auch diese Tatsachen leugnen. Da jedoch die bedeutungsvolle Information und nicht ihre wie auch immer gestalteten Träger für das Psychische wesentlich sind, bleibt unter diesem Vorurteil das Problem des Psychischen unlösbar. Wie könnte man sonst erklären, dass der Informationsinhalt, z. B. eines Telefonanrufs oder eines Briefes, den Empfänger sofort ganzkörperlich beeinflussen kann.

Die für die Übermittlung der Nachricht aufgewendete Energie und die Träger der Nachricht haben mit der Wirkung nicht dass Geringste zu tun. Es sind allein die immateriellen bedeutungsvollen Informationen, welche eine solche Reaktion auslösen.

In der Literatur wird oft das Existierende allein auf Atome oder Zellen beschränkt. Zugleich wird jedoch auch gefragt, was das „Mentale" eigentlich ist oder wie der „Geist" aus organischem Gewebe erwächst und wieso er auf dieses wirken kann. Auch die Verwendung des Wortes „Bilder" genügt nicht, wenn sie zwar als „Geistiges" bezeichnet werden, sie jedoch unverbunden mit dem Materiellen und ohne Wechselwirkung mit diesem verbleiben.

Und so erscheint dann fast immer in den Texten ein weiterer Begriff, der das Psychische erfassen soll. Dieser entpuppt sich bei genauer Betrachtung stets als eine Form von „bedeutungsvoller Information".

Mit der Protyposis wurde als Grundlage der Wirklichkeit eine potentiell bedeutsame Quanteninformation aufgezeigt. Damit war auch zur Psyche ein naturwissenschaftlicher Zugang eröffnet.

8.2. Naturwissenschaftliche Grundlagen des Bewusstseins

- *Wenn man beim Zuknöpfen des Hemdes am Anfang falsch beginnt, so wird am Schluss ein Loch offenbleiben. Wenn man bei der Erklärung der Natur mit dem philosophischen Dogma der „kleinsten Teilchen" als Grundlage beginnt, so wird schließlich das Problem der Beziehung zwischen der Psyche mit dem Bewusstsein und dem materiellen Trägersubstrat ungelöst bleiben.*

Die Naturwissenschaft widmet sich der Erforschung aller Zusammenhänge in der Natur. Dabei kommt es immer wieder vor, dass sie sich mit überkommenen Dogmen auseinandersetzen und über die damit verbundenen Vorurteile hinwegsetzen muss.

- *Im 21. Jahrhundert zeigt sich, dass irgendwelche „kleinste Elementarstrukturen", also elementare Teilchen, als die „Bausteine der Materie" höchstens die **vorletzte Stufe** auf dem Wege zur Grundlage der Wirklichkeit bedeuten.*

- *Der Einschluss der Information in die Naturwissenschaft hat es ermöglicht, auch die Realität und die Wirkmächtigkeit der Psyche in den naturwissenschaftlichen Erklärungsrahmen einzubeziehen.*

Im Laufe der Entwicklung des Lebens auf der Erde wurden Lebensformen mit ihrer Informationsverarbeitung so komplex organisiert, dass sie zu Bewusstsein fähig wurden. Eine sehr ausführliche Darstellung findet sich in der bei Springer/nature erschienenen Monographie *„Von der Quantenphysik zum Bewusstsein"*[85]. Hier soll ein kurzer Abriss gegeben werden.

222

Lebensformen wie die Tiere sind nicht an einen Ort gebunden. Um Nahrung zu finden und vor allem um Fressfeinden zu entkommen, ist eine schnellere sowie auch offenere und damit auch komplexere Informationsverarbeitung notwendig als die, welche allein mit dem Genom möglich wäre. Die Herausformung von spezialisierten Nervenzellen für eine schnelle Informationsverarbeitung war eine Konsequenz davon.

8.2.1. Kurzüberblick über die wesentlichen Gesichtspunkte

Bevor wir Einzelheiten erläutern und von verschiedenen Seiten betrachten, sollen die wichtigsten Gesichtspunkte für eine naturwissenschaftliche Erklärung des Bewusstseins noch einmal zusammengefasst werden.

Information wird mit den verschiedenen Sinnesorganen aufgenommen. Es sei daran erinnert, dass alle diese Vorgänge auf elektromagnetischer Wechselwirkung beruhen. Dazu gehört nicht nur das Licht, sondern auch die Wechselwirkung zwischen Luftmolekülen, d. h. schnelle Druckschwankungen, welche als Schall bezeichnet werden. Ebenfalls ist die Wechselwirkung zwischen Molekülen und den Riech- und Geschmackszellen elektromagnetisch, so wie die zwischen Gegenständen und druckempfindlichen Zellen, z. B. in der Haut. Beim Menschen wird das Optische von den Augen zum Gehirn weitergeleitet, der Schall von den Ohren.

Zur Erfassung von Phänomenen in ihrer Umwelt haben manche Tierarten noch weitere Wahrnehmungsmöglichkeiten ausgebildet. So können beispielsweise manche Schlangen infrarotes und Bienen ultraviolettes Licht sehen. Manche Vögel und Schildkröten sind fähig, das Erdmagnetfeld zu erkennen. Elefanten, welche Infraschall wahrnehmen können, also Schallwellen im Bereich unterhalb von wenigen Hertz, erfassen diesen mit ihren Füßen. Haie sind in der Lage, elektrische Potentialunterschiede im Mikrovolt-Bereich zu erfassen.

Mit den jeweiligen Sinnesorganen ist bereits eine gewisse „Vorsortierung" und Filtration der Daten gegeben.

Die Quantentheorie liefert Modelle für ein Verstehen der assoziativen Verarbeitungsprozesse. Ein Zustand kann in ihr als Vektor verstanden werden, welcher sich zugleich als eine Superposition von verschiedenen Anteilen erweisen kann. Die Vektoren können beispielsweise Eigenschaften charakterisieren, welche voneinander unabhängig sind (Sie werden in diesem Fall als „zueinander orthogonal" bezeichnet): „rot, rund, groß, leicht, trocken, lustig, blond" usw. Jede von solchen Eigenschaften kann unabhängig von den anderen die verschiedensten Assoziationen erzeugen. (Der Zustandsvektor ist die Summe solcher unabhängiger –„orthogonaler" – Komponenten.)

Wie die Hirnforschung am Beispiel der optischen Wahrnehmungen gezeigt hat, gibt es für solche voneinander unabhängigen Eigenschaften – z. B. für Kanten, Ecken, Flächen, Farben – auch erst einmal dafür zuständige eigene Verarbeitungsbereiche im Gehirn.

Die einlaufende Information wird zuerst im Unbewussten aufbereitet und vorverarbeitet. Das kann parallel für jede Eigenschaft gesondert geschehen. Für passende Assoziationen, z. B. zu solchen erwähnten Zustandskomponenten, werden im Gedächtnis gespeicherte Informationen aktiviert, also auf Photonen übertragen. Damit stehen sie für eine Verarbeitung zur Verfügung.

Photonen können sich durchdringen, ohne dabei miteinander zu wechselwirken. Auch das ermöglicht eine Parallelität der Verarbeitung.

Die quantische Parallelverarbeitung im Biologischen erlaubt trotz einer relativ niedrigen Taktrate eine hohe Verarbeitungsgeschwindigkeit. Durch die Verarbeitungsschritte werden Zustände multiplikativ (tensoriell) miteinander zu Ganzheiten geformt. Dabei entstehen kohärente ausgebreitete Zustände von Quanteninformation, welche im Zuge dieser Verarbeitung mit Bedeutungsmöglichkeiten versehen werden. In den Experimenten äußern sie sich als weit ausgebreitete Wellen von Aktivität.

Zugleich werden durch die ständigen Dekohärenzvorgänge solche Ganzheiten wieder zerlegt, um dann wiederum anders neu zusammengefügt zu werden.

Die Informationsverarbeitung durch reale Photonen als Träger, welche sich wie Kugelwellen ausbreiten, um dann an einem einzelnen Molekül eine lokale Wirkung hervorzurufen, hat einen vor allem quantischen Charakter. Die virtuellen Photonen hingegen bewegen Ladungen in Nervenfasern. Das ist als „Feuern" vor allem wie eine klassische Wirkung zu verstehen.

Wir erinnern daran, dass bei allen biochemischen Prozessen – auch bei denen im Gehirn – ständig Photonen erzeugt und absorbiert werden. Es entstehen ausgedehnte Bereiche von kohärenten Zuständen von Quanteninformation. Diese Zustände sind in Kapitel 4.5.3. beschrieben. Die dabei nicht nur auf einen kleinen Bereich ausgedehnte Information kann im Kontext eines Areals gemessen werden und der dazu passende Quantenanteil kann im Kontext eines anderen Bereiches eine entsprechende Wirkung hervorrufen. Dabei wirkt jedes Mal ein Teil der AQIs der Photonen als bedeutungsvolle Information. Durch diese werden spezielle Moleküle, z. B. Hormone und Neurotransmitter aktiviert, bewegt und verändert. Diese Veränderungen an der Materie wirken zurück auf die Erzeugung von Photonen, die dadurch mit neuer Bedeutung ausgesendet werden. Diese fortwährende wechselseitige Beeinflussung zwischen materiellen und energetischen Trägern und der von ihnen übermittelten bedeutungsvollen Information ist der Grund, dass bei dieser Erzeugung von Bewusstsein von einer Uniware gesprochen werden muss.

Die Uniware lässt auch leichter verstehen, dass und wie beispielsweise emotionale Zustände den Gehalt der Atemluft an organischen Molekülen beeinflussen. So ist kürzlich eine Arbeit erschienen[86], welche zeigt, dass sich aus der Isopren-Konzentration in der Luft des Kinosaals ablesen lässt, wie die Freiwillige Selbstkontrolle der Filmwirtschaft einen Film im Hinblick auch auf psychische Belastungen klassifiziert hat. Die Zuschauer geben offenbar desto mehr Isopren ab, je nervöser und angespannter sie sind. Daraus, so eine Folgerung, lässt sich ableiten, wie belastend ein Film für Kinder und Jugendliche sein kann. Ähnliche Messergebnisse über flüchtige organische Verbindungen wurden im Verlauf eines Fußballspieles in Korrelation zur emotionalen Anspannung der Zuschauer in verschiedenen Spielsituationen erhalten.

Die aus dem Gedächtnis aktivierte Information, die auf Molekül- und Synapsenstrukturen codiert war und bleibt, umfasst verinnerlichte Wertungen und gespeicherte Erfahrungen. Da die Gedächtnisinformation klassisch gespeichert ist, kann sie kopiert werden. Bei einer eventuellen „Rückspeicherung" kann sie jedoch verändert überschrieben werden. Auch deswegen soll man Zeugen, z. B. für Verkehrsunfälle, nicht zu oft befragen, denn dies könnte die Erinnerungen verändern.

Die mit der aktuellen Information über die Sinnesorgane und die aus dem Gedächtnis abgerufenen Muster lassen viele Handlungen vorbewusst ablaufen. Tägliche Rituale, wie die Bedienung der Kaffeemaschine, werden kaum reflektiert. Natürlich wird dies nötig, wenn z. B. plötzlich andere Geräusche als üblich in der Maschine zu hören sind. Auch zwischenmenschliche Beziehungsmuster, die Gestaltungen des Umgangs miteinander, werden oft in der Kindheit geprägt, d. h. anatomisch und molekular abgespeichert, und wiederholen sich damit auch im späteren Leben.

Die aus dem Gedächtnis aktivierten Informationen bringen eventuell die aktuellen einlaufenden Informationen z. B. mit einer kritisch gewesenen früheren Situation in Verbindung. Dann werden möglicherweise Schutzmechanismen wirksam, welche einstmals angepasst gewesen sein mögen und damals der psychischen Homöostase dienten. Solche „Abwehrmechanismen" können mit dieser unbewussten Verarbeitung ein Weiterleiten der aktuellen Information ans Bewusstsein ausschalten oder zumindest Möglichkeiten des Denkens, Fühlens oder Empfindens behindern, unterbinden oder verändern. Damit kann dann auch eine realistische Auseinandersetzung mit der aktuellen Situation beeinträchtigt werden. Wenn jemand als Kind nur auf Aufforderung sprechen durfte und für spontane Aussagen bestraft wurde, kann auch später ein spontanes Sprechen behindert werden.

Andere Beispiele für wenig angepasstes Verhalten mögen Zwänge oder unrealistische Ängste sein, z. B. vor Spinnen oder vor dem Überqueren von Pflastermustern. Eine gewisse Angst vor manchen Spinnen kann vor 200 000 Jahren in der tropischen Umgebung der frühen Menschen sinnvoll gewesen sein – und ist es dort auch immer noch. Jedoch in unseren Breiten Angst vor jeder Spinne zu haben ist ein Verhalten, welches nicht als sehr realistisch zu bezeichnen ist.

Solche – zum Teil unbewusste – Ängste und andere Emotionen beeinflussen mit bestimmten Vorstellungen das Verhalten. So können hinter manchen zwanghaften Ritualen die magischen Vorstellungen stehen, durch ihr Beachten eine reale Gefahr bannen zu können. Z. B. war eine Frau davon überzeugt, dass ihr Vater gefährdet wäre, falls sie von allen Autos, die sie überholen, nicht die Autonummern im Gedächtnis behält. Bei anderen kann es ein zwanghaftes Vermeiden geben, z. B. auf die Ritzen zwischen Pflastersteinen zu treten, weil befürchtet wird, dass sonst ein Unglück geschieht.

Aus der Quantentheorie folgt u. a. die Einsicht in die prinzipielle Offenheit der Zukunft. So ist jede Planung immer mit einem gewissen Maß an Unsicherheit behaftet. Unsicherheit bedeutet nicht nur die Möglichkeit von neuen Chancen, sondern sie kann auch Angst bereiten.

Bei einer bewussten Bearbeitung muss die von unzähligen Photonen getragene bedeutungsvolle Information zu einer Ganzheit synchronisiert werden. Diese vielen im Gleichtakt wirkenden und unentwegt wechselnden Photonen im Terahertz-Bereich sind oftmals einander sehr ähnlich, sodass die daraus sich ergebenden Schwebungen (Siehe auch Seite 239) im Hertz-Bereich liegen und im EEG sichtbar werden. (Schwebungen kennt man aus der Musik. Wenn zwei Instrumente fast den gleichen Ton spielen, kann man die Differenz der Frequenzen als niederfrequente Lautstärke-Änderung wahrnehmen.)

Der Strom des Bewusstseins, der bewusste Anteil der Psyche, mit seinen Milliarden von Photonen in ihrem unaufhörlichen Wechsel benötigt natürlich so wie die unbewussten Anteile ATP zu deren Produktion. Daraus folgt ein ständiger Wechsel zwischen Ermüdung und Regeneration der Nervenzellen.

8.2.2. Nervenaktivitäten

Eine sehr vereinfachte Darstellung spricht davon, dass eine Nervenzelle „feuert" und dass dabei ein „elektrischer Strom" durch das Axon zu einer anderen Zelle fließt. Das soll genauer besprochen werden.

Bei dem Transport der Ionen, verursacht durch *virtuelle Photonen* (Die klassische Physik spricht von *Coulombkraft*) ist es nicht so, dass jedes Ion die gesamte Strecke der Nervenfaser durchlaufen muss. Die quantische Ganzheit sorgt dafür, dass die Information über ein „losgeschicktes" Ion an einem Ende sofort den Austritt des gleichen Ions am anderen Ende zur Folge hat. (Eine einfache, allerdings mechanische Analogie wäre ein gefüllter Wasserschlauch. Wegen der Inkompressibilität des Wassers tritt beim Aufdrehen des Hahnes am anderen Ende sofort Wasser aus. Dagegen dauert es etwas, bis die Wassertropfen vom Hahn bis ans Schlauchende gelangt sind.)

In der einfachsten Darstellung einer Nervenzelle wird diese ähnlich wie ein Transistor beschrieben. Je nach dem Einfluss, der auf sie ausgeübt wird, wird sie „Feuern" oder „Nicht-Feuern". Diese beiden Zustände einer Nervenzelle lassen sich bereits mit recht einfachen Mitteln untersuchen. Beim Feuern ist ein schwacher Strom innerhalb des Axons nachweisbar. Bei Axonen mit einer isolierenden Myelinscheide ist ein Springen der Erregung von einem Ranvier-Schnürring zum nächsten nachweisbar. Die Ladungen werden im Zellmaterial gebremst. Durch den Einsatz von ATP erfolgt eine Wiederverstärkung des Reizes. (Siehe auch Abbildung 39)

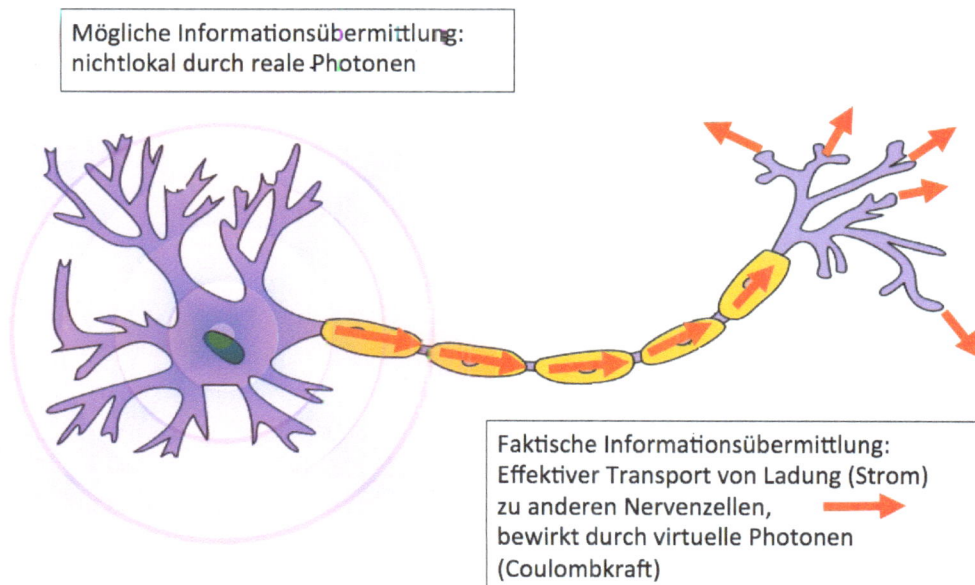

Mögliche Informationsübermittlung:
nichtlokal durch reale Photonen

Faktische Informationsübermittlung:
Effektiver Transport von Ladung (Strom)
zu anderen Nervenzellen,
bewirkt durch virtuelle Photonen
(Coulombkraft)

Abbildung 38: Eine schematische Darstellung der Informationsverarbeitung an einer Nervenzelle. Zwei Sorten von NCPs, *neuronally created photons,* sind dabei bedeutsam.
Virtuelle Photonen (klassisch: Coulombkraft oder auch magnetische Wirkung) sind für die Weiterleitung einer gleichsam „klassischen Information" über das Faktum des „Feuerns" als Strom durch das Axon zu Zielzellen zuständig.
Reale Photonen verbreiten Informationen in nichtlokaler Weise auch außerhalb der Axonen.

Die genauere Untersuchung von Nervenzellen hat erkennen lassen, dass die Vorgänge in ihnen wesentlich komplexer ablaufen, als der Vergleich mit einem simplen Computerbaustein ahnen lässt. Dieser ist letztlich nur ein Schalter. Heute kann verstanden werden, dass es Einflüsse auf die Nervenzellen gibt, die wie faktische Einwirkungen verstanden werden können, und dass weiterhin quantische Einflüsse wirken, in denen also Wirkungen bereits durch Möglichkeiten erzeugt werden. Dazu gehört auch ein immer besseres Verständnis der Rolle der Gliazellen und unter diesen diejenige der Astrozyten. Neben deren Stütz- und Ernährungsfunktion wird auch immer deutlicher, dass sie ebenfalls an der Informationsverarbeitung beteiligt sind.

Das in Abbildung 38 gezeigte Bild ist eine einfache Vorstellung, welche über die Weiterleitung von Informationen in Nervennetzen entwickelt wurde. Die Änderungen der Ionen-Konzentrationen im Axon, welche als das Hindurchlaufen des Aktionspotentials, als *saltatorische Reizweiterleitung* messbar sind, erfolgen durch ein Einströmen von Na^+-Ionen in das Innere des Axons. Von dort wird das Na^+ durch die „Natriumpumpe" wieder aus dem Axon befördert.

Eine ebenfalls noch vereinfachte Darstellung ist in Abbildung 39 gegeben. Die Natrium-Kalium-Pumpe ist das in der Zellmembran verankerte Transmembranprotein Natrium-Kalium-ATPase. Dieses Enzym katalysiert den Transport von Natrium-Ionen aus der Zelle und den Transport von Kalium-Ionen in die Zelle. Das geschieht gegen die elektrochemischen Gradienten und dient der Aufrechterhaltung des Normalzustandes der Zelle. Die Arbeit gegen einen Gradienten erfordert Energie. Der Lieferant dieser notwendigen Energie ist ATP, welches dabei in ADP umgewandelt wird.

Auch diese Darstellungen sind noch immer sehr mechanisch. Die „Bewegung der Atome" auf Bahnen durch die Pumpen ist ein Bild von einer sehr klassischen Näherung. Im faktischen Ergebnis kann sie trotzdem als Realität angesehen werden.

Aus der Physik kann man schlussfolgern, dass die sogenannten „Pumpen" bewirken, dass Potentialdifferenzen verändert werden, wodurch wiederum der Tunneleffekt der einzelnen Ionen beeinflusst wird. Elektrisch sind Natrium und Kalium sehr ähnlich, jedoch ist ein Kalium-Atom fast doppelt so schwer wie ein Natrium-Atom. Damit unterscheiden sich die Comptonwellenlängen, welche für das Tunneln wesentlich sind, beinahe um einen Faktor zwei.

Sehr vereinfachte Darstellung der Verhältnisse im Inneren eines Axons (saltatorische Reizweiterleitung)

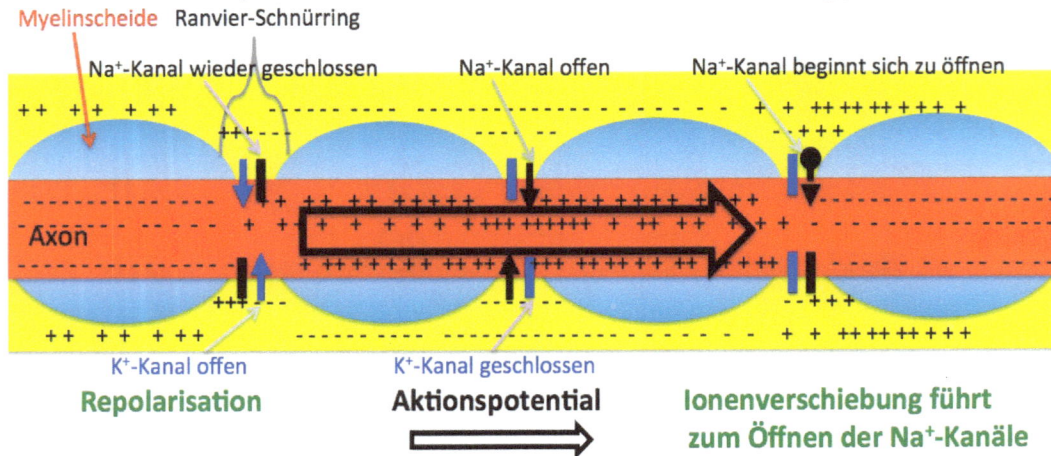

Myelinscheide Ranvier-Schnürring

Na$^+$-Kanal wieder geschlossen   Na$^+$-Kanal offen   Na$^+$-Kanal beginnt sich zu öffnen

Axon

K$^+$-Kanal offen   K$^+$-Kanal geschlossen

Repolarisation   Aktionspotential   Ionenverschiebung führt zum Öffnen der Na$^+$-Kanäle

Abbildung 39: Die saltatorische Reizweiterleitung beruht darauf, dass im Inneren des Axons durch „Öffnung von Na$^+$-Kanälen" die Konzentration an Na$^+$-Ionen schnell ansteigen kann. Durch spezielle – im Bild nicht eingezeichnete – Transmenbranproteine wird unter Verbrauch von ATP der ursprüngliche Zustand wieder hergestellt. Ein Molekül ATP ermöglicht, dass drei Na$^+$-Ionen nach außen und zwei K$^+$-Ionen nach innen befördert werden.

Auch diese Darstellungen sind noch immer sehr mechanisch. Die „Bewegung der Atome" auf Bahnen durch die Pumpen ist ein Bild von einer sehr klassischen Näherung. Im faktischen Ergebnis kann sie trotzdem als Realität angesehen werden.

Aus der Physik kann man schlussfolgern, dass die sogenannten „Pumpen" bewirken, dass Potentialdifferenzen verändert werden, wodurch wiederum der Tunneleffekt der einzelnen Ionen beeinflusst wird. Elektrisch sind Natrium und Kalium sehr ähnlich, jedoch ist ein Kalium-Atom fast doppelt so schwer wie ein Natrium-Atom. Damit unterscheiden sich die Comptonwellenlängen, welche für das Tunneln wesentlich sind, beinahe um einen Faktor zwei.

Solange wie die mechanischen Bilder über die biologische Informationsverarbeitung als ein letztes Wort verstanden werden, wird man der Illusion verhaftet bleiben, dass man den gesamten Vorgang, der zu intelligentem Verhalten und letztlich sogar zu Bewusstsein führt, auch mit der gegenwärtigen technischen Informationsverarbeitung nicht nur simulieren, sondern auch tatsächlich nachbilden kann.

Eine Simulation berechnet eine Flugbahn zum Mars. Dies ist aber lediglich ein Vorgang im Computer, aber noch kein realer Flug einer Rakete. Für ein Go-Spiel ist es belanglos, ob man mit realen Steinen oder mit den Bildern der Steine im Computer spielt, für die Simulation eines Erdbebens gilt dies in keiner Weise.

In der Tat und mit wachsendem Erfolg wurden Geräte einer künstlichen technischen Intelligenz geschaffen. Diese erlauben es u. a., komplexe Vorgänge von Informationsverarbeitung zu simulieren, welche wohl in ungefähr ähnlicher Weise auch in Nervennetzen ablaufen.

Es ist in diesem Zusammenhang wichtig zu unterscheiden zwischen intelligentem Verhalten und Bewusstsein. Intelligentes Verhalten findet sich bereits beim Einzeller und auch bei den dafür konstruierten technischen Systemen.

Wenn man allerdings meint, dass die einfachen mechanischen Bilder über die Vorgänge in Nervenzellen tatsächlich für eine zutreffende Beschreibung der biologischen Vorgänge genügen, dann kann man auch der Illusion erliegen, dass ein künstliches technisches Bewusstsein möglich sein würde. Bewusstsein jedoch ist ohne die biologischen Zusammenhänge nicht möglich.

8.2.3. Quantische Gesichtspunkte: Uniware im Unterschied zu technischen Systemen

Wir sind davon überzeugt, dass so wie bei der Photosynthese die eigentlichen quantentheoretischen Grundlagen noch wichtige Erkenntnisse in die tatsächlichen Zusammenhänge bei den „Pumpen" liefern werden. So wie beim Doppelspalt wird man erkennen, dass die Ionen am Beginn außerhalb der Zelle gefunden werden können und nach dem „Pumpen" im Inneren. Aber zwischen diesen Fakten werden sie alle quantischen Möglichkeiten zugleich nutzen. Das kann man sich so vorstellen wie bei den Quanten, welche alle Möglichkeiten nutzen, durch den Doppelspalt zu gelangen – jedoch nie auf *einer Bahn* wie in den klassischen Vorstellungen!

Ebenso, wie sich Elektronen beim Übergang in ein anderes Energieniveau nicht in einem faktischen Sinne „bewegen", so „strömen" auch die Ionen nicht von außen in das Innere der Zellen und Zellfortsätze. Faktisch sind lediglich die messbaren *Änderungen* in den jeweiligen Ladungskonzentrationen.

Effekte wie das Wirken von Photonen, eine quantische Nichtlokalität und der Tunneleffekt spielen auch bei den Vorgängen in den Nervenzellen eine wichtige Rolle. Da diese Vorgänge noch komplexer sind als der Photoeffekt, wird ein sicherer experimenteller Nachweis dieser Quantenvorgänge wohl noch etwas länger dauern als beim Chlorophyll (siehe dazu auch Seite 216).

Die *Robustheit* des Lebendigen wird bei der Darstellung der Informationsverarbeitung in der Psyche oft mit der weitverzweigten und sehr redundanten Verbindung der Nervenzellen in Beziehung gesetzt. Zwischen den Nervenzellen bestehen sehr viele anatomisch erkennbare Verbindungen, sehr viel mehr, als ein Transistor mit seinen drei Anschlüssen haben kann, mit welchem eine Nervenzelle oft verglichen wurde.

Was zur Redundanz und damit zur Robustheit des Lebendigen vor allem auch beiträgt, das sind die quantischen Einflüsse. Diese reichen über die bloßen „Leitungen" weit hinaus, also über die Axone und Dendriten mit ihren Synapsen und mit den lokal ausgetauschten Neurotransmittern.

Da die aktive Psyche von Photonen getragen wird, sind nichtlokale Effekte neben den klassischen Bildern von Nervenleitungen ebenfalls wichtig. Das Einbeziehen der Quanteninformation in den Anwendungsbereich der Physik hatte es ermöglicht, die Äquivalenzen von Information zu Materie und Energie herzustellen und somit auch die gegenseitige Beeinflussung zu verstehen. Notwendig dafür war u. a. auch ein Absolutwert für die Größe von bedeutungsfreier Information. Diese bedeutungsoffene Quanteninformation der Protyposis wird benötigt, weil z. B. ein Übergang von der „Geographie des Gehirns" und von der Physiologie der Nervenzellen zum Bewusstsein mit der seit vielen Jahrzehnten bekannten Shannon-Information nicht möglich ist. Deren Größe ist immer relativ, d. h. abhängig von der Wahl eines „Alphabets". Das heute eröffnete Verständnis von Quanteninformation als einer Größe der Physik kann mit Shannons Theorie nicht erfasst werden.

Shannons Ziel im 2. Weltkrieg war es, in immer zu wenigen zur Verfügung stehenden Leitungen möglichst viel und möglichst gut codierte Information zu übermitteln. Dabei handelt es sich stets um bedeutungsvolle Information, welche zwischen einem Sender und einem Empfänger ausgetauscht werden soll. Dabei wird ein Alphabet vorausgesetzt, auf welches man sich vorher geeinigt hat. Das

„Alphabet" kann z. B. die 24 Buchstaben des lateinischen Alphabets umfassen, aber auch Punkt, Strich und Pause beim Morsen. Dieses Modell wurde in die Biologie mit den vier Nukleobasen des genetischen Codes übertragen. Je nachdem, welches Alphabet gewählt wird, kann die „Informationsmenge" eines gleichen Textes sich ändern – also der Vergleich zwischen der tatsächlich vorliegenden Struktur mit allen den Strukturen, die bei gleicher Länge aus den „Buchstaben" auch möglich sein würden.

Die Shannon-Information ist also immer relativ und nie absolut.

Bei Shannon gibt es keine Beziehung zwischen Information und Materie – so wie es auch Norbert Wiener formuliert hatte: „Information ist Information, weder Energie noch Materie".

Eine solche Sicht ermöglicht keine Beziehung zur Naturwissenschaft.

Um das Wesen des Psychischen in seinen Grundlagen zu begreifen, musste der Unterschied zwischen einer relativen und einer absoluten Menge an Information klargestellt werden. Nur so wird die Realität und Wirkmächtigkeit der Psyche erklärbar. Da, wie von uns oft dargestellt, die Inhalte der Psyche und die Materie des Gehirns letztlich beide verschiedene Formen von AQIs sind, wird ihre gegenseitige Beeinflussbarkeit verständlich.

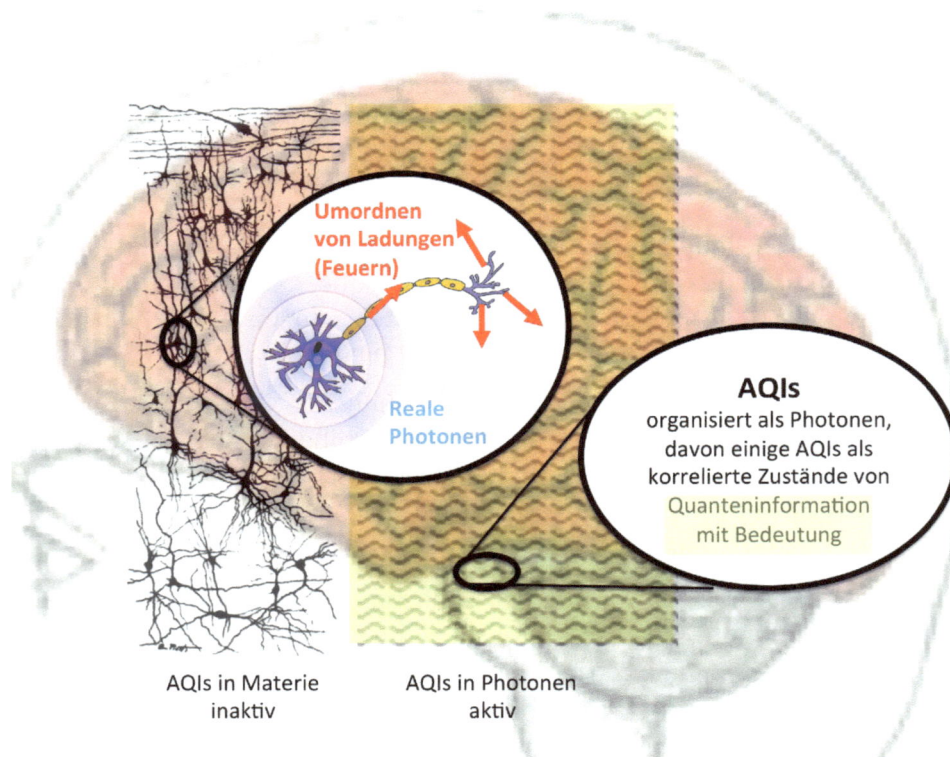

Abbildung 40: Vereinfachte schematische Darstellung der Informationsverarbeitung im Gehirn: Die sich für das Lebewesen als bedeutungsvoll erwiesenen AQIs aus den genetischen und den früheren eigenen Erfahrungen werden als Gedächtnis im Nervengewebe und im übrigen Körper gespeichert. So lange diese auf ihren materiellen Trägern nur gespeichert sind, bleiben sie inaktiv. Mit der ständigen und lebenslangen Grunderregung des Gehirns werden manche dieser bedeutungsvollen Informationen aus dem Gedächtnis auf Photonen übertragen. Diese Informationen werden gemeinsam mit denjenigen, welche aus den Sinnesorganen und dem übrigen Körper geliefert werden, durch und mit diesen Photonen aktiv.
Dabei formt sich in der Wechselwirkung des Nervengewebes mit diesen ständig wechselnden Photonen als Trägern ein weit ausgedehnter Quantenzustand von bedeutungsvoller Information, die Psyche. Virtuelle Photonen (Coulombkraft) bewegen Ionen in Nervenfasern, reale Photonen können auch unabhängig von den Fasern Wirkungen erzeugen.

Die komplexen Vorgänge der Informationsverarbeitung erfolgen durch die – von den Informationen gesteuerten – Abläufe der Absorption und Emission von Photonen. Dabei entsteht ein korrelierter Zustand von bedeutungsvoll gewordener Quanteninformation.

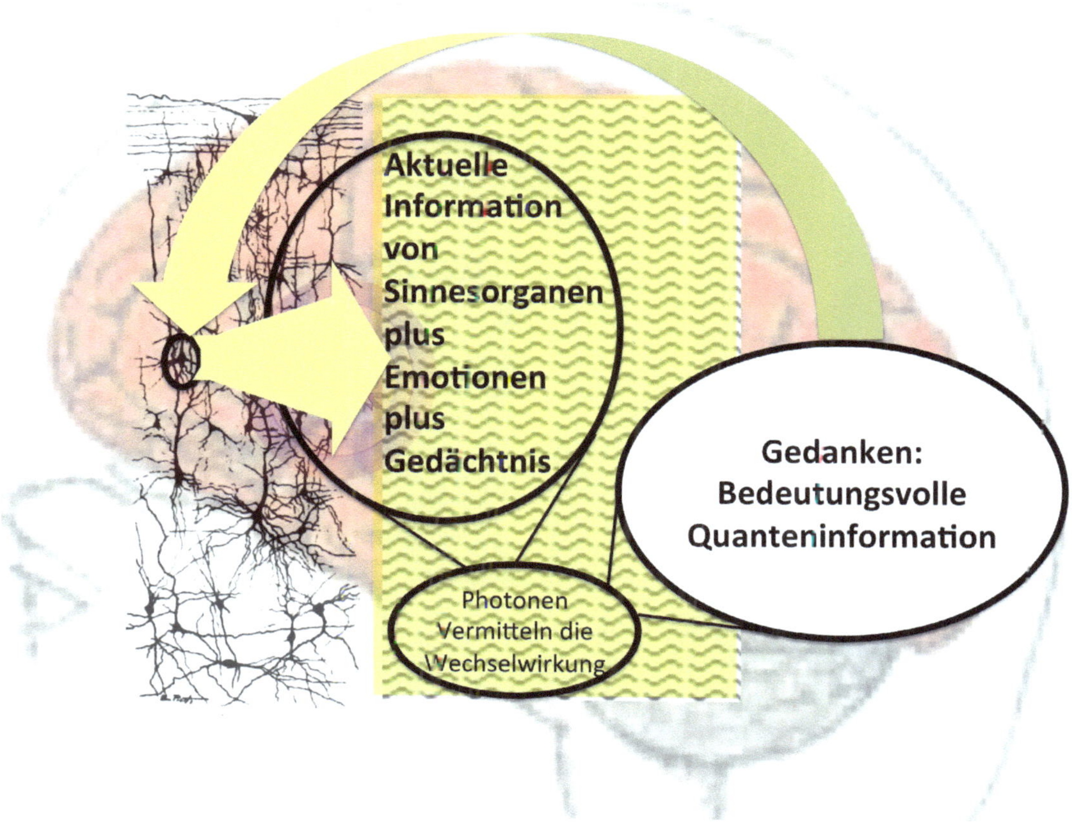

Abbildung 41: Die Wirkung der Uniware: Die Photonen vermitteln bei allen biologischen Prozessen im Gehirn die durch die elektrischen Ladungen verursachten Wechselwirkungen. Manche AQIs der Photonen, die sowohl als Eigenschaften dieser Photonen als auch als Bits von bedeutungsvoller Quanteninformation bezeichnet werden können, haben dabei einen steuernden Einfluss auf die materiellen Abläufe. Eine scharfe und dauerhaft festliegende Trennung zwischen Materie und Energie ist seit Einsteins $E = m\,c^2$ nicht mehr sinnvoll. (Energie kann von einer eigenständigen Existenz als Photon zu einer Eigenschaft eines materiellen Teilchens werden.) Darüber hinaus ist mit der Protyposis auch nicht mehr eine scharfe Trennung zwischen diesen beiden Entitäten und einer bedeutungsvollen Quanteninformation möglich und sinnvoll.

Eine Analogie könnte ein Buchtext sein, welcher inaktiv zu dem Papier gehört, welches als Gedächtnisträger fungiert. Durch die Wechselwirkung mit Photonen des sichtbaren Spektrums entsteht ein kohärenter Zustand von Quanteninformation, z. B. der Text eines Absatzes, den wir lesen können. Die ihn tragenden Photonen lösen sich fortwährend ab, ohne dass deswegen die Ganzheit des Quantenzustandes aufgehoben würde.

Diese Analogie trägt noch weiter. Wenn wir lesen wollen, so sorgen wir zuvor dafür, dass es hell ist. Das bedeutet, dass immer eine Vielzahl von Photonen unterwegs ist, von denen nur ein winziger Teil ins Auge fällt und eine bedeutungsvolle Information dorthin bringt. Ähnlich ist es mit der Aktivität des Gehirns. Diese ist immer vorhanden, solange der Mensch lebt. Es wird also ständig aus dem Gedächtnis bedeutungsvolle Information auf Photonen aktiviert und von Photonen getragene

Information wieder empfangen. Im Rahmen dieser ständigen Aktivität kann die unbewusste Verarbeitung immer wieder Wahrnehmungen aus dem Körper und von außen hinzufügend aufnehmen und vorverarbeiten. Wenn sich dann relevante Zusammenhänge ergeben, kann eine Weiterleitung zu einer bewussten Verarbeitung erfolgen.

Die Quantenbits der Psyche und die Elementarteilchen des Gehirns sind also in der Tiefe äquivalent. *So kann die Quanteninformation die Veränderungen von materiellen und energetischen Strukturen im Gehirn beeinflussen. Bedeutungsvolle Information löst im Gehirn und in anderen Teilen des Körpers reale Wirkungen aus.* Ebenso wirkt der Zustand des Körpers auf die zu verarbeitende Information. Wir hatten daher von der *Uniware* als Einheit von Hard- und Software gesprochen. Ein Beispiel für diese Einheit, für das Wirken von Information auf die Struktur der Nervenzellen gibt die **Abbildung 42**.

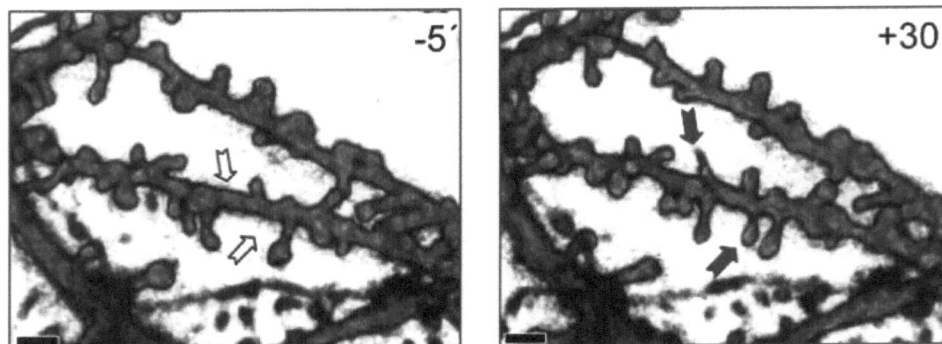

Abbildung 42: Bei einer intensiven Reizung von Nervenzellen (zwischen beiden Bildern liegt ein Zeitraum von nur 30 Minuten) werden dendritische Dornen, Filopodien, ausgebildet, die zur Bildung von Synapsen führen können und die damit die Informationsübermittlung zwischen den Zellen stabilisieren.[87]

In die Uniware sind Erfahrungen aus über 3 500 Millionen von Jahren einer Auseinandersetzung mit der Realität aufgearbeitet und in gewisser Weise auch gespeichert. Da es keine Trennung der Informationsverarbeitung, der „Software", von der „Hardware", also vom Körper und später in der Evolution mit seinem Gehirn, gibt, ist dadurch immer auch ein unmittelbarer Bezug zur Realität gegeben. Dieser muss jedoch nicht notwendig und immer offensichtlich sein. Z. B. bei manchen abstrakten mathematischen Überlegungen kann man vergessen, dass der Mathematiker ohne diesen Bezug, z. B. zur Atemluft, nicht lange über diese Probleme grübeln kann.

Der unmittelbare Bezug zur Realität bedeutet einen wesentlichen Unterschied zu einer Simulation.

Die körperliche Anbindung an die Realität unterscheidet die Lebewesen von den Systemen des „deep learning" (wie z. B. „AlphaGo"). Lebewesen nehmen ihre Umwelt wahr. Die technischen Systeme der Informationsverarbeitung bekommen Daten über die Umwelt vermittelt. Sie können sehr schnell riesige Datenmengen auf Korrelationen überprüfen. Ihnen muss jedoch von einem Menschen ein Bezug zur Realität und vor allem zu den Zielen gegeben werden, welche das technische System erreichen soll. Das können beispielsweise Korrelationen zwischen verschiedenen Eigenschaften oder zwischen verschiedenen Verhaltensweisen von Lebewesen sein.

Lebewesen – vor allem die mit Bewusstsein – sind in der Lage, sich selbst Ziele zu setzen, indem sie den Informationen selbstständig Bedeutungen zuweisen. Für viele Menschen sind diese verbunden mit einem Sinn ihres Lebens.

Wegen des Fehlens einer Uniware werden die technischen Systeme der Informationsverarbeitung, die wir kennen, auch kein Bewusstsein entwickeln können. Dies ist für uns Menschen wichtig, weil – wie gesagt – Systeme mit Bewusstsein sich eigenmächtig Ziele setzen können.

Bewusstsein ermöglicht eine gewisse Freiheit im Handeln.

Erst die Erkenntnis der Äquivalenz der Quanteninformation zur Materie und zur Energie ermöglicht das Verstehen der Uniware. Dafür war gezeigt worden, dass ein *absoluter* Wert für die Information unabdingbar ist, der über die Kosmologie begründet werden konnte. (siehe auch das Kap. 5.1.2. Quantenbits – die allereinfachsten und die tatsächlich grundlegenden Strukturen!) Ohne eine solche Äquivalenz wäre man bei einem strengen naturwissenschaftlichen Denken genötigt, die Realität des Psychischen leugnen zu müssen. Denn dann gäbe es allein die Materie in ihren Erscheinungsformen von Quantenobjekten mit und ohne Ruhmasse.

Eine andere Möglichkeit wäre ein dualistisches Bild der Realität mit einem postulierten Gegensatz „Materie – Geist". Im Dualismus wird der „Geist" einfach vorausgesetzt, ohne dass man ihn erklären würde. Auch eine kausale Beziehung zwischen der Materie des Gehirns und den Inhalten der Psyche müsste nicht erörtert werden. Sie würde nur als irgendwie existent postuliert werden. Das übliche Dilemma der Hirnforschung, wie beeinflussen sich Materie und Geist gegenseitig, bliebe dabei ungelöst.

Ohne die Protyposis müsste man also die eigenständige Realität und das Wirksamwerden der Inhalte des Psychischen leugnen oder aber Geist und Materie unverbunden nebeneinander stehen lassen. Die gefundenen Korrelationen zwischen Hirnaktivität und den geschilderten psychischen Inhalten der untersuchten Personen würden so wie eine „prästabilierte Harmonie" im Sinne von Leibniz zu keiner tatsächlichen Erklärung der Zusammenhänge beitragen.

8.2.4. Evolution und biologisch erzeugte Photonen

Wenn die quantentheoretischen Konzepte der Protyposis mit der Weiterführung der Darwin'schen Gedanken und mit den Erkenntnissen der Hirnphysiologie ergänzt werden, kann der evolutionäre Prozess hin zum Leben und sogar zum Bewusstsein sowie der Unterschied zum Nichtlebendigen erklärt und immer genauer beschrieben werden.

Die Evolution zum Leben kann auch als eine Entwicklung von selbstlernenden Systemen beschrieben werden. Im Gegensatz zu technischen Systemen, welche gelegentlich übertreibend als „selbstlernend" bezeichnet werden, sind dies die biologischen Systeme tatsächlich. Lebewesen nehmen bedeutungsvolle Quanteninformation aus ihrer Umgebung auf und verarbeiten diese im Zusammenhang mit intern erzeugter Quanteninformation. Die sich daraus ergebenden Erfahrungen werden soweit abstrahiert, dass sie auch in ähnlichen Situationen sinnvoll angewendet werden können. Somit ist das Lernen und das Transferieren von erworbenen Erfahrungen auf neue Situationen ein Kennzeichen des Lebendigen.

Die Einwirkung von bedeutungsvoller Quanteninformation auf die Anatomie und Physiologie eines Lebewesens wird im Gehirn besonders deutlich. Information, die einen materiellen Träger hat, z. B. Moleküle wie Neurotransmitter sowie Synapsen, kann auf diesem Träger über eine gewisse Zeit gespeichert verweilen und als Gedächtnis wirken. Durch Stoffwechselvorgänge in den Nervenzellen kann diese Information aktiviert werden, indem sie auf ein NCP, ein neuronally created photon, als Träger übertragen wird. Ein so generiertes Photon kann real sein. Es kann aber auch ein virtuelles Photon sein, welches diese Information trägt. Virtuelle Photonen existieren lediglich potentiell, erzeugen aber als Ausdruck der Coulomb-Kraft reale Wirkungen. Bei geeigneter Zufuhr von Energie in das System können diese virtuellen Photonen zu realen Photonen werden.

Das Gehirn als materieller Träger ist auch notwendig, um Quanteninformation von einem Photon auf andere Photonen zu übertragen, da die Photonen selbst nicht miteinander wechselwirken.

Die Information auf den NCPs ist in dem Sinne aktiviert, dass sie zur weiteren Verarbeitung an einer anderen Stelle zur Verfügung steht. Dabei wird die gleiche bedeutungsvoll werdende Information von einer riesigen Anzahl von NCPs getragen. Sie hat somit eine hohe Redundanz. Eine mögliche Metapher dafür bietet ein Text auf einem Bildschirm oder einem Blatt Papier. Auch hierbei gelangt der

Text mit einer Unzahl von Photonen ins Auge und erst das Zusammenwirken dieser unzähligen Photonen ermöglicht das Generieren von bedeutungsvoller Information für den Leser.

In ähnlicher Weise läuft die Informationsverarbeitung im Gehirn ab.

Da sämtliche biochemischen Prozesse elektromagnetischer Natur sind, erfolgen sie ausschließlich mittels realer und virtueller Photonen.

Zu den Bits, die an einem Photon bedeutungsvoll werden können, gehören der Wert seiner *Frequenz*, also seine *Energie*, die *Polarisation* und wesentlich auch der *Ursprungsort seiner Aussendung*. Aber auch der *Ort seiner Absorption* trägt zur *Bedeutungserzeugung* bei.

Mit einem Photon allein kann kaum eine Bedeutung verbunden werden. Zu den bedeutungserzeugenden Eigenschaften, also zu den speziellen AQIs aus der Gesamtheit, welche das Photon bilden, gehören wie gesagt die Informationen über die Orte seiner Entstehung und seiner Absorption.

Auch die Photonen, welche von einer Buchseite reflektiert werden, erhalten zuerst ihren Bedeutungskern von der Stelle des Papiers, von der sie gestartet sind. Jedoch erst mit den Billiarden von weiteren Photonen, welche zu fast gleicher Zeit aus der Umgebung davon mit ins Auge gelangen, wird aus den Pixeln ein Text. Erst die Vielzahl von ihnen mit ihrer Redundanz ermöglicht eine Zuordnung von Bedeutung. Die Photonen gelangen vom Papier in die Netzhautzellen des Auges. Dort wird nach einem Verstärkungsprozess ihre Information von virtuellen Photonen und von Molekülen weitergetragen. So wird die Information vor allem zur Sehrinde weitergeleitet.

Die Photonen werden also im Gehirn nach den Sinnesorganen sortiert, von denen sie stammen. Jede Reizung der Nerven an der Sehrinde wird optisch interpretiert und jede Reizung der akustischen Areale wird akustisch interpretiert. Oder populär gesprochen: Bei einem Schlag aufs Auge sehen wir Sternchen, was bei einer Ohrfeige (in unserer Kindheit noch üblich) nicht der Fall ist. Diese erste Sortierung liefert einen Anteil an der möglichen Bedeutung. Um zu abstrakteren Begriffen zu kommen, werden viele Photonen zusammengefasst und hauptsächlich im Frontalhirn weiterverarbeitet. So, wie viele benachbarte Pixel einen Buchstaben erzeugen, werden die Informationen, die von vielen Photonen und Molekülen getragen und in Synapsen verarbeitet werden, bei einer gemeinsamen Verarbeitung einen Bedeutungskern formen können. Dabei wird es nicht mehr unbedingt um räumliche Nähe gehen.

Dimensionalität als Funktion der Anzahl nächster Nachbarn

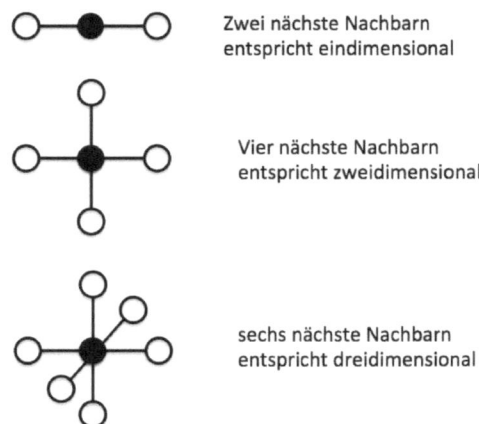

Zwei nächste Nachbarn entspricht eindimensional

Vier nächste Nachbarn entspricht zweidimensional

sechs nächste Nachbarn entspricht dreidimensional

Abbildung 43: Die Hälfte der Anzahl der voneinander unabhängigen nächsten Nachbarn kann als eine abstrakte Dimensionalität interpretiert werden. (Die „Länge der Striche" zwischen den Kreisen spielt keine Rolle.)

Wenn man einen abstrakten Begriff von „Dimensionalität" einführt, dann kann man dafür beispielsweise die Anzahl von unabhängigen aber aktivierten Aus- bzw. Eingängen einer Nervenzelle wählen.

Damit müssen in einer als hochdimensional zu verstehenden Struktur „mögliche nächste Nachbarn" keineswegs auch im Gehirn räumlich unmittelbar benachbart sein. Mit einer derartigen abstrakten Struktur ist eine „enge" Verbindung von Verarbeitungszentren möglich, die sachlich zusammengehören ohne anatomisch aneinander zu grenzen.

Natürlich sind diese Vorgänge sehr dynamisch zu verstehen. Nicht jede Verbindung ist jedesmal aktiv. *Über die Verbindung über die Axone und Dendriten kann eine solche Neuronenstruktur wie ein hochdimensionales Geflecht verstanden werden.*

Mit einer anderen als dieser abstrakten Sichtweise sieht man weit über das Gehirn ausgedehnte Bereiche, welche miteinander verbundene Bedeutungen gleichzeitig verarbeiten. Mit allen diesen Vorgängen der Informationsverarbeitung sind immer auch emotionale Bezüge verbunden, also eine mehr oder weniger enge Beziehung zum übrigen Körper. Man sieht ein strahlendes leuchtendes Rot eines Sonnenunterganges. Anteile vergangener Situationen verbinden sich mit den gegenwärtigen Empfindungen. Erinnerungen werden aktiviert, vielleicht an andere Sonnenuntergänge. Dabei wird Information aktiviert, welche auf materiellen Trägern, beispielsweise Molekülen in Synapsen, gespeichert war. Eine Aktivierung bedeutet die Übertragung der Information auf reale und virtuelle Photonen, wodurch sie für weitere Verarbeitungen zur Verfügung gestellt wird. Alle die früheren Erfahrungen und Erinnerungen spielen mit in diesen Prozess hinein. Ähnliche Erscheinungen und Erfahrungen werden aus dem Unbewussten dabei aktiviert. Der ganze Vorgang erhält damit eine persönliche Note, so dass er von außen nicht genau erfasst werden kann. Aber natürlich wirken – beispielsweise immer bei einer sprachlichen Formulierung – auch intersubjektive Aspekte mit auf den Prozess ein. In der deutschen Sprache wird einem bestimmten Wellenlängenbereich von Photonen fast immer der Begriff „rot" zugeordnet.

Diese Vorgänge werden in der Theorie durch die Möglichkeit erklärbar, flexibel zwischen bedeutungsvoller Information und ihren Trägern differenzieren zu können. Es liegt also nicht auf Dauer fest, was an einem Photon als bedeutungsvolle Eigenschaft wirken kann und als solche klassifiziert wird und was am Photon in einer bestimmten Situation bei einer bestimmten Absorption nicht als bedeutungsvoll deklariert wird. So ist für uns Menschen beim Sehen die Polarisation ohne ein technisches Hilfsmittel ohne Bedeutung. Bei chemischen Vorgängen der Informationsverarbeitung kann die Polarisation durchaus einen Effekt bewirken. Bei allen solchen Überlegungen ist immer wieder daran zu erinnern, dass die „Träger" selbst Strukturen aus Quanteninformation sind.

8.2.5. Die hochredundante und parallele Informations- verarbeitung im Psychischen

Wichtig für das Verstehen des Psychischen ist auf jeden Fall eine hohe Redundanz, also ein paralleles Aussenden der gleichen Bedeutung, so dass es nie auf ein einzelnes Photon ankommen wird.

Sämtliche Stoffwechselvorgänge geschehen in einem meta- oder instabilen Milieu. Wegen der nicht vorhandenen Stabilität kann übermittelte Information dort wirksam werden. Dabei spielen diejenigen physikalischen Eigenschaften des Trägers der Information, die im gegebenen Zusammenhang nicht bedeutungsvoll werden, im jeweiligen Prozess nur eine untergeordnete Rolle.

Die sich aus der Protyposis ergebende Trias von bedeutungsvoll gewordener Information, von Energie und von Materie liefert den Rahmen für das naturwissenschaftliche Erklären der psychischen Vorgänge.

Für das Verstehen der bewussten Vorgänge ist auch bedeutsam, dass es keine klare räumliche Trennung im Gehirn zwischen unbewusster und bewusster Verarbeitung gibt. Die Bereiche der unbewussten Verarbeitung, die als „Zulieferer" für das Bewusstsein dient, *überlappen sich teilweise auch mit solchen Gehirn-Regionen und solchen Bereichen neuronaler Netze*, in denen auch die bewussten Inhalte verarbeitet werden. Beispielsweise werden bestimmte Aspekte des Geschehens im Traum auch in den Arealen verarbeitet, die bei entsprechender wachbewusster Wahrnehmung aktiv sind. Für das Bewusstsein werden vor allem die parietalen und frontalen Areale des Gehirns aktiv.

Wie gesagt sind für das Generieren von Bedeutung bei solchen Vorgängen neben anderen Eigenschaften auch der Ort der Erzeugung der Photonen und derjenige ihrer weiteren Verarbeitung entscheidend. Durch die Ergebnisse der Hirnforschung ist beispielsweise deutlich geworden, wie spezialisiert manche Hirnregionen sind. Wegen des nichtlokalen Charakters der Informationsverarbeitung im Lebendigen darf jedoch nicht vergessen werden, dass immer wieder alle Bereiche der Informationsverarbeitung miteinander verschränkt sein können.

Bei Dehaene[88] wird dargelegt (siehe auch Seite 216), wie sich das Wechselspiel zwischen den mit den Methoden der Hirnforschung hirnphysiologisch wahrnehmbaren Vorgängen äußert, die mit dem unbewusst Wahrgenommenem verbunden sind, sowie mit den Erscheinungen, wenn etwas aus dem Unbewussten bis ins Bewusstsein gelangt. Die oben ebenfalls erwähnte Kritik von Koch et al. an Dehaene verdeutlicht allerdings, dass allein mit Hirnphysiologie keine Lösung zu erwarten ist.

Welche physikalischen Aspekte sind zu beachten?

Die Photonen, welche von Molekülen im Nervengewebe emittiert werden, haben Wellenlängen im Nano- bis Mikrometer-Bereich. Sie besitzen Frequenzen in der Größenordnung von Billionen Hertz. In ihrem Zusammenwirken bei der weiteren Verarbeitung im Nervensystem können durch nichtlineare Verarbeitungsprozesse Photonen als Schwebungen entstehen, welche sehr viel geringere Frequenzen und somit sehr viel größere Wellenlängen haben. (Siehe auch Abbildung 48)

Die wichtigen, auch nichtlinearen Phänomene in der quantenoptischen Verarbeitung von Quanteninformation sind mit vielfältigen interessanten Phänomenen verbunden. Zu diesen gehören Effekte der Strahlteilung, sodass ein Photon die Möglichkeit erhält, zur gleichen Zeit mehrere mögliche Wege nutzen zu können. Ferner kennt man besonders von organischen Molekülen Vorgänge, bei denen ein Photon zwei Exzitonen mit der halben Energie des Photons erzeugt, einfach gesagt zwei angeregte Elektronen freisetzt. Diese wiederum können durch Reaktion im Gewebe wieder neue Photonen mit geringerer Energie generieren. Dass „Quasiteilchen" wie z. B. Exzitonen im Biologischen eine wichtige Rolle spielen, ist bei der Photosynthese bereits seit längerem nachgewiesen.

Von einer genauen experimentellen Erforschung, was von diesen Erscheinungen auch im Nervengewebe möglich ist, versprechen wir uns weitere wichtigen Erkenntnisbausteine dafür, wie Quantentheorie und psychische Phänomene interagieren.

Die in ihrem Zusammenwirken bei der weiteren Verarbeitung entstehenden Schwebungen werden in dem beim EEG verwendeten Sprachgebrauch als hochfrequent bezeichnet. Früher reichte der Nachweisbereich der EEG-Geräte etwa von 0,5 bis 40 Hz, heutige Geräte kommen über 100 Hz. Die typischen im EEG zu findenden Wellenlängen *bei bewussten Vorgängen* liegen im hohen Kilometer-Bereich mit Frequenzen ungefähr zwischen 40 und 100 Hz. Solche – physikalisch gesehen langwelligen Erscheinungen – lassen leichter verstehen, dass entfernte Areale im Gehirn die beobachteten Synchronisationen zeigen werden.

Das meiste der bedeutungsvollen Information, welche im Bewusstsein verarbeitet wird, gelangt in dieses auf Grund von Anforderungen aus dem Bewusstsein an das Unbewusste. Trotzdem muss erklärt werden, wie die vorherigen Inhalte auch ohne derartige bewusste Anforderungen dorthin gelangt sein können.

Welche Vorgänge könnten einen Übergang von bedeutungsvoller Information ins Bewusstsein erklären?

Für den Übertritt einer Information aus der unbewussten Bearbeitung ins Bewusstsein sind bedeutsame inhaltliche Eigenschaften der Information wesentlich.

Diese werden natürlich unbewusst vorverarbeitet und können beispielsweise plötzliche Veränderungen in der Umwelt betreffen. Auch schwierige Entscheidungssituationen sowie dringende körperliche Probleme und auch akute Schmerzen werden vom Unbewussten ans Bewusstsein weitergeleitet.

Wahrgenommene Inhalte gelangen damit aus den Sinnesorganen und vom übrigen Körper zuerst in die unbewusste Verarbeitung. Sie werden natürlich nicht als einzelne „Bits" verarbeitet, sondern als Beziehungsstrukturen, beispielsweise in Form von kurzen Bildern, Sentenzen und Szenen. Wir merken uns schließlich nicht einzelne beziehungslose Buchstaben, sondern Wörter, Sätze und Textinhalte.

Die Speicherungsmöglichkeiten, welche wir Menschen mit Sprache und Schrift besitzen, geben ein Beispiel für Codierung. Für einen des Schreibens Unkundigen kann es keine Beziehung zwischen den Klängen eines gesprochenen und den Strichen eines geschriebenen Textes geben, obwohl beide die gleiche Information betreffen. Ähnlich ist es mit der Codierung von Information in den Strukturen des Gehirns. Die genetische Vorprägung ist bei den Menschen im Wesentlichen kaum unterschiedlich. Die konkrete Codierung allerdings, also die kulturell und vor allem die sprachlich durch die sozialen Beziehungen vermittelte Codierung, ist für jedes Individuum spezifisch. Jeder Mensch hat seine eigenen Entwicklungsbedingungen gehabt. Somit wird auch für jeden die konkrete Codierung höchst individuell und nicht objektivierbar sein.

Die quantischen Vorgänge werden im nächsten Unterkapitel weiter erläutert.

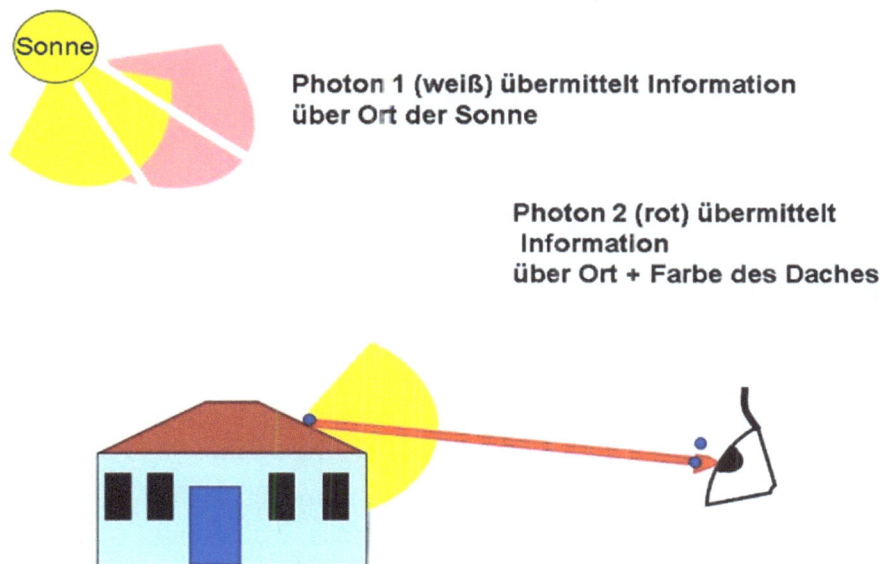

Photon 1 (weiß) übermittelt Information über Ort der Sonne

Photon 2 (rot) übermittelt Information über Ort + Farbe des Daches

Abbildung 44: Übermittlung der Information über ein Hausdach durch Photonen. Am Dach werden alle Photonen bis auf die roten absorbiert. Für die Photosynthese kann das grüne Licht nicht genutzt werden und wird reflektiert, deshalb sehen Blätter grün aus.

Auch die Hirnforschung spricht bereits von einer massiven Parallelverarbeitung. Schon die anatomischen Strukturen geben dafür unwiderlegbare Hinweise. Aber auch die Biochemie liefert dafür überzeugende Anhaltspunkte. So werden von einem einzigen Photon, welches auf die Netzhaut trifft, in dem nachfolgenden Verstärkungsprozess einige Millionen von Molekülen aktiviert. Die von diesen transportierte Quanteninformation wird dann parallel in verschiedenen Bereichen des Gehirns weiter verarbeitet.

Wenn eine Nervenzelle mit bis zu zehntausenden anderen Nervenzellen anatomisch verknüpft sein kann, dann muss sehr viel der Informationsverarbeitung parallel ablaufen. Daher wird bei der Beschreibung der neuronalen Netze oft und sehr zutreffend auf die in den technischen Systemen ablaufenden Prozesse einer parallelen Informationsverarbeitung verwiesen.

„Parallel computing" ist das Schlagwort für die riesigen Computer in den Großrechenzentren, in denen beispielsweise Daten von sehr vielen Messstationen zugleich verarbeitet werden. Aus der gegenseitigen Abhängigkeit der gleichzeitigen Wetter-Situationen an den einzelnen Stationen soll die weitere Entwicklung des Wetters berechnet werden. Dabei verarbeiten heute zumeist sehr viele parallel geschaltete Grafik-Karten die Daten, welche von der Konstruktion her besonders für eine Parallelverarbeitung ausgelegt sind. Das geschieht ausschließlich mit klassischen Bits.

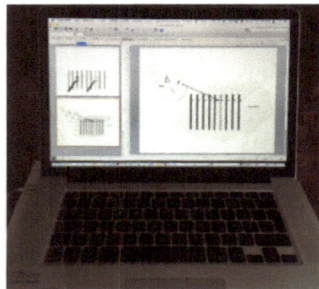

**Klassische Suche
nach der
„Nadel im Heuhaufen":
Jeder Halm wird einzeln geprüft,
Das Ergebnis ist sicher!**

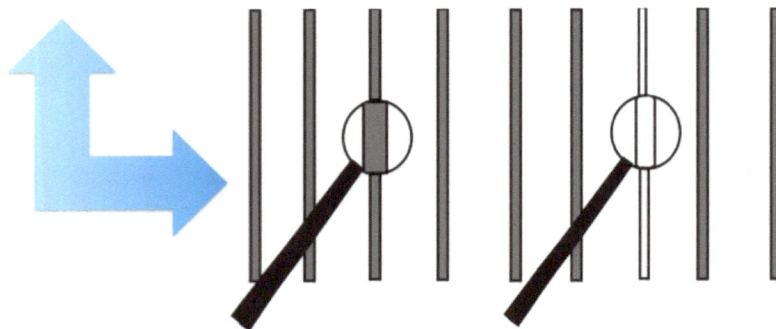

Abbildung 45: Bei der „Suche nach der Nadel im Heuhaufen" mit klassischen Bits, z. B. mit einem Computer, ist jeder Halm einzeln zu betrachten bis die Nadel gefunden ist − aber dann mit Sicherheit.

Bei den biologischen Prozessen kommt jedoch als Effekt hinzu, dass sich durch eine quantische Informationsverarbeitung eine im Prinzip „unendlichfache Parallelität" eröffnet. Die Abbildung soll dies verdeutlichen. Zwar liefert eine quantische Verarbeitung lediglich wahrscheinliche Ergebnisse, aber diese sehr viel schneller als eine klassische Informationsverarbeitung. Aus evolutionärer Sicht ist dies sehr zielführend, denn in einer Gefahrensituation, z. B. bei der Begegnung mit einem gefährlichen Raubtier, ist es nützlicher, es schnell zu erkennen und zu fliehen, als wirklich sicher zu gehen und gefressen zu werden.

Die hochredundante Verarbeitung im Gehirn muss mit dieser sehr großen Parallelität und auch mit hoher Geschwindigkeit geschehen. Schließlich existieren die NCPs, die neuronally created photons, lediglich eine sehr kurze Zeit zwischen der Emission, z. B. von einem Molekül in einer Zelle, und der Absorption an einem anderen Molekül. Letzteres wird sich häufig in einer anderen Zelle befinden. Durch die hohe Redundanz ist weiterhin auch ein hoher Grad an Verschränkung gegeben.

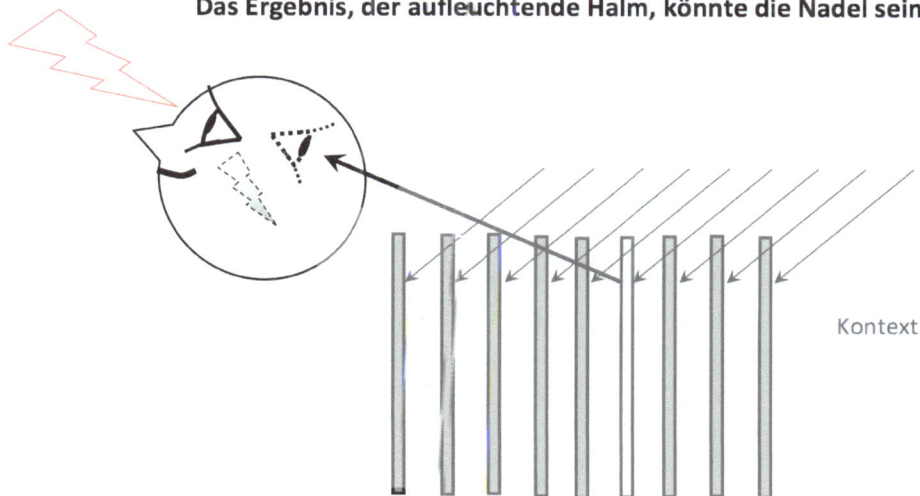

Quantische Suche nach der „Nadel im Heuhaufen":

Alle Halme werden vor dem „inneren Auge" auf einmal beleuchtet.

Das Ergebnis, der aufleuchtende Halm, könnte die Nadel sein.

Kontext

Abbildung 46: Die „Suche nach einer Nadel im Heuhaufen".
Die quantische Informationsverarbeitung „beleuchtet gleichzeitig" alle Halme und schlägt einen als die wahrscheinliche Nadel vor. Das geht sehr schnell, liefert jedoch nur ein wahrscheinliches Resultat. Dessen Überprüfung, ob es faktisch zutrifft, kann allerdings sehr schnell erfolgen.

8.2.6. Nichtlokale und zusammenführende Quanteneffekte der Psyche

Es soll hier noch einmal kurz daran erinnert werden, dass im Gehirn, wie bei allen anderen biochemischen Lebensprozessen auch, eine unentwegte Emission und Absorption realer und virtueller Photonen stattfindet. Diese Photonen sind Formungen von AQIs. Von diesen AQIs der Photonen können einige in den Wechselwirkungszusammenhängen in den Zellen und zwischen den Zellen bedeutungsvoll werden, indem sie Informationen beinhalten und transportieren. Aus dieser Sicht ist es sehr sinnvoll, wenn in diesen Zusammenhängen oft von Kommunikation gesprochen wird. Innerhalb und zwischen den Zellen geschieht mit den Photonen ein Austausch von Informationen, welche dadurch Bedeutung erhalten. Das lebendige Gehirn ist warm. Mit dieser Tatsache wird oft gegen das Wirksamwerden von Quanteneffekten argumentiert. Jedoch haben bereits hinreichend viele Erkenntnisse bisher schon gezeigt, dass für den Bereich des Biologischen dieses Argument vielfach bedeutungslos ist. *Das Gehirn als ganzes hat mit fast eineinhalb Kilogramm natürlich eine viel zu große Masse, um in seiner Gesamtheit als teilelose Quantenganzheit in Erscheinung treten zu können.* (Wir erinnern daran, dass das Energie-Äquivalent im Sinne von $E = m\,c^2$ sich aus der Ruhmasse von Wasser-, Protein- und anderen Molekülen zusammensetzt sowie einer – relativ dazu winzigen – kinetischen und in den ATP-Molekülen vorhandenen Energie. Da keine Antimaterie vorhanden ist, kann die Ruhmasse nicht in reale Energie verwandelt werden und bleibt streng erhalten.) Allerdings können die Photonen, die keine Ruhmasse besitzen, einen sich fortwährend erneuernden Kontext von verschränkter – also quantisch in Beziehung gesetzter – bedeutungsvoller Quanteninformation erzeugen. Denn unter den Aspekten von Energie und Masse (im Sinne von $E = m\,c^2$) bedeutet wie erwähnt die Energie der Photonen im Gehirn mit ihren elektromagnetischen Wechselwirkungen nur einen winzigen Teilbereich. Dessen Energie ist klein genug (also weit unterhalb der Planck-Masse), um quantisch erscheinen zu können. Diese quantische Ganzheit von bedeutungsvoller Quanteninformation, getragen von „verschränkten Photonen" in ihren kohärenten Zuständen, verschränkt zugleich auch die Orte ihrer jeweiligen Verarbeitungen.

Die damit erzeugten „Ganzheiten" ermöglichen Assoziationen, also die Verbindung von Bedeutungen, die sich aus keiner naheliegenden logischen Verknüpfung ergeben.

Eine zu assoziativer Kreativität passende Geschichte handelt von dem Studenten, welcher sich für die Zoologie-Prüfung intensiv auf die Würmer vorbereitet hat. Nun wird er als erstes nach den Elefanten gefragt, und er beginnt – so die Story –, dass der Elefant vier Beine, zwei große Ohren und einen Rüssel hat. Der Rüssel sieht aus wie ein großer Wurm. Und die Würmer unterteilt man in ...

Obwohl bereits dargelegt, soll noch einmal gezeigt werden, wie eine quantische Verarbeitung verstanden werden kann.

Die aus den Sinnesorganen einlaufenden Informationen, welche unbewusst vorverarbeitet werden, werden von ständig wechselnden Photonen getragen. Eine mathematische Beschreibung eines solchen Prozesses erfolgt in einem hochdimensionalen Raum von quantischen Zuständen. Dazu ist zum einen zu beachten, dass die Hirnzellen ständig aktiv sind. Das bedeutet, dass ständig faktisch auf materiellen Trägern gespeicherte Information auf Photonen übertragen und damit aktiviert wird. Außerdem wird die einlaufende Information in hochredundante Zustände überführt. (Von den Verarbeitungsschritten im Auge ist bekannt, dass ein einziges Photon über mehrere Verstärkungsschritte schließlich etwa 6 Mio. Moleküle aktiviert.)

Aus dem Bereich der technischen Datenverarbeitung kennen wir die Begriffe Maschinensprache, Betriebssystem und Anwendungsprogramm. Dies ist eine nützliche Unterscheidung, welche jedoch nicht als eine fundamentale missverstanden werden sollte. Die Maschinensprache kennt lediglich die unmittelbaren Anweisungen an die einzelnen Teile der Hardware. Das Betriebssystem baut auf der Maschinensprache auf und hat einen wesentlich komfortableren Befehlsumfang. Auf diesen greifen dann die Anwendungsprogramme zu, welche erst die für den üblichen Nutzer interessanten Anwendungen ermöglichen. Die recht komplexen Befehle in einer Computer-Hochsprache lassen nicht mehr unmittelbar erkennen, dass hinter ihnen letztlich lediglich nur die Verarbeitung von 0 und 1 steht.

Dieses Modell kann als eine gewisse – und mit Vorsicht zu genießende – Analogie zu den Vorgängen im Gehirn verstanden werden. (In allen wesentlichen Gesichtspunkten darf das Gehirn allerdings nicht mit einem Computer verglichen werden.) Auf dem untersten Level betrachten wir Photonen, welche Informationen tragen – mit anderen Worten, welche bestimmte Eigenschaften besitzen. (Die Analogie dazu wäre eine Anweisung an den Drucker, an einer bestimmten Stelle auf dem Papier einen Punkt zu setzen.) Die Eigenschaften des Photons wiederum sind bestimmend dafür, mit welchen speziellen Molekülen eine Reaktion möglich sein kann. Dazu müssen die Moleküle ihrerseits eine dazu passende spezielle momentane Eigenschaft haben. Die Absorption eines Photons verändert den Zustand des Moleküls. Bei einer Neuaussendung, welche vom Zustand des Moleküls und dem seiner Nachbarschaft abhängen wird, kann ein verändertes Photon mit einer somit geänderten Information emittiert werden.

Einem einzelnen Photon wird man keine definite Bedeutung zuschreiben können. Erst viele von ihnen in einem Beziehungszusammenhang werden erkennbar bedeutungsvoll werden. Das organische Substrat des Nervensystems mit seinen vielfältigen, auch nichtlinearen optischen Eigenschaften wird auch Aufspaltungen von Photonen, Absorption von zwei Photonen und ähnliche Effekte ermöglichen. Sie alle werden dazu führen, dass wir fortwährend dynamische Korrelationen von Quanteninformation erwarten können.

Man kann annehmen, dass im Gedächtnis vorliegende oder aus diesem aktivierte Zustände, welche mit der einlaufenden Information eine hinreichend große Überlappung besitzen (einen großen Wert für das Skalarprodukt zwischen den entsprechenden Zustandsvektoren), in die weitere Verarbeitung einbezogen werden. Die Möglichkeiten von solchen aus dem Gedächtnis aktivierten Zuständen werden zu denen der einkommenden Information in quantischer Weise addiert. (Die Zustandsvektoren werden addiert und neu normiert.)

Lebewesen sind – allgemein gesagt – warm, sie emittieren elektromagnetische Strahlung. Durch diese Abstrahlung von Photonen entstehen fortwährend Fakten. In der Sprache der Quantentheorie entspricht das einem Messprozess. Ständig entweicht mit den Photonen Information über quantische Möglichkeiten. Die sich ergebenden Fakten wiederum eröffnen neue Felder von Möglichkeiten.

Ohne die quantischen Verschränkungen zwischen Inhalten der Psyche und den materiellen Objekten, mit den Molekülen in den Zellen mit denen die Quanteninformation verarbeitet wird, bleiben auch die Erscheinungen der Psychosomatik unerklärlich.

Wir dürfen noch einmal wiederholen, es ist also nicht das ganze Gehirn, was eine teilelose quantische Ganzheit bildet, sondern das betrifft nur Teile der Psyche. Die Psyche kann Beobachtetes und auch das in der Handlung selbst Durchgeführte noch einmal spiegeln. Dabei kann beispielsweise faktisch gewordene Information aus Wahrnehmungen, also sensorisch erworbene Information, auch an anderer Stelle des Gehirnes verarbeitet werden – „gespiegelt" werden –, also auch dort, wo die Motorik gesteuert wird. Beim „Spiegeln" wird somit die Information zugleich an zwei Stellen verarbeitet. Bei den sogenannten „Spiegelneuronen" geschieht damit an einer Stelle etwas, gleichgültig ob eine Handlung selbst durchgeführt wird oder ob sie nur beobachtet wird. Auch daran zeigt sich, wie die Information der Psyche in das Körperliche hineinwirkt.

Wie z. B. Wolf Singer in seinen frühen Forschungen gefunden hatte, zeigen sich Synchronisationen in den elektromagnetischen Aktivitäten verschiedener Hirnareale. Wie kann das erklärt werden?

Diese Synchronisationen werden erkennbar, wenn Informationen verarbeitet werden, deren Bedeutung zusammengehört. Derartige Zusammenhänge werden noch leichter verstehbar, wenn man die nichtlokale Wirkung von langwelligen Photonen mit in die Betrachtungen einbezieht. Ansätze dazu werden auch bereits schon in der Hirnforschung registriert. So schreibt Singer:

> Es gibt starke Indizien dafür, dass die sehr schwachen elektrischen Felder, die durch synchronisierte neuronale Aktivitäten hervorgerufen werden, gleichwohl stark genug sind, die Aktivitäten benachbarter Neurone zu beeinflussen. Bisher ist immer noch ungeklärt, ob diese nichtsynaptischen, sogenannten ephaptischen Wechselwirkungen zwischen Neuronen eine Funktion haben.[89]

Wenn man die von uns geschilderte Aktivität der Photonen bei der Informationsverarbeitung im Gehirn beachtet, erscheinen diese „ephaptischen Wechselwirkungen" wie eine notwendige Schlussfolgerung. Die bei den biochemischen Aktivitäten primär erzeugten Photonen sind in der Tat sehr kurzwellig und werden im biologischen Gewebe relativ schnell wieder absorbiert. Aus solchen kurzwelligen Photonen können allerdings – wie bereits erwähnt wurde – langwellige Photonen als Schwebungen entstehen. Als Schwebung bezeichnet man die niederfrequente Differenz zweier hochfrequenter Schwingungen mit fast gleicher Frequenz. Ein Beispiel könnten zwei Geigen liefern, deren hohe Töne nicht genau gestimmt sind.

In analoger Weise, wie im Fall der Akustik die Differenzen von Frequenzen als *Schwebungen* erkennbar werden, können durch quantische Zustandsüberlagerungen die Differenzen zwischen energiereichen Photonen als energiearme und somit *langwellige Photonen* realisiert werden. Die Photonen der chemischen Wechselwirkungen sind sehr kurzwellig, vielfach im infraroten Bereich mit Wellenlängen zwischen Nano- und Mikrometern. In deren Zusammenwirken können sich jedoch Schwebungen ergeben, sogar extrem langwellige Schwingungen im ein- und zweistelligen Hertz-Bereich. Die zugehörigen Wellenlängen sind über Zehntausende von Kilometern lang und deren Photonen lassen sich im EEG feststellen.

Die quantischen Zusammenhänge lassen verstehbar werden, dass sehr kurzwellige Photonen bei der Informationsverarbeitung im Gehirn zugleich auch extrem langwellige Photonen verursachen können.

Für eine Erklärung dieser Vorgänge ist es wesentlich, dass die energiereichen Photonen wegen ihrer kurzen Wellenlänge zumeist auch keine große Reichweite besitzen. Die energiearmen niederfrequenten Photonen können wegen ihrer großen Wellenlänge ausgedehnter wirken.

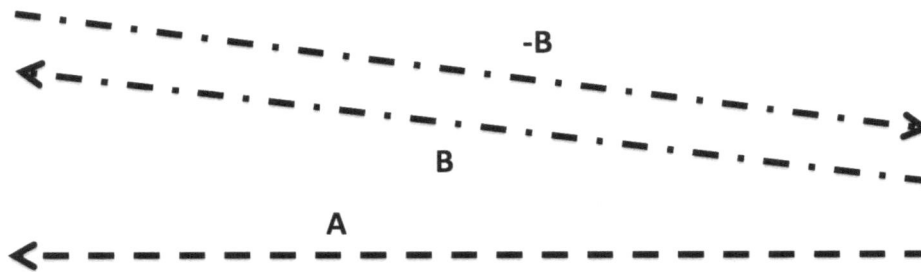

Abbildung 47: Die Zustände eines Quantenobjektes werden durch Vektoren gekennzeichnet (Pfeile). Das „Negative" eines Vektors vertauscht Spitze und Ende.
Die Vektoren A und B sollen zwei Photonen repräsentieren, welche sehr ähnlich sind und eine große Energie besitzen.

Die Sprechweise von „Vektoren" und deren Darstellung mit „Pfeilen" darf nicht zu der Vorstellung verführen, damit sei etwas in dem Raum gemeint, in dem wir leben. Diese mathematischen Zusammenhänge erleichtern es, diese abstrakten Strukturen – z. B. Zustände von Quantenobjekten – einer „inneren Anschauung" zugänglich zu machen.

Die langwelligen Photonen besitzen also die Differenz-Frequenz von kurzwelligen Photonen. (Abbildung 48) *Derartige kleine Frequenzunterschiede entstehen bereits, wenn auf Grund von thermischen Schwingungen von Molekülen von diesen Photonen mit fast identischer Energie ausgesendet werden.*

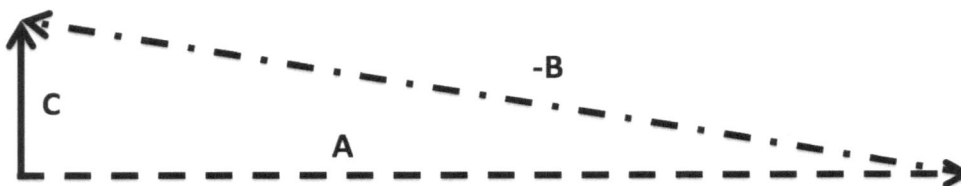

Abbildung 48: Die Differenz (die Schwebung) zweier Photonenzustände großer Energie {A+(-B)} kann einen Photonenzustand kleiner Energie ergeben {C}.
Die Differenz zweier Vektoren ist die Summe mit dem negativen Vektor. Die Summe zweier Vektoren wird gebildet, indem an die Spitze des ersten Vektors das Ende des zweiten angefügt wird.
Bei den Photonen sind Energie und Frequenz proportional. Daher entspricht der Differenz zweier ähnlicher großer Frequenzen eine kleine Frequenz. Die großen Frequenzen entsprechen kleinen Wellenlängen und umgekehrt die kleinen Frequenzen großen Wellenlängen. Somit kann aus einer quantischen Verbindung zwischen zwei kurzwelligen energiereichen Photonen im Nanometerbereich (aus chemischer Umsetzung) ein langwelliges sehr energiearmes Photon im Kilometerbereich (im EEG nachweisbar) resultieren.

Die übergroße Anzahl der Photonen mit fast identischer Energie führt dann zu einer deutlich bemerkbaren Synchronisation der betreffenden Hirnareale. Diese gemeinsamen Schwingungen, welche aus Sicht der physikalischen Prozesse eine viel geringere Frequenz als die von den Molekülen ursprünglich emittierten Photonen haben, werden in der Sprache des EEGs als „hochfrequent" bezeichnet.

Dies deshalb, weil sie im oberen Messbereich der Frequenzen liegen, die im EEG gemessen werden können. Diese Photonen können außerhalb des Kopfes im EEG nachgewiesen werden.

Diese langreichweitigen Photonen erlauben zu verstehen, wieso verschiedene Aspekte einer Situation oder eines Objektes, welche primär an verschiedenen Orten im Gehirn verarbeitet werden, im Verarbeitungsprozess zu einer Einheit zusammengefasst werden.

Für das Verstehen dieser Vorgänge sind also die quantischen Eigenschaften der Photonen bedeutsam. Die Quantentheorie ist bekanntlich eine *lineare Theorie*. Darum beschreiben auch *Differenzen und Summen* von Zustandsvektoren wiederum mögliche Zustände. (Siehe auch Abbildung 47)

Auch ist es so, dass bestimmte Eigenschaften von Systemen gemeinsame kohärente Zustände bilden können, während andere Eigenschaften von ihnen so beschrieben werden können, als ob die betreffenden Systeme nicht zu einer Ganzheit gehören würden.

So wurde bereits beim EPR-Experiment gezeigt, dass der Spin der beiden Photonen, die in der Messung getrennt werden, zu einem Gesamtspin Null zusammengefasst wird. Die Energiemittelpunkte des Diphotons jedoch können wie zwei Energiepakete beschrieben werden, welche getrennte Wege gehen, sozusagen „wie zwei Photonen". Diese würden sich von normalen Photonen darin unterscheiden, dass sie in der Beschreibung gemeinsam einen Spin null besitzen. Bei den „Schrödinger-Kätzchen" haben wir einen analogen Effekt. Auch da ist eine Ganzheit auf zwei voneinander getrennte mögliche Orte „verteilt" – jedoch nicht auf die Orte dazwischen! (siehe auch Abbildung 23 auf Seite 96)

So können auch Gedanken oder Emotionen und Affekte (also psychische Inhalte) an mehreren Bereichen des Körpers (Soma) verortet sein und daher an mehreren Stellen Wirkungen hervorrufen, z. B. im Hormonsystem, in der Muskulatur oder im Verdauungstrakt.

Während also die Photonen unablässig erzeugt und absorbiert werden, kann die von ihnen gemeinsam getragene Bedeutung dadurch erhalten bleiben, dass sie ständig ihren Träger wechselt. Die Vorstellungen eines Bildschirmes oder eines Buches vermitteln dazu einen guten Eindruck. Eine bedeutungsvolle Information wird von ihnen getragen. Zugleich wechseln die Photonen, welche die Information von dort ins Auge tragen, so schnell, dass wir normalerweise nie über diesen Trägerwechsel nachdenken.

Im Gehirn geschieht dies in ähnlicher Weise. Die miteinander korrelierten Photonen sorgen dafür, dass die Bedeutung, die in verschiedenen Arealen des Gehirns in Teilen verarbeitet wird, zu einem Ganzen integriert wird.

Die nichtlokalen Wirkungen der Photonen legen die These nahe, dass auch eine gegenseitige Beeinflussung von Hirnarealen stattfindet, welche gemessen an den Faserverbindungen weit voneinander entfernt sind, die aber durch die Faltung der grauen Substanz räumlich nahe beieinander liegen.

Diese Integration, also das Zusammenführen der Information zu einer Gesamtbedeutung, ist mit der Quantentheorie der Protyposis naturwissenschaftlich gut erklärbar. Ohne sie kann lediglich die Tatsache dieses Vorganges konstatiert werden.

Auf einer 2017 stattgefundenen Tagung in Bregenz habe ich einem Referat von Joonsuk Huh[90] entnehmen können, dass im Überlappungsbereich von Quantentheorie und Molekularchemie Prozesse von Quanteninformationsverarbeitung ablaufen, welche als Modelle für die in unseren Büchern und Vorträgen seit längerem theoretisch postulierten physikalischen Grundlagen der Bewusstseinsvorgänge dienen können.

So verweisen wir seit langem darauf, dass das lebendige Bewusstsein im Gehirn von ständig wechselnden neuronal erzeugten Photonen (NCPs) getragen wird. Diese NCPs werden fortwährend in riesigen Anzahlen als reale und virtuelle Quanten emittiert und absorbiert. In der Wechselwirkung mit den Molekülen der Nervenzellen werden Eigenschaften der NCPs verändert. Solche

Verarbeitungsschritte werden z. B. die Energie der Photonen oder auch ihre Polarisationsrichtung verändern. So etwas kann als Eigenschaften wirken. Diese Eigenschaften können als Bits von bedeutungsvoll gewordener Quanteninformation verstanden werden, die an den NCPs durch die Umgebung beeinflusst und damit verarbeitet werden, um dann schließlich wiederum auf materiellen Trägern, z. B. anderen Molekülen, abgespeichert zu werden. Von dort aus können die Quantenbits des Bewusstseins mit neuen NCPs für weitere Bearbeitungsschritte wieder ausgesendet werden.

Beim sogenannten „Boson sampling" wird heute bereits experimentell erforscht, wie in Umgebungen von geeigneten Molekülen solche Prozesse von Quanteninformationsverarbeitung an Photonen ablaufen können.

In der Wechselwirkung von Photonen mit den Molekülen können letztere wie logische Gatter und Schalter in einem Quantencomputer wirken. Quantische Zustände werden dabei gezielt verändert, ohne dass bei diesem Vorgang bereits Fakten erzeugt werden müssen. Ebenso wie in einem Quantencomputer laufen beim Boson sampling viele quantische Verarbeitungsschritte parallel ab.

8.2.7. Die Möglichkeit der Selbstbezüglichkeit als Quanteneffekt

Das lebendige Gehirn erzeugt stets eine ungeheure Menge miteinander verschränkter NCPs, den neuronally created photons, welche alle gemeinsam als eine quantische Ganzheit den Strom des Bewusstseins und natürlich auch die restliche aktive Psyche tragen.

Der „Strom des Bewusstseins" ist natürlich eine Metapher. Das naheliegende Bild von fließendem Wasser führt mit manchem Aspekt in die Irre. Physiologisch sind die Vorgänge im Gehirn ein elektromagnetisches Geschehen. Die Bewusstseinsinhalte werden *vor allen Dingen in Photonen als deren Eigenschaften* bewegt. Photonen tragen keine Ladung, ein „Photonenstrom" wäre nur eine Metapher. Jedoch werden durch die virtuellen Photonen manche Ionen bewegt, die Ladungen tragen. Diese bewegten Ladungen erzeugen einen elektrischen Strom im technischen Sinne. Der Nachweis dieses Stromes ermöglicht, dass das Feuern und das Nicht-Feuern von Nervenzellen schon seit langer Zeit gemessen werden kann.

Der fortwährende Wechsel der Trägerphotonen ermöglicht einerseits einen gewissen zeitlichen Bestand der Bewusstseinsinhalte sowie stets wieder eine Verbindung zu neuen Aspekten. Ein Text auf dem Bildschirm ändert sich nur so langsam, wie wir ihn weiter scrollen. Ebenso ändert sich der Inhalt des Bewusstseins trotz des rasenden Wechsels der als Träger fungierenden NCPs relativ langsam. So, wie beispielsweise Worte eines Textes als Ganzheiten wirken, wirken auch Inhalte des Bewusstseins als weit ausgedehnte Ganzheiten. Ihre Verarbeitung lässt dann immer wieder Assoziationen mit ergänzenden oder neuen Inhalten möglich werden, welche ursprünglich an anderen Stellen erzeugt wurden.

Durch den Prozess der Verarbeitung bilden diese Bewusstseinsinhalte eine untereinander weitgehend verschränkte Quantenganzheit. Dadurch können verschiedene Informationsinhalte zu einer Ganzheit integriert werden. In diesem Prozess können bei der Zergliederung solcher Ganzheiten immer wieder Aspekte erscheinen, die zuvor undenkbar gewesen waren.

Eine Quantenganzheit kann zerlegt werden in Entitäten, welche beim Erstellen derselben nicht vorhanden gewesen waren. Wenn ein hochenergetisches Photon in ein Elektron-Positron-Paar umgewandelt wird, sind nun Ladungen vorhanden, welche davor nicht existierten. Eine bedeutungsvolle Informationsgestalt kann in Teile zerlegt werden, die zuvor nicht assoziiert worden waren. Genau Derartiges zeichnet kreative Prozesse aus.

Abbildung 49: Die Informationsverarbeitung beim Menschen speist sich primär aus der Umwelt und aus seinem Körper mit dem darin gespeicherten Gedächtnis. Dabei werden die wichtigsten Aspekte in die jeweils höhere Verarbeitungsstufe übertragen, letztlich vom Unbewussten bis ins Bewusstsein. Dort wird schließlich sogar eine sprachliche Formulierung von Bedeutung erreichbar. Körper und Psyche bilden eine Einheit. Unmittelbare oder automatisierte Handlungen können auch ohne den Umweg in eine höhere Verarbeitungsstufe initiiert werden. So werden Reflexe oder auch agierte Handlungen u. U. erst nach deren Aktion bewusst wahrgenommen. *Wichtig ist dabei, dass die hier graphisch dargestellten Unterscheidungen keineswegs scharf sind, sondern dass die Grenzen zwischen ihnen fließend sind.*

Das Bewusstsein entwickelt sich in einem für jeden Menschen individuellen Beziehungsprozess mit seinem sozialen Umfeld in einzigartiger Weise.

Das Bewusstsein ist danach von anderen Seinsformen auch dadurch unterschieden, dass es sich selbst unmittelbar und ohne jeden fremden Einfluss und ohne jedes Hilfsmittel kennen kann.

Das, was bereits ins Bewusstsein gelangt ist, ist dann nicht mehr an Wahrnehmungen durch Sinnesorgane gebunden. Natürlich können aus den Sinnesorganen und dem Gedächtnis sowie aus der inneren Verarbeitung immer wieder neue Bewusstseinsinhalte hinzukommen. Alles, was in den Vorstellungen meines Bewusstseins vorsichgeht, kann von mir – wenigstens der Möglichkeit nach – gewusst und bedacht werden. Diese Möglichkeit, dieses „Können", formuliert Immanuel Kant in seiner „Kritik der reinen Vernunft" (im Kapitel 37 der 2. Auflage) wie folgt:

Das: *Ich denke*, muß alle meine Vorstellungen begleiten können; denn sonst würde etwas in mir vorgestellt werden, was garnicht gedacht werden könnte, welches ebensoviel heißt, als die Vorstellung würde entweder unmöglich, oder wenigstens für mich nichts sein. Diejenige Vorstellung, die vor allem Denken gegeben sein kann, heißt *Anschauung*. Also hat alles Mannigfaltige der Anschauung eine notwendige Beziehung auf das: *Ich denke*, in demselben Subjekt, darin dieses Mannigfaltige angetroffen wird.

Für eine Modellierung der Möglichkeit einer solchen Selbstbezüglichkeit wird eine potentiell unbegrenzte Menge an Zuständen benötigt.

Es darf daran erinnert werden, dass nur eine solche Menge „genau so groß" sein kann wie ein echter Teil von ihr, wenn sie unbegrenzt ist. (Es gibt beispielsweise genauso viele Quadratzahlen wie ganze Zahlen, obwohl die meisten der ganzen Zahlen keine Quadrate sind. Schließlich kann jede ganze Zahl zum Quadrat erhoben werden, somit muss es „gleich viele" Zahlen wie ihre Quadrate geben. Anderenfalls – wenn es eine größte Quadratzahl geben würde – müsste es eine Zahl geben, die nicht mehr quadriert werden könnte. Das wiederum wäre unmöglich.)

Jedes Photon besitzt als Möglichkeit eine beliebig große Menge von Zuständen und jeder beliebig große Anteil seiner AQIs kann zu bedeutungsvoller Information werden.

Durch diese mögliche Unbegrenztheit ist gesichert, dass die Selbstkenntnis des Bewusstseins auch theoretisch gut nachvollzogen und modelliert werden kann.

Reflexivität bedeutet sowohl Information über Information – also etwas sehr Sinnvolles – und weiterhin, dass ein Teil des Bewusstseins das ganze Bewusstsein „im Prinzip" erfassen kann.

Wegen dieser für das Bewusstsein notwendigen Möglichkeit der Selbstreferenz ist seine Erzeugung auf der Basis einer endlichen Menge faktischer klassischer Bits nicht erreichbar.

Nervenzellen verarbeiten Quantenbits mit unbegrenzt vielen Zuständen. Technische Informationsverarbeitungssysteme verarbeiten klassische Bits – bisher jedenfalls. Ein klassisches Bit hat nur zwei faktische Zustände und keine „möglichen".

Wenn man die quantische Informationsverarbeitung in den Nervenzellen ignoriert und lediglich ihr faktisches Verhalten von „feuern – nichtfeuern" modelliert, dann kann man dieses Modell mit technischen neuronalen Netzen auch als Artefakt konstruieren.

Es ist wohl nicht nur für die fachlichen Laien verblüffend, was alles bereits mit ansteuerbaren Schaltern – also mit „Sparversionen" von Neuronen – technisch möglich geworden ist.

Da aber alle technischen Ausführungen lediglich endlich viele Zustände besitzen und nutzen können, können sie zwar vernunft-analoges Verhalten gemäß der klassischen Logik simulieren, jedoch ein Bewusstsein zu entwickeln bleibt ihnen verschlossen. Für ein Bewusstsein fehlen ihnen außerdem die Einheit von Hard- und Software sowie die damit gegebene Verbindung der Informationsverarbeitung zu den Emotionen und zu den anderen körperlichen Zuständen.

Wie bedeutsam die Rolle der NCPs ist, wird auch daran deutlich, dass ein Ausbleiben von jeglichen NCP, die im EEG gemessen werden, ein gewichtiger Hinweis auf einen eingetretenen Hirntod ist.

Zusammenfassend können wir noch einmal feststellen, dass mit der Protyposis das Bewusstsein in eine naturwissenschaftliche Beschreibung eingeschlossen werden kann. Die AQIs der Protyposis bilden die Grundlage von alledem, was im Rahmen der Naturwissenschaften erfasst werden kann. Dies erklärt, dass die Inhalte der Psyche ebenso real und ebenfalls so wirksam sind wie andere quantische Erscheinungen der Realität. Das Bewusstsein und der Einfluss des Bewusstseins auf den Körper sind keine Epiphänomene und keine Illusionen, sondern Tatsachen, welche heute wissenschaftlich erklärt werden können.

Vergleiche mit anderen Aspekten der Informationsverarbeitung können helfen, auch für die Bewusstseinsvorgänge Bilder zu entwickeln.

In einem Buch ist bedeutungsvolle Information codiert und dort über einen Zeitraum hinweg an einem Ort gespeichert. Die Codierung im Buch geschieht durch schwarze und weiße Pixel. Der Text kann damit als eine „Eigenschaft des Buches" bezeichnet werden. Es geht um die Verteilung der schwarzen und weißen Punkte, welche die Buchstaben, die Worte und schließlich den Text auf der Seite formen. Durch ein Feststellen der Masse des Buches ist die Information nicht zu bestimmen.

Wird eine Buchseite beleuchtet, so werden die reflektierten Photonen in ihrer Gesamtheit fähig, die im Buch gespeicherte Information in den Raum zu tragen. Jetzt haben wir eine räumliche Verteilung von reflektierten Photonen und zwischen diesen die Stellen, an denen von den schwarzen Buchstaben keine Photonen reflektiert wurden. Nun ist der Text eine „Eigenschaft" einer riesigen Kohorte von Photonen geworden.

Wenn man bedenkt, dass ein Photon etwa 10^{30} Bit *ist* (also eine 1 mit 30 Nullen), dann ist es einleuchtend, dass eine Zu- oder Abgabe von einigen bis einigen tausend Bits von bedeutungsvoller Information an einem Photon kaum einen messbaren Unterschied hervorrufen – ähnlich wie beim Gewicht des Buches, an Hand dessen nicht unterschieden werden kann, ob es innen bedruckt ist und somit bedeutungsvolle Information enthält oder nicht.

Wenn der Text des Buches vorgelesen wird, so geschieht eine weitere Umcodierung. Jetzt wird die Information durch Druckschwankungen in der Luft verschlüsselt. Eine völlig neue Codierung kann die gleiche Information transportieren!

Damit der Text gelesen werden kann, benötigt es eine Unzahl von Photonen – also eine ungeheure Redundanz. Ein einzelnes Photon ist immer verzichtbar – aber natürliche darf es immer nur ein kleiner Prozentsatz sein, der verloren geht.

Auch im Gehirn ist die Information des Gedächtnisses in den Zellen mit ihren synaptischen Ausläufern und Molekülen gespeichert. Auch da ist es ähnlich wie bei einem Text. Ein Pixel in einem Buchstaben allein hat keine Bedeutung, die man ihm zuordnen könnte – die Gesamtheit von ihnen lässt erst Bedeutung entstehen. Wir erinnern, dass sämtliche biochemischen Vorgänge – natürlich auch die im Gehirn – elektromagnetischer Natur sind, also auf dem Austausch realer und virtueller Photonen beruhen.

Da alle diese Photonen im Gehirn etwas bewirken können, beinhalten sie alle eine mögliche bedeutungsvolle Information. Damit wird auch deutlich, dass nun die Analogie zum Buch nicht mehr greift. Der Text ist als „Eigenschaft des Buches" zutreffend dargestellt. Eine bloße Eigenschaft bewirkt am Objekt, z. B. dem Buch, nichts. Die von den Photonen im Gehirn bewegte Information hingegen bewirkt sehr viel. Sie lediglich als „Eigenschaft" zu bezeichnen, würde das Wichtigste ignorieren, nämlich ihr Wirksam-werden-Können. Die quantentheoretischen Zusammenhänge lassen auch die mögliche Objekthaftigkeit der Quanteninformation deutlich werden. Die bedeutungsvollen Inhalte der Psyche, also des Unbewussten und des Bewusstseins, können auf die Verarbeitungsstrukturen und damit auch auf den gesamten Körper zurückwirken.

Die hohe Redundanz der verarbeiteten Information lässt die Verluste verschmerzbar werden – z. B. durch die Photonen, die aus dem Kopf hinausfliegen und im EEG gemessen werden können. Auch für die Photonen im Gehirn wie beim Text im Buch gilt, dass sie ebenfalls erst in ihrer Gesamtheit eine Bedeutung erzeugen.

Im neuronalen Netzwerk des Gehirns geschieht ebenfalls eine ständige Umcodierung. Dabei kann man die „Bits" durchaus auch als „Eigenschaften" der Photonen und Moleküle ansehen – so wie der Text des Buches eine „Eigenschaft" von diesem ist, der dann beim Vorlesen zu einer „Eigenschaft" von Luftschwingungen wird.

Mit der Protyposis wird es verständlich, wieso diese „Eigenschaften" von Objekten (Photonen, Molekülen, ...) die Objekte wechseln können und zu völlig anderen Eigenschaften von anderen Objekten werden können. Beispielsweise können Polarisationen und Energien von Photonen zu Eigenschaften der Elektronen eines Moleküls werden.

Wegen der Uniware der biologischen Informationsverarbeitung ist bei allen Verarbeitungsschritten immer auch der Zustand des Körpers mit beteiligt, so dass immer ein vorbewusstes „Ich" bei jedem Schritt mitschwingt. So wird die Informationsverarbeitung auch davon beeinflusst, ob jemand sich körperlich wohlfühlt, frohgestimmt und satt ist, oder ob man sich müde und hungrig oder gar depressiv und ängstlich fühlt.

Die quantische Qualität der Verarbeitung ermöglicht es, eine im Prinzip unbegrenzte Menge von möglicher bedeutungsvoller Information zu behandeln. Daher ist immer auch die Möglichkeit gegeben, dass ein Teil der Information im Verarbeitungsprozess Information über den gesamten Prozess haben kann. Die mögliche Selbstbezüglichkeit der körpergebundenen Information, welche auch die Inhalte des Informationsverarbeitungsprozesses betreffen kann, unterscheidet das Bewusstsein von anderen Vorgängen der Informationsverarbeitung, z. B. von der in einem Computer.

Wir können daher noch einmal definieren:

Das Bewusstsein ist eine Form von Quanteninformation, welche sich selbst sogar ohne Vermittlung durch Sinnesorgane und somit direkt erleben und kennen kann.

Wenn über die Sinnesorgane, z.B. Tastsinn, Sehen, Hören usw., Inhalte ins Bewusstsein gelangt sind, dann kann auf diese verinnerlichten Inhalte zugegriffen werden, ohne dass dann dafür Sinnesorgane noch notwendig wären.

Bisher war das Bild der Welt, welches durch die Naturwissenschaft geprägt wurde, am Ideal der klassischen Physik ausgerichtet. Dies wurde besonders daran deutlich, wie bislang viele Vertreter der Hirnforschung und der über sie schreibenden Philosophie über den Menschen gesprochen hatten. Das dort propagierte deterministische Menschenbild ist zurückzuweisen.

Heute ist es dank Quantentheorie und Protyposis nicht mehr notwendig, „Emergenz" als Hilfsbegriff einzuführen. Dieses Wort, also die Feststellung eines „unerklärten Auftauchens von etwas Neuem", merkt an, dass unbekannt ist, wieso und auf welche Weise das qualitativ Neue, in diesem Falle das Bewusstsein, „aufgetaucht" ist. Jetzt kann erklärt werden, wie die Bedeutung von Information entsteht und verarbeitet werden kann.

Auch der Vorwurf des „Reduktionismus", mit dem früher eine naturwissenschaftliche Erklärung des Bewusstseins diskreditiert werden sollte, geht heute am Kern des Sachverhaltes vorbei. Diese Zurückweisung war so lange gerechtfertigt gewesen, so lange sie sich gegen den vergeblichen Versuch richtete, das Bewusstsein auf „kleine materielle Objekte", auf Atome, zurückführen zu wollen. Dies ist in der Tat nicht möglich. Das hatte bereits der Arzt und Naturforscher Emil du Bois-Reymond in seiner berühmten Rede „Über die Grenzen des Naturerkennens" von 1872 festgestellt.

Auf der Basis der tatsächlich einfachsten Quantenstrukturen ist eine naturwissenschaftliche Erklärung des Bewusstseins gelungen. Sie beruht darauf, dass mit den AQIs auch die „kleinen materiellen Objekte" auf die Struktur der Quanteninformation zurückgeführt werden. Materie und Energie erweisen sich als kondensierte und geformte AQIs – und das Bewusstsein ebenfalls als eine spezielle Form der AQIs. Damit kann der einheitliche Prozess der Informationsverarbeitung gleichermaßen als eine eigenständige und Wirkungen erzeugende Entität begriffen werden, als bedeutungsvolle Quanteninformation, wie auch als eine Funktion des Verarbeitungsorgans, des Gehirns. Darin unterscheidet sich die Denkprozesse Bewusstseins von den Funktionen anderer Organe, z. B. Niere und Urin, der normalerweise nur ausgeschieden wird. Das Bewusstsein jedoch kann immer und ganz spezifisch mit seinen Inhalten wieder auf die neuronale Informationsverarbeitung im Gehirn zurückwirken. In den neuronalen Netzen werden im Prozess der Informationsverarbeitung bedeutungsvolle Quanteninformation auf Photonen übertragen, welche ihrerseits diese Information zur weiteren Verarbeitung wiederum auf materielle Anteile dieser Netze (Moleküle, Synapsen, Netzstrukturen) übertragen.

Das lebendige Bewusstsein hat einen Körper mit einem hochentwickelten Gehirn zum Träger. Die einheitliche Grundlage für Körper und Psyche, die scheinbare „Hard-" und „Software", sollte wie bereits geschildert besser als „Uniware" bezeichnet werden. Mit ihr wird auch verständlich, dass man in der Informationsverarbeitung Wirkungen und Veränderungen hervorrufen kann, die sowohl über Psychotherapie erfolgen können als auch über Medikamente, welche beispielsweise unmittelbare Veränderungen an Transmittern bewirken.

Neben den „Leitungen" der Nervenfasern ist im Biologischen die nichtlokale Wirkung bedeutsam. Sie wird durch reale und virtuelle BCPs, biologically created photons, als Träger von bedeutungsvoller Quanteninformation hervorgerufen. Die Teilmenge der BCPs, die wir als NCPs bezeichnen, ist schließlich in der Lage, das Bewusstsein zu tragen.

Mit der Äquivalenz von Materie, Energie und Quanteninformation wurden Leben und Bewusstsein erklärbar.

Die von David Chalmers als „the hard problem of consciousness" bezeichnete Aufgabe konnte mit der Theorie der Protyposis zu einer naturwissenschaftlichen Lösung gelangen. Mit dem „schwierigen Problem des Bewusstseins" ist die Frage gemeint, wieso es überhaupt ein subjektives Erleben gibt. Wieso haben wir ein unmittelbares und vor allem ein *unvermitteltes* Erleben von Schmerz oder Freude – also *Qualia*, wie die Fachleute sagen.

Man muss also erklären, wieso es überhaupt Subjektivität geben kann und welche naturwissenschaftlichen objektiven Gründe es dafür gibt, warum subjektives Empfinden nicht objektiviert werden kann.

8.3. Objektive Erforschbarkeit der Existenz der Psyche und ihre jeweilige unhintergehbare Subjektivität

Mit der Protyposis erklären sich die objektive Erforschbarkeit der Existenz der Psyche und die unhintergehbare Subjektivität der Inhalte der Psyche.

Im individuellen Entwicklungsprozess des Einzelnen wird immer mehr Information über Informationen zu einem individuellen Bedeutungs- und Empfindungszusammenhang akkumuliert. Jeder versuchte Zugriff von außen wird diesen beeinflussen und verändern.

Ein naturwissenschaftlicher Aspekt daran ist eine durch die Quantentheorie möglich gewordene Erkenntnis. Der aktuelle Quantenzustand eines Systems kann nur von demjenigen so erkannt werden, wie er tatsächlich ist, der ihn selber herbeigeführt hat.

Die objektive Kenntnisnahme eines unbekannten Quantenzustandes ist unmöglich.

Man kann höchstens wissen, wie dieser Zustand nach der Veränderung geworden ist, welche durch einen Messvorgang bewirkt wurde. Dann weiß man, wie der Zustand des Systems nach der Messung ist, jedoch nicht, wie er tatsächlich vor der Messung gewesen war. Eine Ausnahme davon kann vorliegen, wenn man den Zustand bereits kennt (z. B. durch eine bereits zuvor erfolgte Messung oder eine Präparation) und dann die Messung diese Kenntnis lediglich bestätigen soll.

„Subjektivität" kann so verstanden werden, dass der Inhalt des Subjektiven, z. B. ein momentaner Gedanke oder ein Gefühl, in genauer Weise lediglich dem Subjekt bekannt sein kann und allen anderen höchstens „ungefähr", z. B. durch eine Deutung des Gesichtsausdrucks und der Körperhaltung. Die Wahrnehmungen und Sinneseindrücke entwickeln sich auf der Basis der jeweiligen biologischen Basis eines Menschen. Diese ist, wie auch das Genom, für jeden einmalig. Damit sind auch die durch die Sinne vermittelten Informationen in ihren Bewertungen einmalig. Somit werden auch die damit verbundenen Empfindungen einmalig sein.

Im Laufe der biologischen Evolution hat sich als Grundlage der Wahrnehmungen herausgeformt, was für ein Überleben nützlich war. So können wir beispielsweise die häufigsten Frequenzen des Sonnenlichtes mit unseren Augen als Farben sehen. Andere Frequenzen und Eigenschaften von Photonen wie Polarisation sind nur mit technischen Hilfsmitteln zugänglich.

Da man sich bereits im Kontakt zwischen Mutter und Kind über Quellen von Sinneseindrücken einigen kann: „der Ball ist rot", können die Wahrnehmungen sprachlich gekennzeichnet werden. Das bedeutet keinesfalls, dass gleiche Benennungen mit gleichen Empfindungen verbunden sein müssen.

Beispielsweise werden die Empfindungen in Abhängigkeit nicht nur von Eigenschaften und möglichen Fehlern des Sinnesorganes abhängen. Auch der körperliche Zustand, welcher die Informationsverarbeitung massiv beeinflusst, trägt wesentlich zum Empfinden bei.

Die Benennung und Zuordnung von Sinneseindrücken und Wahrnehmungen stammen aus der jeweils vermittelten Kultur eines Menschen, nicht aus der Physik.

Eine individuelle Empfindung kann lediglich ungefähr objektiviert werden.

Eine Nachfrage liefert möglicherweise eine bessere Kenntnis, allerdings auch keine objektive. So kann man den Betreffenden fragen: „Was denkst Du gerade?" Jedoch, um ein Bonmot des Psychosomatikers Victor v. Weizsäcker, zu zitieren: „Wenn Du darauf antwortest, dann lügst Du bereits!" Natürlich klingt die Aussage übertrieben. Aber schließlich ist das Bedenken und das Beantworten des Gedachten etwas anderes als das zuvor Gedachte selbst. Bei einer Frage, die auf eine Fülle von Möglichkeiten zielt, welche dann auf ein Antwortfaktum reduziert werden soll, ist dieses Problem unvermeidlich. Wenn es um das bloße Feststellen von einfachen Fakten geht – „wo warst du gestern Abend?" – besteht es nicht notwendigerweise.

Die quantische Unbestimmtheit wird auch dann bemerkbar, wenn es darum geht, dass man sich Inhalte des eigenen Unbewussten bewusst machen will. Auch bei der unbewussten Psyche handelt es sich um eine Fülle von quantischen Möglichkeiten. Diese werden dabei zu bewussten Gedanken und damit primär zu einem *faktischen Inhalt unserer bewussten Psyche*. Wir wissen zwar dann, was ins Bewusstsein gelangt ist, aber wir haben nur wenig bis keine Anhaltspunkte dafür, was genau uns unbewusst bewegt hatte. Bereits der Versuch, einen Traum zu rekonstruieren, lässt die hier beschriebene Schwierigkeit deutlich werden. Als "Messprozess" in der Psyche kann das Erzeugen eines "inneren Faktums" angesehen werden. Das können beispielsweise die gedankliche Formulierung eines Satzes oder auch ausgesprochene Worte sein.

Eine Konsequenz davon ist, dass der momentane psychische Zustand eines Menschen höchstens *fühlbar* ist, und zwar durch diesen allein. Bereits eine gedankliche sprachliche Formulierung entspricht einer Messung und verändert den Zustand – auch wenn dies nur sehr geringfügig sein mag. Vieles, was gefühlsmäßig mitschwingt, wird bei der Formulierung verloren gehen – oder es können auch gänzlich andere Assoziationen hervorgerufen werden, z. B. bei einer lyrischen Darstellung.

Wenn man vom Menschen in die unbelebte Natur übergeht, so zeigt sich schon dort ein *Keim* von Subjektivität. Wenn ein Quantensystem von mir gemessen wird, welches ich nicht bereits zuvor schon einmal gemessen habe, dann erfahre ich im besten Fall den Zustand nach dem Messprozess, der Zustand davor bleibt mir unbekannt. Für eine Überprüfung des nun bekannten Zustandes kann man den Messvorgang so einrichten, dass der zu messende Zustand dabei nicht verändert wird. Die Quantentheorie zeigt also, dass es bereits in der unbelebten Natur einen *Keim* von Subjektivität gibt. Eine *genaue, also quantische Kenntnis eines aktuellen Ausschnitts der Realität* ist – falls überhaupt – nur über das möglich, was man selbst in diesem Spezialfall kreiert hat. Nur ein bereits bekannter oder ein durch Präparation erzeugter und somit bekannter Zustand eines Quantensystems kann tatsächlich so gewusst werden, wie er aktuell ist. Die klassische Physik beruht auf der Idealisierung von „Exaktheit" und „Objektivität". (Wegen des Unterschiedes zwischen exakt und genau siehe Seite 58 ff.) Die klassische Physik meint, jeder beliebige Zustand der Realität könnte beliebig exakt gewusst werden. Sie ist deswegen weniger genau als die Quantentheorie und man kann folgern:

Unbekanntes kann nur ungefähr objektiviert werden.

Information über etwas anderes oder über einen anderen wird daher stets nur teilweise zugänglich sein.

Das Erlangen von Kenntnis verändert das Untersuchte. Dies muss jedoch für eine Informationsstruktur wie das Bewusstsein für den Fall, dass es sich selbst betrachtet, nicht immer gelten.

Die Subjektivität des Menschen ist dadurch ausgezeichnet, dass das Wissen über diese Information nicht ein Wissen über etwas „anderes" ist, sondern über „dasselbe" in mir.

Die Informationsverarbeitungskapazität beim Menschen ist sehr umfangreich. Wegen ihrer Quanteneigenschaften ist sie in der Theorie sogar potentiell unendlich. Ein bewusster Teil von dieser Quanteninformation ist daher theoretisch dazu in der Lage, die gesamte bewusste Information zur Kenntnis zu nehmen.

Information über aktuell vorliegende Information ist Reflexion. So kann man sich in der bewussten Reflexion selbst befragen und sich zugleich „wie eine dritte Person", also *wie aus einer Außenperspektive* betrachten. Man kann wissen, was man gerade denkt und fühlt. Ein anderer jedoch kann immer nur „als dritte Person" auf mich schauen, allerdings mit mehr oder weniger empathischer Einfühlung.

Das Unbewusste ist definitionsgemäß nicht bewusst. Es kann jedoch in einer Therapie daran gearbeitet werden, manche nicht mehr der Situation angepassten unbewussten Steuerungen bewusst zu machen und damit einer Veränderung zugänglich werden zu lassen.

Eine unbewusste Verarbeitung geschieht zumeist schneller als eine bewusste. Daher ist es sinnvoll, dass Gelerntes und Trainiertes aus dem Bewusstsein ins Unbewusste verlagert wird – so wie es beispielsweise beim Autofahren und bei vielen Ritualen des Alltags geschieht. Solche Tätigkeiten erfolgen in der Regel vorbewusst und nur in Entscheidungssituationen wird das Bewusstsein hinzugezogen.

Dabei ist daran zu erinnern, dass das Bewusstsein zu kennzeichnen ist als „Information über Information". Das Bewusstsein ermöglicht zugleich eine Kenntnisnahme von zuvor nicht bewusster Information wie auch ein Nachdenken über bereits bewusste Inhalte.

Bewusstsein ist die verarbeitete Information, dazu die jederzeit mögliche Kenntnis, dass sie verarbeitet wird: Ich kann mir jederzeit bewusst machen, dass ich bewusst bin. Bewusstsein bedeutet also, ich kann jederzeit wahrnehmen, dass ich bewusst bin. Damit ist eine prinzipielle Reflexionsfähigkeit über die Tatsache ihrer Verarbeitung miteingeschlossen (nicht über die physiologischen Vorgänge, aber über die Veränderung der Bewusstseinsinhalte). Die faktische Kenntnisnahme entspricht aus physikalischer Sicht einem Messvorgang. Zuvor vorhandene Verschränkungen werden durchbrochen.

Erwin Schrödinger verweist in seinem Buch „Geist und Materie" auf die aus seiner Sicht merkwürdige Tatsache, dass spektralreines gelbes Licht die gleichen Empfindungen hervorrufen kann wie eine Mischung von roten und grünen Frequenzen:

> Ist die Strahlung in der Nähe der Wellenlänge 590 nm die einzige, die die Empfindung Gelb hervorruft? Die Antwort lautet: Nein, ganz und gar nicht! Mischt man Wellen von 760 nm, die für sich allein die Empfindung Rot erzeugen, in bestimmtem Verhältnis mit Wellen von 535 nm, die für sich allein die Empfindung Grün erzeugen, so ergibt diese Mischung ein Gelb, das vom Auge von dem Gelb nicht unterschieden werden kann, das durch die Wellenlänge 590 nm erzeugt wird. Beleuchtet man von zwei aneinander grenzenden weißen Flächen die eine mit der binären Mischung, die andere mit dem reinen Spektrallicht, so sehen sie vollkommen gleich aus, und man kann nicht sagen, auf welche das Mischlicht fällt.[91]

Schrödinger fährt später fort:

> Das objektive Bild der Lichtwellen des Physikers kann keine Rechenschaft geben von der Farbempfindung. Könnte es wohl der Physiologe, wenn er mehr von den Vorgängen in der Netzhaut und den von ihnen ausgelösten Vorgängen in den Nerven und im Gehirn wüßte, als er tatsächlich weiß? Ich glaube nicht. Bestenfalls können wir ein objektives Wissen davon erlangen, wie und in welchem Verhältnis die Nerven erregt werden, oder wir könnten vielleicht gar Genaueres über die Vorgänge erfahren, die sie in bestimmten Gehirnzellen hervorrufen, wenn unser Bewußtsein die Empfindung Gelb in einer bestimmten Richtung unsres Gesichtsfeldes hat.

250

Aber selbst ein so eingehendes Wissen würde uns nichts über die Farbempfindung sagen, im besonderen nichts über die Empfindung von Gelb in dieser Richtung. Es wäre denkbar, daß der gleiche physiologische Vorgang die Empfindung „süß" oder von irgend etwas anderem bewirken könnte. Ich meine einfach folgendes: Es gibt ganz gewiß keinen Vorgang in den Nerven, dessen objektive Beschreibung die Merkmale Gelb oder Süß enthält, ebensowenig wie die objektive Beschreibung einer elektromagnetischen Welle eines dieser Merkmale enthält. Das gleiche gilt von anderen Empfindungen.
(Hervorhebung von uns)

Worauf Schrödinger hier sehr eindrücklich verweist ist die auch später in der Hirnforschung immer wieder erwähnte Tatsache, dass die subjektiven Empfindungen sich nicht aus den objektiven physikalischen Messwerten ableiten lassen. In Schrödingers Beispiel ist allerdings die Erklärung heute gut möglich geworden. Die Empfindlichkeitsbereiche der Rezeptoren im Auge für rot und für grün überlappen sich im Gelben. Beide werden daher in den von Schrödinger aufgeführten Fällen in gleichem Maße gereizt und vermitteln daher die gleiche Wahrnehmung.

Wie wir in unserer Monographie „Von der Quantenphysik zum Bewusstsein" ausführlich dargelegt haben, kann das Entstehen von Empfindungen naturwissenschaftlich erklärt werden.

Die Entwicklung der Naturwissenschaften hat seit Schrödingers Zeit besonders in der Quantentheorie zu neuen Ergebnissen geführt. Mit diesen wird beides deutlich: Einerseits wird verstehbar, dass und weshalb die Inhalte der einzelnen subjektiven Wahrnehmungen gerade nicht objektivierbar werden. Andererseits macht die Protyposis deutlich, welche Bedingungen für ein Erscheinen von Bewusstsein erfüllt sein müssen.

Es geht also nicht darum, erklären zu können, warum jemand dieses oder jenes empfindet, sondern darum, weshalb wir Menschen Empfindungen haben können.

Bereits vor unserer Geburt verarbeiten wir Menschen Sinneseindrücke. Das wird nach der Geburt in ungeheurem Maße verstärkt. Dabei ist es so, dass alle Sinneswahrnehmungen stets mit körperlichen Empfindungen verbunden werden, denn es gibt bei der biologischen Informationsverarbeitung keine Trennung zwischen psychischen Inhalten und körperlicher Beteiligung, keine Trennung zwischen „Hard- und Software". Bald kommt beim Säugling die Verbindung zur Muttersprache hinzu. Ab dann werden den Empfindungen auch sprachliche Ausdrücke zugeordnet – auch wiederum in subjektiver Weise, wenn auch familiär und kulturell beeinflusst.

Da sowohl die körperlichen als auch die energetischen Träger der verarbeiteten Informationen selbst wiederum spezielle Erscheinungen von AQIs sind, ist auch bei jedem Verarbeitungsvorgang eine flexible Erscheinung davon zu erwarten, was schließlich in der jeweiligen Situation beim jeweiligen Kind als bedeutungsvolle Information anzusehen ist.

Auf diese Weise entsteht beim Heranwachsenden eine je individuelle Struktur des Nervensystems und der gespeicherten Erfahrungen und Erinnerungen, die ihrerseits natürlich weiteren ständigen Veränderungen unterliegen. Die Individualität jedes einzelnen Menschen wird auch daran deutlich, dass nach einer ungeheuren Verflechtungsvielfalt im Gehirn, die bis etwa zum zweiten Lebensjahr immer mehr zunimmt, dann wiederum viele Verknüpfungen wieder eingeschmolzen werden. Dies geschieht im Abgleich mit ständig wiederholten Prozessen der Informationsverarbeitung bei Säugling und Kleinkind. Dies wird auch an ihrem Verhalten deutlich, in dem sie immer wieder die gleichen Wiederholungen, z. B. bei Geschichten, einfordern. Vor allem die bewährten und stabilen Strukturen bleiben erhalten und werden weiter ausgebaut. Ungenutzte Verbindungen verschwinden wieder, so z. B. solche für Lautformen, die in der Muttersprache nicht vorkommen.

Die Assoziationen zum Begriff „gelb" werden also von Individuum zu Individuum sehr verschieden sein, vielleicht Sonne, Butter, Möhrenbrei, Pudding usw. Sie sind natürlich mit Vorlieben und Abneigungen verbunden, die sich in der individuellen Entwicklung herausgeformt haben und die je nach Situation stärker oder schwächer in Erscheinung treten.

Interessant ist Schrödingers Hinweis, dass eventuell „Süß" und „Gelb" nicht streng unterschieden sein müssen. So zeigen doch Untersuchungen aus der Zeit nach Schrödinger, dass gerade bei Kleinkindern synästhetische Empfindungen häufiger auftreten. Bei Erwachsenen finden sich solche Verbindungen, z. B. zwischen optischen und auditiven Wahrnehmungen, nur noch selten.

Wenn wir also die „Uniware" der biologischen Informationsverarbeitung in Verbindung mit der Protyposis beachten, so sehen wir einerseits, wie sich die Verbindung zwischen Sinneswahrnehmung und Empfindung in das naturwissenschaftliche Erklärungsschema einfügt. Zugleich wird deutlich, dass ein objektiver Zugang zu einem isolierten und unbekannten Quantensystem, wie es ein fremdes Bewusstsein ist, lediglich sehr grob möglich ist. Die funktionelle Nuklear-Magnet-Resonanz und die Positronen-Emissions-Tomographie erlauben grobe Rückschlüsse auf verarbeitete Inhalte der Psyche, jedoch keine tatsächlich genaue Kenntnis.

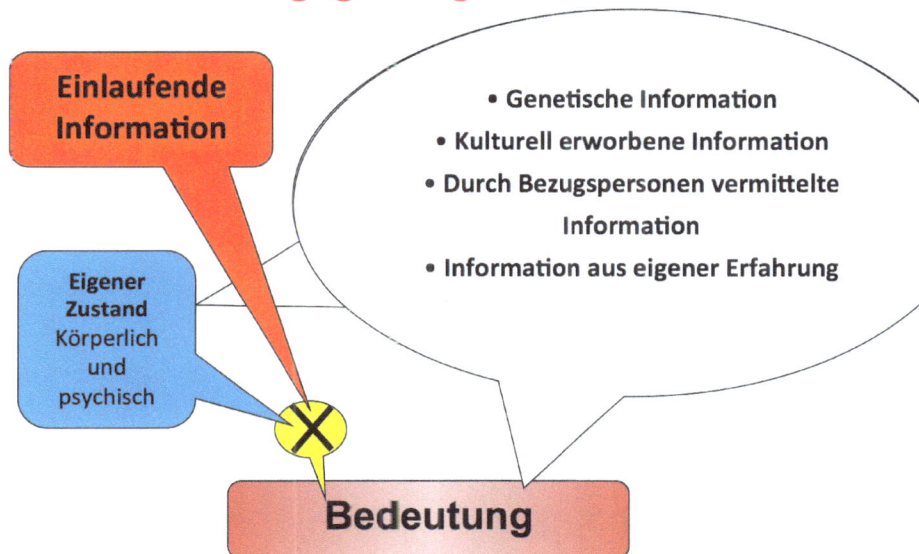

Die verschiedenen Quellen für eine Bewertung der einlaufenden Informationen und deren Bedeutungsgebung beim Menschen

- Einlaufende Information
- Eigener Zustand Körperlich und psychisch
- Genetische Information
- Kulturell erworbene Information
- Durch Bezugspersonen vermittelte Information
- Information aus eigener Erfahrung
- Bedeutung

Abbildung 50: Aspekte, welche zur Bedeutungserzeugung beitragen. Der momentane Gefühlszustand trägt zur Bewertung der aktuellen Situation der Umgebung bei.

9. Auswirkungen auf Technik und Kultur

Die gegenwärtig gewaltigsten Umwälzungen in der menschlichen Zivilisation wurden durch technische Folgen aus Erkenntnissen der Quantentheorie verursacht. Die weltweite Verknüpfung der Menschen über das Internet wäre ohne die technischen Anwendungen aus der Quantentheorie vollkommen unmöglich. Erst mit ihr wurden leistungsfähige Computer und Datennetze möglich. Computer sowie andere ausgefeilte Erkenntnisse der quantenphysikalischen Entwicklung in der Festkörperphysik haben aber nicht nur die Verbindungen des Internets ermöglicht. Im Anhang werden noch mehr Anwendungen der Quantentheorie erläutert.

Die Simulationsstärke der modernen Informationsverarbeitung erlaubt es inzwischen, vieles von dem, was bisher als spezielle und alleinige Fähigkeit des menschlichen Geistes angesehen worden war, mit Hilfe künstlicher Intelligenz zu simulieren.

Ein Prozess kann simuliert werden, wenn man ein gut passendes mathematisches Modell der zu simulierenden Entität besitzt. Dieses Modell muss mit seinen Reaktionen auf Veränderungen auch diejenigen Veränderungen widerspiegeln, die unter den modellierten Bedingungen am Vorbild geschehen.

Die Vorgabe einer „Zielsetzung" in einem technischen Gerät geschieht durch den Erbauer, einen Menschen. Ich halte es daher für fehlerhaft, diese Zielsetzung dem Gerät selbst zuzuschreiben.[92] Das Gerät arbeitet gemäß der vom Menschen vorgeschriebenen Ziele, so dass es von außen betrachtet den Eindruck erwecken kann, als ob es sich vernünftig verhalten würde. *Eine Simulation ist die mathematische Nachbildung eines Vorganges im Rechner, der in der Natur in analoger Weise ablaufen soll.* Bei den Geräten der technischen Intelligenz geschieht dies sogar in der Weise, dass durch die Simulation das Verhalten des Gerätes in seiner Umwelt festgelegt werden soll.

Wie bei allen bisherigen Erfindungen und Entwicklungen ist bei technischer Intelligenz eine Ambivalenz zu beobachten. Aus diesen technischen Errungenschaften erwachsen nicht nur Segnungen, sondern auch Bedrohungen für die Menschheit insgesamt. Auch aus den Erkenntnissen der Quantentheorie ergeben sich neue Herausforderungen für eine Weiterentwicklung unserer ethischen Prinzipien. Dabei wird eine Rückbesinnung auf die Dynamische Schichtenstruktur hilfreich sein.

Wir müssen gleichermaßen das faktisch Eingetretene bei unserem Handeln berücksichtigen und zugleich offen sein für die Chancen, welche die zukünftigen Möglichkeiten bieten.

Nachhaltigkeit bedeutet auch, Halt zu machen und nachzudenken über die möglichen Folgen. Das Überdenken der Fakten benötigt Zeit, man muss innehalten und reflektieren können. Unter Druck und Stress sind keine freien und keine sachgerechten Entscheidungen möglich. Eine „Entschleunigung für die Möglichkeit einer Reflexion" ist vor allem bei unübersichtlichen Zusammenhängen oftmals dringend notwendig.

Die Bewertung der Fakten hängt auch von den Werten ab, welche in der jeweiligen Kultur als weitgehend verbindlich angesehen werden. Über die lokalen Kulturen hinaus werden heute auch die grundlegenden Werte für das Leben und Überleben der Menschheit insgesamt immer wichtiger. Im Gegensatz zu früheren historischen Situationen wird eine umfassende Bildung und die Vermittlung von gesichertem Wissen zu einer Überlebensbedingung einer Menschheit, welche sich auf eine Weltbevölkerung von 10 Mrd. zubewegt. Die Endlichkeit aller Ressourcen auf der Erde erfordert die Nachhaltigkeit unserer Vorhaben und das Bedenken der Folgen von Unterlassungen.

Obwohl die Quantentheorie selbst keine machtförmige Struktur besitzt, können jedoch die mit ihrer Hilfe geschaffenen Fakten (vor allem die der technischen und die der bedeutungsvollen Informationen) zu einer Fülle neuer Machtstrukturen führen.

Die wichtige Rolle von Fakten die aus bedeutungsvoll gewordenen Informationen erwachsen, welche auf irreführenden „Fake-News" im Internet beruhen, wird für Demokratien zu einer wachsenden Gefahr. („Bedeutungsvoll" ist keineswegs mit Realitätsbezug gleichzusetzen.) Der Beziehungsaspekt zwischen Technik und Gesellschaft kann nicht ohne Schaden für die Menschen ignoriert werden.

Das Bewusstsein kann – wie beschrieben – begriffen werden als die Möglichkeit, durch eine interne Informationsverarbeitung beispielsweise mögliche Abläufe in der Natur und im Sozialen im Geiste nachzuvollziehen und zu prognostizieren, so dass nicht alle ungünstigen Vorgänge in der Realität ausprobiert werden müssen. Dies setzt voraus, dass bedeutungsvolle Information codiert gespeichert werden kann. Die Gene haben eine viele Millionen Jahre lange Erfahrung der vorhergehenden Generationen gespeichert, auf der die gegenwärtigen Lebensformen aufbauen.

Bei der Herausformung des Bewusstseins ist der gegenwärtig oft verwendete Begriff der Resonanz tatsächlich angebracht:

> Der Säugling erlebt über die Mutter oder die entsprechenden Beziehungspersonen sein Eingebundensein und seine Verbundenheit mit anderen, die affektive Resonanz mit ihnen. Gleichzeitig wird ihm dabei vor allem über die Sprache die Symbolik der jeweiligen Kultur vermittelt.[93]

Eine allein gefühlsmäßige Resonanz ist allerdings beim Heranwachsenden nicht nur positiv zu sehen, wenn die geistigen Inhalte, welche durch Gemeinschaft oder auch durch Musik vermittelt oder verstärkt werden sollen, antihumanistische Zielsetzungen beinhalten. Die resonanten Bewegungen bei Aufmärschen in totalitären Systemen, unterstützt von Marschmusik, bieten immer wieder Beispiele.

Die beim Menschen hinzugekommene – in Sprache und Schrift gespeicherte – kulturelle Information ergänzt die biologische Informationsverarbeitung. Heutzutage wurde in einem bisher noch nicht vorstellbaren Ausmaß möglich, dass Gedachtes die engen räumlichen und zeitlichen Grenzen überwinden kann, die anderen Tieren durch die biologische Weitergabe über die Gene und über die unmittelbare Vermittlung an den Nachwuchs gesetzt sind.

Eine neue Stufe der *Informationsverarbeitung*, die weit über eine bloße *Informationsweitergabe* hinausgeht, wurde damit erreicht, dass man technische Systeme dafür entwickelt hat.

Alle Berechnungen nach vorgegebenen Ansätzen, also alle Algorithmen, sind einfache logische Schlussfolgerungen. Sie können jetzt von Maschinen bearbeitet werden. Auch Korrelationen zwischen großen Datenmengen können maschinell gefunden werden. Natürlich sind logische Schlüsse nichts Kreatives und Korrelationen sind keine Gesetze, aber alle die dabei erhaltenen Ergebnisse können wichtige Anregungen für kreative Ideen und für das Finden neuer Gesetze liefern.

Mit den technischen Anwendungen der mathematischen Simulationen wird die Fähigkeit des menschlichen Bewusstseins zur Informationsverarbeitung auf eine neue Stufe gehoben.

Vielfach wird heutzutage von einem „Zeitalter der Information" geschrieben. Dabei wird – neben Hinweisen auf Werbung und Selbstdarstellung – zumeist auf die große Bedeutung der Informationsverarbeitung für die Organisation von Produktion und Handel verwiesen.

Die Anwendungen der technischen Informationsverarbeitung in ihren ökonomischen und gesellschaftlichen Auswirkungen sind höchst bedeutsam.

Gegenwärtig wird auch deutlich, wie mit diesen Möglichkeiten die Menschen nicht nur in ihrem Kaufverhalten beeinflusst werden, sondern auch in ihren politischen Entscheidungen. Technische Anwendungen von Informationsverarbeitung für die Beeinflussung von Wählerverhalten erlangen wahrscheinlich zunehmende Bedeutung.

Alle diese geschilderten Anwendungen bleiben jedoch auf das technisch und ökonomisch Verwertbare beschränkt und werden für eine Beeinflussung von menschlichem Verhalten genutzt.

Dass jedoch Quanteninformation auch eine wesentliche ontologische Struktur ist, dass sie die Grundlage auch der materiellen Realität ist, das gelangt dabei nicht ins Blickfeld.

Zumeist fehlt in der Öffentlichkeit noch die weit über das Ökonomische hinausreichende Erkenntnis, dass Information in der Tat die Grundstruktur der Wirklichkeit darstellt – allerdings ihre bedeutungsoffene Erscheinungsform als AQIs, denen dann je nach Kontext eine spezielle Bedeutung zukommen kann.

Wir versprechen uns von einer Einsicht in die tatsächlichen Strukturen der Natur eine leichtere Abkehr von einer Weltsicht, die im Materiellen die alleinige Realität sieht und die daher so schwer in der Lage ist, den Wert des Geistigen schätzen zu können und damit auch den Wert von Wissen und Einsicht.

Diese Erkenntnisse auch von Seiten der Naturwissenschaft her können dazu beitragen, dass über manche Erscheinungen in Politik und Ökonomie neu nachgedacht wird.

Man kann aus ihnen auch folgern, dass nicht nur dem Menschen, sondern allen Mitgestaltern des Lebens eine ihnen inhärente Würde zukommt, deren Beachtung für alle förderlich ist.

Schließlich zeigen die Beziehungsstrukturen in der Natur und besonders im Lebendigen, dass ihre Berücksichtigung für alle Beteiligten vorteilhaft ist. An diesen Strukturen kann verständlich werden, dass etwas Geistiges, wie Lob, Anerkennung und Wertschätzung, dem Materiellen, wie Gratifikationen und Profiten, in ihren Wirkungen äquivalent werden kann. Eine erhaltene Waldlandschaft hat größeren Wert als der Profit der geschlagenen Bäume und eine anschließende Monokultur, z. B. für Biosprit. Die Gesellschaft kann leichter einsehen, dass für ihr Wohlergehen insgesamt Bedingungen förderlich sind, welche die Beziehungsstrukturen zwischen allen Teilnehmern am ökonomischen Prozess für bedeutsamer erachten als Riesenprofite für Konzerne oder hohe Boni für Einzelne, welche oft nach deren Erhalt woanders neue Quellen dafür suchen.

Auch Erziehungsstrukturen können davon gewinnen, dass der Realität von Geistigem die entsprechende Rolle zugewiesen wird. Schließlich betrifft Erziehung in erster Linie Ausformungen von geistigen Prozessen zur Beeinflussung geistiger Prozesse, nämlich des Lernens sowie der Bewertung und Bedeutungsgebung für die Situationen des Lebens.

Einer hohen Bildung bedürfen natürlich die großen Aufgaben schon allein der Logistik einer Versorgung von Mega-Cities. In der Medizin gehört beispielsweise eine Ahnung dazu, welchen schwer vorstellbaren Aufwand an Rechenleistung die NMR- und Ultraschall-Untersuchungen des menschlichen Körpers erfordern und wie verarbeitet und indirekt deshalb die dort angebotenen anschaulichen Bilder im Grunde sind.

Eine zentrale Struktur im Lebendigen besteht darin, dass sich immer wieder ein Gleichgewicht zwischen Konkurrenz und Kooperation einstellt.

Da der Mensch durch seine geistigen Fähigkeiten künftige Entwicklungsmöglichkeiten modellhaft skizzieren kann, besteht die Chance und seine Aufgabe darin, alles zu tun, um mögliche Katastrophen abzuwenden. Das betrifft sowohl das Gesellschaftliche, wo eine übergroße Ungleichheit zu Instabilitäten führt. Diese lassen auch diejenigen letztlich nicht ungeschoren, welche glauben, von solchen Situationen nur profitieren zu können. Eine Vorsorge betrifft in gleichem Maße auch die Bedrohungen aus der Natur. Diese betreffen nicht nur die vom Menschen beeinflussten Veränderungen in der Atmosphäre, sondern z. B. auch Asteroiden, welche die Erde treffen können. Erst heute wurde es möglich, bei einer Unzahl von Asteroiden die Bahnen im Sonnensystem mit hinreichender Genauigkeit zu erstellen. Auch die Veränderungen in der Atmosphäre und die geologischen Veränderungen auf der Erdoberfläche, z. B. auch beim arktischen Eis, sind ohne Satelliten und Computer nicht zu erfassen.

Eine humane Ethik erhält somit eine Unterstützung von naturwissenschaftlicher Seite her, welche in früheren Zeiten und mit dem Weltbild der klassischen Physik und der darauf aufbauenden materialistisch verengten Weltsicht nicht möglich war.

9.1. Determiniertheit und Macht oder Freiheit und Kooperation?

Die bisherigen Ausführungen haben gewiss deutlich werden lassen, dass die Menschheit nicht mehr ignorieren kann, dass sie mit an ihrem eigenen Drehbuch schreibt. Sie ist mitverantwortlich dafür, wie sich die Zukunft gestaltet, auch wenn das Ende offen bleibt.

Das Weltbild der klassischen Physik beruht auf den Hypothesen von Trennung und von Kräften, von Isoliertheit und von einer ansonsten alleinigen Realität des Materiellen. Die offensichtliche Wirkmächtigkeit geistiger Inhalte kann aus der Physik heraus mit diesen Vorstellungen nicht berücksichtigt werden. Die klassische Physik besitzt eine machtförmige Struktur. Sie vermittelt die unbewusste Vorstellung, dass wenn man jetzt die Bedingungen geeignet wählt, man damit die künftige Entwicklung „voll im Griff" haben würde. Auch wenn die „Planbarkeitsfantasien" untergegangener politischer Strukturen für viele Menschen heute nur noch lediglich historische Erinnerungen sind, so ist doch eine solche deterministisch-naturalistische Haltung keineswegs überwunden. Das Machtstreben, welches aus einer solchen überholten Weltsicht folgt und welches in deren Gefolge gleichsam „wie eine sinnvolle Konsequenz erscheint", geht jedoch an den Erkenntnissen der modernen Naturwissenschaft vorbei.

Mit der Quantentheorie wird es deutlich, dass bereits im Bereich des Unbelebten die Beziehungsstrukturen eine wesentliche Rolle spielen. Diese werden in der biologischen Evolution noch deutlicher und wesentlich stärker wirksam.

Neben dem „Kampf um knappe Ressourcen" spielt in der Evolution der Lebewesen die Symbiogenese eine ebenfalls wichtige Rolle.

Leben wurde und bleibt nur möglich, wenn auch der Bedeutung von Kooperation und Miteinanderwirken genügender Raum eingeräumt wird.

Wenn wir uns fragen, was haben diese Strukturen in der Natur mit uns Menschen und mit unserer Ethik zu tun, dann ist daran zu erinnern, dass auch alles, was in unserer technisch geprägten Zivilisation geformt wurde, ein Teil der evolutionären Entwicklung bleibt. Oftmals wird allerdings die Technik lediglich als Gegensatz zur Natur beschrieben. Dies ist insofern zutreffend, als technische Artefakte viele der bisherigen natürlichen Bedingungen und Gegebenheiten verdrängen. Dieser Gegensatz von Natur und Technik wurde wahrscheinlich deshalb so deutlich formuliert, weil in der Technik das Wirken des menschlichen Geistes offensichtlich ist. Wenn das Geistige nicht als Ergebnis einer natürlichen Evolution verstanden wird, dann ist auch der Gegensatz Natur versus Technik unvermeidlich.

Was heute an Stelle eines bloßen Konstatierens dieser Gegebenheit notwendig ist, ist ein Mehr an Verstehen der natürlichen Zusammenhänge. Nur damit wird es möglich, unökologisches Verhalten weitgehend zu vermeiden. Die Entwicklung der zivilisatorischen Bedingungen und der technischen Schöpfungen wird sich dann nicht gegen den Menschen wenden, wenn sie mit ausreichendem Wissen erfolgt und ihr Ablauf immer wieder neu nachgesteuert wird.

Die Strukturen, welche die moderne Naturwissenschaft in der Natur erkannt haben, behalten ihre Bedeutung auch für unser menschliches Handeln bei. Sie greifen durch bis auf unser Verhalten, welches zumeist stark aus dem Unbewussten beeinflusst wird.

Nun mag man einwenden, dass das Machtstreben und der Verzicht auf Kooperation doch oftmals sehr erfolgreich sind. Dazu ist zu sagen, dass Macht – wegen ihrer Differenz zu den natürlichen

Beziehungsstrukturen – in der Regel dazu verführt, blind für manche der realen Bedingungen zu werden.

Oft zerstört eine rücksichtslose Machtausübung daher letztlich die Strukturen, auf denen sie beruht und die sie für sich bewahren will.

Die Spätfolgen der sogenannten „Kollateralschäden" sind zumeist auch für den Verursacher schwerwiegender, als er bei deren Verursachung glauben mag.

Wir sind und bleiben Teil der Natur, und die Strukturen, die in der Natur wirksam sind, bleiben es auch bei uns. Die Dynamische Schichtenstruktur zeigt, dass jede zu einseitige Sicht fehlerhaft wird.

Die beiden der theoretischen Grundstrukturen, welche in der Physik notwendig sind, also der klassische, trennende und determinierende Blick auf die Welt sowie die Erfassung der quantischen, kreativen und verbindenden Aspekte, sind ebenfalls wichtig für unsere Ethik. Von klein auf hat der Mensch das Bestreben sowohl nach Bindung als auch nach Selbstständigkeit. Dies gilt später auch im Verhältnis zur Gesellschaft. Ohne die Einbindung in sie können wir nicht überleben. Trotzdem fordern wir von ihr auch eine gewisse Unabhängigkeit ein.

Die ethischen Regeln treffen unter anderem Aussagen darüber, wie mit diesen widersprüchlichen Bestrebungen verantwortungsvoll umzugehen ist. Dass die für ein verantwortliches Handeln notwendige Freiheit möglich ist, folgt aus der in der Natur erkannten Abwesenheit einer tatsächlichen Determiniertheit.

Das Maß an Freiheit, das wir Menschen haben, erlaubt uns, dass wir unsere bewusste Aufmerksamkeit auf ein Problem lenken können und sogar auch gelegentlich, dass wir uns Probleme suchen können, z. B. in der Wissenschaft. Natürlich bleibt es dabei wahr, dass die im Unbewussten verankerten Strukturen vor dem Bewusstsein und teilweise unabhängig von diesem Wirkungen erzeugen. Jedoch auch unseren negativen Automatismen, die in unseren Verhaltensweisen gelegentlich deutlich werden, sind wir nicht in einer deterministischen Weise ausgeliefert. Sie lassen sich durch Bewusstwerdung bearbeitend verändern.

Eine Veränderung erfordert allerdings Nachdenken, Reflexion, geistige Arbeit und Anstrengung sowie Offenheit für das Erkennen von Möglichkeiten.

Das bedingt einen persönlichen Einsatz und manchmal auch professionelle Unterstützung oder Hilfe. Neue, eventuell von einer anderen Person kommende Fragestellungen sind geeignet, an „Bifurkationspunkten" neue Entwicklungswege für eine innere Arbeit zu eröffnen.

Natürlich sind in privaten und auch in gesellschaftlich unsicheren Situationen auch negative Einflüsse und Entwicklungen möglich.

Für die Einschätzungen und die Bewertungen unserer inneren Erfahrungen ist die Quantentheorie insofern hilfreich, weil sie erlaubt, das Psychische mit naturwissenschaftlichen Strukturen zu verbinden. Die psychische Bewertung einer Information kann dadurch verändert werden, dass man sie in den Rahmen eines anderen Kontextes, einer anderen Betrachtungsweise oder eines anderen Sinnzusammenhanges stellt.

Dass das Psychische reale Wirkungen erzeugt, ist für die meisten Menschen eine Selbstverständlichkeit. Mit der Definition des Bewusstseins als bedeutungsvolle Quanteninformation und dem quantentheoretischen Verstehen von Materie und Energie wurde es möglich, zu erklären, wie und wieso die Psyche Wirkungen auf das Gehirn und den übrigen Körper ausüben kann.

Wir leben in einer Zeit einer unglaublichen Verdichtung der Informationsvermittlung. Als eine Auswirkung ist u. a. eine Minimierung der Satzlänge zu erkennen. Wir begegnen vielen Menschen, denen es durch ein Training mit „Twitter" u. ä. schwer fällt, sich auf längere Sätze konzentrieren zu können. Dass allerdings bei einer zu starken Verkürzung komplexe Zusammenhänge nur schwer vermittelt werden können, dürfte evident sein.

Allerdings ist auch eine Gegenbewegung wahrzunehmen. Ein Streben nach einem reflektierenden Innehalten, nach Möglichkeiten, die Phänomene gründlicher zu betrachten, kann ebenfalls festgestellt werden. Ein „befristeter Ausstieg" aus der Hetze und der Informationsüberflutung des Alltags wird bei Auszeiten in Klöstern, in Meditationszentren und in ähnlichen Einrichtungen gesucht. Im Alltag sind wir ebenfalls darauf angewiesen, ein Gleichgewicht zu finden zwischen kurzen – leider oft zu sehr verkürzten – Darstellungen komplexer Zusammenhänge und einem tatsächlichen und reflektierten Durchdenken derselben. Dies wird schwierig, wenn der dafür notwendige Zeitraum nicht gewährt wird.

Die oft zu Tage tretende Diskrepanz zwischen unserem zeitlichen Erleben und dem Gang der Uhr korrespondiert zum quantischen Zeitverhalten. Ein abgeschlossenes Quantensystem befindet sich wegen des Fehlens von Fakten in einer andauernden Gegenwart, also ohne einen inneren Zeitablauf. In der Meditation, in Gedankenverlorenheit und in anderen ähnlichen Situationen können wir ebenfalls solche Zustände erleben, die wir als eine ausgedehnte Gegenwart beschreiben können.

Die Anregungen, die wir uns für unser Verhalten von denjenigen Naturgesetzen geben lassen können, welche die moderne Physik entdeckt hat, sind darüber hinaus hilfreich, uns nicht nur in der natürlichen, sondern auch in unserer sozialen Umwelt vorteilhafter verhalten zu können. Auch für langfristige Zielsetzungen gilt, dass es stets alternative Wege gibt, um diese zu erreichen. Planungen für diese sind daher stets flexibel zu gestalten und für eine Nachjustierung offen zu halten. Es ist auch daran zu erinnern, dass „Bedeutung" nichts Objektives sein kann. Bedeutung hängt stark von dem Werte-Kanon ab, der als Kontext für Informationen bereitsteht. Daher müssen sich die Mitglieder der Gesellschaft auch über die grundsätzlichen Fragen austauschen. Die Stellung zu diesen Fragen wird aus dem Unbewussten und besonders von den Emotionen beeinflusst.

9.2. Die Antwort auf Fausts Frage

Johann Wolfgang von Goethe sah seine naturwissenschaftlichen Forschungen selbst bedeutsamer an als seine dichterischen Leistungen. Es ist wenig bekannt, dass er voller Abscheu über die Vorstellung sprach, der letzte Grund der Wirklichkeit könnten „Atome – kleinste elementare Teilchen" sein. Man kann daher annehmen, Goethe hätte mit Begeisterung auf die Entwicklung der modernen Naturwissenschaft reagiert. Schließlich zeigt es sich, dass er mit seiner Einstellung in Bezug auf die „Atome" der Entwicklung der Naturwissenschaft wesentlich nähergekommen war als mit den physikalischen Aspekten seiner Vorstellungen zur den optischen Phänomenen, deren Wert als *Physiologie und Psychologie* der Farbwahrnehmung unbestritten bleibt.

Die oft gestellte Frage, die sich Goethes Faust stellt, „was die Welt im Innersten zusammenhält", zielt – genau besehen – auf die Kräfte. Wenn wir auf die sichtbaren Erscheinungen im Alltag blicken, dann werden alle diese Kraftwirkungen nach heutiger wissenschaftlicher Kenntnis von Photonen verursacht.

Alle chemischen und biochemischen Umsetzungen, alle Neubildungen und Zerlegungen von Stoffen sowie auch die von Information gesteuerten Vorgänge in den Gehirnen sind Effekte des Elektromagnetismus.

Wenn wir das bedenken, so ist es erstaunlich, wie zutreffend der Volksmund bereits war, wenn er davon spricht, dass jemandem „ein Licht aufgeht". Die „hellen Köpfe" der „Aufklärung" vertrieben die (manchmal nur angebliche) Finsternis des mittelalterlichen Denkens.

Was bei diesen Sprichworten vollkommen „unterbelichtet" bleibt, ist die Tatsache, dass es hierbei auch um Kraftwirkungen geht. Die Photonen wirken nicht nur als Träger von bedeutungsvoll gewordener Information, sondern auch als Vermittler aller der Kraftwirkungen, die neben der Schwerkraft im Alltag in Erscheinung treten.

Die tiefgehende Antwort auf die Frage von Faust wäre heute der Hinweis auf die abstrakte Quanteninformation, welche sich sowohl zur Materie als auch zu den Kräften formt und damit auch den gegenseitigen Zusammenhalt der Materie gewährleistet.

Im Rückblick kann man die Geschichte des wissenschaftlichen Fortschritts trotz aller z. T. schrecklichen Nebenwirkungen auch als einen Weg in eine lichtere Zukunft interpretieren. Die Kinder- und Müttersterblichkeit wurde verringert, viele Krankheiten wurden behandelbar, die Lebenserwartung stieg in vielen Ländern an und eine sehr viel größere Zahl an Menschen als früher konnte ausreichend ernährt werden.

Was jedoch nicht im gleichen Maße mitgewachsen ist, das sind die ethischen und politischen Einstellungen und die Verhaltensweisen bei vielen Menschen. Heute wird immer deutlicher, dass brutale Machtausübung und Konzentration auf nur materielle Ergebnisse, aber auch der Versuch, soziale Zwänge für Frauen und Minderheiten aufrecht zu erhalten, in vielen Ländern einer Bildung in der Bevölkerung und einer damit verbundenen Aufklärung entgegenwirken. Wenn wir erkennen, dass Information – zwar primär bedeutungsfrei, jedoch wegen ihrer Bedeutungsoffenheit zu Bedeutung befähigt – die tiefste Grundlage der Wirklichkeit ist, dann wird besonders erkennbar, wie wichtig Bildung und Ausbildung sind.

Steuerung und Regulierung in Natur und Gesellschaft erfolgt über Information. In der menschlichen Gesellschaft in positiver Weise jedoch nur, wenn ihr auch eine „richtige" und letztlich eine für alle förderliche Bedeutung gegeben wird.

Dies ist in der Regel ohne Bildung schwer möglich. Im Zusammenhang damit sollte vor allem auch an die quantitativ große Zahl junger Leute in den Ländern gedacht werden, in denen noch heute große Not herrscht. Die Mischung von fremd- und selbstverschuldeter Armut sowie nichtüberwundene vormoderne religiöse und soziale Zwänge verhindern, dass der heranwachsenden Generation eine adäquate Bildung zukommt.

Natürlich sind ethische Regeln sehr viel älter als jede Naturwissenschaft. In früherer Zeit war man zumeist der Überzeugung, dass diese an religiöse Normen und Vorschriften gebunden werden sollten. Eine solche Anbindung bewahrt jedoch keineswegs davor, zu schrecklichen Resultaten zu gelangen. Geschichtliche Beispiele gibt es genügend, gegenwärtig zeigt der mit einer mittelalterlichen Interpretation des Islam begründete Terror, wozu eine unmenschliche Ethik führen kann. Aber auch dezidiert antireligiöse Weltanschauungen mit gleichfalls einer transzendenten Anbindung – z. B. wie die Vorherrschaft einer „Rasse" oder der „Diktatur des Proletariats" und die zu charakterisieren sind durch Namen wie Hitler, Stalin, Mao und Pol Pot – haben in der Geschichte zu noch viel größeren Menschopfern geführt.

Heute stellen Philosophen wie Jürgen Habermas die Forderung auf, dass die Religionen die rechtsstaatliche Verfassung, die allgemeinen Menschenrechte und auch Ergebnisse der Wissenschaften anzuerkennen haben. Die Forderung nach Anerkennung des Rechtsstaates und der Menschenrechte wird zumindest in unserer Kultur gewiss allgemeinen Beifall finden. Bei den Wissenschaften ist daran zu erinnern, dass gute Wissenschaft immer dafür offen ist, ihre Ergebnisse im Lichte neuer Erkenntnisse zu korrigieren.

Gegenwärtig werden transzendente Bezüge zur Ethik immer mehr abgelehnt und stattdessen wird gelegentlich sogar die Naturwissenschaft in eine pseudoreligiöse Rolle gedrängt. Deshalb ist es wichtig, die möglichen Beziehungen zu unseren ethischen Normen zu beachten, die aus den neuen Erkenntnissen über die natürlichen Abläufe gefolgert werden können. Dazu liefern die Quantentheorie und die Grundstruktur der Wirklichkeit, wie sie mit der Theorie der Protyposis erkennbar wurde, neue Hinweise, die aus der früheren Naturwissenschaft nicht gewonnen werden konnten.

Ethische Normen bedeuten die Anerkennung von Werten. Werte sind Formen von Ideen und Prinzipien, von geistigen Strukturen.

Solange die Realität mit vorgeblich naturwissenschaftlichen Argumenten auf „kleine materielle Teilchen" beschränkt wird, kann man nicht erkennen, dass auch *Werte als Realitäten* gesehen werden müssen. Mit der Theorie der Protyposis wird dieser Kurzschluss korrigiert. Wenn etwas, was als Information gemeinhin als „geistig" bezeichnet wird, auch aus naturwissenschaftlicher Sicht eine Realität sein kann, so wird das auch Auswirkungen auf unser Verhältnis zu ethischen Normen haben. Die Dynamische Schichtenstruktur kann als ein Vorbild dafür verwendet werden, die verschiedenen Einflüsse, z. B. die geistigen und die materiellen, auf unser menschliches Verhalten zu erklären und zu verstehen, ohne dass man deswegen eine dualistische Weltsicht postulieren müsste.

Die Naturwissenschaft untersucht die Bedingungen und Abläufe in der Natur, um aus diesen Einsichten Lehren für ihre nutzenbringende Beeinflussung ziehen zu können. Auch wenn der Weg von dort zu ethischem Verhalten keineswegs eindeutig oder geradlinig ist und keinesfalls schnell zurückzulegen ist, so ist doch Aufklärung – auch über die Grundlagen der Natur, welche die Quantentheorie aufgezeigt hat – ein wichtiger Aspekt, um auch die Zukunft unserer Kinder und Enkel heller erscheinen zu lassen. Horkheimer und Adorno haben in ihren Essays „Dialektik der Aufklärung" darauf verwiesen, dass eine Aufklärung, die sich lediglich auf die vermeintlich „rationale Vernunft" stützt, nicht notwendig zu einer menschlicheren Ethik führt.

Zu einer ähnlichen Interpretation kann man gelangen, wenn man beachtet, dass die „rationale Vernunft" eine Logik der Fakten bedeutet, die bereits bei einer Anwendung auf die unbelebte Natur nicht zur besten Beschreibung der Wirklichkeit führt.

Im Gegensatz dazu wird mit der Quantentheorie die Zwanghaftigkeit der Naturbeschreibung, wie sie durch die klassische Physik erfolgt, von einer besseren Beschreibung abgelöst. Alle die unbewussten Motive und Steuerungselemente, die in der menschlichen Gesellschaft ihre Wirkung entfalten, haben im Wesentlichen einen quantischen Charakter.[94]

Der *Beziehungscharakter der Wirklichkeit*, der im Sozialen so bedeutsam ist, entstammt bereits dem Bereich des Unbelebten. Jede Handlung setzt Fakten. Aus diesen erwachsen neue Möglichkeiten, welche Raum für Verschiedenes bieten. So wird Neues entstehen – im Guten oder leider auch im Schlechten. Dieses zu betrachten und alles abzuschätzen erfordert wie gesagt oftmals ein Innehalten, eine Reflexion, erfordert geistige Arbeit und Offenheit. Ein dabei notwendiges Loslassen von Machtvorstellungen kann als schmerzhaft wahrgenommen werden.

Die neue Physik kann dabei helfen, den Menschen mit seiner Kultur als ein Glied in der evolutionären Entwicklung zu begreifen und seine Beziehungen zur Natur für ihn und für die anderen Lebewesen zu verbessern.

10. Gott würfelt, aber er lässt uns durch die Wissenschaft erkennen, mit welchen Würfeln – und gelegentlich dürfen wir sogar mitwürfeln!

Es ist gewiss deutlich geworden, dass es einen tatsächlichen Zufall in der Natur gibt. Allerdings sind die Abläufe in der Natur keinesfalls die reine Willkür. Die Fakten ergeben sich nicht beliebig, sondern nur in dem Rahmen, welcher von den Möglichkeiten eröffnet wurde. Wir können daher bereits für vieles Zukünftige berechnen, womit wir eventuell konfrontiert werden können.

Manche der naturverursachten Ereignisse können wir bereits beeinflussen, manche negativen Einflüsse verursachen wir selbst durch kurzsichtiges, unreflektiertes oder auch unterlassenes Handeln. In allen Fällen ist eine gute Modellierung das Wesentliche, um versuchen zu können, Schlimmes abzuwenden.

Durch die technischen Anwendungen der Quantentheorie wurde eine ungeheure Rechenkapazität möglich, welche zu technischen Formen einer „künstlichen Intelligenz" geführt hat. Damit werden Vorhersagen für Ereignisse möglich, auf die man sich vorbereiten kann oder die man sogar beeinflussen kann.

In der geologischen Entwicklung hat es auf der Erde immer wieder große Katastrophen gegeben, das betrifft Erdbeben und Vulkanausbrüche und auch Einschläge von größeren Asteroiden. Dass der Einschlag eines solchen Himmelskörpers wesentlich zum Aussterben der Dinosaurier beigetragen hat, darf heute als gesichert gelten.

Für die Vorhersage von derartigen Gefahren ist zu erwarten, dass mit der weiteren Entwicklung der Rechenleistungen der Systeme der künstlichen Intelligenz gewiss noch große Fortschritte erreicht werden. Wohl nur mit ihrer Hilfe werden wir in die Lage versetzt werden, längerfristige geeignete Vorsorgemaßnahmen ergreifen zu können. Für die Berechnungen der Vorhersagen wird die klassische Physik allein nicht ausreichen. Der quantische Teil der Dynamischen Schichtenstruktur wird dann notwendig werden, wenn es auf eine große Genauigkeit ankommt.

Die steigende Rechenkapazität und immer komplexere Algorithmen ermöglichen, dass eine sehr hochentwickelte technische Intelligenz alle die vernunft-analogen Aufgaben erfüllen kann, *die ein bewusstseinsfähiger Erbauer ihr zugewiesen hat.* Entscheidend für die Anwendung bleibt der Mensch. Er gibt die Randbedingungen und Zielsetzungen für die „selbstlernenden" Systeme vor und ist damit auch für die Ergebnisse verantwortlich.

Mit den AQIs kann man erkennen, dass für Lebewesen eine typische *Nicht-Trennung* – eine „Uniware" – besteht zwischen dem Teil der Informationsverarbeitung, den man als Hardware bezeichnen kann und dem Teil, den man eher der Software zurechnet. Die Informationsverarbeitung in den Lebewesen wurde lange Zeit so interpretiert, dass aus dem Genom eine Steuerung erfolgt, die als determiniert dargestellt wurde. Die Uniware des Lebendigen ermöglicht jedoch zu verstehen, dass auch epigenetische Einflüsse auf alle Stufen der biologischen Informationsverarbeitung einwirken können. Erst damit wird die Robustheit und Flexibilität des Lebendigen erklärbar.

Die Uniware ist eine der Voraussetzungen für Bewusstsein und sie existiert nicht bei den bekannten technischen Systemen vom Computer bis zum Internet. Daher werden diese auch kein Bewusstsein entwickeln können.

Dass der „Determinismus der Fakten" eine unzureichende Beschreibung der Natur ist, dass wir Menschen also „mitwürfeln dürfen", das ist ein großer Trost und zugleich eine riesige Herausforderung für uns. Wir können die Zukunft mit beeinflussen – und wir sind deswegen dafür auch mit verantwortlich! Es ist also nicht determiniert, wie der Kampf für eine gerechtere und humanere Gesellschaft ausgehen wird. Asteroidenbahnen, welche der Erde gefährlich werden können, sind zwar erst einmal als determiniert hinzunehmen. Es ist jedoch nicht determiniert, dass wir darauf verzichten müssten zu versuchen, uns davor zu schützen und die Bahnen zu beeinflussen. Natürlich gehören auch Überlegungen für eine Minimierung der schädlichen Folgen der Erderwärmung zu unserer Verantwortung.

Die Quantentheorie erlaubt uns nicht mehr, dass wir uns hinter einer vorgeblichen Determiniertheit verstecken dürfen, die in den letzten Jahrzehnten als Leitdogma postuliert worden war. Sie fordert uns auf, die mit unserer Freiheit verbundene Verantwortung zu übernehmen.

Es ist also wichtig, die Quantentheorie aus dem Ghetto des „mikroskopisch Kleinen" herauszuführen. Mit der Protyposis wird es leichter verstehbar, dass diese genaueste Theorie, die Quantentheorie, eine universelle Gültigkeit hat.

Aus den vielen Ausführungen wird deutlich geworden sein: Quantentheorie ist sehr viel mehr als nur Mikrophysik.

Zugleich ist es zweckmäßig, im Rahmen der Dynamischen Schichtenstruktur dort, wo es ausreicht, weiterhin mit den Methoden der klassischen Physik zu rechnen.

Seit über dreißig Jahren arbeite ich auf dem Gebiet der Quantentheorie und publiziere darüber. Dennoch ist die Abwehr gegen die hier dargelegte (und in Fachartikeln mathematisch ausgeführte) neue Physik noch immer recht groß. Zu viele Interessen – auch von finanzieller und sozialer Art – sind mit der Bewahrung überholter Vorstellungen verbunden.

Die Materie erweist sich mit der Protyposis als eine spezielle Ausformung einer nichtmateriellen Entität. Deshalb kann die Materie nicht die fundamentale Rolle spielen, die ihr der Naturalismus zuweisen möchte.

Dass eine Naturwissenschaft, welche das aufzeigt, bei naturalistischen Philosophen keine Begeisterung weckt, ist leicht verstehbar. Verwirrend ist es allerdings, dass sie auch bei Philosophen, welche gegen den Naturalismus argumentieren, ebenfalls eine große Abwehr bewirkt. Ein aktuelles Beispiel bietet das jüngste Buch von Markus Gabriel.[95]

Aus vielfältigen Erfahrungen wissen wir, wie schwierig es ist, sich mit dem durch die Quantentheorie eröffneten neuen Blick auf die Realität anzufreunden. Zu groß sind die wohl über Jahrhunderte gepflegten Vorurteile, die das Verhältnis von „Materie" und „Naturwissenschaft" betreffen. Lange Zeit galt es als eine Aussage der Naturwissenschaft, die sogar als gesichert behauptet wurde, dass ausschließlich „Materie" als Realität betrachtet werden dürfte. So ist es wohl auch zu unerwartet, dass mit der Protyposis die Kritik an diesen Vorurteilen und deren Richtigstellung aus der Naturwissenschaft heraus erfolgt. Die Erscheinungen von Materie und Energie bedeuten erst die vorletzte Stufe auf dem Wege zur Erkenntnis der Grundlagen der Realität. Es ist daher für unsere Leser vielleicht hilfreich, sich mit den erwähnten Vorurteilen etwas eingehender zu befassen.

Der Naturalismus ist eng verbunden mit dem Materialismus. Dieser hatte seine Blütezeit im 19. Jahrhundert und hatte sich auf die damals fortschrittlichen naturwissenschaftlichen Erkenntnisse berufen. In unseren Büchern verdeutlichen wir, dass mit den modernen naturwissenschaftlichen Erkenntnissen des 20. Jahrhunderts die Schwächen und Lücken des Naturalismus deutlich werden.

Die Naturwissenschaft hat seit einigen Jahrhunderten das Wissen um die Natur sehr bereichert. Dabei war sie – bei anfangs oft großen Widerständen – letztlich zumeist offen für neue Erkenntnisse und für ein Aussortieren überholter Vorstellungen. Auch wenn es solche Widerstände gab und gibt, so hat die Naturwissenschaft sich doch über längere Zeiträume gesehen einem immer besseren Verständnis der Erfahrungen und der Erscheinungen in der Natur genähert. Sie musste sich dabei immer wieder von überholten Vorstellungen trennen, welche neueren genaueren Erfahrungen widersprachen.

Auch für die Philosophie erscheint es aus unserer Sicht an der Zeit zu sein, einige Vorurteile zu überwinden. Zu diesen Vorstellungen gehört beispielsweise die Meinung, dass das Bewusstsein prinzipiell jenseits der Naturwissenschaft angesiedelt sein würde. Diese Ansicht war wahrscheinlich einer philosophischen Vorstellung von Objektivierbarkeit und Objektivität geschuldet, welche jetzt durch die Quantentheorie zumindest relativiert worden ist.

Objektivierbarkeit meint die Überzeugung, dass es möglich ist, Fakten in einer Weise feststellen zu können, dass die Überprüfung durch jeden beliebigen Anderen das gleiche Ergebnis aufzeigt. Seit langem zeige ich, dass die Quantentheorie diese Überzeugung relativiert. So gehört es zu den Grundtatsachen der Quantentheorie, dass es aus prinzipiellen Gründen unmöglich ist, den aktuellen Zustand eines unbekannten Quantensystems kennen zu können. Ein solcher „Keim von Subjektivität" ist bereits in der unbelebten Natur zu finden. Daher ist es keineswegs überraschend, sondern eher selbstverständlich, dass die Inhalte eines individuellen Bewusstseins subjektiv sind und höchstens sehr ungenau objektivierbar. Manche scheinen davon überrascht zu sein, dass genau dieses aus dem quantenphysikalischen Verstehen der Natur begründbar ist.

Der Naturalismus kann wie erwähnt als die moderne Version des Materialismus verstanden werden. Dahinter steht die Meinung, dass lediglich nur das als existierend gedacht werden darf, was mit dem Begriff der „Materie" gekennzeichnet werden kann. Das ist praktisch das Gegenteil von dem, was wir seit langem wissenschaftlich und naturphilosophisch vertreten und publizieren. Daher haben wir immer klargestellt, dass eine gute und philosophisch reflektierte Naturwissenschaft das *Gegenteil* eines solchen leicht umzustoßenden Pappkameraden „Naturalismus" ist.

Gesetze, die für möglichst vieles gelten sollen, können immer nur dann aufgestellt werden, wenn man ignoriert, was im Moment unter den gegebenen Umständen irrelevant zu sein scheint. Erst damit können die für ein Gesetz notwendigen *Gleichheiten* hergestellt werden. (Vielleicht dazu eine Anmerkung aus dem Bereich der juristischen Gesetze: Wenn im Grundgesetz über die „Würde des Menschen" geschrieben wird, dann werden beispielsweise die Unterschiede zwischen Männern, Frauen, Kindern und Säuglingen, zwischen Hautfarben und Körpermassen usw. zurecht ignoriert.)

Mit den Gesetzen der Naturwissenschaft wird bereits sehr viel vom Wesentlichen am Verhalten der Natur in der jeweils gegebenen Situation sehr gut erfasst. Das sieht man z. B. leicht an den Artefakten, welche auf Grund dieser Erkenntnisse gebaut werden können. Trotzdem muss Naturwissenschaft immer das Unwesentliche ignorieren, um die für die Gesetze erforderliche „Gleichheit" zu erzielen. So ist sie immer nur eine Annäherung an die Realität.

Dazu passend drei Zitate aus *unserem* Buch, auf das sich Gabriel bezieht:

Es kommt hierbei – wie allgemein in der Naturwissenschaft – darauf an, ihren Näherungscharakter klug zu beachten.[96]

Man darf also nicht vergessen, dass unsere Beschreibung der Natur die uns vorgenommenen Vereinfachungen beinhaltet, die wir Naturgesetze nennen, die aber nur Annäherungen an die Wirklichkeit sind und nicht die Realität selbst.[97]

Selbstverständlich ist jede Beschreibung der natürlichen Vorgänge, zu denen auch die psychischen Erscheinungen gehören – so gut sie auch sein mag –, höchstens eine Annäherung an eine „wahre Beschreibung der Realität".
Die These 4 ist in Strenge nicht haltbar. Es gibt eine Vollständigkeit lediglich als Formulierung eines Zieles, als „Leitgedanke". Außerdem würde sie auch den Verzicht auf alle Gesetze erfordern. Schließlich werden Gesetze nur dadurch möglich, dass in der jeweils gegebenen Situation Unwesentliches ignoriert wird, während „Vollständigkeit" jegliches Ignorieren ausschließen würde.[98]

(Zu „These 4" in diesem Zitat ist eine Anmerkung notwendig. Diese stammt aus „Putnams Thesen für den (metaphysischen) Realismus". These 4 lautet: Prinzip der Eindeutigkeit: „Es gibt nur eine vollständige und wahre Beschreibung der Realität." Unsere Antwort darauf in unserem Buch war: *Die moderne Naturwissenschaft zeigt, dass These 4 falsch ist.*)

Wenn man also im Rahmen der *Naturwissenschaft* über diese reflektiert, dann sei noch einmal betont, dass sie sich *im Gegensatz zum Naturalismus* immer nur als Näherung erweist – allerdings heute als eine bereits sehr gute Annäherung an die Natur. Auf Grund dieser Erkenntnisse über die Strukturen der Realität ist es möglich geworden, Dinge zu konstruieren und zu bauen, welche in der Natur nicht von allein entstehen. So haben es Anwendungen der Quantentheorie ermöglicht, z. B. Herzschrittmacher, Computer oder Raumsonden zu bauen, die zum Pluto geflogen sind. Derartige Artefakte kann man nur real werden lassen, wenn das, was man erkannt hat, sehr viel Richtiges über die Realität beinhaltet.

So ist es etwas verwirrend, wenn Gabriel gegen unsere Theorie u. a. das Folgende schreibt[99]:

> Die Position von Görnitz und Görnitz ist wie alle anderen Versuche, die Bewusstseinsforschung durch Quantentheorie aufzuwerten, eine weitere Spielart des Naturalismus und scheitert genau daran. Naturalismus ist, um das noch einmal in Erinnerung zu bringen, im Allgemeinen die Annahme, dass alles, was existiert, naturwissenschaftlich erklär- und erfassbar ist.

An den Zitaten aus unserem Buch sollte der fundamentale Unterschied zwischen guter Naturwissenschaft und dem Naturalismus, wie er von Gabriel charakterisiert wurde, deutlich geworden sein. Es handelt sich um einen Gegensatz, der oft nicht verstanden wird oder den man vielleicht nicht verstehen möchte. Natürlich existiert hierbei eine sprachliche Falle, in die man leicht hineintappen kann: *Es ist der Irrtum, dass Naturwissenschaft und Naturalismus mehr gemeinsam haben würden als den Wortstamm „Natur".*

Gabriels Bemerkungen über unsere Theorie enden mit den Sätzen:

> Das Wirkliche steht fest, aber unsere Wissensansprüche variieren, solange unsere Begriffe nicht sauber funktionieren. Das gilt insbesondere dort, wo das Bewusstsein ins Spiel kommt, da es nicht materiell ist und daher nicht messbar ist.[100]

Wir sagen wirklich und seit langem: *Das Bewusstsein ist eine nichtmaterielle Form der AQIs, also von Quanteninformation.*

Wieso aus der Nichtmaterialität die behauptete Nichtmessbarkeit folgen soll, muss wohl ein Geheimnis bleiben. Es ist schließlich eine weithin bekannte naturwissenschaftliche Tatsache, dass vieles gemessen oder berechnet werden kann, was man nicht als Materie bezeichnen würde. Information ist ein Beispiel dafür, sie kann in der Form als Entropie oder im Rahmen von Shannons Theorie durchaus gemessen werden.

Eine unserer Kernaussagen lautet seit zwei Jahrzehnten: „*Das Bewusstsein ist subjektiv und nicht materiell*". Bereits aus quantenphysikalischen Gründen folgt wie von uns dargelegt, dass ein *individuelles* Bewusstsein aus naturwissenschaftlichen Gründen nicht objektivierbar ist.

Allerdings zeigen die von uns aufgeführten Argumente, welche objektiven Gründe in der Evolution es ermöglicht haben, dass sich Bewusstsein entwickeln konnte und wie man die Existenz des Bewusstseins deshalb im Rahmen der Naturwissenschaft verstehen kann.

In der Evolution haben die Menschen die Fähigkeit erworben, über ihre Sinnesorgane für sie wesentliche Informationen aus ihrer Umgebung aufzunehmen und diese intelligent zu verarbeiten. Die dafür notwendigen Nervenzellen sind wie die anderen Zellen des Körpers speziellen Formen von AQIs. Ihr materieller Inhalt, die Moleküle, Ionen und Elektronen können mit ihren speziellen Anordnungen veränderliche Eigenschaften verkörpern, welche als Formen bedeutungsvoller Information interpretierbar sind. Für die Veränderung der Bedeutung der Information und damit u. a. für die Kommunikation zwischen Gehirnarealen bedarf es energetischer Träger, also Photonen.

Das heißt also, dass eine Information, welche als Gedächtnis „hier und jetzt" zur Verfügung stehen soll, als Eigenschaften eines materiellen Trägers interpretiert werden kann. Für eine lokalisierte Informationsverarbeitung, bei welcher die Information „jetzt" für die Verarbeitung bewegt werden muss, werden Photonen benötigt. Allerdings können nicht beliebige Photonen Informationen direkt für das Gehirn bereitstellen. Sie müssen aus der Uniware stammen – also aus der Einheit von Materiellem, Energetischen und von bedeutungsvoller Information, den Denkinhalten des betreffenden Menschen – und in der Uniware verarbeitet werden. Beispielsweise geben die Photonen, die zumeist als „Wellen" bezeichnet werden und welche die Informationen für Fernsehen oder Handys transportieren, keine Informationen unmittelbar ans Gehirn ab, obwohl sie auch unsere Körper treffen. Allerdings können durch direkte elektrische Reizung von Nervenzellen, z. B. durch implantierte Elektroden, Denkvorgänge beeinflusst werden. Dies gilt ebenfalls für die Photonen von starken Magnetfeldern an der Kopfhaut.

Gabriel führt als Bestätigung für seine obigen gegen uns gerichteten Bemerkungen eine These an, welche der Kern *unserer* eigenen Aussagen ist. Als Autor eines Buches fragt man sich, welche Form von Dialektik das sein soll – von Hegel stammt eine solche Dialektik gewiss nicht!

Die moderne Quantentheorie hat – auch das ist in unserem Buch ausführlich erläutert – gezeigt, dass das Objektivitätsideal, welches vom Naturalismus gepflegt wird, nicht zur Realität passt.

Naturwissenschaft wird allerdings alle Anstrengungen dafür unternehmen, um das, was sich im Kosmos entwickelt hat, aus möglichst einfachen und evidenten Annahmen zu erklären. Dazu gehört auch, dass in ihrem Rahmen keine transzendenten Ursachen postuliert werden dürfen.

Als Naturwissenschaftler würde man von einem Philosophen auch gern erfahren, wieso es eine „philosophische Schwäche" darstellt, „eine Tatsache zu unterstellen". Oder ist es vielleicht ein Zeichen philosophischer Stärke, Tatsachen zu leugnen?

Gabriel schreibt:

> Die philosophische Schwäche ihrer Argumentation besteht darin, dass sie die Tatsache, dass Bewusstsein nur in lebendigen Systemen vorkommt, die evolutionär entstanden sind, einfach unterstellen.[101]

Wir unterstellen dies keineswegs. Vielmehr leiten wir sehr ausführlich her, wie sich Bewusstsein entwickelt hat und dass es bisher keinen Grund dafür gibt, Bewusstsein anders als im Biologischen zu vermuten. Und wenn es irgendwo im Kosmos weitere Formen von Bewusstsein gibt – was sehr wahrscheinlich ist – werden sie ebenfalls ähnlich biologisch basiert sein. Die Eigenschaften der chemischen Elemente lassen Lebensformen, welche nicht auf Kohlenstoff basieren, sehr unwahrscheinlich erscheinen.

Wir haben sehr ausführlich dargestellt, dass und wie alles Lebendige *Wahrnehmungen* und *Empfinden* hat und haben muss, denn es muss sich mit seiner Umwelt auseinandersetzen. Mit einem entwickelten Nervensystem kann das Empfinden erlebt werden. *Erleben*, so begründen wir, muss noch nicht bewusst sein, es kann sich jedoch in komplexen Gehirnen zum Bewusstsein weiterentwickeln. Das alles ist mit umfangreichen Ausführungen in unserem Buch zu finden.

Interessant wäre es gewesen, wenn sich an der Stelle, wo Gabriel sich mit unserem Buch befasst, wenigstens eine Vermutung zu finden gewesen wäre, wie sich aus seiner Sicht bewusstseinsfähige Lebewesen in der Evolution aus nichtbewussten Lebensformen und diese wiederum aus unbelebter Materie entwickelt haben.

Zu den modernen naturwissenschaftlichen Erkenntnissen gehört, dass sämtliche chemischen und biochemischen Vorgänge – wo auch immer – elektromagnetischer Natur sind. Sie beruhen also, wenn man sie so genau beschreiben will, wie das heute möglich ist, auf dem Austausch realer und virtueller Photonen.

Uniware macht erst dann Sinn, wenn man gesehen hat, dass die Materie der Nervenzellen und auch das nichtmaterielle Bewusstsein verschiedene Ausformungen einer absoluten und deswegen noch bedeutungsoffenen Quanteninformation sind. Diese kann man beim besten Willen nicht als „Materie" einhegen. Die Uniware macht die Flexibilität der biologischen Informationsverarbeitung möglich, weil sie die Wechselwirkung zwischen den materiellen und energetischen Trägern und den Inhalten des Bewusstseins erklärt. Die Uniware erklärt die Anpassungsfähigkeit und Veränderungsfähigkeit lebender Systeme. Ein bloßer Hinweis auf den Elektromagnetismus im Nervengewebe, wie bei Gabriel, geht somit völlig am Inhalt unseres Buches vorbei. Aber natürlich ist es einer der Hinweise auf das völlige Erlöschen der lebend gewesenen Persönlichkeit, wenn im EEG keinerlei Hirnaktivität mehr nachweisbar ist. Elektromagnetische Aktivität im Gehirn ist also notwendig, damit ein Mensch Bewusstsein haben kann. Hinreichend für ein Verstehen dieses Vorganges ist erst die Erkenntnis, dass die Protyposis die Grundlage für Gehirn und Psyche bildet.

Wenn man etwas Kenntnis über elektronische Geräte der Informationsverarbeitung hat, dann weiß man, dass bei diesen Geräten das Aufheben einer strengen Trennung zwischen Hard- und Software als Defekt klassifiziert wird. Daher können diese Geräte keine Uniware sein und sie haben – was ein Glück für uns Menschen ist – kein Bewusstsein. Wie auch andere Wissenschaftler betone ich seit langem, dass Computer kein Bewusstsein besitzen können.

Es ist auch immer wieder darauf zu verweisen, dass Bewusstsein zwar intelligentes Verhalten ermöglicht, dass jedoch intelligentes Verhalten, wie z. B. bei Robotern oder Go-Programmen, keineswegs als Hinweis auf Bewusstsein missverstanden werden darf. Auch Gabriels Frage, ob sein Taschenrechner Bewusstsein haben kann, dürfte damit beantwortet sein.

Merkwürdig ist auch Gabriels These:

> Sobald man dem Bewusstsein nämlich irgendeine Struktur zuordnet, die man im Universum tatsächlich nachweisen kann (wie beispielsweise Nervenzellen oder Protonen), stellt sich die Frage, ob es auf diese Strukturen beschränkt ist.[102]

Wir haben auch auf diese Frage bereits ausführliche Antworten in unserem Buch gegeben. Die Protyposis als Struktur von bedeutungsoffener Quanteninformation ermöglicht es, komplexere Strukturen zu bilden. *Die AQIs der Protyposis sind weder Materie noch Kraft und sie haben natürlich auch kein Bewusstsein.* Aber wie geschildert können sie sich im Laufe der kosmischen Evolution zu Quantenobjekten formen, welche die Materie und die Kräfte bilden. Auch diese haben natürlich kein Bewusstsein. Später in der biologischen Evolution formen sich Lebewesen. Für diese kann Information erstmals im Kosmos bedeutungsvoll werden. Wenn sich dann noch komplexe Gehirne entwickeln, kann für diese das Erleben bewusst werden. Schließlich kann mit dem Menschen das Bewusstsein zu sprachlicher Reflexion befähigt werden.

Um es mit anderen Worten zu wiederholen: Die instabilen Systeme „Lebewesen" stabilisieren sich durch eine intelligente Informationsverarbeitung und lassen damit Quanteninformation bedeutungsvoll werden. Mit der Herausformung komplexer Gehirne können Lebewesen sich ihres Erlebens bewusst werden, also Bewusstsein und Denken entwickeln. Die materialistische Konzentration auf den Begriff des „Teilchens" führt in die Irre. Wir hatten dazu angemerkt:

> Wir halten es für recht abwegig, den Begriff des Bewusstseins so inhaltsleer werden zu lassen, dass er auf einzelne Teilchen anwendbar wäre. Bewusstsein ist auch nicht eine Eigenschaft, die irgendwie an die Materie angeklebt ist. Was die Quantentheorie aufzeigt, ist die Möglichkeit, die jahrtausendealten Bilder von „elementaren Bausteinen" auf diejenigen Gebiete der Naturwissenschaft zu beschränken, wo sie hilfreich und nützlich sind, wie beispielsweise im Bereich der Chemie.[103]

Erheiternd wirken Bemerkungen, wenn bei Sonnen und Galaxien als „komplexen Systemen" gefragt wird, ob diese ein Bewusstsein haben oder wieso dies nicht der Fall ist. Um ein System als „komplex" einzustufen genügt es nicht, es lediglich nicht zu verstehen. Diese recht einfach aufgebauten astrophysikalischen Strukturen sind gewiss keine komplexen Systeme von Informationsverarbeitung. Sie sind allerdings eine der Voraussetzungen, dass so etwas wie unsere Erde und auf dieser schließlich Leben entstehen konnte. Und wie man im gleichen Atemzug auf die These kommen kann, Homers Dichtung – nicht den Dichter selbst! – als aktives Informationsverarbeitungssystem zu missverstehen und zu fragen, ob auch das Bewusstsein hat, das bleibt uns rätselhaft. Oder sollte auch das ein Beispiel für eine Hegelsche Dialektik sein, denn dieser große Philosoph wird von Gabriel im nächsten Satz bemüht?[104]

Die Erwähnung Hegels ist ein Anlass, aus unserem Buch „Die Evolution des Geistigen" zu zitieren, was man bei Hegel finden kann[105]:

Hegel zeigt, wie im Dreiklang von These, Antithese und Synthese die Entwicklung des *„Logos zu sich selbst"* gesehen werden kann. Auch er geht vom Absoluten aus, das aber bei ihm nicht statisch gedacht ist, sondern als Leben, Entwicklung und Geist.

Wir hatten davon gesprochen, dass das Vakuum der Elementarteilchenphysik den Unterschied von Sein und Nichts relativiert, dass es zugleich die Fülle aller möglichen Teilchen darstellt. Hegel schreibt in der Wissenschaft der Logik:

„Dagegen ist aber gezeigt worden, daß Sein und Nichts in der Tat dasselbe sind oder, um in jener Sprache zu sprechen, daß es gar nichts gibt, das nicht ein Mittelzustand zwischen Sein und Nichts ist."[106]

Auch in manchen anderen Punkten hat Hegels Entwurf Ähnlichkeit mit dem, was in unserem Buche vorgestellt ist. Er spricht davon, dass in der Weltgeschichte der Weltgeist selbstbewusst werden müsse.

"Diese Bewegung ist der Weg der Befreiung der geistigen Substanz, die Tat, wodurch der absolute Endzweck der Welt sich in ihr vollführt, der nur erst an sich seiende Geist sich zum Bewußtsein und Selbstbewußtsein und damit zur Offenbarung und Wirklichkeit seines an und für sich seienden Wesens bringt und sich auch zum äußerlich allgemeinen, zum Weltgeist, wird.[107]

Ehe daher der Geist nicht an sich, nicht als Weltgeist sich vollendet, kann er nicht als selbstbewußter Geist seine Vollendung erreichen. Der Inhalt der Religion spricht darum früher in der Zeit als die Wissenschaft es aus, was der Geist ist, aber diese ist allein sein wahres Wissen von ihm selbst. [...]"[108]

Der Geist kommt also nach Hegel durch seine Entwicklung zu Bewusstsein und Selbstbewusstsein erst zu seinem eigentlichen Wesen. Das erinnert durchaus an unsere Feststellung, dass es zum Wesen von Information gehört, bedeutungsvoll und schließlich sich ihrer selbst bewusst zu werden, und dass man daraus durchaus auf einen teleologischen Aspekt der Evolution schließen kann.

Wir finden es noch immer sehr bedenkenswert, dass Hegel die Wissenschaft als das wahre Wissen des Geistes von ihm selbst kennzeichnet.

Heute kann ich mit Genugtuung feststellen, dass frühere Ablehnungen von einigen Thesen, z. B. dass Kosmologie nicht ohne Quantentheorie zu verstehen ist, gegenwärtig zurückweichen. Zunehmend werden derartige Zusammenhänge aufgegriffen. Zu der Entwicklung der Protyposis passt eine Schopenhauer zugeschriebene Sentenz, „dass man eine neue Idee erst verlacht, dann bekämpft und schließlich haben es alle selbst schon immer gewusst".

Archibald Wheeler war einer von den Wissenschaftlern, welche mit großer Öffentlichkeitswirkung den Ideenbereich aufgegriffen haben, welcher ursprünglich von C. F. v. Weizsäcker eröffnet worden war. Wheeler war 1980 von Weizsäcker zu einer Tagung über die Ur-Theorie und ihre Konsequenzen eingeladen worden. Zehn Jahre später hielt Wheeler dann einen Vortrag mit dem sehr werbewirksamen Titel „It from Bit". Jedoch gab es dabei keinen Bezug zu den umfangreichen Forschungen von Weizsäcker und dessen Mitarbeitern. Von konkreten Untersuchungen oder Ergebnissen Wheelers zu den „Bits" oder den „Its" ist mir nichts bekannt geworden.

Unabhängig von Weizsäcker hatte David Finkelstein ab 1966 unter der Bezeichnung „space-time-code" ähnliche Ideen zu binären Alternativen entwickelt und umfangreiche Rechnungen dazu durchgeführt. Allerdings waren bei Finkelstein diese Alternativen an „kleinste Raum-Zeit-Volumina" gekoppelt. Dabei war freilich ausgeblendet, dass kleine räumliche Bereiche im Rahmen der Quantentheorie zu großen Energien führen müssen. Diese letzte kritische Bemerkung trifft auch auf die aktuellen Vorstellungen eines „holographischen Universums" zu.

Dass „Kleinheit" keineswegs „Einfachheit" bedeutet, dürfte im Laufe der Lektüre des vorliegenden Buches deutlich geworden sein.

11. Die neue Physik – Fazit und Ausblick

Das Buch setzt an die Stelle von Irrtümern über die Quantentheorie möglichst anschauliche Bilder. Das soll es erleichtern, diese beste Beschreibung der Natur durch den Menschen tatsächlich auch in unsere Kultur zu integrieren. Die Anwendungen der Quantentheorie im Bereich der Technik sind noch umstürzender als diejenigen der klassischen Physik im 19. Jahrhundert. Die Mechanisierung und Elektrifizierung der Produktion wird jetzt ergänzt durch eine technische Informationsverarbeitung, welche auf der Basis des quantentheoretischen Erklärens der Zusammenhänge in der Natur möglich geworden ist. Mit der Protyposis wurde nun auch ein zutreffendes naturwissenschaftliches Bild des menschlichen Geistes ausgestaltet.

Heute kann festgestellt werden, dass mit den einfachsten der mathematisch möglichen Quantenstrukturen, mit den AQIs der Protyposis, bereits viele Probleme gelöst wurden, die mit den alten Vorstellungen nicht behandelbar waren.

1. Am Anfang stand Weizsäckers Einsicht, dass aus der quantisierten binären Alternative hergeleitet werden kann, dass der Raum, in dem sich alles befindet, drei Dimensionen hat.

2. Der Übergang zur wissenschaftlichen Kosmologie geschah mit dem Modell eines mit Lichtgeschwindigkeit expandierenden Kosmos. Dieses Modell beschreibt die Beobachtungen besser als bisherige Modelle mit ihren vielen unerklärten Parametern und Begriffen, wie beispielsweise "Inflation", "Multiversen", "kosmologische Konstante", "Dunkle Energie", "WIMPS", "Axionen" usw. Diese Entitäten lassen sich, wie die "Dunkle Energie", aus der Protyposis herleiten oder sie erweisen sich als überflüssig, wie die "Inflation".

3. Mit dem Protyposis-Modell hat sich begründen lassen, wieso die Einsteinschen Gleichungen für die gravitativen Wechselwirkungen der Objekte im Kosmos so hervorragend gelten.

4. Mit dieser quantischen Vorstruktur konnte erklärt werden, weshalb in der Natur die drei quantischen Wechselwirkungen zu finden sind, welche in der Sprache der modernen Physik als "Eichwechselwirkungen" bezeichnet werden. Die mathematischen Strukturen der elektromagnetischen, der schwachen und der starken Wechselwirkung erweisen sich als Folgerungen aus der Theorie der Protyposis

5. Weiterhin war gezeigt worden, wie die Bildung von Quantenteilchen aus den AQIs möglich ist. In Quantenfeldtheorie und Quantenmechanik wird deren Existenz einfach vorausgesetzt.

6. Leben kann definiert werden als die Selbststabilisierung instabiler Systeme durch eine interne quantische Informationsverarbeitung, die auch auf äußere Umstände reagiert. Diese biologische Informationsverarbeitung ist als eine untrennbare Einheit von Hard- und Software, als eine „Uniware" zu verstehen. Die Verarbeitung von bedeutungsvoller Quanteninformation verändert ihre materiellen und energetischen Träger, die Moleküle, Ionen und Photonen, sowie die Beziehungen zwischen diesen. Andererseits beeinflussen – vom Einzeller angefangen – die Veränderungen an diesen Trägern die Informationsverarbeitung.

7. Durch die Erweiterung der Äquivalenz zwischen Materie und Energie auf die Quanteninformation der AQIs wurde schließlich erreicht, auch die menschliche Psyche mit dem Bewusstsein einer naturwissenschaftlichen Erklärung zuzuführen. Solange wie man an den alten Vorstellungen über das Wesen der Materie festgehalten hatte, konnten zwar die hirnphysiologischen Vorgänge immer besser beschrieben werden, der Zugang zum Bewusstsein bleibt jedoch mit dem alten Bild von Materie versperrt.

Heute gewinnt man zunehmend den Eindruck, dass in der Physik – wenn auch noch zaghaft – die Bereitschaft wächst, neue Ideen aufzugreifen. Auch bei Biologen, Medizinern und Psychologen beginnt die Einsicht zu wachsen, dass selbst in ihren Feldern eine naturwissenschaftliche Erklärung der dort beobachteten Phänomene ohne Quantentheorie nicht zu erreichen ist.

Die Aufgabe der Naturwissenschaft kann dahingehend verstanden werden, dass sie komplexe und komplizierte Erscheinungen in der Natur erklärt. Das bedeutet, dass diese auf einfachere Strukturen zurückgeführt werden. In der kosmischen Evolution entstehen aus einfachsten Strukturen immer komplexere. In der Rückschau sind diese Übergänge zu erklären. Mit den AQIs hat die Naturwissenschaft ihr Fundament erreicht. Es gibt aus mathematischen Gründen keine noch einfachere Struktur, die in der Lage wäre, diejenigen Strukturen zu erklären, mit denen sich die Naturwissenschaft bisher befasst hat.

Dies bliebe eine lediglich naturphilosophische Aussage, wenn nicht der Anschluss an die vielfach bewährten Strukturen der bisherigen Physik gefunden worden wäre.

So wie ein Quantenfeld verstanden werden kann als eine unbestimmte Anzahl von Quantenteilchen, kann ein Quantenteilchen verstanden werden als eine unbestimmte Anzahl von Quantenbits. Neben einer solchen Konstruktion von Quantenteilchen aus Quantenbits konnte auf der Basis der AQIs, der abstrakten und bedeutungsfreien Bits von Quanteninformation, gezeigt werden, weshalb es genau die drei Eichgruppen gibt, welche die mathematische Struktur der drei fundamentalen Wechselwirkungen festlegen, also der elektromagnetischen, der schwachen und der starken. Wir können also folgern:

Nicht eine fiktive Einheitskraft liefert die Basis der Naturbeschreibung, sondern die AQIs, die sowohl die unterschiedlichen Objekte als auch die verschiedenen Kräfte formen.

Da sowohl die Materie als auch die bedeutungsvolle Information unseres Bewusstseins auf den AQIs als einer gemeinsamen Grundlage ruhen, konnte mit ihnen die Erklärungslücke zwischen Gehirn und Bewusstsein geschlossen werden. Die Erklärung ihrer wechselseitigen Beeinflussung wurde damit ermöglicht. Dies ist für ein Verstehen des Menschen und seines Bewusstseins ein besonders wichtiges Resultat.

Die Reflektion im Bewusstsein ist zu verstehen als bedeutungsvolle Information über bedeutungsvolle Information.

Bewusstsein eröffnet die Möglichkeit zu Freiheit. Die Fähigkeit zur Reflektion ermöglicht zu prüfen, ob das, was man zu tun gewillt ist, auch tatsächlich den eigenen Zielen und den moralischen und ethischen Überzeugungen entspricht. Die Möglichkeit für freie Entscheidungen wird natürlich durch äußere und auch innere Zwänge sowie durch Stress und Zeitdruck eingeschränkt werden.

Wegweisend an der neuen Physik ist – neben der nun möglichen Erklärung der grundlegenden Phänomene in der Natur mit ihren Wechselwirkungen – vor allem die jetzt humanere Sichtweise auf den Menschen, als sie die klassische Physik mit der Abwandlung der These „Der Mensch als Maschine" ermöglicht hatte.

Alle die Vielfalt der Erscheinungen, die unermessliche Fülle der Wirklichkeit, ist in einem evolutionären Prozess aus einfacheren Strukturen hervorgegangen. Dies alles zu verstehen erfordert, das Komplexe auf Einfacheres zu reduzieren. Der Gang der Reduktion bedeutet, immer mehr an Besonderem in der Beschreibung wegzulassen. Deshalb erschien dieser Weg lange als ein Weg hinweg vom Spontanen und Menschlichen, hinweg vom Lebendigen und Emotionalen. Tatsächlich zeigt es sich jedoch jetzt, dass wir am Grunde der Wirklichkeit etwas Ähnliches wie ein Spiegelbild unseres Geistes erblicken können. Hier gelangen wir in einen Bereich, in dem die Sprache des Dichters angemessener erscheinen kann als die nüchterne Sprache der Naturwissenschaft. In der kulturellen Entwicklung ist heute neu, dass wir auch in der Wissenschaft dem Ganzen so nahekommen wie nie zuvor. Was heute gesehen werden kann, ist das Fundament der Wirklichkeit. Dieses Fundament ist etwas, wo sich die Wissenschaft dem Dichter und allgemein den Künsten wieder nähert.

Diese Annäherung ans Ganze hat auch zur Folge, dass eine Begrenzung deutlich wird, die wesentlich durch unsere Sprache bedingt ist. Menschen müssen durch Sprache auswählen, worüber sie sprechen wollen. Die Idee des Ganzen jedoch steht über jeder möglichen Auswahl. Diese Begrenzung ist eine Gemeinsamkeit der Dichtkunst mit der Wissenschaft. Auch die Wissenschaft stößt bei dem Unterfangen, das Ganze in den Blick zu nehmen, bei der sprachlichen Übersetzung ihrer Einsichten an die gleichen Grenzen wie der Dichter.

Wir Menschen können uns zwar gelegentlich so äußern, als ob wir den Kosmos wie von außen erfassen könnten, aber wir bleiben doch unser Leben lang in ihm, in Raum und Zeit eingebunden.

Die Grundlage der Wirklichkeit entspricht viel eher unseren geistigen Vorstellungen und Gedanken, als dass sie mit kleinsten materiellen Stäubchen veranschaulicht werden sollte.

Der Weg der Reduktion führt heute aus der Jahrtausende alten Sackgasse von „kleinsten Teilchen" heraus. Er führt zu den AQIs, den abstrakten und bedeutungsfreien Bits von Quanteninformation, also zu den tatsächlich und notwendigerweise elementarsten Strukturen jeder Wirklichkeitsbeschreibung.

Im Ganzen, im Umfassenden und damit auch im Strukturlosen können wir Menschen nicht verweilen solange wir leben. Wir können und wollen auch die Fülle des Lebendigen und ebenso die Einzelfälle in ihrer Vielfalt nicht ignorieren. Unsere Lebenswirklichkeit ist ganz und gar eine Myriade von Besonderheiten.

Die Evolution ist der Prozess, in welchem sich das Allgemeine ins Besondere aufgliedert. Das Entstehen des Füllhorns von Gestalten muss im Erfassen und Verstehen der evolutionären Vorgänge begriffen werden. Das reicht von den kosmischen Strukturen mit ihrer wilden und furchterregenden Schönheit bis zu den zarten Blüten einer Pflanze oder dem Lächeln eines kleinen Kindes.

Auf diesem Wege kann auch die Wissenschaft wieder zu der Fülle des Lebens und seiner Erscheinungen zurückgeführt werden. Mit der Wissenschaft verbleiben wir Menschen nicht allein in einer ehrfürchtigen Bewunderung des Seienden. Mit ihr wird auch ein Verstehen dieser Vorgänge möglich.

Dieses Verstehen ist Geschenk und Aufgabe zugleich. Es versetzt uns in die Lage, unsere Verantwortung wahrzunehmen. Wir müssen die Folgen unseres Handelns nicht mehr blind ertragen. Wir werden zunehmend fähig, die Folgen unserer Unternehmungen zu bedenken. Mit der Wissenschaft erwerben wir die Fähigkeit, neben den unmittelbaren Folgen auch die sekundären und tertiären Folgen abzuschätzen.

Neue soziologische Untersuchungen[109] haben gezeigt, dass nach einem Nachlassen der Bedeutung von religiösen Fragen in einer Kultur in dieser ein Anwachsen des Wohlstandes zu beobachten war. Eine solche Hinwendung vom „Geistigen" zum „Materiellen" war in allen westlichen Ländern zu beobachten. Hingegen sind die religiösesten Länder zugleich die ärmsten. Die Autoren betonen allerdings auch, dass die Toleranz der Gesellschaft gegenüber den individuellen Menschenrechten eine noch bessere Prognose der ökonomischen Entwicklung erlaubt als der Blick auf die Säkularisation in der Gesellschaft.

Es bleibt damit erst einmal offen, ob eine Ursache von geringer Entwicklung tatsächlich die Religion ist oder ob nicht die Ursache vielmehr in einer durch manche religiös begründeten Strukturen zu manchen Zeiten mitbewirkten mangelnden Etablierung von Menschenrechten liegt.

Die Menschenrechte sind ein Resultat der Aufklärung. Wir ziehen aus diesem Forschungsergebnis die Schlussfolgerung, dass die Religionen der Aufklärung bedürfen. Die Voraussetzung dafür ist ein Mindestmaß an Bildung in der breiten Bevölkerung. In Europa hatte das Pendel der Aufklärung – man möchte fast sagen natürlicherweise – weit in das gegenteilige Extrem ausgeschlagen. Transzendentes und manchmal sogar das Geistige insgesamt wurden geleugnet. Allerdings bemerkt man auch, dass die im letzten Jahrhundert nicht so selten zu findenden Idealisierungen von politischen Systemen, welche sich als „materialistisch" bezeichneten, (und die in der Sowjetunion den Gulag, in China den „großen Sprung nach vorn" und in Kambodscha das Pol-Pot-Regime hervorgebracht hatten) heute seltener werden. Der frühere Trend zum „Materialismus" wurde in der Vergangenheit durch die Naturwissenschaften verstärkt. Der gegenwärtig beginnende Umschwung im physikalischen Weltbild kann dazu beitragen, wieder zu einem Gleichgewicht zu gelangen und zumindest die Abwertung des Geistigen rückläufig werden zu lassen.

Die häufige Gleichsetzung von Wohlstand mit dem alleinigen Verbrauch materieller Ressourcen ist bei einer so riesigen Weltbevölkerung wie heute nicht mehr akzeptabel.

Für Materie und Energie gelten für alle lokalisierten Bereiche im Kosmos, z. B. auf unserer Erde, strenge Erhaltungssätze. (Im Rahmen der Naturwissenschaft weiß man, dass es keine „Energieerzeugung" gibt – im Gegensatz zur Alltagssprache.) Materie und Energie können weder erzeugt noch vernichtet werden. Lediglich ihre verschiedenen Erscheinungsformen können ineinander umgewandelt werden.

Ein neues Verständnis der Naturwissenschaften und darauf aufbauend der Zusammenhänge in der Natur kann eventuell sogar den Blick auf das Transzendente ändern. Da für die bedeutungsoffene Information im Kosmos und erst recht für bedeutungsvolle Information auf der Erde keinerlei Erhaltungssätze gelten, kann sie im Prinzip beliebig vermehrt werden. Die Naturwissenschaft gibt damit Hinweise, dass der Verbrauch materieller Werte teilweise durch den von geistigen Werten abgelöst werden kann und sollte.

Gute Wissenschaft stellt sich der Aufgabe, den Menschen zu helfen, ihrer Verantwortung gerecht zu werden. Sie hat die Fakten zu klären, auch um deutlich machen zu können, welche Möglichkeiten sich aus ihnen eröffnen können. So dürfen wir erwarten und hoffen, dass wir Menschen die Chancen nutzen werden, die aus unseren Erkenntnissen und Einsichten erwachsen. Dies sollte es ermöglichen, dass wir Menschen unseren nachfolgenden Generationen eine Welt hinterlassen können, in der engere Beziehungen zwischen den Menschen und zur Natur zu einer gerechteren Verteilung knapper Ressourcen führen, in der ausreichend Nahrung für alle verteilt werden kann und in der vor allem auch alle Menschen Anteil an derjenigen bedeutungsvollen Information haben können, welche die kulturelle Entwicklung mit ihren Chancen für die Menschen bereitstellt. Schließlich wird wie gesagt Information im Gegensatz zur Energie nicht durch einen Erhaltungssatz begrenzt.

Zusammenfassend können wir sagen: Der Alte würfelt doch und er hat damit den Weg der Evolution mit seiner ungeheuren Vielfalt und Schönheit sogar bis zum Bewusstsein eröffnet – und er lässt diesen Weg weiterhin offen sein!

12. Anhänge

Hier sollen noch einige Ergänzungen folgen, welche durchaus zum Verstehen der Problematik beitragen können, die aber den Lesefluss vielleicht zu stark unterbrechen würden.

12.1. Einige Beispiele für technische Anwendungen der Quantentheorie

Es gibt heute keinen Bereich in Technik, Handel, Landwirtschaft und auch Kultur und Bürokratie, in welchem nicht auf technische Anwendungen zurückgegriffen wird, die ohne Quantentheorie unvorstellbar wären.

Es sei zugegeben, dass dies auf den ersten Blick sehr übertrieben klingt. Wenn wir jedoch daran denken, wie viel Elektronik bereits in unserem Alltag integriert ist, dann sieht es völlig anders aus. Schließlich beruht alle moderne Elektronik auf Erkenntnissen, welche aus der Quantentheorie stammen.

Wir kennen kaum junge Leute, welche kein Handy in Betrieb haben. Die Kassen in den Läden und die elektrischen Türöffner beruhen auf Elektronik; TV und Telefonie sowieso. Autos haben GPS. Für die Ortung werden Laufzeiten der elektromagnetischen Signale von mindestens vier Satelliten in einer Triangulierung verrechnet. Neue PKWs haben auch Abstandswarner und Einparkhilfen – viele Diesel-Pkws auch eine sehr merkwürdige Software. Diese kann dank elektronischer Beschleunigungssensoren erkennen, ob sich bei einem PKW nur die Räder drehen (auf dem Rollstand in der Prüfstelle), oder ob er tatsächlich fährt (auf der Straße).

Aus der Medizin hören wir von Herzschrittmachern, neuerdings sogar von Gehirnschrittmachern, welche Parkinson-Patienten helfen. Computer-Tomographie sowie Kern-Magnet-Resonanz-Tomographen und weiter Ultraschall-Untersuchungsgeräte ermöglichen auch durch eine Computer-Aufbereitung der Daten eine viel schonendere und genauere Diagnostik als früher möglich gewesen war. Alle diese Anwendungen haben eine Menge an Elektronik integriert. Aber auch neuartige kleine Hörgeräte und sogar akustische Orientierungshilfen für Sehbehinderte gibt es heute.

Landwirte steuern heute den Einsatz von Maschinen und vor allem auch von Dünger und Pflanzenschutzmitteln mit Computern. Diese werden auch für die Futterzuteilungen in Großanlagen von Mastbetrieben benötigt.

Das Internet, die Kommunikations-Konzerne und die Nachrichtendienste benötigen einen ungeheuer großen Speicherplatz. Er wurde durch quantenphysikalische Erkenntnisse ermöglicht. Die Raumfahrt ist ohne Computer unmöglich. Der Flugverkehr kann sich heute auch auf Navigation mit Hilfe von GPS stützen. Wie gesagt werden bei GPS Erkenntnisse aus der Quantentheorie benutzt, um die sehr genauen Atomuhren konstruieren zu können.

Alle diese und noch viel mehr an Anwendungen moderner Elektronik beruhen auf Quantentheorie. Auch Eigenschaften von vielen anderen Materialien außerhalb der Elektronik werden immer besser verstehbar und berechenbar.

In der Biologie werden immer weitere Stoffwechselvorgänge durch ihre quantentheoretischen Zusammenhänge verstehbar. Die Verarbeitung der riesigen Datenmengen von Genom-Analysen ist ohne Computer unmöglich. In Bioreaktoren kann manches davon bereits technisch genutzt werden.

12.2. Bemerkungen zur Wirkung und zum Wirkungsquantum

In einer metaphorischen Aussage könnte man formulieren:

Wirkungen in der Zeit erfordern eine Energie, Wirkungen am Ort erfordern Impulse.

In der Physik wird mit dem Begriff der „Energie" die Fähigkeit bezeichnet, Arbeit leisten zu können. Die Wirkung wird dann als „Energie mal Zeit" definiert. Arbeit wiederum ist definiert als „Kraft mal Weg" (genauer: der „Anteil der Kraft in Richtung des Weges mal dem Weg", denn im Gegensatz zur Energie, die eine ungerichtete Größe ist, sind Kraft und Weg gerichtete Größen, Vektoren). Die Kraft ihrerseits ist definiert als die „momentane Änderung des Impulses in der Zeit" (genauer: „Der Differenzialquotient des Impulses nach der Zeit"). Der Impuls ist deshalb in der Physik bedeutsam, weil seine Änderung erlaubt, Kräfte zu erkennen und zu messen, die man ja schließlich nicht sehen kann. Das Wirken von Kräften erkennen wir an Änderungen der Geschwindigkeit. Die Geschwindigkeit allein ist jedoch kein gutes Maß, weil mit gleicher Kraft einem leichten Objekt eine große und einem schweren nur eine geringe Geschwindigkeit vermittelt werden kann. Der Impuls ist als „Masse mal Geschwindigkeit" jedoch in der Lage, durch seine Änderung eine Kraft nicht nur erkennbar (wie bei einer Änderung der Geschwindigkeit), sondern auch messbar werden zu lassen.

Wirkung als „Energie mal Zeit" wird somit auch zu „Weg mal Kraft mal Zeit" und weiter zu „Weg mal Impuls pro Zeit mal Zeit", also zu „Weg mal Impuls".

Als einen dritten Ausdruck für „Wirkung" kennt die Physik den „Drehimpuls". Er ist eine weitere Kombination von Weg und Impuls, jedoch eine gerichtete Größe (ein sogenannter Axialvektor, der bei einer Spiegelung am Koordinatenursprung seine Richtung nicht ändert.) Auch er hat die Dimension einer Wirkung (also die identische Kombination von cm, g, und sec wie die Wirkung, also $g\,cm^2\,s^{-1}$). Der Drehimpuls kann daher nur in Form von Vielfachen des Wirkungsquantums real werden.

Die Größenordnungen von Energie und Zeit unterliegen je allein für sich erst einmal keiner theoretischen Einschränkung. Wenn jedoch eine reale Wirkung erzielt werden soll, dann darf das Produkt dieser beiden Größen nicht kleiner werden als das Wirkungsquantum. Sonst bliebe es lediglich eine „mögliche Wirkung". Das ist jedenfalls eine grundlegende Einsicht der gegenwärtigen Physik, an der zu zweifeln es bisher keinen Anlass gegeben hat.

Wegen des Produktcharakters der Wirkung wird der Versuch, eine dieser Größen im Produkt zu einem möglichst genauen Wert zu nötigen und zugleich wirkungsvoll zu sein, eine entsprechende Unbestimmtheit bei der anderen Größe bewirken. Diese Unbestimmtheit war von Heisenberg entdeckt worden. Dass ein exakter Ort und eine zugleich exakte Geschwindigkeit sich logisch ausschließen, darauf war bei dem Kapitel über Zenon ab Seite 62 verwiesen worden.

Vielleicht kann man sich auch mit einem anderen Bild veranschaulichen, dass das Wirkungsquantum einen Anlass zu dieser Unbestimmtheit liefert. Wenn man einen Wert für einen Ort und eine Geschwindigkeit bzw. einen Impuls hat, dann kann man durch eine Änderung der jeweiligen Koordinatenursprünge beide in den neuen Koordinaten mathematisch zu null werden lassen. Damit dann trotzdem eine physikalische Wirkung zustande kommen kann, muss das reale Einnehmen eines solchen physikalischen Wertes „null" für beide Größen zugleich ausgeschlossen werden. Dies wird durch die Forderung einer Mindestgröße für das Produkt der Unbestimmtheiten dieser beiden Größen „Ort" und „Impuls" erreicht.

Ein interessanter Aspekt kommt zum Tragen, wenn die Kosmologie bzw. die Gravitation in die Überlegungen einbezogen werden. Wenn das Wirkungsquantum durch die längste mögliche Zeitdauer geteilt wird, dann erhält man die kleinste mögliche Energie, die eine reale Wirkung ermöglicht. Die größte mögliche Zeitdauer ist das gegenwärtige Weltalter von etwa 13,8 Mrd. Jahren. Damit eine Wirkung möglich wird, entspricht dieser größtmöglichen Zeit mindestens die kleinste mögliche

Energie, nämlich die eines Quantenbits. Auf der anderen Seite ist die kürzeste mögliche Zeit die Planck-Zeit von etwa 10^{-44} sec. Zu ihr korrespondiert die Planck-Masse, etwa 10^{-5} g. Das ist das *massivste mögliche Quantenobjekt*. Es entspricht der Masse von etwa 10^{19} Wasserstoffatomen oder auch ungefähr der Größenordnung der Masse von etwa 100 Mrd. Influenzaviren oder etwa 10 Mrd. Bakterien.

Quantensysteme mit einer größeren Masse bzw. mit einer dazu äquivalenten größeren Energie werden auf jeden Fall reale faktische Wirkungen erzeugen, also als etwas Klassisches erscheinen. Wenn solche Systeme allerdings hypothetisch lediglich eine virtuelle Wirkung und keine faktische hervorrufen sollten, dann dürften sie nur in einer kürzeren Zeit als der Planck-Zeit existieren Da es solche Zeiten in der Realität nicht gibt, ist die Wirkung dieser und aller größeren Objekte nie virtuell, sondern immer real, also faktisch. *Systeme mit einer größeren als der Planckmasse werden also nur an Teilsystemen quantisches Verhalten zeigen* – oder aber, sie werden keine Teilsysteme besitzen, also Schwarze Löcher sein.

Quantenbits sind die kleinsten Energieäquivalente, die eine Wirkung hervorrufen können.

Diese Äquivalenz erweist sich als eine Erweiterung der Äquivalenz zwischen Materie und Energie.

$$E = m\ c^2 = N\ \hbar\ /\ 6\ \pi\ t_{cosmos}$$

Dabei bezeichnet E eine gegebene Energie, m die dieser entsprechenden Masse, c die Lichtgeschwindigkeit, N die Anzahl der dazu gehörenden AQIs, $\hbar$ das Wirkungsquantum und t_{cosmos} das aktuelle Alter der Welt.

Systeme mit einem Energieäquivalent größer als die Planck-Masse werden stets reale faktische Wirkungen hervorrufen können.

12.3. Von Quantenbits zu Quantenteilchen und warum rechnet die Quantentheorie mit komplexen Zahlen?

Ein einziges AQI ist ausgedehnt über den gesamten kosmischen Raum. Über ein solches Quantenbit kann nichts weiter ausgesagt werden, als dass es existiert.

Eine Möglichkeit der Veranschaulichung eines Quantenbits könnte die einer Schwingung im kosmischen Raum sein. Bei einer solchen Darstellung erscheint das AQI als vollkommen nichtlokal und als ausgebreitet über den gesamten Raum. Diese Nichtlokalität ist ein wichtiges Merkmal.

Eine solche Schwingung ist nichts Statisches, sie verändert sich. Ihr aktueller Zustand kann durch einen Punkt im Raum charakterisiert werden. Dieser kann z. B. mit der Stelle identifiziert werden, wo die Schwingung ihren momentanen Maximalwert besitzt.

Mathematisch kann der aktuelle Zustand durch zwei komplexe Zahlen festgelegt werden. Diese entsprechen dem „Punkt im Raum". Zwei Zahlen deshalb, weil das Quantenbit auf jede Prüfung seines Zustandes nur mit „ja" oder mit „nein" antworten kann – liegt der erfragte Zustand vor oder liegt er nicht vor.

Hier nun lässt sich der Begriff der „komplexen Zahl" nicht vermeiden. Die komplexen Zahlen sind eine Kombination von reellen Zahlen, welche die Fakten beschreiben können, und von imaginären Zahlen, welche die wirkungsmächtigen Möglichkeiten erfassen.

12.3.1. Einschub: Komplexe Zahlen:

Es dürfte vielen bekannt sein, dass Möglichkeiten durch Wahrscheinlichkeiten rechnerisch zugänglich gemacht werden. Eine Wahrscheinlichkeit gibt kurz gesagt an, wie sich die günstigen zu den möglichen Fällen verhalten. Sie ist damit eine Zahl zwischen 0 (0%) – es gibt keinen erhofften Fall – und 1 (100%) – alles ist erwünscht.

Diese Form der Wahrscheinlichkeiten bezieht sich auf „unbekannte Fakten".

Man hat in diesem Fall ein verinnerlichtes Bild von faktischem Verhalten. Den genauen Ablauf, der zu einem dieser Fakten geführt hat, kennt man jedoch nicht. Deshalb ist die einfachste Annahme, dass alle möglichen Fälle mit gleicher Wahrscheinlichkeit eintreten können – wie bei einem fairen Würfel, bei welchem die Wahrscheinlichkeit für eine „2" gerade 1/6 ist – so wie für jede andere Augenzahl auch. (Die Situation mit einem frisierten Würfel wird ein wenig komplizierter.)

Anders wird es im Quantenbereich. Dort können die Möglichkeiten Wirkungen auf das gegenwärtige Verhalten des Systems erzeugen – und nicht nur auf das Verhalten des Beobachters! Das ist mit Zahlen zwischen null und eins nicht mehr zu erfassen. Z. B. ist es vorstellbar – und in der Natur beobachtbar – dass zwei positive Möglichkeiten im Zusammenwirken einen negativen Effekt erzeugen. Man kann dabei auch an Situationen denken, zu denen der Volksmund meint: „Zuviel des Guten" oder mit Kurt Tucholsky oder Bert Brecht: „Das Gegenteil von ‚gut' ist nicht ‚böse', sondern ‚gut gemeint'." Wir wissen alle, dass zu viel von gutem Essen oder sogar ein zu viel von Sport negative Auswirkungen haben kann.

In der Schule haben wir gelernt, dass das Quadrat einer Zahl stets eine positive Zahl ist:

$$2 \times 2 = (-2) \times (-2) = +4.$$

Die „imaginären" Zahlen sind nun so definiert, dass das Quadrat von „i", der „imaginären Einheit", negativ ist:

$$i \times i = -1 \text{ oder auch}$$

$$2i \times 2i = (-2i) \times (-2i) = -4.$$

Die imaginären Zahlen, deren Quadrat negativ ist, treffen mit den „normalen", den reellen Zahlen an einer Stelle zusammen, bei der Null, denn es gilt

$$0i = 0$$

Wenn man daher reelle und imaginäre Zahlen gemeinsam darstellen will, so wird der imaginäre Zahlenstrahl senkrecht auf dem Strahl der reellen Zahlen stehen und diesen in der Null durchschneiden. Eine komplexe Zahl besteht dann aus der Summe einer reellen mit einer imaginären Zahl.

Durch die Verwendung der komplexen Zahlen wird es möglich, auch die wirksamen Einflüsse von künftigen Möglichkeiten auf das gegenwärtige Verhalten eines Quantensystems mathematisch zu erfassen.

Da in der Quantentheorie Teil-Systeme multiplikativ zu einem Gesamt-System kombiniert werden und weil mit genügend vielen Potenzen von 2 jede beliebige Zahl überboten werden kann, können sämtliche denkbaren Zustandsräume aus den Zustandsräumen von den AQIs aufgebaut werden.

Wir wollen annehmen, wir könnten den Zustand eines AQIs festlegen. Dies wird für eine theoretische Beschreibung vorausgesetzt, damit die mathematische Struktur untersucht werden kann und damit dann daraus Schlüsse gezogen werden können. Ein tatsächliches Experiment ist damit noch nicht gemeint. Der Zustand eines AQIs, eines abstrakten und absoluten Quantenbits, wird also – wegen der Definition des Quantenbits – durch zwei komplexe Zahlen festgelegt, dem entsprechen vier reelle Zahlen.

Wir erinnern nun daran, dass der Zustand eines Teilchens in der klassischen Mechanik durch sechs (drei Orts- und drei Geschwindigkeitskoordinaten) und der eines Quantenteilchens durch unendlich viele Zahlen festgelegt wird.

Das „unendlich" klingt zuerst ziemlich verwirrend. Es muss daher daran erinnert werden, dass es in der Quantentheorie keine Teilchen gibt, die sich an einem Punkt befinden würden. Man kann aber eine Wahrscheinlichkeitsverteilung – also eine Funktion – für die möglichen Orte berechnen. Eine solche Funktion gibt über unendlich vielen Punkten im Raum jeweils an, wie groß die Wahrscheinlichkeit ist, in der konkreten berechneten Situation das Quantenteilchen dort finden zu können.

In der Rechenpraxis wird zumeist die „Zustandsfunktion" mit der Schrödinger-Gleichung errechnet. Wenn man im Hilbert-Raum, im „Raum der Funktionen" wie die Mathematiker sagen, Geometrie betreiben will, also von Zustands-Vektoren sprechen möchte, dann muss man ein Koordinatensystem definieren. Dazu muss man erklären, wann zwei Funktionen „zueinander orthogonal" sein sollen. Dann zeigt es sich, dass bei einem Quantenteilchen dieser Hilbert-Raum unendlich dimensional ist. Man hat also eine unendliche Anzahl von Funktionen, welche durch eine Rechenvorschrift als „zueinander orthogonal" definiert werden. Sie bilden die „Koordinatenachsen" in diesem abstrakten Raum. Mit der Rechenvorschrift (mit einer „Fourier-Analyse") kann man dann die berechnete Wahrscheinlichkeitsverteilung mit den unendlich vielen „Koordinatenfunktionen" vergleichen. Dann erhält man unendlich viele Werte, die zum „Zustandsvektor" zusammengefasst werden.

Der Zustandsvektor enthält unendlich viele Zahlen (von denen viele auch einfach 0 sein können), so wie es Heisenberg zuerst bei seinen unendlichen Matrizen gefunden hatte.

Beim Teilchen der Mechanik kommen natürlich neben dem Zustand noch für seine theoretische Behandlung alle die Größen hinzu, die sich an ihm gemäß Modellvorstellung nicht verändern sollen, z. B. Masse, Drehimpuls, möglicherweise Gestalt usw., und die seine spezielle Existenz als genau dieses Objekt erst festlegen.

Beim Qubit kann es neben den zwei Zahlen des Zustandes keinerlei weitere Angaben geben. Es ist die logisch einfachste Struktur, die überhaupt denkbar ist.

Für ein klassisches Bit, welches rein reell ist, ist eine Entwicklung ohne einen äußeren Einfluss, z. B. durch ein Computerprogramm, ausgeschlossen. Erst mit einem solchen Programm wird ein Bit in festgelegter Weise verändert. Das klassische Bit allein ist statisch, also unveränderlich.

Ein Quantenbit hingegen hat eine zeitabhängige Phase. Das ermöglicht eine Erfassung der Möglichkeiten, und damit auch von Veränderungen ohne direkten äußeren Einfluss. Ohne Quantentheorie ist also eine zutreffende Beschreibung von einer Entwicklung aus sich heraus unmöglich. *Erst mit den Quanten, genauer mit der Vermehrung der Quantenbits, kann naturwissenschaftlich verstanden werden, wie sich etwas Neues herausformt.*

In der klassischen Physik werden bei einer Resonanz die Amplituden addiert. Die Quantentheorie ist in einer gewissen metaphorischen Weise etwas Ähnliches wie die „Exponentialfunktion der klassischen Physik".

[Die Mathematiker bezeichnen als die „Potenzmenge" die Menge aller Teilmengen einer Menge. Ein Quantenteilchen besitzt einen Zustandsraum von abzählbar unendlich vielen Dimensionen. (Das bedeutet, man kann die Dimensionen abzählen, so wie die natürlichen Zahlen.) Die Potenzmenge eines Raumes von abzählbar unendlich vielen Dimensionen ist ein Raum mit überabzählbar vielen Dimensionen. (Die unendlichen Dezimalbrüche sind so viel mehr als die natürlichen Zahlen, dass sie nicht mehr gezählt werden können. Man nennt sie das Kontinuum.) Der Zustandsraum eines Quantenfeldes besitzt überabzählbar viele Dimensionen.]

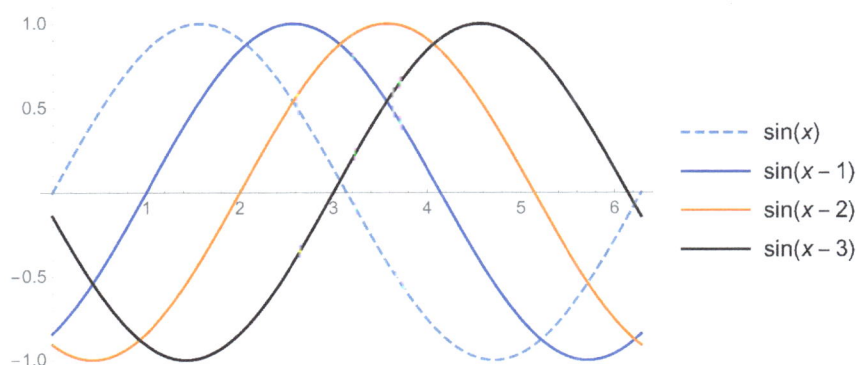

Abbildung 51: Grundschwingungen, welche ihr Maximum an verschiedenen Orten haben. In diesem Beispiel sind verschiedene Zustände der Schwingung dargestellt durch Verschiebungen des Maximums zu den Punkten $\pi/2$, $(\pi/2) +1$, $(\pi/2) +2$, $(\pi/2) +3$.
(In der Zeichnung ist der Kreis am Punkt 0 [gleich 2π] aufgeschnitten.)

Eine Addition im Exponenten entspricht einer Multiplikation der betreffenden Funktionen ($e^{(a+b)} = e^a \times e^b$). Das widerspiegelt die multiplikative Struktur für die Zusammensetzung von Quantensystemen. Unter der Multiplikation (von quantentheoretischen Wellenfunktionen) kann viel Ausgedehntes zu etwas stark Lokalisiertem werden.

Wenn viele AQIs sich im gleichen Zustand befinden, so könnte man diesen wegen der multiplikativen Verknüpfung als *„quantische Resonanz"* bezeichnen. In diesem Fall formen die AQIs ein stark *lokalisiertes Objekt*, weil die Frequenzen und nicht die Amplituden addiert werden. Für die Konstruktion realer Teilchen aus AQIs genügt dieses zu simple Beispiel noch nicht. Dann werden noch „Superpositionen" notwendig. Mit *Superposition* werden allgemein Zustände bezeichnet, die als eine *Summe der verschiedenen Möglichkeiten* dargestellt sind. Verschiedene Potenzen stellen verschiedene Möglichkeiten dar. Diese werden in der Superposition additiv erfasst.

Sehr viele verschiedene Wellenfunktionen, von denen jeweils eine Teilmenge an einer Stelle ihr gemeinsames Maximum besitzt, werden an diesen vielen verschiedenen Orten zu lokalisierten Objekten werden können.

In der relativistischen Quantenmechanik ist wohldefiniert, was ein Teilchen ist: Ein Teilchen ist ein Objekt, welches in Raum und Zeit bewegt werden kann, so dass sich dabei nur der Zustand verändert, jedoch nicht das Teilchen selbst. Dafür gibt es klare mathematische Strukturen, die aus Superpositionen von Potenzen von AQIs aufgebaut werden können.

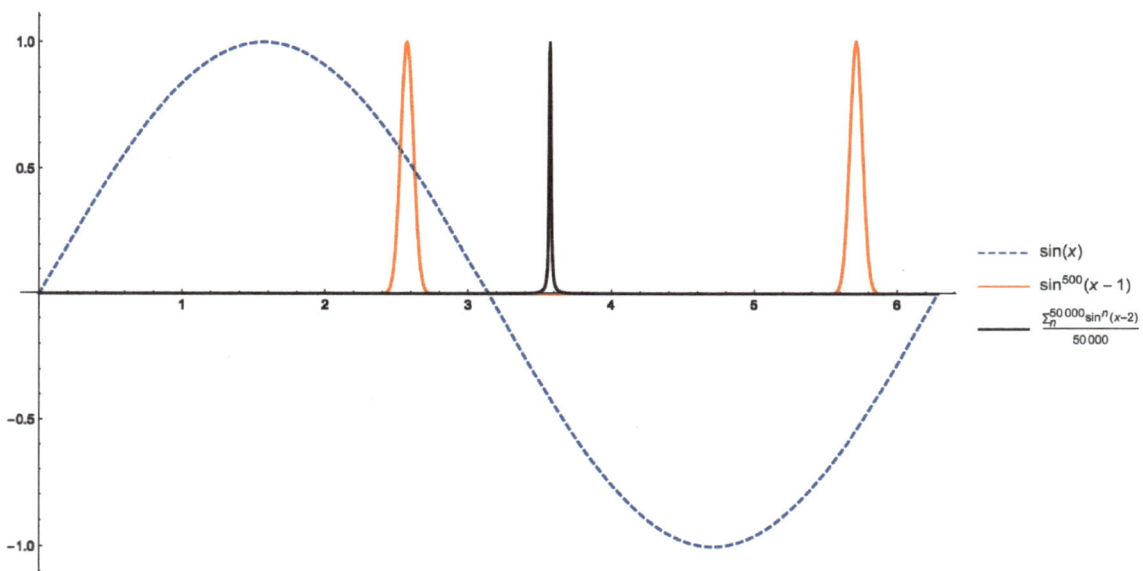

Abbildung 52: „Quantische Resonanz" von Schwingungen. Die Grundschwingung [hier als Beispiel $\sin(x)$ mit Maximum bei $\pi/2$] **ist über den gesamten zugänglichen Bereich ausgedehnt.**
Viele Schwingungen im gleichen Zustand, d. h. hier alle mit Maximum bei ($\pi/2 + 1$), als Produkt [als Beispiel $\sin^{500}(x-1)$] **werden stark lokalisiert (orange Kurve), nicht jedoch notwendig nur an einem Ort. Eine Lokalisierung eines Objekts an zwei Orten ist zum Verstehen der EPR-Versuche bedeutsam, ebenfalls bei „Schrödingers Kätzchen".**
Superpositionen von Schwingungen [als Summe über Möglichkeiten, hier als Beispiel alle im gleichen Zustand und mit der Summe von $\sin(x-2)$ bis $\sin^{50\,000}(x-2)$] **können an einem zu wählenden Ort, d. h. hier bei ($\pi/2 + 2$), wie ein Teilchen lokalisiert werden (schwarze Kurve).**

Die Beispiele für Lokalisierung bieten einen ersten Ansatz für das Entstehen von Teilchen. Die exakte Beschreibung von Teilchen erfolgt jedoch im Minkowski-Raum durch irreduzible Darstellungen der Poincaré-Gruppe. Zugehörige Beispiele der exakten mathematischen Form eines relativistischen Quantenteilchens durch die Konstruktion aus AQIs findet man in den englischen Originalveröffentlichungen.[110]

12.4. Das Raum-Modell der Quantenfeldtheorie

Ein klassisches Kraftfeld wird so definiert, dass für jeden mathematischen Punkt angegeben ist, welche Kraft in diesem Punkt wirkt. Das Raum-Modell war zuerst das von Newton entworfene eines unendlich ausgedehnten und flachen Raumes.

Mit der Speziellen Relativitätstheorie wurden der Orts-Raum und die Zeit zum Minkowski-Raum zusammengefasst. Dieses Modell des Raumes wurde in die Quantenfeldtheorie mit übernommen, weil es notwendig war, die Spezielle Relativitätstheorie in die mathematische Struktur einzuschließen. Wir erinnern daran, dass die Quantenfeldtheorie beschreibt, wie Teilchen erzeugt und vernichtet werden. Dazu sind in den Experimenten sehr hohe Energien nötig. Sie werden also durchgeführt mit Objekt-Geschwindigkeiten nahe an der Lichtgeschwindigkeit. Deshalb muss die Spezielle Relativitätstheorie einbezogen sein. Nur im Minkowski-Raum ist eine mathematisch wohldefinierte Darstellung eines relativistischen Quantenteilchens möglich. Dies alles führte dazu, die mathematischen Punkte des Raumes mit dem mathematischen Modell des Kontinuums beizubehalten.

Aus der Quantentheorie jedoch ist bekannt, dass es, wenn die Kosmologie mit beachtet wird, dann eine zwar winzige, allerdings *von einem Punkt deutlich verschiedene kleinste Länge* gibt. Die Verwendung eines wegen der Relativitätstheorie zwar notwendigen, jedoch im Quantensinne falschen Raum-Modells hat für die Quantenfeldtheorien zur Folge, dass in deren Rechnungen auch sinnlose, weil unendlich große Werte auftreten.

Das physikalisch falsche, jedoch für die Rechnungen bequeme Raummodell der Quantenfeldtheorie hat einen bedeutenden Anteil daran, dass die Vorstellung der Punktteilchen in diesen Theorien noch immer kritiklos verwendet wird. In Experimenten ist es sinnvoll, dann von „Punktteilchen" zu sprechen, wenn bei den sehr hohen Energien der Hochenergiephysik die Compton-Wellenlängen der beteiligten Objekte so klein werden, dass mit den verwendeten Untersuchungsmethoden keine inneren Differenzierungen mehr nachweisbar sind. Das müsste sich ändern, wenn die Planck-Länge als untere Grenze aller Ausdehnungen beachtet werden würde. Dann würde die Fiktion der „Punktteilchen" ihren Erklärungswert verlieren. Für die Vorstellung eines Punktteilchens ist dessen Ausdehnung immer „null" – unabhängig von jeder ihm zugesprochenen Energie. Da es allerdings mit der Akzeptanz der Planck-Länge keine „Punkte" mehr gäbe, würde die Beziehung „immer kleiner = immer größere Energie" nicht mehr ignoriert werden können.

Da man jedoch im Minkowski-Raum nicht gezwungen ist, derartige physikalische Überlegungen anzustellen, blieb vorerst nur das leidige Problem der „Unendlichkeiten". Viele geniale Physiker haben gute und interessante Methoden gefunden, um allein nur diese unsinnigen Unendlichkeiten wegzustreichen. Man spricht von *Regularisierung und Renormierung*. Der gültige verbleibende Rest der Rechnung ist so genau, dass im Falle der Quantenelektrodynamik die Ergebnisse dieser Berechnungen mit zu den besten Beschreibungen von allen physikalischen Experimenten gehören.

An diesem Beispiel wird deutlich, dass bei der Gestaltung von physikalischen Theorien immer wieder neu abzuwägen ist, was in der betreffenden Situation für die Aufnahme in die Theorie notwendig ist und was als unwesentlich ignoriert werden kann.

12.5. Auf welche Weisen kann man die Quanten eingruppieren?

Mit der Entdeckung der Antimaterie wurde ein neues Kapitel aufgeschlagen. Sehr energiereiche Photonen verwandeln sich bei Reaktionen mit Atomen in ein Elektron und in dessen Antiteilchen, das Positron. Dieses unterscheidet sich vom Elektron einzig durch das Vorzeichen der Ladung.

Der umgekehrte Prozess existiert ebenfalls. Immer dann, wenn sich ein Teilchen und sein zugehöriges Antiteilchen treffen, ergibt sich zusammen wieder der Ladungs-Wert Null und ihre Masse

278

wird (wegen $E = mc^2$) zu Energie. Solche dann „frei fliegende Energie-Quanten" kennen wir bisher nur als Photonen. Gravitationswellen tragen ebenfalls Energie von ihrem Entstehungsort fort. Wenn man diese Wellen quantentheoretisch beschreiben will, dann erhält man „Gravitonen". Photonen und Gravitonen bezeichnen Quanten von Kräften. Sie und auch die Quanten der anderen Kräfte haben einen ganzzahligen Spin, also 0, 1, 2, ... Von ihnen können beliebig viele beieinander sein. Der Spin ist eine Charakterisierung des Verhaltens bei Drehungen. Die Quanten, die dem Stoff zuzuordnen sind, haben im Gegensatz dazu einen halbzahligen Spin, also 1/2, 3/2, ... Sie genügen dem Pauli-Prinzip: *Wo eines ist kann kein zweites sein.*

Da für die Ladung ein strenger Erhaltungssatz gilt und die Photonen keine Ladung tragen, muss bei ihrer Umwandlung in Materie zu der Ladung -1 des Elektrons noch die Ladung +1 des Positrons erzeugt werden. Diese Umwandlung von Energie in Masse nennt man daher Paar-Erzeugung. Ähnliches gilt für die Protonen mit der Ladung +1 und ihre Antiprotonen mit Ladung -1.

Neben der elektrischen Ladung gibt es noch die baryonische und die leptonische Ladung.

In vielen kosmischen Prozessen sind die auftretenden Energien so riesig, dass dabei auch Teilchen der Antimaterie erzeugt werden. Wenn diese jedoch auf die entsprechenden Teilchen der überall vorkommenden Materie treffen, vernichten sie sich zusammen mit diesen zu Photonen.

Also Teilchen und Antiteilchen ergänzen sich zu Photonen und sind dann selbst verschwunden. Damit war klar, dass nicht nur Photonen, sondern alle anderen Teilchen mit Masse ebenfalls entstehen und vernichtet werden können. (Nur Ladungen können nicht erzeugt oder vernichtet werden, ihre Summe wird bei einer Teilchenerzeugung nicht verändert.) Mit diesen Erzeugungs- und Vernichtungsvorgängen wurde es notwendig, die Quantenmechanik zur Quantenfeldtheorie zu erweitern.

Wir wollen kurz betrachten, was man in der Physik unter den „Quanten" versteht. Es ist vielleicht auch deshalb wichtig, weil nach neuen Lehrplänen an Gymnasien „Teilchen" als das Wesentliche der Quantentheorie vermittelt werden soll. Damit wird ein Ausschnitt aus der Quantentheorie hervorgehoben, der für die meisten Menschen lebenslang ohne Praxisbezug bleibt, während die universellen und wesentlichen Strukturen der Quantentheorie ausgeblendet bleiben. Der Vollständigkeit halber soll jedoch auch hier auf die Teilchen eingegangen werden.

Eine nützliche und wohl auch anschauliche Einteilung der Quanten kann man auf zweierlei Weise vornehmen.

Die Basis	Stoff (Spin halbzahlig) Fermionen	Kraft (Spin ganz) Bosonen
AQIs	Qubits	
Strukturen (nicht frei in Raum und Zeit beweglich)	Quarks	Gluonen, Phononen, ...
Energie (ohne Ruhmasse)		Photon, (Graviton?)
Materie (mit Ruhmasse)	Leptonen Neutrinos, Elektron, ... Hadronen Proton, Neutron, ...	W^+, W^-, Z^0, Pion, Kaon, Higgs-Boson, ...

Tabelle 1: Die Erscheinungsformen der Protyposis

Die erste Eingruppierung unterscheidet vier Sorten von Quanten. Sie werden unterteilt in Quanten, welche eine Ruhmasse besitzen, in Quanten, die keine Ruhmasse besitzen, und in Quanten, die nur der Möglichkeit nach existieren. Sie werden auch als virtuelle Quanten oder noch besser als Strukturquanten bezeichnet. Schließlich erweisen sich die Quantenbits als die unhintergehbare Grundlage von allem.

Die zweite Eingruppierung unterscheidet die Quanten dahingehend, ob sie dasjenige formen, was man üblicherweise als Stoff bezeichnet, oder dasjenige, was wir als Kräfte charakterisieren.

Kompliziert wird es auch dadurch, dass es zwischen beiden Gruppierungen verschiedene Überschneidungen gibt.

12.5.1 Quanten mit Ruhmasse

Quanten mit einer Ruhmasse können sich in einem kleinen Raumbereich aufhalten, dort „ruhen" – deshalb der Name. Sie formen dasjenige, was wir im Alltag als Materie bezeichnen.

Wir nehmen eine Unterteilung der Quantenerscheinungen vor und beachten die tiefen Äquivalenzen nicht, welche allen diesen Erscheinungen zugrunde liegen. Wenn wir also aus lediglich pragmatischen Gründen zwischen Materie, Energie und Information unterscheiden, dann kann man festlegen:

Materie ist dadurch ausgezeichnet, dass sie Widerstand gegen Veränderungen leistet. Um Materie zu bewegen oder anders zu verändern – z. B. zu verbiegen –, muss Energie aufgewendet werden.

Durch die Wirkung einer Kraft kann an der Materie Arbeit geleistet werden. Im lebendigen Körper stammt die Energie für dessen Bewegungen und die damit gegebenen Verformungen, z. B. für die Kontraktion von Muskeln, aus der Umwandlung der Moleküle Adenosintriphosphat in Adenosindiphosphat.

Was rechnet man also zur Materie?

Dass dazu die festen Körper gehören ist gewiss unstrittig. Ein Eimer mit Wasser bleibt stehen wo er ist. Daher zählen auch die Flüssigkeiten zur Materie. Außerdem kann das Wasser gefrieren und fest werden. Dass auch die Gase materiell sind, das spürt man beispielsweise am Luftwiderstand, wenn man beim schnellen Fahren die Hand aus dem Autofenster hält. „Flüssige Luft" ist der Stickstoffanteil der Luft und sehr kalt. Das Kohlendioxid aus der Luft gibt es auch als festes Trockeneis.

Alle diese Materialien können in Atome zerlegt werden. Von einem Festkörper spricht man, wenn die Atome angeordnet in einem Verband vorliegen.

In einer Flüssigkeit besteht zwischen den Atomen oder Molekülen keine regelmäßige Anordnung, jedoch bleiben die Abstände zwischen ihnen unterhalb einer gewissen Größe. Deswegen haben Flüssigkeiten ein festes Volumen, jedoch keine feste Gestalt. Diese richtet sich nach der Form des Behältnisses.

Von einem Gas spricht man, wenn Atome oder Moleküle den gesamten vorhandenen Raum einnehmen und daher ihre Abstände beliebig groß werden können.

Durch die Quantentheorie ist es verstehbar geworden, dass eine Trennung zwischen diesen Erscheinungen nicht immer möglich ist. Seit langem ist bekannt, dass bei hohen Drücken und Temperaturen (jenseits des „kritischen Punktes") eine Unterscheidung zwischen Flüssigkeit und Gas nicht mehr möglich ist. Sehr neue Experimente haben gezeigt, dass es bei extrem tiefen Temperaturen (bei Bose-Einstein-Kondensaten) hochgeordnete Systeme mit regelmäßigen Abständen von Atomen geben kann, die deswegen als „Festkörper" zu bezeichnen sind, und die sich wie eine Quantenganzheit verhalten. Diese Systeme bewegen sich – entgegen den normalen Vorstellungen über „feste Köper" – wie eine Flüssigkeit ohne jede innere Reibung. Sie können als „suprafluide Festkörper" bezeichnet werden.

Die Atome kann man zerlegen in Atomkern und Hülle. Die Protonen und Neutronen finden sich zu den verschiedenen Atomkernen zusammen, die Elektronen bilden die Atomhüllen. Alle Materie in unserer alltäglichen Umwelt wird aus diesen drei Quantenteilchen gebildet. Für das Gewicht sind im wesentlichen Protonen und Neutronen bedeutsam, ein Elektron hat nur den etwa zweitausendsten Teil von deren Masse.

Wie schwierig eine solche „Kästchen-Einteilung" ist, zeigt sich an den Bosonen der schwachen Wechselwirkung, den sogenannte W- und Z-Bosonen. Diese Kraftquanten sind schwerer als z. B. ein Strontium-Atom und somit als „Materie" einzuordnen. Da diese Quanten jedoch lediglich innerhalb der Atome und in unserer natürlichen Umgebung nur „der Möglichkeit nach – also lediglich virtuell" existieren, werden sie nur bei Zufuhr von sehr viel Energie in den größten Beschleunigern zu realen, also zu faktischen Teilchen. Als solche zerfallen sie dann in extrem kurzer Zeit in andere Teilchen und diese wieder – bis schließlich stabile Quantenteilchen entstanden sind. Als virtuelle Teilchen können diese Bosonen jedoch auch bei instabilen Atomen den Zerfall von deren Atomkernen verursachen, selbst wenn diese Atomkerne sehr viel leichter sind als die Ruhmassen solcher W- und Z-Bosonen.

Was nun versteht man unter „Antimaterie"?

Bei der Konstruktion von Quantenteilchen aus AQIs[111] zeigt sich, dass für eine Teilchenmasse zwei „spiegelbildliche" Darstellungen existieren. Sie können durch Operatoren, welche unabhängig von allen Raum-Zeit-Veränderungen operieren, ineinander umgewandelt werden. Dies entspricht dem, was man vom Verhalten von Materie und Antimaterie erwartet.

Alle Stoff-Quantenteilchen mit einer Ruhmasse tragen eine leptonische oder eine baryonische Ladung und viele auch eine elektromagnetische.

Manche Teilchen, wie z. B. das Neutron, besitzen eine innere Struktur, die man so interpretieren kann, dass sie aus einer positiven und einer negativen elektrischen Ladung erzeugt wird. Daher erscheinen diese Teilchen von außen gesehen elektrisch neutral, also ladungslos.

Die drei Ladungstypen sind die Ursache für die Ruhmasse der Teilchen, wobei das Vorzeichen der jeweiligen Ladung für die Größe der Masse keine Rolle spielt.

Der Gedanke, dass Ladungen Masse erzeugen, stammt in der Physik von Überlegungen bereits aus dem 19. Jahrhundert. Eine Ladung erzeugt ein Kraftfeld. Versucht man, die Ladung gegen ihr eigenes Feld zu bewegen, so entstehen dabei Felder, welche als Wellen ausgestrahlt werden. „Beschleunigte Ladungen strahlen". Die abgestrahlten Energien, die Quanten des betreffenden Kraftfeldes, setzen der Änderung der Bewegung einen Widerstand entgegen. Widerstand gegen Bewegungsänderung nennt man *Trägheit* – und Trägheit ist ein anderer Begriff für Masse.

Für die Ladungen gelten strenge Erhaltungssätze, sie können weder erzeugt noch vernichtet werden. Möglich ist jedoch eine „Aufspaltung" einer Ladung null in eine positive und in eine gleichgroße negative Ladung.

Zu jedem dieser Stoff-Teilchen existiert ein Partnerteilchen, welches die vom Betrag her gleiche Ladung, jedoch mit dem entgegengesetzten Vorzeichen trägt. In der Masse unterscheiden sie sich nicht. Für die Teilchen mit entgegengesetzter Ladung ist jeweils das eine das „Antiteilchen" zum anderen. Beispiele für Teilchen-Antiteilchen-Paare sind Elektron und Positron und auch Proton und Antiproton.

Die Teilchen, die in unserer Umwelt vorkommen, werden als „Materie" bezeichnet, also u. a. die Elektronen mit einer negativen und die Protonen mit einer positiven elektrischen Ladung. Deren Antiteilchen, die Positronen mit einer positiven und die Antiprotonen mit einer negativen elektrischen Ladung nennt man „Antimaterie". Sie haben die gleichen sonstigen Eigenschaften und Lebensdauern wie ihre Partner-Teilchen auch. Wenn jedoch ein Teilchen der Antimaterie auf seinen „Materie-Partner" trifft, so zerstrahlen beide gemäß $E = mc^2$ in einen Röntgenblitz, in energiereiche Photonen.

Die Herstellung und noch mehr die Aufbewahrung von Antimaterie ist daher ein hochkomplexer Prozess, denn schließlich gibt es auch in einem sehr guten technischen Vakuum noch immer eine ganze Menge von Teilchen der Materie – und außerdem sind die Wände des Behälters ebenfalls Materie. Mit sehr komplizierten Anordnungen von elektrischen und magnetischen Feldern gelingt es in sogenannten „Fallen", Teilchen von Antimaterie über längere Zeiten aufzubewahren und sogar mit ihnen zu experimentieren. Gegenwärtig wird am CERN die spannende Frage untersucht, ob elektrisch neutrale Anti-Wasserstoff-Atome – also ein Positron um ein Antiproton – so wie normaler Wasserstoff im Schwerefeld der Erde nach unten fällt. (Elektrisch neutral muss das untersuchte Objekt sein, damit keine elektromagnetischen Streufelder das Ergebnis verfälschen.)

Zwar spricht vieles dafür, dass auch Antimaterie im Schwerefeld nach unten fällt, aber bevor es nicht experimentell geprüft ist, bleibt die Frage noch unentschieden, ob die Extrapolation der Gravitationstheorie auch für diesen Fall gültig bleibt.

Einige der Kraftquanten, die keine Photonen sind, können auch eine Ladung tragen. Dann gibt es für sie ebenfalls einen Antiteilchen-Partner.

12.5.2. Quanten ohne Ruhmasse

Quanten ohne eine Ruhmasse können sich nicht in einem kleinen Raumbereich aufhalten, sie müssen im Vakuum stets mit Lichtgeschwindigkeit fliegen.

Bisher kennen wir von diesen Quanten nur die Photonen, die Lichtquanten. Falls es auch Quanten der Schwerkraft gibt, die Gravitonen, so werden auch diese mit Lichtgeschwindigkeit durchs Vakuum rasen. (Die Gravitationswellen sind Lösungen von linearen Näherungen der Einstein'schen Gleichungen. Diese kann man quantisieren und in Gravitonen zerlegen. Diese Gravitonen gehören jedoch nicht zu der vollen Allgemeinen Relativitätstheorie, deswegen die vorsichtige Formulierung.)

Quanten ohne Ruhmasse sind Formen von Energie, sie können Materie verändern.

Über Einsteins Formel „$E = mc^2$", gibt es eine Äquivalenz zwischen Energie und Materie. Die Photonen werden also auch als „Energie" bezeichnet. Energie ist ein sehr abstrakter Begriff. Als „kinetische Energie", also „Bewegungs-Energie", wird sie am leichtesten erkennbar. Daher sollte man sich unter Energie den deutschen Begriff „Bewegung" vorstellen.

Wenn man Einsteins Formel sehr zutreffend als „Umwandlung von Bewegung in Materie" begreift, dann wird die philosophische Herausforderung dieser Formel in beeindruckender Weise deutlich. Die millionenfache Bestätigung solcher Umwandlungen in den großen Beschleunigern wie beim CERN oder DESY lässt keinen rationalen Grund für Zweifel daran zu.

Die Photonen sind daher „reine Bewegung an sich" – ohne dass noch ein „Etwas" hinzukäme, welches bewegt werden würde.

12.5.3. Strukturquanten existieren ausschließlich virtuell

Die interessantesten Quanten sind diejenigen, die reale Wirkungen erzeugen können, obwohl es unmöglich ist, sie als Teilchen im Vakuum (verstanden als ein Raum völlig ohne weitere Materie) frei existieren zu lassen. Alle realen Quantenobjekte können auch dann Wirkungen hervorrufen, wenn sie lediglich virtuell existieren, jedoch für die Strukturquanten gilt:

Strukturquanten existieren ausschließlich virtuell, also lediglich der Möglichkeit nach und nie als reale Teilchen. Sie können jedoch reale Wirkungen erzeugen.

Für die gesamte moderne Technik mit ihren elektronischen Komponenten ist das Verstehen der *Phononen* grundlegend, der *Schallquanten in Festkörpern*. Der Schall, das Schwingen der positiv geladenen Atomkerne um ihre Ruhelage im Kristallverband, wirkt auf die negativ geladenen Elektronen und beeinflusst somit deren Verhalten und damit die elektrischen Eigenschaften des

282

Festkörpers. Diese Wirkung wird quantentheoretisch durch die Phononen erfasst. Diese Strukturquanten wechselwirken mit den Elektronen, so als ob sie richtige Teilchen wären. Alle die großartigen ingenieurtechnischen Leistungen der elektronischen Geräte mit ihren Halbleiterkomponenten in den Chips der Computer und Handys und den LEDs in den Bildschirmen wurden erst mit dem Verstehen dieser Wechselwirkung möglich. Aber natürlich kann das „Schwingen der Atomkerne um ihre Ruhelage" nicht außerhalb des Festkörpers vorkommen. Wenn Phononen auch reale Teilchen sein könnten, so müssten sie frei im Vakuum fliegen können.

Dringen wir tiefer ins Innere der Atome ein und wenden uns den Kernen zu. Dort gibt es eine solche Unmöglichkeit einer eigenständigen Existenz auch für die vielbeschriebenen Quarks und Gluonen. Sie finden sich als Strukturen in den sogenannten Hadronen. Diese „starken" Teilchen sind diejenigen Elementarteilchen, die an der starken Wechselwirkung teilnehmen.

Man unterteilt die „stark wechselwirkenden Teilchen" weiter in Baryonen und Mesonen. Die Baryonen sind Fermionen mit Ruhmasse, also Materie. Sie besitzen eine innere Struktur, welche oft als „drei Quarks" bezeichnet wird. Die Mesonen sind die Quanten der Kernkraft. Sie sind Bosonen. Man sagt zumeist, dass sie aus einem Quark-Antiquark-Paar bestehen. Wegen ihrer Ruhmasse sind diese Kraftquanten ebenfalls zur Materie zu rechnen. Dieses einfache Bild von drei Quarks bzw. Quark-Antiquark-Paar aus der Entdeckungszeit der Quarks wurde immer weiter ausgebaut. So werden die Eigenschaften der Hadronen durch die Berücksichtigung der Gluonen und der „sea quarks" – vieler weiterer virtueller Quark-Antiquark-Paare – besser erfasst.

Die wichtigsten Hadronen sind Protonen und Neutronen, welche die Atomkerne formen. Daher kann man sagen, dass die Quarks und Gluonen im Wesentlichen die Materie bilden. Allerdings können Quarks und Gluonen niemals einzeln als reale Teilchen außerhalb von Protonen und Neutronen erscheinen, sie treten nur gruppiert als reale Teilchen in der Form der Hadronen auf.

12.5.4. Kraftquanten und Stoffquanten

Die zweite Eingruppierung der Quanten betraf die nach Kraft oder Stoff. Dies ist ein anderer Blickwinkel, der die oben aufgeführten Quanten nach einer weiteren Eigenschaft klassifiziert – vielleicht so ähnlich, wie ein Kind seine Bauklötze nach der Größe, aber auch nach der Farbe unterscheiden kann.

Die Unterscheidung in die realen und virtuellen Quanten für die Stoffe und die Kräfte ist schwierig, einmal wegen der verschiedenen Unterteilungsmerkmale und zum anderen wegen der vielfältigen Umwandlungsmöglichkeiten. Diese Umwandlungen sind ein wichtiger Hinweis auf eine tieferliegende Grundstruktur.

Für „Stoff" gilt die bekannte Regel: Wo ein Körper ist kann kein zweiter sein.

Aller Stoff ist auch Materie.

Wie bei den Mesonen bereits deutlich wurde, ist jedoch nicht alle Materie als Stoff zu klassifizieren, manche Materie ist Kraft – und wo eine Kraft ist, da kann durchaus noch mehr Kraft oder auch eine andere Kraft sein.

In der Quantentheorie hatte Wolfgang Pauli mit seinem Prinzip verdeutlicht, dass Quanten mit einem halbzahligen Spin (man darf beim Spin an eine Art Rotation denken), sie werden Fermionen genannt, die Eigenschaft haben, dass niemals zwei von ihnen im gleichen Zustand sein können, z. B. am gleichen Ort. Das sorgt z. B. dafür, dass in einem Atom nie alle Elektronen im Zustand mit der niedrigsten Energie sein können. Die „Energieschalen" in den verschiedenen Atomen müssen immer weiter aufgefüllt werden. Vor allem die Elektronen in den höchsten Schalen sind für die chemischen Eigenschaften zuständig. Daher ist das Pauli-Prinzip unerlässlich für eine Erklärung der chemischen Eigenschaften und für die Verwandtschaften der Elemente. So sind alle Elemente, deren höchste

Energieschale voll besetzt ist, Edelgase, und die, welche dort nur ein Elektron haben, sind Alkalimetalle.

Die Quantentheorie zielt in ihrer mathematischen Struktur auf „Einheit". Wir Menschen jedoch können die Welt nur erkennen, wenn wir sie in Objekte zerlegen. Eine solche Zerlegung in Getrenntes bedeutet auch einen Verlust dessen, was die Ganzheit an einem „Mehr" gegenüber dem umfasst, was noch in den Teilen erkannt werden kann.

Dieser Verlust an Genauigkeit der Beschreibung durch eine Zerlegung wird in mancher Hinsicht dadurch ausgeglichen, dass Kräfte beschrieben werden, welche zwischen den Teilen wirken, die durch die Zerlegung entstanden sind.

Diese Kräfte können als reale, aber auch als virtuelle Quanten auftreten.

Im Rahmen der Quantentheorie unterscheiden wir die elektromagnetische, die schwache und die starke Wechselwirkung.

Im Rahmen der klassischen Physik werden elektromagnetische und gravitative Kraftfelder betrachtet. Die Schwerkraft kann als die Wirkung des mit den AQIs erklärten Kosmos und seiner Einwirkungen auf ungleichmäßige Verteilungen des kosmischen Inhaltes begriffen werden. Bisher gibt es trotz sehr lang andauernder und intensiver Versuche keine zufriedenstellende Quantisierung der Einsteinschen Gleichungen. Es gibt gute Gründe, warum eine Quantisierung lediglich für eine linearisierte Version der Einsteinschen Gleichungen möglich ist und nicht für die volle Theorie. Mit einem linearen Ansatz hatte Einstein – wie sich jetzt gezeigt hat – sehr zutreffend Gravitationswellen vorhergesagt. Solche Wellen lassen sich quantentheoretisch beschreiben.

Wie unten ausgeführt wird, wird mit der Kosmologie der AQIs eine Quantentheorie der Schwerkraft erklärt.

In der Quantentheorie gibt es für jede der drei anderen Kraftformen zugehörige Ladungen. Diese Ladungen erzeugen das jeweilige Kraftfeld. Die Ladungen, die ein Quantenteilchen trägt, sind die Ursache für einen Masse-Anteil des betreffenden Quantenteilchens. (Es ist metaphorisch gesprochen wie ein Rucksack, in welchem die Ladungen stecken, welche zusammen das Gewicht des Trägers erzeugen.)

Die Kraftfelder werden quantentheoretisch durch Kraftquanten beschrieben, die im Unterschied zu den Fermionen (den Stoffquanten) als Bosonen bezeichnet werden. Sie haben einen ganzzahligen Spin.

Für die Kräfte gilt das Pauli-Prinzip nicht. Von den Kraftquanten können sich beliebig viele im selben Zustand befinden. Während also für Fermionen etwas Ähnliches wie eine „Abstoßung" existiert, können die Bosonen gleichsam „kondensieren", sich also zu beliebiger Kraftstärke zusammenballen.

Name der Kraft	Namen der Kraftquanten	Masse der Kraftquanten	Reichweite der Kraft
Elektro-magnetisch (Coulomb)	Photon	0	∞
Kernkraft	Pion, Kaon, ...	$(1/7)\times$Proton-masse	Etwa Atomkerndurchmesser
Schwache Kraft	W^+, W^-, Z^0	$100\times$Protonmasse	Kleiner als Protondurchmesser

Tabelle 2: Bosonen (Kraftquanten), die als reale Quantenteilchen auftreten können

284

Die wichtigsten Kraftquanten aus der Sicht des Alltags sind die oben beschriebenen masselosen Photonen. Diese sind für die elektromagnetischen Kräfte zuständig und damit neben den technischen Anwendungen auch für die gesamten chemischen und biochemischen Vorgänge und für die Materialeigenschaften der festen Körper, der Flüssigkeiten und der Gase. *Die Photonen wirken zwischen den Stoffen. So wird z. B. die Kraft zwischen einem Magneten und einem Nagel durch virtuelle Photonen vermittelt. Reale Photonen übermitteln die Wirkung vom Sender in den Fernseher.*

Für die *schwache Wechselwirkung*, die nur innerhalb der Atomkerne und Elementarteilchen wirkt, sind die wegen der kurzen Reichweite der Kraft sehr massiven W^+-, W^-- und Z^0-Bosonen zuständig. Die schwache Wechselwirkung bewirkt das Zerfallen radioaktiver Atomkerne und den Zerfall der sogenannten langlebigen Elementarteilchen. Als „langlebig" gelten in der Elementarteilchenphysik alle Quantenteilchen, deren Lebensdauer mehr als etwa 10^{-10} Sekunden beträgt. Das langlebigste von diesen ist das Neutron. Wenn es frei ist, also wenn es nicht durch die starke Wechselwirkung in einem Atomkern festgehalten und vor dem Zerfall geschützt wird, dann zerfällt es mit einer Halbwertszeit von etwa 1000 Sekunden.

Die *starke Wechselwirkung*, welche zwischen den Quarks wirkt (wir erinnern, diese sind Fermionen und Strukturquanten), wird von den Gluonen verursacht. Diese Bosonen sind ebenfalls (wie oben beschrieben) Strukturquanten und werden in der Theorie als masselos behandelt. Die typischen Halbwertszeiten für Objekte, die unter der starken Wechselwirkung zerfallen, liegen in der Größenordnung von etwa 10^{-23} Sekunden. Das ist ungefähr die Zeit, welche das Licht benötigt, um den „Durchmesser" eines Protons zurückzulegen, also seine Compton-Wellenlänge von rund 10^{-15} m.

Manche Kraftquanten zählen zur Materie, andere sind keine Materie, sondern reine Energie.

Dass auch die Differenzierung zwischen Bosonen und Fermionen nicht trivial ist wird daran deutlich, dass zwei Halbe ein Ganzes sind. So können sich zwei Elektronen (also zwei Fermionen) mit Spin $+\frac{1}{2}$ und Spin $-\frac{1}{2}$ zu einem Cooper-Paar mit Spin 0 (einem Boson) zusammenschließen. Sie verhalten sich dann wie ein Kraftquant. Beliebig viele von diesen Paaren können dann alle im selben Zustand sein und z. B. als supraleitender Strom ohne jeden Widerstand durch Drähte fließen.

12.6. Absolute Quantenbits – AQIs

Die AQIs der Protyposis sind als die Grundlage von allem dargestellt worden. Da sich aus ihnen die energetischen und materiellen Quanten formen, ergibt sich die erwähnte Äquivalenz von Materie, Energie und Quanteninformation.

Für jeden *lokalen Bereich* im Kosmos ist – wie erwähnt – der Satz von der Erhaltung der Energie $dU = 0$ gültig. Ein lokaler Bereich muss als abgekoppelt vom Kosmos und von dessen Entwicklung vorgestellt werden.

Im Rahmen der Allgemeinen Relativitätstheorie wird – so wie auch in der Protyposis-Kosmologie – für den Inhalt des Kosmos nicht mehr $dU = 0$ als geltend postuliert. Allerdings bleibt die Gültigkeit des Ersten Hauptsatzes der Thermodynamik $dU + pdV = 0$ erhalten. Eine einfache Energieerhaltung wie in der Quantenfeldtheorie im Minkowski-Raum ist damit nicht mehr gesichert.

Die AQIs sind als kosmische Strukturen zu verstehen, am anschaulichsten vielleicht als „Grundschwingungen des Raumes". Wenn der Raum expandiert, dann wird ihre Wellenlänge λ größer und damit gemäß $E = hc/\lambda$ die Energie E kleiner. Da die Wellenlänge proportional zum Weltalter t_{kosmos} wächst, wird die Energie eines AQIs umgekehrt zum Weltalter kleiner.

Damit ist eine Erläuterung zu den Sätzen von der Erhaltung der Materie und der Erhaltung der Energie angebracht.

Vor Einstein (und bis heute in der Chemie) war der Satz von der Erhaltung der Materie ein Postulat, an welchem nicht gerüttelt werden durfte. Im Rahmen der Chemie ist es auch sehr vernünftig, weil dort bei den Energie-Umsätzen die Äquivalenz von Materie und Energie keine Rolle spielt. Die beteiligten Energien sind dafür viel zu klein. Eine Erzeugung von materiellen Teilchen findet dabei nicht statt. Das änderte sich erst bemerkbar mit der starken Wechselwirkung, also bei Kernreaktionen und in der Hochenergiephysik.

In ähnlicher Weise ist auch die Äquivalenz von Materie und Energie mit der absoluten Quanteninformation bisher nicht experimentell in Erscheinung getreten. Für alle Vorgänge, bei denen die Beziehung zum Kosmos nicht merklich in Erscheinung tritt, werden daher die Sätze von der Erhaltung der Materie und der Erhaltung der Energie in zweckmäßiger und sinnvoller Weise verwendet.

12.7. Einige Bemerkungen zu den Wechselwirkungen

Die induktive Methode geht von einigen Erfahrungen aus und schließt aus diesen auf eine Theorie, die für beliebig viele Fälle – sogar unendlich viele – gelten soll. Da wir Menschen immer nur von endlich vielen Fällen Erfahrungen besitzen können und dennoch allgemeine Theorien aufstellen, die für alle Fälle gelten sollen, muss Naturwissenschaft immer offen dafür sein, dass manche der neuen experimentellen Erkenntnisse sich nicht in bewährte Theorien einpassen lassen. In solchen Fällen ist dann der Gültigkeitsbereich der Theorie einzuschränken. (Das Modell eines „Paradigmen-Wechsels", so wie es Thomas Kuhn vorgeschlagen hatte, war für den Übergang zwischen Aristoteles und Galilei zutreffend. Für die mathematisch formulierte Naturwissenschaft nach Newton trifft Kuhns Beschreibung nicht mehr zu. Z. B. wird die Newtonsche Mechanik auch in Zukunft immer weiter verwendet werden, da man heute weiß, bei welchen Bedingungen man mit ihr nicht mehr weiter arbeiten kann.)

Das kosmologische Protyposis-Modell erweist sich als eine exakte Lösung der Einsteinschen Gleichungen, somit lässt sich daraus die Allgemeine Relativitätstheorie (ARTh) induktiv begründen.

Bei dem Protyposis-Modell ergibt sich ein fester Zusammenhang zwischen der kosmischen Energiedichte und der Krümmung des kosmischen Raumes.

Wenn ein solcher Zusammenhang auch für die lokalen Schwankungen der Energie- bzw. Materiedichte innerhalb des Kosmos postuliert wird, folgen die Einsteinschen Gleichungen.[112]

Die AQIs liefern mit dem quantenkosmologischen Modell die quantentheoretische Grundlage der Gravitation. Der „klassische Limes" dafür wird durch die Einstein'schen Gleichungen gebildet.

Die AQIs bilden also eine wesentlich fundamentalere Struktur als die Allgemeine Relativitätstheorie.

Da ein induktiver Schluss von einem oder wenigen Fällen auf ein allgemeines Gesetz zielt, kann mit einer solchen Schlussweise natürlich auch ein „Zuviel an Struktur" eingeschlossen werden. Beispielsweise gibt es in der ARTh unendlich viele verschiedene kosmologische Lösungen – unendlich viele mathematische Modell-Universen – von denen höchstens eines den einen und einzig „realen Kosmos" gut beschreiben kann.

Wenn man also die Allgemeine Relativitätstheorie nicht als eine sehr gute Approximation an die Beschreibung der Schwerkraftphänomene verstehen will, sondern als eine exakt gültige Theorie, dann muss man einsehen, dass in ihr sehr viel mehr vorkommt als in der beobachtbaren Natur existiert.

Damit wird wohl auch verstehbar, wieso die Versuche einer „Rück-Quantisierung" der exakten ARTh trotz jahrzehntelanger intensiver Versuche ohne einen bisher befriedigenden Erfolg geblieben sind.

Die elektromagnetische Wechselwirkung hat wie die Gravitation in der mathematischen Theorie des Minkowski-Raumes eine unendliche Reichweite und ist an massiven Objekten spürbar. Daher gibt es sie auch als eine klassische Theorie. Ihr Ursprung ist eine lineare Quantentheorie und diese

Linearität ist in der klassischen Version, in den Maxwellschen Gleichungen, erhalten geblieben. Die Maxwellschen Gleichungen beschreiben deswegen u. a. auch elektromagnetische Wellen. Diese Wellen lassen sich ihrerseits wieder in eine Quantenform – in Photonen – überführen.

Die ARTh ist die Konsequenz einer Kosmologie und ist prinzipiell von einer nichtlinearen Struktur. Daher bereitet ihre Quantisierung wie erwähnt so große Probleme. Trotz tausender Publikationen haben alle Anstrengungen bislang zu keinem befriedigenden Ergebnis geführt. Vermutlich gelingt dies für die exakten Einsteinschen Gleichungen nicht, weil in ihnen neben dem Existierenden zu viel Nichtexistierendes beschrieben wird.

Wenn man eine linearisierte Version der ARTh untersucht, dann hat bereits Einstein gezeigt, dass es in dieser auch Lösungen gibt, welche Gravitationswellen beschreiben. In bewundernswerten Experimenten hat man bisher einige derartige Ereignisse gefunden. Diese wurden sehr zutreffend als Gravitationswellen beschrieben und erhielten eine große öffentliche Aufmerksamkeit sowie den Nobelpreis von 2017. Diese nachgewiesenen Gravitationswellen stammten von der Verschmelzung von jeweils zwei Schwarzen Löchern aus einer Entfernung von mehr als einer Milliarde von Lichtjahren. Ihre Energie war daher hier an der Erde nur noch von einer so extremen Winzigkeit, dass ihr Nachweis erst jetzt und erst durch die technische Anwendung extremster Quantenphänomene möglich geworden ist.

Diese Lösungen von Wellen in der linearisierten Theorie kann man – wie die elektromagnetischen Wellen auch – formal quantisieren. Die theoretischen Quanten der Gravitationswellen werden als Gravitonen bezeichnet. Im Gegensatz zu den Photonen, die wir mit sehr großen Energien erzeugen können, haben die Gravitonen der nachgewiesenen Gravitationswellen eine so geringe Energie, dass ein Einzelnachweis eines solchen theoretischen Gravitons aus der linearisierten Theorie noch für lange Zeit jenseits des technisch Vorstellbaren bleibt. Zur Klarheit ist es wichtig, noch einmal darauf zu verweisen, dass die *linearisierte Näherung der ARTh* Gravitonen theoretisch erlaubt, die *volle ARTh* jedoch wahrscheinlich nicht quantisiert werden kann.

Die drei anderen Wechselwirkungen, die elektromagnetische, die schwache und die starke, beruhen prinzipiell unmittelbar auf der Quantentheorie. Da die elektromagnetische Wechselwirkung eine unendliche Reichweite hat und auch an massiven Objekten spürbar ist, gibt es sie – wie erwähnt – auch als eine klassische Näherung, als die Maxwellsche Theorie. Die beiden anderen Wechselwirkungen können ausschließlich quantentheoretisch behandelt werden.

Die drei prinzipiell quantischen Wechselwirkungen haben sich als verschiedene Versionen von sogenannten „lokalen Eichtheorien" erwiesen. Diese Bezeichnung bedeutet, es gibt Symmetriegruppen, und deren Wirkung darf an jeder Stelle des Raumes frei gewählt – frei „geeicht" – werden. Durch Vorschriften wird dabei gesichert, dass man trotzdem von einem Punkt zu einem anderen gelangen kann. Mit den AQIs hat sich begründen lassen, weshalb es genau diese drei Symmetriegruppen und damit genau diese drei Wechselwirkungen in der Natur gibt.[113]

Bisher existieren viele Versuche, die fundamentalen Wechselwirkungen „zu vereinheitlichen", sie also in eine einzige Form mit einer einzigen riesigen Eichgruppe zu überführen. In dieser Beschreibung sollen dann die Unterschiede zwischen den Wechselwirkungen letztlich verschwinden. Auch diese Versuche haben zu sehr interessanten und vor allem zu sehr komplizierten Konstruktionen geführt. In deren Folge werden immer massivere Teilchen postuliert, für welche bisher jeglicher positive Hinweis fehlt. Ich interpretiere dies als eine Auswirkung des „Teilchen-Dogmas", welches auch für diese Fälle in die Irre führt.

Die Suche nach der einheitlichen Grundlage der Realität führt nicht zu immer komplexeren Strukturen, sondern zu den AQIs als den mathematisch einfachsten der möglichen Quantenstrukturen.

Die AQIs, welche weder Materie, noch Energie und nicht Kraft sind und denen man auch nicht fälschlich ein Bewusstsein zusprechen darf, sind die Grundlage dafür, dass sich dies alles in der kosmischen und biologischen Evolution entwickeln konnte.

12.8. Einstein-Podolsky-Rosen-Experimente und Quantenkryptographie

Die sichere Verschlüsselung von Nachrichten hat, wie wohl jedermann weiß, eine riesige Bedeutung. Nachrichten sicher auszutauschen, ohne dass ein Unerwünschter dazu Zugriff erhält, hat eine hohe politische, ökonomische und militärische Relevanz.

Die bisherigen Verschlüsselungsverfahren beruhen darauf, dass es auch mit modernen Computern sehr lange dauert, eine sehr große Zahl in ihre Primfaktoren zu zerlegen. Bei der sogenannten RSA-Verschlüsselung, die als ein asymmetrisches kryptographisches Verfahren bezeichnet wird, beruht die Erstellung des Schlüssels wesentlich auf dem Produkt von zwei sehr großen Primzahlen. Zwei mathematische Tatsachen ermöglichen das Verschlüsseln. Erstens ist die Zerlegung einer beliebigen Zahl in ihre Primfaktoren eindeutig. Und zweitens geht es sehr viel schneller, zwei Zahlen zu multiplizieren, als eine Zahl, welche das Produkt zweier großer Primzahlen ist, in diese Faktoren zu zerlegen. Es gibt eine nicht unbegründete Hoffnung der Geheimdienste, dass ein Quantencomputer eine solche Zerlegung sehr viel schneller bewältigen könnte.

Prinzipiell nicht geknackt werden kann ein Code, welcher mit einer vollkommen zufälligen Folge von Nullen und Einsen verschlüsselt wurde. Dabei muss diese Folge genauso lang sein wie die zu verschlüsselnde Nachricht. Sender und Empfänger müssen beide diesen Schlüssel besitzen und dürfen ihn nur ein einziges Mal verwenden. Das eigentliche Problem besteht nun darin, wie der Schlüssel zwischen diesen beiden ausgetauscht werden kann, ohne dass ein Dritter die Möglichkeit hatte oder hätte, darauf zuzugreifen.

Die Experimente zur Quantenkryptographie beruhen darauf, dass zwei Beobachter in einem EPR-Experiment an einer Folge, z. B. von Diphotonen, jeweils zufällige Messungen vornehmen, vielleicht Polarisation „senkrecht, schräg, waagerecht" Dann könnten die beiden Teilnehmer sich sogar öffentlich darüber austauschen, welchen Messtyp sie beim jeweiligen Versuch aus einer langen Reihe von Versuchen gewählt haben. Natürlich dürfen sie nicht das Messergebnis verraten. Sie vergleichen die jeweiligen Messeinstellungen und wählen die Versuche aus, bei denen sie beide korreliert gemessen haben. In diesen Fällen, wo man „gleich" gemessen hat, kann jeder von beiden aus seinem Messergebnis schließen, was das Messergebnis beim anderen sein muss. Mit einem Teil dieser Ergebnisse prüft man dann durch die Übermittlung der Ergebnisse, ob ein Dritter versucht hat, „mitzuhören". Falls ja, dann sind die Messergebnisse nicht korreliert und man muss neu beginnen.

Wenn niemand mitgehört hat, dann müssen die beiden nur noch – auch das könnte wieder öffentlich geschehen – die Nummern der korrelierten Messungen austauschen, welche für den Schlüssel verwendet werden sollen. Damit wissen sie, dass sie in diesen Fällen absolut korrelierte Daten besitzen, welche niemand außer ihnen kennen kann – denn aus der Nummer der Messung kann kein Fremder auf das Messergebnis schließen.

Weltweit führend bei den Versuchen mit EPR-Experimenten zur Quantenkryptographie ist die Gruppe um Anton Zeilinger in Wien. Viele chinesische Wissenschaftler haben dort gelernt und die chinesische Regierung hat diese Forschungen mit viel Geld unterstützt. Vor einiger Zeit war ein chinesischer Satellit in den Orbit gebracht worden, welcher solche Diphotonen zu Erde sendet. Das Ziel ist es, mit dessen Hilfe eine weltweite Nachrichtenübermittlung aufzubauen, welche aus naturgesetzlichen Gründen prinzipiell abhörsicher ist.

288

Mit einem mit EPR-Experimenten erzeugten Schlüssel mit seiner Reihe von absolut zufälligen Werten von 1 und 0 lassen sich dann Nachrichten so verschlüsseln, dass sie nur mit dem so erzeugten Schlüsselpaar wieder entschlüsselt werden können.

Da man eine Folge von 0 und 1 hat, wird zur Verschlüsselung und dann zur Entschlüsselung eine Prozedur gewählt, welche die Mathematiker „Addition modulo 2" nennen.

Man addiert und lässt aber eine bei der Addition neu entstehende Stelle weg.

Im Binärcode gilt 0+0=0, 0+1=1, 1+1=10, denn die dezimale 2 schreibt sich binär 10. Lässt man die neue vordere Stelle weg, rechnet man also nur modulo 2. Dann ist die neue Regel

$$0+0 = 0, \quad 0+1 = 1+0 = 1, \quad 1+1 = 0$$

In der elektronischen Datenverarbeitung wird ein solcher Vorgang durch ein XOR-Gatter bewirkt.

Wenn man nun eine beliebige Folge von 0 und 1 hat und addiert diese mit dieser Regel zweimal, so ergibt sich eine Folge nur von 0.

```
    1 0 1 0 0 1 0 1 1
  + 1 0 1 0 0 1 0 1 1
  = 0 0 0 0 0 0 0 0 0
```

Eine Addition nur von Nullen ändert nichts. Man schreibt also die zu übermittelnde Nachricht als Folge von Binärziffern. Dann addiert man den Schlüssel modulo 2 und schickt das Ganze los.

Der so verschlüsselte Text kann nicht ohne den Schlüssel entziffert werden.

Der Empfänger addiert noch einmal den gleichen Schlüssel modulo 2 und erhält die ursprüngliche Folge der Nachricht, denn durch die doppelte Addition hat man insgesamt nur Nullen addiert.

12.9. Teilelose Ganzheiten: Quanten und Schwarze Löcher

Bis heute wird noch immer fälschlich geschrieben, dass *nur* Punkteilchen keine Teile haben würden.[114] Natürlich hat ein Punkt keine Teile. Aber diese Aussage gehört in die Mathematik und nicht in die Physik. Schließlich zeigt die Quantentheorie, dass es keine Punktteilchen gibt. Alles Existierende ist größer als die Plancklänge – und die ist zwar klein, sie ist aber kein Punkt.

Neutrinos und Elektronen sind Quantenteilchen, bei denen bisher keine innere Struktur gefunden worden ist. Atome und Moleküle kann man unter bestimmten Umständen als Teilchen ohne Teile beschreiben, als quantische Ganzheiten. Obwohl sie zumeist als ein Ganzes wirken, kann man sie trotzdem zerlegen. Wenn man bei ihnen bereits vor der Zerlegung von „Kern und Hülle" spricht, macht man damit bei ihnen keine allzu großen Fehler.

Ganzheiten einer anderen Art sind die Schwarzen Löcher. Bei diesen ist ein Sprechen von „Teilen" ziemlich unsinnig, da sie weder in Teile zerlegt werden können noch an ihnen Teile erkennbar sind.

Wie für Quantenganzheiten gilt auch für die Schwarzen Löcher, dass sie von außen wie teilelos erscheinen.

Man kann also über das Innere eines Schwarzen Loches nichts wissen. Dieses „Nichtwissen", die unbekannte und unerkennbare Mange an Information im Innern des Schwarzen Loches, kann man jedoch berechnen. Es ist die Entropie des Schwarzen Loches, die von Bekenstein und Hawking erstmals berechnet wurde. Jedoch über den Ort des Schwarzen Loches im riesigen Kosmos und über sein im Äußeren beobachtbares Verhalten, welches z. B. aus seiner Masse folgt, kann man Informationen erhalten. Daher ist die Anzahl der AQIs, welche das Schwarze Loch formen, aufzuspalten in den Teil, welcher als dessen Entropie zu interpretieren ist, und den Teil, welcher als Gesamtenergie/Gesamtmasse nicht unerkennbar ist.

Wenn man sich fiktive Photonen oder Quantenteilchen mit einer Energie vorstellen würde, die so groß wäre, dass ihre Wellenlänge zu einer noch kleineren Länge als der Planck-Länge führen müsste, dann würden sich diese fantasierten Quanten in reale (evtl. nur „mikroskopische") Schwarze Löcher verwandeln.

Im Gegensatz zu den Teilchen in der Quantentheorie, bei denen mit größerer Energie die Ausdehnung kleiner wird, gilt für die Schwarzen Löcher, dass bei ihnen mit einer wachsenden Energie bzw. Masse auch die Ausdehnung größer wird. Damit wird die Ausdehnung jedes beliebigen realen Schwarzen Loches größer als die Planck-Länge – und diese ist für alle denkbaren Umstände in der Natur die kleinste Länge.

Systeme mit einer größeren Masse oder Energie als der Planck-Masse – z. B. Tische und Stühle – werden in der Regel weder als teilelose Ganzheit noch als Schwarze Löcher zu beschreiben sein. Wenn sie keine Schwarzen Löcher sind, so könnte man sie lediglich noch „der Möglichkeit nach" als Quanten-Ganzheit betrachten, denn ihre Wellenlänge wäre kleiner als die Planck-Länge – und solche Längen werden nicht real.

Solche Objekte sind demnach höchstens mögliche Quantenganzheiten. Da aber eine grundlegende quantenphysikalische Erkenntnis darin besteht, dass Möglichkeiten reale Wirkungen hervorrufen können, sind auch diese „möglichen Ganzheiten" nicht bedeutungslos. Sogar der gesamte Kosmos mit der ungeheuren Masse seines Inhaltes darf als ein „mögliches ganzheitliches Quantensystem" angesehen werden. *Faktisch* werden wir jedoch im Kosmos viele unterschiedliche Objekte wahrnehmen können.

In der Quantenfeldtheorie wird die Planck-Masse – und auch die Kosmologie – nicht beachtet. Sie beschreibt die Welt so, als würde der Weltraum mit der Minkowski-Metrik wie ein riesiges Labor zu verstehen sein. In diesem gibt es weder eine größte noch eine kleinste Länge und damit auch kein Äquivalent zur Planck-Masse. Dass man im Rahmen der Quantenfeldtheorie das mathematische Kontinuum als das Modell des Raumes verwendet und nicht berücksichtigt, dass es in der Natur eine kleinste Länge gibt, welche größer als null ist, hat die im Abschnitt „12.4. Das Raum-Modell der Quantenfeldtheorie" erwähnten unangenehmen Auswirkungen.

Mit der Protyposis jedoch wird der reale Kosmos mit berücksichtigt. Zusammenfassend kann man feststellen:

Der Kosmos wird zu einer lediglich möglichen – aber nicht faktischen – teilelosen Ganzheit.

Für uns Menschen – als in Raum und Zeit endliche Wesen – gibt es daher in der Realität so lange wir leben eine Welt mit Fakten und voll von faktischen Objekten.

12.10. Noch einige Bemerkungen zur Beziehung zwischen Quanten und Kosmologie

Die allgemeine Wahrnehmung des Zusammenhangs zwischen Quantentheorie und Kosmologie besteht bisher zumeist darin, dass die Quantentheorie auf die unmittelbare Umgebung des Urknalls beschränkt wird. Auch bei vielen wissenschaftlichen Gutachtern für Veröffentlichungen schränkt die Fiktion Quantentheorie = Mikrophysik die Wahrnehmung gleichsam automatisch auf diesen Bereich ein. Die gegenwärtige Krise der Kosmologie wird sich aber erst beenden lassen, wenn man sich von solchen überholten Zwangsgedanken befreit.

Vor drei Jahrzehnten, als die Kosmologie fast nur auf der Basis der Allgemeinen Relativitätstheorie betrieben wurde, hatte man Probleme mit der Interpretation der Beobachtungsdaten. Die kosmische

Hintergrundstrahlung, das sogenannte „Echo des Urknalls", erscheint aus allen Richtungen des kosmischen Raumes in fast identischer Weise vollkommen gleichartig zu uns zu gelangen. (An einer kleinen „Dipol-Abweichung" kann die Relativbewegung der Erde gegen den kosmischen Hintergrund gemessen werden – letztlich wegen der Größenordnungen ist das, was da zu beobachten ist, im Wesentlichen die Bewegung der Milchstraße gegen die Hintergrundstrahlung.)

Die damals verwendeten Modelle aus der Allgemeinen Relativitätstheorie waren jedoch so, dass eine „Absprache" zwischen Regionen, die in entgegengesetzten Richtungen des kosmischen Raumes liegen, nicht möglich ist. Ein Ausgleich, der zu einer derartig gleichen Temperatur hätte führen können und der deshalb die Gleichförmigkeit der Strahlung hätte erklären können, war mit den bis dahin verwendeten Modellen nicht möglich.

Um diesem Dilemma zu entkommen und um zugleich an den bisherigen Hypothesen über „kleinste Teilchen" als Grundlage der Materie festhalten zu können, wurde die „Inflation" erfunden. Dieser Vorschlag hatte großen Beifall in der Hochenergiephysik gefunden. Mit den „Inflatonen" gab es Vorschläge für neue zu suchende Teilchen mit sehr wilden Eigenschaften.

Dass die postulierte Form von Materie, die für die Inflation notwendig wäre, gegen die Energiebedingungen verstößt, welche Hawking und Ellis[115] für jede vernünftige physikalische Theorie aufgestellt hatten, wurde dabei ignoriert. (Das kosmologische Modell der AQIs erfüllt diese Bedingungen natürlich.)

Nach drei Jahrzehnten der Suche nach dem Inflaton ist eine gewisse Ernüchterung eingetreten. Alles Suchen blieb ohne Erfolg.

Kosmologisch sollte mit dem hypothetischen Vorgang der Inflation erreicht werden, dass der heute astronomisch zugängliche Teil des Universums ein nur winziger Bruchteil von allem überhaupt Existierendem sein soll. Da er nach der Inflations-Hypothese ganz winzig gewesen sein soll, sei die heutige Gleichförmigkeit der Hintergrundstrahlung dem Umstand geschuldet, dass dieses damals winzige Stück des kosmischen Raumes auch nur winzige Unterschiede hätte haben können.

Anfangs hatte man die Hoffnung gehabt, dass die Inflation das Problem mit der gleichförmigen Hintergrundstrahlung, welches auch als „Horizontproblem" bezeichnet wird, einer Lösung zuführen würde. Jedoch je besser die Datenlage wurde, desto größer wurden die Probleme mit dem ursprünglichen Entwurf und desto mehr verschiedene „Inflationstheorien" gelangten auf den Markt.

Je nachdem, wie eine solche Inflation ablaufen soll – und da sind der Fantasie keine Grenzen gesetzt – werden sich immer wieder und überall verschiedene neue Universen herausbilden können. Diese sollen dann alle zusammen das „Multiversum" bilden. Wenn es genügend viele sind – am besten unendlich viele – dann ist für jeden beliebigen Wert für die physikalischen Grundkonstanten zu erwarten, dass dieser Wert in mindestens einem von diesen unendlich vielen Universen zufällig realisiert wurde. (Aus mathematischen Gründen sind dann sogar für jede Realisierung auch unendlich viele von diesen zu erwarten.)

Mit dem Bild des Multiversums entfällt die schwierige und zugleich wichtige Aufgabe, aus grundlegenden Überlegungen möglichst viele der physikalischen Grundgrößen tatsächlich zu begründen.

Wenn man bei den kosmologischen Überlegungen lediglich die mathematischen Strukturen betrachtet, dann kann man leicht den Bezug zur Physik verlieren.

Allerdings sollte man, wenn man heutzutage noch eine Karriere machen möchte, nicht nur den Multiversen, sondern schon der einfacheren Aussage, dass der Kosmos flach ist, möglichst nicht widersprechen.

Die kosmologischen Daten zeigen, dass eine Krümmung des kosmischen Raumes nach 13,8 Mrd. Jahren der Expansion sehr gering sein muss. Aber auch eine geringe Krümmung ist nicht flach. Bei der

Betrachtung der Mainstream-Kosmologie ist daran zu denken, dass in die Datenauswertung stets theoretische Vorannahmen eingehen. Was durch diese Vorurteile ausgeschlossen wird (auch implizit), das kann dann in den berechneten Ergebnissen natürlich auch nicht gefunden werden – unabhängig davon, wie die beobachtete Realität tatsächlich ist.

Nun ist es evident, dass ein flacher Raum mathematisch viel einfacher zu behandeln ist als ein gekrümmter. (Deswegen rechnet auch die Quantenfeldtheorie im flachen Minkowski-Raum.) Eine solche These hat jedoch eine unangenehme physikalische Konsequenz. Wenn man nicht sehr wilde Annahmen über die Struktur des Kosmos machen will, dann folgt aus der Flachheit, dass der Raum unendlich groß sein muss.

Da wir wegen der endlichen Lichtgeschwindigkeit nur einen endlich großen Bereich des Kosmos überblicken können, würde das sowohl für den flachen Raum und erst recht für die Multiversen bedeuten, dass wir nur exakt 0 % (Null Prozent!) des kosmischen Geschehens beobachten könnten. (Für jede beliebige Zahl x gilt: $x:\infty = 0:100 = 0\%$) Das wäre nach meinem Empfinden für eine empirische Wissenschaft eine allzu bedenkliche Nähe zur Esoterik.

In der letzten Zeit ist eine erfreuliche Gegenbewegung gegen allzu viel Fantasie in der Kosmologie zu beobachten. Deutlich wurde dies an kritischen Stimmen zur Inflation. Diese wenden sich dagegen, dass alle nur denkbaren Möglichkeiten sämtlich mit der gleichen Wahrscheinlichkeit „vorhersagt" werden. Dabei kann keine größere Wahrscheinlichkeit dafür angeben werden, weshalb die Wirklichkeit so ist, wie sie ist. Somit verfehlt sie das Wesen einer Naturwissenschaft.

Allerdings sind die Widerstände gegen diese kritischen Stimmen sehr hoch. Zu diesen wohlinformierten und fachkundigen Kritikern am Inflationskonzept gehört heute einer der Erfinder der Inflation, Paul J. Steinhardt. Wie prekär sich die Situation für die Inflation gestaltet, wird an einer Stellungnahme gegen Anna Ijjas, Paul J. Steinhardt und Abraham Loeb deutlich. Auf der Web-Seite des Scientific American findet man: [116]

> Responding to the article, 33 scientists, including Hawking, have written a letter of response to Scientific American in which they dismantle the arguments made by Ijjas, Steinhardt and Loeb.
>
> In the letter, they say there is "no disputing" the fact that inflation is the dominant theory when it comes to cosmology. They point out that there are over 14 000 scientific papers by over 9 000 scientists relating to inflation: "By claiming that inflationary cosmology lies outside the scientific method, IS&L [the authors of the earlier article] are dismissing the research of not only all the authors of this letter but also that of a substantial contingent of the scientific community," they write.

Das Bemerkenswerte an diesem Zitat ist aus meiner Sicht, dass hier auf die Anzahl der Arbeiten und der Wissenschaftler verwiesen wird, die sich bisher mit diesem Thema befasst haben. *Kann denn in der Wissenschaft eine „Mehrheit" ein Kriterium für „Wahrheit" sein? Auch zu Galileos Zeit wussten fast alle Wissenschaftler, dass Galilei sich irrt!*

Die Kritik an der Inflation verweist darauf, dass die Kosmologie neue Ideen benötigt. Solange man jedoch die Quantentheorie auf die ersten Nanosekunden beschränken will, wird dies nicht gelingen.

In ihrer Erwiderung auf die Kritik an ihrem Artikel stellen die drei Autoren nüchtern fest:

> Unlike the Standard Model, even after fixing all the parameters, any inflationary model gives an infinite diversity of outcomes with none preferred over any other. This makes inflation immune from any observational test.

Wir sollten jedoch an der Physik als einer empirischen Wissenschaft festhalten, die sich auf Experimente und auf Beobachtungen stützt. Dann ist die folgende Aussage vernünftig:

Das Universum kann definiert werden als die Gesamtheit von alledem, wovon es nicht unmöglich erscheint, darüber Kenntnisse erhalten zu können.

Ralf Krüger hat mich freundlicherweise drauf aufmerksam gemacht, dass diese Definition einer Erläuterung bedarf. Wenn man bei den Schwarzen Löchern lediglich betrachtet, dass über ihr Inneres keinerlei genaue Aussagen möglich sind, könnte man meinen, sie gehörten nicht zum Universum. Dazu ist einerseits zu sagen, dass sie als astrophysikalische Objekte sich natürlich im Universum befinden. Andererseits sind durchaus gewisse Aussagen über die Eigenschaften eines Black Holes möglich. So lassen sich Masse, Spin und elektrische Ladung von außen feststellen. Damit wird zugleich auch eine Aussage über die Menge derjenigen Information möglich, die von außen unzugänglich bleibt. Über Objekte oder Systeme außerhalb unseres Universums ist hingegen keinerlei Aussage möglich, sie verbleiben für uns im Bereich der reinen Fantasie.

Für alles Reale kann es kein „Hinauskommen" aus dem Kosmos geben. Alle bekannten Naturgesetze sprechen dafür, dass diese Annahme zutrifft. Dann aber ist über die „anderen Universen" nur eines vollkommen gewiss: „es ist völlig unmöglich, darüber irgendetwas wissen zu können!" Dies ist eine sehr unvollkommene Basis für eine wissenschaftliche Theorie.

Weiterführende Literatur

Eine sehr kurze Zusammenfassung der Theorie der Protyposis findet sich in:

Thomas Görnitz, unter Mitarbeit von Brigitte Görnitz

Protyposis – eine Einführung / Bewusstsein und Materie aus Quanteninformation

Springer | Essentials SP (2018) ISBN 978-3-658-23493-5,
ISBN 978-3-658-23494-2 (eBook)

English Edition:

Thomas Görnitz (Autor), Brigitte Görnitz (Autor), Timothy Slater (Übersetzer)

Protyposis – an introduction — Consciousness and Matter from Quantum Information
Kindle Edition

DAS NEUE DENKEN, München (2028) ISBN 978-3-947382-01-9, 978-3-947382-02-6, (eBook)

Eine sehr umfangreiche Monographie mit dem Schwerpunkt auf einer naturwissenschaftlichen Erklärung des Bewusstseins ist 2016 bei Springer erschienen:

Thomas Görnitz, Brigitte Görnitz

Von der Quantenphysik zum Bewusstsein / Kosmos, Geist und Materie

Heidelberg, Springer, http://www.springer.com/de/book/9783662490815
1. Aufl. 2016, XIX, 839 S. 129 Abb., 58 Abb. in Farbe.
eBook 29,99 € [D] ISBN 978-3-662-49082-2, Hardcover 39,99 € [D] ISBN 978-3-662-49081-5

Stärker auf die geisteswissenschaftlichen Belange geht mit einem Blick auch auf transzendente Fragestellungen die vorhergehende Monographie ein:

Thomas Görnitz, Brigitte Görnitz

Die Evolution des Geistigen / Quantenphysik - Bewusstsein - Religion

Göttingen, Vandenhoeck&Ruprecht, 1. Auflage 2008, 2. Aufl. 2009
372 Seiten mit 45 Abb., geb., Hardcover 60,00 € [D] ISBN 978-3-525-56717-3

Die folgende Monographie hat auch einen kleinen mathematischen Anhang

Thomas Görnitz. Brigitte Görnitz

Der kreative Kosmos / Geist und Materie aus Quanteninformation

Heidelberg, Spektrum Akademischer Verlag
1. Auflage 2002, 3. Auflage 2013, 374 Seiten,
eBook 29,99 € [D] ISBN 978-3-642-41751-1, Softcover 39,99 € [D] ISBN 978-3-642-41750-4

Stärker auf die Quantentheorie bezogen und mit einigen auch mathematischen Überlegungen ist:

Thomas Görnitz

Quanten sind anders / Die verborgene Einheit der Welt

Heidelberg, Spektrum Akademischer Verlag, 1. Auflage 1999, Taschenbuch 2006
320 Seiten, Illustrationen, gebunden 15,00 € [D] ISBN 978-3827417671

Fachartikel zum Thema des Buches:

Fundamental quantum structures — Conclusions with respect to cosmology and interactions
Thomas Görnitz, *Journal of Physics: Conf. Series* 1071 (2018) 012011
doi :10.1088/1742-6596/1071/1/012011

Quantum Theory and the Nature of Consciousness,
Thomas Görnitz, *Foundations of Science*, 2018, Vol 23, pp 51–73
doi: 10.1007/s10699-017-9536-9

The structures of interactions - How to explain the gauge groups U(1), SU(2) and SU(3)
Thomas Görnitz, Uwe Schomäcker,
Foundations of Science, 2016.
ISSN 1233-1821, pp. 1–23,
doi:10.1007/s10699-016-9507-6

Simplest quantum structures and the foundation of interaction
Thomas Görnitz, *Reviews in Theoretical Science* (2014)
Vol 2, Number 4, pp. 289-300

What happens inside a black hole?
Thomas Görnitz, *Quantum Matter*, (2013) Vol 2, Nr. 1 Feb, pp. 21-24

Quantum Particles From Quantum Information
Thomas Görnitz, Uwe Schomäcker, *Journal of Physics*: Conference Series 380 (2012)
012025 doi:10.1088/1742-6596/380/1/012025 (http://iopscience.iop.org/1742-6596/380/1/012025)

How is the Universe Actually Expanding?
Thomas Görnitz, *Advanced Science Letters*;
Volume 10, Number 1, May 2012, pp. 138-139

Quantum Theory as Universal Theory of Structures - Essentially from Cosmos to Consciousness
Thomas Görnitz in: *Advances in Quantum Theory;*
 ISBN 978-953-51-0087-4
Edited by: Ion I. Cotaescu, Publisher: InTech, February 2012
(http://www.intechopen.com/articles/show/title/quantum-theory-as-universal-theory-of-structures-essential-from-cosmos-to-consciousness)

The Meaning of Quantum Theory - Reinterpreting the Copenhagen Interpretation
Thomas Görnitz, *Advanced Science Letters*; 2011, Vol. 4, pp. 3727-3734

Deriving General Relativity from Considerations on Quantum Information
Thomas Görnitz, *Advanced Science Letters*; 2011, Vol. 4, pp. 577-585

Quantum Theory - essential from Cosmos to Consciousness
Thomas Görnitz, *Journal of Physics:*
Conference Series 237 (2010) 012011
doi:10.1088/1742-6596/237/1/012011
(http://www.goernitz.de/data/Symmetry%20in%20Science%202009%20--%201742-6596_237_1_012011.pdf)

Quantum Field Theory of Binary Alternatives
Thomas Görnitz, Dirk Graudenz, Carl Friedrich v. Weizsäcker
International Journal of Theoretical Physics; Vol. 31, No. 11, 1992, pp. 1929-1959

Temporal Asymmetry as Precondition of Experience – The Foundation of the Arrow of Time
Thomas Görnitz, Eva Ruhnau, Carl Friedrich v. Weizsäcker
International Journal of Theoretical Physics; Vol. 31, No. 1, 1992, pp. 37 - 46

Steps in the Philosophy of Quantum Theory
Thomas Görnitz, Carl Friedrich v. Weizsäcker, In Hennig, J., Lücke, W., Tolar, J. (eds):
Differential Geometry, Group Representations, and Quantization; Lect. Notes in Physics 379,
Springer, Berlin, New York, 1991, S. 265 - 280

Connections between Abstract Quantum Theory and Space-Time-Structure
III. Vacuum Structure and Black Holes
Thomas Görnitz, Eva Ruhnau
International Journal of Theoretical Physics; Vol. 28, Nr. 6. 1989, pp. 651 - 657

Connections between Abstract Quantum Theory and Space-Time Structure
II. A Model of Cosmological Evolution
Thomas Görnitz
International Journal of Theoretical Physics; Vol. 27, No. 6, 1988, pp. 659 - 666

Abstract Quantum Theory and Space-Time Structure
I. Ur Theory and Bekenstein-Hawking Entropy
Thomas Görnitz
International Journal of Theoretical Physics. Vol. 27, Nr.5, 1988, pp. 527 - 542

Copenhagen and Transactional Interpretations
Thomas Görnitz, Carl Friedrich v. Weizsäcker
International Journal of Theoretical Physics. Vol. 27, Nr.2, 1988, pp. 921 - 936

Quantum Interpretations
Thomas Görnitz, Carl Friedrich v. Weizsäcker
International Journal of Theoretical Physics. Vol. 26, Nr.10, 1987, pp. 921 - 936

De-Sitter Representations and the Particle Concept in an Ur-Theoretical Cosmological Model
Thomas Görnitz, Carl Friedrich v. Weizsäcker. In: Barut, A. O., Doebner, H.-D. (Eds.)
Conformal Groups and Related Symmetries, Physical Results and Mathematical Background, Lect. Notes in Physics 261, Berlin, Springer Verl., 1986, pp. 527-542

Zitate

[1] Weizsäcker, C. F. v. (1971) *Die Einheit der Natur*, Hanser, München, S. 287
[2] Weizsäcker, C. F. v. (1971) *Die Einheit der Natur*, Hanser, München, S. 288
[3] Heisenberg, W. (1969) *Der Teil und das Ganze*, Piper, München, S. 332
[4] Wahlvorschlag von Max Planck für Albert Einstein zum ordentlichen Mitglied der physikalisch-mathematischen Klasse der Preußischen Akademie der Wissenschaften. Vom 12. Juni 1913, http://planck.bbaw.de/planckiana.php?dokument=120, vom 10.5.2017
[5] Görnitz, T (2011) The Meaning of Quantum Theory - Reinterpreting the Copenhagen Interpretation, *Advanced Science Letters*; Vol. 4, 3727-3734
[6] Hawking, S. W. (1988) *Eine kurze Geschichte der Zeit* rororo-Sachbuch 8850, Rowohlt, Reinbeck b. Hamburg, S. 77
[7] Feynman, R. P., Leighton, R. B. and Sands, M. (1971) *Quantum Mechanics*, S.1-14
[8] William Shakespeare, *Der Sturm*, 4. Akt, 1. Szene / Prospero
[9] Görnitz, T (1999) *Quanten sind anders − Die verborgene Einheit der Welt*, Heidelberg, Spektrum Akademischer Verlag
[10] Görnitz, T Ruhnau, E (1989) Connections between Abstract Quantum Theory and Space-Time-Structure, III. Vacuum Structure and Black Holes, *Intern. J. of Theor. Physics*; 28, 651 − 657
Görnitz, T (2013) What happens inside a black hole? *Quantum Matter*, 2, Nr. 1 Feb. pp. 21-24
[11] Marolf, D, Polchinski, J (2013); Gauge-Gravity Duality and the Black Hole Interior, *Phys. Rev. Lett.* **111**, 171301 DOI: 10.1103/*PhysRevLett*.111.171301
[12] Görnitz, T Ruhnau, E (1989)
[13] Pietschmann, H. (2003) *Quantenmechanik verstehen*, Springer, Berlin Heidelberg, S. 7
[14] https://home.cern/about/physics, vom 10.5.2017
[15] https://home.cern/about/physics/standard-model, vom 10.5.2017
[16] Goethe, J. W. v.: 24. April 1819, große Abendgesellschaft bei Goethe, die Gräfin Henckel, Line v. Egloffstein, Adele Schopenhauer, Coudray und Tieck anwesend, Ges. Werke, Abt. V, Bd. 4, 8.
[17] Freud (1940a (1938)), GW, Bd. 17, S. 79
[18] Everett, H (1956) Theory of the Universal Wavefunction, Thesis, Princeton University, https://www-tc.pbs.org/wgbh/nova/manyworlds/pdf/dissertation.pdf, vom 10.5.2017

[19] Görnitz, T, Weizsäcker, C F v (1987) p. 943, in Quantum Interpretations, *Intern. J. of Theor. Physics*, Vol. 26, Nr.10, 921-936

[20] siehe z. B. Nomura, Y. (2011) Physical Theories, Eternal Inflation, and the Quantum Universe. In: Journal of High Energy Physics 63; arXiv:1104.2324;
ders., (2017) PARALLELWELTEN; REISE INS QUANTENMULTIVERSUM, Spektrum der Wissenschaft; 9. 13-19

[21] Görnitz, T (1999) *Quanten sind anders − Die verborgene Einheit der Welt*, Heidelberg, Spektrum Akademischer Verlag, S. 209

[22] Görnitz, T (2011)

[23] zitiert nach Weizsäcker, C F v (1985) *Aufbau der Physik*, Hanser, München S. 556

[24] López-Corredoira, M, Melia, F, Lusso, F E, Risaliti, G (2016) Cosmological test with the QSO Hubble diagram, International Journal of Modern Physics D, Vol 25, No. 05 (doi: 10.1142/S0218271816500607)

[25] Görnitz, T (1988) Connections between Abstract Quantum Theory and Space-Time Structure, II. A Model of Cosmological Evolution, *International Journal of Theoretical Physics;* Vol. 27, No. 6, pp. 659 - 666

[26] Jammer, M (1974) *The philosophy of quantum mechanics*, Wiley, New York, pp. 178-180

[27] siehe z. B. Englert, B-G, Scully, M O, und Walther, H (1995) Komplementarität und Welle-Teilchen-Dualismus, Spektrum der Wissenschaft 2/,S. 50 ff. http://www.spektrum.de/magazin/komplementaritaet-und-welle-teilchen-dualismus/822095

[28] https://de.wikipedia.org/wiki/Quantenradierer; vom 2.9.2017; 17:30

[29] Görnitz, T (2011) Deriving General Relativity from Considerations on Quantum Information, *Advanced Science Letters*; Vol. 4, pp. 577-585

[30] Penrose, R (1991) *Computerdenken − Die Debatte um Künstliche Intelligenz, Bewusstsein und die Gesetze der Physik*, Heidelberg, Spektrum Akademischer Verlag, S. 310-335

[31] siehe z. Melia, F (2012) Fitting the Union2.1 Supernova Sample with the R_h= ct Universe, *The Astronomical Journal*, 144, 110;
(2017) The zero active mass condition in Friedmann-Robertson-Walker cosmologies, *Frontiers of Physics*, 12, 129802

[32] Melia, F , Shevchuk, A S H (2012) The Rh = ct universe, *Mon. Not. R. Astron. Soc.* 419, 2579–2586

[33] Minkowski, H (1908) Raum und Zeit, in *Jahresberichte der Deutschen Mathematiker- Vereinigung*, Leipzig, Teubner

[34] Poincaré, H (1904) *Wissenschaft und Hypothese*, Leipzig, Teubner

[35] Görnitz, T, Schömäcker, U (2016) The structures of interactions – How to explain the gauge groups U(1), SU(2) and SU(3), *Foundations of Science*; DOI 10.1007/s10699-016-9507-6

[36] *CERN Courier*, October 2018, p.21, (Hervorhebungen TG)

[37] Görnitz, T (2011)

[38] Abuter, R et al. (2018) Detection of the gravitational redshift in the orbit of the star S2 near the Galactic centre massive black hole, *A&A* 615, L15; DOI: https://doi.org/10.1051/0004-6361/201833718

[39] Görnitz, T & Görnitz, B (2002) *Der kreative Kosmos/Geist und Materie aus Quanteninformation*, Heidelberg, Spektrum Akademischer Verlag, S. 158

[40] a. o. O., S. 159

[41] Görnitz, T & Görnitz, B (2002), S. 161

[42] Cohen, S & Popp, F A(1997) Biophoton emission of the human body. *Journal of Photochemistry and Photobiology* B 40, 187-189; Popp, F A & Yan, Y(2002) Delayed luminescence of biological systems in terms of coherent states, *Physics Letters*. A 293, S. 93–97; Popp, F A, Chang, J J, Herzog, A, Yan, A Z, Yan, Y(2002) Evidence of non-classical (squeezed) light in biological systems, *Physics Letters* A 293, S. 98–102

[43] Mölling, K (2015) *Supermacht des Lebens − Reisen in die erstaunliche Welt der Viren*, Beck, München

[44] a. o. O., S. 142

[45] a. o. O., S. 27

[46] Löber, U et al. (2018) Degradation and remobilization of endogenous retroviruses by recombination during the earliest stages of a germ-line invasion, *Proceedings of the National Academy of Sciences* 201807598; DOI:10.1073/pnas.1807598115

[47] WEIZSÄCKER, C F V (2002) *Lieber Freund! Lieber Gegner! Briefe aus fünf Jahrzehnten*. München: Hanser, S. 33

[48] Görnitz, T & Görnitz, B (2002) Kap 8.1.3 ff.

[49] Al-Khalili, J & McFadden, J (2015) *Der Quantenbeat des Lebens*, Ullstein,

[50] Funk, R (2018) Biophysical mechanisms complementing „classical" cell biology, *Frontiers in Bioscience, Landmark*, 23, 921-939

[51] a. o. O., S. 927

[52] Görnitz, T (1999)

[53] so behauptet Weizsäcker noch, dass ein Löwe keinen Löwen töten würde. Weizsäcker (2002) *Lieber Freund! lieber Gegner!,* Hanser München, S. 8

[54] Görnitz, T, Görnitz, B (2016) *Von der Quantenphysik zum Bewusstsein – Kosmos, Geist und Materie*, Heidelberg, Springer, S. 43

[55] Görnitz, T & Görnitz, B (2002), S. 298

[56] Dehaene, S (2014) *Denken – Wie das Gehirn Bewusstsein schafft*, Knaus Verlag, München, S. 62

[57] Krüger, R (2015) Quanten und die Wirklichkeit des Geistes – Eine Untersuchung zum Leib-Seele-Problem, Transcript, Bielefeld

[58] Görnitz, T (1999), S. 268

[59] Koch, Ch, Massimini, M, Melanie Boly, M, Tononi, G (2016) Neural correlates of consciousness: progress and problems, *Nature Reviews Neuroscience* 17, 307–321

[60] Görnitz, T (1999), S. 259 f.

[61] Edelman, M (1995) *Göttliche Luft, vernichtendes Feuer, Wie der Geist im Gehirn entsteht*, Piper, München, S. 306

[62] Görnitz, T (1999), S. 262 f.

[63] Dehaene, S (2014) S. 144 f.

[64] a.o.O., S. 377

[65] Al-Khalili, J & McFadden, J (2015) S. 355ff.

[66] a.o.O., S. 147-162

[67] a.o.O., S. 235-240

[68] Görnitz, T & Görnitz, B (2002) S. 144

[69] Görnitz, T (1999) S. 259f

[70] Al-Khalili, J & McFadden, J (2015) S. 274 f., dort auch Verweis auf: McFadden, J (2000) *Quantum Evolution*, London, HarperCollins

[71] Dehaene, S (2014) S 169

[72] Koch, Ch, Massimini, M, Boly, M, Tononi, G (2016)

[73] Dehaene, S (2014) S 24

[74] Tononi, G, Boly, M, Massimini, M & Koch, C (2018), p. 450

[75] a. o. O.

[76] Tononi G & Laureys S (2009) The Neurology of Consciousness: An Overview. In: Laureys S & Tononi G. (Eds.). *The Neurology of Consciousness: Cognitive Neuroscience and Neuropathology*; Academic Press, Elsevier: 375-412

[77] Tononi, G (2012) Integrated information theory of consciousness: an updated account, *Archives Italiennes de Biologie*, 150: 290-326

[78] Görnitz, T & Görnitz, B (2002), Görnitz, T & Görnitz, B (2008), Görnitz, T & Görnitz, B (2016),

[79] Singer, W, Ricard, M (2017) *Jenseits des Selbst - Dialoge zwischen einem Hirnforscher und einem buddhistischen Mönch*, Suhrkamp, Berlin, S. 207

[80] Singer, W, Ricard, M (2017) *Jenseits des Selbst - Dialoge zwischen einem Hirnforscher und einem buddhistischen Mönch*, Suhrkamp, Berlin S. 214

[81] a. o. O., S. 335

[82] a. o. O., S. 128

[83] a. o. O., S. 337

[84] Singer W. (2006) „Der freie Wille ist nur ein gutes Gefühl". Vom Fernsehsender 3Sat ausgestrahlte Sendung. Diskussionsteilnehmer waren neben Wolf Singer die Universitätsphilosophen Birgit Recki und Konrad Paul Liessmann und der Moderator Heinz Nußbaumer, zitiert nach Krüger, R (2015) *Quanten und die Wirklichkeit des Geistes*, transcript, Bielefeld

[85] Görnitz, T, Görnitz, B (2016)

[86] Stönner, C et al (2018) Proof of concept study: Testing human volatile organic compounds as tools for age classification of films. *PLoS ONE* 13(10): e0203044.

[87] Nägerl, U. V., Bonhoeffer, T. (2006) Morphologische Plastizität in Neuronen und ihre Konkurrenz um synaptische Proteine, Forschungsbericht vom Webservice – Max-Planck-Institut für Neurobiologie

[88] Dehaene, S (2014)

[89] Singer, W, Ricard, M (2017) S. 336

[90] see e.g. Huh, J (2015) Boson sampling for molecular vibronic spectra, NATURE PHOTONICS | VOL 9 | SEPTEMBER 2015 |, DOI: 10.1038/NPHOTON.2015.153

[91] Schrödinger, E (1965) *Geist und Materie*, Braunschweig, Vieweg S. 67

[92] Tegmark, M T (2017) *Leben 3.0: Mensch sein im Zeitalter Künstlicher Intelligenz*, Berlin, Ullstein, S 70 ff

[93] Görnitz, T, Görnitz, B (2016) S. 242

[94] Görnitz, T, Görnitz, B (2016)

[95] Gabriel, M (2018) *Der Sinn des Denkens*, Berlin, Ullstein

[96] Görnitz, T, Görnitz, B (2016) S 564

[97] Görnitz, T, Görnitz, B (2016) S 700

[98] Görnitz, T, Görnitz, B (2016) S 725

[99] Gabriel, M (2018), pp. 210-213

[100] Gabriel, M (2018), S 213

[101] Gabriel, M (2018), S 210

[102] Gabriel, M (2018), S 212

298

[103] Görnitz, T, Görnitz, B (2016) S 73

[104] Gabriel, M (2018), S 212

[105] Görnitz, T, Görnitz, B (2008) S 305 f.

[106] Hegel, G F W: *Phänomenologie des Geistes*, Quellen Philosophie: Deutscher Idealismus, http://www.digitale-bibliothek.de/QP03.htm., 15573 f.

[107] Hegel, G.F.W., *Enzyklopädie der philosophischen Wissenschaften im Grundrisse*, Quellen Philosophie: Deutscher Idealismus, http://www.digitale-bibliothek.de/QP03.htm., 18900

[108] Hegel, G F W: *Phänomenologie des Geistes*, Quellen Philosophie: Deutscher Idealismus, http://www.digitale-bibliothek.de/QP03.htm. 16427 f.

[109] Ruck, D J et al. (2018) Religious change preceded economic change in the 20th century, *Sci. Adv.*;4:eaar8680

[110] Görnitz, T, Schomäcker, U (2012) Quantum Particles From Quantum Information, *Journal of Physics: Conference Series* 380, 012025

[111] Görnitz, T, Schomäcker, U (2012)

[112] Görnitz, T (2011)

[113] Görnitz, T, Schomäcker, U (2016)

[114] siehe Pietschmann, H. (2003)

[115] Hawking, S W & Ellis, G F R (1973) *The Large Scale Structure of the Universe*, Cambridge, University Press

[116] https://blogs.scientificamerican.com/observations/a-cosmic-controversy/ vom 20.4.2018; 17:30

www.ingramcontent.com/pod-product-compliance
Lightning Source LLC
Chambersburg PA
CBHW050812220326
41598CB00006B/184